方健　匯編校證

中國茶書全集校證

7

補編

中州古籍出版社

清初茶馬奏議

〔清〕廖攀龍等

〔提要〕

《清初茶馬奏議》，清代茶書。二卷，廖攀龍等人撰。本書原名《歷朝茶馬奏議》，但名不符實，究其内容，乃順治年間先後擔任巡茶御史（或稱茶馬御史）的廖攀龍、史詒、姜圖南、王道新所上關於茶馬之政的三十道奏疏的匯編。其上疏時間，乃清世祖福臨順治二年至十年（一六四五—一六五三），充其量僅順治朝前半期，循名責實，今改題爲《清初茶馬奏議》。改擬書名的另一個原因是明人徐彦登撰有一部《歷朝茶馬奏議》，四卷，見《明史》卷九七、《千頃目》卷九著録。徐彦登，字允賢，號景雍。杭州仁和人。萬曆十七年（一五八九）進士，選庶吉士。授山東道監察御史，按治陝西茶法。後謝病歸，卒年僅四十。事見《歇庵集》卷八《徐公墓誌銘》、《弇山堂别集》卷八四、《浙江通志》卷一三三等。是書乃萬曆以前各朝茶馬奏議的匯編。爲免二者混爲一談，今據其内容而將廖攀龍等《奏議》改今名。此書原不分卷，今據其内容而析爲二卷。

是書約二萬五千餘字，載有順治二至三年廖攀龍上十六疏，順治四年史詒上一疏，順治八至九年姜圖南十一疏，順治十年王道新二疏，凡三十疏。廖攀龍十六疏爲卷一，餘三人凡十四疏爲卷二。清初的茶馬之政，基本上沿襲明朝之制。明末茶政、茶馬極弊而衰，這三十道奏疏，反映了清政府在王朝建立之初欲復興茶馬的努力。內容涉及陝西、甘肅茶馬的各個方面；由於上疏者均爲時任陝甘巡茶御史，有親歷一綫解決實際問題的親身體驗，因而具有較高的史料價值。概括而言，主要包括以下内容：一是明代馬政、茶馬之制由盛而衰的歷史經驗教訓總結；二是清初茶馬極弊，名存而實亡的嚴竣現狀，積重難返，亟待振興；三是整頓茶馬之政的各項措施、辦法及其初見成效的狀況。正是由於清初王朝的勵新圖治，順治朝，易馬額達一萬一千餘匹。沿明五司外，又增設榆林、神木等茶馬司，表明茶馬貿易有所發展。至康熙朝，茶馬由專差巡茶御史，改爲巡撫兼理，又因清與蒙古交好，戰馬緊張狀況得以緩解。後因全國統一，戰事漸稀，至雍政朝，茶馬互市，時行時廢。乾隆以後，自宋熙寧以來，延續近七百年之久的茶馬貿易制度才壽終正寢。其後，即使有，也爲規模極小，不成氣候。

今依次簡介這四位作者：（一）廖攀龍，廣東保昌人。明崇禎十年（一六三七）進士，清順治二年（一六四五）爲陝西巡茶御史。事見《廣東通志》卷三二、《甘肅通志》卷二八、《清通考》卷三〇等。（二）史詥，山西孝義人。崇禎十六年進士。順治四年，官廣西道監察御史，爲巡茶御史，代蘇京。事見《山西通志》卷七〇、《甘肅通志》卷二八。（三）姜圖南，字匯思，一字真源，號客堂。順天大興籍，浙江錢塘人，一作山陰（治今浙江紹興）人。順治六年（一六四九）進士，選庶吉士。八年，授監察御史，巡視陝西茶馬。在任提出清湖襄茶路，行川馬招中，復金牌易馬之制，設榆林、神木茶司等建議，皆切實可行。又劾吴三桂軍伍踰制，無人臣之禮。十二年，官兩淮巡鹽御史。十七年，分守南昌道。康熙初，爲濟南道。康熙六年（一六六七）以河南按察司副使分守睢陳道。圖南能詩文，有作品傳世。事見《畿輔通志》卷六三、《浙江通志》卷一六〇、《江南通志》卷一〇五、一一二、《江西通志》卷四八、《甘肅通志》卷二八、《河南通志》卷三五、《陝西通志》卷四二、《山東通志》卷二五之一、《詞林典故》卷八、《檇李詩繫》卷四一等。（四）王道新，山東濟寧人。順治三年(一六四六)進士,除河南汝寧府推官。十年,試監察御史,爲陝西巡茶御史。十二年分守福建建南道。康熙八年(一六六九)在廣西巡檢任。事見《山東通志》卷一五之二、《河南通志》卷三六、《福建通志》卷二七、《甘肅通志》卷二八、《廣西通志》卷三六等。

是書不見於《中國古籍善本書目》及《中國叢書綜録》等書目書著録,似爲海内孤本,原藏北京大學圖書館,爲清初刻本。《續修四庫全書》已據北大本影印收入,才使這一珍藏已久的秘本得以流傳。今據《續修四庫全書》本加以點校整理,鑒於是本原刻頗善,譌字不夥,今僅按凡例所定校勘法處理,不再一一出校記,個别缺字或漫漶不清字,以方圍表示。這是本書不設〔校證〕的茶馬書。

清初茶馬奏議

卷一

順治二年,御史廖攀龍題《茶馬雖仍舊制整頓實出新圖懇乞詳稽往例參酌時宜以便料理疏》

疏曰:切照陝西巡茶一差,兼轄蜀楚中茶地方,夙稱繁難,未易勝任。臣以庸才謬膺簡命,敢云道遠獨勞,不竭盡心力,圖報君恩於萬一。但念今日茶馬,大與昔殊。昔於産茶地方召商中茶,以易番馬,今蜀楚未通,雖漸次終歸底定,而目下民逃商絶,安得有茶?無茶,安得有馬?即陝西地方,亦自産茶而爲數不多。

或往年積有舊茶，自寇亂以來，非被賊焚劫，則經變價，借充兵餉。恐亦久屬烏有。且苑馬寺及七監等官未設，諸務何所責成？況詔諭未頒金牌，勘合亦未革故換新，番人何所信從！然則年額茶馬一萬一千八十八匹，尚屬子虛。前數年猶且解未及額，在今日，必不能按數考成，可知矣。至於明季加增解京茶馬一千七百三十匹，腳力無資，解户賠累，苦不能堪。尤當（炤）〔詔〕豁免省直加派錢糧之例，概賜蠲除，以蘇重困者也。

伏乞皇上軫念茶馬一差，事事未備，事事創始，比别差因利乘便者不同。請先敕吏部，急選苑馬七監等官，先赴該地方分頭料理。更敕户、兵二部，速稽典制，换給金牌勘合，通諭西番，俾知遵奉新朝法度。併傳諭該督撫，速察往年積貯舊茶，借支若干，現在若干，如有存剩，不得再借别用。臣庶幾得竭駑力，以效馳驅，不致倉卒臨事，束手無措耳。此在陝西地方應行事宜。若夫蜀楚中茶地方，應俟路通，召商另行整理，今未敢預揣也。緣奉有作速前去料理，不得稽遲之旨，爲此，先述情形具題。尚有未盡事務，容臣察確，補續上聞，謹題請旨。

奉聖旨：『産茶地方，多（人）〔入〕版圖。這所奏選補寺監等官，并應頒詔諭金牌勘合，差察明往例，酌議覆行。其新增馬匹，察明蠲免未盡事宜。廖攀龍入境後，詳察具奏，不必預揣。該部知道。』

順治二年，御史廖攀龍題《遵旨察明蠲免新增馬匹以暢皇仁以信明旨疏》

疏曰：　臣前題茶馬雖仍舊制，整頓實出新圖一疏，奉有新增馬匹察明蠲免之旨，又奉敕内一款有前朝新增一千七百餘匹，酌量具奏豁免，以甦解户之諭。該臣既到任受事，察看得茶馬舊額一萬一千八十八匹，原以備邊，初無解京之例。自崇禎三年，始議洮河西莊增解一千五百匹，苑寺增解五百匹。行糧、草料約費萬金，搜括茶課、馬價、樁朋地畝及增設新餉等銀，尚若科費不敷，加以中途倒斃，并退回不堪發换之馬搭配起解，而解户之賠累極矣。崇禎九年，議量免苑寺二百七十四，止解一千七百三十四。但年年拖欠，虛有增解之名，竟無足額之實。今聖上明見，萬里恩及遐荒，不獨謂草創伊始，無馬可解，無費可措，新增馬匹，自應全蠲。即後來時平路通，茶裕馬蕃，亦宜仍照舊額，專留爲三邊重地之用。不宜如明季增馬解京，究無濟於軍需，徒貽苦累於窮邊也。

臣捧誦明綸，仰體皇上德意，謹察明舊額、新增始末具題。伏乞聖鑒，將前朝增解馬匹永行蠲免，以信前旨。恭候敕下臣衙門，遵奉施行。

奉聖旨：『該部察議，具奏。』

順治二年，御史廖攀龍題《恭報舊貯茶篦數目仰祈聖鑒疏》

疏曰：臣自入境，具疏上聞后，力疾奔馳，於十月十七日抵鞏昌。遵照敕諭内事理，檄行所屬各道，首查現貯先年存剩茶篦數目。緣地方遼闊，往返動經月餘，至十一月内，據洮岷道副使桂繼攀册報，洮州司：順治元年十二月終止現在，存貯朽腐不堪舊累黄茶七千九十九篦半；堪用黑黄茶七百六十九篦零七斤；遠年陳腐浥爛湖巴山黄茶五千五百七十七截，又零碎茶一萬三千三百截又零二千五百斤。又報岷州分貯：現在黑黄茶八百九十篦半零二斤，遠年爛損半截破頭舊黑黄茶一千八百八十六篦半零十八斤，遠年朽腐半截破頭湖巴山黄茶一萬三千三百五十五篦零二百斤，又零六千一百截。順治二年正月起至今止，並無運到新茶，無憑開中。又據臨鞏道右參議夏楊名册報，河州司：順治二年九月終止現在，貯庫黑黄茶二百四十八篦。

又報甘州司：現在蘭州庫貯黑黄茶二千三百九十九篦半，遠年浥爛不堪陳茶六千六百零七篦，又三千四百六十八截。又據西寧道副使蔣三捷册報，西寧司庫藏如洗，並無庫貯陳茶，亦無運到新茶。又據莊浪道僉事邊大順册報，莊浪司：順治二年九月終止現在，司貯遠年舊爛、對節磊起黄茶九萬七千三百七十一篦，倉貯對節磊起黄茶三千七百三十一篦，連篦碎截茶二千八百五十截，無篦碎塊茶四千八百二十斤。又據甘州道僉事羅熿册報，順治二年十一月終止，從蘭州庫分發甘州中馬餘剩茶九千五百二十九篦。又據涼州道僉事蘇名世呈報，順治二年十一月終止，從蘭州庫分發涼州中馬餘剩茶一百五十七篦半。又據肅州道僉事宋之傑呈報，蘭州並無庫貯陳茶，亦無運到新茶。

各等情到，臣理合報聞外，該臣看得：蜀楚道阻，商旅裹足，中茶尚需久待，合無一面簡覈。現在黑黄舊茶，分别高下，先行招番易馬，暫施羈縻之術。易得馬匹，不論多寡，先給衝要缺馬營伍，以助騎征。一面多方設法，招商報引，漸次爲開中新茶計。就目前得爲之事，殫意修舉，以資目前。或於草創伊始，倉匱厩空，番寇蠢動，邊腹不寧之時，不無小補矣。

奉聖旨：『知道了。見貯舊茶，即着招番易馬。仍將易過馬匹數目，照舊奏奪。户、兵二部知道。』

順治二年，御史廖攀龍題《恭報舊中完馬匹數目仰祈聖鑒疏》

疏曰：臣自抵任，事事詳加綜核。首查舊貯茶篦數目，次查舊中完馬匹數目。據臨鞏道右參議夏揚名呈報，河州司中完茶馬七十三匹，撥發臨洮范總兵，給軍騎征訖。又據西寧道副使蔣三捷呈報，中完茶馬一百二十五匹，給西寧各營騎征訖。又據莊浪道僉事邊大順呈報，中完茶馬二百五十二匹，給莊浪各營堡騎征訖。

又據洮岷道副使桂繼攀呈報，現在瘸馬一匹，順治二年，未奉明示開中，無憑造報。又據甘州道僉事羅熿、涼州道僉事蘇名世、肅州道僉事宋之傑各呈報，自順治元年至今，未奉明示開中，並無中完馬匹。

各等情到，臣理合報聞外，該臣看得：馬出於番，必番有餘馬，而後招中不窮。若私販公行，番人貪圖價值，每藏良驥，以希重利，留駘駑以易宜官茶，大妨招中。近如隴右道盤獲犯人張紀秀等，安定縣盤獲犯人郭如岱等，私馬共四十一匹。除將各犯按律徒配，私馬移送督臣孟喬芳，轉發臨洮總兵范蘇給軍騎征外，此猶小民無知犯禁，臣得以按法處治。至若私販而託之公務，如莊浪道盤獲委官哈應科買馬一百四十三匹，執有鳳翔董總兵引票；臨鞏道盤獲馬英才買馬二十八匹，執有西寧冶參將引票。查俱無印信，又無齎銀若干兩，往某處買馬若干匹。彼但以爲護身有符，所過地方莫敢誰何，豈自知爲茶馬之巨蠹哉！

合無自今伊始，但有邊鎮缺馬，務令題奉欽依，或呈准兵部，給有印單，明注某衙門差官，齎銀若干兩，前往某處，易買戰馬若干匹。赴臣衙門挂號，方准收買。倘於定數之外，有附餘夾帶者，盡行入官，仍按律究擬。庶假公私販之徒，不敢輕犯，而招中有賴矣。謹因恭報馬數，而并及之。伏乞皇上敕部，嚴加申飭各邊鎮衙門，一體遵行。

奉聖旨：『這市完馬匹數目，知道了。奸徒私販，自當照例嚴禁。以後邊鎮缺馬，須有兵部印單，明注衙門、姓名、銀馬數目及易買地方，赴該巡視御史驗明挂號，方准市買。違禁夾帶的，依法究治。私馬入官，着通行嚴飭。該部知道。』

順治二年，御史廖攀龍題《恭報苑監軍馬牧地數目仰乞聖鑒疏》

疏曰：臣到任後，即檄行苑馬寺查明牧軍、牧地并現在孳息馬駒數目。隨據署寺事、分巡關西道僉事石岳册報：開城監，原額牧軍二千二百六十三丁，今現在止二百七十八丁；原額牧地三萬六千四百七十頃四十三畝零，今現種熟地止二百六十三頃六十二畝，并無現在種馬。廣寧監，原額牧軍一千零三十一丁，今現在止五百四十六丁；原額牧地二萬五千八百八十頃五十三畝零，今現種熟地一千二百二十三頃八十二畝零；現在瘸馬二匹，并無孳息。黑水監，原額牧軍一千二百一十四丁，今現在止二百一十二丁；原額牧地一萬一千六百二十七頃九十六畝零，今現種熟地一百一十七頃；並無現在種馬。安定監，原額牧軍二千二百九十三丁，今現在止九百一十五丁；原額牧地五萬二千六百四頃五十二畝零，今現種熟地五千七百六十六頃九十五畝零；現在種馬五十一匹，新駒八匹。清平監，原額牧軍二千九百七十二丁，今現在止三百四十八丁；原額牧地一萬七千八百一十頃三十一畝零，今現種熟地一百七十一頃三十四畝五分；現在種馬一匹，駒一匹。萬安監，原額牧軍五千四百八十一丁，今現在止八十一丁；原額牧地二萬九千八百一十頃四十一畝零，今現種熟地四十三頃八十畝；并無現在種馬。武安監，原額牧軍八百八十二丁，今現在并應勾補軍止三百九十丁；原額牧地二千九百五十七頃四十三畝零，今現種熟地三百五十六頃一十五畝五分；現在種馬六匹，新駒二匹等情到臣。

該臣看得：苑監乃牧馬孳息之所，關係最鉅。必官有專責，軍無逃亡，而後問牧政之修舉。今據該寺册報，各監無官無印，牧軍逃亡，牧地荒蕪，合七監現在種馬并駒，不過七十一匹。如此光景，而欲望雲錦成效，何日之有！伏乞皇上敕下吏、禮二部，急選七監監正、録事，鑄給印信，速催到任。招集牧軍，開墾牧地，漸次發給種馬，按年課駒，行之數載，庶幾生息日蕃，舊額可復耳。外據會寧縣盤獲犯人王國掌等私販馬一十七匹，臣驗係齒嫩膘壯騍馬，堪以孳息。隨發安定監，給軍牧養，照例課駒，用作騋牝三千之先兆。謹因恭報苑監軍馬牧地數目，而并及之。

奉聖旨：『該部知道。』

順治三年，御史廖攀龍題《牧軍逃亡過半仰乞聖明敕部酌定軍制速議補伍以裨馬政疏》

疏曰：臣前稽覈苑馬寺七監軍馬、牧地數目，見軍逃地荒，整理無人，馬政廢弛，業經具疏上聞。今據署苑馬寺事分巡關西道僉事石岳呈，稱七監牧丁值荒殘之餘，有死兵死荒者，有(挺)〔鋌〕而走險者，有逃回原籍者，向因寺監缺官，莫可稽考。今清朝御宇，首重馬政，牧軍逃亡，不可不問也。相應填單，通行各處原籍勾補，等因到。臣竊照七監原額牧軍總計一萬六千一百三十六丁，除逃亡外，見今止存二千六百七十丁。寥寥幾軍，欲令修舉牧事，豈可得乎！該寺請行清勾，誠爲目前急務。但祖軍裁革，久奉明旨，今若行原籍勾補，則恐違旨；若不行勾補，又恐曠廢牧政。伏乞敕下該部確議，牧軍逃亡應否清勾，或另設填補；以實監囤酌妥。覆請行臣遵奉施行，爲此，具本謹題請旨。

順治三年，御史廖攀龍題《恭報續發私馬充厩兼買馬作種以資目前生息疏》

疏曰：臣自按歷茶司，督行各道招番易馬之後，即赴苑馬地方，點印七監見在牧馬。據萬安、開城、黑水三監回稱，並無見養牧馬。清平監僅見養二匹，武安監除寇搶五匹外，見養三匹。廣寧監原養瘸馬二匹，失傷無存。安定監見養五十九匹。寥寥數馬，幾不成監治矣。前據會寧縣盤獲犯人王國掌等私馬一十七匹，隨發安定監孳牧，已經具疏題明。嗣據臨鞏道拿獲犯人吴清等私馬三十匹，蘭州監牧官拿獲犯人房二私馬五匹，俱就近發安定監孳牧。又據固原州拿獲犯人王貴私馬五匹，發廣寧監孳牧。合計私馬與各監見養牧馬，共一百二十一匹。查照毛齒，逐一點驗印烙訖。又據苑馬寺呈，稱七監種馬無幾，安望孳生？各監牧地，熟荒不一，其應徵糧銀，據先解到者有五百七十三兩三錢，計可買種馬六十三匹，請乞詳允發買等情。臣隨批允委官前赴西寧易買，完日發監作種，以實厩圉。事關牧政，理合報聞。

順治三年，御史廖攀龍題《茶篦舊貯有限撫鎮借用多端懇乞聖明嚴敕補還以清積欠疏》

疏曰：竊照茶篦爲中馬之需，别項不得借支。巡茶御史爲專司茶馬之官，别衙門不得干預。由來舊矣。今據甘州道臣羅爌册報，奉撫鎮明文，動支茶一萬二千一百八十四篦。始而無故賞番八次，繼而賞給供應官與各衛熬硝雜差軍丁。八月分工食，繼又支放正標奇兵等營并旗鼓軍丁各餉，及門下書役、門厨工食。臣閲册至此，不勝駭異。曰：『撫鎮軍餉、工食，各有正項，奈何溷以茶篦抵充耶！』隨批行該道，着令作速補還，報院捱延日久，竟不回覆。嗣接撫臣黄圖安疏稿，内稱乞動莊浪庫茶五萬篦，易馬充伍。不知莊浪止存舊爛茶十萬一千一百餘篦，前西番大古什娘子及乞慶黄台吉等，索要原欠茶篦，臣恐釀邊釁，且示新朝恩信，已將莊茶一千七百六十二篦，撥發西寧道，給散各番，以了前局。又，莊浪道用茶二千二百五十三篦，中馬六十匹；又，西寧道用莊茶一千五百一十四篦，中馬四十匹。尚剩茶九萬五千五百七十餘篦。莊浪每年例應中馬五百五十匹，惟取給於此。若甘肅撫鎮，既將甘庫茶篦借支一空，今又欲動莊茶五萬篦，是并欲空莊庫也。目下川湖路阻，商運不前，新茶既不可得，舊茶又將歸於盡，招中無資，恐邊疆多事，七道俱困，不獨甘鎮爲可慮也。伏乞皇上嚴敕甘肅撫鎮諸臣，先將借用過茶一萬二千一百八十四篦，作速補還甘庫，一面易馬充伍，如果不足，方動蘭州庫茶凑數。完日奏銷，庶借欠清楚，而茶法、馬政均有賴矣。

至於前任署事同知關（？）鎮奏呈，蒙前兼理茶馬劉御史批准，前署道康同知查議，招中，隨有前任恭將杜希茂請動莊茶中過馬二百五十二匹，俵給各營，取有領狀在卷。

臣到任之初，據莊浪道臣邊大順册報，已經具疏題明。夫給馬既有領狀，又有該道報册；豈曰無據？且事雖屬已往，然有臣專司按覈，從頭清查，倘有影射朦蔽，臣即指實參劾，此固無煩撫臣代爲過計也。

奉聖旨：『該部議覆，欽此欽遵。』看得茶篦專用中馬，别項原難借支。今甘肅以軍需工食，動至一萬二千一百八十餘篦，庫貯有限，招中何資？所當敕令，該撫鎮照數補還者也。至於前任參將杜希茂動支莊茶，中過馬二百五十二匹，亦應聽茶馬臺臣清查，以杜影射。三年三月初四日題，本月初五日，奉聖旨：『是。這借支茶篦，着作速補還。』

順治三年，御史廖攀龍題《再報甘鎮借用茶篦數目仰候聖裁疏》

疏曰：本年三月十六日，准甘肅撫臣黄圖安手本，爲給放援兵茶篦事，據分巡道呈，據屯兵官呈，據茶馬司開報，奉院道憲票放過：頭運官兵趙廷禎等茶七百五十八篦，二運官兵李春芳等八百四十七篦，三運官兵侯應科等五百九十篦，三項共支茶二千一百九十五篦等情，到院爲照。茶篦支動，須會明茶院，然後可行。第軍門調兵，緊若星火，甘鎮糧餉不接，安犒無資，各軍擁門討餉，幾成大變。本院無奈，商及總鎮，該道將茶篦酌量給散，軍丁起發，東援行兵，權齊一時燃眉，實不得已爲之也。除一面咨部外，相應移知等因。同日又准撫臣黄圖安手本，爲稽查見在茶馬事，據道廳呈，據茶馬司回稱，卷查卑司經放茶篦，俱奉前撫鎮明文，因軍士鼓譟，動給准作月餉，急救燃眉，並撫賞番（彝）〔夷〕等項，共支過一萬二千一百八十四篦。續奉撫鎮賞番，又用茶四十篦。今蒙行催賠補，將追各軍，則枵腹露肘之衆且不敢問，敢云追乎？懇乞轉達茶院開銷等情，到院爲照。前院與總鎮動過茶篦如許，或因三軍呼餉、事出勢迫，既給在軍，安忍追之！即昨本院起發行兵給茶一事，實恐悮援剿大事，不得不權時救急。除咨明户、兵二部外，擬合移會請准開銷等因到臣。該臣看得：茶篦專備中馬，别項不得借支。前因甘肅撫鎮諸臣借用多端，業經具疏請旨矣。今撫臣黄圖安，因總督孟喬芳調兵東援，急如星火，而糧餉不給，安犒無資，又將茶篦給軍，共二千一百九十五篦。雖云權濟一時之急，然此例一開，將處處效尤，茶法馬政，終難修舉矣。伏乞敕下該部酌議，俯將甘鎮前後借過茶篦，行令作何補還，以資目前招中。或念調援緊急，糧餉無措，權准開銷，後不爲例。覆請明旨，行臣等遵奉施行。

奉聖旨：『該部議奏。』

順治三年，御史廖攀龍題《莊浪放茶充餉懇敕照例補還以昭畫一之法疏》

疏曰：竊惟茶篦專用中馬，别項不得借支。前甘肅撫鎮借放茶一萬二千一百八十四篦，該臣具題奉有『這借支茶篦，着作速補還』之旨，正在遵行。今又准甘肅撫臣黄圖安疏稿内稱：自順治二年正月起三年正月止，二次共借放過甘州庫茶一萬四千四百一十九篦外，又據莊浪道僉事邊大順呈報，莊浪營軍困苦已極，討茶度命，隨放過莊茶五千四百二十九篦等情到臣。臣駭且憾，念寇亂以來，川湖路阻，商運難前，臣雖多方中引，計新茶到日，尚在三五年之後。目下所恃以羈縻番心，充實營廐者，各司庫空，既無可望。惟有莊浪數萬篦陳茶足賴耳。今該道效尤撫鎮，不由臣衙門批允，徑將茶篦放給兵餉。此端一開，彼軍何厭之有！不至盡空莊庫不休，而番夷又需茶孔急，無以應其求，勢必忿激狂逞，將爲河西之害。恐不止如餓軍鼓譟而已。且國家開創之初，法令方行，遽爾壞亂，況可久乎！臣既奉茶差，權不歸一，旁出多門，非所以肅政體也。伏乞敕下該部議覆，合無仍遵前旨敕令，照數補還。嗣後再不許借端擅動，庶不失朝廷修舉茶馬至計，而裕國安邊猶可徐圖矣！

順治三年，御史廖攀龍題《洮司陳茶腐爛無用莊浪庫茶給放有據仰乞聖明敕部議豁以清積累疏》

疏曰：臣入秦之初，牒行各道，嚴查五司見貯先年餘剩茶篦數目，已經據實開報上聞。及臣巡歷所至，親詣茶司簡閱，見洮司北庫封鎖年久，啓而視之，則草莽叢塞，鳥獸駭散，茶塊爲土，木瓦礫堆積亂壓。臣問其故，據署洮州監牧事高掄稟稱，此項茶篦，經先朝崇禎五年監視茶馬太監李奇懋盤過，遠年陳腐浥爛湖巴山黄茶五千五百七十七截，又碎茶一萬三千三百截，又零二千五百斤，久成土糞，置爲棄物。是以庫門封鎖不開，内房一任倒壞，從前各官交代，册有虚數，庫無實茶。未奉題銷，不敢擅除。至於舊黑茶一千八百三十六篦，舊黄茶五千二百六十三篦半，日久篦斤輕少，亦皆朽腐，番人憎嫌，不堪招中等情。又據莊浪道呈稱，親詣茶司，眼同監牧官閻偉、茶司官李榮貴倒庫秤盤，將截塊每六斤攢合成篦，共見在茶九萬九千九百七十五篦，比前報册内數目少茶二千四百三十篦。據監收官稟稱，去歲三月内，蒙英王劄委安官參將劉光祖，硃票放給營軍賞番等用。彼時署廳經歷曹銓、茶司官霍登裕未報開銷。見有安官劉光祖標發領票存案，呈乞照驗等情到臣。

該臣看得：洮司陳茶，自崇禎五年盤過，已屬不堪。後庫房倒塌，愈久愈壞，毋怪乎盡成灰糞也。册上徒載虚數，終無裨於招中。若不開除，年復一年，貽累後人，何所底極！至舊黑黄茶二項，共七千九十九篦半，雖稱腐爛，姑且存庫，俟新茶至日，搭配中馬，未爲不可。其莊浪盤出短少茶二千四百三十篦，稱係英王劄委安官劉光祖給放，領票驗明確據，所當一併開銷。臣繕疏間，又據臨鞏道參議夏揚名呈，據河州總理韓羅漢呈稱，崇禎十四五六年，中過馬四百四十二匹，共該黑黄茶一萬二千九百六十三篦，久欠未給，各番洶洶索討，懇順番情，照數給還等情到道，呈詳到臣。臣念衆番向化，輸誠中納，倘舊欠不償，拂情啓寡，有失新朝柔遠之意。隨批允暫還一半，將蘭司陳茶動支六千四百八十二篦，給償前欠，以示鼓舞外，伏乞敕下該部酌議，或念洮司腐茶，久成灰糞，准令開銷，毋存虚數。其莊浪安官動過茶篦，與蘭司償過舊欠茶篦，各照數豁除，以便銷算。庶出入明而積累清，葛藤自此斬絶矣！

順治(二)〔三〕年，御史廖攀龍題《寺卿關係牧政懇乞聖明速行選補以飭冏務疏》

疏曰：臣奉簡命，督理馬政，有茶易之馬，有孳生之馬。茶易之馬，産自番族，督令西莊、臨鞏等道，撫調招中。孳牧之馬，蓄於七監，督行苑馬寺稽查生息，必經理得人，斯牧事無廢。自明季視牧養爲末務，目苑寺爲閒局，每遇員缺，非屬左遷無地之遽廬，即屬物望素輕所托宿。既已厭其官而意氣消沮，安望服其官而展布猷爲！人復一人，年復一年，馬政遂致大壞，極弊而不可修舉，所由來也。

臣入境受事，即思洗從前之秕謬，期異日之庶蕃。然相與共事者，恃有寺卿耳。今懸望日久而銓補無聞，則七監何人統轄，邊馬何人俵給，瘦損何人點驗，牧地影占何人根究，牧軍疾苦何人撫恤？課駒之賠補，馬價之追徵，何人查催？地既遼遠，事復殷繁，縱有署官，終非實授，難以責成。伏乞皇上敕下吏部，即將陝西苑馬寺正卿員缺，或於就近地方擇有才望者推補前來，勒限任事，勿因稽舊套，仍以訾議劣處者濫竽斯官。蓋昔以謫遷待之，其勢自輕；今以推擢榮之，其勢自重。有一番破格擢用，自有一番振刷景象。又何患汧渭間不復覩雲錦之成羣哉！事關職掌，用是不避煩聒，具疏上請。臣不勝激切待命之至。

奉聖旨：『吏部知道。』

順治三年，御史廖攀龍題《寺卿久缺未補權議就近兼攝以舉馬政疏》

疏曰：臣初抵任，見苑寺無官，牧政曠廢，一面具疏請敕銓補，一面委分巡關西道石岳署管寺事。該道殫心料理，如牧地之開墾，逃軍之招撫，種馬之孳息，事事整頓。雖亦漸有頭緒，然終屬代庖，未免存五日京兆之意。臣思寺卿一缺，自明季以來，人皆視爲落井之官。一聞推補，即托老疾引退，竟不赴任。以致衙舍倒塌，人役逃散，名存卿貳，實類投閑。

今聖明御宇之初，首重馬政，何靳寺卿一官而需待多日銓補無聞？或亦灼知此官久廢，即推選一人，勒令前來，而棲身無宅舍，服役無吏胥，日給無公費，政事埤遺，貪窶興嘆。抑何以勸之敬事盡職也！臣再四籌畫，無如就近兼攝一着，猶可責成。蓋七監皆審邇平涼，而分巡關西道與苑馬寺衙門又俱駐劄平涼，合無將分巡關西道帶苑馬寺卿職銜，敕令就近兼攝，則衙宇、人役及公費等項，無煩設處，而官有專責，事無廢墜。猶愈於委署料理，得以代庖卸擔耳。若曰：寺卿品級原尊，道官不得帶銜，則俟三陝、川湖盡平，茶裕馬蕃之日，無妨仍舊推補。今爲目前權宜之計，或未必無當也。謹會同督臣孟喬芳、撫臣雷興、按臣趙端合詞具題，伏乞敕下該部，再加酌議。如果臣言不謬，照議覆請行臣等遵奉施行。

順治三年，御史廖攀龍題《恭報私茶變價銀兩仰候聖裁疏》

疏曰：竊照微臣督理茶馬，凡可上稗國計，下絶弊端者，無不悉心料理，加意剔釐。乃有趨利若鶩，試法如飴。如鞏昌府推官高第，盤獲私茶犯人牛養鰲其人者。養鰲爲叛帥賀珍標下守備，當珍未叛之先給鰲以無印令牌，内稱隨帶茶貨，前往西寧、河州易買戰馬。臣查先朝《會典》内一款，川陝地方，通接番境，守把關隘員役，不許放過緞疋、布絹、私茶等項出境，違者處死。今養鰲手執僞牌，帶散茶二千八百一十六斤通番販馬，違禁無忌。臣隨批行分守隴右道劉世傑，按律勘擬徒配發落外，但此項茶斤將欲發司招中。查舊規，俱用黑黄篦茶，從無用散茶中馬之例，不敢變亂成法。隨批議變價，得銀五百七十九兩六錢，貯隴西縣庫。因思往例中馬完日，必須撫賞番族，所費不貲；又念七監牧馬羣空，孳生無種，合無將前項銀兩，准令茶法項下作賞番及易買種馬支用。或以叛賊蜂屯軍興旁午，錢糧缺乏，脱巾頻呼，准令權作兵餉支用，少濟目下燃眉之急，後不爲例。伏乞敕下該部，再加議覆，請旨行臣衙門遵奉施行。臣無任翹企待命之至。

奉聖旨：『該部知道。』

順治三年，御史廖攀龍題《盤獲回夷私販懇乞聖明嚴敕處分疏》

疏曰：竊照私茶馬販妨礙招中，該臣前題奉有『奸徒私販，自當照例嚴禁，違禁夾帶的，依法究治，私馬入官，着通行嚴飭之旨，業經遵行在案。今據洮岷道副使桂繼攀呈，據岷州撫民同知李日芳呈稱：本年四月十九日午時，在岷州東關盤獲回夷馬得明等共二十六人，係哈密國人。執有漢中關南道理刑廳齊總鎮、李參將令票路引四張，供稱前在明朝魯與中國貿易。今於順治二年七月內，帶本國土產馬一百一十六匹，前至漢中發賣，馬歸四營，給以所搶獲散茶八十五馱背，每馱背輕重不等，共五千二百四十四斤，向鎮將、道廳討有路引回國，行至岷州盤獲等情到臣。

該臣查得《會典》一欵：陝西産茶地方通接西番關隘處所，着撥官軍巡守，如有將私茶出境，即拿解赴官治罪。又一欵：凡番僧夾帶奸人并私茶違禁等物，許沿途官司盤檢，茶貨入官，伴送夾帶人選官問罪。若番僧所到之處，各該衙門縱容收買茶貨及私受饋送者，聽巡按御史察究。今馬得明等係甘肅嘉峪關外哈密國遠夷，輒敢擅入内地，帶私馬一百一十六匹，躍馬横戈，晝夜馳走，地方官兵莫敢誰何。及至漢中，該鎮將、道廳不惟不能按法嚴禁，且縱令發營各將搶獲散茶貿易，復給以引票，護送私茶出境。當新朝行法之初，即有違禁犯法之事，除臣一面行令洮岷道將私茶寄庫，回夷羈留外，伏乞敕下該部議覆，合無將馬得明等照例究處，私茶入官，再敕甘肅道將不許縱放回夷夾帶私馬，擅入内地，漢中道將、廳官不許縱容回夷興販私茶出境，違者重處。庶法紀嚴明，奸販自絶，茶馬可漸次脩舉矣。

順治三年，御史廖攀龍題《酌議廩費以資巡方急用疏》

疏曰：竊惟無事而食，臣子之所不安，有常職而食朝廷之所不靳。臣巡視茶馬，地方遼闊，所屬道府、苑監、鎮衛文移繁劇，并齎奏中引及賞商、賞夷，販士恤孤，紙紅薪米，吏書、門厨廩犒等費，視按差更倍，歲不下數千金。往例皆取給於茶課、站價、贖鍰等項，今川漢寇踞，茶課無望，而站價不解，贖鍰不取，則公費全無矣。試舉一端言之：如臣抵境後按歷，鞏昌招商中引，用過該府縣紙紅、薪米等項，所費不貲，及申詳請價給行，無所抵補。一屬如此，各屬可知。至書吏、門厨隨巡，廩食、衣價分文無給，終窶且貧。事事束手，何以重風紀，崇體統也。

查各省按差，俱有額設公費。如陝西按差，取給於布政司宗禄項下。臣差與按差事例相同，而公費絶無，似非畫一之規。伏乞敕部議，覆酌示定額，或照按差事例，應動何項銀兩，每年額設三千金，以備巡方急用。庶爲永便臣從衙門缺費起見，非爲一己之私，仰冀聖明，垂鑒施行。

卷二

廣西道監察御史史詥謹題爲請明職掌以便遵守事

竊惟法期垂諸無弊，事貴經久可行。茶馬一差，舊只御史，户部新增二員，良有深意。前御史蘇京與李顯春連章互訐，事之顛末在聖明洞鑒中矣。今奉旨撤回，荷皇上不以臣爲不才，命往更替。臣謂合衷共事，自無水火，但恐職掌未明，嫌疑或起。謹先撮其大要，一一請明之。

户部與都察院不同衙門，職銜何以分列是宜？請明者一也。又，臣一人耑敕印，三人共行一事，萬一似前掣肘，有悮國事，罪將誰歸？是宜請明者二也。又，御史奉差，不得多帶人役。人役繁多，必滋弊竇。是宜請明者三也。又，臣與增差三員若同一衙門駐劄，兼書吏、厨役人多難容；若各一衙門，往來商議，事多築舍，萬一事有機密，書役泄漏，干係匪輕。是宜請明者四也。又，巡歷各屬，三員同往地方，何以供應夫馬，何以應給？是宜請明者五也。又，户部差官，無復命之例。臣衙門十月已滿，即應造册復命。是宜請明者六也。又，欽定經費册内載公費一千二百餘兩，吏役工食一半，心紅紙劄一半。秦地彫疲，三員日費何出？或增差二員，户部給發糧單，以爲常式，自無庸議。是宜請明者七也。前此未及請明，遂成齟齬。臣若不逐一上陳，恐蹈前轍。且事關邊境，萬有參差，臣身不足惜，係於國家大也。臣謹列其大要，仰候聖裁。至地方事宜，到日另疏具題，不敢預揣瀆陳。臣無任惶悚待命之至。

順治肆年捌月　日

巡視陝西茶馬監察御史臣姜圖南謹題爲恭報微臣入境受事日期以祈聖鑒事

臣備員常吉散授臺班，旋奉有巡視茶馬之命。恭蒙皇上臨軒親遣，聖顔開霽，天語叮嚀，敢不殫竭頂踵，以仰報隆恩于萬一。自九月初一日，陛辭，兼程就道，于十月初八日入關，與前差茶臣吴達交代受事，并即將欽頒敕諭，謄黄刊刻，分發各道，轉發欽遵矣。伏念茶馬關係軍國重務，凡所以招徠商賈，禁戢私販，臣自不遺餘力。第前此私販，或無引買茶，或私銀市馬，邊腹兩地，尚可防閑。近者傳聞有等奸棍假充滿州及標將名色，大隊公行，竟將私茶攔出换馬地方，顧畏莫敢誰何！夫以茶中馬，歲額相沿，原屬制御西番，不獨僅資邊計。此中賞罰予奪，頗有機權。若私販之徒，但知營利，遑恤國體。萬一致起釁端，責將誰屬？臣稟遵三尺惟有白簡入告，以聽朝廷之命令矣。敢因恭報入境而先及之。爲此具本謹題請旨。

順治八年十月二十七日，奉聖旨：『該部院議奏。』

吏部題覆：『准都察院咨稱，茶馬之設，原以西域番夷非茶不能爲生，故以茶易馬。若私販公行，則于法有礙，而遠人有輕視之心矣。此關係甚重，應嚴飭滿漢邊臣，共遵約束，如有故犯，聽茶臣糾劾重治。等因咨覆。前來相應照議題請，伏乞敕下兵部，轉行嚴飭施行。』

奉聖旨：『是。着嚴申飭行，兵部知道。』

巡視陝西茶馬監察御史臣姜圖南謹題爲茶法已經極弊地方積習難療仰祈天鑒嚴飭責成以清茶路以絶盜源事

臣自入境，報聞飲冰受事，查舊額茶商凡千餘名，兵燹之餘，僅存一百零六名，人少貲微，茶本不裕，極弊一也。舊有川湖課茶，歲行辦置。今茶商不通，攢集漢中一府，額多茶少，茶價及轉運一切腳價，十倍往時，極弊二也。舊時五司恒有存剩茶篦，攙新搭舊，可供塗抹。今茶商筋力已盡，茶司掃地無餘，册籍空存，無憑招中，極弊三也。茶篦既少，開中不時，兼之西番種類繁多，撫賞思威，(金)〔全〕未脩舉。市巷賈心，恣睢偃蹇，招之不至，極弊四也。更有大夥私販，非倚營將，則託東人，市茶易馬，公然四出。有司既縮恧無措，土豪復相率勾連，私販既行，官商益滯，極弊五也。有此極重難返之勢，臣焦心戮力，晝夜靡寧，求所以補救之法，莫先嚴禁私販。按關南守巡二道，駐劄漢興，爲茶商走集要地。臨鞏、洮岷、莊浪、西寧四道，轄五茶司中馬，爲官茶歸宿要地。此處首宜拔本塞源。而茶馬出没必經之地，則守巡、關西、隴西、隴右、固原、靖遠六道，暨守巡、關内、潼關、商洛四道，皆有分任巡緝之責。向惟視爲故套，呼應不靈。

臣〔奉〕勅書，開載：『各邊道里遼闊，皆宜詳□□核，使官商通行，私販屏迹。』則私販一節，已廑聖慮，臣願天語嚴飭責成道臣，于各地方有司、將領實實督察。臣皁車直措，綜核其間。倘仍前扞法，各坐所由，則官商積壅之弊可祛也。若茶艱司匱，全在川湖之茶不通。臣思湖襄久已底定，龍保見隸版圖，加意清釐，載在專敕。今湖襄私販充斥而官課不前，一應文移，裒如充耳，道府州縣，通在夢中。西川軍興未已，不同湖南。臣謂但使茶路有一線之通，即是地方無一日之警，是清茶路即所以靖地方。況西來私販，半由通巴官課廢而私販行，法紀安在！臣于守巡、湖南、荆南三道及川北、守巡、安綿三道，咸已行文開曉，然八年以來，未經脩復，而一朝草昧。非天語申重責成，臣雖舌敝頴枯，究無實濟。至招商撫番，係臣專職，當悉心措置妥當，陸續報聞。凡此皆以勉循職掌，俯竭愚忱。伏乞皇上嚴飭責成三省道臣，廓清茶路，淨絶盜源，其于地方茶法非小補也。爲此具本，謹題請旨。順治九年正月初五日，奉聖旨：『該部知道。』

户部題覆：『有得中茶易馬，必先嚴禁私販。今據茶臣姜疏稱，茶艱司匱，全由私販充斥，以致官課不前。議責成三省道臣，按屬嚴查，題請前來，合無如議請敕各該督撫按，嚴飭該道，督率各該地方有司將領，加意巡緝，務使茶路廓清，倘有仍前倚託營將、東人私販等弊，指名參奏，以憑究治。至于招商撫番應行事宜，仍敕該茶馬御史酌量舉行可也。』奉聖旨：『是。』

巡視陝西茶馬監察御史臣姜圖南謹題爲川馬招中已畢敬申屬番事宜仰祈聖鑒以大一統柔遠人事

臣入境後，接堂劄，奉旨給馬千匹，以資入川。臣以恢疆急需，刻不容緩，星夜催趲，轉運招中。復移會督臣暫借原給固鎮馬一百匹，凑足部額，交平西王委官控□。另具堂呈報銷。惟是馬匹招中之時節，據開報，所以遷就于諸番者蓋靡不至，因思開國之初，弘綱巨目，必求所以至當不易者，斯足蟠固天下而不可動。河西延袤三千里，東至榆林，西至兩川，悉與番鄰。我朝因仍往制，以茶易馬，以制其命。仰仗皇上威靈，番人向内。然而，即所招中恣睢偃蹇，僅爾羈縻，相爲互市，蓋彼自謂原與邊人兩平交易，初無統攝云爾。前茶臣廖攀龍以詔諭未頒，金牌勘合尚未革故換新爲請，隨經部覆奉，有依議行之旨，欽遵在案。

臣謹按：金牌之制，自先朝正統十四年事例不行，誠不必用。至詔諭勘合，部議所引《會典》三款，特見行律例。覆查先朝洪武十年六月，有諭西番罕東、畢里詔，賜西番國師詔。一以示大位之正，合與更始；一以緣效順之義，罷以號名。此爲詔諭。又番人族多難制，部給勘合，合其管束本族番人，納馬當差。如先朝嘉靖二十八年御史劉崙奏請者，此爲勘合。皇上削平宇内，立法定制，必深圖久大，以綏服要荒。頃河州弘化顯慶二寺喇嘛大國師禪師赴京進貢，該換敕印，隨經題請換給。是皇上予遠人備極柔能，豈給于喇嘛而靳于諸番乎！伏乞皇上敕下該部，備查西北屬番典例并舊有官職，番族酌給詔諭勘合，即行督撫衙門，就彼各襲以昭更始，仍照（住）〔往〕例，不必令其赴京。在朝廷不過費方尺文告之符，而數千里番夷共欽王會。見今用兵西川，黎門、碉雅與番連接，番族順軌，先聲有不痛而服，况牧川要略。世職土官，并可一例招而爲用。臣身在地方，一面備行各道詳查納馬番族新舊頭目，俟新引中後，親巡犒賞。獨是國家大一統之義，全在廟堂程名較實。敢不悉心籌度，以祈經久，伏乞聖鑒採擇施行。爲此具本，謹題請旨。順治九年二月初七日，奉聖旨：『着察例議奏。該部知道。』

禮部題覆：『看得番人雖有頒給敕諭勘合舊例，但河西邊外番族甚多，從明季至今，誰存誰亡，誰順誰逆，臣部無由而知。應請敕下該督撫按，詳查番人歸順者若干族，明朝係何官職，給何敕諭勘合，何年免其赴京就彼襲職？逐一明白具奏，臣部再照督撫按所奏，詳察酌議具奏者也。』奉聖旨：『依議行。』

巡視陝西茶馬監察御史臣姜圖南謹題爲蜀省文移初至謹酌茶法脩舉之宜恭請聖裁事

臣自驅車歷漢途次，接四川龍安府知府劉夢熊交册到臣。及抵漢中，復接署茶法道事敍馬道趙顯宗、分巡川北道劉通、保寧府知府柯臣各文册到臣。内據分巡川(比)〔北〕道驗文，蒙臣憲牌行保寧府備查茶課，據該府回稱，查得《賦役全書》開載：巴州原額茶課銀四百四十二兩八錢三分九釐，通江縣原額茶課銀一千一百六十七兩五錢四分七釐二毫二絲，南江縣原額茶課銀七十兩七錢五分四釐八毫四絲，廣元縣原額茶課銀一十九兩八錢七分，自經變亂，未奉開徵。臣查《會典》：四川茶課除存本省衙門支用及賞番外，其折色内實解陝西巡茶衙門易馬，銀一千五百九十六兩五錢三分，係保寧府屬巴州、通江、廣元、南江四州縣解納。雖較數微有贏縮，然未經議課業八年於兹矣。皇上恩詔，弘敷率土，普被蜀中。川北一帶人民，甫離湯火，一切徵輸，俱經題免。則前此茶課久在蠲免之列，無容復贅。㡯下軍興倥偬，飛輓略(陽)〔揚〕。比見蜀撫臣李國英有《按例懇請急需兵餉》一疏，部覆亟催晉餉接濟，是方議協解於他省，權宜緩急。臣自不必於本省復議，顧當今此文告初通之日，不爲申明本末，恐將來不知茶法爲何事。况保寧久隸版圖，巴通私販，屢屢見告，官課廢而私茶行，充非法也。合請皇上敕下該撫按臣，備查保寧合干州縣，園户、茶園實在若干，自順治九年始酌定蠲豁分數，會同臣衙門題定。餘俟大定後，限年漸次脩復舊制，此百世之利也。至私販一節，臣前具《茶法已經極弊》一疏，業經部覆，責成三省道臣按屬嚴查，奉有俞旨。臣覆查《會典》，嘉靖十四年，題准四川夔州東鄉、保寧、利江一帶，近陝西通茶地方，不論軍衛、有司，凡事干茶法者，悉聽陝西巡茶御史管理。各該分巡、兵備等官，務嚴禁私茶，按季將捉提人犯數目開報查考，俱聽本官舉劾。久廢之後，并應題明，重爲申飭者也。爲此具本，謹題請旨。順治九年四月二十九日，奉聖旨：『户部議奏。』

户部題覆：『看得四川保寧府屬州縣既入版圖，自當查照舊例舉行。臣部查《會典》，保屬茶課原額共一千七百零一兩有奇，既經茶馬御史以歸服地方酌量起課爲請，似應允從。仍應敕下該撫按，備查保寧府屬州縣茶園茶户實在各若干，照舊例起課者也。』奉聖旨：『是。』

巡視陝西茶馬監察御史臣姜圖南謹題爲微臣巡歷漢南茶商萬分艱苦謹述先今附茶通例仰祈聖鑒事

臣先題報，茶商僅存一百六名。比經面行散引，老羸疲瘵強半，又欲告銷。臣再四勸勉慰諭，凡力可補救，俱不憚拮据，圖之二月後茶芽盛長。臣恐或有延緩，致誤招中，即卑車親歷漢南催趲。絶巘懸崖，更無公館可以棲止。因念商人自漢興至鞏昌，登山涉水，艱險益甚，脚資轉運，十倍往時。考《會典·茶課》一款，招商中茶：上引五千斤，中引四千斤，下引三千斤。每七斤，蒸曬一篦，運至茶司，官商對分。官茶易馬，商茶給賣。每上引仍給附茶一百篦，中引八十篦，下引六十篦，名曰『酬勞』。自先朝都御史楊一清督理茶法後，每大引一道，共官商茶九百三十篦，連篦，俱以十一斤爲準。外有商人附茶六十篦，以爲脚資。其引目俱臣衙門刊發通行。

本朝定鼎之初，亦仍舊例。順治五年，户部改鑄銅板部引。原題首列《會典》，迨七年給發部引，每引照茶百斤，内未注有附茶字樣。想當日以引目通行各省官商對分之例，惟在陝西不便異同載入，故予疏末有曰：中間或有昔所已行，今宜變通；昔所未行，今宜增入者。行茶馬御史與督撫按查議妥確，奏請定奪。是部議原有需於覆奏也。且明初舊例，茶商散引三年，到司猶行給賞；迄十年，始批違限；十年以上，照例問擬。隆慶五年議准：近年，姦商假以附茶爲由，任意夾帶，恣情短販。今後：招商三年免究；四年問罪，仍抽附茶一半入官；五年問罪，附茶盡數入官，不准再報；六年以上，即係老引，照例問遣。先例十年，後猶五年，爲期甚寬。商人既有茶商優恤，復可展轉經營，故其力有餘。自經兵燹，人引多亡，茶貲變滅。年來權宜補救，比併銷引爲限既近，商苦更深。順治七年，茶臣頒給部引，于附茶一項，因係本商腳資舊例，照舊通行。然在商人，以附茶未經載入部引，難免觳觫，不終日之懼。即在臣衙門未經題明，亦非典章畫一之規。况商人萬里蠅趨，止圖纖利。故當時美其名曰『酬勞』，與之以利，而復厚之以名，良有深意。以今援昔，於附茶一項，應照洪武間例准給，或仍照近例明注若干准給。務酌定經制，俾知法守。從此，轉運熙攘，招徠漸廣，是裕商即所以裕國也。伏乞敕部，覆覈施行茶法，幸甚！爲此具本，謹題請旨。順治九年四月一十九日，奉聖旨：『户部速議，具奏。』

户部題覆：『看得招商中茶，悉照明季舊例舉行。臣部于順治五年題准鑄造銅板，印刷部引，通行已久。查附茶一項，恐奸商滋弊，未經載入。今據茶臣姜以地方初定，商苦更倍，援例題請，似應允從。伏乞敕下茶馬御史，查照舊例行茶地方，道里遠近，分別舉行者也。』奉聖旨：『是。』

巡視陝西茶馬監察御史臣姜圖南謹題爲地畝馬價錢糧通查全無畫一謹據到册直陳仰祈敕部嚴行稽覈以襄國家實用事

竊照錢糧項款，俱關維正。陝西西安左等一十九衛，鳳翔等守禦千户十所，每屯地一頃，除納籽粒外，徵銀一錢，名爲『地畝馬價』。隨屯糧帶徵，備官軍買馬之用。内漢中衛屯糧一石，徵馬價銀一分六釐四毫九絲；寧羌衛屯糧一石，徵馬價銀一分八釐八毫；汧縣所屯糧一石，徵馬價銀一分七釐二毫七絲二忽。若肅州衛各城堡倉及莊浪衛，每屯糧一石，帶徵本色馬糧五升。此皆故明舊例，行之二百餘年。蓋邊鎮營伍買馬湊給及中給茶馬喂養料草，皆臣衙門批定勘實動支。故臣衙門每差巡歷清查，差回報部。臣于本年二月内，因事關錢糧，節經牌查去。後據關南等道陸續轉報文册：有開未經分徵者，有開搶劫無存者，有開抛荒者，有開總鎮票催并荒截湊者，有開拖欠援赦者，有開脩理城垣，喂養驛馬，領作俸薪月糧，馬乾運略脚價者，甚至有開支給科舉盤纏，與夫總鎮上任，製辦執事脩造衙門者。尚有徑不回報者，道册與廳册互異者。臣欲再行候齊覈定，而日復一日，相率擔延，始終成一不能清楚之局。

緣我朝定鼎，祖□悉除，屯地照民地起科經徵，各官于地畝馬糧因循觀望，其寔屯地仍屬各丁承種，前部議甚明。乃此覈則以彼支爲護身，彼徵又借此那爲藉口，舊新互扯，影冒相仍。比見户部題覆，延撫衛所官役俸薪、工食，支給本衛均（瑶）〔徭〕銀兩。調豈有以協濟軍餉之銀，動支以抵經費之理？令其開墾屯地，使經費有藉，奉旨允行。仰見司農稿目，持籌衛所各官即不能開墾荒屯，豈有額在實徵，（徑）〔竟〕無着落，及任意支領之事？臣不知歷年藩司于此項作如何抵銷也？臣謂錢糧自有一定額設，萬無虚懸。臣衙門地畝馬價錢糧，與太僕寺歲參事同一體，若如此屑越混淆，將來何所究竟！臣據關南、隴西、臨鞏、洮岷、延榆、莊浪、肅州見册，造到地畝馬價，項下除漢、羌、沔三衛所各有圈地外，每歲共計銀糧四千五十餘石兩。肅州見貯馬糧五百五十五石七斗零，雖爲數未全，然銖兩無容侵冒。若合之全陝衛所，地畝馬價爲數更多。查順治五年以前，秦中軍興擾攘，文卷多遺，今若徹底窮追，葛藤無已，業經皇仁肆赦外，合無自順治六年起，請勅部行督撫及臣衙門，將各該衛所地畝馬價，逐年清出：已徵若干，未完若干，除荒及圈占若干，開銷若干；有無侵漁、捏報、隱匿等弊，案覈經徵職名，備造清册達部。此後，于地畝一項，明白分别，某道屬某項地畝若干，撥定喂養茶馬歲額，賞番及湊給馬價外，某項改充兵餉。臣衙門復命册内即行分别開造，其有侵欺，照例坐以監守自盜，并贓論罪。如此，則出納既充責成自易，而錢糧涓滴庶歸實用矣。爲此具本，謹題請旨。順治九年九月初二日，奉聖旨：『着嚴飭察覈。該部知道。』

巡視陝西茶馬監察御史臣姜圖南謹題爲馬政關係邊防經理俱宜詳慎謹推考本末恭請敕定以重邦計事

臣自去年十月入境，於二十九日准原任提督臣李思忠手本，爲稽查馬政錢糧事，内開准兵部劄，據呈前事，蒙批該營缺馬。其本處有茶馬一差，專司馬政，宜應就彼取單等因，具呈督臣。查本標三營缺額馬一百一十三匹，見積椿贜銀二千一百八十七兩一錢五分，相應支取買馬等因到臣，隨已給單備買。五月二十二日，據延綏鎮臣哈喇庫手本，爲請示動支朋銀購買戰馬事。内開本鎮孤山、定邊兩協及延安營，經制各該額馬三百匹，今止自備馬數十匹耳。隨呈督臣，動支朋銀五千兩購買。復查藩司開數止三千兩，備問差官遊擊趙業隆，據稱藩司所發銀兩不敷，因移會延綏撫臣，轉行餉司動支鎮庫朋銀二千兩，湊買兩標協路戰馬三百三十三匹，隨亦給單備買。先是，分守駐防等官呈請買補營馬，或二三十匹，或四五十匹不等，然該營果否缺額，果否買補，臣實猶有未詳。欲禁則以騎操所需；欲給則虞借名溷討。又，每年關領茶馬，有各營竟向茶司討取，茶司竟自給發始行具報者。臣差司馬政，不敢苟且塞責，緦緦虞之。比見新例通行賠補之法，分别年限明扣，至爲周密。陝西三邊重地，馬政所關，年年開中，給領日漸月增，尤必參考詳明，以爲可大可久之計。臣因按臣衙門職掌事宜，爲明朝所已行而無弊者，分爲四款上請。如果臣言不謬，伏乞敕部查議，覆定施行。

一、故明陝西設行太僕寺於平涼、甘州兩處，分地巡歷，專查營馬瘦損倒失之弊，擬議降罰追賠，册報臣衙門，彙册報部。萬曆三十年，巡茶御史黄陛題裁甘州行太僕寺衙門，而以莊浪馬政歸之西寧；甘、涼、肅馬政，歸之三邊。萬曆三十三年，巡茶御史史學遷題裁平涼及東西兩路行太僕寺衙門，而以固原一鎮馬政，歸之固原靖魯；臨鞏、洮岷、隴右、關内、關南、關西、河西、潼關各道，延綏一鎮馬政，歸之榆林、神木、靖邊各道，寧夏一鎮馬政，照先閱視。臣周弘綸題准，歸之寧夏。河東、河西二道，各兼理。頃户部遵旨會議事内一欵，各處駐防馬匹倒斃，恐各營開報不實，嚴行督撫、鎮道、餉司，按月稽查。臣按分道點驗舊例，頗詳，循名責實，應并臨鞏、漢興二鎮營馬，俱令各道就近實行點驗，有無虧損，倒失等弊，年終造册報督撫及臣衙門，清册達部。絲聯繩貫，以覈軍實。

一、五茶司歲易番馬，除奉旨給發外，皆供邊鎮營路騎征。然多寡、有無、給領不等。查舊例，開中之時，各邊鎮造册分列經制原額，見在并缺額，需領數目，每年册限三月以裏，齎赴臣衙門驗撥；領馬官軍，限八月以裏到彼交兑。載在《會典》。今應照見在歲中馬額，行令各邊鎮遵照舊例先期造册開報督撫及臣衙門，酌量邊腹衝緩，派定額數，按期給發。毋致偏祐，以一軍制。

一、舊例：各鎮每年遵照《會典》，齎册赴臣衙門通融派撥外，仍於領馬之時，先期約日，將缺馬軍丁造册，委官照例給口糧、料草，徑至派定各茶司，將茶馬親自認領。毛齒即開注各應領軍丁名下，如馬小不堪，即於中馬該道廳將處更换。領後不許籍口瘦損，以滋紛擾。今宜仍照舊例，開坐軍丁缺馬姓名關領、撥發，各有責成，不致虚冒參差，以實軍伍。

一、舊例椿朋肉臟、地畝馬價銀兩，除延寧二鎮照常本處邊倉收放，其西安等處解發附近府州縣倉庫寄收，俱取實收，并按季循環文簿分別已未完數目，報臣衙門，俟出巡日盤查。如遇官軍倒死馬匹，必須呈報臣衙門，批行該處守巡道勘報是實，方准支領買補。今地畝馬價一項，臣徹底通查，除另疏具題外，其椿朋肉臟銀兩，各邊鎮或解藩司，或貯餉司，亦無容再爲更張。今應將以後倒死追賠已未完數目，仍按季報督撫及臣衙門。遇申請買補營馬，查照有無完欠，應否動支取給。年終造册，達部查驗，使錢糧銖兩不亂，以重軍資。爲此具本，謹題請旨。順治九年九月初二日，奉聖旨：『着飭行該部知道。』

巡視陝西茶馬監察御史臣姜圖南謹題爲酌議開墾牧地之法以裨牧政事

臣查七監草場荒熟地原額，共一十七萬七千一百六十一頃六十二畝四分九釐三毫。順治三年，先差御史廖攀龍有《恭報苑監》一疏，備列原額内開見種熟地：開城監，二百六十三頃六十二畝；廣寧監，一千二百二十三頃八十二畝零；黑水監，一百一十七頃；安定監，二千四百一十六頃一十四畝九分；清平監，一百七十一頃三十四畝五分；萬安監，四十三頃八十畝；武安監，三百五十六頃一十五畝五分。七監熟地數目止此耳。按七監牧地，熟地贍軍，荒地牧馬。凡羣内騍馬，每馬給地三頃一十六畝，山坡、川地各半，内隨馬納糧地一頃，徵銀六錢。羣内兒馬、羣外兒騍馬，每匹給地一頃五十八畝。其不領馬熟地，每頃亦徵銀六錢，備買種馬。顧地與馬相依，欲廣孳牧，必盡地力。臣於今春二月間，廣示招墾，并飭查勘。顧法當積弛，若僅言清地而不知地之所以清，徒滋煩擾，乃爲條分區畫，挈領提綱，就近督委履畝清丈。

據固原州知州郭之培册報，廣寧監數年開墾及新丈墾地、見種熟地，通共一千二百九十五頃一十一畝，内除八年半徵地三頃三十九畝，每頃徵銀三錢，又除九年新墾地三十一頃六分，俟十年半徵。開城監數年開墾及新丈出墾地、見種熟地，通共四百八十六頃八十五畝八分，內除八年半徵地一十八頃五十二畝，每頃徵銀三錢，又除九年新墾地一百四頃九十一畝二分，俟十年半徵。黑水監數年開墾及新丈出墾地、見種熟地，通共二百六十七頃八十五畝，內除八年半徵地二十四頃一十八畝，每頃徵銀三錢，又除九年新墾地四十頃五十畝，俟十年半徵。又據平涼府馬政同知徐國章册報：武安監數年開墾及新丈出墾地、見種熟地，通共四百三十九頃二十八畝五分九釐，內除八年半徵地一十頃一十三畝四分，每頃徵銀三錢，又除九年新墾地一頃四十四畝五分五釐，俟十年半徵。清平監數年開墾及新丈出墾地、見種熟地，通共三百九十頃二十五畝八分四毫二絲，內除八年半徵地一十頃四十三畝六分八釐，每頃徵銀三錢，又除九年新墾地四十九頃四十三畝六分九釐三毫二絲，俟十年半徵。萬安監數年開墾及新丈出墾地、見種熟地，通共一百二十頃八十畝，內除八年半徵地一十二頃三十二畝，每頃徵銀三錢，又除九年新墾地二十二頃二十五畝，俟十年半徵。安定監數年開墾及新丈出墾地、見種熟地，通共二千六百八十八頃九十八畝四分，內除八年半徵地五十四頃一十畝八分，每頃徵銀三錢，又除九年新墾地一百三十五頃六畝一分，俟十年半徵。以上，自三年報後計丈出新墾地，共一千一十八頃六畝五分九釐四毫二絲。而見在牧馬，除舊管及臣所盤獲私馬發監，并苑寺詳請買補種馬孳牧清數另册具報外，就今所丈出熟地以牧馬，配給羣內計之，可養馬三百餘匹；羣外計之，可養馬六百餘匹。以每頃徵銀六錢計之，歲增額徵銀六百一十兩八錢三分零。然臣過安定、會寧、靜寧、平涼一帶，墟里無人，蒿萊滿眼，牧軍耕牧，隱見於窮巔窑穴間。蓋七監地脉，山高土寒，水沙瘠鹵，不堪作縣，故區爲牧馬地場。按故明萬曆五年舊額，熟地亦共五萬五千三百二十餘頃。今計熟地，不及什一。

頃户部遵旨會議，事内一款：各省直荒地，勸諭開墾，即以開墾之多寡，定有司之勤惰，分别勸懲。苑監地畝，事同一體。以後，果有實心招撫，開墾數多者，三年之内，確有成效苑監官員，一體紀敍優陞。其有闒茸無能，立行拏治。至於墾地、耕牛、播種籽粒，恐流移窮牧，不能力辦，或量動本監地畝銀兩，借措以爲補助。按年還官。并責令寺卿馬政同知實心舉行，若有侵擾，治以重罪。如此，則既有勸懲，以督所司，而又通其有無，以恤窮牧。牧地既墾，即牧馬不期蕃而自蕃矣。伏乞聖鑒，敕部議覆施行。爲此具本，謹題請旨。

巡視陝西茶馬監察御史臣姜圖南謹題爲酌議變通牧軍之法以實監圉事

竊照七監牧軍舊額一萬六千一百三十六丁，給領馬匹騍駒。本朝定鼎，一應祖軍，奉旨裁革。皇仁浩蕩，率土瞻依。然牧軍在者，仍然供役，同於漕軍，正以牧有牧地，猶漕有屯地。馬匹非土人不畜，猶漕運非長年不知也。顧逃亡死徙，自順治三年册報，見存止二千六百七十丁矣。臣爲此焦心，曾遍示七監，招撫逃亡。凡科派牧軍，及雜差擾牧諸陋弊，臣所可禁者，俱嚴行痛革外，内有告户丁津貼及乞清本軍兩種情詞，既不敢刻覈偏聽，而又不得不委曲准理。因查祖軍一項，内外諸臣條奏覆議非一。如祖軍編改屯丁，屯地仍歸各丁承種，照舊徵輸，則是糧仍舊也。如因田起運，地方成例已久，未便紛更，則是運仍舊也。又如酌議僉選之法，清查舍餘，退給缺軍贍運原地及班軍、營軍，以致各衙門吏書、官承、黄快、屯丁俱令僉選，則是軍仍舊也。

臣於五月間道出漢南，因牧軍紛紛陳告，行署關南道右參議董應徵將漢南、漢寧、沔三衛所屯軍，詳酌漢沔二處屯丁，多有户絶。且屯地有爲平西王固山額真圈去者，止就見在屯丁，照原議幫貼牧丁内權酌三分幫一。兹臣道出平涼，牧軍成羣控籲，哭聲震天，大抵仍是津貼、清勾二種耳。臣以尅日復命，概不准行。然馬匹待人而食若不從長區處，酌議變通，則即目下臣所招回逃牧，見在三千八百五十七丁，亦不能久爲羈縻。蓋凡人樂爲民，不樂爲軍，且樂爲營伍之軍，不樂爲監牧之軍。以營伍尚有立功成名之望，監牧苦累終身，更貽子孫，以永遠也。臣爲牧軍非軍，仍責以軍，未免周折。

查《馬政條例》：故明弘治十七年，楊一清題增牧軍，照永樂年間發充恩軍事例。比直隸、山東、河南、山西、陝西法司，問擬人犯，有例該邊衛永遠充軍者，俱發陝西，解苑發牧。今似宜照此例，於前項問擬軍犯，摘發各監，領地牧馬。按馬計地，約已足額，即行具奏停止。則一轉移間，而軍既有地，馬復有人，人馬相得，孳牧墾荒，斯監園經久之計也。

至於目下牧軍，其代牧應清者，或照臣三分幇一之議，或照部覆新例，查還本衛原給地糧，責令安心耕牧。其或有遠方流民，依棲既久，願住畜牧者，仍照舊例定編爲養馬軍人，坐給草場地土，斯則目前既可安土，向後額有軍人，雖變通而仍寓不變之法。若七監醫獸一項，役雖最微，而關係牧馬最切，其工食亦有限，經費裁革，相應酌復。統祈聖鑒，敕部議覆施行。爲此具本，謹題請旨。

巡視陝西茶馬監察御史臣姜圖南謹題爲酌釐湖茶并行邊茶以裕茶法事

照得茶法中馬，故明舊有川茶、漢茶、湖茶。川茶，自隆慶三年題改折價，臣前有《蜀省文移》一疏，業經覆議，行彼中撫按酌議。開徵漢茶，自萬曆十四年題改折價，所有茶園、茶課，見在催徵册報，⿸广艮（方案：字通『限』）下見行。每歲招商散引，前往漢南及湖襄收茶轉運，官商對分，以供招中耳。顧漢南州縣産茶有限，且層巖複嶺，山程不便商人，大抵浮漢江於襄陽接買。臣衙門據引給票照驗。比以湖襄水販店户，將茶斤貪圖價值，專賣別省無引私販，官商齎引，無從收買。臣隨行文申飭，據下荊南道副使蘇宗貴具報，遵依并請給册盤驗。臣查故明舊例：湖茶通行，各商招畢，隨將引單號簿行湖廣寶慶府，轉發新化縣，候各商執對收買。該府先具依准繳查新化縣照引，註定斤數，多餘盡數抽税。該府仍委府佐一員監牧接管，嚴加盤驗。如有□假茶户、牙行，一體究處。崇禎十五年，題開長沙府安化縣茶。地方有司不許擅抽私税，阻撓病商。各在案。今湖南茶法未能通行，陝商統聚襄陽收買，在商人不無遷延短販諸弊，即臣今歲躬至興安，叮嚀催督，幸得及時轉運。然衙門相隔，動越數千里，湖襄督催盤驗，自不容已。除漢中、鞏昌兩刑官於湖茶照常盤驗外，其襄陽收茶處所，應如道臣所請，歲給官商引單號簿一册，於該府執對盤驗，稽覈，責有攸歸。此所謂湖茶宜趲也。

至内地茶法，故明嘉靖十五年，御史劉良卿議酌西鳳等八府地方廣狹，分派各府，對半抽分，照依時估定以價值。商茶給商自賣外，官茶價銀呈臣衙門計算，或備軍儲。迄萬曆十三年，計小引茶西安行六萬斤，漢中、鳳翔行二萬斤。今西、漢二府，尚行小商，其對分官茶，各交司中馬。若延寧等處，道里遼遠，茶法久已絶響矣。臣於本年嚴禁私販，拏獲寧夏私開茶店犯人劉成甫等。一面廣示招商，隨據延綏鎮標遊擊趙業隆具呈，議行茶法，臣隨批發榆林、神木酌會報。頃據榆林兵備道副使陳培禎呈，據延安府城堡同知楊呈彩詳議行茶緣由，擬照舊小引例，引茶百斤，量入官茶三十斤，額定每斤折價一錢三分，報交延鎮官庫。所過關津，一體盤驗。計榆、延二處，可行茶二十萬斤等因。臣以正在報命，暫行中止，然原詳具在其中，斟酌損益，果遂通行。則由榆延以至寧夏，俱可漸舉，既以便民，又復裕國。此所謂邊茶宜行也，蓋趲湖茶，則商運速通；邊茶〔行〕，則茶路廣。斯實於目前茶法有裨，伏乞聖鑒，敕部議覆施行。爲此具本，謹題請旨。

巡視陝西茶馬監察御史臣姜圖南謹題爲招中已行請酌馬數以程歲額事

臣惟慮經後世者，必精目下之政。招商運茶，調番中馬，誠所謂運不涸之倉，以壯無形之險也。顧茶商持些小輕微之本，非若巨商，貲財之世其業。番族本水草薦居之性，非若文罔賦役之極。其規必使商有餘財，而後營有餘騎，亦必司有餘積，而后番有餘慕。事雖一端，斯實治平不易之規也。查金牌調番，酬茶納馬，始於故明洪武。每三年一遣廷臣，納『差發馬』一萬四千五十一匹。宣德、正統間，金牌制廢，每年易馬不過數百匹，至千匹而止。弘治中，都御史楊一清開運商茶，通計三歲，中馬幾還舊額。故馬政規模，斷自弘治十八年爲定。嗣後歲月開增，至崇禎末年，五司中馬，計額一萬一千八十八匹。然年年拖欠，如御史徐一掄十五年仲冬之差，方中十二年例馬。竭澤焚林，徒滋口實。

本朝開創，順治三年，御史廖攀龍有《茶馬雖仍舊制》一疏，奉有新增馬匹，察明蠲免之旨。前後接差報中，多寡不等。兹茶商一百六名，臣已經疏明。撫賞五司土官、喇嘛，番族宣布朝廷恩威，臣亦躬行修舉。計臣入境，給川馬及陸續給發過馬匹，歲見已三千餘匹。俱另有清册彙報外，然於歲額不可不酌也。凡創制立法，必本於中，事有畫一，始知遵守。茶馬之役，歲額無多，然綱維三省，周邊六鎮，凡河西番帳之外，即爲蒙古。此中控制，實有機衡。假使馬歲增而茶不缺，臣猶謂邊防利害宜日講求。今商人僅十之一，官商對分，歲行銷引，川湖聞戒，運路倍艱。秦中雖號小康，然只此殘商，宜以深仁固結。若不少留餘地，誰復出力輸將，況番族消長，亦不等。若歲添馬額，勉強取盈，勢必以尪羸充數。更或朋比蒙古，牽馬招摇，甚而盗竊其馬報中，是以有用之茶，博無用之馬，且伏開無端之隱釁也。

臣欲使不病商，不擾番，俾司有餘茶，營有餘騎，經久不易。於今差期確酌之後，通計本朝差内中馬數目，折衷歲額，明定每歲應中茶馬若干。

令商人知所運，番族知所納，即上下官司，亦知所守。休養漸深，其於國家，猶外府也。第因時制宜，章程法度，非廟謨不定。伏乞聖鑒，敕部議覆施行。爲此具本，謹題請旨。

巡視陝西茶馬試監察御史臣王道新謹題爲申嚴茶禁以固邊防事

臣巡行臨鞏，披覽地圖，沿邊一帶，俱屬番居，稍北則爲蒙古部落。俱以得茶爲性命，貨馬爲生涯。我國家脩行舊典，耑遣臺員，許其招中。使番人知聖天子明見萬里，特賜生全，所差御史，一歲一更，不使久與交接。沿邊文武，嚴禁私通，於綏邊柔遠之中，寓杜漸防微之慮。爲法至深遠也。夫番人，非茶無以爲生，非馬無以得茶，非欽差御史無以售馬。雖有跳梁，不得不伏就戎索。故數年來，招之使來，麾之使去，趨承惟謹，以事權一而法令行耳。明季茶法大壞，邊將土豪，内販私茶，外换私馬，防維決裂，官引不行。番人得茶之路既廣，中國調遣之令頓輕。積窩奸牙，勾引教唆，浸致多事。前事之失，後事之鑒也。

臣自受事以來，各營缺馬，竭力招中，分别給發。此外，凡遇鎮將發銀市馬，稱係軍需者，臣查核的確，或移文該道，或給票赴司，准其購買。若有載茶易馬，求票求文，一概拒絶。以國家控馭各番，止有此着。儻凡入可以貨茶，凡茶可以得馬，無論朝廷之機權不尊，而交通起釁，結納生隙，爲患捋有不可勝言者矣！除臣鐵面冷心，一切不行外，伏祈天語再加飭明，使大小臣工，恪爲遵守。但有違抗，臣遵奉：『勢要敢犯私茶、私馬禁例者，聽爾指實舉劾。』之敕，白簡從事，庶實伍、安邊兩有賴也。爲此具本，謹題請旨。奉聖旨：『私茶私馬，禁例甚嚴。着申飭，行該部知道。』

巡視陝西茶馬試監察御史臣王道新謹題爲酌定附茶仰祈聖斷事

陝西茶法：商出貲，官給引，買茶運司，官商各分其半。引外許有携帶，名曰『附茶』，酬其輦連之費。率行已久。我朝亦然，因部引未經開載，前茶臣姜圖南援舊例、近例，兩請户部具覆。敕臣：『查照舊例，行茶地方，道路遠近，分別舉行。』奉有俞旨，臣查《會典·茶課》一條，每上引五千斤，中引四千斤，下引三千斤。每七斤蒸曬一篦，上引附茶一百篦，中引八十篦，下引六十篦。計每茶一千斤，准附茶一百四十斤。前茶臣所云舊例者，此也。又查楊一清條定：大引一道，官商茶九百三十篦，運篦俱以十一斤爲準，外帶附茶六十篦，計每茶一千斤，准附茶六十七斤零。前茶臣所云近例者，此也。舊例始自洪武，時當開創，路梗商稀，故多給脚價，以示鼓舞。近例始於弘治，時值承平，商多路坦，故少給脚價，以示節裁。

我國家締造之初，殘商無幾，若不寬其物力，誰肯履危蹈險，相率急公。部覆令臣查照舊例，早已鑒乎此也。但分別遠近，則有可商。論買茶之地，襄陽遠而西鄉、紫陽近，商皆樂趨，襄陽以茶多價賤，且有舟楫可通漢中也。論納茶之地，西寧遠而甘莊、河洮近，商皆樂趨。西寧，以地廣人稠，商茶易於貨賣也。若以遠近定多寡，事理恐有未協。合無照《會典》舊例，每茶千斤，概准附茶一百四十斤。俟熙洽之後，仍照近例，概行裁減，庶爲裕國通商久長之至計。事關經制，未敢輕疏，謹酌定上請，伏祈聖斷施行。爲此具本，謹題請旨。奉聖旨：『户部知道。』

户部題爲酌定附茶仰祈聖斷事

陕西司案呈，奉本部送户科抄出，巡視陝西茶馬、試監察御史王道新題前事等因。順治十年五月二十日題，六月十五日，奉聖旨：『户部議奏，欽此欽遵。』

抄出到部送司奉此相應議覆案呈到部

該臣等看得：附茶一項，前茶臣姜圖南援例題請定制，該臣部覆令查照舊例，行茶地方，道里遠近，分别舉行。奉有俞旨：『欽遵』在案。今御史王道新疏稱，以遠近定附茶多寡，恐各商趨利販賣，一任所向，地方難以通行。議照舊例，每茶千斤，概准附茶一百四十斤。俟商茶充裕，再行裁減等因。復請前來。相應敕下該管茶馬官，照例舉行，倘有奸商，借名影射夾帶等弊，仍嚴查治罪可也。順治十年閏六月初九日，奉聖旨：『依議行。』

歷代馬政志

〔清〕蔡方炳

〔提要〕

《歷代馬政志》，清代茶馬政書。一卷，蔡方炳撰。蔡方炳（一六二六—一七〇九），字九霞，號息關。室名願學齋、耻存齋。昆山人，寄籍長洲（治今江蘇蘇州），故其自署平江〔府〕人。明山西巡撫蔡懋德（一五八六—一六四四）子。諸生，康熙十八年（一六七九）舉博學鴻詞，托疾不赴。性嗜學，博覽羣書，兼工篆草，著述頗富。撰有《增訂廣輿記》二十四卷、《廣治平略》四十四卷、《憤助編》二卷、《銓政論略》、《歷代茶榷志》（一名《茶法通考》）各一卷，《願學齋集》（一名《恥存齋集》）二十卷，與祝聖培等合纂康熙《長洲縣志》二十二卷；編有《綱鑒匯編》四十卷，與于準合編《正修録》、《齊治録》各三卷，亦曾預修《江南通志》。輯有《正學矩》、《讀書法》各一卷。尤值得稱道的是：康熙二十七年（一六八八），曾校刻朱熹《晦菴集》一二一卷（蔡跋），今四庫本即據其本爲底本改編爲一一二卷。成爲朱集的另一版本系統，蔡刻本對其集之廣泛流傳作出不可磨滅的貢獻。兄方熺，字涵之，亦江南名士。事見《江南通志》卷一六五、《清通志》卷九九、《清通考》卷二二二，《四庫總目》卷七二、八〇、九七及《清史列傳》卷七一《文苑二》等。蔡方炳是書意在概述歷代茶馬、馬政之利弊得失，但其所取史料極爲狹陋。宋以前主要據《文獻通考》卷一五九—一六〇兩卷删削成文，宋代也不過輔以《宋史》卷一九八、《羣書考索》後集卷四四等二三種書。明代則以丘濬《大學衍義補》卷一二五及孫承澤《春明夢餘録》卷五三爲主幹，摘引僅校記中所及之十來家明人之論而已。此乃「先天不足」。更令人遺憾的是：也許蔡氏爲掩蹈襲之迹，恣意刀砍斧削，大量删改引文，乃至大失原書之旨，其删節之魯莽滅裂，錯謬之多，令人嘆息。此亦乃仍明季餖飣割裂，抄輯成書之風的影響歟？但其以不足萬字的篇幅，概述歷代馬政利弊得失的嘗試，仍值得肯定。蔡氏本人書末之論，亦不無可取之處。其意本在爲清代馬政開一藥石之方，但清與金元相同，乃馬背上得天下之王朝，其於馬政根本未曾留意過。

是書僅見《學海類編》本（集餘二），此叢書乃清曹溶輯，陶越增輯，始刊於道光十一年（一八三一），系六安晁氏木活字排印本，民國九年（一九二〇）上海涵芬樓有據《學海類編》影印本。《續修四庫全書》已據原藏辭書出版社圖書館的道光十一年《學海類編》木活字本影印收入。今據《續修四庫》本點校整理，酌校宋明相關資料，依例而出校記。

歷代馬政志

成周以夏官制軍，而以大司馬命官，以戎馬定井田之賦，則知馬政之關於六軍至重矣。考其制：國馬以行軍，公馬以稱賦，而鄉師辨其牛馬之物，均人均其牛馬之力，縣師辨其六畜之稽，遂人、遂師以時登其六畜，遂大夫以時稽其六畜而馬與焉。及其用之，則司馬法甸出馬四匹，此國馬之政也。校人則掌王馬之政，辨六馬之屬。種馬一物，可爲育種者。戎馬一物，可供戎事者。齊馬一物，毛足齊一者。道馬一物，善於馳走者。田馬一物，可供田獵者。駑馬一物，材下而供雜役者。蓋五良一駑，因其材質高下，毛色純駁而區分之。獨給公家之用，是爲公馬也。惟天子有左右厩，共十有二閑，馬六種；邦國六閑，良馬三厩，駑馬三厩。馬四種，無種、戎；卿大夫家四閑，良一厩，駑三厩。馬止田、駑二種。所以辨降殺，爲國防也。而凡馬特牡也。居四之一，一牝足御三牡，息馬之道也。春祭馬祖天駟星也。而執駒，二歲月駒，執拘之也。夏祭先牧，始養馬者。頒馬攻特，以特之蹄齧，不可乘也。秋祭馬社，始乘馬者。而臧僕，簡練御者，令皆善也。冬祭馬步，神之爲馬災害者。獻馬，獻成馬於王也。而講馭夫。教御車者使善也。凡軍事，物馬謂齊其力。而頒之；其趣馬，則掌贊正良馬，而齊其飲食，簡其六節。進退行止馳驟。掌駕脱之頒，用馬之次第。辨四時之居治。居爲牧庌所處之宜，治爲執駒攻(持)〔特〕之屬。有巫馬掌養疾馬而乘治之，謂驅步以發其疾，知其所病處而治之也。牧師掌牧地，皆有厲禁可牧馬之處，禁止其地之民不得輒牧牛馬。而頒之。授圉者以牧地也。瘦人掌十有二閑之政，教以阜馬。時其秣飼，俾盛壯也。佚特〔一〕，用之不使甚勞，安其血氣也。教駣，三歲曰駣，始乘習之也。攻駒，治其蹄齧也。執駒，毋令近牝也。散其耳。以竹括押其耳項，毋令善驚也。擇圉師，掌教圉人養馬；擇圉人，掌養馬芻牧之事。成周之于養馬，如此其重且詳也。

迨穆王時，有造父者以善御得幸，王封之趙城。其後有非子者，居于畎邱，好馬，善養息之。周孝王召使主馬于汧、渭之閒，馬大蕃息，孝王喜，命爲附庸，邑之秦，使續嬴氏之祀。宣王中興，内修外攘，復文武之境土，修車馬，備械器，以田車攻馬同賦焉。戰國之際，魏武侯問吴起以畜卒騎之法，起對曰：『夫馬必安其處所，適其水草，節其飽飢。冬則温厩，夏則涼廡。刻剔毛鬣，謹落四下，戰其耳目，無令驚駭。習其馳逐，閑其進止，然後馬于人親而可施勒御轡之用。』此古人調養戰馬之法也。

漢初，馬匹至百金，天子不能具醇駟，乃命民出筭賦，以備車馬。而以太僕掌輿馬，其屬有大厩未央、家馬三令，有車府、路軨、騎馬、駿馬四令丞〔二〕，有龍馬、閑駒、槖泉、騊駼、承華五監長〔丞〕〔三〕。夫以太僕而專命司馬者，始於漢代，非周官本職也。文帝時，令民有車騎馬一匹者，復卒三人。景帝時，造苑馬以廣用。置太僕、牧師、諸苑三十六所，分布北邊、西邊。以郎爲監官，奴婢三萬人養馬三十萬匹。至武帝時，人增三錢，以補車騎馬。於是，衆庶之街巷有馬，阡陌之間成羣；塞上馬布野而無牧，蓋漢馬之極盛也。其後，天子數遣將出塞，軍士馬，苑者十數萬，馬大耗乏。乃行一切之令，自封君而下至三百石吏，以差次出馬。天下有亭，亭畜字馬，歲課息。已，又命民畜牧於邊縣，官假馬母，三歲而歸其息〔什一〕〔四〕。後又籍吏民馬，補車騎馬〔五〕。至輪臺之詔，始修復馬令。命無乏武備，而郡國二千石各上畜馬方略。宣帝時，令郡國毋斂今年馬口錢。元帝時，省苑馬以資困乏。成帝時，減乘輿厩馬。

後漢省約諸苑，太僕屬獨未央厩令一人。後置〔左〕駿令厩〔六〕，別主乘輿馬。而伏波將軍〔馬〕援好騎射，受相馬法於成（駝）〔紀〕楊子阿。〔援上表〕言：行天莫如龍，行地莫如馬。馬爲甲兵之本，國之大用也。安寧〔則〕以別尊卑之序，有變〔則〕以濟遠近之難。臣嘗受相馬骨法，考之事輒效。欲形之於生馬，則骨法難備具，又不可以傳後。臣謹依儀氏輢中，泉〔帛〕氏口齒，（喻）〔謝〕氏脣（髦）〔鬐〕，丁氏身中，備此數家骨相，以其法鑄之爲馬儀式。有詔置之宣德殿下，爲名馬式焉〔七〕。若順帝時置承華厩，靈帝時置騄驥厩，皆不資軍國之用，徒侈服御，糜廪粟而已。

唐之初起，得突厥馬二千，又於赤岸澤得隋馬三千，徙之隴右，乃命太僕卿張萬歲領之。其屬有牧監、副監，監有丞，有主簿，歲列職課功。自貞觀至麟德四十年間，馬大息至七十餘萬。置八坊於岐、(幽)〔豳〕、涇、寧間地廣千里，爲千二百三十頃，募民耕，以給芻秣。後分爲四十八監，地猶隘，不能容，乃析布河西廣饒之野牧焉。凡監牧馬五千爲上，三千爲中，不及者爲下監，監皆有左右，因地而爲之名。方是時，天下以一縑易一馬，而萬歲掌馬久，恩信行於隴右。後又立四使統諸坊，設八監於鹽州，三監於嵐州。及萬歲廢而馬衰，至開元初益耗。乃令王毛仲領內外閑廄，專其事。毛仲亦能於職〔八〕。其始官時，馬僅二十餘萬匹，至十三年，乃四十三萬匹。又突厥款塞，歲許互市，以金帛市馬，於河東、朔方左右牧之，馬乃益壯。其後，諸軍戰馬動萬計，而五侯、將相、外戚牛駝羊馬，布牧諸道者百倍於縣官，(别)將校亦各以其私備馬〔九〕，而馬又盛。後安禄山以內外閑廄都使兼知樓煩監，〔陰〕選其良〔一〇〕，聚之范陽，故兵力雄天下而遂反。而苑監所畜馬皆没〔一一〕，歲市吐蕃馬皆瘠脊薄蹄〔一二〕，不可用。代宗用魚朝恩言，至大括城中百官士庶馬以供。憲宗伐蔡，命中使以絹萬匹市馬於河曲，蓋其衰也。

宋之馬政：凡御馬之等三，給用之等十有五，羣號之字十有七，毛物之種九十有二。其官司之規則：太祖初，置左右飛龍二院，以二使領之，後改爲天廄坊，又改爲騏驥院，以天駟監隸焉。而諸州監牧並廢，馬不孳息。於是始置養馬務二，又興葺舊馬務四，爲牧圉之地，分遣中使詣邊州歲市馬，而閑廄馬始備。太宗時，詔市吏民馬，以備征討。及平太原，得汾晉燕薊馬四萬二千〔餘〕匹，而國馬乃益多，始分置諸州牧養之。真宗時，置估馬司〔一三〕。凡馬市，掌辨其良駑，平其直，以分給諸監，監凡十有四。景德時，置羣牧使，凡廄牧之政，皆聽命焉。諸州有牧監，則知州通判兼領之〔一四〕。大中祥符間，立牧監賞罰之令，於馬政亦極其籌畫。

迨元昊發難，國馬不足，乃大括京畿、京〔東〕西、淮南、陝西馬，以充之。至和中〔一五〕，歐陽修爲羣牧使，言：今馬政皆因唐而馬息耗與唐異者，其利病甚懸，難可殫舉也。唐牧地，於馬性相宜，西起隴右金城、平涼、天水，外薄河曲之野，内則岐、豳、涇、寧，東接銀夏，又東至於樓煩，此〔皆〕唐牧監地也。今或陷於敵〔一六〕，或爲民田，皆不可復。惟河東路石、嵐之間多山，汾河之側廣水草，以往迹推之，則樓煩、元池、天池三監之地，宜尚可得復也。臣嘗行威勝以東及遼州平定軍，見其不耕之地往往而是，其山川深峻〔一七〕，地高寒宜馬及京西唐、汝之閒地頗荒曠可牧。請下河東、京西轉運司博訪地饒水草可興置監牧者以聞，而不宜馬諸牧監宜可〔廢〕罷。天子下其奏，議如修言。是時〔一八〕，計内外坊監牧地總六萬八千頃，諸班軍又三萬九百頃。至治平中〔一九〕，天下應在馬凡十五萬三千六百有奇。

熙甯行新法散國馬於編户。開封府及五路保甲願養馬者，户一匹。其貲力高，願養二匹者聽。皆給以監牧見馬，或官與其直令自市。〔開封〕府界毋過三千匹，五路〔各〕毋過五千匹〔二〇〕。襲逐盜賊之外，乘越三百里者有禁。在府界者，歲免輸糧草二百五十束，加給以錢；布在五路者，歲免其折變緣納錢。三等以上，十户爲保；四等以下，十户爲社。保户馬斃，馬户獨償之；社户馬斃，社户半償之。歲閱其肥瘠。户馬之法始此，而監苑地咸賦之於民。文彦博言：賦牧地與農民，斂其租課；散國馬於編户，責其孳息。不知所賦之地，肥瘠皆可耕乎？所斂租賦，豐凶皆可得乎？復不知户配一馬，縶之維之，皆可蕃息乎〔二一〕？既不蕃息，安可繼乎！而言不見用。彦博又言：馬死責償，恐非民願。王安石以爲，令下而京畿投牒者已千五百户，決非出於驅迫。遂力請，卒行之。未歲，用提舉蔡確言，增開封府界户馬數，民益病之。元豐中，提舉河東路保甲王崇拯請令本路保甲十分取二〔二二〕，以教騎戰，每官給二十五千，令市一馬。詔以京東鹽息錢給之，令崇拯月上所買數。於是，保甲皆兼市馬矣。七年京東提刑請募民養馬，蠲其賦役，乃詔免保甲教閱。每一都保養馬二十匹，置提舉保馬官，限京東十年，京西十五年而數足〔二三〕。於是户馬變爲保馬矣。元祐中，罷保馬，復諸監。紹聖後，又行給地牧馬之政。迨邊隙開，而馬遂大乏。靖康初，左丞李綱始追悼祖宗監牧之法，請申復舊制而榷行括馬之命以禦敵，而汴宋亡矣。

高宗渡江以來，無復國馬。紹興二年，始命措置馬監。後置於饒州，以守倅領之，擇官田爲牧地，復置提舉。俄廢，四年又置監於臨安之餘杭、南蕩，而民困已極，國用復闕，遂專恃馬市。按宋初所市之馬有二：其一曰戰馬，生於西邊，今宕昌、（烽）〔峰〕貼峽、文州所産是也。其二曰羈縻馬，産於西南諸蠻，今黎、叙等五州軍所産是也。羈縻馬，每綱五十匹，其間良細不過三五匹，中等十許匹，餘皆不可服乘。守貳貪於賞格，以多爲貴，〔起〕綱遠來〔二四〕，或死道路，其僅至者，但存皮骨。茶馬司以其將斃者責付諸路羈之，至則隨死。癸巳變故之後，趙彦博始以細茶、錦與之博馬，而茶錦不堪，益藉口恣肆爲患焉。然自坊監、厩庫、棚房、井泉一旦廢罷，民受其病，官乏其利，中國不足，不得不求之邊域。吁！市馬於邊猶可言也，責馬於民不可爲也。講求冏政者可不加之意耶！

明初，設太僕寺於滁州。後定北都，又設太僕寺於京師。凡兩淮及江南馬政，南太僕寺主之；順天等府暨山東、河南馬政，北太僕寺主之。其後，府州縣添設佐貳官，專民馬之政。在外則設行太僕寺於山西、陝西、遼東〔凡〕三，苑馬寺三，〔陝西、甘肅〕各轄六監、二十四苑，惟遼東一監二苑〔二五〕，苑咸置卿貳焉。凡馬政：

曰民牧，曰衛牧，曰京府寄牧。凡牧地〔二六〕：曰草場，曰荒地，曰熟地，嚴其禁令而封表之〔二七〕。凡牧人：曰恩軍，曰隊軍，曰改編軍，曰充發軍，曰召募，曰抽選軍，皆籍而食之〔二八〕。凡民牧：人視其丁産而授馬〔二九〕。其種馬牡十二，牝十八。牡牝五歲而徵駒，曰備用馬。齊其馬力以給邊，邊馬足則寄牧於畿府。而府甸土不宜馬及人民耗者征馬金，凡馬駒十八年而免。定頭駒、重駒而籍之，報駒有常期。凡馬肥瘠登耗，籍其毛齒而時省之，三歲，寺卿偕御史二人印烙。凡草場歲徵其租金，以佐牧人市馬。其苑馬之數〔三〇〕：上苑萬匹，中苑七千匹，下苑四千匹。不及，則出帑金市之。又於四川、陝西立茶馬司五，以茶與諸番易馬。其法：上馬茶百〔二十〕斤〔三一〕，中馬七十斤，下馬五十斤，以爲常〔三二〕。

洪武初，江南以十一户共養一馬，江北鳳陽、廬、滁、和〔州〕户養一馬。帝念其不均，命江北民增五户養一馬，户仍給鈔三百貫優之。永樂中，太僕卿楊砥言：近馬蕃息，牧養乏人，請令民五丁養種馬一匹〔三三〕，〔每馬十匹〕，立羣頭一人〔三四〕；五十匹，立羣長一人。養馬之家，歲免其糧草之半。凡種馬倒死、孳生不及數，俾責償焉。蓋倣宋熙寧保馬法意行之，遂世爲北方患。仁宗時，兵部尚書李慶言：民馬益蕃，散之衛伍操用，尚餘千羣〔三五〕。今遠近方而朝覲官咸集，請員給馬一匹，命太僕歲徵駒，如民間。大學士楊士奇力陳其不可，曰：朝廷以禮徵賢者，授方面、郡守，次者授百執事〔三六〕。今投之牧馬，以蘇民困，何其貴民而賤官也！且馬豈官所宜牧，又賤官貴馬矣。帝乃止。成化中，河南、兩直隸旱，詔免今歲比較孳生馬。時承平既久，馬漸爲民困。

而邱濬陳牧馬之害，曰：國家監牧之法，唐宋行之於内地，今則於民、於邊方〔三七〕，其蕃育生息，雖不及往古，而害固未及於民也。若内地編户養馬之弊，殆甚於熙甯間。宋人保甲養馬，自願者聽。及以官馬給之，且免其體量草束及折變緣納錢。今則計丁養馬，及數者與之，不及數者取足諸他户，不問其願與否也，而糧草、户役徵輸如故。况宋人所謂保甲者，不供他役；今則科賦徵役，非止一端。而又於郡邑正佐之外，加設專官；里社之外，别立羣長。民以一身而當二役，既爲人而差，復爲馬而役。既供芻糧，以給公家之用；復備芻秣以爲官馬之養，其害比宋爲甚。又養馬之令，生必報數，死必責償。一馬之斃未償，而一馬又斃；前歲之生未俵，而嗣歲又生。生者歲增，而供之者愈難；死者日繼，而償之者無已。民安得而不窮且盜也〔三八〕！夫使百姓竭力破産以供馬，而官得其用，猶可言也，今所養之馬，率皆小弱羸劣之下乘，使馳逐數十里固已頓僨矣，况望其驍騰禦敵乎〔三九〕！是官民胥失之也。

弘治中，兵部尚書馬文升言：國初，中外衛所各有放牧草場，而在京師不下數千餘頃。夏秋牧放郊坰〔四〇〕，冬春支料餵飼，而後馬壯可用也。今爲親藩勢要所占，閒爲軍民冒耕，馬無所芻牧。於是，命給事中、御史并户、兵二部官清查草場，未墾處仍舊牧放，已墾成田者，計畝收銀，發太僕寺寄庫，以候買馬。著爲令。當是時，陝西牧馬草場止存六萬六千頃有奇，養馬軍止七百名有奇，牧養馬止二千八百匹有奇，而馬政大壞。都御史楊一清講求故典，修舉茶馬之法。初自弘治十年至十五年閒，止易馬五千四十三匹，而邊馬不足，邊軍困於買馬。一清奏復金牌舊制，禁私販，積官茶，四年間，共易馬萬九千七十餘匹，而茶尚積四十五萬餘斤。靈州大小鹽池增課引五萬九千有奇，計爲銀二萬七百六十兩有奇，貯慶陽固原庫以給買馬。於是定開城、安定爲上苑，廣甯爲中苑，清平爲小苑。通六苑之數，除歲給軍騎操外，可常牧馬三萬三千五百匹，足支陝西三邊之用。夫茶易番馬給軍，固濟邊用，而風土異宜，孳牧難遂，又請收買内地馬，不虧其直。馬習水土，宜可使息蕃。當是時，草場地復，牧軍數增，城堡相望，苑厩羅列，稽考孳生之法甚設，邊馬歲俵給甚夥，而邊以大紓。一清懼後無專官，制復圯也，於正德初具疏言：陝西延綏、甘肅皆邊關重鎮，軍務所急，莫先於馬。乞巡茶御史敕兼理馬政，行太僕、苑馬等官，專聽提調約束。庶幾事得專理，可責成功。於是，巡茶御史兼馬政始此。

嘉靖中，蘇松巡撫翁大立條奏江南養種馬之害，言：太祖定鼎金陵，以郊圻之内不可缺馬，而大江之南不便養馬，設太僕寺於滁陽領牧，而應天等府每十一户止養馬一匹，又給牧地，免差徭以寬之。永樂中，始計丁養馬。成化中，又官收地租。弘治中，以江北水荒，馬寄養江南府屬甚夥，而民困漸及。明初論丁養馬，丁不編徭。邇來人户逃亡，概派丁田由辦，而單丁下户亦不免焉。害一。馬頭中另編羣長，歲斂貼户銀三十兩，羣長外又編獸醫，歲斂藥餌銀十三兩。害二。官徵地租，畝無隙地，求牧與芻而不得，又歲派草料銀四五六兩。害三。江南地卑而馬性惡濕，歲倒損什二三，問罪賠償，又不下二十兩。害四。每季印烙，官有常例，吏胥里老有紙劄供應。害五。寺備用馬匹，匹費銀三十兩；赴南部者，匹五十兩；解赴付京者，倍之。害六。况水旱頻仍，海防愈急，民有菜色，而望雲錦之成羣，人嚙草根，而欲芻秣之常給，何可得也？今若革之，民間歲省郡長貼户銀及獸醫工食八千餘兩，省草料、點烙、罪贖賠償銀十有二萬餘兩。又歲省管馬通判、主簿俸薪等費數百兩。種馬一匹，做通州例徵銀二十兩，官可得銀一十九萬九千餘兩，而借用馬匹牧地子粒銀，初不以革，種馬少損也，爲利已不訾矣。時御史羅復執奏，以爲不當革。

而歸有光亦建議曰：國家令民養馬，意本欲得馬而已。而有所謂本色、折色，何爲也！責民以養馬，而又責其輸銀，如此則取其銀可矣，而又何以馬爲？於是，民不以養馬爲意，而以輸銀爲急矣。牧地，本與民養馬也，而徵其子粒，又有加增子粒，如此則遂併之田税可矣！而又何以責之馬户？於是，民不以養馬爲意，而以輸子粒爲急矣。養馬者課其駒可也，不用其駒而使之買俵，於是，民不以養馬爲意，而以買俵爲急矣。夫折色之議，本因江南非産馬之地，變而通之，雖易銀可也。遂移之於河北，今又變賣種馬而徵其草料，原今變者之意，專欲責民之輸銀，而非責民之養馬也。官既無事於養馬，而獨規目前之利，民復恣爲奸僞而爲利己之圖，有駒不報，而反工於欺隱，不肯以駒備用而獨願以銀買俵。至或戕其孕字，絶其游牝，官民一於爲利以相欺，何望於馬之蕃息乎！今欲講明馬政，則江南折色可也；畿輔、河南、山東之折色，不可也。草場之舊額可清也，子粒不可徵也。官吏之侵漁可黜、可懲也，而管馬官、羣長、獸醫不可省也。使民得寬其力，知養馬之利，則雖官馬亦以爲己馬，舊制猶可復也。蓋弛草地而垧牧之息繁矣，衈編户，恣芻牧，而〔烏倮〕橋姚之富臻矣〔四一〕。故曰：車騎，天下之武備也。

嘗試盱衡計之。夫天下非小弱也，往古宜馬之地，盡撫而有也。隴右金城、岐、豳、涿、寧，唐人監牧之地，故在也。而冀代最産馬，爲帝畿，中原平曠，一望萑葦，夫孰非牧地者？春秋魯衛、漢唐全盛時，嘗用之矣。誠令責卿監通知馬政者勘實牧地，諸西北宜馬之鄉，山林原隰民棄不耕者，竝置苑馬而廣畜之牝字，順其時騰放，調養盡其道，皆一一請求其所以然之故，與其所當然之則，立爲一定之法。而又慎擇其官，優寬士卒，必臻實效，而不爲虚文，斯邊圉得馬之用。何也？如牧之在民者，則於每縣擇其鄉村相依附處，或十村五村爲一大厩；村落相去遠者，或五六十家、七八十家爲一小厩〔四二〕。每厩就其村居〔四三〕，以有物力者一人爲厩長，老者一人爲厩老，無力不能養馬者數人爲厩卒。每厩各設馬房、倉囷及長槽、大鑊。每歲春耕之候，厩長遍諭馬户，每領馬一匹者，種稈禾若干畝，料豆若干畝，履畝驗之，有不種者罰。收獲之際，厩長及厩老計畝收之，稈草、料荳以飼馬，而荳之箕即以爲煮荳之用。按日而出之，歲終具數以聞於官。若其馬種，即以在官之數充之。若其種非良，許其售而换之。凡馬始生，則書其月日，别其毛色，使有所稽考。又令通曉馬事者，定爲養馬之式，以示之。凡一歲游牝騰駒去特，皆有其時，越其時者有罪。凡一日齕草、飼料、飲水皆有其節，違其節者有罰。其房庌，必冬暖而夏涼〔四四〕；其牧養，必早放而晡收。凡可以爲馬之利者，無不爲；凡可以爲馬之害者，無不去。如此，則牧養有其道，其視家〔人〕自爲養者大不同矣〔四五〕。

至俵散閲换之法，〔具有成規〕〔四六〕。官軍領馬騎操，遇有倒死，即責以追償是故足爲不用心保惜者之戒。但馬之給於官軍者，多係餓損并老弱羸疾，猝然莫救者，亦往往有之。責馬軍攢槽共餵，如居隔遠，皆俾就近攢餵。本管頭目親行點視草料，有不如法及不及數者，罪之。其關領草料〔四七〕，則嚴爲〔立〕法〔四八〕，不許變賣。凡馬倒死，必責同伍互償。若同伍之人知其馬之老瘠疾病，知其人棄縱不理，雇借與人，削減草料者，預先告官料理，免其共償。如此，則人人愛惜其馬，有不惜者人共責之，而預得以調治之，則馬無横死而人免賠償矣。是非獨以足乎馬而亦有以寬乎軍也？雖然，此内地官軍騎操之馬爾；至於邊方之馬，宜於邊城中擇空閒地爲馬厩，不分衛所、隊伍，因其近便而爲飼養之。所選其老弱之卒不堪戰陣者，專一餵養。每日遣官點視，晡時則檢其所儲，夜半則視其所飼。操練之日，軍士持鞍就彼鞁騎；無事之時，輪班牧放，逐名調習。或有瘦損疾病，告官調治。如此，則馬得所養，而無損失之患；軍得其用，而免賠償之苦矣。而尤在重冏寺之權，慎牧卿之選，復川陜馬政都憲之舊，久其任而綜覈其成，則雲錦之盛，匪降自天，而淵塞之心，奚獨在古也哉！

息關蔡氏曰：歷考古今馬政之變，其官民通牧者周也，其於民而用於官者漢也，牧於官而給於民者唐也。其始則牧之在官，後則畜之在民，而又市之於邊境者，宋也。其内地則散之於民，在邊地則牧之於軍，而專易之於西番者，明也。其得失利病，有不難歷數而見焉。按成周之制，邱甸歲取馬四匹，平時則官給芻牧，有事則民供調發。以至邦國六閑，家四閑，則諸侯、士大夫之家未嘗不自養焉，不獨天子有十二閑也！此官民通牧者然也。漢初勸民養馬，而許之復卒，蓋居閑則每匹免三人之筭，有事則每匹當三人之卒。内郡行之後，則自封君而下以次出馬，庶民之望復卒也難矣。縱民畜牧而官不復禁之，故烏氏則致馬千羣，橋桃則致馬千匹。邊郡行之後，則官假馬母而歸其息，邊民之廣蓄牧也難矣。此牧於民而用於官者然也。

唐府兵之制，當給馬者，官與其市值，則給錢以市矣。至府兵漸壞，兵貧難致，給之於監牧則給馬以用矣。始張萬歲葺其政，馬之蕃庶至以一縑易一馬；後王毛仲修其法，馬各成羣，至望之如雲錦，官得其人，明效如此。此牧於官而給於民者然也。宋有官馬焉，則蓄於牧監；有户馬焉，則散於編户；有戎馬焉，則市於邊郡。夫蓄之於民，則馬多駑弱，而民且受其害，不若市之於邊爲利。市之於邊，則費日增加而番實享其利，不若養之於官爲尤利。故特重内外監牧之職。即蓄之於民，亦不過聽民之蓄養，市以本值，如祥符之令；民能蓄馬，與免二丁，如嘉祐之令。民何憚而不從！奈何熙甯大臣誤聽曾孝寬之説，棄文潞公之議，行户馬之法，又甚而爲保馬之法，而民困始極矣。庶幾以摘山之利，易充厩之良，猶足爲濟用良策乎！然始也市茶易馬，分任其事；後始專官以兼任之，其法迄今不變。此宋制之得失有然也。

明則有民牧之者，所以給京師之用；有軍牧之者，所以給邊方之用；其以茶易之於番者，亦以給邊方所不足也。夫民牧行於内地，雖有司提調孳牧之事，而馬户另籍，他役勿擾，歲免其半，是以民得養馬之利而馬日蕃。後則民有編番之害，有二役之害，有簡退之害，有印烙之害，有賠償之害。於是補馬之家，許令輸銀，一切折色之説，遂由之起矣。而又草場有子粒之徵，課駒有買俵之例，民乃有質妻鬻子而不足償者，其不趨於流徙死亡不止矣！此内地馬耗之由，民牧之苦也。若邊地之馬，所係最重。而給馬之時，所與未必良；領馬之後，飼之未必飽。或從軍懼敵，故戕之以趨征；或臨敵帶傷，輒棄之餌賊。又或未嘗臨戰出陣，而老死槽櫪之間，皆責令賠償。夫資士卒之力，以爲國防寇；又責士卒之財，以爲官償馬。以每歲賜予之衣糧，不足以賠遞年倒死之馬匹，則是以不戰之馬，而坐困可用之士，此邊地馬耗之由，軍牧之苦也。至番市所得之馬，或多齒長而奄奄待斃者；或年齒稍壯，則必餓之數日，飲以泥沙，或暗傷其筋舌，往往甫入廠而倒死者相籍。數萬金錢，曾不得匹馬之用，良可惜已。第番馬之佳者，則上下山坂，出入溪澗，至捷也；風雨罷勞，饑渴不困，至健也。取彼長技，充我騎操，陰令耗匱，明收實效，則又老成籌邊之至慮也。况彼之得茶，不足爲害；而我之得馬，深足爲用，故其法不可得而議也。此明制之得失有然也。

今日者，川陝茶馬之利在所當行，而南北俵散之弊亦所當革。必也！倣監牧之制，而圉師以蓄之，校人以視之，秣飼以時，部轄有方，則無地非渥洼之種，奚必貴市於外，而賤棄於内也哉！方炳又書。

〔校證〕

〔一〕佚特　原作『佚待』，據《玉海》卷一四八、《通考》卷一五九改。形近而譌。

〔二〕有車府路軨騎馬駿馬四令丞　『軨』原作『輪』，據《通考》卷一五九改。

〔三〕有……承華五監長丞　『丞』，原脱或誤删，據同右引補。

〔四〕三歲而歸其息什一　『什一』二字原脱或誤删，據同右引補。

〔五〕補車騎馬　『車』，原譌作『半』，據同右引改。

〔六〕後置左駿令厩　『左』，原誤删，據同右引補。

〔七〕而伏波將軍……爲名馬式焉　此蔡氏據《通考》卷一五九删改而成，今僅據原書改三字，補七字，以保持文意完備和正確，並免逐條出校的繁瑣。

〔八〕毛仲亦能於職　『於』，疑應作『盡』，或『於』上脱一『勤』字，否則上下文意不通。

〔九〕別將校亦各以其私備馬　『別』，乃《通考》卷一五九中『百倍於縣官，皆以封邑號名爲印自別』句中之末字，蔡氏删『皆』起至『自』凡九字，卻未删當上讀之『別』字而誤屬下讀。今删。又，『校』音譌作『較』，並據《通考》删、改，庶幾無誤。

〔一〇〕陰選其良　『陰』，原誤删，據同右引《通考》補。

〔一一〕而苑監所畜馬皆没　句上，《通考》卷一五九原有『吐蕃乘隙陷隴右』一句，不應删，删後文意不完。

〔一二〕歲市吐蕃馬皆瘠脊薄蹄 『瘠脊薄蹄』，《通考》卷一五九原作『病弱』，義長。

〔一三〕真宗時置估馬司 『司』上原誤衍一『市』字，據《通考》卷一六〇删。

〔一四〕則知州通判兼領之 『知州』下，原誤衍一『之』字，據《長編》卷四七、《通考》卷一六〇、《宋史》卷一九八删。

〔一五〕至和中 方案：此據《通考》卷一六〇，原作：『至和二年，羣牧使歐陽修言。』實大誤。今考歐陽修至和元年丁母憂而服闋，九月遷翰林學士兼史館修撰，二年領舊職，八月假右諫議大夫使遼。未任羣牧使無疑。嘉祐四年四月，始以給事中兼領羣牧使，其上札子論羣牧事更是在嘉祐五年之事。以上據《文忠集》卷首《年譜》，同書卷一一二《論監牧札子》（題注：嘉祐五年）；又《長編》卷一九二、《宋史》卷一九八均作『嘉祐五年，羣牧使歐陽修言。』故此『至和中』，實乃嘉祐中之誤，應據上考改。

〔一六〕今或陷於敵 『敵』，《通考》卷一六〇原作『夷狄』，清人皆臆改爲『敵』、『契丹』之類。以免觸文字獄禁網。應回改。

〔一七〕其山川深峻 『峻』，原譌作『繆』，據《文忠集》卷一一二、《長編》卷一九二改。

〔一八〕是時 方案：承上文當指『至和中』，據拙釋〔一五〕之考當正之爲『嘉祐時』，但均非是。據《通考》卷一六〇則云『舊籍：六萬八千頃』，且系於熙寧二年（一〇六九）條，則此『舊籍』，應爲熙寧二年前之載籍。但《宋史》卷一九八《兵志一二·馬政》則有明確記載曰：『淳化、景德間，内外坊監總六萬八千頃，諸軍班又三萬九百頃不預焉。』則此『是時』，當據改爲『淳化、景德間』或作『太宗、真宗之際』，即公元九九〇至一〇〇七年間之載籍數。

〔一九〕至治平中　此又以臆誤書年代，據《玉海》卷一四九、《通考》卷一六〇、《宋史》卷一九八均爲『熙寧二年』之數無疑，亟應改作『熙寧中』。

〔二〇〕開封府界毋過三千匹五路各毋過五千匹　『開封』、『各』三字，原無，據《長編》卷二五二補。本節文字，蔡氏似據明陳邦瞻《宋史紀事本末》卷八《王安石變法》。

〔二一〕皆可蕃息乎　『蕃』，原作『繁』，據《歷代名臣奏議》卷二四四引文彦博奏文改。下徑改不出校。

〔二二〕提舉河東路保甲王崇拯請令本路保甲十分取二　『拯』，原譌作『極』，據《長編》卷三三八、三三九、三四六及《通考》卷一六〇改。下徑改。

〔二三〕京西十五年而數足　『數』，原譌作『教』，據《九朝編年備要》卷二〇、《通考》卷一六〇改。

〔二四〕起綱遠來　『起』，原無，據同右引《通考》補。

〔二五〕在外則設行太僕寺……惟遼東一監二苑　方案：此見明丘濬《大學衍義補》卷一二五，因删節失當，遂至與原文大相徑庭。原文爲：『在外設行太僕寺於山西、陝西、遼東，凡三處。宛馬寺亦三處：陝西、甘肅各轄六監二十四苑，遼東僅一監二苑焉。』蔡氏爲掩蹈襲之迹，臆改爲：『在外則設行太僕寺三，苑馬寺三，於山西、陝西、遼東。各轄六監二十四苑，惟遼東一監二苑。』將原在『行太僕寺』下之『於山西、陝西、遼東』七字移至『苑馬寺三』之下，原設太僕寺的三地，成了苑馬寺之設的三地或兩寺同設於此三地。其誤一也。又删『各轄六監』上之『陝西、甘肅』四字，不僅與丘氏原文相去甚遠，且又與下之『惟遼東一監二苑』云云自相違伐。兩失之矣。今將上云七字仍移至太僕寺下，後補『凡』字；又在『各轄』上補『陝、甘』等四字，庶幾無誤。但丘濬之述也未必可信。《明史》卷七五《職官四》載：『洪武三十年，置行太僕寺於山西、北平、陝西、甘肅、遼東。』初置已五處，即使永樂十八年以北京行太僕寺爲太僕寺後，亦有四處，並非如丘氏所云僅三處。同書又載：『永樂四年，置苑馬寺凡四：北直隸、遼東、平涼、甘肅，五年增設北直隸苑馬寺六監二十四苑。』更與丘説完全不同。丘云三處，處數不同，一也；丘云『陝西』，此作『平涼』，地點不同，二也；丘云陝、甘二寺各轄『六監二十四苑』，此云僅北直隸增設『六監二十四苑』，三也。録此以備考。

〔二六〕凡牧地　『凡』，原譌作『萬』，據孫承澤《春明夢餘録》卷五三《太僕寺》及《明史》卷七五改。

〔二七〕嚴其禁令而封表之　『令』，原作『命』，據同右引改。

〔二八〕皆籍而食之　『籍』，原作『藉』，同右引改。

〔二九〕人視其丁産而授馬　『馬』，原作『焉』，據同右引改。

〔三〇〕其苑馬之數　『苑馬』，原譌作『種馬』，此乃蔡氏誤解《春明夢餘録》卷五三『國朝領養種馬……謂之寄養馬匹』，此乃述由種馬到寄養馬的演變，與其下之上中下苑設苑養馬的匹數乃判然二事。據孫書及《馬政紀》卷一、一二、《關中奏議》卷一『苑馬』改。

〔三一〕上馬茶百二十斤　『百二十』，原作『百』，諸書均作上馬易茶一百二十斤。蔡氏未審何所據，此洪武二十二年（一三八九）所定之例。據《弇山堂别集》卷八九、《圖書編》卷五一、《明史》卷九二、《續文獻通考》卷一三三、《陝西通志》卷四二引《明會典》等補『二十』二字。

〔三二〕以爲常　方案：此亦蔡氏臆度不實之詞。明代以茶易馬，既非一概分爲上中下三等，也非按三等標準易茶，而是根據不同地區、不同時期，在不斷變化。如《續通考》卷一三三有載：『其間歲易馬數多寡不同，給值茶鹽輕重不一。』如永寧與河州馬價同，均爲上馬四十斤，中馬三十斤，下馬二十斤。『此價值最輕者』。又有不分上中下者，如洪武十七年定烏撒歲易六千五百匹，烏蒙等均四千匹，每匹皆給茶百斤。而四川雅州價最重，每匹給茶一千八百斤之多，緣『向以路遠之故』。即使二十二年定三等馬價茶後，每年仍不同。如河州洪武二十五年每匹僅平均三十三斤茶，三十一年，則爲平均每匹約三十五斤茶。從未有過一定的常價，總的趨勢爲馬價茶日益趨重。

〔三三〕請令民五丁養種馬一匹　『令』，原作『命』，據《春明夢餘録》卷五三改。又，『五丁』，原作『十五丁』，此沿襲《夢餘録》之誤，據《明史》卷一五〇《楊砥傳》及《明會典》卷一二二、楊時喬《馬政紀》卷二改。

〔三四〕每馬十匹立羣頭一人　『立』上四字原無，據同右引三書補。

〔三五〕尚餘千羣　『千羣』，黄訓《名臣經濟録》卷三五、《翰林記》卷二、王直《少師楊公傳》（刊《明名臣琬琰續録》卷一）作『數千』。

〔三六〕次者授百執事　『授』，原譌作『不』，據同右引《名臣經濟録》改。

〔三七〕今則於民於邊方　引丘濬之論，見《大學衍義補》一二五。其原文作『今日則用之於邊方』。删改未允。

〔三八〕民安得而不窮且盜也　同右引丘書原作：『民何以爲生乎？』蔡氏之删改已非原書之意。

〔三九〕況望其驍騰禦敵乎　同右引原書作『況用以出塞禦戎乎』，義勝。然改『戎』爲『敵』，則不得已而爲之。

〔四〇〕夏秋牧放郊坰　『牧』，原譌作『收』，據馬文升《馬端肅奏議》卷七《修飭武備以防不虞事》改。又，《奏議》原文作『夏秋之間，足堪牧放』，義長。

〔四一〕而烏倮橋姚之富臻矣　『烏倮』，二字原無，據歸有光《震川集》卷三《馬政議》補。

〔四二〕或五六十家七八十家爲一小厩　原『八』下脱一『十』字；『一』下，衍『就小』二字，據《大學衍義補》卷一二五補、删。

〔四三〕每厩就其村居　『就』，原錯簡在『一小』之下，參閱上校。今據同右引乙正於『其』上。

〔四四〕必冬暖而夏涼　『夏』，原譌作『憂』，據同右引改。

〔四五〕其視家人自爲養者大不同矣　『人』，原脱，據同右引補。

〔四六〕具有成規　四字，蔡氏誤删，據同右引書補。

〔四七〕其闌領草料　『闌』，原譌作『開』，據同右引改。

〔四八〕則嚴爲立法　『立』，原奪，或誤删，據同右引補。

清史稿·食貨志·茶法

〔清〕趙爾巽等

〔提要〕

《清史稿·食貨志·茶法》，乃節取《清史稿》卷一二四《食貨五·茶法》部分而編入本書補編，爲使自唐至清的茶法、茶馬制度成爲比較完整的資料庫而選編，又包括一個附録，即録自《清史稿》卷一四一的《清史稿·兵志·馬政》，各爲一卷。

《清史稿》，由趙爾巽任館長的清史館主持修纂，凡五百三十六卷，約八百餘萬字，是記述有清一代歷史的未定稿。其書按《二十四史》的體例，分爲紀、志、表、傳四部分。是書體例仿效《明史》體裁而略加變通。先後參加編寫的有柯劭忞等一百餘人，其中，不乏如于式枚、王樹枏、繆荃孫、吴廷燮、章鈺、俞陛雲、吴昌綬、余嘉錫、朱希祖、陳田等學有專長的各界名流。未入館的梁啓超等也對修纂體例的確定頗有建樹。《清史稿》大抵據《清實録》、《清會典》、清代各朝的《國史·列傳》及檔案資料進行匯集並加分類整理，其中也引用了一些罕見的史料。

清史館成立於民國三年（一九一四）。《清史稿》歷時十四年，至民國十六年大體完成。參與編纂者多爲前清遺老，又成於衆手，難免失於照應，成稿後又未能詳審修訂，校刊時覈對未精，因此，體例不一，繁簡失當，錯謬時見，其精審遠遜《明史》。由於時局動蕩、經費不足等客觀條件限制，作爲稿本行世，編者也深知『並非視爲成書』。食貨部分由吴懷清等分纂，兵志部分則由俞陛雲等分纂，因頭緒紛繁、史闕有間等原因，諸志亦有不盡如人意之處。（以上參據趙爾巽《清史稿·發刊綴言》、金梁《校刻記》等。）其書始刊於民國十七年，後又重印二次，凡三本，略有增删。一九七七年，中華書局出版校點本，參預點校者皆一時之選，有啓功、王鍾翰、孫毓棠、羅爾綱、劉大年、吴樹平先生等。（見卷首《出版説明》。）今以中華書局點校本爲底本收入本書，僅調整了少量標點，原書這部分未出校記，雖有個别處仍有疑誤之虞，但無確據，姑仍其舊。好在本世紀之初，新清史的纂修，已由戴逸教授主持啓動，學界對此書期之甚殷，亟盼面目一新的新清史及早問世。

清史館館長、《清史稿》總裁趙爾巽（一八四四—一九二九），字公鑲，號次珊，亦號無補。同治進士，授翰林院編修。歷官皖、陝、甘、新、晉諸省按察使、布政司使等職。光緒二十九年（一九〇三）起，歷任湖南巡撫、户部尚書、盛京將軍及湖廣、四川、東三省總督等職。民國成立，出任奉天都督，旋辭職，居青島。一九一四年三月，任清史館總裁，主編《清史稿》。袁世凱稱帝，被尊爲『嵩山四友』之一。一九一七年張勛復辟，被任命爲樞密院顧問。一九二五年段祺瑞執政期間，任善後會議議長、臨時參議院議長。一九二七年辭世。事見《中國歷史大辭典·清史卷（下）》等。

清史稿·食貨志·茶法

我國産茶之地，惟江蘇、安徽、江西、浙江、福建、四川、兩湖、雲、貴爲最。明時茶法有三：曰官茶，儲邊易馬；曰商茶，給引徵課；曰貢茶，則上用也。清因之。於陝、甘易番馬。他省則召商發引納課，間有商人赴部領銷者，亦有小販領於本籍州縣者。又有州縣承引，無商可給，發種茶園户經紀者。户部寶泉局鑄刷引由，備書例欵，直省預期請領，年辦年銷。茶百斤爲一引，不及百斤謂之『畸零』，另給護帖。行過殘引皆繳部。凡僞造茶引，或作假茶興販，及私與外國人買賣者，皆按律科罪。

司茶之官，初沿明制。陝西設巡視茶馬御史五：西寧司駐西寧，洮州司駐岷州，河州司駐河州，莊浪司駐平番，甘州司駐蘭州。尋改差部員，又令甘肅巡撫兼轄，後歸陝甘總督管理。四川設鹽茶道。江西設茶引批驗大使，隸江寧府。

歲徵之課，江蘇發引江寧批發所及荆溪縣屬張渚、湖汊兩巡檢司。安徽發引潛山、太湖、歙、休寧、黟、宣城、寧國、太平、貴池、青陽、銅陵、建德、蕪湖、六安、霍山、廣德、建平十七州縣。江西發引徵商及各州縣小販。此三省稅課，均於經過各關按則徵收。浙江由布政使委員給商，每引徵銀一錢，北新關徵稅銀二分九釐二毫八絲，彙入關稅報解。又每歲辦上用及陵寢内廷黄茶共百一十餘簍，由辦引委員於所收茶引買價内辦解。湖北由咸寧、嘉魚、蒲圻、崇陽、通城、興國、通山七州縣領引，發種茶園户經紀坐銷。建始縣給商行銷。坐銷者每引徵銀一兩，行銷者徵稅二錢五分，課一錢二分五釐，共額徵稅課銀二百三十兩有奇。行茶到關，仍行報稅。湖南發善化、湘陰、瀏陽、湘潭、益陽、攸、安化、邵陽、新化、武岡、巴陵、平江、臨湘、武陵、桃源、龍陽、沅江十七州縣行户，共徵稅銀二百四十兩。陝、甘發西寧、甘州、莊浪三茶司，而西安、鳳翔、漢中、同州、榆林、延安、寧夏七府及神木廳亦分銷焉。每引納官茶五十斤，餘五十斤由商運售作本。每百斤爲十篦，每篦二封，共徵本色茶十三萬六千四百八十篦。改折之年，每封徵折銀三錢。其原不交茶者，則徵價銀，共五千七百三十兩有奇。亦有不設引，止於本地行銷者，由各園户納課，共徵銀五百三十兩有奇。四川有腹引、邊引、土引之分。腹引行内地，邊引行邊地，土引行土司。而邊引又分三道，其行銷打箭鑪者，曰南路邊引；行銷松潘廳者，曰西路邊引；行銷邛州者，曰邛州邊引。皆納課税，共課銀萬四千三百四十兩，税銀四萬九千一百七十兩，各有奇。雲南徵銀税九百六十兩。貴州課税銀六十餘兩。凡請引於部，例收紙價，每道以三釐三毫爲率。盛京、直隸、河南、山東、山西、福建、廣東、廣西均不頒引，故無課。惟茶商到境，由經過關口輸税，或略收落地税，附關税造銷，或彙入雜税報部。此嘉慶前行茶事例也。

厥後泰西諸國通商，茶務因之一變。其市場大者有三：曰漢口，曰上海，曰福州。漢口之茶，來自湖南、江西、安徽，合本省所産，溯漢水以運於河南、陝西、青海、新疆。其輸至俄羅斯者，皆磚茶也。上海之茶尤盛，自本省所産外，多有湖廣、江西、安徽、浙江、福建諸茶。江西、安徽紅緑茶多售於歐、美各國。浙江紹興茶輸至美利堅，寧波茶輸至日本。福州紅茶多輸至美洲及南洋羣島。此三市場外，又有廣州、天津、芝罘三所，洋商亦麕集焉。蓋茶之性喜燠惡寒，喜濕惡燥，又必避慓烈之風，最適於中國。泰西商務雖盛，然非其土所宜，不能不仰給於我國，用此駸駸偏及全球矣。

其業此者，有總商，有散商。領引後，行銷各有定域。亦有兼行票法者，如四川自乾隆五十二年開辦堰工茶票後，名目甚繁，然第行於産多或銷暢之區，非遍及各州縣也。惟甘商舊分東、西二櫃，東櫃多籍隸山西、陝西，西櫃則回民充之。自咸豐中回匪滋事，繼以盗賊充斥，兩櫃均無人承課。總督左宗棠勘定全省，乃奏定章程，以票代引。遴選新商採運湖茶，是曰南櫃。時領票止八百餘張。嗣定爲三年一案，領票准加不准減。計自光緒十三年至二十七年，逐案加增。三十年，又於湖票外更行銷伊、塔之晉票。迄於宣統二年，茶務日盛。

茶之與鹽，辦法略相似。惟鹽爲歲入大宗，故掌國計者第附於鹽而總核之。其始但有課税，除江、浙額引由各關徵收無定額外，他省每歲多者千餘兩，少祇數百兩或數十兩。即陝、甘、四川號爲邊引，亦不滿十萬金。咸豐以來，各省次第行釐，光緒十二年，福建册報至十九萬餘兩，他省欵亦漸多，未幾收數復絀。宣統三年豫算表所載，茶税特百三十餘萬而已。

順治初元，定茶馬事例。上馬給茶篦十二，中馬給九，下馬給七。二年，差御史轄五茶司馬。時商人多越境私販，番族利其值賤，趨之若鶩。兼番僧馳驛往來，夾帶私茶出關，吏不能詰。户部奏言：『陝西以茶易馬，明有照給金牌勘合之例。今可勿用，但定價值。至番僧所至，如官吏縱容收買私茶，聽巡按御史參究。』茶馬御史廖攀龍又言：『茶馬舊額萬一千八十八匹，崇禎三年增解二千匹，請永行蠲免。』並從之。四年，命巡視茶馬滿、漢御史各一，直隸河實營地當張家口之西，明時鄂爾多斯部落曾於此交易茶馬，旋封閉。至是，户部差理事官履勘，以狀聞。諭仍准互市。七年，以甘肅舊例，大引篦茶，官商均分，小引納税三分入官，七分給商。諭嗣後各引均由部發，照大引例，以爲中馬之用。又舊例大引附六十篦，小引附六十七斤。定爲每茶千斤，概准附百四十斤，聽商自賣。

十三年，以甘肅所中之馬既足，命陳茶變價充餉。十四年，復以廣寧、開成、黑水、安定、清安、萬安、武安七監馬蕃，命私馬私茶没入變價。原留中馬支用者，悉改折充餉。十八年，從達賴喇嘛及根都台吉請，於雲南北勝州以馬易茶。康熙四年，遂裁陝西苑馬各監，開茶馬市於北勝州。七年，裁茶馬御史，歸甘肅巡撫管理。十九年，以軍需急，加福建茶課銀三百五十九兩，至二十六年豁免，並除湖廣新增茶稅銀。時四川產茶多，其用漸廣，户部議增引，迄康熙末，天全土司、雅州、邛、榮經、名山、新繁、大邑、灌縣並有所增。

二十四年，刑科給事中裘元佩言洮、岷諸處額茶三十餘萬篦，可中馬萬匹。陳茶每年帶銷，又可中數萬匹。請遣員專管。三十六年，遂差部員督理茶馬事務。四十年，以陝西私茶充斥，令嚴查往來民人，凡攜帶私茶十斤以下勿問，其馱載十斤以上無官引者論罪。四十四年，以奸商恃有前例，皆分帶零運，私販轉多，飭照舊緝捕，停差部員，仍歸甘肅巡撫兼理。自康熙三十二年，因西寧五司所存茶篦年久浥爛，經部議准變賣。後又以蘭州無馬可中，將甘州舊積之茶，在五鎮俸餉內，銀七茶三，按成搭放。尋又定西寧等處停止易馬，每新茶一篦折銀四錢，陳茶折六錢，充餉。至六十一年，復增西寧、莊浪、岷州、河州茶引，各處所存舊茶，悉令變賣。

雍正三年，遂議自康熙六十一年始，五年內全徵本色，五年後即將舊茶變賣。嗣是出陳易新，總以五年爲率。四年，定陝西行茶，改令產茶地方官給發船票，照商人引目茶數開明，如於部引外搭行印票，及附茶不遵定額者，照私鹽律論，查驗失察故縱，均加處分。八年，命陝西商運官茶，於舊例每百斤准附帶十四斤外，再加耗茶十四斤。又諭：『四川茶稅皆論園論樹，夫樹有大小，園有寬狹，豈能一致？若據以爲額，未得其平。應照斤兩收納，著該撫詳議。』尋議：『舊例每斤徵課二釐五毫，今但徵四絲九忽有奇，前後懸絕，應酌減其半，無論邊、土、腹引，俱納銀一釐二毫五絲。』時川茶行銷，引尚不敷，於是復增，各府、州、縣再行給發。九年，命西寧五司復行中馬法。十年，又命中馬應見發茶。時安徽亦增引，照四川例，以餘引暫存司庫，遇不敷時，配給行運。十三年，復停甘肅中馬。始定雲南茶法，以七斤爲一筒，三十二筒爲一引，照例收税。

乾隆元年，令甘肅官茶改徵折色，每篦輸銀五錢。時西寧五司陳茶充牣，令每封減價二錢，刻期變賣。二年，以江西南昌等三十二州縣地不産茶，四川成都、彭、灌等縣滯銷，其引或停或減，並豁除課銀。七年，免甘肅地震處之課，乃命西寧五司徵本色。八年，免四川天全所欠乾隆七年前之羨餘截角，成都、彭、灌等縣之未完銀兩。十一年，甘肅巡撫黄廷桂奏言：『西寧、河州、莊浪三司，番、民錯處，惟茶是賴。邇年以糧易茶，計用茶六萬五千五百餘封，易雜糧三萬八千一百餘石，請著爲例。』報可。十三年，定甘肅應徵茶封，每年收二成本色、八成折色，並申明水陸各路運商驗引截角法，推行安徽、浙江、四川、雲南、貴州。二十四年，從甘肅巡撫吴達善言，命西寧五司茶封，照康熙三十七年例，搭放各營俸餉。二十五年，吴達善又言：『甘省茶課向爲中馬設。今其制已停，在甘、莊二司地處衝衢，西河二司附近青海，猶有銷路，惟洮司偏僻，商銷茶斤，歷年俱改別司售賣，而交官茶封，仍歸洮庫，往往積至數十萬封，始請疏銷。應將洮司額頒茶引，改歸甘、莊二司給商徵課，俟洮司庫貯搭餉完日，即行裁汰。』

二十七年，陝甘總督楊應琚復條上疏銷事宜四：『一，官茶應改徵折價也。查甘肅庫貯官茶，向例如存積過多，改徵折色。今五司庫内，自乾隆七年至二十四年，已存百五十餘萬封。經前撫臣吴達善奏准每封作價三錢，搭放兵餉，已搭放四十餘萬封。在市肆官茶日多，非十年之久，不能全數疏銷。且每年商人又增配二十四萬封，商茶既多，官茶益滯。莫若將商交二成官茶五萬四千餘封，照例每封徵折價三錢，俟陳茶銷售將完，再徵本色。一，商茶應准減配也。查甘肅茶法，商人每引交茶五十斤，無論本折，即係額課。外有充公銀三萬九千餘兩，亦係按年交納，無殊正供。至商人自賣茶封，每引止應配正茶五十斤，連附茶共配售三十餘萬封，商人即以配售之茶納課。經吳達善奏准增配以紓商力，並無課項。第茶封既增，又有搭放兵餉之官茶，勢致愈積愈多，難免停本虧折。今商人願每引止五封，內應減無課茶十五萬八千三百十六封，共止配茶四十萬九千四百四十封，二成本色茶封既議改徵折價，無庸配運。一，陳積茶封應召商減售也。查各司俱有陳茶，而洮司爲多。現每封四錢發售，商民裹足。請仍照原議，每封定價三錢，召商變賣。一，內地、新疆應一體搭放也。查乾隆二十四年吳達善奏准滿、漢各營以茶封搭餉。至新疆茶斤，向資內地。今官茶以沿途站車輓運，無庸腳費，其自肅州運至各處，將腳價攤入茶本之內，較之買自商賈，尚多減省。』疏入，議行。

二十九年，裁甘肅巡撫，茶務歸陝甘總督兼理。三十四年，以甘省庫貯官茶漸少，復徵本色一成。三十六年，又以伊犂等處安插投誠土爾扈特等衆，賞給茶封，仍議照舊徵收二成。三十八年，四川總督劉秉恬奏准三雜谷等處土司買茶，以千斤爲率，使僅敷自食，不能私行轉售。四川設邊引，商人納稅領運於松潘等處銷售，無論土司蠻商，俱准赴邊起票販運。嘉慶七年，以陝西神木官銷茶引久經撥歸甘省商銷，令豁除舊存羨餘名目。四川教匪滋擾，蠲除大寧、廣元、太平、通江、南江五州縣茶稅。十年，復免大寧、太平、通江、巫山四縣廳稅課。十七年，以甘肅庫茶充羨，定商納官茶，全徵折色。二十二年，諭：『閩、皖、浙商人販運武夷、松羅茶赴粵銷售，向由內河行走，近多由海道販運，夾帶違禁貨物私賣。飭令茶商仍由內河行走，永禁出洋販運，違者治罪，茶入官。』

道光三年，諭：『那彦成奏定新疆行茶章程，經户部議覆，烏里雅蘇台、科布多磚茶不得侵越新疆各城售賣。兹將軍果勒豐阿等奏，此項磚茶，由歸化城、張家口請領部票納税而來，已六十餘年，未便遽行禁止。惟新疆既爲官茶引地，商茶究有礙官引，令嗣後商民每年馱載磚茶一千餘箱，前赴古城，仍照例給票，無許往他處售賣。』六年，諭：『前因新疆各城運茶，前將軍等請給引招商納課。兹據慶祥等奏稱，各城無殷實之户，若遽令承充官商，必致運課兩誤。著北路商民專運售雜茶，並在古城設局抽税，即以所收銀抵蘭州茶商課。俟試行三年，再行定額。至附茶仍由甘商運銷。』八年，欽差大臣那彦成言：『甘肅官茶，年例應出關二十餘萬封。近來行銷至四五十萬封，皆以無引私茶影射，價復遞加，每附茶一封，售銀七八兩至十餘兩不等。請嗣後每封定價，阿克蘇不得過四兩，喀什噶爾不得過五兩，並於嘉峪關外及阿克蘇等處設局稽查。』詔如所請。九年，命甘肅茶務責成鎮迪道總司稽查，奇臺縣就近經管。

咸豐三年，閩浙總督王懿德奏請閩省商茶設關徵税。五年，福建巡撫吕佺孫復言：『閩茶向不頒給執照，徵收課税。自道光二十九年，直隸督臣訥爾經額以閩商販運，官私莫辨，議由産茶之崇安縣給照，經過關隘，驗税放行。嗣因産茶不止一處，商人散赴各縣購買，繞道出販，復經撫臣王懿德奏請，自咸豐三年爲始，凡出茶之沙、邵武、建安、甌寧、建陽、浦城、崇安等縣，一概就地徵收茶税，由各縣給照販運，先後下部議准。前歲因粤匪竄擾，江、楚茶販不前，暫弛海禁，各路茶販，遂運茶至省，不從各關經過，不特本省減税，即浙、粤、江西亦形短絀。臣履任後，徧詢茶商獲利，較前不啻倍蓰。商利益厚，正賦轉虧。現粤匪未平，軍需孔急，衆商身擁厚貲，什一取盈，初無所損。且徵諸販客，不致擾累貧民；完自華商，無慮糾纏洋税。以天地自然之利，爲國家維正之供，迥非加增田賦者比。但閩茶不止數縣，必在附省扼要處所設關增卡，給印照以憑查核。連界各省，亦應一體設立，俾免趨避。請自咸豐五年始，凡販運茶斤，概行徵税，所收專欵，留支本省兵餉。惟創行伊始，多寡未能預定，俟行一二年後，再行比較定額。」自此閩税始密。然至十年，猶未報部，經部飭催，乃按期奏報。六年，允伊犂將軍扎拉芬泰請，伊犂産茶，設局徵税，充伊犂兵餉之用。十一年，廣東巡撫覺羅耆齡奏請抽收落地茶税。

同治元年，飭下湖南、湖北、江蘇、安徽、江西、浙江、福建各督撫，詳查本省産茶及設茶莊處所，妥議章程具奏。二年，兩江總督曾國藩疏，略言：「江西自咸豐九年，定章分別茶釐、茶捐。每百斤除境內抽釐銀二錢，出境又抽一錢五分有零外，向於産茶及設立茶莊處所勸辦茶捐，每百斤捐銀一兩四錢或一兩二錢不等，填給收單，准照籌餉事例彙齊請奬。臣仍照舊章辦理。本年據九江關署監督蔡錦青詳，請遵照户部奏准，飭將鹽、茶、竹、木四項統徵關税，已於三月起徵。江西茶葉運至九江，有華商、洋商之分。洋商既完子口半税，固不抽釐；華商既納潯關正税，亦未便再令完釐。臣即照部章，於義寧州開辦落地税。惟原奏內大箱淨茶科則稍重，分别核減。參酌茶捐向章，每百斤，義寧州等處徵一兩四錢，河口鎮徵一兩二錢五分，概充臣營軍餉，由臣刊發税單護票，委員經收。或業户自行完納，或茶莊代爲完税領單，至發販時，統由茶莊繳銷税單。華商换給護票，洋商即憑運照，販至各處銷售。除華商完納九江關税、洋商完納子口半税外，經過江西、安徽各釐卡，驗明放行。如此辦理，與户部原奏、總理衙門條約，一一符合。税單雖係茶莊經手，税銀實爲業户所出。洋商不得藉口於子口半税，而禁中國之業户不完中國之地税。華商既免逢卡抽釐，亦不至紛紛私買運照，冒充洋商。』得旨允行。

五年，户部奏准甘省引滯課懸，暫於陝西省城設官茶總店，潼關、商州、漢中設分店。商販無引之茶，到陝呈報。上色茶百斤收課銀一兩，中色六錢，下色四錢。所收解甘彌補欠課。七年，議准歸化城商人販茶至恰克圖，假道俄邊，前赴西洋各國通商，請領部照，比照張家口減半，令交銀二十五兩，每票不得過萬二千斤。十一年，議准甘省積欠舊課，仍追舊商。召募之新商試新課。其雜課、養廉、充公、官禮四項緩徵。十三年，議准甘省仿淮鹽之例，以票代引，不分各省商販，均令先納正課，始准給票。其雜課歸併釐稅項下徵收。各項各色概予删除。行銷内地者，照納正課三兩外，於行銷地各完釐税，每引以一兩數錢爲度，多不過二兩。出口之茶，則另於邊境局卡加完釐一次，以示區别。

光緒十年，户部統籌財政，於茶法略言：『據總理衙門單開，光緒八、九等年出口茶數多至萬九千餘萬斤。查道光年間英國所收茶税，約每百斤收銀五十兩，而我之出口税僅納二兩五錢，不及十一。擬照甘肅茶封之例，每五十斤就園户徵銀三錢。增課既多，洋人無所藉口。或照寧夏、延、榆、綏等處茶引每道徵銀三兩九錢之例，於產茶處所設局驗茶，發給部頒茶照，每照百斤，徵銀三兩九錢，經過内地關卡，另納釐税，驗照蓋戳放行，不准重複影射。所有茶照，按年豫行赴督請領，原照一年後作廢。或於產茶處所驗茶發給部照，既完課三兩，再倍收銀三兩九錢，前後共徵七兩八錢，一切雜費均予豁除。惟於各海關及邊卡，凡應納洋税，仍照向章完納。若在内地行銷販運，無論經過何省何處釐卡關榷，均免再徵。則改釐爲課，改散爲總，既便稽查，復免侵漁。惟園户及販商若何防其走漏，應令各省參酌定章，覆奏辦理。』

十二年，以山西商人在理藩院領票，詭稱運銷蒙古地方，實私販湖茶，侵銷新疆南北兩路。一票數年，循環轉運，往往逃釐漏稅。經部奏准，嗣後領票，注明『不准販運私茶』字樣。如欲辦官茶，即赴甘肅領票繳課完釐。倘復運銷私茶，查出没官。

是時泰西諸國嗜茶者衆，日本、印度、意大利豔其利厚，雖天時地質遜於我國，然精心講求種植之法，所産遂多。蓋印度種茶，在道光十四年，至光緒三年乃大盛。錫蘭、意大利其繼起者也。法蘭西既得越南，亦令種茶，有東山、建吉、富華諸園。美利堅於咸豐八年購吾國茶秧萬株，發給農民，其後愈購愈多，歲發茶秧至十二萬株，足供其國之用。故我國光緒十年以前輸出之數甚鉅，未幾漸爲所奪。印度茶往英國者，歲約七十三萬二千石，價約二千四萬兩。吾國茶往者八十九萬八千石，價約千八百六十八萬兩。印度茶少於華，而價反多。迨二十二年我國運往，乃止二十一萬九千四百餘石而已。日本之茶，多售於美國，亦有運至我國者。光緒十三年，我茶往日本者萬二千餘石，而彼茶進口萬六千餘石。其專尚華茶取用宏多者惟俄。蓋自哈薩克、浩罕諸部新屬於彼，地加廣，人加衆，需物加多，而茶尤爲所賴。光緒七年定約，允以嘉峪關爲通商口岸，而往來益盛。十年後我國運往之茶，居全數三之一。十三年，併雜貨計，出口價九百二萬兩有奇，而進口價僅十一萬八千餘兩，凡輸自我者八百九十萬兩。然十二年茶少價多，十三年茶多價少，華商已有受困之勢，厥後亦兼購於他國，用此華茶之利驟減。蓋我國自昔視茶爲農家餘事，惟以隙地營之，又採摘不時，焙製無術，其爲他人所傾，勢所必至。

三十三年，茶葉公會以狀陳於度支部，税務司亦以茶税减少爲言，於是命籌整理之策。宣統初，農工商部遂有酌免税釐之議。漢口、福州皆自外國購入制茶機器，且由印度聘熟練教師。江西巡撫又籌欵貸與茶户。自是銷入歐洲及北阿非利加洲者乃稍暢旺。

夫吾國茶質本勝諸國，往往澀味中含有香氣，能使舌本回甘，泰西人名曰『膽念』，他國所産鮮能及此。故日本雖有茶，必購於我，荷蘭使臣克羅伯亦言爪哇、印度、錫蘭茶皆不如華茶遠甚。然則獎勵保護，無使天然物産爲彼族人力所奪，是不能不有望於今之言商務者。

附 清史稿·兵志·馬政（卷一四一）

清初沿明制，設御馬監。康熙間，改爲上駟院，掌御馬，以備上乘。畜以備御者，曰内馬；供儀仗者，曰仗馬。御馬選入，以印烙之。設蒙古馬醫官療馬病。上巡幸及行圍，扈從官弁，各給官馬。以副都統或侍衛爲放馬大臣，主其事。上謁祖陵，需馬二萬三千餘匹，東西陵需馬四千三百餘匹，悉取察哈爾牧廠馬應之。迨乾隆時，每扈從用馬匹輒二萬餘。嘉慶中，物力漸耗，停木蘭秋獮。十二年，減額馬之半。道光九年，如盛京謁陵，額馬視乾隆時，約略相等，計取給廠馬暨各盟長所進，蓋二萬六千餘匹云。

順治十五年定軍馬，親王出征，馬四百匹，郡王三百，貝勒二百，貝子百五十，鎮國公百匹，輔國公八十，不入八分鎮國公七十，輔國公六十五，將軍八十，副將軍七十，護軍統領、前鋒統領、副都統皆六十，其下各有差，最少者護軍、領催各六匹。康熙三十五年，敕出征兵一人馬四匹，四人爲伍，一伍主從騎八匹，馱器糧用具亦八匹。是歲，征噶爾丹，以兵丁馬瘦，褫兵部尚書索諾和職。五十一年，覈定軍中職官馬數，大學士、尚書、左都御史十六匹，侍郎以下遞減；經略、大將軍各二十五匹，副將軍以下遞減。乾隆十六年，八旗牧官馬二萬七千七百餘匹，以萬匹於都城外牧養，熱河千匹，各莊頭二千匹，餘者分畀直隸標營。圈馬之設，始乾隆二十八年，從都統舒赫赫德請也。滿洲八旗，旗養馬二百匹。蒙古八旗，旗百匹。洎五十九年撤圈，分給各兵拴養。嘉慶十二年，諭成親王永瑆議復圈馬，大學士戴衢亨等會議，立章程十條，圈馬仍舊。道光末，軍興遂廢，後亦不復籌矣。同治元年諭曰：『馬政廢弛，積弊已深，以致軍馬罷瘠。牧廠大臣等應妥實整頓，差功罪以挽頹風，著爲令。』溯自世祖入關，迄於康、乾之際，盛京、吉林、黑龍江、直隸、江南、浙江、廣東、福建、湖北、四川、陝、甘、山東、山西諸省設駐防滿洲營，馬凡十萬六千四百餘匹，惟福建水師駐防僅數十匹。乾隆季年，定西藏兵制，前藏供差營馬六十四，後藏二十四，舊塘四十三；共塘馬二百二十匹，新設番塘二十四，共番馬九十八匹。黑龍江兵向無額馬，道光十六年，從哈豐阿請，始設置之。

天聰時，征服察哈爾，其地宜牧，馬蕃息。順治初，大庫口外設種馬廠，隸兵部。康熙九年，改牧廠屬太僕寺，分左翼、右翼二廠，均在口外。是時，大凌河設牧廠一，邊牆設廠二，曰商都達布遜諾爾，曰達里岡愛，隸上駟院。尋分設牧廠五，曰大凌河牧羣馬營，曰養息牧哈達牧羣馬營，曰養息所邊外蘇魯克牧牛羊羣，及黑牛羣牧營，曰養息牧邊外牧羣牛營，並在盛京境。凡馬牡曰兒，牝曰騍，不及三歲曰駒，及壯擇割其牡曰騸。別其騍騸以爲羣，率騍馬五配兒馬一，羣無過四百匹。騍馬及羊三年一平羣，牛六年，騍馬羣三歲以息補耗，三馬而取一駒，騸馬羣歲耗其十一。置牧長、牧副、牧丁任其事，轄以協領、翼長、總管，官兵皆察哈爾、蒙古人充之。飼秣所需木槽、鏇鑿、鑲杓，每羣各二，五年一給之。總管三年番代。二十四年，定牧羣牲畜歲終彙報增減數目，視其贏絀，以第賞罰。二十六年，令八旗豢馬，春夏驅赴察哈爾牧放，曰『出青』；秋冬回圈，曰『回青』。四十四年，將軍楊福請市馬給兵丁，上不許，諭曰：『朝廷屢以太僕寺廠馬並茶馬給各兵丁，故無賠馬之苦。歷觀宋、明議馬政，皆無善策。牧馬惟口外最善，水草肥美，不糜餉而孳生甚多。如驅入內地牧之，即日費萬金不足矣。』雍正三年，定在廠馬以四萬匹爲率。至乾隆五年，足額外，溢七千餘匹。兩翼牧廠，共騍馬百六十羣，騸馬十六羣，令分在兩翼廠牧放。八年，敕牧界毋許侵越。先是甘、涼、肅三州及西寧各設馬廠，分五羣，羣儲牝馬二百匹，牡四十。尋改甘州廠屬巴里坤。二十五年，伊犂設孳生馬駝廠，畀錫伯、察哈爾、索倫、厄魯特四營牧之。三十二年，定牧廠官屬所需馬，視內地驛傳例，按官品給之，不得逾額。嘉慶中，從都統慶溥言，撤回厄魯特人牧廠。初，富俊建言，撤大淩河牧廠，分歸東三省，仁宗嚴諭斥之。迨道光七年，上經杏山東閱馬廠，見河岸馬羣壯整。因諭是間牧廠寬闊，水草蕃滋，馬恃以生息，若輕議裁，則散之甚易，聚之甚難。再有率爲此請者，以違制論。咸豐四年，科爾沁親王僧格林沁剿捻，檄取察哈爾戰馬六百匹，不堪乘用，奏聞。上大怒，嚴諭都統慶昀整頓，蓋馬政漸衰弛矣。光緒九年，太僕寺言兩翼騍馬騸馬一百十四羣，并孳生馬五羣，駝亦五羣，較乾隆時羣數大減。嗣是穆圖善練兵，至黑龍江求馬無良，愀然曰：『地氣其盡乎！』迨於末葉，厲行新法，舊時牧政益廢不講，豈非時勢使然歟？

順治初，陝西設洮岷、河州、西寧、莊浪、甘州茶馬司，及開成、安定、廣寧、黑水、清平、萬安、武安七監，歲遣御史一人專理之。七年，喀爾喀、額魯特來市馬，諭令自章京監察之販客及賈人，與不係披甲者，概不許購，違者鞭一百，馬入官。蒙古攜馬來京，不許商販私買，胥役私購者罪之。康熙七年，裁茶馬御史，以馬政歸甘肅巡撫。三十四年，諭遣師中等往蒙古諸旗購馬，歸化城、科爾沁各二千匹，餘定額有差。乾隆十二年，禁朝鮮買馬。二十五年，敕烏魯木齊市易哈薩克馬百三十餘匹歸巴里坤。旋以五吉等言，選哈薩克所易馬撥往巴里坤，遂停購買。阿桂言伊犂易來哈薩克馬漸成大羣，敕書嘉予。二十八年，定江寧、浙江、福建駐防馬匹出口採買例。三十二年，以伊犂易哈薩克馬累積至多，擇巴里坤善地牧放。尋烏里雅蘇臺馬缺，亦以哈薩克馬换易之。陝、甘營馬，例調自伊犂轉補，道遠耗時。咸豐四年，用賡福請，由伊犂、塔爾巴哈臺隨地變價，令各營自購。七年，並敕山東缺額馬，亦就近買補云。

貢馬昉於國初，歸化城、土默特二旗，每歲四時貢馬百匹。順治十三年，吐魯番貢三百二十四匹，嗣減令貢西馬四匹，蒙古馬十匹。康熙八年，以邊外蒙古貢馬，沿途抑買，諭嚴禁之。三十年，諭土謝圖、車臣俱留汗號，貢白駝一、白馬八如初，自餘毋以九白進。三十五年，喀爾喀蒙古獻駝馬，多不可計，感聖祖破噶爾丹，得歸原牧地也。四川各土司例貢及折徵馬，各營少者一二匹，最多十二匹。甘肅唐古特七族西喇古兒例貢馬匹，各營最多者八十二匹，少者遞減至二三匹。乾隆元年，諭四川土司折價馬每匹納銀十二兩，通省營馬改從驛馬例，納銀八兩，永著爲令。三十年，哈薩克沁德穆爾等獻馬。敕其餘馬赴伊犂，毋於喀什噶爾諸地貿易。尋令沙拉伯爾游牧之哈薩克，與沙拉伯爾一體貢馬。嘉慶元年，停葉爾羌進馬。十六年，諭烏里雅蘇臺將軍等貢馬及備用馬選取之。又諭伊犂進馬，材具佶閑，足供御用，令正備貢各五匹，有私帶者，以違制論。道光二年，從那彦成奏，青海屬玉樹番族歲納貢馬，據丁口數，依三十壯丁貢馬一匹例，按數遞裁。涼州屬番族歲仍納馬一匹。初内外蒙部多貴戚，每征伐，爭先輸馬、駝，漢、唐以來所未有也。康熙初，察哈爾親王、郡王、貝勒等，聞三藩叛，各獻馬匹佐軍。道光九年，章佳胡圖克圖捐馬百匹，收其半。二十三年，察哈爾蒙旗捐馬千九百七十匹。咸豐初，哲布尊丹巴等捐馬千匹，喀爾喀、土謝圖等二千匹，錫林果勒盟長等三千匹，帝以其多，卻之。嗣聞已在途中，令擇善地牧以待用。自是三音諸顔部等，以軍事輸馬、駝，旋捐馬二千一百，錫林果勒盟等千二百，或留或否。七年，各部落蒙古王等捐馬六千四百匹，詔納之。時粵、捻擾畿東，利於用騎也。同治閒，黑龍江將軍德英於呼倫貝爾各城勸捐軍馬。光緒初，豐紳托克湍辦海防，時昭烏達盟郡王捐馬六百匹，因請踵行推廣勸諭，以助軍實云。

驛置肇自前漢，歷代因之。清沿明制，設驛馬，爲額四萬三千三百有奇。各省驛制，定於康熙二年，凡齎奏官驛馬之數，各藩馬五匹，公、將軍、提督、督、撫三匹，總兵、巡鹽御史二匹，從兵部侍郎石麟請也。邊外之驛，定於九年，凡明詔特遣，及理藩院飭赴蒙古諸部宣諭公務，得乘邊外驛馬。三十五年，征噶爾丹，設邊外五處驛站，用便車糧運輸。又從理藩院言，自張家口外設蒙古驛。其大略也。驛傳在僻地者，僅供本州縣所需，亦曰遞馬，額不過數匹。衝繁州縣，置驛或二或三，額馬至六七十匹。驛差大者，皇華使臣，朝貢蕃客，餘如大臣入覲，莅官、視鹺、監稅皆是。若齎奏員役，呈奉表册，其小者也。要者，如星馳飛遞，刻期立赴之屬。若閔勞恤死，允給郵傳，其散者也。驛政弊壞，張汧嘗極言之。越數誅求，橫索滋擾，蠹國病民，勢所必至。已定例諸驛額馬，每年十踣其三，循例買補。咸豐中，粵氛孔熾，湖、湘境爲賊據，劫失驛騎，焚毀號舍，往往有之。各州縣或買馬填補，或賃馬應差，其有失驛未設，即雇夫代馬。甘肅舊設馬額六千餘，亦以軍興廢弛。光緒九年，軍務既平，驛遞漸簡，所留馬視前減三分二，而驛政亦無所妨。十一年，新疆南路設驛。是時，綜通國驛站歲費，約三百萬餘金。二十九年，劉坤一、張之洞條陳新法，謂驛站耗財，不如仿外人之郵政。郵政遞信速，驛政文報遲。弊由有驛州縣馬缺額，又復疲瘦，驛丁或倚爲利藪，因致稽延。請設驛政局，推行郵政，俾驛舖經費專取給郵資，即三百萬歲耗可以省出矣。時韙其言。已而驛馬漸裁，嗣是驛遂廢不用。

順治初，建常盈庫，凡車駕司朋椿站銀，武庫司馬值，太僕寺馬價皆儲之。康熙初，改常盈庫儲歸户部。

乾隆十六年，敕雲南營馬除十踣其三按例應賠外，其逾額踣斃者免賠椿銀。二十七年，定給留圈馬乾，每匹視緑營稍優異。三十八年，又令雲南買補馬價，每匹減銀三兩。初馬乾歲費約四十四萬有奇。道光中，從載銓等言，裁八旗官拴馬半額，以節出之費補兵餉焉。

清初定現任官得養馬，餘悉禁之。尋許武進士、武舉、兵丁、捕役養馬。康熙元年，禁民人養馬。有私販馬匹，爲人首告者，馬給首告之人。其主有官職，予重罰。平民荷校鞭責。十年，令民人仍得養馬。二十六年，定出廠馬、駝，或踐食田禾，或縱逸侵擾，兵鞭責，官罰俸有差。其兵丁強人代牧，及勒索擾累者，兵發刑部，官降調。凡牧馬斃，則驗其皮，踣斃例須賠抵，有一九、一七之罰。應取駒千匹者，以百匹爲一分，百匹者以十匹爲一分。雍正十三年，定馬、駝出廠時，毛齒皆有册，回日覈驗，如疲瘠十不及三，免議，否則兵鞭責，官罰俸有差。乾隆初，禁牧丁等盜馬私售，及與人乘，峻其科罰。十六年，嚴牧馬減尅料草之罪。二十八年，官馬出青，每百匹准倒十匹，逾額勒其買補。嘉慶十一年，行圍木蘭，查獲私販馬匹諸犯，重懲之。因諭：『我朝講武時巡，扈從均給官馬。大臣禄入較優，給馬較少。官員兵丁，視差務之繁簡，定馬數之多寡，少者一、二匹，多至五匹，事竣原馬還官。如踣斃，呈驗耳尾，仍按價折交。收放時，命王大臣督察。乃官兵等竟私鬻官單，察哈爾官兵收馬利，其折銀易於買補。積弊日深，大妨馬政。自後設有賣單及折收者，一體科罰。私買之馬販，從嚴問擬。大臣等其妥議定章以聞。』凡營馬或走脱竊失，責令賠補，謂之『賠椿』，年遞減十之一，至十年悉免之。應敵傷損者免賠，騎至三年踣斃者亦免。其餘一年或二三年内踣斃，賠額視其省而異，以十金爲最多。同治二年，定古北口盤獲私馬逾三十匹者送京，不及三十匹賞與兵丁，著爲令。

西北茶史

〔民國〕葉知水

〔提要〕

《西北茶史》，葉知水著。約五萬餘字。民國三十二年（一九四三），作者受命赴蘭州考察西北茶市，回顧宋、明茶馬貿易，清、民國時期西北茶政之作。根據歷史經驗，亦對振興西北茶市，提出了自己的建議。是近代考察、研究西北茶事的開山之作。

全書分爲六部分，分述西北茶飲之流傳概況，歷代西北茶葉貿易之沿革及政策演變，宋明清三代之茶政，左宗棠『以票代引制』的實施及其評價，歷代西北茶葉之産銷及市場格局，對西北茶葉之展望。是書由序、目録、正文三部分所組成。從作者所附參考書目看，所涉無多，如宋、明兩代茶馬貿易僅據《宋史》、《明史·食貨志》兩書，故難免挂一漏萬，失之於簡陋，又因成書倉促，譌字錯句，比比皆是。引用史料，未及覈對，尤多挂漏和删節。標點已頗隨意。考慮到是書乃稿本，又保存了一些我國西北地區清末民初的茶史資料，故收入本書。

稿本原藏國家圖書館，今據《中國古代茶道秘本五十種》（全國圖書館文獻縮微複製中心二〇〇三年影印本）加以重新標點、整理。凡引用史料，多檢覈原書，一般按校勘法慣例處置，不另出校記。原書的錯誤之處，一般亦用校勘法處理，明顯的錯、漏字，則直接加以改、補，以免煩瑣，個別因原稿漫漶不清或難以判斷之字，分別以方圍代之或在字下加（？）以資識別。有涉及内容或史料運用中之問題者，仍另出校記。其地名，原稿中凡括注『今』者，皆爲當時（一九四三年）之地名，與七十餘年後的今天，已大不相同，姑仍其舊，一般不加改動或另出注，請讀者留意查覈最新版京滬兩地所出《中國地名大辭典》，姑存保持歷史文獻原貌之微意。括注公元年號或紀年頗有誤，則均直接改正。關於宋、明兩代西北茶史資料，拙輯補編中多已輯録成編，有興趣的讀者可對照檢閱，對葉氏是書的疏漏之處一般亦勿再一一出校補正。是書又一差強人意處，乃前後多處重複，實有冗雜之嫌，今亦姑仍其舊。但這畢竟是迄今唯一關於西北茶史之作，故仍有其一定的史料價值。

西北茶史序

西北向爲國茶内銷之重要市場，茶馬交易始于唐代，而盛于宋、明。官爲之計，其意義之重大，決非一般貿易所能比擬。有清一代，茶政實施泰半以税收爲目的，以故茶法敗壞。左氏票案之制，雖挽(成)〔咸〕、同年間茶銷停滯之局面，然去宋、明之法已遠。

抗戰軍興，國茶外銷，出口困難。西北茶運，亦以漢口失陷而中梗。産區茶産過剩，民不聊生；而西北茶糧缺乏，價等黄金。茶政當局，本調節産銷，救濟生民之職責，並爲戰後中國茶業奠未來基礎計，于是有統籌西北茶銷計劃之實施。以多濟無，兩得其利。水奉命考察西北茶市，以爲發展張本。抵蘭之初有西北茶業大事年表之輯，所謂鑑古籌今，資備證焉。然年表僅列分年大事，不足以道演變因果之關係，更不能詳言其政策之良窾，于是復有西北茶史之作。供重籌西北茶政者之參考。蘭州雖爲中國之陸都，然文化落後，圖藉難周，遺漏之處，所在不免。祈海内賢達，茶界先進，有以教之。

〔民國〕三十二〔年〕三〔月〕二十一〔日〕，知水序于古金城

西北茶史目録

一、西北茶飲之流傳
二、歷代西北茶葉貿易政策及其演變
三、宋明清三代西北茶政之實施
四、左宗棠以票代引制
五、歷代西北銷茶之産區銷量及其市場之變遷
六、西北茶業之展望

西北茶史

一、西北茶飲之流傳

茶樹原産地問題，迄今尚無定論。茶飲之始于中國西南部之四川一帶，此爲舉世學者所公認之事實，固無須重加考證者矣。東漢以後，飲茶之風東漸，江南一帶人民，習以爲常。而大江以北，迄拓（拔）〔跋〕魏（三六〇—四〇〇）之世〔一〕，飲者尚稀。《伽藍記·景寧寺》記北人中大夫楊元慎詆梁使陳慶之曰〔二〕：『吴人之鬼，住居建康，（人）〔小〕作冠帽〔三〕，短製衣裳。自呼阿儂，語則阿傍，菰稗爲啓，茗飲作漿。』又《報德寺記》載：『肅（王肅，南人）初入國，不食羊肉及酪漿等物，常飯鯽魚羹，渴飲茗汁。京師士子見肅一飲一斗，號爲漏巵。經數年以後，肅與高祖殿會，食羊肉酪（漿）〔粥〕甚多。高祖怪之，謂肅曰：「（即）〔卿〕中國之味也，羊肉何如魚羹，茗飲何如酪漿？」肅對曰：「羊者是陸産之最，魚者水族之長。所好不同，並各稱珍。以味言之，甚是優劣。羊比齊魯大邦，魚比邾莒小國，惟茗不〔中〕與酪作奴。」高祖大笑。』『彭城王謂肅曰：「卿不重齊魯大邦，而愛邾莒小國。」肅對曰：「鄉曲所美，不得不好。」彭城王重謂曰：「卿明日顧我，爲卿設邾莒之食，亦有酪奴。」因此復號茗飲爲酪奴。』足証其時北方人士尚無飲茶習慣，並以南人飲茶爲奇。即或試飲，亦爲當時西北人士所恥。同書：『給事中劉縞北人。慕肅之風，專習茗飲。彭城王謂縞曰：「卿不慕王侯八珍，好蒼頭水厄。海上有逐臭之夫，里内有學顰之婦。〔以〕卿言之，即是也。」其（時）彭城王家有吴奴，以此言戲之。自是朝貴燕會，雖設茗飲，皆恥不復食，唯江表殘民遠來降者好之。』

魏晉南北朝（二二〇—五八九年，魏文帝黄初元年迄隋文帝統一中國之年），爲中國歷史中最混亂之時期。黄河流域，中華民族發祥之地，變作慘痛戰場凡三百餘年。其間中國北部、西北部、東北部各民族如烏桓、匈奴、羯、鮮卑、氐、羌等先後爲北中國之主人翁，漢族雖偏安江左，而其具有卓越性之特殊文化，俱先後爲其倣效。魏孝文帝雖卑南人之茗飲，而對中國文化風物，固無不力行模仿，『江表殘民』殆爲茶飲流傳中華北部及西北部之先導歟？

隋唐統一中國，中央政府之勢力及于四陲，邊疆民族大部重回其故土，而此項飲食習慣，亦隨之流傳于四方。且也隋唐武功所及，北至西伯利亞，西至中亞、細亞，東北至朝鮮，南至安南，東征西討，中華健兒足跡所至，文化風物自亦傳播于四方。

南北朝以迄于唐代，佛教甚盛于中國，茶與宗教具有特殊之關係。日本神話中，且有茶樹由達摩眼皮所形成之傳説。《封氏聞見記》關于茶有此項記載〔四〕：『南人好飲之，北人初不多飲。開元中（七一三—七四一），泰山靈巖寺有降魔（禪）師大興禪教。學禪務于不寐，又不夕食，皆許其飲茶。人自懷挾，到處煮飲，從此轉相倣效，遂成風俗。自鄒、齊、滄、棣，漸至京邑，城市多開店鋪，煎茶賣之，不問（通）〔道〕俗，投錢取飲。』

自漢高祖用到敬計，以宗室女子妻冒頓單于，開和親政策之始，後昭君王嬙于元帝時又被遣出塞，以羈縻邊疆民族。隋唐以還，每當困于邊患，亦採用此項政策。隋開皇十一年（五九一年），以公主妻吐谷渾世伏可汗，唐太宗時又以公主下嫁。貞觀十五年（六四一年），文成公主下嫁吐蕃，爲西藏文化之母。睿宗時（七一〇年），又以金城公主嫁吐蕃，其後帝皇宗室女子下嫁異邦者，亦累見不鮮。以文化之邦之帝室公主下嫁文化較落後之邦國，自爲其全國人士所尊重敬仰，又一行一動，無不爲之矜式。如文成公主入蕃時，太宗令禮部尚書、江夏郡王道宗主婚，持節送公主于吐番，弄讚率其部兵次柏海，親迎于河源，見道宗執子婿禮甚恭。既而嘆大國服飾禮儀之美，俯仰有愧沮之色。與公主歸國，謂其所親曰：我父祖未有通婚上國者，今我得尚大唐公主，爲幸實多，當爲公主築一城以誇示後代。遂築城邑，立棟宇以居。罷赭面，褫氈罽，襲紈綃。請蠶種，碾磑、紙墨之匠，遣豪酋子弟入國讀書，捨其本俗，而慕華風。由文成公主翰入西藏之文物，就《唐書》所記，爲服飾禮儀之美，築城邑、立棟宇、〔襲〕紈綺、〔習〕詩書、〔請〕蠶種、〔造〕酒、碾磑、紙墨諸工匠等〔五〕。藏籍所傳則有覺阿佛像，爲壓奩珍物。此外，有諸種府庫財帛，金鑲書橱、書典三百又六卷，諸種金玉器，諸種造食器皿，食譜、玉轡與金鞍，諸種花緞，術數書三百卷，工藝卓法四百又四，醫方百珍、五觀六行術四部，配劑術、錦、淩、羅與諸色衣料二萬匹。美女二十五名，蔓菁種子、車輿、馬騾、駱駝、力士若干人，及雕刻匠等。大抵日常用品及珍奇服御、飲食諸物，莫不賅備。而另一藏史云：松贊岡布之孫，始自中國輸入茶葉。松贊之孫，即杜松孟波，先文成公主一年卒。則茶葉亦自文成公主時輸入藏土。唐時呼茶爲『檟』，今藏語曰『價』，與中國古音相同，是爲文成公主輸入此種物品，確定此種名詞之證。故帝皇宗室子女之下嫁，亦爲茶飲流入西北邊疆之先導。

唐初飲茶之風播及西北，已如前述。且以茶含有特殊成分，如茶素、茶單寧、茶香油等物，有消食、清神之功，于以肉類爲飲食之民族，尤爲最優良之飲料。迄唐肅宗之世（七五六—七六一在位），北方民族之回紇入朝，驅馬市茶，開茶馬交易之先河。茶不僅〔不〕再爲西北人士所排斥，且從而爲其大量需要矣。

《唐書》〔六〕：『（黨）〔常〕魯使西蕃，烹茶帳中，蕃使問何爲，魯曰：「滌煩療渴，所謂茶也。」蕃使曰：「我亦有之。」命取出以示，曰：「此壽春者，此顧渚者，此蘄門者。」』壽春、顧渚、蘄門，所産，俱爲唐代茶中之珍品。

可知其時西北人士，不僅嗜茶，且對茶葉飲用，具有相當認識，知擇尤而用之矣。

有宋以後，北方及西北人士嗜茶更甚。仁宗慶曆四年（一〇四四）宋夏和約中並有納茶之規定。

宋歲賜夏銀、綺、絹、茶共二十五萬五千〔七〕。

高宗時，第四次金宋議和條欵中，有是項之規定：

宋每年遣使賀金主生辰及正旦賀禮，用金茶器千兩、銀酒器萬兩、綿綺千匹〔八〕。

其時，夏佔領區域包括今綏寧二省及青海一帶； 而金雖起于東北，其領土據有淮河以北及中國西北部。《金史·食貨志》載當時人民嗜茶情形，謂：『茶，飲食之餘，非必用之物。比歲上下競啜，農民尤甚。市井茶肆相屬，商旅多以絲絹易茶，歲費不下（數）百萬〔九〕。』『其時金人消費之茶，除由宋人歲供〔之〕外，皆貿易于宋之榷場。』『河南、陝西（包括甘、青、寧一部）凡五十餘郡，郡日食茶率二十袋，袋直銀二兩，〔是〕一歲之中妄費〔民〕銀三十餘萬兩。』憂國者輒謂：『茶乃宋土草芽，而易中國（金人自稱。）絲綿錦絹有益之物。』又謂：『茶本出宋地，非飲食之急，而自昔商賈以金帛易之，是徒耗也。』以故爲防止以其有用之貨物資敵起見，乃制禁茶法。

規定：『親王、公主及見任五品以上官素蓄者存之，禁不得賣、饋，餘人竝禁之，犯者徒五年，告者賞寶泉一萬貫。』可知其時西北之民嗜茶若命者矣。

唐宋時代，輸入西藏茶葉之運輸路綫，不在今日之康定，而取道于今日之甘青。李亦人《西康綜覽》載當五百年前元明時代，關外各縣及西藏商人，常以各地産如羊毛、皮革、麝香、鹿茸、貝母、赤金等物，運集康定，以求出售，而易回粗茶、布疋等物，當時康定僅一荒涼之山村。証諸古籍，亦屬不謬。《清文獻通考·榷茶》：康熙三〔十〕五年（一六九六），『（賜）〔飭〕准打箭爐（即康定）番人市茶貿易』〔一〇〕。足見康定正式邊茶貿易始于清初。又《明史·食貨志》：洪武初（一三六八—一三七七），『又詔天全六番司民，免其徭役，專令蒸烏茶易馬。初制，長河西（今康定地）等番商以馬入雅州易茶，由四川巖州衛（今松潘地）入黎州（今西昌）始達』。足見明初康藏番民入川易茶，向繞道青海也。明初主要茶馬司所在地爲秦、洮河、雅，在康境者，僅雅州一地，尚須繞道巖州衛，再溯而上之。據《宋史·食貨志》：『宋初經理蜀茶，置互市于（源）〔原〕、渭、德順三郡，以市番夷之馬。』原、渭、德順三郡，均在甘陝境内。南渡以後，關陝全失，始于四川置茶馬市。可知南宋以前，茶葉入藏皆由青海。唐代入藏主要大道，由今日西寧、湟源、日月山渡黃河，徑金沙江上流而入藏。唐地志所載，唐蕃往來，及藏史所記文成公主入藏，均經由此路綫。由打箭爐入藏，殆爲清初以後事耳。並諸于此，以爲研究古代邊茶貿易者參考焉。

二、歷代西北茶業政策與其演變

茶飲習慣，由中國西南部流傳江南。長江以北，初則排斥，既而習飲，再而嗜之若命，抑若非茶無以爲生者矣。茶爲植物性産物，植物生産受氣候、地域之限制極大。中國産茶區域，大都在東南部份，西北如陝南紫陽一帶有之，量亦有限。不僅今日如此，即宋亦如之。《宋史・食貨志》：熙寧十年，『知彭州呂陶言，川、(陝)〔峽〕四路所出茶，比東南十不及一』。《金史・食貨志》載：章宗承安三年（一一九八）八月，『以爲費國用〔而〕資敵，〔遂〕命設官製之。以尚書省令史、承德郎劉成往河南視官造者，以不親嘗其味，但採民言，謂爲溼桑，實非茶也。還即白上，上以爲不幹，杖七十罷之』。故知北方帝國爲防止物資資敵，而求茶葉自給自足，亦不可能。茶葉生産與消費市場、地區不同，于以造成佔有生産地域者市場之獨佔壟斷現象。古代中國西北茶葉政策之實施，實發端于此。

榷茶起于唐代，而西北茶葉政策之實行，實肇始于宋朝。唐德宗建中元年（七八〇），納户部侍郎趙贊議，税天下茶、漆、竹、木，十取其一，以爲(平常)〔常平〕本錢，旋罷之。貞元九年（七九三），鹽鐵使張滂議以茶税代水旱田租。穆宗即位（八二一），兩鎮增兵，帑藏空虚，鹽鐵使王播乃增天下茶税。要之，唐代茶政以税收爲目的，塞外茶業貿易雖已開端倪，然其性質，不過以有易無，物物交易而已。有宋一代，國勢衰弱，外敵侵擾，終亡于元。其間兵氛相承，軍需浩繁，物資馬匹，需求甚多。而西北茶業貿易政策，于是確定，歷明清而勿衰。歷代西北茶業貿易政策，其要點有四：曰控制茶銷，以制羌戎；曰茶斤易馬，以實軍備；曰以茶易貨，備資國用；　曰增加稅收，建設中華。竊申述之：

一、控制茶銷以制羌戎　《明史·食貨志》：『番人嗜乳酪，不得茶則用以病。故唐、宋以來，行以茶易馬（之）法，用制羌戎。』又：　萬曆五年，俺答款塞，請開茶市。御史李時成言：『番（人）以茶爲命，北狄若得，藉以制番，番必從狄，貽患匪細。』明嘉（清）〔靖〕十五年，御史劉良卿言邊茶之利害，謂：『律例：「私茶出境〔與〕關隘失察者，並凌遲處死。」蓋西陲藩籬，莫切于諸番。番人恃茶以生，故嚴法以禁之，易馬以酬之，以制番人之死命，壯中國之藩籬，斷匈奴之右臂，非可〔以〕常法論也。』近世趙文龍氏爲甘肅官茶事簽呈甘省主席：『西北蒙番各族，人民獷悍難馴，控制少馳，動輒背亂。歷世政府御邊，每遇應（時）〔對〕棘手之時，恒以斷絕糧茶爲重要控制之工具。』清道光二年十一月，諭令陝甘總督那彥成稱：『如番族中有作賊者，即不准請領茶票。佔據河北野番，俟歸河南方准請票，易買糧茶。』又，同年十二月，復諭：『察罕諸門汗夥同野番，勾結漢奸，作賊已久。此次該督將糧茶斷絕，立見窮蹙，願歸原牧。不勞兵力，不延歲月，易如反掌，辦理認真，實屬可嘉』云云。足証有宋以來，政府對官茶之嚴格管制，實有深切之意義。可知歷代之西北茶業貿易政策，實有政治作用在焉。

二、茶斤易馬以實軍備　馬在古代戰陣中之地位，其重要不啻今日之機械化部隊與飛機。自唐回紇入朝，驅馬市茶，始知茶之另一功用。有宋一代，榷茶買馬，置茶馬司。《宋史·職官志》：『都大提舉茶馬司掌榷茶之利，以佐邦用。凡市馬于四夷，率以茶易之。』及至明代，茶馬之法益備。《明史·食貨志》：『洪武四年，户部言：「陝西漢中、金州石泉、漢陰、平利、西鄉諸縣茶園四十五頃，茶八十六萬餘株。四川巴茶三百十五頃，茶二百三十八萬餘株。宜〔定〕令每十株官取其一。無主茶園，令軍士(採媷)〔薅采〕，十取其(一)〔八〕，以易番馬。」從之。于是，諸産茶地設茶課司，定稅額。陝西二萬六千斤有奇，四川一百萬斤。設茶馬司于秦、洮、河、雅諸州，自碉門、黎、雅抵朵甘、烏〔思〕藏，行茶之地，五千餘里。山後歸德諸州，西方諸部落，無不以馬售者。」清起關外，雖曰牧地廣闊，驪黃遍野，然在康熙年間，亦曾行茶馬之法，不過旋罷而已。《清通志·茶法》：「康熙三〔十〕四年，刑科給事中裘元佩疏言：馬政事關緊要，洮、岷諸處，額茶三十餘萬篦，可中馬萬匹。陳茶每年滯銷，又可中馬數萬匹。茶斤中馬，甚有裨益。于是，遣專官管理茶馬事務。」

三、以茶易貨備資國用

以茶易貨之貿易方式，今日仍盛行于甘、青〔等〕西北茶葉市場，違論古代。《金史·食貨志》：「尚書省奏：「茶，飲食之餘，非必用之物。比歲上下競啜，農民尤甚。商旅多以絲絹易茶，歲費不下百萬。是以有用之物〔而〕易無用之物也。」」《明史·食貨志》：「碉門、永寧、筠、連（均在四川境内）所産茶，名曰剪刀麤葉，惟西番用之，而商販未嘗出境。四川茶鹽轉運使言：「宜別立茶局，徵其稅，易紅纓、氈衫、米、布、椒、蠟，以資國用。」于是永寧、〔成都〕、筠、連皆設茶局矣。川人故以茶易毛布、毛纓諸物，以償茶課。」又：「自〔是〕定課額，立倉收貯，專用以市馬，民不敢私採。課額每虧，民多賠納。四川布政司以爲言，〔乃〕聽民採摘，與〔番〕易貨〔矣〕。」《西寧府志》：康熙六〔十〕一年，又議西寧等處行茶，原照例易換馬、駝、牛、羊，并易粟穀，今將舊茶悉行變賣，以作兵餉。又，乾隆八年，將五司庫茶發給各州縣衛所，易換糧石，以裕邊倉積貯。自八年起至十一年止，西司共發茶四萬六千封，寧郡各屬其易貯各倉糧二萬九千六百三十四石一升二合〔有〕零。故以茶易貨，以資國用，亦爲歷代政府西北茶業貿易政策之一。

四、增加税收建設中華　榷茶原爲增税，以資國用。唐右拾遺李珏論之甚詳。自德宗元年（七八〇）税天下茶、漆、竹、木，十取其一，以爲常平本錢，爲茶税之始後，歷朝政府或徵本色，或折色銀，或輸糧食、雜物，以爲治邊建國之費用。有清一代，中馬停止，邊貯茶葉過剩，變賣充作餉銀，或直接搭放餉銀，實不啻税茶以養兵，此亦歷代西北茶業政策之要的。

歷代西北茶業貿易政策，有如上述。然以國勢强弱、外敵有無、疆域廣狹、立國方針如何而變改其實施之政策。茶馬交易，雖起于唐，然唐代茶馬交易，非即爲茶馬政策之實施。張旭光《中華民族發展史綱·隋唐時代·中華民族之發展·唐平回紇》節中所載：七六二年（代宗寶應元年），回紇登里可汗，親率兵助唐收復東京，大肆劫掠。以後唐帝室屢次以公主下嫁可汗，回紇越發驕恣。歲遺外，又有所謂馬價，每馬售縑四十匹，回紇貪利，往往送來數萬匹，要求出售，頗苦其需索。可見其時回紇入朝，驅馬市茶之意義，不過如以馬市縑者耳。自無所謂茶馬政策之可言，最多亦不過爲增歲收，及如今日之一般國際貿易，以有易無，備資國用而已。

宋初實行茶葉專買，凡茶入官以輕估，其出以重估，縣官之利甚博。而商賈轉致西北，散于夷狄，其利又特厚。西北茶葉貿易，至宋大盛。其時西北互市地，爲原、渭（今涇川鎮原帶）、德順（今天水臨潭一帶）三郡。及王韶建開湟之策，委以經略。熙寧七年（一〇七四）遣李杞入蜀經畫買茶，于秦（今天水）、鳳（今鳳縣）、熙（臨洮）、河（河州）博馬，以著作佐郎蒲宗閔同領其事，是爲茶馬政策正式實施之開端。其時國勢衰弱，外侮日亟，疆土日蹙，戰征頻頻，軍需、馬匹，需要浩繁。茶葉貿易在西北之作用，已具茶斤易馬、以實軍備之茶馬政策焉。紹興〔七年〕（一一三七）以後，關陝淪陷，西北易馬之地盡失，然軍馬爲戰陣必需之物資，于是，竭全力于川邊，行其茶馬政策。

元代武功雖盛，然其政無足述者。茶法沿用宋制，用運使白賡言，榷成都茶于京兆、鞏昌（今隴西縣），置局發賣，僅具一般之貿易性質而已。

蒙古征服中華，防漢族民族革命之爆發，禁漢人及南人（南方人）藏弓矢、蓄刀劍、禁養馬。明太祖起兵江左，所急惟馬。于是，重茶馬之政，而尤以其立國對外政策爲保守，爲防邊。在其《祖訓》一文中，告示其子孫曰：『四方諸夷，皆限山隔海，僻在（偶）〔隅〕。得其地，不足以供給；得其民，不足以使令。若其自不揣量來擾我邊，則彼（有）〔爲〕不祥。彼既不爲中國患，而我興兵輕（犯）〔伐〕，亦不祥也。吾恐後世子孫倚中國富強，貪一時戰功而無故興兵，致傷人命，切記不可。但胡戎〔東北與〕西北邊境，互相密（遇）〔邇〕，累世戰爭，必選將練兵，時謹備之〔一二〕。』有是立國之方，于是方有若是治邊之策。太祖所患惟蒙古遺族，遂以茶馬政策經營西北。一以易良馬，備戰陣；一以制西番，壯中國。明御史劉良卿言：『《律例》：私茶出境與關隘失察者，並凌遲處死。蓋西陲藩（邊）〔籬〕，莫切于諸番。番人恃茶以（爲）生，故嚴法以禁之，易馬以酬之，以制番人之死命，壯中國之藩籬，斷匈奴之右臂，非可以常法論也。』是數語，誠爲明代西北茶馬政策之簡明提要，又《洮州廳志》論馬政，曰：馬政之善，無如榷茶羈番矣。說者以爲有三大利：捐山澤之毛，收駃牝之種，不費重資而軍實壯，利一；羈縻番族，俾仰給于我，而不能叛，利二；遮隔強氛，遏其任逞，作我外籬，利三。雖茶產湖襄，馬出渥洼，實我秦隴三邊之長計。明代西北茶叶貿易政策，即在于此。雖以人亡政廢，茶法屢更，其實施方針，終明之世而勿渝也。

清繼明而有天下，對西北茶葉政策，初亦沿明制，然終以起于關外，領土遼闊蒙古已非其部。《清文獻通考·榷茶》載：『本朝牧地，廣于前代。爲孳息，則已驪黄遍野，雲錦成羣。今則大宛西番，盡爲内地，渥洼天馬，皆櫪上之駒。』更以茶法已壞，中馬無幾，于雍正末停中馬之法，西北茶葉貿易，又遂一變而爲增税收易物資之政策矣。民國以還，西北戰亂頻仍，邊政廢弛，一部茶類之税收，由甘省府財廳辦理，則主要目的，亦仍爲增庫入，助地方行政之費用，更無所謂特殊政策之可言矣。此歷代西北茶葉貿易政策演變之大略也。

三、歷代西北茶政之實施

歷代西北茶政，政府皆認爲沿邊之重要政策，故皆由中央派大員直接主持其事。清代中葉，茶法已壞，中馬無幾，于是停中馬之制，而茶課一項之收入，作爲辦理邊務之經費。于是，以陝甘、總督兼理茶政，將一年中之税收，報批撥發〔作〕治邊政費。惟其時陝甘總督所管轄之區域，爲今日之陝、甘、青、寧、新等五省。光緒八年，新疆建省，仍受陝甘總督督導。民國改制西北茶政，由甘肅省財政廳辦理。其時青海、寧夏（青、寧建省〔於〕民國十七年）尚隸甘省，西北茶市區域大部在甘肅省區内。及青、寧建省，西北茶政仍由甘省統籌，論者非之。蓋西北茶政，非甘肅一省之茶政，西北茶政乃整個西北之茶政，且爲中國茶業之一環。民國二十六年以還，中央重鑒于茶葉生產及茶葉貿易之重要，設管制統銷機關。今後西北茶政，自當恢復康熙以前（一七〇五）之舊制，由中央直接辦理，收統籌供銷之宏效。將歷〔代〕西北茶政之實施，概述如〔上〕，以爲重籌西北茶政者之參考焉。

一、宋代西北茶政之實施

宋代西北茶葉貿易，已極發達，如前述。宋初（九六〇—九七五），開互市地于原、渭、德順三郡，聽商民自由與番商貿易。按：宋初茶葉實行專賣，天下茶皆禁，唯川、陝、廣、南聽民買賣。其辦法，據《文獻通考·征榷》所載：『凡園户歲課，作茶輸其租，餘則官悉市之。其售于官者，（比）〔皆〕先受錢，而後入茶，謂之本錢。百姓歲輸税，願折茶者，亦折爲茶，謂之折税。此收茶之法（也）。』又：『商賈之欲貿易者，入錢若金帛（市）〔京〕師榷貨務，以射六務十三場茶，隨所射予之，謂之交引。願就東南入錢，若金帛者，計直予茶如京師。凡茶入官以輕估，其出以重估，縣官之利甚博，而商賈轉致于西北，以致散于夷狄，其利又特厚。此鬻茶之法。』所謂六務十三場，六務即江陵府、真州、海州、漢陽軍、無爲軍、蕲州之蕲口。十三場，即蕲州之王祺、石橋、洗馬、黄梅，黄州之麻城，廬州之王同，舒州之太湖、羅源，壽州之霍山、麻步、開順口，光州之商城、子安。可知宋初西北貿易之茶葉〔爲〕東南産物，而其時西北茶政，無特殊設施。西北茶政，爲全國茶政之一環，民産、官賣、商銷是也。其後，茶法屢變。要者，非爲西北情形特殊而變，不啻（？）乏矣。至〔熙寧之〕時，王安石當國，命王韶收復熙（臨洮）、河（河州）等六州。王韶建開湟之策，知西北之重要，委以經略。熙寧七年（一〇七四），又以需馬孔急，遣三司（幹）〔勾〕當公事李杞入蜀經畫買茶，于秦鳳、熙河博馬，設茶馬司于秦州、河州，置提舉，綜理其事。明年，提舉茶場李杞言：賣茶買馬，固爲一事，（允）〔充〕同提舉買馬。詔如其請。熙寧十年（一〇七七），置羣牧行司，以往來督市馬者。元豐三年（一〇八〇），復罷爲提舉

(馬)監牧司，四年（一〇八一），從羣牧判官郭茂恂言，專以茶市馬，以物帛市穀，復併茶馬爲一司。七年（一〇八四），以買馬隸經制熙河財用司，經制罷，乃復故。自李杞建議，始于提舉茶事兼買馬。其後二職分合不一。八年（一〇八五），陝西(買)〔賣〕茶爲場三百三十二，而金州（今陝西安康）爲場八。元豐以後（一〇八六後），西北茶馬互市，僅存秦司。哲宗元祐二年（一〇八七），熙河、秦鳳(三)〔二〕路茶，仍官爲計買。永興〔軍〕（神宗時，分陝西路爲永興〔軍〕、秦鳳二路，永興〔軍〕路今陝北一帶）、鄜（今陝西鄜縣）、延（今陝西膚施縣）、環（今陝西環縣）、慶〔州〕（今甘肅慶陽縣）許通商。徽宗崇寧四年（一一〇五），茶馬司總運茶、博馬之職，復元豐舊法。高宗建炎二年（一一二八），擢趙開都大提舉川陝茶馬事，大更茶法。官買官賣並罷，印給茶引，使茶商執引與茶户自相貿易，廢至道成法。《宋史》卷三七四《趙開傳》[一二]：〔建炎二年〕，擢開都大提舉川陝茶馬事。于是大更茶〔馬之〕法，官買官賣〔茶〕並罷。……印給茶引，使茶商執(行)〔引〕與茶户自相貿易，改成都舊買、賣茶場爲合同場買引所，仍于合同場置茶市。引與茶必相隨。凡買茶引，每一斤春爲〔錢〕七十，夏五十。茶〔所〕過，每一斤征一錢；住，征〔一〕錢半。比及〔建炎〕四年冬，茶引收息至一百七十餘萬緡。又，《朝野雜記》甲集卷十四、《蜀(秦)〔茶〕》篇：紹興後，（茶馬司）又增引錢。……于是茶馬司一歲遂收二百萬緡。大概紹興以後，茶馬司每歲所收猶以二百萬緡爲例。然此二百萬緡，茶馬司除用以買馬外，猶須以所剩爲四川宣撫贍軍。金寶祥先生于《南宋馬政考》一文中書之甚詳。紹興七年（一一三七），關陝淪陷，于是，併秦司于川司，宋代西北茶政之設施至此告竣。

總上以觀，吾人對于宋代西北茶政之設施，可得下列數項：

（一）宋代西北茶政由中央派大員直接辦理，不僅市場由其統制，即産區亦在此官所管制之内。買茶博馬之官，合分不一。

（二）官營茶馬交易，始于熙寧七年（一〇七四）。熙寧以前，開互市地于原、渭、德順三郡，聽商民自由與番商貿易。熙寧以後，榷蜀茶，官買官賣，以之博馬。

（三）其後茶法弊壞，《宋史新編·食貨志》載〔一三〕：侍御史劉摯論榷蜀茶之弊：『蜀茶之出，不過十數州。人賴以爲生，茶司盡榷而市之。園户有茶一本，而官市之額至數十斤，所給錢靡耗于公者，名色不一。給借保任，輸入視驗，皆牙儈主之，故費于牙儈者又不知幾何。是官于園户名爲平市，而實奪之。園户有逃而免者，有投水以免者，而其害猶及鄰伍。欲伐茶，則（存）〔有〕禁；欲增植，則加市。故其俗論謂：地非生茶，實生禍也。』至建炎二年，趙開更茶法，廢榷茶，倡引制，征茶税，以所征之税買馬，更以贍軍。

（四）茶政實施之區域，大率以目今之甘肅、青海一帶爲目的地。至茶馬交換率，無可稽。

二、明代西北茶政之實施　明太祖起兵江左，所急惟馬，所恐惟蒙古，于是重茶馬之政。據《明史》卷七十五《職官志》所載：『茶馬司，大使一人，副使一人，掌市馬之事。洪武中，置洮州、秦州、河州三茶馬司，設司令、司丞。十五年，改設大使、副使各一人。尋罷洮州茶馬司，以河州茶馬司兼領之。三十年，改秦州茶馬司爲西寧茶馬司。』並特派御史及行人，往來巡督茶馬之政。查茶馬之政，明制最密，有官茶、有商茶，皆貯邊易馬。《明史·食貨志》關于明初茶法之記載如次：『初，太（宗）〔祖〕令商人于産茶地買茶，納錢請引。引茶百斤，輸錢二百，不及引曰「畸零」，別置由帖給之。無由、引及茶、引相離者，人得告捕。置茶局批驗所稱較，茶引不相當，即爲私茶。凡犯私茶者，與私鹽同罪。私茶出境，與關隘不譏者，並論死。』其茶法之嚴如此。『後又定茶引一道，輸錢千，照茶百斤；茶由一道，輸錢六百，照茶六百斤。既又令納鈔，每引由一道，納鈔一貫。』四年（一三七一），納户部言：『陝西、漢中、金州、石泉、漢陰、平利、西鄉諸縣，茶園四十五頃，茶八十六萬餘株；四川巴茶，三百十五頃，茶二百三十八萬餘株。宜定令：每十株官取其一；無主茶園，令軍士薅採，十取其（二）〔八〕，以易番馬。于是，（于）諸産茶地設茶課司，定税額。』按照此種辦法，陝西得茶二萬六千斤有奇，四川一百萬斤。陝西所餘茶，由政府收購之。可知西北市場所銷茶類，其産區亦加限制。現將茶馬司所在地之變遷，茶馬交换率及其茶法之興革等，列述如次：

（一）茶馬司所在地之變遷　茶馬交易，其主要市場亦爲青海、甘肅一帶，而主要消費對象，即爲番族。所謂實施羈縻番族，斷匈奴之右臂，壯中國之藩籬之政策是也。茶馬司所在地，即爲茶馬交易之市場，現將明代茶馬司所在地之變遷列表如次：

表一　明代西北茶馬司所在地變遷表

茶馬司名稱	今日地名	設置時間	備註
秦州	甘肅天水	洪武四年（一三七一）	洪武三十年（一三九七）改爲西寧茶馬司
洮州	甘肅臨潭	洪武四年（一三七一）	洪武十五年（一三八二）罷以河司兼領之，永樂中（一四〇三—一四一四）復置
河州	甘肅臨夏	洪武四年（一三七一）	

續表

茶馬司名稱	今日地名	設置時間	備註
陝西行都司地	甘肅張掖(甘州)	永樂(一四〇三—一四一四)	正統元年(一四三六)罷，嘉靖四十二年(一五六三)復設，惟駐節蘭州
西寧	青海西寧	洪武三十年(一三九七)	由秦司移設
莊浪	甘肅永登	嘉靖三六—四二(一五五七—一五六三)	

觀上表，明代西北所設茶馬司，除秦州改設西寧外，凡五處。在今日之青海者，爲西寧茶馬司；在河西者，有陝西行都司地，及莊浪二司；在隴南者，爲洮州、河州二茶馬司。除甘、莊二司，其行銷範圍包括新疆及沿河西走廊之(內)蒙古一帶；而洮州、河州、西寧三司，其主要範圍，即今日之隴南，臨夏、夏河及青海之東部、東南部及東北部。秦州茶馬司之移西寧，其主要原因，即以其距西寧遠，恐番人往返不易也。

(二)茶馬交易之比率　茶馬交易之比率，據《明史·食貨志》及《西寧府志》所載，列表如次：

表二　明代西北茶馬交易比率表

年份	易貨茶馬司	馬與茶交換率			備註
		上馬	中馬	下馬	
洪武十五年(一三八二)	河州	四十斤	三十斤	二十斤	
洪武二十五年(一三九二)	河州	平均二十九斤			

續表

年份	易貨茶馬司	馬與茶交換率			備註
		上馬	中馬	下馬	
洪武二十六年（一三九三）	洮州	一百二十斤	七十斤	五十斤	
萬曆二十年（一五九二）	西寧	三十篦	二十篦	十五六篦	每篦正茶七斤

由上表觀之，洪武年間茶馬交換之比率大體相同，而萬曆年間西寧茶馬司每上馬須茶三十篦，合二一〇斤，較洪武年間河司相差達五倍以上。要之，須視茶政之管理如何而定，執法嚴，私茶少，則茶貴而馬賤，易馬所須之茶少；執法弛，則私茶濫出，費茶多而獲馬少。如永樂中（一四〇三—一四一四）碉門（屬四川）茶馬司至用茶八萬餘斤，僅易馬七十匹，且多瘦損者。

（三）茶法之變革　明代茶法，以太祖洪武年間爲最密。除由中央特設茶馬司專司其事外，洪武三十年（一三九七）(勒)〔敕〕右軍都司官軍于松潘、碉門、黎、雅、河州、臨洮及入西番關口外，巡禁私茶出境。又命布政司都司協助茶政，實施嚴防私茶出境，毋致失利。並特遣僉都御使鄧文(鑑)〔鏗〕等察川陝私茶，附馬都尉歐陽倫以私茶坐死。製金牌信符，命曹國公李景隆齎入番，與諸番要約。篆文上曰：『皇帝聖旨』，左曰：『合當差發』；右曰：『不信者斬』。凡四十一面。洮州火把藏思(囊)〔曩〕曰等〔族〕牌四面，納馬三千五十匹；河州必里衛西番(三)〔二〕十(六)〔九〕族，牌二十一面，納馬七千七百五匹；西寧曲先、阿端、罕東、安定四衛，巴哇、申中、申藏等族牌十六面，納馬三千五十匹。下號金牌降諸番，上號藏內府，以爲契。三歲一遣官合符。其通道有二：一出河州，一出碉門。除此外，並〔自〕三月至九月，〔月〕遣行人四員，巡視河州、臨洮、碉門、黎、雅，半年以内，遣二十四員，往來旁午。是以運茶五十萬〔餘〕斤，獲馬〔萬〕三千八百匹。

明代茶政，至永樂中（一四〇三—一四一四）而始壞。永樂〔中〕帝懷柔遠人，停止金牌信符，遞增茶斤。由是市馬者多，而茶不足。〔茶〕禁亦稍弛，（茶）多私出境，馬至日少。永樂十三年（一四一五），雖特遣三御史巡督陝西茶馬，然茶法仍未飭。至宣德十年（一四三五），復給金牌，並三月一遣行人巡視，然其時番人爲(此)〔北〕狄所侵〔掠〕，(徒)〔徙〕居内地，金牌〔散〕失。而茶司亦以茶少，(只)〔止〕以漢中茶易馬，且不給金牌，聽〔其〕以馬入貢。茶司易馬之茶既少，于是得開源以暢其流，定召商中茶辦法。宣德中，更有運茶支鹽例。其辦法：官茶百斤，加耗什一。中茶茶商，自遣人運成都茶，赴甘州、西寧，而支鹽于淮、浙以償〔費〕〔一四〕（每百十斤茶，中鹽千二百斤）。其初，茶葉未招商承辦以前，每歲于漢郡徵茶一百萬斤，向由官軍轉運。招商□運後，據《洮州廳志》所載，關于洮州茶馬司所收茶葉之運銷查驗手續如次：漢郡産茶，漢民不得自相貿易。于是立市法，命秦隴商領茶引採茶于漢，運至茶馬司。設轉運茶站于秦州、隴西、伏羌、寧遠，設批驗所于洮州，以交于洮州茶馬司，命參將都指揮招番易馬。又命巡按御史監察其事。英宗正統元年（一四三六），練兵都御史羅亨信言運茶支鹽事例之弊，罷之，令官運如故。後以歲饑待振，糧食徵集不易，命商納粟中茶，且令茶百斤折銀五錢，川陝茶課折銀自此始。孝宗弘治三年（一四九〇），以陝西諸郡歲稔，無事易粟，西寧、河州、洮州三茶司，召商中茶。其辦法，據《明史·食貨志》所載：『每引不過百斤，每商不過三十引，官(取)〔收〕其十之四，餘〔者始〕令貨賣。』自此以後，官茶之向徵于茶農者，亦徵之于茶商矣。後以私茶莫遏，並停糧茶事例。至十六年，以左副都御史楊一清督理甘肅馬政，復議開中召商買茶，官貿其三分之一。武宗正德元年（一五〇六），規定商人不願領價者，以半與商，令自賣。並又擬復金牌信符之制，及設巡茶御史兼理馬政，而金牌（之）〔以〕久廢，卒不能復。十年，以番人市馬不能辨權衡，〔止〕訂篦中馬。篦大，則官虧其直；小，則商病其繁。巡茶御史王汝舟約爲中制，每千斤爲三百三十篦，以六斤四兩爲準，正茶三斤，篦繩三斤。世宗嘉靖三年（一五二四），以商茶低僞，〔悉徵黑茶〕定等級，分爲上、中二品，烙印篦上，並書商名〔而考之〕[一五]。同時，部請揭榜禁私茶。凡引，俱由户部印發，府州縣不得擅印。二〔十〕四年（一五四五），重定買茶中馬事宜，各商自備資本，執引于産茶地買茶。正附一例，每篦重七斤，由鞏昌府查驗篦數，稽考夾帶。每正茶一千斤，許照散茶五百斤，數外若有多餘，方准抽税。各照格填注印鈐，依限運趨茶司，照例對分、貯庫，取實收赴院銷繳。如有夾帶數多、僞造、低假、正附篦斤不同，即照重問罪。夾帶與斤重者入官，低假者焚毁，並限定銷期，引過五年不銷者究問。三十六年（一五五七），又以全陝災震，邊餉告急，又行糧茶事例。規定每年僅以九十萬斤招易番馬。神宗萬曆十九年（一五九一）産地茶課又徵本色，並每歲招商中五百引。

（總）〔綜〕上所述，可見明代西北茶法變革之大概，然自永樂停金牌符信，其後更以招商中馬，復有糧茶事例，運茶支鹽例，致商茶擁擠，私茶充斥。且以招商中茶，商人惟利是圖，品質低劣，卒致番區馬至日少。更以茶馬之官營私舞弊，永樂以後，西北茶馬政策之施行已不如洪武年間矣。《洮州廳志》論明代茶政之弊曰：行之愈久，是法愈密，然愈壞矣。嗣後茶斛多僞，茶篦復輕，猾民騙引，爲逋逃之也，□而額絀。奸商假茶，抵官税之半，而番族茶引半或不效，豈法久弊生，勢所必然歟！又曰：蓋明季宣德以後，祖制漸廢，軍旅特甚，而茶馬其一端也。由于私茶充斥，茶賤馬貴，番人不願幼馬，《洮州廳志・茶馬勅書附》中有：宣德十年四月初四日，勅，鎮守洮州都督李達卿奏，馬兒藏等族番民，逃去松州衛管屬之地(?)，即差人齊去報撫，復業納馬當差，如執坳不服，卿去收茶馬，就相機整理。又奏：火把等族番民容少等一九一户，逃去松藩衛管下思曩兒班班等，族土官發隔等名下潛(往)〔住〕。……其時番民，以納馬爲累，紛紛逃避。明代茶政，永樂以後每況愈下矣。

至不臨番區之西安、鳳翔、漢中等處茶政之實施，據《明史・食貨志》所載：『開其禁，招商給引，抽十三入官，餘聽自賣。』又關于以茶易馬之情形，據《西寧府志》所載：每年巡茶御史坐委西寧參將招中茶馬，事完，候御史接臨驗馬，賞番。又，所易之馬，據同書所載：〔由〕苑馬寺撥軍領赴，候廠牧養孳種，其餘俱聽巡撫酌撥西寧各營，及甘州等營軍士騎操。

明代茶政之實施如上述，現歸納其要點如次：

(一)明代西北茶政，亦由中央統籌辦理。除設茶馬司外，並專遣巡茶御史、行人督理茶政，産銷區域，俱加限制。

(二)明代中馬茶葉之來源，初由于産地徵收實物，再則召商中茶，徵取實物。茶有官茶，有商茶，有私茶。凡徵于官之茶葉，由官發賣，或易馬者，爲官茶。商人請引納課後，准其發賣者，爲商茶。凡未經課税，私行販賣者，爲私茶。

(三)茶法之壞，由于召商中茶。致私茶充斥，茶質雜僞，馬價高漲，番人不肯以馬易官茶。《明史・食貨志》中論之甚詳：『洪武初例，民間蓄茶不得過一月之用。弘治中，召商中茶，或以備賑，或以儲邊，然未嘗禁內地之(茶)〔民〕使不得食茶也。今減通番之罪，止于充軍。禁內地之茶，使不得食，又使商、私、課茶，悉聚于三茶馬司。夫茶司與番爲鄰，私販易通，而禁復嚴于內郡，是毆民爲私販而授之以資也。以故大姦闌出而漏網，(少)〔小〕民負升斗而罹法。』茶法之壞，所由始也。

(四)茶馬交易率由政府規定之。

(五)茶葉除易馬外，有時易取糧食，以賑荒贍軍。

(六)茶政實施之區域，其主要者，亦爲今日之青海、甘肅一帶。

(七)茶馬司主管徵實、徵銀，並易取馬匹，而所得之馬，由苑馬寺及巡撫分別繁殖、支配撥用之。

三、清代西北茶政之實施 本節所述之清代西北茶政之實施，其時間限于起于清初(一六四四)，迄于同治十三年(一八七四)。同治十三年後，左宗棠鑒于西北茶政之衰敗，創以票代引法，而此項制度，至民國三十一年(一九四二)，茶税列入統税，始廢也。故左氏之制將于另一章述之。

滿清初年，西北茶政，仍沿明制。《清文獻通考·榷茶》載：世宗順治二年(一六四五)，定陝西茶馬事例。差茶馬御史一員，轄洮岷(即洮州)、河州、西寧、莊浪、甘州五茶馬司。各廳(員)〔置〕苑馬寺卿一員，領監七。每年，御史招商領引，納課、報部。所中馬，壯者給各邊；牝者，發苑馬寺喂養孳息。又，茶商領引赴産茶地方辦茶，每引一百斤，徵茶五篦，每篦二封，每封五斤。根據上述記載，産地茶課，已改折色。所謂折色，即政府徵税非徵實物，而徵收税銀之謂也。官茶之來源，全由于向商徵收本色茶而得。每引百斤，徵實五篦，篦二封，每封五斤，即徵實二分之一。

清繼明後，茶法已壞。金牌之制，固未議復，而更以起自關外□□□清，蒙古已非其敵，故無須再嚴行茶馬之法，根據其施政經過，約可分爲三期。第一期爲沿襲明代政制時期，第二期爲茶政醞釀改革時期，第三期爲純以税收爲目的時期。分述如次：

（一）沿襲明代政制時期 自世宗順治元年（一六四四），至聖祖康熙四年（一六六五），西北茶政之實施，全沿明制，大體已如上述，兹再述其要者如次：

1.茶馬司之設，仍如明制，有洮岷（洮州）、河州、西寧、莊浪、甘州五司。

2.茶馬交易比率規定：每茶一篦，重十斤。上馬給茶〔篦〕十二，中馬給（茶）九，下馬給（茶）六。

3.優待商人辦法，定每茶一千斤，概准附茶一百四十斤。

4.茶葉運銷及查驗辦法：凡通西番關隘處所，撥官軍巡守，如有夾帶私茶出境者，拿解治罪。其番僧夾帶姦人并私茶，許沿途官司拿解。縱容私買茶貨，及私受饋送增改關文者，聽巡按查究。商人運茶，先由潼關、漢中二處盤查。運至鞏昌，再經通判察驗，然後分赴各司交納。官茶貯庫，商茶聽商人在本司貿易。

凡鎮將發銀市馬，查核的確，准令購買。若有載茶易馬者，概行禁止。各番交易茶馬，量酌煙酒，以示撫綏。

5.易馬數，每年額定一一〇八八匹。

6. 新茶中馬既足，陳茶變價充餉。如新茶不足，陳茶二篦，折一中馬。

(二)茶政醞釀改革時期　自康熙四年(一六六五)至雍正十三年(一七三五)。本期內，西北茶政醞釀改革。其間最要者，爲茶馬交易制度之革而復興，興而復廢；而茶馬御史亦裁而復設，設而復裁。其最大變改之原因，已如歷代西北茶葉政策與演變中所述。本期中，西北茶政之實施之演變如次：

1. 康熙四年(一六六五)裁陝西苑馬寺。

2. 裁茶馬御史，歸甘肅巡撫兼理(一六六八)。旋又遣專官管理茶馬事務(一六九五)，不數年，又停止巡視茶馬官，仍歸甘肅巡撫兼理(一七〇五)。

3. 茶馬交易，自裁陝西苑馬各監及裁茶馬御〔史〕，歸甘肅巡撫兼理後，業已廢弛。康熙三十四年(一六九五)，給事中裘元佩雖條奏：馬政事關重要，復遣專官管理。但不久以中馬無幾，停止巡視茶馬官。此後，于雍正九年(一七三一)復定五司中馬之法，每上馬一匹，給十二篦，中馬九篦，下馬七篦。次年，並規定中馬之法，應見馬給(馬)〔茶〕。惟三年後，以軍需告竣，番民以中馬爲累，停止五司以茶中馬，西北施行將近七百年之官營茶馬交易之制，至此宣告壽終正寢。

4. 五茶馬司仍設立，並正式設茶馬司于蘭州，名曰甘司。

5. 茶商茶葉之販運，仍如前期。而茶稅之繳納，以中馬無幾，改徵折色。康熙六十一年後，五年內仍收本色。雍正十三年后，改徵折色，每封折銀二錢五分。

6. 解決存茶辦法，五司茶封，中馬無幾，積貯額多，其解決辦法有二：一、搭放餉銀；二、折價變賣。

搭放餉銀　康熙三十七年（一六九八），規定五鎮俸餉馬乾（？）之內，銀七茶三搭給。四十四年（一七〇五），每新茶一篦，折銀四錢，陳茶一篦，折銀六錢充餉。

折價變賣　康熙六十一年（一七二二），將舊茶悉行變賣，以充兵餉。雍正八年（一七三〇），規定五司茶價：　西司每封九錢五分，洮司七錢五分，莊司七錢五分，河司九錢四分，甘司七錢二分，並須在前議價值以上發賣。以議價過高，不易變賣。十三年（一七三五），並減價出售。

7.本期西北茶銷量漸次增多，康熙五十七年（一七一八），增西寧茶引二〇〇〇道，惟西北茶葉之行銷，已失去宋明以來茶馬交易遺法矣。

（三）純以税收爲目的時期　自乾隆元年（一七三六），至同治十三年（一八七四）。本期內，西北茶葉之行銷，全以税收爲目的。前期尚有一部份徵收實物，以後爲省手續起見，全部改徵折色。本期茶政之主要設施，有如下述：

1.解決存茶　官茶既不易馬，各司存貯殊多，雖前已搭放餉銀，折價變賣，然仍無法肅清，當時實施解決存茶辦法如次：

(1)繼續減價變賣　乾隆元年（一七三六），按照康熙六十一年舊例，再減陳茶價每封二錢。三年（一七三八），五司庫茶雖經減價，例如西司茶封康熙六十一年至雍正五年止，每封定價銀三錢，雍正六年至十年，每封定價銀四錢五分；　雍正十一年至十三年，每封定價銀五錢五分，按年銷變。

(2)繼續並擴大搭放餉銀　乾隆二十四年（一七五九），甘省茶庫貯存茶量一百四十餘萬封。經甘肅巡撫吴達善奏請，照康熙三十七年（一六九八）舊例，滿漢各營，按季酌定茶數以一、二、三成搭支銀兩。乾隆二十七年（一七六二）茶斤仍舊積滯，規定内地新疆一體以茶封搭放餉銀。

⑶改徵折色　茶葉徵實，原爲易馬，現中馬之制既廢，爲減少庫茶日積，前期已部分實施改徵折色。本期乾隆元年（一七三六），應徵新茶，每篦折銀五錢交納。七年雖又徵本色，至十三年（一七四八），復另定二成徵收本色，八成徵收折色。二十一年，又繳一成本色。未幾，即行全部改徵折色。

⑷易換糧食　乾隆八年（一七四三），將五司庫茶發給各州縣衛所，易換糧石。一以裕邊倉積貯，一以銷庫茶屯積。自八年起至十一年止，西司共發茶四萬六千封，寧郡各屬，其易貯各倉石糧二七一八二・七一八擔。

2.裁汰茶馬司　茶馬司之設，原爲徵收茶葉，易取馬匹，並以控制番夷。自一七三四年停止中馬以後，茶司之設，已失其功效，且徒耗公帑。乾隆二十五年（一七六〇），以洮司地處偏僻，土瘠民貧，該司商銷茶斤，歷年俱告改别司售賣。交官茶封，仍交洮庫，往往積至數十萬封，始請通銷。甘、莊二司，地處衝衢，撥用收支，均屬近便。于是遂改將洮司頒引，歸甘、莊二司給商徵課，一俟所貯茶封，搭餉完日，即行裁汰。二十七年（一七六二），以河司雖附近青海，而一切交易，須在西寧，其情形與洮司無異，亦行裁汰。引額五十道，併歸甘、莊二司。甘省五司，已裁其二。其時尚存甘、莊二司，及西寧一司，領引徵課，僅留中馬之舊跡。按前例，商人領引買茶，于指定各司徵納官茶，並按所規定地方銷售。自雍正三年以後，各司商茶如不易銷售，可由茶商具呈當地茶馬司，詳報甘撫，行令往别司通融發賣。自此以後，雖引有定地，然已無嚴格之分劃矣。乾隆五十七年(一七九二),西、莊、甘三司,共行引二八九九六道,西司行引九七一二道,莊司行九三〇二道,甘司行九九八三道。

3.移盤驗總于蘭州　自産區運西北之茶葉,大抵須經一盤驗之區,然後運至各茶馬司。鞏昌(隴西)當隴中交通之要衝,元代即爲西北茶市之中心,有明一代,亦以之爲盤驗之總匯。清朝亦沿明制,五司茶封由鞏昌府查驗。至乾隆十八年(一七五三)改于蘭州城就近責成臨洮道經理盤驗。迨河州、洮州二茶馬司裁汰後,西北茶市逐漸西移,西、莊、甘三司本色茶,原亦備撥新疆一帶銷售,運交莊司轉撥,多有水濕破損。而蘭州爲西北之都會,補封店俱集于此。乾隆三十七年(一七七二),規定西、莊、甘三司商交本色茶,俱運到蘭盤驗,交貯甘司,由臯蘭縣辦箱裝運。是爲以没官茶先入蘭州存庫,待運之嚆矢。而蘭州遂爲西北茶市之重要中心矣。

4.設立總商便茶商之管理茶課之徵收　總商之設立,始于何時已不可稽。大抵始于茶馬交易停止,而茶税之征收折色之時,約當道光、咸豐年間(一八二一—一八六一)。清代中葉西北,茶政之實施,其目的既不在易取馬匹,而純以税收爲目的。茶税出于領引販茶者,而販茶者人數既夥,且自乾隆十八年後,規定五司行茶之多寡,預定銷行數目,俾商人歸于一定司分,令各商鬮定,嗣後照此運銷,不再按年分更。于是商各自成幫派,遂有東西二櫃之設,東櫃以漢商爲主,西櫃以回商爲主。前者多陝西籍,後者多涇陽、潼關、漢中籍。茶商原籍相處極遠,恐難稽家□之盈虧。主管機關令着地方官查明殷實,然後方准充商。使商有定名,引有定數,銷茶有定地,使茶務施行便利,並由各散商公舉熟習茶務、品行端方者爲各櫃總商。所有櫃衆領票、繳課及盤茶一切手續，責成辦理，以助政府茶政之實施。

本期内西北茶銷數量，漸有擴展，然其後以回亂陡起，新疆茶務更受俄人傾銷影響，遂致一落千丈。待左氏整飭茶務方案實施後，漸有起色，然已不能恢復舊觀矣。

四、宋明清三代西北茶政實施之總檢討　吾人于前節中，已論及歷代西北茶政之實施，以立國方針、國勢强弱、版圖廣狹而定其辦法。固亦難評述其何代爲得策，何代爲失策。然立法之嚴，辦理之善，自莫過于明初。（宏）〔弘〕治十八年（一五〇五），都御史楊一清，于其《請復茶馬舊例疏》中〔一六〕，言明初茶法之美謂：臣于茶馬事例，知〔我〕聖祖神宗睿謀英略，度越前代也。自唐回紇入貢，〔已〕以馬易茶。至宋熙寧間，乃有以茶易（番）〔虜〕馬之制，所謂以摘山之利，而易充厩之良。戎人得茶，不能爲我害；中國得馬，足以爲我利。計之得者，（無越于）〔宜無出〕此。至我朝（明代）納馬謂之『差發』，如田之有賦，身之有庸，必不可少。彼（即）〔既〕納〔馬〕而酬以茶斤，我體既尊，彼欲亦遂。較〔之〕前代曰『互市』，曰『交易』，輕重得失，較然可知。（且）〔今〕金城之西，綿亘數千里，北有狄，南有番。狄終不敢越番，而〔南〕以番人爲之世仇，恐議其後，此天所以限別區域，絶内外者也。國初散處降夷，各分部落，隨所指撥地方安置、住劄。授之官秩，聯絡相承，以馬爲〔科〕差，以茶爲酬價，使知雖遠外小夷，（比）〔皆〕王官王民，志向中國，不敢背（畔）〔叛〕。且（知）〔如〕一背中國，則不得茶，無茶則病且死。以是羈縻之，賢于數萬甲兵矣。此制西番以控北虜之上策，前代略之，而我朝獨得之〔者〕也。明初西北茶法之嚴，不僅爲前所未有，即其後亦無來者。關于宋、元、明、清四代西北茶葉貿易，就其經營者性質及其整個貿易程序，列表以觀之：

表三　歷代西北茶葉經營程序表

年代	經營程序
宋初（中期）（九六〇——一〇七四）	民産、官賣、商銷
宋神宗熙寧七年（一〇七四）至高宗建炎二年（一一二八）	民産、官賣、官銷
宋高宗建炎二年至紹興七年（一一三七）	民産、商賣、商銷
元代	民産、官賣、商銷
明洪武四年（一三七一）至成祖永樂初（一四〇三）	民産、官賣、官銷
明宣宗宣德十年（一四三五）至清道光年間（一八二三）	民産、商賣、官銷、商銷
清道光以後（一八二三）—	民産、商賣、商銷

由上表可知宋熙寧間之榷茶，並行茶馬交易，依照其貿易程序言，與洪武年間相同。收統制生産，統制銷售之宏效，並已具茶業國營之基礎。宋代西北茶業國營貿易之失敗，在于主其事者，僅注意于茶馬交易，而忽略茶葉生産者之利益。卒致茶葉生産者以生産茶葉爲累。影響西北茶葉國營政策之實施，遂致有建炎年間趙開之大更茶法。明代西北茶貿易政策之實施，其每况愈下之原因，由于弛茶禁，招商中茶。由是觀之，有關國計民生之貿易，決不能民營，且須由中央統籌辦理也。清代承明末已壞之舊制，停中馬，而又徵實。如何銷

售茶庫積存之茶葉，爲當時西北茶政之主要難題。不論其國策如何，國勢如何，若徵實而利茶政之實施者，反爲所累，豈不惜哉！自清實行以稅收爲目的之西北茶業政策後，茶葉運銷，全操于商人之手，前代政策之優點，固無法再取其效，即其他一切弊端，亦因之發生。《甘肅新通志》載：嘉道間，茶斤多僞，茶篦復輕，猾民騙引，爲逋逃之□而原額絀；奸商假茶抵官茶之半，而番族疑茶引不效。茶法中廢，則從此始。

四、左宗棠以票代引制

『大將籌邊未肯還，湖湘子弟遍天山。新栽楊柳三千里，引得春風渡玉關。』此爲同治年間平定西北，叱咤風雲之左宗棠所吟之《咏玉門關詩》，述其得志之情形。左氏對西北茶政，固無特殊貢獻，然其整飭茶務，創以票代引辦法，奠定六十餘年來西北茶銷之基礎，固不可厚非也。吾人應有所申述者。上述歷代西北茶法之行，其主要區域爲今日之甘、青、寧、新數省。降及晚清，其管制之茶類，僅所謂今日之『官茶』。左氏西北茶政所謂以票代引之茶類，亦即此項『官茶』；而其他行銷西北之散茶、松茶及行銷綏蒙及新疆之茶葉，未在其管制之列也。吾人于未述左氏以票代引制之辦法以前，先述其創以票代引制前之時代背景。

清代乾隆以後，政治不修，外侮日亟。咸豐二年（一八五二），太平天國起事廣西，兩湖糜爛。〔而〕西北茶銷自晚明以後，即以湖茶爲大宗。軍興以來，道路中〔絶〕。茶商時被劫掠，採運頓稀。西北茶務，即引滯課懸，八年（一八五八）楚境爲清軍克復，茶運稍暢，惟其時外銷湖紅銷路甚旺，洋商于各口岸收買，茶價高漲。陝西官商課辦甚少，陝甘總督恩麟爲補救咸豐八年滯懸之課引起見，將八年懸課分三年帶徵。其九年、十年、十一年茶引，仍令照舊行銷完課。同治之後，茶引暫緩發商，實則自咸豐三年以後，引滯課懸，已歷五載。故雖有仍令照舊領引完課辦法，而實商運無應者。咸、同年間，西北兵亂頻仍。咸豐末年，槍匪入武關，金陵大震。陝西回亂繼起，甘肅之固原、平涼一帶，井舍皆墟。寧夏靈州回亂亦熾，馬化龍據肅州，甘（包括甘、寧、青、新）陝全境，幾無完區。自蘭州至安西，千里烽火相望，居民倉皇奔走，不知所向。被難者達數十萬人。陝變初起，湖茶入陝，囤積涇陽，聽候盤驗。城陷，盡被焚掠，自此以後，用兵累年，官茶片封不行。同治五年（一八六七），總督楊岳斌以甘省引滯課懸，議于陝西省城設官茶總店，潼州、商州、漢中分設茶店，僅古城茶總及免釐稅。無引之茶到陝，具聞名目、色樣、斤數，呈報總店，收協濟茶課銀，解甘彌補走課，然隔不行。

左宗棠于同治六年（一八六七）督辦陝甘軍務。七年（一八六八），抵西安；十年（一八七一），定甘南，駐蘭州。十二年（一八七三），定河西。光緒三年（一八七七），平定新疆。鑒于西北茶銷重要，而數年來積引過多，商情感畏，代償前欠課額，皆裹足不前。如此，西北茶務停頓者凡十年之久。爲重展西北茶業計，非變通辦理不可。遂于同治十一年（一八七二）定豁免茶商歷年積欠課銀，變通招商，試辦茶務四條。其文如次：

1.招商應先行清欠也　查商人欠課甚鉅，又有積欠各案官本生息銀兩。以此，咸視茶務爲畏途，非畏茶務，實畏積課也。即如商欠帶徵，咸豐元年分課銀五四二〇〇餘兩，並欠帶徵咸豐八年分課銀二八九〇〇餘兩，均在各商名下著追。刻因追無可追，又有已領咸豐九、十、十一等年茶引，因同治元年，涇陽城陷，商人引茶、資産、房屋、眷口，均遭焚掠。加以甘省兵燹連年，謀生無計，商人逃亡殆盡。核計數年欠課又在三八六九

○○餘兩。上項自咸豐五年至今日皆虚懸無者之課，致阻將來有着之課。應將積欠各課，奏請豁免。並將衆商拖欠原額，各款官本生息，(餘)由該總商查明數目，分行司、道、府、縣，暫行停緩。隨後試辦有效，陸續彌補。庶積欠既清，後累可免。商累既免，商情自期踴躍。

2. 招商應先請引也　查東西二櫃，每商每年額領茶引二八九九六道。其初，原因茶引暢銷定額。兹茶務停廢已經十載，復議招商試行，事同創始，勢難如額行銷。應候陝、甘二省新商募引，由該總商查明，共承引數若干，飭令衆商量力領票，措資前赴湖南採辦。自同治十二年爲始，行一引之茶，即納一引之課，從前積引，不准代銷，庶免移新掩舊之弊；俟試辦二年，各商實力銷茶引若干道，再飭承領額引。

3. 招商應先行清課也　查甘省茶務，向以捐助、養廉、充公、官祀四項陋規，作爲雜課。每引一道，每年徵銀一兩四錢零。積弊相沿，由來已久。本行商反行外商賈，所以視茶務爲畏途者，亦因雜課繁重之故。今被災十載，正課百餘萬兩，且歸無着，更何可徵收雜課，以累新商。與其徒留雜課，致妨正課，曷若蠲除陳課之累，以救新課。應將每引一道，每年雜課銀一兩四錢零，停止徵收。以祛宿弊，而重正課。

4. 招商應先行請商也　向來甘省茶務，本地商人資本微薄，不能承引。其力能承引之大商，均籍隸山西。現擬試辦新引，應俟部覆准行，再行知山西曲沃、稷山、襄陵、太平，陝西涇陽各路，查傳力能承引之商。令于陝西先開官茶總店，一面試辦新引，商情既無疑慮，庶期踴躍爭趨。

四項清欠、清課、清引，請商辦法，確爲當時整理茶務之基本條件。清代以稅收爲目的之西北茶政，實須以此項快刀斬亂麻之辦法清理之也。

繼此四項辦法後，同治十三年（一八七四），左氏又奏以督印官茶票代引辦法，以爲重整西北茶政之基礎。規定不分何省商販，均准領票。遂招集東西櫃漢、回舊商。並添設南櫃，招徠湖南、北新商。印發印票三萬餘道。每引五十道，合給票一張；計茶十包，每包正茶一百斤，副茶二十五斤。運至涇陽，成封八〇〇封。計成封後，一引茶十六封，重八十斤。折納正課銀三兩，其外徵養廉銀四錢三分六釐，捐助錢七錢三分二釐，官禮銀二錢四分，一概停止，並歸釐稅項下徵收。其行銷内地者，照納正課銀三兩外，行銷地面，仿釐金章程，在陝境内行銷，均各一起一次驗完納釐。大率每引以收一兩數錢爲度，至多不得過二兩。陝西二藩司，按照章程酌議增減，議定每茶百斤，納釐稅銀一兩六錢。其出口之茶，于所過邊境各局、卡加完釐稅一次，以示區别。茶封委員督銷，所奏定試辦章程八條。其述當時茶務情形、興革之道甚詳。特録之如次：

第一條　山陝舊商，無可招致。回商存者更屬寥寥。整飭甘肅茶務，所苦先在無商承引，固法窮必變之時也。竊思國家按引收課，東南惟鹽，西北惟茶。雖課額甚微，不足興鹽務比例。然以引課有無，爲官私之别，與鹽務固無（已）〔異〕也。道光年間，兩江鹽務廢弛，先臣陶澍力排衆議，于淮北奏改票鹽、鹵差。剛改起，且有溢額。曾國藩克復金陵，犹賴票鹽爲入款一大宗，甚明驗也。鹽可改票，茶何不可。按茶引之設，向係總商承領。領某司引，銷某司茶若干斤，納正課若干，雜課若干，均有定數。其資本不足者，一商名下，數家朋充，或領引轉賣與人。正商但雇夥營運，領引分銷，坐享其利，與鹽商略同。試辦之初，人皆以充商承引爲畏途者，一經充商承引，則定爲永額，將來須責賠舊欠。一也。或行銷不旺，致有虧折，不能辭商交引，虧累無窮。二也。今擬仿淮鹽之例，以票代引，官商既行裏足，應改移商販並招。一俟銷路疏通，商販有利可圖，資本漸裕，届時或議仍復舊章，或行票商，既無流弊，額引更多溢銷。届時再當據實陳明，聽候部議。

第二條　正課照定例徵收，雜課歸釐税完繳。方期簡明覈實，易知易從，溪徑清而弊竇塞，課額自可不致虚懸。按茶務正課，每引徵銀三兩外，徵養廉銀四錢三分六釐，捐助銀七錢三分二釐八毫，西、莊、甘各徵收九成，改折銀二兩七錢，内官禮銀二錢四分。内如捐助一條，本係雍正初征準（喀）〔噶〕爾時，茶商捐銀十二萬兩，六年分繳之款。事平，仍接續征收，遂成課額。其他各款，多應外銷，名目既繁，易兹流弊。承平時，商力已苦難克。試辦之初，不大加厘剔，正課勢必虚懸。且陝甘厘局，茶斤已與百貨同徵，苦于正課外加入雜課，又夾入釐税。是一物之徵，雜課釐税，所定翻多正課，于事體非宜。姑勿論成本過昂，商累已甚也。兹擬將雜課併歸釐税項下徵收。其行銷内地者，照納正課銀三兩外，于行銷地面，仿厘局章程，在陝、甘境内行銷，均各一起一次驗完納釐税。大率每引以收銀一兩數錢爲度，至多不得過二兩。由陝西藩司、甘肅藩司按照各厘局現行章程，分别酌議增減，以歸劃一，而免重徵。其出口之茶，則另于邊境所設局卡，加完厘一次，以示區分，而昭平允。雜課既歸厘局徵收，所有各項各色，概予删除，以清款目，而杜影射。是雜課雖蠲，仍于税項下完繳，課額不致虚懸，而茶務得歸簡易，中飽之弊，庶可免矣。

第三條　試辦之初，以督印官茶票代引。不分何省商販，均准領票運銷，不復責成總商。惟恐散而無稽，或有零星欠課，無憑追繳，不得不預防其弊。兹擬陝、甘二省凡商販領票，均先納正課，始准給票。或一時不能措齊，准覓的實保户，或本地引商的保取具。届期欠課不繳，惟保户等賠切結備案，亦准一律領票。

第四條　甘肅行銷口外之茶，以湖南所産爲大宗，湖北次之，四川、江西又次之。近時陝西石泉亦産茶，然味苦性寒，品劣價減，蒙、回番撤，不之尚也。茶字不見六經，《禹貢》三邦，底貢厥名，隸于荆州。先儒以名即古茗字。後有加草于名，故爲茗。是兩湖産茶，由來舊矣。兹既因東西櫃茶商無人承充，應即添設南櫃，招徠南茶商販，爲異時充商張本。

第五條　官茶行銷口外，西迄回、番、海、藏，北達蒙古各旗，按引徵課，本有定章。即内地行銷茶斤，如陝西茶引一千零三十二道，悉數歸甘商帶銷定課。于是，陝西各府所行皆無引私茶，湖販日益充斥，使侵佔甘引，甘商受困，實基于此。楊岳斌所以有在陝開設總、分茶店，化私爲官之請也。而所擬之等協濟茶課，不及正課三分之一。所稱彌補公課，已屬空談，而溢沾甘引之弊，仍難杜絶。兹擬于湖茶、川茶入陝首站，湖茶、川茶入甘前站，及各通行間道，飭陝西、甘肅兩藩司，遴委妥員，設卡盤驗，以清來源。遇有無票私茶，即行裁留，令其補領官票，赴行銷地方納課，經過釐局驗票完釐。其有票官茶過卡，卡員驗明茶票，斤重相符，即予放行。毋准需索留難，違者撤、參科罪。較之開設總、分各店，防範易周，課額易足。

第六條　向例：官茶由茶商領引赴湖南産茶地方採辦，運銷口外，經過湖南、湖北、河南入陝達甘，各省既無釐局，并無茶釐。自海口通商以來，洋商分赴産茶各省地方收買紅茶，行銷各國，議價頗昂。茶之出海者，不可勝計。而由産茶地方出海口，均承可通，腳價減省，商販爭趨。各省始設局卡，兼收茶釐，以佐軍用。而陝甘官茶，經由湖北襄陽入陝，取道潼關，必須舍舟而車；向途荆子關，必須舍舟而馱。出口行銷，又動輒數千里。茶本既因洋人躉買而高，腳價又因陸程迢遞而耗。于是山陝茶商漸多虧折，值粤逆披倡，路多梗阻，茶利變微，迨關内回逆蜂起，片引不行。蒙族回部番衆，不能無茶，均仰給于私販。而私販遂伺隙偷運行銷，以圖厚利。國家利權下移，徒資中飽，良可惜也。兹擬挽回課額，潮（朝？）復舊章，應咨兩湖督、撫臣。由水路出售各省海口茶斤，本係無課之茶，照舊抽釐，應無異議。其領陝、甘官茶票行銷口外，茶馬有專司，正、雜課有定額，本非行銷海口者可比。又湖茶運銷口外，多係路程脚費繁鉅，成本畸重，必礙行銷。海口茶釐減納十成之八，衹抽二成。所有減納八成釐銀，各省劃抵積欠甘餉、解甘，再以劃抵欠餉作收。年終，由陝甘督臣咨部，以清款目。如此，則兩湖茶釐雖衹抽二成，而所餘八成仍劃抵欠餉，于款項並無出入。陝甘茶務，成本稍輕，銷路易暢。即可就此本商利源銷供挹注，兩利之法也。

第七條　口外官茶，向由陝、甘茶商領引，行銷北口、西口。行北口者，陝西由榆林府定邊、靖邊、神木等縣，甘肅由寧夏府中衛、平羅等縣；其銷西口者，由肅州、西寧等府州各屬承引納課。均責之官商。道光初年，奸商請領理藩院印票，販茶至新疆等處銷售。甘肅甘司引地，被其侵占。當時伊犁將軍慶祥、陝西總督那彦成奏准在古城設局收税。每年估抽銀八千兩，撥歸甘肅茶商，年終彙報，以補課款，而課額終懸。所領理藩院茶票，原止運銷白毫、武夷、香片、珠蘭、大葉、普洱六色雜茶，皆産自閩滇，並非湖南所産，亦非藩眼所尚。該商因茶少價貴，難于銷售，潛用湖茶改名千兩、百兩、紅封、藍封、帽盒、桶子大小磚茶出售，以欺藩眼，而取厚利，實則皆用湖茶編名詭混也。楊岳斌原奏請照甘商課額，每茶八十斤，以四兩四錢四分爲率，一體納税，未將何處納税指明，本係空言；又請將古城每年所納茶税，悉歸蘭州道，入于額徵茶課，彙報奏銷。古城設局收税，從前既未舉行，此時又何從商辦？竊惟榷茶一事，不僅國家本有之利，亦撫馭藩眼一端。如果理藩院照陝甘茶課一律徵收，每引四兩四錢四分，先課後票，則商販邊運閩、滇之茶，前往銷售，尚無不可。即潛

（返）〔販〕湖茶，侵佔甘引地，而按引納課，與甘商並無不同。是正課失之甘肅，猶于理藩院補之，于國計無可損。亦可任其行銷。推查該商等所納稅銀，每百斤多者僅一兩，少者六錢及三錢，較之甘商課額，彼此相形，多少懸絶。而所銷湖茶，又係甘商例銷之疆〔域〕，甘商被其侵佔，得以有詞。且茶價一貴一賤，無以取計遠人，于政體實亦不協。亦擬咨請理藩院，照甘引現擬〔價〕（述）〔實〕行。先課後引，章程一律，交納正課。經過地方，照章完釐。（二）〔又〕須于票内明晰先示，由山西歸綏道設卡稽查，驗票放行。所繳正課，即歸理藩院驗收。其歸綏道所收茶釐罰款，將由綏遠城將軍驗收。各于年終彙案，分別咨奏，以杜弊混。遇有夾帶走私情弊，由歸綏道隨時覈明懲辦，均無用由甘肅彙報。庶國課無虧，商情亦協，奸滑之徒，無所施其伎倆矣。

第八條　茶務辦公經費，向歸在雜課項支銷。茲擬變通試辦，自應力求撙節。惟局卡既要分設，員弁薪水、夫馬及向章各衙門書吏、工役、紙張、飯食等項，均辦公所需，必須酌量開支，以資應用。試辦之初，引課盈絀，未能預計。雜課既提，歸併釐稅，所有辦公各項經費，均應于釐稅項下開支。俟試辦有效，自當酌中定擬，分別奉咨備案。

案定後，發初案東、西、南三櫃共茶票八百三十五張。每票五十引，徵課銀一五〇兩，厘銀七十二兩。又于茶厘議增案内甘省各司各票加（增）〔徵〕銀二十二兩六錢（方案：合計徵銀二〇四二四一兩），統於三年領票之期先繳課銀。俟運茶到甘盤驗時，厘亦全數繳清。其時只慮承引之乏人，未計行銷之不旺。蓋亂後生民未定，人口大減，故票額太多，以致銷路壅塞。直至十年之久，尚未銷清，以是中間未按規定年限發票。光緒八年（一八八二），陝甘總督譚鍾麟鑒于初案發票過多，行銷不暢，商人賠累潛逃，奏定以四成減發。計發第二案票四〇三張，惟以後只准加多，不准減少，以期恢復原額。並擬定續辦茶務章程十五條，刊發永遠遵守。

第一條　舊票宜限期清結也　查同治十三年前□□閣督憲左因茶務廢弛，奏明以票代引，招商試辦東西兩櫃。茶商共領四二〇〇〇餘引，除陸續運甘銷售外，其領票未經辦茶者，南櫃當有引商五十六名，引五千三百一十道，東櫃引商五名，行引五百道，兩櫃共計五千八百一十道。迄今未見做運來甘，不知是否有意取巧。此次既准領新票，則舊票自應限期截止。以便清結奏銷。茲議定凡前次領票未辦之茶，統限八年五月內先將起程日期報甘總商等呈明立案，限八月内至蘭，逾期即將票各注銷。倘不報起程，茶即八月趕到，亦不准按售原票均一律註銷，以示限到。

第二條　甘票宜酌足數目也　□□□□□□□□□□承領之主人，未計行銷之不旺，計發出八百餘票，行引四萬二千道。以致時歷八載尚有數千引不能銷竣。此票多引滯（價）高，所以賠累不堪也。現查甘省銷路雖漸有通機，而每年三司地面，亦僅銷五千引之譜。若商人急欲圖利，多領引票，必致壅滯如前，殊非因時制宜之道。茲將每歲銷引五千之數，定以三年爲一輪，統三年合計，應共准領甘引新票三百張，行引一萬五千道，以三年銷竣爲期。如有增減，隨時變通辦理。所領新票，除候八月前運到蘭省之舊票茶封銷竣後，按章分檔輪銷。每領一票，定一人五十引爲率，不得稍有參差。三司引地，先行分匀攤定，以免紛爭。計甘引三年二百票，内應分甘司票二一〇張，西司票六十張，莊司三十張。如西、莊二司不能全銷，准其仿照舊章通融告改。此次所擬引數，仍係試辦。候三年後，查看情形，再行詳情督憲奏定。

第三條　陝票宜照舊酌撥也　查乾隆年間陝西之西安、鳳翔、漢中、榆林四府，每歲尚行引一一三二道。

由陝撫主政後，因引滯課懸，嘉慶初年，將榆林府引一千道奏撥九〇〇道歸甘商帶銷。道光初年，又將西、鳳、漢三府引一百三十二道全數奏歸甘商帶銷。從此，西、鳳、漢、榆四府，皆變爲甘商引地矣。所以，前督憲楊奏請在陝設立官茶店。欲以前撥之陝引坐銷陝境，未及齊辦。至前督憲左始政發陝引二千九百餘道，並准甘商以散茶改陝引銷四千餘引，無非欲收復引地也。此次若不發票行銷，徒失引地，殊爲可惜。應比較前次銷過引數，暫撥陝省十二票，引六百道，計五十引爲一票，三年共發票三六張，行引一八〇〇道。並由蘭州道發給，仍全以散茶行銷。必行空白執照案陝，以免轉折。俟將來察有滯旺情形，方定額數，所發之票，即在前次舊商名下承領掣簽分銷。

第四條　新票宜撥發舊商也　查從前辦茶各商，因票多引滯，虧本者盈千累萬。此次若另招新商試辦，不足示體卹而昭平允。將此次甘、陝兩省准領一六八〇〇引，共票三三六張，撥給南櫃三一六票，撥給東櫃二十票。其票即在從前所領四萬餘引之舊商名下按其原領計數，以四成攤發。約計前發十票者，此次只發四票，如有不願及無力續辦者，聽其自便。所遺票引，再招新商承充。惟從前領票，衹有字號，並無姓名，以致謾無舊〔章〕查檢，應今領票各商，定將真實姓名、籍貫報造，再飭總商等查確，方准呈領。倘果領票後，無力辦茶，准其將票轉讓別人。仍以真姓名、籍貫報明。更易字號，可不必換。如商人有願永遠承充者，應于三年後，奏定時酌辦。

第五條　行引宜掣簽分定也　查從前發票太多，各商不知銷竣何時，往往（鐵）〔跌〕價搶售，敗壞輪規。此次既酌定額，自可無壅塞之虞，然不定以次序。限以司地，則紛紛競爭，必致復蹈前轍，是輪銷之法宜行也。

查輪銷莫公于抽簽，應從章程議定後，即由南櫃值年，東櫃應速行知會。從前舊商，除未經辦茶來蘭，及將票轉售者不准承領外，如願領票者，准于八年二月内，先赴道挂號，限三月十五日前，將一萬六千八百引票，全數認領。課則限三月内繳清，然後分别詳情發票。票發下後，由道預備行簽，每一票配簽一枚。傳衆商，將先後輪銷次序，當堂製定，榜示轅門，並注明各商票上，俾得一目了然。蓋票有輪檔，則商人可預算銷茶之期，不必搶先採辦來蘭，而成本亦不至拖累也。所有商名輪檔，並應行知各處厘卡，一體查照。

第六條　茶價宜官爲覈定也　官茶爲民間所需，而蒙藏番邊民需用尤亟。此次既定輪銷，原無可慮跌價爭售，但人心不一，或復籍此居奇，于輪檔章程仍有窒礙。應候新票引茶行銷時，除陝銷之發票，聽商自便，毋傭官爲定價外，所有行銷甘省引茶，到蘭後，先由兩櫃總商等盤驗時酌秤數封，查明引數斤兩，是否符合。始存庫内，一俟輪銷到檔，即由總商值年覈計。其自湖採茶至起運，至蘭省止，茶價、運價、稅厘共需成本若干，按照時市斟酌公平，議就價值，禀道懸牌明示。其在省坐銷者，即照議價散售。若運入司分者，再按路之遠近，將其運脚工價遞加在内，不得輕率，不得(編)〔偏〕私。所定價值，普通行知所往地方厘卡，委員督令商人遵照。若行市偶有起落，仍准總商等隨時議請增減，但不得任意低昂，違者禀明，將茶充公。候三年一輪，銷竣方准另辦。

第七條　課銀宜照舊先納也　查從前老章，原准東西二櫃商人將茶銷竣，始定課銀。至同治十三年，兼招南商，因道遠無人認保，逐改爲先課後票。此章，雖于各商稍有未便。然此項新票，仍歸前次南商承領居多。則舊章未宜遽易，應飭承領新票各商，仍將課銀先行清繳，然後由道詳(許？)請發票，俟三年試辦期滿，再加酌定。

第八條　釐稅宜量予裁減也　查商人自湖採茶，運至甘司地面，連正課以及釐稅腳價成封，統計每引約需成本銀六兩有奇。此次新章，凡三百三十餘票，皆係按輪銷售，不許攙越。甘引又復官爲定價，無所低昂。其輪銷在先者，成本尚少；倘輪銷在二百票之後，費用、納息，未免太重。應將新票引茶釐稅，量爲裁減，以示体卹。除官茶所經湖南、湖北、河南三省納厘無多，仍照舊不議外，其向納新疆落地稅，每兩三分一款，當時原爲籌餉而設。現在軍務肅清，餉需可節，應請咨明劃爵大臣准其豁免。惟出口應納每引四錢厘銀，查光緒四年間，改歸哈密收抽，應仍飭商人在哈局呈繳，以爲大營指撥需用。至陝、甘二省之厘，上次章程本連雜課一兩四錢四分在内，每引酌抽銀一兩六錢。值此商力疲乏，似宜再加體卹，茲照正常，減去一錢六分，每引定爲抽銀一兩四錢四分。如此，則商人既資挹注，于雜課向章亦符舊額，而商人成本稍輕，議價自得平正。

第九條　經費宜免其呈繳也　試辦之初，設立督銷局，歲需經費不（資）〔貲〕。此次既定價輪銷，則督銷局自可毋庸復設，惟從前經費，本議在茶厘項下開報，奏咨有案。後乃改在茶厘項下借交，向各商每引加收經費銀三錢，陸續歸款，以致茶厘項下作爲商欠經費銀數千兩。不知舊案既奏明准在茶厘項下支用，則欠款自可於茶釐内開報，無須再抽。茲除舊票所辦之茶仍照章按引抽收外，所有新票茶封，即毋庸再抽經費銀兩。其借欠之數，統在茶厘項下開報，以符原奏，而恤商艱。

第十條　茶色宜飭歸劃一也　聞從前輪規之壞，多由守輪者。因後檔之不能提前，攙和雜草以圖厚利，致開私相授受之端。此次議復輪規必先禁絶假茶，杜絶劣茶，方能議定官價。應行文涇陽官卡，嚴飭做茶店户，凡新票之茶運至店時，必先請卡員盤驗，然後循序成封。如係草葉，即不准其成封。將下輪之茶做成，運甘接售。倘有以假茶蒙混成封，起運到蘭後，由總商值年盤驗稟明，立將假茶焚燬。本商附在輪末，如將負茶出賣，并由兩櫃總等切（貴）先告各商。如課茶時，必須揀選一色，毋得參差；斤兩亦須秤足，毋得短少。因蘭城所定官價，只論公平，不分上下。倘敢恃有官價以劣茶成封或斤兩不足，至輪銷時，民間不肯照價承買，即礙輪檔，應將他檔之茶改銷。該劣茶，並不准其減價出售。此乃最要關鍵，法立必行。各商切勿希冀蒙混，自貽伊戚，是爲至要。

第十一條　私茶宜認真嚴禁也　查甘自（省？）額引二萬八千餘道，現僅歲銷五千引内外，非設法擴充茶務，必無大起色。然官引之中，純多由私茶之充斥。應請督憲通飭關内外各厘卡委員，并地方官一體嚴緝，定以功過（？）。如獲私茶一案，除將茶封一半充公、一半充賞外，並將卡員記大功一次，記功之三次者，酌予調劑。倘有通同徇隱、查禁不力者，逃照一案，記大過一次；記過三次，即行撤委。其由北路運出口外之千兩、百兩等茶，嚴行杜絶，不准一封入境。其行銷散茶之平涼、甘南、寧夏各處，一時未能禁絶。或加重抽厘，俾其成本與官茶相等，亦于茶政不無裨益，俟隨時酌議舉行。至新疆爲官茶引地，深恐俄人侵佔，亦請督憲咨明總署，照會該國商人不得妄生覬覦。

第十二條　總商值年宜按輪舉也　查現在章程，繳課方准領票，完厘方准售茶。雖與從前銷茶完課須總商督催者不同，但一切盤茶議價以及查報事件，必得承辦之人，始有專責。應于東櫃仍設代理總商一人，南櫃設立值年二人，均由衆商公同選舉。所有一切稽查、議價等事，只歸該總商值年經管。俟五年輪滿，再由衆商於換票時公舉更換。倘果勤慎公平，能合商情，仍准輪滿時公同禀留。如有弊情，隨時禀明另换。

第十三條　茶務宜設員襄理也　查茶務原歸蘭州道專管。但創辦伊始，頭緒紛煩，而道署兼辦各局事務，實有應接不暇之勢。且各商時有錢債爭訟等案，必爲煩瑣，非設員襄理，難期安協。應酌添委員一員，專辦茶務及審案事件。均可在茶厘項下開支薪水銀十兩或十二兩。每年所費無多，而各事可期安速。

第十四條　茶店宜分別裁撤也　查從前西、涼、莊三府均設茶店，商人之茶，須由店户代售。有協辦收課之責，是以必取的保承領印示，方准開設。乃近來該店户等，任意需索，具控有案。現在商課即係預繳，厘金亦於起運時清完，自可毋須店户協辦。茲除省城茶店，甫經酌撤七家，祇留五家。一切看庫盤茶，尚須供役，以暫准承開外，其西涼莊各府之店，悉聽商人自行開設，不必官給印示，所有前曾領示之店，概予裁撤，以杜擾累。

第十五條　公費宜分定數也　查現辦茶務之各署房書人等，應需飯食、紙張經費，雖經前督憲左奏明在茶厘項下開支，並未議定確數。以致該書吏等，每届年終，(曉)〔嘵〕瀆不休。嗣後應查照六、七兩年酌發之數，定爲常額。以後督署茶馬房每年發給飯食銀二百三十二兩，藩署課程科每年發給飯食銀七十三兩，道署茶課房每年發給飯食銀一百一十九兩；茶庫大使每年給發盤茶賞銀三十四兩，道署盤茶印紅銀四十二兩，共銀五百兩。均仍於茶厘項下照發，由各房書吏人等分季具領，不待年終始給，以示體恤。

自此十五條續辦茶務章程奏定刊發後，西北茶務漸有起色。按規定三年期限，逐案發票，有增無減，成效大著。光緒十七年，爲體念商艱，將應納課銀仿照淮鹽章程，先酌繳課銀三分之二，其餘一分，俟運茶到蘭盤驗時，司厘並繳。光緒二十年（一八九四）甲午之役，倭氛不靖，詔令加厘二成，銀十四兩四錢。庚子之變，外交賠款期延，又加厘一成，銀七兩二錢。民國成立，財政部頒發明令：甘肅茶務，仍照前清十三案以前舊章辦理，茶票始由甘肅省政府財政廳籌餉局頒發，又加厘二成，銀十四兩四錢。民國二年，發第十三案票五〇六張。同年，新櫃成立，南櫃撤銷。民十五年，課銀廢兩改元，每銀一兩，折壹元四角，依此計算，每票應納票稅銀二一〇元。于領票時先納一四〇元，是爲預課，其餘七十元，候茶運到庫後再繳。而厘金項，廢厘後改爲正稅，免去所加額外厘金，以每票七十二兩爲準，亦以每兩一元四角計，計正課一百元零八角。抗戰軍興，甘省財政廳每票附加抗戰捐五十元零四角，統由東西二櫃茶務總商及新櫃茶務總商經收，轉解財廳。民二十八年，發特票一次，計一一六五張。此爲以票代引制之最後一案。

三十年四月，甘肅省財政廳頒佈官茶運銷及補稅辦法。其文如次：

（一）本省各茶商所運官茶，無論新到舊存，均准平均分配，先行運銷半數。

（二）東、新兩櫃總商，應將各散商現存官茶，以每個商號爲單位，造具細數清册，呈報本府財政廳查核備案。其非素業茶商而現有存茶之囤户，亦應同特造册具報。並由省會警察局及省城特税局，會同東、新兩櫃總商，詳細造報，不得稍有遺漏。

（三）茶商或囤户，按照第一項規定，運銷存茶時，應先敍明運銷數量，呈經財政廳查覈相符，填發『准許運銷證』後，方能起運。

（四）凡經領證運銷之茶，應由本府隨時函請戰區經濟委員會特准放行，並分令經過各特税局查明驗收。

（五）凡經准許運銷存茶，如係已照舊章完税者，應按新定税率，每封補繳正税國幣五角零六厘五毫。（新定税率，每封應完正税六角三分二厘五毫，舊存之茶，除每票已完過正税一百元零八角外，每封應補交如上數）。須于領證時一次繳清，方得起運。前項補完税款，應由財政廳填發補税證，俾昭信守，而便查驗。

（六）商人運銷官茶，如未領有准許運銷證，應由各税局將人貨一併扣留，報請本府覈辦。

（七）新到官茶，應於入庫時照新定税率一次繳足正税（照規定平價價格每封二十五元三角，征税六角三分二厘五毫，每票計應完正税五百零六元）。其運銷手續仍照（一）（三）兩項規定辦理。

（八）省城存茶補完正税後，應照平價再加税欵，每封准照二十六元銷售。其外運之茶，如在本省境内行銷，無論何地，其售價應以省城平價爲標準，另予酌加運費，每封售價最多不得超過三十二元。由本府通令各縣政府及特税局切實稽查。倘有高抬價格，在本省境内銷售者，除將貨物没收外，並依法從嚴究辦。如縣政府及特税局稽查不力，或故意縱行時，該縣長、特税局長，及其他有關職員均應依法嚴懲。

同年六月，甘肅省政府通過官茶統銷辦法如次：

（一）官茶爲西北人民生活必需品之一。此後關于運銷事項，除中茶公司外銷茶葉外，悉應照平價辦法辦理登記統銷事宜。

（二）茶商領票後，貨運到蘭，隨時報請登記。銷售特須有本省平價機關核覈之許可證。

（三）本省税收機關及運輸機關，須于貿易公司緊密連繫。凡入境官茶，應隨時將數量、種類、存放處所填列詳表，送貿易公司查考。

(四)茶商除特許自己運銷之貨外，所有官茶無論多寡，可由貿易公司按合法利潤，給價收買。
(五)匿不登記，或未領許可證私自運銷之茶，查出後，予以没收，並懲辦貨主。
(六)省内外各機關、商號，如需用多數官茶時，應與貿易公司訂立合約，盡量供給。
(七)特許茶商銷售之貨，如係外運出省，應先得貿易公司之許可。
(八)茶商對于採茶、製茶，如需要貿易公司資助時，貿易公司可與訂立合約辦理之。
(九)茶商對於運輸上發生困難時，貿易公司可予以協助。
(十)貿易公司既負統籌官茶之責，如内運之茶不敷轉銷時，可另與製茶工廠直接批定，或派人至湘採運茶料，送涇陽特製，作銷路之補充。前項採運之茶，仍照茶商領票辦法課税。
(十一)外商如貿易公司批購官茶，仍應由中央貿易機關辦理。
(十二)貿易公司每年應將内運、外銷情形，編造統計，呈報省政府。
但此項辦法，以與財政部所頒佈之全國内銷茶管理辦法有所抵觸，迄未實行。
三十一年四月，國府明令頒佈茶類統税征收暫行章程。茶税一項，列入統税，由財政部統税局征收。左氏引案之制，至此始廢。現將《茶類統税征收暫行章程》録如次：
第一條　凡國内産製及國外輸入之茶類，除法令别有規定外，均應依照本章程完納統税。
第二條　征收統税之茶類分列於次：
(一)紅茶

（二）緑茶
（三）磚茶
（四）毛茶
（五）花燻茶
（六）茶梗
（七）茶末
（八）其他茶類經財政部覈定者
第三條　國産茶類統税征收時，以其裝置之每一容器或包裝爲課税單位，按照産地附近市場每六個月之平均批發價格覈定。完税價格，征收百分之十五。前項完税價格，應由税務署貨物平價委員會評定之。
第四條　凡國外運入之茶類，除繳關税外，應報由當地主管税務機關，按照海關估計，折合法幣后征收百分十五之統税。
第五條　凡（以）〔已〕完納税之茶類，運銷各省，不再重征。
第六條　凡國内産製之茶類，均須完納統税，但運銷國外時，應准檢齊憑證送由税務署覈明退税。國内産製之茶類，應由各省區税務局派員分駐廠棧，或就場征收。其在産地設莊收茶之行號商販，事實上不便派員駐征者，應由商人報請該管税務機關照章征收。
第八條　茶類完納統税後，應由經征機關填發完税照，並在包裝上發貼印照，方准銷售。

第九條　商人在國内設置製造及存儲茶類之廠棧，暨在産區設莊收茶之行號商販，概應報請該管税務機關覈明轉呈税務署登記。

第十條　關于茶類統税之稽征規則，另定之。

第十一條　本章程自公布日（起）施行。

同年十二月，行政院第五九〇次會議通過磚茶運銷西北辦法綱要。責成國營中國茶葉公司統籌辦理。康熙末年以後，由地方政府管理之茶政，又復歸中央統籌辦理矣。兹録《磚茶運銷西北辦法綱要》如次：

一、湖南安化所産茯茶，及其他地方所産磚茶原料，應由中國茶葉公司統籌收購。分配公私廠家，壓製磚茶。交由中茶公司統一銷售。

二、中茶公司應利用與湖南省政府所合辦之安化磚茶廠，及湘、陝境内公司、廠家，擴充設備，增加産量，以每年壓製磚茶四百萬片至六百萬片專銷西北爲度。

三、茶磚及原料，由湖南運至陝西。又，茶磚由陝西轉運新疆及西北諸省。應由運輸統制局及交通部在各主管區段内分别協助，供給運具。每月以能輸運磚茶四十萬片至五十萬片，爲最低限度。

四、中茶公司對于各地民營茶廠，應酌量産製能力，供給製磚原料。並以貸款或墊款等方式，予以資金周轉之便利。

五、運銷西北磚茶及其製造原料，除中央規定捐税外，各省對於當地或過境産品，不得征收任何捐税。

六、中茶公司收購製磚茶料之價格，應由貿易委員會覈准，呈部備案。其銷售磚茶之價格，應由貿委會轉呈財政部覈准。磚茶在西北如因調整幣價，拓展市場等原因，必須貶價出售時，應由國庫彌補其虧損。

綜上所述，可知左氏西北茶銷引案之制，起于一八七五年，廢于一九四二年，施行凡六十餘年。此種制度雖挽咸、同年間茶銷停滯之局面，然去宋、明舊制遠矣。

又，同治以後，行銷陝西者，謂之陝票；行銷寧夏者，謂之寧票；寧夏行銷蒙地之票，名曰寧晉票；蒙商自辦之票，曰蒙晉票。每票以四千斤爲額。光緒三十年以後，商人仿晉茶製法，領票運銷伊塔，名曰晉票。緣伊塔道路遥遠，成本過重，以五七二〇斤爲一票，其詳細情形不詳。此外，銷綏蒙之茶，清代末葉，向由理藩院領票，由歸綏出口，其行銷區域，遠達新疆之伊塔。

關于本期内官茶之採運，及分銷手續簡述如後：

茶商願領票買茶、賣茶者，每逢换票時期，先開具牌名、引名、司分票數，單據加蓋圖章交由總商。總商根據各散商申請票數，匯造清册，向主管機關請領轉發。如牌引名認爲假冒頂替，朋(充)〔交〕及鋪保不甚殷實者，總商得審查取締之。各散商持票趨湖南採購，運至涇陽壓製成磚，再運甘銷售。茶商將茶運到蘭州後，應先全部交官茶庫存儲，〔以〕便稽覈實際運到數量，與原領票數是否相符。同時，便于征繳税款。甘省官茶庫，設蘭州山字石街。係茶商聚資建造，由茶務總商負責管理。各櫃設有司賬、管台及文牘、櫃丁各一人。其薪水，以及茶務公所費用等，名曰『公用』，隨時責成司賬、管台按各商引均攤，公開公支。每年底，同場算賬一次，以昭平允。此外，前清主管茶務衙門，派房科人員駐庫。民國成立後，財廳三人駐庫監督，收繳税欵。自二十九年起始改爲一人。至茶葉分運手續向章涇陽、蘭州、西寧、涼州等，均設有官茶店户。照章呈請總商請領印，五年一换，以資遵守，而防朋充假冒等弊。店户有協辦課厘之責，涇陽店户專負揀造成封、發茶之責，蘭州店户專負管理茶庫門户、收茶運茶之責，西寧、涼州店户專負代客售茶之責。其庫頭、庫夫，均係各店户自行雇覓任用。惟庫門啓閉，向章設有鎖鑰三把，店户、總商及茶庫各執一把。凡收發盤驗茶封，必須三把鑰匙齊集，方准開啓門户，各店户責成各庫頭、庫夫按月輪流看守聽差。〔對〕茶封負完全責任，永爲定例。各散商入庫茶封，如斤量不符，或擅改貼换牌、引各名，總商有呈請罰辦或充公之權限。光緒八年後，根據《續辦茶務章程》之規定，除蘭州衹留茶店五家外，餘均裁撤。西、涼、莊各府之店，聽商民自由開設。民國三十年以後，茶葉分運手續，係由散商逕向財政廳申請，經核准後，繳納分運税，領取分運單，方可由庫提（貸）〔貨〕分運各地銷售。自茶税劃入統税後，茶葉出運時，必須辦理完納統税手續以後，方可出境。然甘省府爲平衡物價，限制茶葉出境，故于輸出前，必須得省平衡物價委員會之許可，獲得出運證後，方能出境。惟西北磚茶，由國營中國茶葉公司統籌運銷後，來路既寬，並依據上述統銷辦法之規定，則此項限制出境之辦法，必歸取消矣。

五、歷代西北銷茶之産區銷量及其市場之變遷

（一）官茶釋名　《大清律例·彙輯便覽》卷一三《户律·課程·私茶》箋釋：關于官茶一名，解釋謂：『茶爲民用所不可無，又爲番用所不可缺。故于江寧、杭州等處，設立茶引所，關給由、引，合各商納引中茶。又于川、陝等處，設茶馬司，驗各符牌，以聽各番納馬易茶，是謂官茶。如賣茶者不給茶引勘合，與茶引已經截角，又携入山影射支茶，皆私茶也。』所謂『官茶』，即『私茶』之對稱。凡經領引納税手續，官許其行銷之茶，謂

之官茶。又川、陝邊區，國家用爲易馬之茶，亦稱『官茶』。《明史・食貨志》：『番人嗜乳酪，不得茶，則困以病。故唐、宋以來，行以茶易馬法，用制羌、戎，而明制尤密。有官茶，有商茶，皆貯邊易馬。……初〔制〕，太祖令商人于産茶地買茶，納錢請引。引茶百斤，輸錢二百，不及引曰「畸零」，別置由帖給之。無由、引及茶、引相離者，人得告捕。置茶局批驗所稱較，茶、引不相當，即爲私茶。』可知明代茶法，有官茶、私茶、商茶之別。官茶，由國家徵實或收購得之，備易馬之用。商茶，由商經售，經領引納課手續，官許其公開售賣者屬之。私茶，爲未經納課請引，而圖私行交易，冀獲厚利者屬之。宋制，與明制同。故可知官茶一名，自清而後，範圍始大。今日西北行銷所謂『官茶』者，即廣義之官茶，凡由商請引、納課、官許其貿易者屬之。然『官茶』之定義，雖如此，但今日西北所指之『官茶』，僅指涇陽磚茶及安化磚茶而言，其他香片、紫陽茶、□茶、川茶之屬，雖亦納稅，官許自由貿易稱曰『散茶』，而非稱爲『官茶』。

『官茶』另一名詞曰『湖茶』，以其産於湖南，故名。『湖茶』，一名『早』，見於明代。《明史・食貨志》：〔萬曆〕二十三年（一五九五），『御史李楠請禁湖茶，言：「湖茶行，茶法、馬政兩弊。」』湖茶又稱副茶，亦稱茯茶。彭先澤先生在其《甘引磚茶運銷實況》一文中〔說〕：『〔官茶〕，蘭州市場則通稱「副茶」，謂係由于次等茶葉製成之茶磚，適于一般平民之飲用之品也。或以其毛茶多係伏天採摘，其功用可清心止〔喝〕〔渴〕，消化脂肪；與土茯苓同，故有「茯茶」之稱。』《甘州府志》卷六《市易》二四：『茶自官，曰「府茶」，亦曰「黑茶」。』慕少棠先生在其《甘青寧史略》中〔稱〕：『蘭州及河西喜用磚茶者居多數，磚茶名曰「福茶」，又曰「官茶」。其葉採自湖南，其製造在陝西涇陽。葉粗而色黑，上流社會輒厭棄之。』故知官茶一物，別名繁多，計有湖茶、府茶、福茶、茯茶、副茶、黑茶等。除黑茶而外，其他『福』、『府』、『副』、『茯』等字，著者認爲均係湖茶『湖』字之轉音。彭先澤先生于其所著之《安化黑茶》一書中，關于黑茶之名有如下記載：黑茶之名，今僅于湖南安化見之。閩人某曾函詢吾友曰：何謂黑茶？最近研究茶事者，則名此類茶葉曰茯茶，亦遺漏此黑茶之固有名詞也。明嘉靖三年，御史陳講疏以商茶低僞，悉徵黑茶，地產有限，乃第茶爲上、中二品，印烙篦上，書商名而考之。每十斤蒸曬一篦，運至茶司，官商對分，官茶易馬，商茶給賣。是黑茶名號散見于典籍之一事。而茶品商名悉于篦上明白填注，尤爲今日茶包封面標（熾）〔識〕之濫（觸）〔觴〕，蓋足徵古人慮事之固也。上文中所引典籍，概係根據《明史·食貨志》，或係《甘肅通志》及《西寧府志》。但《明史·食貨志》所載，當時徵實官茶爲川陝産，非湖南産，吾人可于下二事見之。《明史·食貨志》：（神宗萬曆）十三年（一五八五），『中茶易馬，惟漢中、保寧，而湖南産茶，（茶）〔其〕〔直〕賤，商人率越境私販。』可知嘉靖三年（一五二四）所徵黑茶，並非湖茶，而其時所云黑茶，究係何種茶類，無文獻可資參考。湖茶稱黑茶，始于何時，有待再行考證矣。

關于西北方志及通志中所稱之黑茶，亦有二説。如《甘州府志》（乾隆四四年版）所稱『黑茶』，的係湖茶，而《甘肅通志·茶法》則載光緒三三年附《第十二案茶票課銀疏》所言：又，阿拉善王内蒙人，喜食黄黑晉茶，不食湖茶。咨商改辦前來。……且蒙古向爲甘私引地，既不願食湖茶，亦擬援照南商運銷伊塔晉茶章程，責成寧商改（辨）〔辦〕川字黄、黑二茶，俾順蒙情，而保引額。可知所指黑茶，又非湖茶。查銷蒙古各地茶類，主要者，爲紅茶磚，及老青茶磚，所指川字黄茶磚，或係老青茶磚（新疆稱湖南大茶，青海塔兒寺每當會期，蒙古商人常携帶磚茶來此銷售，稱爲蒙古茶）。而黑茶磚，或係紅茶磚（西北統稱赤心茶）亦未可知。我人更可一查《湖北通志·榷税·茶税》一項，同治十年，重訂減嘉蒲崇城山六縣各局卡抽收茶厘章程中，刻有黑茶及老茶二項，故知黑茶名稱，殊多混淆也。

（二）歷代西北銷茶産地之變遷　西北茶飲之流傳，大抵始于隋唐。唐代銷西北之茶類，産于何處，殊乏文獻可資參考。唐書中雖有『番使曰：我亦有之，命取出以示曰：此壽春者，此顧諸者，此蘄門者』之記載，此僅作爲其時湖北、蘇浙、安徽之茶産已流傳西北之證明，不足以證明銷西北之茶類，（畫）〔盡〕爲東西産也。有宋一代，茶法雖朝令暮改，時而三説、四説法，時而貼射法、見錢法，時而通商法、茶引法，時而捐（？）茶法。但對西北茶銷之産區，有嚴密之管制。《宋史新編·食貨志》〔一七〕：天禧末（一〇一七），『天下茶皆禁，唯川峽、廣南聽民自買賣，禁其出境』。『茶〔之〕爲利甚博，商賈轉致〔於〕西北，〔利〕（常）〔嘗〕至數倍。』宋初茶葉專賣，據同書所（裁）〔載〕，宋制：『擇要會〔之〕地，曰江陵府，曰真州，曰海州，曰漢陽軍，曰無爲軍，曰蘄州（爲）〔之〕蘄口，爲榷貨務六。』『在淮南則蘄、黄、盧、舒、光、壽六州，官自（置）〔爲〕場，謂之山場者十三。六州採茶〔之〕民皆隸焉，謂之園户。歲課作茶輸租，餘則官悉市之。其售于官者，〔皆〕先受錢，而後入茶，謂之本錢。又，民歲輸税，願折茶者，謂之折税〔茶〕。』『在江南則宣、歙、江、池、饒、信、洪、撫、筠、袁十州，廣德、興國、臨江、建昌、南康五軍；兩浙則杭、蘇、明、越、婺、處、温、台、湖、常、衢、睦十二州，荆湖則江陵府、潭、澧、〔鼎〕、鄂、岳、歸、峽〔七〕州、荆門軍；福建則建、劍二州，歲如山場輸租折税。……悉送六榷貨務〔鬻之〕。』故知北宋初年銷西北之茶葉，皆東南産也。至熙寧年間（一〇六八—一〇七七），王韶建開〔河〕湟之策，安以經略。七年始遣三司勾當公事〔李杞〕入蜀經畫買茶，于秦鳳、熙河博馬。……自（足）〔是〕，蜀茶（畫）〔盡〕

榷。故西北茶銷，向以東南産者爲大宗，至此一變而爲蜀茶。明初，課川、陝茶。陝南各縣茶園四十五頃，茶八十六萬餘株，四川巴茶三百十五頃，茶二百三十八萬餘株。令每十株官取其一，無主茶園令軍士薅採，十取其一，以易番馬。西北茶銷除蜀茶而外，復正式規定陝茶爲易馬之物資矣。故可知其時西北茶銷之主要者，爲巴茶、陝茶也。今日西北所銷大宗之湖茶，始于何時？據《明史》所載，大抵始于明神宗萬曆年間（一五七七—一五九五）。《明史·食貨志》載：（神宗萬曆）十三年，『中茶易馬，惟漢中、保寧，而湖〔南〕産茶，其直賤，商人率越境私販』。當湖茶銷西北之始，即遭強烈之反對。如同書〔載〕：（萬曆）『二十三年（一五九五），御史李楠請禁湖茶。言湖茶行，茶法、馬政兩弊，宜令巡茶御史召商給引，願報漢、興、保、夔者，準中；越境下湖南者，禁止。且湖南多假茶，食之刺口破腹，番人亦受其害。』『既而，御史徐僑言：「漢、川茶少而直高，湖南茶多而直下。湖茶之行，無妨漢中。漢茶味甘而薄，湖茶味苦，于酥酪爲宜，亦利番也。但宜立法嚴覈，以遏假茶。」户部折衷其議，以漢茶爲主，湖茶佐之。各商中引，先給漢、川畢，乃給湖南。如漢引不足，則補以湖引。』自此，湖茶即正式規定爲銷西北之官茶。清初，仍如明代。雍正之世，西北官茶，純爲今日之湖茶所代替矣。

按西北茶銷，向有口外與關内之分。而口外，又有西口與北口之分。行北口者，陝西由榆林定邊、靖邊、神木等縣，而主要者尚有綏遠之歸綏、包頭；寧夏由中衛、平羅等縣。其銷西口者，由肅州（酒泉）、西寧等縣，前已述及。所謂官茶之行銷區域，其主要爲青海、隴南、河西、新疆東部；而其他區域，尚銷其他茶類。如《寧夏府志·茶法》所載：『舊例，（康熙以前）皆湖廣黑茶，後因禁止市口以茶交易。康熙五十一年（一七一二），各商呈請改色，赴浙採辦，〔以〕便內地銷售。議定：每十引，浙茶九，湖茶一，各商採買。由潼關廳查照截角放行。』又，《皇朝續文獻通考·榷茶》所載：『（道光）九年（一八二九），奏准甘肅省茶務責成鎮迪道總司稽查，奇台縣就近經營。分別茶色粗細，納稅多寡，如白毫、武夷、珠蘭、香片、大葉、普洱六種，每百斤納稅銀一兩。安化斤磚，廣盒千兩、百兩，貨色較粗，每斤納稅銀六錢。大磚一種，灰色，更粗，每百斤納稅銀三錢。』由此可知，清代西北茶銷，除湖茶以外，尚有東南各省所產茶葉，且有雲南產之普洱等。至關內部分，蘭州以東，陝西大部，行銷各種散茶，其產區包括東南及西南茶區產物。而青海南部及東南部，尚行銷川康產區之邊茶。蓋川康邊茶貿易，始于宋、明，番人常越（草）地以貨易茶。明代，以松茶之行銷影響西北官茶之銷量，曾倡禁止之議。《明史·食貨志》：（嘉靖）四十五年，『御史潘一柱言：「增中商茶，頗壅滯，宜裁〔減〕十四五。」又言：「松潘與洮河近，私茶往往闌出，宜停松潘引〔目，申〕嚴入番之禁。」皆報可。』至道光年間，陝甘總督祁中堂，方倡開禁之議。

（三）西北茶葉市場之變遷　茶業貿易，自古即含政治作用。故茶葉貿易市場歷代政府即嚴加規定。宋代熙寧以前，西北茶葉貿易，僅爲一般國際間之貿易。其所規定之市場，爲原、渭、德順三郡，其區域約當今之隴東、鎮原、涇川及隴南之天水、臨潭一帶。熙寧以後，遣李杞入蜀經畫買馬。蓋當時知今日甘肅一帶西人常以善馬至邊，其所嗜唯茶。尚乏茶與之爲市，于是于秦鳳、熙河設市，以茶博馬，其地約當今日甘肅之天水、臨洮、臨夏及陝西之鳳縣一帶。既而復設茶馬司于秦州（天水）河州（臨夏），除秦鳳、熙河外，又定永興〔軍〕（今陝北一帶）、鄜（今陝西鄜縣）、延（今陝西盧施縣）、環（陝西環縣）、慶〔州〕（今甘肅慶陽）許民通商。其市場範圍，包括今日之甘肅、青海、陝西、寧夏綏遠。紹興以後，關陝淪陷，西北茶葉市場于是借〔道〕于四川。

元代用運使白賡言，榷成都茶于京兆、鞏昌，置局發賣。鞏昌，即今日甘肅隴西縣，爲隴南舊日交通要衝，元、明、清三代俱以爲茶葉運銷西北之盤驗總樞。

明太祖重茶馬之法，于西北設茶馬司于秦、洮（今甘肅臨潭）、河（臨夏）三州。已而，以洮州與河州近，併洮州茶〔馬〕司于河州，更移秦州茶馬司于西寧。蓋當時漢人逐漸西移，而番人更向西移，茶葉市場自亦必須西移也。永樂中（一四〇三—一四一四），復設洮州茶馬司，並添設甘肅茶馬司于陝西行都司地。查陝西行都司地，即今日河西之張掖（甘州），以便易取馬匹。河西走廊附近祁連山以北，阿拉善旗以南，新疆以東皆趨矣。一五五七—一五六三年間，設莊浪茶馬司，〔以〕便附近番民交易。一五六三年，甘州茶司因商人苦于運洩，遂令其駐節蘭州，令洮河各司茶商各給甘州茶一引，于是蘭州亦漸顯其在西北茶葉市場上之重要地位。明代茶葉市場，除甘肅設有四茶馬司及青海、西寧一茶馬司外，陝西北部即無指定之茶葉交易地點。其主要原因，由于西北邊疆政策之關係。吾人于第二章中，已詳述明代之邊疆政策。蓋明所恐惟匈奴，故以茶葉貿易政策羈縻番族，所謂制番人之死命，斷匈奴之右臂，壯中國之藩籬之一貫對外政策。而其所以不設互市地，或許民自由交易于陝北、甘北各境，最大之理由，即如《明史・食貨志》所載：『萬曆五年，俺答欵塞，請開茶市。御史李時成言：「番人以茶爲命。北狄若得（茶），籍以制番，番必從狄，貽患匪細。部議給百餘篦，而勿許其市易。」』明代西北茶葉貿易之政策如此，故其市場，亦以政府行令限制之，只設茶市于西北之西部也。

清朝初期，承明代敗壞之茶法，如法泡製。設茶馬司于洮、河、西、莊、甘五處，易馬而馬不至，徵實而庫茶堆積，無法肅清。宋、明産銷區域之統制，至此僅統制銷區。且以茶政不統一，各自爲政，即統制銷區，亦不可能，明朝統制(銷)〔消〕費區，其目的在不使茶葉入于狄手，藉以制番；而清朝之統制消費區域，無非爲易于徵稅助餉。在『畫虎不成反類犬』之狀態下，于中葉以後，即裁洮、河茶馬司，改徵實而課銀。明朝置茶馬司于甘肅、青海，其北方沿邊，不許設市，清則銷綏、蒙之茶類，可由理藩院領票販賣。同治以後，復有陝票、寧票、晉票、寧晉票等等。于是，『官茶』引地爲其侵佔，昔日官茶其市場包括青、寧、新、甘諸省，至此，官茶銷售市場，僅包括青海東部、東北部、河西以及隴南小部。而寧夏部份，如《寧夏府志》所載：于康熙五年已規定，每十引：浙茶九，湖茶一之辦法。新疆方面，《甘肅通志》所載：光緒三十年，發第十案票時，南商試辦伊犁晉茶。票片所云：並據查明，晉商私茶，係由湖北蒲圻羊樓峒所辦，色味式樣與湖南安化茶迥殊。馬亮謂：邊民慣食晉私，不喜官茶，確係實情。南商遂請仿照晉商式樣，另請新票，赴湖北羊樓峒採辦茶磚，運至關外伊犁，各處行銷，以顧引地，而保課厘。而青海南部及東南部份之茶銷，在東南部份爲松茶所佔，西南部爲川康西南路邊茶所佔。重要茶市，在甘肅爲蘭州，在陝西爲西安；而歸綏一地，復爲蒙綏新消費市場之特運地矣。

（四）西北歷代茶銷數量之變遷　宋代之西北茶銷數量，無文獻可茲參考。明代以後，亦僅能就官茶一項估計之。造成茶銷數量變遷之因子，在西北爲戰爭與天災。戰爭、天災不僅能影響西北人民之經濟生活，且直接能影響人口之死亡，而交通運輸尚不與焉。不僅此也，茶銷之種類，亦能因戰爭而遷變。西北之新疆，自清以後，即有殘酷之戰爭數次。如清初之平準噶爾部；光緒年間，左宗棠之平回亂。內地各省，紛紛移民，或以長征而留駐。于是，内地移入新疆人民所嗜之茶類亦(遂)〔隨〕之輸入。過去之飲用湖茶之新疆，而後遂有其他各種茶類之輸入，且代替之。現根據史册所載，略述明清以來茶銷數量如次：

1.明代西北茶銷之數量　明代西北茶銷之市場及其産區，已如上述。據《明史·食貨志》所載，洪武初年(一三七一—一三八〇)以川陝茶易番馬。根據其所定税課之數額而言，陝西二萬六千斤，四川一百萬斤。其税額，十取其一，則川陝茶之總産量爲一〇二六〇〇擔。如三分一銷内地，三分之二輸邊易馬，共計茶六八四〇〇擔。當時設茶馬司地，陝西有秦、洮、河三司，四川有雅州。如四司易馬數相同，則秦、洮、河三司銷茶量年在五萬擔以上。而其時雅州茶馬交易，須繞道巖州衛(今松潘地)，轉黎州(今西昌)始達。道路迂迴，不如逕趨河、洮爲便。故其時年銷量或不止此數。其後，川番交通較繁，西北茶馬司之茶馬交易，自亦稍減。

據同書所載，孝宗弘治三年(一四九〇)『請于西寧、河(州)〔西〕、洮州三茶馬司召商中茶。每引不過百斤，每商不過三十引，官收(共)〔其〕十之四，餘令貨賣。可得茶四十萬斤』。按此則其時西北茶銷數量年爲一萬擔，其減少數字達五分之四。其原因，固由于川番交通便利，川茶直接入番。但私茶充斥，影響官方發表數字，亦爲主要原因。

同書：弘治十六年(一五〇三)，楊一清督理甘肅馬政，議開中召商買茶。官買其三分之一，每歲茶五六十萬斤，可得馬萬匹。據此，官茶(五)〔三〕分之一，計五六千擔；商茶三分之二，計一萬至一萬二千擔。其時，西北每年茶銷量爲一萬五千擔以上。

同書：神宗萬曆二十九年，『五司茶空，請令漢中五州縣仍(徵)〔輸〕本色。每歲招商，中五百引，可得馬萬一千九百餘匹』。按照嘉靖三年（一五二四）成例，每引正茶一千斤，許照散茶一五〇〇斤，則五〇〇引招商所市茶計七千五百擔，加陝南徵實茶二千餘擔，合計約一萬擔以上。

據上所述可知，除私茶外，明代西北每年茶銷，洪武初約五萬擔以上，其後年銷僅一萬餘擔。

2.清代至民國西北茶銷之數量　清代西北茶銷數量較明代增多。清初（一六四五），據《甘肅通志》及《西寧府志》所載：　定陝西茶馬事例，其舊額新增，共引二八七六六道，內甘省五司舊額新增二七二九六道。茶商領引，赴産茶地方辦茶。每引百斤，徵茶五篦，每篦二封，每封五斤，共徵茶一三六四八〇篦。可知陝西銷茶共二八七六六擔，而甘省五司爲二七二九六擔。

至康熙四十二年（一七〇三），據《西寧府志》所載，陝西茶引共額二〇七九六道，發西、莊、洮、河四司通番中茶。內有小引八百餘道，售西、鳳、漢中三府民人供食，今止留小引一百道，三府地方人民不足食用，以致私販橫行。今于小引原額內，頒茶引五百道給商行茶。根據同書，順治十年（一六五三），每茶一千斤，概准附茶一百四十斤之規定，則二〇七九六道之茶引，共計茶二三七〇七〔四〕擔[一八]。內有銷西、鳳、漢中三府小引五百道，按順治舊例，小引每五斤爲一包，每二百包爲一引之規定，五百道計茶五千擔，則共茶二四二〇七四擔[一九]。

乾隆十八年（一七五三），據《西寧府志》所載：　額定西司引九七一六道，莊司引五一五二道，洮司引三三〇〇道，河司引五〇〇〇道，甘司引四〇〇〇道，（四）〔五〕司共引二七一六八道[二〇]，計茶三〇九七一五擔[二一]。惟以後中馬之制久定，庫茶積聚至多，如乾隆七年至二四年存積至一五〇餘萬封，以每封五斤計，有茶七五〇〇〇餘担，每年積存約四千餘擔左右。惟銷今日之陝西、寧夏、綏遠等地之茶不與矣。

乾隆五十七年（一七九二），規定西司行引九七一二道，莊司行九三〇二道，甘司行九九八二道，共引二八九九六道，計每年銷茶三三〇五五四四擔〔二二〕。

雍正以後，續有增加。大概每年銷行官茶三萬擔以上。

及咸豐二年，金田起事，湖南、湖北兵氛遍地，道路中梗，茶運頓稀。西北茶銷以來源缺乏，銷量頓減。及至同治元年，陝變（徒）〔陡〕起，西北烽火遍地，茶葉不僅無法運輸，即人口亦以此減少數十萬以上，茶運停頓達十年之久。同治十三年（一八七四），左氏倡以票代引制，于是年發第一案茶票。自第五案後，每三年發票一次，至民國二八年，發最後一案之特票止，共發二十二案。現將列案票數及茶葉數量列表如次：

表四　西北票案制列案票數及茶葉數量表

年份	案別	票數	每擔數	上案至下案每年平均擔數	備注
同治十三年（一八七四）	一	八三五	三三四〇〇	四一七五	
光緒八年（一八八二）	二	四〇三	一六一二〇	四〇三〇	
十二年（一八八六）	三	四〇九	一六三六〇	四〇九〇	
十六年（一八九〇）	四	四一二	一六四八〇	八二四〇	

續表

年份	案別	票數	每擔數	上案至下案每年平均擔數	備注
十八年（一八九二）	五	四二三	一六八八〇	四二二〇	
二二年（一八九六）	六	四五七	一八二八〇	九一四〇	
二四年（一八九八）	七	五四九	二一九六〇	二一九六〇	
二五年（一八九九）	八	六二八	二五一二〇	一二五六〇	
二七年（一九〇一）	九	七四八	二九九二〇	九九七三	
三〇年（一九〇四）	十	一四九七	五九八八〇	五九八八〇	
三一年（一九〇五）	十一	一五二〇	六〇八〇〇	一五二〇〇	
宣統元年（一九〇九）	十二	一八〇五	七二二〇〇	一八〇五〇	
民國二年（一九一三）	十三	五〇六	二〇二四〇	六七四七	
五年（一九一六）	十四	一四〇〇	五六〇〇〇	一八六六七	
八年（一九一九）	十五	一五六四	六二五六〇	二〇八五三	

續表

年份	案別	票數	每擔數	上案至下案每年平均擔數	備注
十二年（一九二三）	十六	一三八五	五一四〇〇	一七一三三	
十四年（一九二五）	十七	一七八七	七一四八〇	二三八二七	
十七年（一九二八）	十八	一七九〇	七一六〇〇	二三八六七	
二十年（一九三一）	十九	一七九〇	七一六〇〇	二三八六七	
二三年（一九三四）	二十	一五三三	六一三二〇	二〇四四〇	
二六年（一九三七）	二十一	二三〇〇	九二〇〇〇	四六〇〇〇	
二八年（一九三九）	特票	一一六五	四六六〇〇		
合計	二十二	一一四九〇五	九九六二〇〇	一〇一六七二八〔一三〕	

注一：每年銷茶平均數，由上案發票之年算起，至下案發票之前一年止。如第一案發于（光緒）〔同治〕十三年，計茶三三四〇〇擔，至光緒七年止，共八年，每年平均爲四一七五擔。

注二：自第一案同治十三年（一八七四）起，至特案（一九三九）前一年止，共六十四年，計銷茶九九六二〇〇擔，每年平均爲一〇一六七·一八擔。

注三：本表數量，以老擔計算。

觀上表可知，同治十三年後，西北茶銷量以回亂已平，社會漸趨安定，逐漸增多。由每年四千餘擔，增至二萬擔以上，然終不能恢復乾隆、雍正時代之舊觀。其原因：〔其〕一，由於俄人于漢口壓磚倒銷蒙疆市場。其二，由于其他茶類如老青、千兩茶等，由歸綏等地輸入，銷綏、蒙、寧、新諸地；松茶，銷于青海東南部，及隴西南部；川康西南路邊茶，銷於青海南部及西南部。故官茶銷量近六十年來，雖與年俱增，然終不能恢復乾、雍年間之盛況矣。

3.文獻記載中之西北各省茶銷量　寧夏茶，銷量甚微，據《寧夏府志》所載：寧夏茶引原額四百道，每引額茶一一四斤，交課銀三兩九錢。順治九年，招商承辦。寧夏商額引二五〇道，靈州商額引一〇〇道，中衛商額引五〇道。嗣因食茶人少，銷售艱難。康熙時，寧夏商告繳引八〇道，靈州商告繳引三〇道，中衛商告繳引二〇道，現（乾隆四五年）額引二七〇道。……雍正四年，靈州商採辦無力，道府議請將額引並歸寧夏各商照例行銷。雍正十三年，中衛商亦呈請在府一體行銷，每歲共納課銀一〇五三兩。據此，清初，寧夏年銷官茶僅四五〇餘擔。至康熙年間，僅三百餘擔。又據同書：寧夏之有官茶，舊志不載，想自清朝始。今寧夏之茶，只就寧夏行銷，雖經康熙時各商告繳若干，尚餘二百七十引。……一府之地，若中衛、靈州現皆不能通行，所恃者獨夏、翔二邑耳。以二邑之地，歲銷三萬餘斤之茶，不可謂不多矣。況復私販，射利實繁（有徒）。據《甘肅通志》所載：光緒十（七）〔六〕年（一八九〇），第四案票内寧夏引一七〇道，計茶一九三餘擔，較康熙年間又減少多多。此種原因，由于與綏遠、陝西比鄰，由歸綏、包頭輸出之老青茶磚及千兩茶輸入銷行，致官茶之銷量日益減少。而此種由綏遠、陝西輸入之茶類無數字可稽。

新疆茶銷數量較大，向例由甘司供給。據《皇朝續文獻通考·榷茶》所載：（咸豐八年），諭（據？）那彥成等奏《嚴禁奸商私販茶葉至設局稽查摺》，甘肅官引額銷茶葉，每年例應出關二十餘萬封。近年來，行銷竟至四五十萬封。顯系無引私茶從中影射。其行銷各城，又復遞加價值，每副茶一封，售銀七八兩至十餘兩不等。此等奸商私販，勾通外夷，剥削國家，不可不嚴行禁絶。現據那彥成等酌請每封官爲定價，阿克蘇價銀不得過二兩，喀什噶爾葉爾羌不得過五兩，作爲永定之價，不許增添。並于嘉峪關地方，仿殺虎口、歸化城、張家口等處，設立税局。阿克蘇照古城設立税局，喀什噶爾叶爾羌爲行銷總要之區，均設立税局。稽查奸商私販，以杜流弊。據此，新疆官茶之銷量，當在八千擔以上，而新疆西北部份尚未在内也。又據同書所載：光緒三十四年（一九〇八），伊犁將軍長庚請于伊塔二處設立伊塔茶務公司。股本六十萬兩，官股二十萬兩，倣甘引例，請票三五〇張。每票抵引五十道，配茶五〇〇〇斤，附茶七〇〇斤，完正課十五兩，以三年爲一案。領票時，先交三分之二，又税銀一〇〇兩，厘銀九三·六兩，均候運茶到境時，與未交一成正課一并繳清。後雖無結果，然據此，伊塔一帶三年一案之票三五〇張，每票五十七擔，合計一九九五〇擔，每年約可銷茶六六五〇擔。此僅所謂官茶一項而言，其他茶類未之計也。

青海一省，茶葉銷量最大爲宋、明之茶馬政策之實施區域。明清以來之西、河兩茶馬司，其主要茶葉市場，即爲青海部份。乾隆十（八）年（一七五三），西、河兩司行引額及茶葉數量如次表：

表五　乾隆十八年西寧、河州兩司引額與銷茶數量表

司名	引額(道)	數量擔
西寧	九七一六	一一〇七六·二四
河州	五〇〇〇	五七〇〇
共計	一四七一六	一六七七六·二四

其年五司共發引二七一六八道，西、河兩司佔二分之一有餘。

自乾隆二十七年(一七六二)河司復裁後，五司僅留其三，而西司(一七九二)行引九七一二道，計茶一一〇六一·六八擔，佔三司總數之三分之二以上。其時，各司停滯茶引，復行銷西寧。自以引代票後，銷青茯茶均在三分之一以上。

甘肅銷茶數額，殊難估計。光緒以前，甘肅一省之範圍包括青、寧、新數省。而甘莊茶引，除銷本地外，大部銷新疆，約佔官茶銷量三分之一弱。而蘭州以東，行銷散茶，無數字可稽。

陝西，順治年間，行引一四七〇道，計共茶一四七〇擔。以其地距番區遠，官茶之禁弛，于是散茶銷路擴展，官茶遂日益衰疲。康熙六十三年，停發陝西黃甫堡茶一三四引。四十二年(一七〇三)，減發西、鳳、漢三府大小引五百道。乾隆五十二年(一七八七)，又將榆林引(張)一〇〇〇〇張内撥出五〇〇〇道，歸甘省甘司入額行銷。嘉慶五年(一八〇〇)，再撥榆林引四百道，歸甘省行銷，故陝西行引，爲額甚少。自同治以後，陝引另

案辨理，引額不詳，至散茶之數量亦無可稽。他若綏遠、蒙古，則更無文獻可資參考矣。

本節所述西北茶銷量之變遷，可云西北官茶銷量之變遷，僅能代表西北茶銷中一項茶類之銷售大概。至〔於〕整個歷代西北茶銷數字，已無法述其變遷矣。

吾人應附帶申述者，今日涇陽磚茶，其形狀演變之來由，初由於交易之便利。《明史·食貨志》：番人市馬，『不能辨權衡，止訂篦中馬，篦大，則官虧其直；小，則商病其繁。巡茶御史王汝舟約爲中制，每千斤爲三百三十篦』。以六斤四兩爲準，正茶三斤，篦繩三斤。是爲茶封之原始。至清順治二年（一六四五），據《西寧府志》所載：『每引百斤，徵茶五篦，每篦二封，每封五斤。』至此，即已成今日茶封之形狀。其包裝方法，亦不可稽。明代包裝形狀，大概如今日之松茶。以竹篾作成長方形篦，中貯定量之茶。至順治年間，茶已成封，或爲今日涇磚之形狀矣。湖茶在涇陽壓磚，始于何時已不可考。而壓磚之原因，除如上述便交易外，更有便運輸、利貯藏之意義在焉。

官茶在涇陽壓磚，而不在産地壓磚之理由：（一）西北經營官茶之茶商，多陝山幫，久居江南，生活不慣。（二）舊法磚茶乾燥，悉聽天然，安化空氣温潤，有腐爛之虞，不若運涇壓製。（三）舊法壓製技術較差，磚質疏松，舟車上下，多次搬運，易於破損。不若將毛茶運涇壓制，循陝甘大道，直運銷區。（四）磚茶壓製，官方例須派員監督。雍正以後，西北茶政，由陝甘巡撫兼理。爲便于監造，故集中涇陽製造。況涇陽當涇水之濱，交通尚稱便利，此西北官茶集中涇陽製造之所由也。

六、西北茶業之展望

西北茶葉以及西北歷代茶政之政策及實施種種，已如上述。吾人茲略述西北茶市之現狀如次：

西北茶政，自清代改變其實施方針後，茶禁稍弛，西北行茶遂有北口與西口之分。行北口者，在綏遠爲歸綏、包頭；在陝西者，爲榆林定邊、靖邊、神木等縣；在寧夏者爲中衛、平羅等縣。而西口方面除由陝運甘之路綫外，在川西北，有松茶之輸入甘肅西南部及青海東南部；在西康西北部，有川康南路邊茶之輸入青海南部及西南部。財政廳廳長朱公鐸氏蘭州城隍廟《裁免茶商重征記》碑中，關于西北茶市之變遷有如下述記載：『官茶行銷西北，東盡關中，西迄新疆，南達青海兩（西？）藏，北邊蒙古，商路既寬。自清乾嘉以來，先後將西安、同州、鳳翔、漢中各引，悉數撥歸甘商帶銷。無引私茶，充滿陝境。于是茶商失去引地十之二。至道光初，有領理藩院印票，販閩、滇茶至新疆者，潛用湖茶改名千兩、百兩、紅封、藍封、帽盒、桶子大小磚茶出售。于是失去引地十之三。近日，外蒙多故，商運不通，于是茶商失去引地十之一。蓋至是商運滯矣。』上文中，描述西北茶市茶類銷路變遷之所由，簡而扼要。今日西北茶市，根據所銷茶類，約可分爲六大茶銷區域。

（一）松茶區　松茶，即四川西北路邊茶，以其以松潘爲集散市場，故在消費區域中稱之爲松茶。其行〔銷〕區域，包括四川西北部之草地，青海東南部同德以南、玉樹以東及甘肅之西南部岷縣、臨潭、夏河一帶。消費者以藏人爲主。

（二）湖茶區　湖茶，仍以蘭州爲中心市場。其行銷區域，較爲廣闊。包括青海之東部、東北部、北部，甘肅蘭州以西，西北部之河西走廊及北部，寧夏小部，新疆東部及南部。消費者包括藏、回、蒙、漢各民族。

（三）青磚千兩茶區　千兩茶亦湖茶之一種。青磚，即由兩湖産之老青茶（新疆稱湖南大茶）壓製而成。行銷區域爲寧夏及甘肅、陝西西北部一帶。消費者以蒙回爲主。

（四）紅磚青磚區　紅磚，即米心茶，由紅茶末壓成。其行銷區域包括綏遠全省，内、外蒙古，新疆、寧夏大部。其（銷）〔消〕費者以蒙人爲主，回人、哈薩克人次之。

（五）細茶區　包括各種緑茶、花茶及少量紅茶。其行銷區域大概在蘭州以東，陝西大部，各大城市、鄉鎮。消費者以漢人爲主。其他各區，有漢人踪迹者，聞亦行銷，惟爲量甚微。

（六）川康南路邊茶區　其行銷區域，爲青海南部及西南部，以藏人爲主。

西北茶銷數量，載于古代文獻中者已詳如上。零細破碎，難獲全豹。而近代文獻中，亦以向無此項準確之統計數字，故亦難獲可靠之資料。民國二十三年前，實業部、中央農業實驗所調查西北茶銷數量，兹録其結果如次表：

表六　西北各省茶葉消費數量估計表

省別	平均每人每年消費量（市斤）	全省全年消費量計（市擔）
綏遠	一・一七	二〇二〇〇
寧夏	〇・七七	一二〇〇〇
青海	一・七七	一〇九四〇〇
甘肅	〇・六七	三六四〇〇
陝西	〇・九四	一〇〇四〇〇
合計		二六九四〇〇

據上表估計，西北茶銷除新疆、蒙古未計入外，每年銷茶數量即在二十六萬九千四百市擔以上。作者以爲，西北茶銷區域之茶葉消費，其每人平均數量較大，以其爲生活所必需而所用之茶類且多粗老者，平均每人每年總在一・五市斤以上。即以一・五市斤計，據國民政府主計處統計局中國土地問題之統計分析一書所載，六省一地方總計人口三一四二〇四八七人，故西北每年茶葉消費之總量，當在四十七萬擔以上。

今日中國之邊疆政策，當不復爲宋明以來中國之邊疆政策。今日中國之西北部，已爲抗戰建國中之重要根據地，西北各族同胞均係中華民族之一份子。故今日西北之茶業政策，自不能與古代等量齊觀。今日中國之邊疆政策，爲如何使中國領土之内，地盡其利，物盡其用，人盡其才，貨暢其流，以建設中華。西北若干邊區省份，昔以地處邊陲（政治、經濟、文化中心之邊陲），吾人不能否認。其民性強悍，文化落後，爲達上述之目標，吾人必須積極開展其交通，澄清其吏治，發展其教育，指導其生産，以提高其文化，改善其生活。使我中華各族，同登文明之域，共圖世界大同。今日中國邊陲，常爲侵略者所覬覦，雖以現時形勢關係，而和緩其侵略之進行。爲億萬年計，不得不預爲之計。茶葉，在昔日爲中國治理邊疆之重要工具，已詳述如上。侵略者有鑒于此，輒亦思假之爲侵略之工具。俄之壟斷蒙新茶市，英之急圖康藏市場，日之操縱滿州市場，經濟作用而外，固有其政治作用在焉。今日邊疆民族，仍盛行物物交易制度，而茶葉在西北諸省，不啻爲最有力量之交易媒介。甚且其信用，較現行之貨幣爲高。故目今中國茶業之邊疆貿易，爲權宜計，自亦以安地方，便開發，易物資，排除侵略者之野心爲酷的。且也茶葉生産，有關于國計民生。海通以還，國茶輸出海外，向佔極重要地位。而東南一帶，賴以爲生者，若茶農、茶工，無慮數百萬人。今日中國西北茶政，爲整個中國茶政之一環。西北茶政之實施，除顧及西北地方之特殊情形外，並須配合其他各部份茶政之實施。如此，方能收統籌供銷之效。今日中國茶葉之銷路有四：曰外銷，曰僑銷，曰内銷，曰邊銷。抗戰軍興，外銷出口困難。東南重要茶區，毛茶生産過剩。昔賴茶以爲生者，其生活之困苦，達于極巔。而西北方面，以茶運中梗，茶糧缺乏，價等黄金。此種現象，決非一地方政府及私人所能爲力。是以政府責成國營中茶公司統籌磚茶運銷事宜，籍收全盤籌劃之宏效。西北茶政之實施，固不能法古，然以古爲鑑，亦無不可。今日中國之西北茶業，已由國營機關統籌經營，其應有之方針如次：

（一）配合治邊政策維持邊民生活　茶葉自明代以來，即利用之以爲治邊工具。其作用之偉大，有時較堅兵利甲而尤過之。辦理邊茶業務，應配合中央治邊政策，更顧及邊民生活。

（二）解決西北茶荒免除生産過剩　茶者，東南所有，西北所無。抗戰以還，受戰爭影響，東南産茶區域，茶葉生産過剩，茶農生活涂炭。而西北方面，則求茶而不可得，造成茶荒。擴展西北業務，應本調節産銷，平衡市場物資爲原則。一方面，解決東南茶區茶葉過剩之嚴重問題；另一方面，解決西北茶荒。産區、市場，兩受其利，並爲戰後中國茶業奠基礎。

（三）爭取邊茶市場消除日俄陰謀　茶葉在邊疆，具有極大之政治作用。印藏中英談判，無時不以印茶輸入藏土爲談判主題。日俄有鑒于此，亦嘗以此爲侵掠工具，曰茶之傾銷滿蒙。俄人利用國茶壟斷于外蒙、新疆，故擴展國茶之西北業務，應排除此種以茶爲工具之政治陰謀。

（四）統制生産區域計劃茶葉生産　數年來，中國茶政之實施，在東南部份已完成初步之計劃生産。而西南茶區，則尚未着手。茶業機關應察地理之宜，重行劃分産區，加以統制計劃生産，務使供銷平衡。

（五）適應市場需要廣製各種茶類　西北市場廣大，所銷茶類品級雖不繁多，然花色亦類有不同。應察市場情形，廣製各種茶類。一方面，謀産區茶葉之出路，另一方面，適合需要，擴展銷路。

（六）易取邊疆物資供獻抗戰建國　邊區物資豐富，羊毛、藥材，可資國用，可資易貨；馬匹、皮張，可壯軍實，可供驅策。西北若干區域，其貿易尚逗留於以物易物時代。爲省手續，一事權，以茶易貨由茶業機關辦理，而需用機關可向茶業機關商購，或請其供給。務使西北物資，利用西北人民所最迫切需要之茶葉换得之，以供獻于抗〔戰〕建〔國〕也。

（七）直接辦理售賣減少中間剥削　商人爲茶農之剥削者，爲消費者之掠奪者，而尤以邊茶貿易商人爲最。西北茶業經營者，大都有其背（影）〔景〕，而邊民知識淺陋，更易受欺。茶葉由批發市場運至零售市場，一轉手間，輒利市十倍。國營茶業機關，應本發展國營貿易爲原則，務使邊區消費者以最小之代價，獲得最優良之物品。故直接辦理銷售，爲急不容緩之計。即或一時不能普設銷售機關，應予批發者以適當之利潤，但規定其出售價格。

（八）廣設分配機構便于邊民購買　西北區域幅（圓）〔員〕遼闊，推廣茶葉貿易業務，決非設一二營業〔機〕構于通都大邑所能（湊）〔奏〕功。爲便邊民購買，貫徹茶業國營貿易之目的計，自應普設營業機構于邊區各處。

西北茶飲之流傳，自隋唐始于今，垂一千三百餘年。而歷代茶政之演變興革如斯。書至此，不禁莞爾而笑。

民國三十二年三月〔於〕古金城

參考資料

《中國歷代食貨志》，二十五年大光書局版
《中國歷代食貨志（續集）》，二十五年大光書局版

《清朝通志·茶法》，商務萬有文庫版
《清朝通典·雜税·附茶》，商務萬有文庫版
《清文獻通考·榷茶》，商務萬有文庫版
《皇朝續文獻通考·榷茶》，商務萬有文庫版
《西寧府志》，乾隆十二年
《西寧府續志》，民國二十六年
《湖北通志卷》二二　《輿地志》二二《物産一》
《循化志》卷七《茶法》
《洮州廳志》卷十六《茶馬》
楊衒之撰：《洛陽伽藍記》卷三
《寧夏府志》卷七《茶法》
《甘州府志》卷六《市易》
《甘肅新通志》·《茶法》
張旭光：《中華民族發展史綱》，民三十一年文化供應社版
彭先澤：《安化黑茶》，民二十九年
任乃強譯：《西藏政教史鑑》，康導月刊卷三第八、九期

葉知水：《西北茶業大事年表》

慕少棠：《甘青寧史略》

金寶祥：《南宋馬政考》，《文史雜誌》一卷九期二八—三六頁

〔校證〕

〔一〕迄拓跋魏（三六〇—四〇〇）之世　『跋』，原誤『拔』，據《魏書》、《北史》改。括注北魏起訖年代有誤，應作：（三八六—五三四）。方案：拓跋魏，即北魏，又稱後魏，元魏。公元三八六年，鮮卑貴族拓跋珪稱王，重建代國，改元登國，都盛樂（治今内蒙呼和浩特西南），旋改國號爲魏，史稱北魏，是爲與三國·曹魏（又稱前魏）相區别。天興元年（三九八），稱帝即位，遷都平城（治今山西大同東北）。太延五年（四三九）太武帝拓跋燾統一北方，與南朝對峙。太和十七年（四九三），孝文帝拓跋宏遷都洛陽，改姓元，故又稱元魏。孝武帝元修永熙三年（五三四）分裂爲東、西魏，故北魏起訖之年應爲公元三八六—五三四年，歷十四帝，凡一百四十九年。葉説似誤記。下凡括注公元年號有誤者，徑改不出校。

〔二〕伽藍記景寧寺記北人中大夫楊元慎詆梁使陳慶之曰　方案：『《伽藍記》』，乃《洛陽伽藍記》之簡稱，其下引文，見於是書卷二《景寧寺》條。

〔三〕人作冠帽　『人』，《洛陽伽藍記》卷二諸本皆作『小』，是，當據改。下凡誤字，按校勘法處置，不再一一出校，亦不出異同校。是書以周祖謨先生校釋本爲善，今據周本校改（上海書店出版社二〇〇〇年版）。

〔四〕封氏聞見記關于茶有此項記載　是書，唐封演撰，引文見卷六《飲茶》。其説迹近小説家言，然援據者甚衆。據四庫本校改。

〔五〕立棟宇襲紈綺習詩書請蠶種造酒碾磑紙墨諸工匠等　方案：此句參用兩唐書綜述，但删節失當。今參據《新唐書》卷二一六上、《舊唐書》卷一九六上及《唐會要》卷九七補『襲』、『習』、『請』、『造』四字，否則文意不通。又，此句與上文之概述已重復，兩失之矣。

〔六〕唐書　方案：以下引文，出唐·李肇《唐國史補》，非出新舊兩《唐書》。又，其引文，與原書出入較大，疑據轉引資料或誤本，今據上海古籍出版社一九七九年版點校本録其相關引文于下，而不再一一出校，僅改誤字。『常魯(公)使西番，烹茶帳中。贊普問曰：「此爲何物？」魯(公)答曰：「滌煩療渴，所謂茶也。」贊普曰：「我此亦有。」遂命出之，以指曰：「此壽州者，此舒州者，此顧渚者，此蘄門者，此昌明者，此灉湖者。」』

〔七〕宋歲賜夏銀綺絹茶共二十五萬五千　方案：此據《宋史》卷四八五《外國一·夏國傳上》改寫，原作：『凡歲賜銀、綺、絹、茶二十五萬五千。』而《宋史》卷一一《仁宗紀三》又作：『歲賜銀、絹、茶、綵凡二十五萬五千。』王稱《東都事略》卷一二七《附録五》則作『歲賜絹、銀、茶、綵二十五萬五千。』作『綵』是；『綺』，形譌。

〔八〕宋每年遣使……綿綺千匹　方案：此當據李心傳《建炎以來朝野雜記》卷三《北虜禮物》條改寫。原文作：『金主生辰、正旦，朝廷皆遺金茶器千兩，銀酒器萬兩，綿繒綺千匹云。』但李心傳《繫年要録》卷一四五紹興十二年五月乙未條卻有不同記載，稱：『金主亶以七夕日生，以其國忌，故……〔改〕用次日。……金人循契丹舊例，不欲兩接使人，因就以正月受禮。自是歲以爲禮。』是説生辰、正旦使，自第二次紹興和議後，已兩使合遣，至于禮物是兩份還是一份，未明説。但李氏兩處之説，已顯有不同。

〔九〕歲費不下數百萬　『數』，原書無，誤衍。方案：此據《金史》卷四九《食貨志四》録文，僅衍一字而已。其下，引同書之文，按校勘慣例處置，勿再出校。

〔一〇〕飭淮打箭爐番人市茶貿易　『飭』，原作『賜』，據《清文獻通考》卷三〇《征榷考五·榷茶》改。

〔一一〕四方諸夷……時謹備之　方案：此引明太祖《祖訓》之文，據《明會典》卷九六《明祖訓》校補。又，明·章潢《圖書編》卷五〇《制御四夷典故》亦收録此文，義勝。勿再據以出校。有興趣的讀者可參閱之。

〔一二〕宋史卷三七四趙開傳　方案：下之引文，多有删節，甚至改寫，非引文之體。今酌加校補，不加引號，特此説明。

〔一三〕宋史新編食貨志載　方案：此引劉摯之論，見《忠肅集》卷五《論川蜀茶法疏》。宋代文獻中，《長編》卷三六六節引，趙汝愚編《國朝諸臣奏議》收入卷一〇八。《宋史》卷一八四《食貨下六·茶》亦摘要收録。明·柯維騏《宋史新編·食貨志》全抄自《宋史》，今據《宋史·食貨下六》校改。

〔一四〕洪武三十年……而支鹽于淮浙以償費　方案：此述明初茶法，均據《明史》卷八〇《食貨志·茶》綜述，今據點校本校補。參見本書《補編》拙注。

〔一五〕每引不過百斤……並書商名而考之　方案：此節文字，亦據《明史·食貨志》綜述，據同上注校補。

〔一六〕都御史楊一清于其請復茶馬舊例疏中　方案：楊一清疏，原題作：《爲修復茶馬舊制以撫馭番夷安靖地方事》，被收入其《關中奏議全集》卷三《茶馬類》中，今有多種刊本行世。本書《補編》中已收入其《奏議》卷一至卷三全部關于馬政、茶馬類疏，凡二十六奏，今人已有點校本《楊一清集》（中華書局二〇〇一年版）行世，今據此本對引文校改。又葉氏乃節引此疏，其中頗有删節，故不加引號。

〔一七〕宋史新編食貨志　方案：以下三段引文，雖皆從柯維騏書録文，但均全抄自元修《宋史》卷一八三《食貨下五·茶上》，今據上引書點校本校補，請參閱本書補編《宋史·食貨志·茶》之拙校。

〔一八〕則二〇七九六道之茶引共計茶二三七〇七四擔　方案：上已云：清初規定每引正、附茶凡一一四〇斤，則二〇七九六道，應計茶二三七〇七四擔，作者原計算有誤，作二三七〇七擔，僅爲十分之一，今補末位數『四』，庶幾無誤。下之計算多有誤，今隨條出注。

〔一九〕則共茶二四二〇七四擔　方案：原誤作二八一三七擔，應在上引數上加五千擔，是誤中又有誤。今改正。參見上注。

〔二〇〕五司共引二七一六八道　原誤，作『四司共引二七一九五道』，今據五司明細數合計而正之。

〔二一〕計茶三〇九七一五擔　方案：以每引正、附茶一一四〇斤計，應爲此數。原書卻誤計作三〇九六八·一〇擔，即使按上述誤計的二七一九五道，亦應作三一二三〇〇擔，此又誤中有誤矣。

〔二二〕計每年銷茶三三〇五五四四擔　方案：原小數點點錯，乃至相差十倍，今改正。

〔二三〕一〇一六七二八　方案：　此欄不應有合計數。又，上表括注公元年份及末欄之數有多處疏誤，徑改不出校。合計應爲二十二案，也誤作二十三案，據上云『共發二十二案』及表中次項『案别』欄改。古人及近人多不注意此類數量概念，今存史料中，極少明細數與合計數相符者，乃今之欲作計量分析者大感困惑。

敕修百丈清規・茶禮儀

〔元〕釋德煇

〔提要〕

今考《百丈清規》之撰，當始於梁僧法雲，早已佚而失傳。唐・釋懷海始開創禪剎，定立清規，亦佚失未傳，其主旨則保存在宋初楊億（九七四—一〇二〇）所撰之《古清規序》中。現存之《百丈清規》修於元代，與《古清規》已大相徑庭。

唐釋・懷海（七二〇—八一四？），俗姓王，福州長樂人。早歲因家貧依西山慧照落髮，受具於衡山之法朝，馬祖道一樹法幢於江西，乃傾心從學。初居石門，徒衆日至，遂成宗匠。後檀信請居洪州（治今江西南昌）新吴界大雄山。因其山清水秀，峻極兀立千尺許，故號百丈山。長慶元年（八二一），敕賜大智禪師，塔曰『大寶勝輪』。百丈懷海與南泉普願、西堂智藏爲同門，並稱馬祖門下三大士，皆馳名於唐貞元、元和（七八五—八二〇）間。懷海之機用頗得乃師道一真傳。後之溈山靈祐、仰山慧寂間有一段對話，可見一斑：

溈山云：『馬祖下出八十四人善知識，幾人得大機，幾人得大用？』仰山云：『百丈得大機，黄檗得大用，餘者儘是唱道之師。』

《古尊宿語録》收有懷海之《廣録》及《語録之餘（話）》，究其思想，乃以不著爲宗，以無求爲心要，故其語録簡而又少，思想更無出格之分，以《般若經》、《維摩經》爲其思想内核。其名言爲『一日不作，一日不食』（《懷海廣録》）。懷海還有百丈野狐禪話，詳見《懷海語録》，顯而易見，本非史實，僅乃司空見慣的禪門公案而已。

懷海不以思想稱，其最大的歷史功績乃在於開創禪刹，創立佛門禪規。自梁至唐元和，近三百年來，禪僧多住律寺，無獨立之禪寺。至懷海乃創意别構禪宇，其法乃不立佛殿，唯樹法堂，以表佛祖親囑授受，當代爲之意。實因當時禪宗以僧寶爲本位，不以佛寶爲本位。以具通眼之師爲化主，尊爲長老而居方丈，參學衆僧則皆居僧堂。折衷大、小乘之戒律以設規制，『朝參夕聚，飲食隨宜』，務于節儉，犯有戒條者，則從偏門逐出。今《古清規》已佚，僅能從楊億序中略知其梗概。

宋景德元年（一〇〇四）楊億作序之《古清規》行世以來，後人傳寫，任意增減，遂生諸本之不同。崇寧二年（一一〇三），由宋釋・宗賾删定；南宋咸淳十年（一二七四），惟勉再校，析爲上下二卷。元至大四年（一三一一），釋弌咸參考諸本成《修補類聚》十卷。元文宗（一三二八—一三三一年在位）時，建大龍翔集慶寺于金陵（治今江蘇南京），使十方僧居之，行《百丈清規》。而當時《清規》之本參差不同，前此，元仁宗（一三一二—一三二〇年在位）曾詔大智壽聖禪寺住持德煇重編，德煇取崇寧、咸淳、至大三本芟繁、删重、補缺，折衷定爲一書。後由金陵集慶寺大訢等校訂爲九章，析爲上下二卷行世，卷首附以小序説明修纂經過及其版本沿革。始刊於元後至元二年（一三三六），即爲現存之《敕修百丈清規》。敕修者，乃詔命修纂、奉旨編定也。

此本元刊本海内今已未見有傳本著録，海内善本僅存明刻兩種：其一，明嘉靖三十九年（一五六〇）山陰延福寺釋普恩等刻本（今藏西北師範學院圖書館，另一殘本一卷有王獻唐跋，今存山東省博物館）；其二，明刻二卷本，另有附録一卷（今藏國家圖書館）。日本則有據這一刊本翻刻的寬永本行世，日本新修《大正藏》，則以東京都增上寺《報恩藏》所收的明本重刊，收入《續藏經》第一輯第二編第十六套第三册，這是今廣泛流傳的通行本。還有宫内廳書陵部所藏的據五山版及上述《報恩藏》本等合校的版本。筆者校正本的底本則用日本《茶道古典全集》本（京都淡交社，一九五六年版），這一版本即以上述寬永本爲底本，參校上述《大正藏・續藏經》本、宫内廳書陵部本及從中土流入的明本等。筆者選取此本的另一原因是此本僅有第五至八章，共四章，即與茶事有關的部分；至於前四章及第九章則多爲禪寺清規戒律及書之附録，乃基本上與茶事無關或偶有涉茶者。另外，需要説明的是：元修《清規》早已非百丈懷海所定清規之舊，多出後人摻雜、改寫，因此，其禪寺茶事之規也僅反映宋元時代的實際狀況，但其對日本茶道形成的影響則顯而易見。

爲有助於讀者理解百丈懷海古清規的遺意，今特將楊億《古清規序》冠於卷首。楊億（九七四—一〇二〇），乃宋代『雄文博學』的名家，又精通佛學。此文楊億文集《武夷新集》已失收，今參校諸本，校是非及異同並重，意在存其真，亦可爲《全宋文・楊億》提供一個可信的文本。楊序及《清規》正文中之異體字徑改，一律不出校，以免繁瑣。又，序及正文原標點問題極多，故重爲標點，不一一出注。本書校證中曾有酌取《茶道古典全集》過録的校語，稱『底本校誤』；間有己意，則加『方案』二字以識别，均别見注文。又據《敕修百丈清規》附録之《故懷海禪師塔銘》、宋元三序附録於本書末校證之後，以見《清規》沿革之一斑。承臺灣大學著名宋史專家王德毅教授隆情高誼，複印日本《古典茶道》本《清規》，得以作爲本書底本，僅此深表感銘。

楊億《古清規序》〔一〕

百丈大智禪師以禪宗肇自少室，至曹溪以來，多居律寺。雖列别院〔二〕，然於説法、住持未合規度，故常爾介懷。乃曰：『佛祖之道[三]，欲誕布化元，冀來際不泯者，豈當與諸部阿笈摩教爲隨行耶？』原注：舊梵語阿含，新云阿笈摩，即小乘教也[四]。或曰：『《瑜伽論》、《瓔珞經》是大乘戒律，胡不依隨哉？』師曰：『吾所宗，非局大、小乘，非異大、小乘，當博約折中，設于制範，務其宜也。』於是創意別立禪居。凡具道眼有可尊之德者，號曰『長老』，如西域道高臘長，呼『須菩提』等之謂也[五]。既爲『化主』[六]，即處於方丈，同淨名之室，非私寢之室也。不立佛殿，唯樹法堂者[七]，表佛祖親囑授[八]，當代爲尊也。所裒學衆無多少、無高下[九]，盡入僧堂中[一〇]，依夏次安排。設長連床，施椸架掛搭道具。卧必斜枕床唇，右脅吉祥睡者，以其坐禪既久，略偃息而已，具四威儀也。除入室請益，任學者勤怠。或上或下，不拘常準。

其闔院大衆，朝參夕聚。長老上堂升坐[一一]，主事、徒衆雁立側聆。賓主問酬激揚宗要者，示依法而住也。齋粥隨宜，二時均遍者[一二]，務于節儉，表法食雙運也。行普請法，上下均力也。置十務，謂之寮舍，每用首領一人管多人營事，令各司其局也。主飯者目爲飯頭，主菜者目菜頭，他皆仿此[一三]。

或有假號竊行，混于清衆，並別致喧撓之事，即堂維那檢舉，『抽下本位掛搭』[一四]，擯令出院者，貴安清衆也。或彼有所犯，即以拄杖杖之，集衆『公議行責』[一五]，燒衣鉢道具遣逐，從偏門而出者，示恥辱也。詳此一條制有四益[一六]：一不汙清衆，生恭信故。三業不善，不可共住。準律：合用梵壇法治之者，當驅出院。清衆既安，恭信生矣。二不毁僧形，循佛制故。隨宜懲罰，得留法服，後必悔之。三不擾公門，省獄訟故。四不泄於外，護宗綱故。四來同居，聖凡孰辨？且如來應世尚有六羣之黨，況今像末，豈得全無？但見一僧有過，便雷例譏誚，殊不知：(以)輕衆壞法[一七]，其損甚大。今禪門若稍無妨害者，宜依百丈叢林規式，量事區分。且立法防奸，不爲賢士，然寧可有格而無犯，不可有犯而無教。惟〔百丈〕〔大智〕禪師護法之益〔一八〕，其大矣哉〔一九〕！禪門獨行，由百丈之始〔二〇〕。今略敍〔清規〕大要，遍示後代學者〔二一〕，令不忘本也。其諸軌度，山門備焉〔二二〕。〔億幸叨睿旨，刪定《傳燈》，成書圖進，因爲序引。——時景德改元，歲次甲辰，良月吉日書〔二三〕。〕

百丈清規〔二四〕

卷上

住持章第五

住持日用

告香 至日粥罷〔二五〕。諸寮各鳴板三下。衆集，依圖位立，各備小香合、坐具。參頭同維那侍者入請住持出，參頭歸位。同衆問訊，進前云：『請和尚趺坐。』住持就座，副參遞大香一片與參頭，同衆問訊、插香。各大展三拜； 收坐具，復同問訊。參頭進椅側。問訊稟云：『某等爲生死事大無常迅速，伏望和尚慈悲開示因緣。』住持舉話三則，隨下語，歸位問訊，插香一片，復同衆就位，叉手而立。東西各三人出班〔二六〕： 東第一、第二人，過東爐前，第三人過中爐前〔二七〕； 西第一、第二人，過西爐前，第三人過中爐前，兩兩炷香問訊。然後東三人過東，西三人過西，以次如前而進，徐行各巡〔二八〕，接班尾。三三叉手出班，合掌歸位。俟各炷香畢，次第趲至原位。同衆三拜，不收坐具。參頭進云：『某等蒙和尚慈悲開允，下情不勝感激之至。』復位，同衆三拜，進云：『即日時令，謹時共惟堂頭和尚尊候起居萬福。』復位，同衆三拜，收坐具。行者鳴鼓五下，兩序轉身，序立座前。參頭立西序下，其告香人東西轉身，依位對立。勤舊蒙堂已告香者立於後，普説竟，仍齊向法座立。參頭插香同衆三拜，免則觸禮。進云：『某等宿生慶幸，獲蒙和尚慈悲開示，下情不勝感激之至！』普同問訊而退。參頭領衆法堂下間，謝維那侍者，觸禮一拜；次，大衆謝參頭，觸禮一拜。請客侍者預依戒次，具茶狀，備卓袱筆硯；列法堂下間，請茶，各簽名。請首座光伴，齋退鳴鼓，衆歸位立。兩侍者行禮。與常時爲茶同〔二九〕。當晚，方丈請參頭、維那侍者藥石，首座光伴；次早請參頭茶〔三〇〕，半齋，請參頭、維那侍者點心。若大衆均預告香，則首座爲參頭，其特爲茶請西堂光伴。住持入院後人事定，庫司備香，首座領衆，懇請爲衆告香，然後開堂〔三一〕。古法：未預告香，不許入室。

受嗣法人煎點　若法嗣到寺前煎點，令帶行知事到庫司，會計營辦合用錢物送納。隔宿先到侍司咨稟通覆，詣方丈插香展拜，免則觸禮。請云：『來晨就雲堂，聊具菲供，伏望慈悲特垂降重。』令客頭請兩序單寮、諸寮，掛煎點牌。至日，僧堂住持位嚴設敷陳及桌袱襯幣之具。火板鳴，大衆赴堂，煎點人隨住持入堂揖坐。轉身，聖僧前燒香，叉手往住持前問訊，轉聖僧後出。住持引手揖煎點人坐，位居知客板頭〔上？〕〔三二〕。行者喝云：『請大衆下鉢。』行食遍，煎點人起，燒香下嚫，問訊住持及行衆嚫。廚司方鳴齋板，就行飯；飯訖，衆收鉢，退住持桌，煎點人燒香。往住持前問訊，從聖僧後出爐前問訊。鳴鍾，行茶遍，往住持前勸茶，復從聖僧後出，進住持前，展坐具云：『此日薄禮屑瀆，特辱降重〔三三〕，下情不勝感激之至！』二展寒温，觸禮三拜。送住持人出，煎點人復歸堂燒香上下間；問訊以謝。光伴復中問訊，鳴鍾收盞。次詣方丈謝降重，住持隨到客位致謝。若諸山煎點，候齋（辨）〔辦〕〔三四〕。請住持同赴堂。揖住持坐，住持當免行禮，揖煎點人歸位。待行食遍，起燒香，往住持前問訊，下䞋，俵衆人䞋。燒火伴香，歸位伴食。茶禮講否，隨宜斟酌。

請新住持

專使特爲新命煎點 專使先與新命議定齋䞋，輕重合宜。兩序勤舊、鄉人法眷辦事貼䞋、齋料等費，專使親送納庫司置辦。至日，專使詣方丈插香，拜請初展云：『今辰午刻，就雲堂特爲煎點。伏望慈悲降重，下情不勝感激之至。』再展云：『即日時令，謹時共惟新命堂頭大和尚尊候起居萬福。』觸禮三拜，住持答一拜。兩序單寮系方丈客頭，同專使行者一一詣寮稟請，掛煎點牌報衆。于僧堂内鋪設主席，西堂板頭排專使位，茶湯榜張於堂外兩側。至齋時〔三五〕，專使僧堂前伺候住持入堂。問訊，歸位揖坐；歸中問訊，揖衆坐。聖僧前燒香，次上下間、次堂外燒香，仍歸堂内；住持前、上下間及外堂問訊，仍歸中問訊。行食遍，燒香，下住持䞋，次行大衆䞋畢，歸位。伴齋，俟折（？）水出，鳴鼓，專使再起燒香、行禮同前，行茶遍，瓶出如前問訊。收住持盞，專使行禮。初展云：『某聊備蔬飯，伏蒙慈悲降重，下情不勝感激之至。』二展敍寒温，觸禮三拜。送住持出，再歸堂燒香。大展三拜，巡堂一匝。並堂外復歸内堂中間，問訊，收盞，鳴鼓三下退座。專使隨上方丈致謝，次詣庫司謝辦齋。再詣方丈請住持，至晚藥石，至夜湯果，皆請兩序勤舊光伴。

新命辭衆上堂茶湯 至起離日，專使詣諸寮別。新命上堂致謝，兩序勤舊、大衆下座，鳴鼓三下，向法座立，普與大衆觸禮三拜。從西廊出，鳴大鍾諸法器，大衆門送。行僕門外排立，山門首預釘掛帳設，中敷高座向内，首座向外攝居主位，西堂勤舊分手光伴東西序，兩邊朝坐。上首知事行禮揖坐、揖香，歸位點茶，收盞；再起燒香、揖香，歸位點湯；湯罷，起謝上轎。兩序勤舊備轎遠送，住持當力免之。鳴大鍾，住持轎遠方止。

專使特爲受請人煎點 專使詣新命前，議定方丈引座䞋資、衆䞋、宣疏貼人及兩序勤舊、江湖鄉人、法眷等貼䞋。至日粥罷，專使懷香詣方丈，觸禮拜請云：『今晨午刻，就雲堂備蔬飯，特爲新命和尚，伏望慈悲俯垂降重。』復詣新命前拜請，同前禮。方丈客頭同專使行者，請諸寮各掛煎點牌。于僧堂内住持對面設新命位，堂外知客、板頭設專使位，其茶湯榜張於堂外兩傍。至齋時覆新命，到僧堂前俟住持同入堂問訊，專使隨入堂。先揖住持歸位，次揖新命歸位，燒香行禮並同前。下食，行䞋茶畢〔三六〕，先收新命盞；專使進前兩展三禮，送新命出後門。專使入住持前兩展三禮，送住持出前門。復歸堂，炷香大展三拜，巡堂一匝。並外堂歸中問訊。收盞，鳴鼓三下，退座。當晚湯果、藥石，光伴同前。

受請人辭衆升座茶湯 受請人令侍者同專使預詣方丈，稟借法座。上堂辭衆，座不敷設。左設住持位，鳴鼓集衆，住持出，歸位。受請人徑往住持前問訊，次與大衆；和（向？）南升座，舉揚畢，下座。先辭住持，觸禮三拜；次向法座立，辭衆，普同觸禮三拜。門首向裏，中設特位，請茶湯，兩序勤舊光伴。上首知事行禮，與當代同，鳴大鐘送。以次西堂頭首，則無辭衆上堂。臨行，先同專使上方丈，插香觸禮三拜，稟辭；次巡寮辭別。山門首茶湯禮同前。

入院

山門特爲新命茶湯 茶湯榜預張僧堂前上下間，庫司仍具請狀，原注：式見後。備柈袱、爐燭，詣方丈插香拜請，免則觸禮。稟云：『齋退就雲堂點茶特爲，伏望慈悲降重。』稟訖呈狀。隨令客頭請兩序勤舊、大衆光伴。掛點茶湯牌報衆，僧堂内鋪設住持位。原注云：近時有齋時聞長板鳴，知事入堂炷香展拜，巡堂一匝請茶。然特爲住持陳賀〔三七〕，古規亦無巡堂請大衆之禮，免之爲當。齋退，鳴鼓集衆，知事揖住持入堂。歸位揖坐，燒香一炷，住持前揖香。從聖僧後轉歸中問訊，立行茶遍；瓶出，往住持前揖茶。退身聖僧後右出，炷香展三拜，起引全班至住持前，兩展三禮送出。復歸堂燒香上下間，問訊，收盞，退座。湯與茶禮同，但無送住持出堂，湯罷，就座藥石。

狀

當寺庫司比丘　某　啓：取今晨（齋退晚刻）就雲堂點（茶湯）。用伸陳賀之儀，伏望　尊慈特垂　降重。

年　月　日具位　狀　可漏子同『齋狀式』〔三八〕。

卷下

兩序章第六

方丈特爲新舊兩序湯　請客侍者令客頭行者備柈袱、爐燭，詣新舊前堂首座處，炷香觸禮一拜。稟云：『堂頭和尚請參前就寢堂，特爲獻湯。』次新舊都寺前炷香無拜，詞語同前。以次新舊兩序，令客頭請，並請勤舊光伴。釘掛寢堂，鋪設坐位。光伴分手：新頭首一出，新知事二出，舊頭首三出，舊知事四出；餘勤舊預光伴者，列主伴兩邊，西序居左，東序居右，燒香侍者預排照牌。至時鳴鼓，客集，同請客侍者行禮。原注：小座湯禮同。至晚湯果。次日粥罷，請新舊人茶，庫司亦請茶。然不及赴，赴方丈茶罷，卻往致謝。半齋，庫司點心。仍提調送舊人粥飯三日。

堂司特爲新舊侍者茶湯　草（早？）飯罷[三九]，維那令堂司行者請新舊侍者並聖僧侍者，參前就寮獻湯。堂司設位排照牌，請寮元光伴。鳴寮前板，接入揖坐，禮與庫司同。當在方丈特爲湯之先，庶不相妨行禮。候方丈特爲新首座茶罷，則堂司亦請新舊侍者特爲茶，次日，當專致謝。

方丈特爲新首座茶　管待了，次早燒香侍者覆住持，令客頭行者同備柈袱、爐燭、香合，請客侍者寫茶榜。原注：式見前，名德首座同。詣首座寮，炷香，觸禮一拜。稟云：『堂頭和尚齋退[四〇]，就雲堂特爲點茶，伏望降重。』客頭報衆，掛點茶牌，仍請知事、大衆光伴。排照牌，侍者行禮。原注：並與『四節特爲禮』同，惟四板頭不安香幾，無巡堂請茶。禮畢，先收首座、住持盞，首座直趨住持前行禮。初展云：『此日特蒙煎點，禮意過勤，下情不勝愧感之至。』再展，敘寒溫畢，觸禮三拜。首座從聖僧後右出堂前，住持相送，復位執盞，侍者燒光伴香畢，收盞。鳴鼓三下，退座。首座仍於法堂下間候住持，謝茶。

新首座特爲後堂大衆茶原注：無後堂則以次頭首　方丈特爲茶了，次早，新首座懷香詣方丈。拜請云：『齋退特爲後堂首座、大衆就雲堂點茶，伏望慈悲降重。』具狀。式見後。備柈袱、爐燭[四一]，詣後堂首座寮，炷香拜請云：『今晨齋退，就雲堂點茶特爲，伏望降重。』呈納狀訖。受特爲人令本寮茶頭遞付供頭，貼僧堂前下間，封皮粘狀前。次令堂司行者報衆，掛點茶牌。長板鳴，僧堂内巡請茶。原注：鳴鼓集衆，行禮並與常、特爲禮同。

狀式

前堂首座比丘　某　右某：今晨齋退〔四二〕，就雲堂點茶一中〔四三〕，特爲後堂首座、大衆，仍請諸知事同垂光降。

年　月　日具位　某　狀

可漏子　狀請　後堂首座大衆　具位　某謹封。

住持垂訪頭首點茶　茶湯禮畢，住持齋罷，往諸頭首寮點茶，從容温存。點檢缺乏，隨令庫司措辦。

兩序交代茶　伺方丈特爲新首座茶畢，次第新職事具威儀。懷香躬詣各受代人處〔四四〕，插香對觸禮一拜。請云：『齋退，拜屈尊重，就寮獻茶。』隨令茶頭請兩序各一個，東西序勤舊各一人光伴。原注：西序請茶，則知事分手坐于同列頭首中，請肩下一人光伴；如肩上人赴，坐位相妨，東序請茶，則頭首分手坐。如維那位居東序，請茶時，肩下副寺一人赴。寮中向内設特爲位，主席分手位，左右光伴人位。齋退，鳴寮前板，接特爲人，次接光伴人，入位揖坐；燒香揖香，燒光伴香，入座下茶。茶畢，受代人起，將元請香插爐中，觸禮拜謝而退。

次日，令堂司行者請交代點心，名勝一人光伴。前堂首座則請西堂勤舊各一人光伴。若庫司一班，請西堂勤舊頭首光伴。庫司釘掛向裏設特爲位，左右排光伴拉。頭首與主席，分手同序隨班位。次日點心，坐位同前，西序止於知客，東序止於維那。凡侍者交代茶與點心，當請維那光伴。原注：設位、行禮皆同。近時點心，因而請客，請鄉曲，非禮也。

入寮出寮茶　入蒙堂者白寮主，掛點茶牌。牌左小紙貼云：『某拜請合寮尊衆，齋退就上寮。』齋罷，備香燭，普同問訊，揖寮主居主位，點茶人居賓位。略坐，起身燒香問訊；復坐點茶，收盞。寮主起，爐前相謝。

自蒙堂出充頭首者，點交代茶畢，別日令茶頭報寮主掛點茶牌。齋退〔四五〕，鳴寮中小板。點茶人門外右立，揖衆入。爐前問訊，寮主主位，點茶人分手位。略坐，起身燒香問訊。復坐，獻茶了。寮主與衆起身，爐前致謝，送點茶人出。

自衆寮出充頭首者，令茶頭預報寮主掛點茶牌。齋退鳴板，先到衆寮門外右立，揖衆入位立定，問訊揖坐。進中間、上下間燒香，復中間、上下間問訊，仍中央問訊。寮元揖點茶人對面位坐，行茶畢，寮元出爐前致謝，送出。

入衆寮者點茶，原注：禮與出寮茶同。但寮元、寮長分賓主位，自不可入位坐。

頭首就僧堂點茶　伺點出寮茶畢，具茶榜原注：式見後。令茶頭貼僧堂前下間，具威儀。詣方丈請茶，諸寮掛點茶牌報請，預令供頭燒湯出盞，庫司備茶燭。齋畢〔四六〕，就坐點茶，頭首入堂，炷香行茶。與旦望禮同。

榜式

某　寮舍湫溢，不敢坐　邀。今晨齋，就雲堂點茶一（中）〔盅〕。伏望　衆慈同垂降重。

今　月　日　具位　某拜請

本山辦事禪師　江湖名勝禪師　鄉曲道舊禪師　合堂尊衆禪師。

大衆章第七

方丈特爲新掛搭茶庫司頭首附見

請客侍者照戒臘雙字名寫茶狀。至日清晨洗面時〔四七〕，備桌子筆硯列照堂，請客於名下書云〔四八〕：『某甲謹拜尊命。』如掛搭諸方名勝，亦依戒寫入茶狀内。隔日，方丈客頭先持狀請簽名，侍者令客頭依戒列名寫特爲牌。或作四出、六出，首座光伴，諸方名勝必與住持對面位，若有異議，則于名勝内推戒最高者坐之。參頭與光伴對面位。蓋受送者先謝，榻位此同赴茶耳。至日齋罷，鳴鼓集衆，侍者揖入，住持相接問訊，次與光伴人問訊，各依照牌歸位立定。燒香侍者、請客侍者分左右位頭，行禮巡揖坐，揖香、揖茶，燒光伴香，鳴鼓退座。並與四節小座湯禮同。受特爲人引衆排立謝茶。初展云：『某等此日重蒙煎點，特此拜謝〔四九〕，下情不勝感激之至。』再展云：『即日時令，謹時恭維堂頭和尚，尊候起居多福。』退身，觸禮三拜而退。

次日，庫司、客頭行者依戒單字名具茶狀，列衆寮前，請簽名。書云：『某甲敬依來命。』庫堂排位，首座光伴。鳴庫堂板，上首知事與維那行禮。

又次日，首座、衆頭首具狀請簽同前，照堂排位，都寺光伴。鳴照堂板，全班行禮。或四人、六人分巡問訊，如三人、五人，首座燒香，只居中立。古法三日講行，令諸方多併作一日。就方丈借座及鼓，頭首、知事空住持一位，互爲主伴，位次、行禮並同。原注：但謝茶，必當齊離位轉身問訊致謝，近習只位頭起謝，非禮也。

茶狀式

新掛搭　某甲上座，列名。堂頭和尚：今晨齋退，就寢堂點茶特爲。伏希　雲集。今月日侍司某拜請。

庫司頭首則云：新掛搭某上座，列名。右某等今晨齋退，就庫司點茶一（中）〔盅〕特爲。伏望　衆慈同垂降重。

今月　日，庫司比丘某等拜請。

頭首當列名，止於知客，就照堂。餘同前。

赴茶湯

凡住持兩序特爲茶湯，禮數勤重，不宜慢易。既受請已，依時候赴。先看照牌，明記位次，免致臨時倉惶。如有病患内迫，不及赴者，托同赴人白知。惟住持茶湯不可免，慢不赴者，不可共住。

節臘章第八

新掛搭人點入寮茶

新掛搭人入寮後，照例納陪寮錢若干。候寮無輪排，當在何日掛，點茶牌。報衆書云：『今晨齋退，某甲上座，某甲上座……』列寫或三人、六人、九人爲度。須各備小香合，具威儀，預列衆寮前右邊立，候衆下堂。茶頭即鳴寮前板，衆至揖迎，歸位立定。點茶人列一行，問訊揖坐。坐畢，分進中爐、上下間爐前燒香。人多不過九人，則三三進前，退步轉身，須相照顧詳緩，列一行問訊。仍分進爐前，問訊，退；仍一行列，問訊而立，謂之揖香。鳴寮内小板二下，行茶遍。原注：瓶須從穿堂入。仍如前，進前問訊，復退，作一行問訊，謂之揖茶。鳴小板一下，收盞。衆起立定，寮元出爐前，對點茶人代衆謝茶；衆人就位，同時合掌，謝畢，寮元復位。點茶人復一行列問訊，再各分進爐前問訊，謂之謝衆臨屈。仍退作一行問訊，鳴寮前板三下，大衆和（合？）南而散。寮元隨令茶頭請點茶人獻茶，候點入寮茶畢，寮元逐日依戒具名點戒臘茶。行體並同前。

方丈小座湯

四節講行，按古有三座湯。第一座分二出，特爲東堂、西堂，請首座光伴；第二座分四出：頭首一出，知事二出，西序勤舊三出，東序勤舊四出，西堂光伴；第三座位多分六出，本山辦事、諸方辦事〔五〇〕，隨職高下分坐，職同者次之，首座光伴。侍司預備草圖，呈方丈議定。至日，依名書照牌，午後備卓袱，作一二三座，陳列寢堂下間。東西堂、前堂首座，都寺係請客侍者，各詣寮觸禮拜請云：『堂頭和尚：請今晚就寢堂，特爲獻湯。』餘頭首辦事、名勝方丈，客頭行者請云：『方丈和尚：參前請就寢堂，特爲獻湯。』寢堂釘掛排位，秉燭裝香畢，客頭行者覆侍者，次覆方丈，鳴鼓。初座客集，侍者揖引至住持前問訊，依照牌入位立定。燒香侍者、請客侍者分往特爲人前巡問訊、揖坐已，復位並立。燒香侍者進前燒香，仍歸位；與請客侍者同時轉身，分巡問訊，揖香。候鳴板二下，行湯遍，仍巡揖湯畢。燒香侍者進，燒光伴香，鳴板一下，收盞；鳴鼓三下，退座。三座行禮並同，叢林以茶湯爲盛禮。近來多因爭位次高下，遂寢不講；住持當力行之，江湖老成當力從臾之，庶將來知所矜式云。

小座圖

第一座

伴　主

二　一

第二座

伴　主

四　三

二　一

第三座

伴　主

四　三

六　五

二　一

方丈四節特爲首座大衆茶

至日粥罷，請客侍者寫茶榜。原注：見後。備柈袱、爐燭詣寮，炷香觸禮請云：『堂頭和尚，今晨齋退，就雲堂點茶特爲，伏望降重。』以榜呈納，貼僧堂前上間。客頭行者請以次頭首諸寮及請知事光伴，掛點茶牌。長板鳴，請客侍者入堂，聖僧前燒香一炷，大展三拜，巡堂一匝，至中問訊而退，謂之巡堂請茶。堂前排特爲照牌，首座與住持對面；　上首知事與住持分手位，維那次之；　以次知事與受特爲人分手位。鳴鼓集衆，燒香侍者行禮。並與庫司特爲湯禮同。首座至住持前謝茶，兩展三禮。初展云：『兹者特蒙煎點，下情不勝感激之至！』再展云：『即日時令，謹時恭惟堂頭和尚，尊候起居多福。』退，觸禮三拜。住持每一展，則約止之；　至觸禮，則答一拜。首座轉身，從聖僧後右出，住持略送復位。侍者燒光伴香，鳴鐘收盞，鳴鼓退座，亦同前。首座先往法堂，候住持拜謝，免則問訊。

榜式

堂頭和尚：　今晨齋退，就雲堂點茶一(中)〔盅〕。特爲首座、大衆聊旌　某節之儀。仍請　諸知事同垂光伴。

今月　日　侍司　某　敬白

庫司四節特爲首座大衆茶

遇節之次日，粥罷，庫司具茶榜，原注：　與湯同。請茶，報衆掛牌。長板鳴，入常請茶與侍者同。齋退，排照牌，設位。鳴鼓集衆，揖坐、揖香、揖茶，巡堂問訊，住持前行禮、致詞，並同湯禮。

前堂四節特爲後堂大衆茶

遇節之第三日，首座具茶狀，原注：　見後。詣後堂首座寮及詣方丈請茶，講行禮儀次第，並與庫司特爲茶同，但添設知事位次。

茶狀

前堂首座比丘某　右某啓：　取今晨齋退，就雲堂點茶一（中）〔盅〕特爲。後堂首座、大衆聊旌　某節之儀，仍請　諸知事同垂　光伴。

今月　日　具位　某狀

可漏子　狀請　後堂首座大衆　具位　謹封

旦望巡堂茶〔五一〕

住持上堂説法竟，白云：『下座巡堂喫茶〔五二〕。』大衆至僧堂前，依念誦圖立。次第巡入堂内，暫到與侍者隨衆巡至聖僧龕後，暫到向龕與侍者對面而立，大衆巡遍立定。鳴堂前鍾七下，住持入堂燒香，巡堂一匝，歸位。知事入堂，排列聖僧前問訊，轉身住持前問訊。從首座板起巡堂一匝，暫到及侍者隨知事後出，燒香侍者就居中問訊揖坐。俟衆坐定，進前燒香，及上下堂、外堂；　先下間，次上間，香合安元處〔五三〕。爐前逐一問訊，揖香畢，歸原位。鳴鍾二下，行茶瓶出，復如前問訊，揖茶而退。鳴鍾一下，收盞。鳴鍾三下，住持出堂，首座、大衆次第而出。或迫他緣，或住持暫不赴衆，則粥罷就座喫茶，侍者行禮同前。

方丈點行堂茶

節臘僧堂茶罷，侍者同客頭至行堂點茶。客頭預報參頭，掛點茶牌報衆。燒湯出盞，請典座光伴。方丈預送茶，侍者至庫司，典座接入。參頭、堂主領衆行者門迎，侍者居主位，代住持也。典座右位，侍者出中，燒香一炷，復位，以手揖衆坐。吃茶畢，典座送出，參頭、堂主門送，即詣方丈謝茶。

庫司頭首點行堂茶

庫司候方丈點茶罷，知事詣行堂點茶。知事居主位，典座分手，行禮與方丈侍者同。送出門，喝云：『參頭大衆詣庫司謝茶。』庫司客頭報云：『知事傳語，免謝茶。』頭首候點僧堂茶原注：見兩序章。罷，令堂司行者報參頭掛牌報衆，請典座光伴，行禮。原注：與庫司同，出門喝謝、喝免亦同。

〔校證〕

〔一〕楊億古清規序　方案：楊序版本甚多，宋元明多種版本《景德傳燈録》卷六之末附入，又見《百丈清規》卷末，《佛法金湯篇》卷一一等。今以日本《大正藏》本《傳燈録》卷六收録之文爲底本，其保存的注爲諸本所無，尤可貴。參校《全宋文》卷二九五（册一四，頁三九二—三九三），據《百丈清規》卷八收録之文本，及《中國禪學思想史》頁一七〇—一七一據別本《景德傳燈録》（可肯定與《大正藏》本非出同源）過録之文本參校，分稱『底本』、『《全宋本》本』、『《禪學史》本』等，間有己意，加按語出之。底本之題近真。懷海本人所定規式，不可能名之曰《百丈清規》，即《古清規》，疑當亦爲與宋人所定之清規所區別而追改之。但既沿襲已久而約定俗成，仍從參校諸本之題。又，題下原署：『翰林學士、朝散大夫、行左司諫、知制誥、同修國史、判史館事、上柱國、南陽郡開國侯、食邑一千一百户，賜紫金魚袋楊億述。』底本無，當據校本補。

〔二〕雖列別院　『別』，底本原脱，據校本補。

〔三〕佛祖之道　『佛』，底本奪，據校本補。

〔四〕即小乘教也　方案：小注十五字，僅底本有，諸本皆無。究系楊億原注抑或後人增注，已難判斷（下小字注文同，勿贅）。但億佛學素養很深，對内典十分熟悉，可貴的是提供了小乘教的梵語唐宋對譯之新舊名，頗有可能爲楊注。

〔五〕呼須菩提等之謂也　『呼「須菩提」』四字，《禪學史》本作『號「阿闍黎」』。

〔六〕既爲化主　『既』，底本涉下形譌作『即』，據校本改；『化主』，《禪學史》本作『教化主』，義長。

〔七〕不立佛殿唯樹法堂者　『佛殿』、『唯樹』，《禪學史》本作『餘殿』、『先樹』；兩通之，未審孰是。

〔八〕表佛祖親囑授　方案：底本原校：『授』，明本作『受』；二校本均作『受』。方案：據上下文意，似應作『授受』，即脱一『受』字。

〔九〕所裒學衆無多少無高下　『裒』，底本誤作『褒』，據校本改。

〔一〇〕盡入僧堂中　『中』，唯底本有，是，諸校本皆脱。

〔一一〕長老上堂升坐　『老』，底本原作『者』，形譌；據校本改。

〔一二〕二時均遍者　方案：『二時』，《全宋文》本作『一時』，當爲手民誤刊。下文『法食雙運也』可證：作『二時』是。『也』字後，《全宋文》本標點有誤，應爲句號。

〔一三〕他皆仿此　方案：小注十八字僅底本有，校本均無。以此類推，似可補『主茶者目爲茶頭』。此注之可貴，明『茶頭』之所得緣由。

〔一四〕即堂維那檢舉抽下本位掛搭　『堂』，諸校本均作『當』。『抽下』等六字，底本無，據諸校本補。

〔一五〕集衆公議行責　『集衆』下之四字，底本、《全宋文》本無，似應據《禪學史》本補。

〔一六〕詳此一條制有四益　方案：《全宋文》本點作『詳此一條，制有四益』，似誤；『制』當上讀，或不點斷。

〔一七〕以輕衆壞法　『以』，諸校本無，似底本衍，應删。

〔一八〕惟大智禪師護法之益　『大智』，底本作『百丈』。似應從校本作大智；或底本脱『大智』，校本脱『百丈』。

〔一九〕四來同居……其大矣哉　方案：此百餘字，底本作雙行小字，此乃注文之體；但此爲正文，應是雙行擠刻，並非夾注。校本正作正文，是其證。今改作大字正文。

〔二〇〕由百丈之始　五字，校本作：『自此老始』，義長，似應從改。

〔二一〕今略敍清規大要遍示後代學者　方案：本句，校本作『清規大要，遍示後學』。底本原脱『清規』二字，據補。

〔二二〕山門備焉　『山門』，校本作『集詳』，義長。

〔二三〕億幸叨……良月吉日書　方案：此三十一字，底本原無，據校本補。

〔二四〕百丈清規　方案：題下原署：『大智壽聖禪寺住持臣僧德煇奉敕重編』及『大龍翔集慶寺住持臣僧大訢奉敕校正』。目録及卷上、卷下之下亦有此二行題署，並目録中之題署一併省略。

〔二五〕至日粥罷　『至』上，原有省略之文。

〔二六〕東西各三人出班　『班』，底本、校本皆誤，據上下文意改。

〔二七〕第三人過中爐前　底本原校：明本、寬永本脱『過』字，從補，是。

〔二八〕徐行各巡　底本原校：『徐行』，明本作『徐步』；兩通之。

〔二九〕與常時爲茶同　底本原校：『時』，明本作『特』。方案：禪寺有『常時茶』、『特爲茶』之別，似『時』下脱一『特』字，應補。

〔三〇〕次早請參頭茶　底本原校：『早』，原作『旱』；當據改。極是，從改。

〔三一〕然後開堂　底本原校：『室』，明本作『堂』；極是，今從改。

〔三二〕位居知客板頭上　方案：底本及校本『板頭』下均無『上』字，疑脱，當據上下文意補『上』或『下』字，否則不成句。

〔三三〕此日薄禮眉瀆特辱降重　底本原校：『此日』，『特辱』；宫内廳本分別作『此月』，『時辱』。方案：北圖藏明刻本同底本，是。

〔三四〕候齋辨　諸本皆然，形近而譌；惟北圖藏明刻本作『辦』，極是，據改。

〔三五〕至齋時　『齋』，諸本皆譌作『齊』。據北圖藏明刻本（《續修四庫全書》影印本）改。

〔三六〕行䞋茶畢　方案：『䞋茶』，即賜茶、請用茶之意。

〔三七〕然特爲住持陳賀　『持』，底本及諸校本均涉上而譌作『特』，惟北圖藏明本作『持』；極是，據改。

〔三八〕可漏子同齋狀式　方案：此七字明本無，『可漏子』爲元人之特有用語。

〔三九〕草飯罷　諸本同，疑『草』，應作『早』。
〔四〇〕堂頭和尚齋退　『齋』，底本原譌『齊』，據明刻本改。
〔四一〕備柈袱爐燭　『柈』，原作『袢』，明刻本作『盤』，通『柈』；據改。
〔四二〕今晨齋退　『晨』，底本作『辰』，據明刻本改。
〔四三〕就雲堂點茶一中　『中』，諸本同；或爲『盅』之借字。下不再出校。
〔四四〕懷香躬詣各受代人處　底本原校：『受』《備用清規》作『交』。
〔四五〕齋退　底本原作『齊退』，據明刻本改。
〔四六〕齋畢　底本原作『齊畢』，據明刻本改。以下逕改，不再出校。
〔四七〕至日清晨洗面時　『清』，諸本皆作『侵』，疑爲借字，今據上下文義改。
〔四八〕請客於名下書云　『客』，原底本、校本均作『各』，據上文『請客侍者』云云，似應作『客』，據改。
〔四九〕特此拜謝　『特』，原譌作『持』，據上下文意改。
〔五〇〕本山辦事諸方辦事　二『辦』字，底本譌作『辨』，據明刻本改。
〔五一〕旦望巡堂茶　『旦』，底本原作『且』，形近而譌；據明刻本改。
〔五二〕下座巡堂喫茶　『喫』，底本原作『契』，誤，據明刻本改。
〔五三〕香合安元處　方案：『合』，通『盒』；『元』通『原』。下云『歸原位』，底本作『原』，明本作『元』，是其證。今仍舊。

附録

大唐洪州百丈山故懷海禪師塔銘 并序

將仕郎、守殿中侍御史陳詡撰
守信州司户參軍、員外置同正員武翊黄書

星躔斗次，山形鷲立。桑門上首曰懷海禪師，室於斯，塔於斯，付大法於斯。其門弟子懼陵谷遷貿，日時失紀，託於儒者銘以表之。西方教行于中國，以彼之六度，視我之五常，遏惡遷善，殊途同轍。唯禪那一宗，度越生死大智慧者，方得之自雞足，達于曹溪，紀牒詳矣。曹溪傳衡嶽觀音臺懷讓和上；觀音傳江西道一和上，詔謚爲大寂禪師；大寂傳大師，中土相承，凡九代矣。大師，太原王氏，福州長樂縣人。遠祖以永嘉喪亂，徙于閩隅。大師以大事因緣，生於像季。託孕而薰羶自去，將誕而神異聿來，成童而靈聖表識，非夫宿植德本，曷以臻此？落髮於西山慧照和尚，進具於衡山法朝律師，既而歎曰：『將滌妄源，必游法海。』豈惟必證，亦假言詮。遂詣廬江，閱浮槎經藏，不窺庭宇者積年。既師大寂，盡得心印。言簡理精，貌和神峻，睹即生敬，居常自卑，善不近名，故先師碑文獨晦。其稱號行同於衆，故門人力役必等，其艱勞怨親兩忘，故棄遺舊里；賢愚一貫，故普授來學。常以三身無住，萬行皆空；邪正並捐，源流齊泯，用此教旨，作人表式。前佛所説，斯爲頓門。大寂之徒，多諸龍象。或名聞萬乘，入依京輦；或化洽一方，各安郡國。唯大師好尚幽隱，棲止雲松。遺名而德稱益高，獨往而學徒彌盛。其有偏探講肆，歷抵禪關，滯着未祛，空有猶閡。靡不緘藏，萬里取決一言，疑網雲張，智刃冰斷。由是齊魯燕代，荆吴閩蜀，望影星奔，聆聲飈至。當其饑渴，快得安隱，超然懸解，時有其人。大師初居石門，依大寂之塔，次補師位，重宣上法。後以衆所歸集，意在遐深。百丈山碣立一隅，人煙四絶。將欲卜築，必俟檀那。伊蒲塞游暢甘貞請施家山，願爲卿導，庵廬環繞，供施芿積，衆又踰於石門。然以地靈境遠，頗有終焉之志。元和九年正月十七日，證滅於禪床，報齡六十六，僧臘四十七。以其年四月廿二日，奉全身窆于西峯。據婆沙論文，用淨行婆羅門葬法，遵遺旨也。先時白光去室，金錫鳴空。靈溪方春而涸流，杉燎竟夕以通照。妙德潛感，于何不有！門人法正等，嘗所稟奉，皆得調柔，遞相發揮，不墜付囑。他年紹續，自當流布。門人談敍，永懷師恩，光崇塔宇，封土累石，力竭心瘁。門人神行梵雲，結集微言，纂成語本。凡今學者，不踐門閫，奉以爲師法焉。初閩越靈藹律師一川教宗，三學歸仰，嘗以佛性有無，響風發問，大師寓書以釋之。今與語本並流于後學。翊從事于江西府，備嘗大師之法味，故不讓衆多之託。其文曰：

梵雄設教，有權有實。未得頓門，皆爲暗室。祖師戾止，方傳秘密，如彼重昏，忽懸白日。其一。唯此大士，弘紹正宗。雖修妙行，不住真空。無假方便，豈俟磨礱。恬然返本，萬境圓通。其二。百千人衆，盡祛病熱。彼皆有得，我實無説。心本不生，形同示滅。此土灰燼，他方水月。其三。法傳人代，塔閉山原。杉松日暗，寺塔猶存。藹藹學徒，無非及門。唯能覺照，是報師恩。其四。

元和十三年十月三日建。

碑側大衆同記五事，至今猶存。可爲鑒戒，并録于左。

大師遷化後，未請院主日衆議，釐革山門久遠事宜，都五件：一、塔院常請一大僧，及令一沙彌洒掃。一、地界内不得置尼臺、尼墳塔及容俗人家居止。一、應有依止及童行出家，悉令依院主一人，僧衆並不得各受。一、臺外及諸處，不得置莊園、田地。一、住山徒衆，不得内外私置錢穀。欲清其流，在澄其本。後來紹續，永願遵崇。立碑日，大衆同記。

百丈山大智壽聖禪寺天下師表閣記

菩提達磨大師後八葉，有大比丘居洪之百丈山，人稱之曰百丈禪師。今天子始命因其舊謚大智覺照者，加以弘宗妙行之號。寺以壽聖名，則故額也。山去郡治三百里，其未置寺時，林壑深阻，巖徑峭絶，樵蘇之跡所不通。有司馬頭陀者。善爲宫宅地形之術。睹其山勢斗拔，與夫岡巒首尾之起伏。知爲吉壤。所留鈐記有曰：『法王居之，天下師表。禪師之來，式符其言。』

東陽德輝，以禪師十八代孫嗣住是山，既新作演法之堂，且增創重屋其上，以妥禪師遺像榜其楹間。曰『天下師表之閣』云。初文宗皇帝入踐天位，即金陵潛邸造寺曰龍翔集慶，詔開山大訢領其徒，而以禪師所制清規爲日用動作威儀之節。顧其書行世已久，後人率以臆見互有損益，自爲矛盾，靡所折衷。輝與訢學同師而柄法於祖庭，大懼夫來者傳疑，莫知適從，無以壹諸方之觀聽。爰走京師，欲有請而釐正之。今御史大夫撒迪，時執法中臺，爲言于上，得召見。有旨令輝譔次舊聞以授訢，使擇習於師説者共考定，而頒行爲叢林法。

仍加錫禪師以今號，褒顯而風厲焉。

輝奉璽書將南還，以閣之成，未及有所紀述，諗于溍曰：『願敍其構興之端原，歸而刻諸。』溍竊觀遂古聖賢乘時繼作，弛張迭用，循環不窮，所以通其變也。佛之爲教，必先戒律，諸部之義，小大畢陳。種種開遮，唯以一事去聖逾遠局爲專門，名數滋多，道日斯隱。是故達磨不階方便，直示心源，律相宛然，無能留礙。世降俗末，誕勝真離，馳騁外緣，成邪慢想。是故百丈弘敷軌範，輔律而行，調護攝持，在事皆理。蓋佛之道以達磨而明，佛之事以百丈而備。通變之妙，存乎其人。厥後達磨之傳，派别爲五，而出于禪師者二。它師所倡，殊宗異旨。雖各名其家，至於安處徒衆未有不取法於禪師者。然則天下師表之言，良可徵不誣也。粤自中土，君臣知尊佛法，光昭崇極，莫越於今。

輝遭值聖時，蒙被帝力，用克發揚先訓，紹隆宗風，俾與國家相爲悠久，永永無已。不特今之天下以爲師表，盡未來際咸有依承。溍是用謹志之，而於其經度之勤，營締之美，有不暇論也。閣爲屋：以間計者五，其崇百有二十尺三，其崇之一以爲其修，三其修以爲其廣。以至順元年夏六月庀工，冬十月訖事，實輝住山之明年。而輝入對以元統三年夏五月，命下，則其明年春二月也。

承直郎、國子博士、黄溍記。翰林待制、奉議大夫、兼國史院編修官揭傒斯書。翰林侍講學士、通奉大夫、知制誥、同修國史、知經筵事張起巖篆。前榮禄大夫、御史中丞趙世安，光禄大夫、江南諸道行御史大夫易釋董阿同立石。

崇寧清規序

夫禪門事例，雖無兩樣；毘尼衲子家風，別是一般規範。若也途中受用，自然格外清高。如其觸向面墻，實謂減人瞻敬。是以僉謀開士，遍摭諸方，凡有補於見聞，悉備陳於綱目。噫！少林消息，已是剜肉成瘡；百丈規繩，可謂新條。特地而況，叢林蔓衍，轉見不堪。加之法令滋彰，事更多矣。然而莊嚴保社，建立法幢，佛事門中，闕一不可。亦猶菩薩三聚，聲聞七篇，豈立法之貴繁，蓋隨機而設教。初機後學，冀善參詳；上德高流，幸垂證據。崇寧二年八月十五日，真定府十方洪濟禪院住持、傳法慈覺大師宗賾序。

咸淳清規序

叢林規範，百丈大智禪師已詳。但時代浸遠，後人有從簡便，遂至循習。雖諸方或有不同，然亦未嘗違其大節也。余處衆時，往往見朋輩抄録叢林日用清規，互有虧闕。後因暇日，悉假諸本，參其異，存其同而會焉。親手繕寫，頗爲詳備，目曰《叢林校定清規總要》，釐爲上下卷，庶便觀覽。吾氏之有清規，猶儒家之有《禮經》。禮者從宜，因時損益，此書之所以繼大智而作也，是皆前輩宿德，先後共相講究紀録，愚不敢私以所聞所見而增減之。如前所謂參其異，存其同而會焉爾耳。觀者幸勿病諸。咸淳十年甲戌歲結制前二日，后湖比丘惟勉書于寄玩軒。

至大清規序

禮，於世爲大經而人情之節文也，沿革損益以趨時，故古今之人情，得綱常制度以揆道，故天地之大經在。且吾聖人以波羅提木叉爲壽命，而《百丈清規》由是而出，此固叢林禮法之大經也。然自唐抵今殆五百載，風俗屢變，人情不同，則沿革損益之説，可得已哉！

近者大川、笑翁二祖，唱道南北山。日用軌則盛於當代。至元戊寅，依石林和尚於南屏，猶得見其遺風餘烈。及友云明西堂出所藏抄本，究心訪問，編集成帙。始此書之作，或以爲僧受戒首之，或以住持入院首之。壬午，依覺庵先師於承天，朝夕扣問，因得以祝聖如來降誕二儀冠其前，其餘門分類聚，釐十卷，然猶未敢以傳學者。丙戌夏，留雪竇千峯琬西堂，論其詳。丁亥春，溪西澤和尚正其舛，得於見聞稔矣，而尚以未身行之爲愧。壬辰夏，首衆雙徑小座湯，有位次高下之爭，諸方往往廢而不舉。愚以西堂一出，首座再出，都寺三出，後堂四出，藏主維那、知客、侍者隨職爲位，請於雲峯伯父，力行焉。訖事無敢譁者。元貞乙未，備員永嘉天寧；大德庚子，補番陽永福，乙巳，主廬山東林，皆行之無易。庶幾人情爲折中，然視古之清規，不幾於繁縟乎！蓋由桴土鼓，不可作於笙鏞間知之秋；汙樽杯飲，不可施於犧象駢羅之日。目曰《禪林備用清規》，備而不用之謂也。知我罪我，其惟春秋。至大辛亥秋，廬山東林弌咸書。

敕修百丈清規敍

天曆至順間，文宗皇帝建大龍翔集慶寺於金陵，寺成，以十方僧居之，有旨行《百丈清規》。元統三年乙亥秋七月，今上皇帝申前朝之命，若曰：近年叢林清規，往往增損不一。於是特敕百丈山大智壽聖禪寺住持德輝，重輯其爲書；仍敕大龍翔集慶寺住持大訢，選有學業沙門共校正之。期於歸一，使遵行爲常法。德輝等奉命唯謹。書將成，屬玄爲敍。

玄嘗聞諸師曰：天地間，無一事無禮樂。安其所居之位爲禮，樂其日用之常爲樂。程明道先生一日過定寺，偶見齋堂儀，喟然嘆曰：三代禮樂，盡在是矣！豈非清規綱紀之力乎？曰：服行之熟，故能然乎。循其當然之則，而自然之妙行乎其中。斯則不知者以爲事理之障，而知之者則以爲安樂法門固在是也。然使是書龐然雜而不倫，則有序而和之意，久而微矣。故校讎之功，有益於是書甚大，而兩朝嘉惠學人之旨，相爲無窮焉。宋清規行，楊文公億爲敍本末，條目具詳，兹不重出云。至元二年丙子春三月上澣，翰林直學士、中大夫、知制誥、同修國史、國子祭酒廬陵歐陽玄敍。

《百丈清規》行于世尚矣。繇唐迄今，歷代沿革不同，禮因時而損益，有不免焉。往往諸本雜出，罔知適從，學者惑之。異時一山萬禪師致書先雲翁，約先師共删修刊正，以立一代典章。無何，三翁先後皆化去，區區竊欲繼其志而未能也。後偶承乏百丈，會行省爲祖師請加謚未報，遂詣闕以聞。御史中丞撒迪公引見聖上，得面奏清規所以然，因被旨重編，令咲隱校正，仍賜璽書頒行。受命以來，旁求初本不及見，惟宋崇寧真定賾公、咸淳金華勉公，逮國朝至大中東林咸公所集者爲可採。於是會稡參同而詮次之，繁者芟，訛者正，缺者補，互有得失者兩存之，間以小注折衷，一不以己見妄有去取也。稍集，咲隱兄定爲九章，章冠以小序，明夫一章之大意，釐爲二卷。使閱而行者，條而不紊。庶幾吾祖垂法之遺意，得以遵承，而輝懼夫學識荒陋，何能上副宸衷，作新軌範，不過因人成事，幸畢先志，期學者無惑而已。若曰立一代典章，非愚所敢知也。或曰：子汲汲于是書，若有意于宗教。方今國家通制昭布森列，奉行猶或未至，而欲清規之行乎？迂哉！因語之，然亦未嘗廢其書，顧柄法者力行之何如耳？佛祖制律創規，相須爲用，使比丘等外格非，内弘道，雖千百羣居，同堂合席，齊一寢食，翕然成倫，不混世儀，不撓國憲，陰翊王度通制之行，尼於彼達於此，又何迂！或者謝而退。故併識于兹，以告吾徒，益自勉焉。宋楊文公作古規序，與夫三公所集自序，悉附著云。至元後戊寅春三月，東陽比丘德煇謹書。

茶榜

方　健輯

〔提要〕

《茶榜》，一卷，乃筆者新輯而編就的茶書。凡收茶榜文二十首，其中宋人十六首，金人一首，元人二首，明人一首。宋人十六首中有四首輯自作者别集，另十二首則輯自宋人魏齊賢、葉棻編《五百家播芳大全文粹》（下簡稱《文粹》）卷七九。金、元、明人四首，均見作者别集，餘詳各首之注。

榜，其原意爲公開張貼的告示、文書。今猶用之，如『光榮榜』之類張榜公布的告示。茶榜，早在唐代就已有之。通常指寺院僧人會茶的告示或請赴茶宴、茶禮的請帖，寫來已頗具文學性、趣味性。其例見《百丈清規》及本書第二首宋釋惠洪擬作。至遲在北宋，茶榜又衍化成一種古代文體，通常指以茶爲主題的韻文，故好事者又常截取其對偶稍工者爲茶聯，類似之文體又有酒榜、湯榜、浴榜等，其文亦見上述《文粹》卷七九。

元代雪菴禪師溥光撰並書寫的《茶榜》，則是大字書法的絶品，爲歷代書家所寶重。元至大二年（一三〇九）刻石於登封縣嵩山戒壇寺，四石，兩面，凡八幅，字徑三寸。見清・葉封《嵩陽石刻集記》卷下著録。其文似即《續茶經》卷下之五所載之一聯：『雀舌初調，玉盌分時茶思健；龍團搥碎，金渠碾處睡魔降。』另外，又見明李廷相撰《濮陽蒲汀李先生家藏目録》有《雪菴茶榜》四本（見馮惠民等選編《明代書跋叢刊》下册頁一二三〇下，書目文獻出版社，一九九四），如果『四本』不是『四石』之誤的話，則似溥光又編有《茶榜》之匯編四册。茶榜，在本《全集》中罕有所及，僅見上引茶聯而已，也許歷代選家視爲遊戲文字而棄之。但即使作爲文學作品，亦頗具觀賞性和趣味性。鑒於此，今從古人撰寫的茶榜文中選録二十篇，無非不過是『選精』、『集粹』而已；合爲一編，略加校釋，以便讀者對這一文體有所瞭解。

從《文粹》卷七九中選録這宋人十二首，均爲佚文，此目中原存十四首，其中署巢時甫（方案：疑爲巢時用即巢震之誤，見《文粹》卷首《姓氏表》）撰《請詮公茶榜》，又見李新《跨鼇集》卷三〇，題爲《靈泉老詮茶榜》。疑《文粹》誤收，删去；今據李新集本補録另一篇署史唐叟（方案，似爲史唐英即史堯弼之字的誤署）撰《請平老茶榜》則見史堯弼《蓮峯集》卷一〇，題作《慶公和尚茶榜文》，今亦换用史集所收之本。將《文粹》所收之這二篇榜文與李、史二集所收之文相校，其衍誤譌奪之處不一而足，乃至無從卒讀。其餘十二首亦有類似之情形，不僅誤署作者，『卷帙混淆』，且『多闕文誤字』（説詳朱彝尊《曝書亭集》卷五二《播芳文粹跋》），乃至有無法正確標點之憾。

《文粹》凡一百十卷，魏齊賢、葉棻合編，收南宋中期以前宋文五百二十二家，此據卷首《姓氏表》統計，實乃不止此數，如本書所收之鄭伯敦即爲卷首《姓氏表》所漏列。劉忠遠、李彦和則似爲劉中遠（觀字）、李彦澤（時雨字）之誤署。是書卷首有許開（事略見本書附録一《北苑修貢録》提要）序，稱魏齊賢字仲賢，鉅鹿人；葉棻字子實，南陽人。今魏氏生平遍考未見；葉棻，建安人，建炎二年（一一二八）特奏名，紹興年間，曾官晉江縣令。據許序自署乃紹熙元年（一一九〇）八月朔日撰，則其書當成於孝宗末、光宗初。趙希弁《郡齋讀書志·附志》卷五下已著録有《國朝二百家名臣文粹》三百卷，疑魏、葉即據是書增删而成，因是書所收之馮時行、劉觀、李新三家亦見《五百家文粹》，是其顯證。

《文粹》搜輯頗富，堪稱集宋文總集之大成者，亦爲宋文輯佚之淵藪，遺文墜簡，多賴以傳世。但同樣不能忽視的是，正如《四庫總目提要》卷一八七所批評的那樣：是書『買菜求益，不免失於冗濫』。另一缺憾是誤收在在有之，文字錯謁甚夥，但『披沙揀金，往往見寶者也』。

《文粹》的編排原不依作者時代之先後，且僅以字號出現，考其名者頗費周折，今可考者隨文出注。爲保持原文獻之本來面目，今不作調整，僅按作者生卒或科第之先後編一簡目，列於卷首。又同一作者的數首，《文粹》亦分隔前後，今亦姑仍其舊，《目録》則歸併合一。文字的衍誤謁脱，導致標點上的很大困難，又無別本可校，遇讀不通、點不斷處，只能出校説明，讀者諒之。今選輯之茶榜二十首，較之列代所存者，不過百一而已，只是作爲涉茶文體之一而僅作示例性舉證而已。

茶榜

目録

（一）靈泉老詮茶榜　宋·李新
（二）嶽麓爲潙山茶榜　宋·釋覺範
（三）請普老茶榜　宋·劉觀
（四）請明老茶榜　宋·孫覿

（五）請九頂長老茶榜　宋·馮時行
（六）請巖老茶榜　同右
（七）請廣老長老茶榜　宋·李時雨
（八）請祥公茶榜　宋·邵博
（九）請陸老茶榜　同右
（一〇）請珏老茶榜　同右
（一一）慶公和尚茶榜文（二首）　宋·史堯弼
（一二）請鑒老茶榜　宋·鄭伯敦
（一三）請清老茶榜　同右
（一四）請然老茶榜　宋·佚名
（一五）請珪禪師茶榜　宋·佚名
（一六）茶榜　金元·李俊民
（一七）茶榜　金元·耶律楚材
（一八）代茶榜　元·楊弘道
（一九）茶榜　明·倪謙

靈泉老詮茶榜　宋·李新〔一〕

泥牛耕空，寶山布種。窮盡大千界，衹這靈芽；試遍第一泉，無此至味。舌根知處，勝於乳酪醍醐；玉塵飛時，碾出山河大地。汲取八功德水，瓶中已作蒼蠅聲；戰退四天王魔，枕上詎成蝴蝶夢。要知下口處，須是點頭人。惟詮公禪師，云何住心，是名説法。便使千齋日赴，也要兩腋風生。大衆事，還會麽？幾人鷲峯雲自碧，重游鹿苑日何長。謝師訪臨已後，爲人不得錯舉。

嶽麓爲潙山茶榜　宋·釋惠洪〔二〕

全提祖令，則無法無親；略在世禮，則有恩有義。故證真必依於俗諦，如解空弗，離於色塵；故造雨花顯敍法乳，自裂衣冠以參道，剃除鬚髮而爲僧。其長養成就之私，乃提撕藻飾之意。至於曲折，皆出愛忘。俯顧其微，敢稱傳法之嗣；仰惟至鑒，又貞親教之師。伏惟堂頭大和尚：道契天衣，法傳智海。廓沙界之量，故能山收海藏；示醫王之心，亦畜牛溲馬渤。蠅附驥而氣吞千里，鈴繫鳶而聲登九霄。是之固然，人則幸矣！躬至針水之地，特陳蘋藻之羞。螻蟻微誠，知慈嚴之易感；叢林苛禮，愧恩大以難酬。重煩四海之勝流，共慶一時之佳集。

請然老茶牓　宋·佚名〔三〕

歸宗奇怪，没意頭將銚子踢翻；麗老羼提，甚巴鼻把托兒拈起。門庭雖峻，風味不殊。所以趙州勘辨，諸方是贏家。先賴佛日龕瞞天，衆緣忍俊不禁；須知今日作家，抹盡古人公案。然公長老，槍旗屢試，聲價素高古佛場中。摘靈苗異草，無影樹下；酌古澗寒泉，揺撼破甌。肯作夾山伎倆，森羅萬象。笑他投子顢頇，不知兩腋已生風；只道餘人無分，喫洗盡殘羹餿飯。還他正焙靈芽，手提雪竇留下破鐺，點出慈覺當時法乳。甘生齒頰，香透頂門。妙哉，一口吸西江；信矣，幾箇知天曉？雪山種底，莫作尋常一樣看；雲板響時，拈出平生三昧手。

請明老茶牓　孫仲益〔四〕

謂茶爲苦，以蜜説甜；同在一塵，孰知正味？明公長老，以廣長舌，説第一義；以清淨眼，證不二門。應感而現法身，隨緣而作佛事。衆狙進果，百鳥銜花。鳴兩耳之松風，倒一瓶之茗雪。三竿紅日上，正熟睡時；兩腋清風生，不妨仙去。

讀九頂長老茶牓　馮當可〔五〕

草木有耳，亦聽新雷之聲；雨露無心，助發先春之味。直信溪山有異，便知香氣不同。宜向法筵，特伸妙供。新病禪師，不尋枝葉，便見本根。驅根奪餞，雖自最初下種；碎身粉骨，卻於末石酬恩。最宜活火裏烹來，不見死水中浸卻。昔日徑山門下，打破封題；如今大像山前，放行消息。只要未舉托時會取，莫於擬開口處商量。與衣冠士庶，結清淨緣；爲天龍鬼神，滌塵勞想。舌頭知味，大千界同苦同甘；腋下生風，一切人澈皮澈髓。湯瓶舉處，大衆和南。

請廣孝長老茶牓

李彦和〔六〕

未出氣胎，槍棋已露；纔經刼去，芽蘖猶存。發生於五蘊山頭，擢秀乎妙峯頂上。遠離塵中夢想，驚回天下魔軍；若能信手拈來，方知下口去處。某師宿植德，本固養靈根廣；私自己心田，悉下菩提種子。定水養成新氣味，慈風扇出舊根基。舉起須彌，碾來不破；倒傾溟渤，點盡還餘。飄然兩腋清風，普現千江皓月；甆甌拈起大地，震搥托子放時。諸佛滅度，可使枯腸無物，不教病眼生花。何須居士屢擎，一杯自足；不是趙州解飲，半滴難消。若逢無舌道人，試辨味從何出？

請普老茶牓

劉中遠〔七〕

彭八拉劄，擊動關南鼓；離羅來也，唱起德山歌。明明撥開甘露門，一一指出黄金樹。仰山摘去，香嚴點來〔八〕；龐公舉起，托子時歸宗。打破銚兒處，雖公直下是不；用那邊來試問，叢林作何滋味？普公一燈，星火九仞，活泉不消；老婆運神，通説甚人，子呈知解。第一椀，彌勒大像；第二椀，普賢上人；第三椀，尊者諸詎羅只；這一椀，什麽人合喫？森羅萬象即不問，轉身通氣作麽生？鎮州蘿蔔大於瓜，雲門胡餅甜似蜜。三千卷文字，料掉没交涉；三十年鹽醋，畢竟説與道。亘有一句子，蓬庵今不惜眉毛，特爲拈出：菩薩子，『喫茶去！』

請鑒老茶牓

鄭伯敦〔九〕

凍解靈源，光浮巾錫；春歸暘谷，暖襲簾帷。鶴駕生風，眷門迎之荼苦；蟹餅翻乳，獻郊勞之芹誠。嚮像如臨，哀號增感。已埽先人之敝館，奉安聖者之睟容。載仰慈悲，俯從戾止。

請巖老茶牓

馮當可

天施地生，凡萬物與我一體；星驅電埽，爲大衆拈出一奇。瓶如取竭西江，碾子轢破南岳。不少不剩，半苦半甘，自非老作家，應無下口處。欲將一滴，洗滌乾坤；不待重嘗，已無佛祖。照公禪師，法幢肇建，正令前提舉；山河天地，以更新盡，天龍鬼神而咸集。真使點頭嚥唾，何必豎拂拈花？有舌隨身，各人一椀。若色若香若味，直下承當；是貪是嗔是癡，立時清淨。雖然如此，總是相謾。下咽即休，深惟保重！

請珪禪師茶牓

宋·佚名

邛山氣淺，得地未高；襯水寒多，占春不蚤。然拈著后，草根木葉便是醍醐；而使錯時，龍餅鳳團等爲塵土。請焚舊譜，爲獻新芽。某師小甲驚雷，枯枝灑雨秀發自符於天性；清香難掩於人，知百物重靈苗三昧中至味。粉身碎骨，磨石底透病出來；雪乳浮華，滾湯中爲君點過。殷勤一啜，覺悟羣迷。别有功勞，他時敍述。

請祥公茶牓　邵公濟〔一〇〕

如西山之靈草，久已馳名；必東坡之鄉人，方能知味。特持絶品，遠餉勝流。伏惟祥公上人，雖傳洛浦之衣，不挂一縷；未取香積之飯，已飽萬人。愴能人龍象之故家，亂不道狐貍之衆穴。爲老子而強起，與善類而有因。大掌重現寶拳，廣殿如按神足。若遥記之垂契，當門宇之再興。初亦無心，孰云有力？宿推先覺，固已除於睡蛇；大破羣昏，尚何分於夢蝶！

請清老茶牓　鄭伯敦

靈源破臈，起寒氣於巾瓶；佛嶺將春，動晴光於幄帟。兔甌浮雪，郊勞有儀；鶴駕生風，空門無際。既將迎而肅若，宜顧答之恍然。虔埽敝廬，衹安聖像；輜軿俯眷，蓬蓽生輝。

請陸老茶牓　邵公濟

毁茶有陸居士，不謂知言；沽酒如遠法師，也是破戒。堂頭和尚，寢已不夢，睡已無魔，大曉羣昏，獨爲先覺。以至地産，靈草過如天雨；寶花往薦，法筵特敷妙供。苦言有味，既堅一至之心；明眼在旁，好試三昧之手。

請珏老茶牓

邵公濟

閩越溪邊，苗裔寖廣；蔡蒙山下，香味不同。欲增重於法筵，宜得敷於妙供。珏公長老，已無心于夢蝶，亦久除于睡蛇。廣説中邊之甜，深憫輪迴之苦。更試曹溪一滴水，共盡盧仝七椀茶。是襄陽居士摘來，教趙州和尚喫去。一語雷音已罷，四衆雲集交懽。

慶公和尚茶榜文

宋·史堯弼〔一一〕

方靈芽未動，時盡大地無尋處。爭奈而今碾破，不嫌與衆分甘；須憑世外通人，爲辨箇中真味。恭惟慶公禪師，根苗特異，風味不凡，迥超百草頭邊，獨秀孤峯頂上。明招銚子，直與踢翻，則老鹽兒已曾拋下。上窮佛子〔一二〕，下盡羣生。如今總與一甌，普同甘露；從此不妨兩腋，各起清風。

未露靈芽，已知善種。况是生先天地，自本自根自固存；要須飽熟風霜，勿正勿望勿助長。何勞摘取，便足家珍；苟非其人，鮮能知味。踢瓶翻銚，不須公案重拈；儲月分江〔一三〕，便是東坡活法。

茶榜　金·李俊民〔一四〕

詩人多識，遂留茶苦之名；文士滑稽，乃立葉嘉之傳。豈謂詩情之重，或成水厄之憂。驛徒致衛公之泉，喫不得盧仝之椀。今兹團月，别其典刑。與其强浮泛而體輕，孰若自快活而心省。甘易回頰，枯免搜腸。但歸愛惜之家，以待合嘗之客。

茶榜　元·耶律楚材〔一五〕

今辰齋退，特爲新堂頭奥公長老，設茶一鍾，聊表住持開堂陳謝之儀。仍請知事大衆，同垂光降者。竊以箇中滋味，誰是知音；向上封題，罕逢藻鑑。伏惟新堂頭長老，名超絶品，價重諸方。黄金碾畔枏微塵，輸他三昧手；碧玉甌中轟巨浪，别是一家春。睡鬼潛奔，便使至人無夢。湯聲微發，解教醉眼先醒。諗老三盃，莫作道理。會盧公七椀，且是仁義中。雖然櫳桶新陳，不得顢頇苦，便請大家下口，且圖一衆開懷。幸甚！

代茶榜　原注：歸義寺長老，勸余作此詩。長老姓英，字粹中，自號木菴。　元·楊弘道〔一六〕

東方有一士，來作木菴客。嘗觀貝葉書，奥義初未識。叢林蔚青青，秀出庭前栢。滿甌趙州雪，灑向歲寒質。師席有微嫌，授客遠公筆。俾之贊一辭，智井若爲汲。低頭謝不敏，亦頗習詩律。以詩代茶榜，自我作故實。

茶榜

明·倪謙[一七]

緩火炙，活火煎，鼓陰陽於橐籥；前浪平，後浪湧，沸江漢於釜鬵。非關煮蒙頂之露芽，自是瀹蓬壺之瑤草。丹丘子服此而輕身換骨，玉泉公飲之而返老還童。湖海交游，因效采蘋之獻；壇場凡聖，幸鑒傾葵之誠。仍須七碗平分，畢竟一塵不滓。渴睡漢，從今喚醒；長生藥，何用別尋。看取冷淡家風，臢掃三冬之瑞雪；高超清淨境界，同挾兩腋之清風。請嘗試之，乃所願也。

〔校證〕

〔一〕宋李新　本則見其《跨鼇集》卷三〇，亦見《文粹》卷七九，但作者誤署爲巢時甫，而卷首《姓氏表》中又著録爲巢震，字『時用』，『時甫』疑即『時用』之誤。其文除『王魔』，《文粹》作『下魔』；『點頭人』，誤作『實頭人』；『千齊日』形誤作『千齋日』外；『大衆』下，又誤衍『千齋日赴，即莫問兩腋生風』十一字。可見《文粹》録文之粗率一斑。李新（一〇六二—？），字元應，號跨鼇居士，陵井監（治今四川仁壽縣，宣和四年，改仙井監；隆興二年，又改隆州）人。元祐三年（一〇八八）進士，元符末應詔上萬言書，時爲南鄭縣丞，入崇寧黨籍，遂州安置。大觀元年（一一〇七），遇赦後官普州司法參軍；宣和年間，調資州司録。紹興五年（一一三五），追贈朝奉郎。撰有《跨鼇集》五十卷，已佚。四庫本三十卷，乃從《大典》輯得而重編。其集見尤袤《遂初堂書目》及《郡齋讀書志》卷四下著録，則其集至遲在南宋初已流傳。其事見《跨鼇集》卷二九《世系略》、《四庫總目》卷一五五等。

〔二〕宋釋惠洪　本則見《石門文字禪》卷二八，是卷還有《請崇寧茶榜》、《請消遥宜老茶榜》、《雲老送南華茶榜》、《請雲蓋奭老茶榜》等四篇，今僅選録本篇。惠洪作爲文學水平較高、學識較豐富的詩僧，其所撰茶榜文頗得禪中三昧，比較規範，因其有集傳世，也是現存茶榜文較多的宋釋。惠洪（一〇七一——一一二八），俗姓彭，一云姓喻，原名德洪，字覺範。筠州人。年十四父母雙亡，師從三峯禪師爲童子。元祐四年（一〇八九），剃度於東京仁王寺。後被誣指度牒爲僞而責令還俗。經佞佛宰相張商英奏請，復得剃度。郭天錫奏請賜封寶覺圓明禪師。政和元年（一一一一），張、郭獲罪，累及惠洪，被刺配崖州。遇赦北返，又被指爲張懷素黨人而繫獄。建炎二年病卒。與其坎坷經歷形成鮮明對照的是，他曾與蘇黄等時之名流廣爲交遊，互相唱酬。撰有《筠溪集》十卷、《甘露集》九卷、《物外集》二卷，已佚。今存者僅《石門文字禪》三十卷、《冷齋夜話》十卷、《禪林僧寶傳》三十二卷、《天廚禁臠》三卷等；又有《林間録》十四卷，今僅佚存二卷及《後集》一卷。此外，惠洪還工畫梅竹。其事見《五燈會元》卷一七《清涼慧洪禪師》，《佛祖通載》卷一九，《郡齋讀書志》卷四下，《書録解題》卷一七、二二，《避暑録話》卷一，《畫繼》卷五，《能改齋漫録》卷一二，《四庫總目》卷一二〇、一四五、一五四、一九七等。

〔三〕宋佚名　自本則起凡十二篇，皆録自《五百家播芳大全文粹》卷七九。本篇漏注作者，《文粹》卷七九收有《請然老湯榜》，作者似與本篇爲同一人，但亦失署作主，其受者則同爲『然老』。

〔四〕孫仲益　孫覿（一〇八一——一一六九），字仲益，號鴻慶居士。常州晉陵人。大觀三年（一一〇九）進士，政和四年（一一一四）中詞科，官秘書省校書郎。宣和末，蔡攸薦爲侍御史。劾主戰名相李綱，以言不實謫知和州。綱罷相去國，復召，試中書舍人。汴京城破，草欽宗降表。與『賣國牙郎』王時雍等結爲死黨，力主和議。建炎初，貶峽州，再謫嶺南。二年（一一二八），起知平江府。汪、黄汲引，復掌誥命，試給事中、擢吏部侍郎、權直學士院。紹興元年（一一三一），知臨安府。二年，以監守自盗除名，編管象州。四年，放還，提舉鴻慶宫，領祠禄。居太湖二十餘年，致仕。孝宗時，以洪邁薦，受命編纂蔡京、王黼事實及北宋末史事，奏上史館，識者以『謗史』爲恨。孫氏以文學名家，工詩文，撰有《鴻慶居士集》四十二卷、《内簡尺牘》十卷；另有《大全文集》七十卷行世。事見周必大《文忠集》卷五二《居士集序》，《乾道臨安志》卷三、《咸淳臨安志》卷四七、《咸淳毗陵志》卷一一、《書録解題》卷一八、《墨莊漫録》卷四、《四庫總目》卷一五七等。

〔五〕馮當可　馮時行（？—一一六三），字當可，璧山（治今四川璧山）人。宣和六年（一一二四）進士。建炎間，官奉節縣尉；紹興初，爲江原縣丞。紹興六年（一一三六），擢丹稜令，以治最爲四川大使席益薦。八年，特轉一官，召對，因反和議而忤秦檜，授萬州知州。十一年，被誣以跋扈而被秦黨劾罷，坐廢凡十八年。二十七年，起知蓬州，旋罷。二十九年，因王剛中薦，知黎州；三十一年，知彭州。擢成都府路提刑，卒於官。時行畢生反對和議，故宦途偃蹇，然氣節、文學皆享時譽。工詩文，有《縉雲集》四十三卷，今僅佚存四卷。其事略見《繫年要録》卷九六、一〇六、一二〇、一四二、一四五、一七六、一七八、一八二、一九二等，又見蹇駒撰《古城馮侯廟碑》，見《縉雲文集》附録；又見《鴻慶居士集》卷三六《万俟蒿墓誌銘》、《方舟集》卷一六《穆承奉墓誌銘》等。今殘本《永樂大典》猶存其佚詩二十餘首，特附録其《茶嶺》一首：『翠嶺依然在，芳根久已陳。山靈如感舊，亦合厭荊榛。』爲别開生面之作。其佚詩文仍可從《成都文類》、《全蜀藝文志》及方志等書中廣搜博採。

〔六〕李彦和　其人遍考未得，檢覈《文粹》卷首《姓氏表》作李彦澤，疑即彦澤之譌。今考李時雨，字彦澤。仙井監（治今四川仁壽）人。建炎三年（一一二九），以鄉貢進士而上書乞立皇子，被押出行都。紹興元年（一一三一），知南外宗正事。七年，以右迪功郎而上獻《玉壘忠書》三十篇而循二資。年四十即退閑居家，乾道六年（一一七〇）仍在世，與闕者孫等遊瞿塘，享年壽。事見《繫年要録》卷二五、一一七，《朝野雜記》乙集卷一《壬午内禪志》，李彌孫《筠溪集》卷五《李時雨上書可採轉一官制》、《蜀中廣記》卷二一等。

〔七〕劉中遠　『中遠』，原譌作『忠遠』，據《文粹》卷首《姓氏表》作『中』改。即劉觀（一〇七六—一一六一），字中遠，眉山人。靖康元年（一一二六）已官禮部郎中，與王時雍等六人結黨附耿南仲倡和議之説。建炎元年（一一二七），官太常少卿；五月召試，除中書舍人，十二月試給事中。二年七月，試工部侍郎；八月，充徽猷閣待制，出知福州，旋落職提舉宫觀。紹興元年（一一三一），知遂寧府；五年知彭州，九年徙知瀘州，旋罷。里居凡二十年，紹興三十年，以提舉成都府玉局觀充敷文閣直學士。次年卒，贈四官。事見《繫年要録》卷三、五、一一、一六、一七、九六、一二八、一八五、一九一等，又見《能改齋漫録》卷一四《何丞相賀巡幸還京表》、《苕溪漁隱叢話》後集卷三六引《四六談麈》、周必大《文忠集》卷九四《劉觀上遺表特贈四官制》。

〔八〕仰山摘去香嚴點來　本句疑脱一字，無别本可校，姑仍其舊。

〔九〕鄭伯敦　遍考未見其人行歷，疑或字有誤。

〔一〇〕邵公濟　即邵博（？—一一五八），字公濟，號西山。洛陽人。雍孫，伯温子。紹興八年（一一三八），以趙鼎薦，賜同進士出身。九年三月，除校書郎兼實録院檢討官。同年五月，出知果州。二十二年，知眉州，因事被訐，降三官。二十八年，左遷左朝散郎。是年卒於犍爲縣。有《西山集》五十七卷（《宋志》著録爲《邵博文集》），已佚；今惟存《邵氏聞見後録》三十卷。事見《繫年要録》卷一二二、一六三、一七九，《南宋館閣録》卷八、《江湖長翁文集》卷三一《題邵太史西山集》、《宋史翼》卷一〇《邵博傳》等。

〔一一〕宋史堯弼　《茶榜》二首，見《蓮峯集》卷一〇。其中第一首亦見《文粹》卷七九，題作《請平老茶榜》，署作者爲『史唐叟』，此又『史唐英』之誤。史堯弼（一一一九—？），字唐英，號蓮峯。眉州人。早慧。紹興二十七年（一一五七）進士，似未及仕。卒於乾道二年（一一六六）前，未及知命之歲。撰有《蓮峯集》三十卷，已佚，今傳四庫本爲十卷，乃館臣輯自《大典》，僅存約三分之一。事見省齋、任清全二序（刊《蓮峯集》卷首，又見《蓮峯集》卷一〇《亡兄伯振墓誌銘》、《浩然齋雅談》卷中、《四庫總目》卷一六一等。

〔一二〕則老籃兒已曾抛下上窮佛子　『曾』，《文粹》卷七九誤作『會』；『佛子』，同上作『諸佛』。

〔一三〕儲月分江　『儲』，疑應作『貯』。

〔一四〕金李俊民　李俊民（一一七六—一二六〇），字用章，號鶴鳴。澤州晉城人。金承安五年（宋慶元六年，一二〇〇），以經義舉進士第一。官應奉翰林文字。不久，即棄官歸，教授鄉里，從學者衆。金室南遷後，隱居嵩州（治今河南嵩山）鳴皋山，又徙居懷州（治今河南沁陽）西山。元憲宗二年（一二五二），世祖忽必烈尚在藩邸，召見，應聘往，極重之。俊民堅乞歸山。卒謚莊靖。其學，以宗二程義理、邵雍術數爲主。工詩文，撰有《莊靖集》十卷。事見《元史》卷一五八等。《茶榜》，見《莊靖集》卷九。

〔一五〕元耶律楚材　耶律楚材（一一九〇—一二四四），字晉卿，號湛然居士，蒙古名吾圖撒合里（意爲長髯人）。金元之際契丹王族人，籍貫義州弘政（治今遼寧義縣）人。遼東丹王突欲之裔孫，金尚書右丞耶律履子。金泰和六年（一二〇六）舉進士，後官開州同知。貞祐二年（一二一四），以左右司員外郎留守燕京。次年，降蒙古。元太祖十四年（金興定三年，一二一九），隨成吉思汗西征，占卜星象並行醫術，頗得信寵。太宗即位（一二二九），助定君臣禮儀。被窩闊臺任命爲主管漢人文書的必闍赤，漢人尊稱其爲中書令。奏置編修所於燕京（治今北京）、經籍所於平陽（治今山西臨汾），編刊儒學典籍，建請以儒術取士，爲漢文化的傳播作出貢獻。太宗死，乃馬真皇后稱制，漸見疏遠。楚材博覽羣書，旁通天文、地理、術數及釋者、醫卜之學。撰有《湛然居士文集》三十五卷，今僅佚存十四卷，《西遊録》、《庚午元曆》各二卷、又有《曆説》、《乙未元曆》、《回鶻曆》、《皇極經世義》、《五星秘語》、《先知大數》各一卷等。事見《元史》卷一四六，《千頃目》卷一一、一三、二九，《經義考》卷二九三等。

〔一六〕元楊弘道　楊弘道（一一八九—一二七一？），字叔能，號素庵。金元之際淄川（治今山東淄博）人。以父蔭，金末嘗監麟游（今屬陝西）酒税。端平元年（一二三四）入宋，官襄陽府學教諭；次年，攝唐州司户參軍。入元，隱居濟源、濟南等地，以詩文自娱。蒙古乃馬真后稱制元年（宋淳祐二年，一二四二），自編《小亨集》成，原本十五卷，後佚。今存六卷，乃四庫館臣輯自《大典》，其中詩五卷，文一卷。此外，還撰有《事言補》等，已佚。弘道以詩名家，爲世所重，王惲稱其詩文『極自得之趣』。元延祐三年（一三一六），追謚文節。事見金·元好問《遺山集》卷三六《楊叔能〈小亨集〉引》、元·魏初《青崖集》卷三《素菴先生〈事言補〉序》、王惲《秋澗集》卷五九《先友碑陰記》、《齊乘》卷六、《四庫總目》卷一六六等。其《代茶榜》以詩代文，乃别開生面、獨辟蹊徑之作。見《小亨集》卷一。

〔一七〕明倪謙　倪謙（一四一五—一四七九），字克讓，號靜存。錢塘人，後徙上元。正統四年（一四三九）進士。授編修，擢侍講。景泰元年（一四五〇），奉使朝鮮，據其見聞，撰《朝鮮紀事》一卷。天順初，屢遷學士，簡侍東宫。嘗主考順天府，黜落權貴子，横遭誣構，被謫戍開平。憲宗即位，詔復原職，累官南禮部尚書，致仕。卒謚文僖。撰有《玉堂稿》百卷、《上谷稿》八卷、《歸田稿》四十二卷、《南宫稿》二十卷，凡一百七十卷，當時曾合刊，今存者僅《倪文僖集》三十二卷。事見李東陽撰《倪文僖公集序》（刊《文集》卷首）、《彭文思公文集》卷五《倪公神道碑》、劉珝撰《倪公墓誌銘》，刊《皇明名臣墓銘》艮集卷四三，陳鎬撰《倪公傳》、刊《國朝獻徵録》卷三六，《明史》卷一八三、《四庫總目》卷五三、一七〇等。其《茶榜》，見《倪文僖集》卷三二。

中國古代茶品選輯

方　健選輯

〔提要〕

早在上世紀六十年代末，我大學畢業後參加工作，堅持晚上讀書。那時所居之地不通電，煤油燈和燭光下的寒窗苦讀，不免倦意襲人，爲相抗衡，養成了喝茶的習慣。從此以茶作爲讀書佐料，成爲我生活中的需求，嗜茶也已近半個世紀。所幸附近的林場産茶，茶的品質相當好，堪與碧螺春、龍井等媲美，因此喝茶在年青時就習以爲常。上世紀八十年代中，拜讀了陳椽《茶業通史》和張晚芳《中國名茶》後，竟有了編寫一部《中國名茶録》的衝動。經長期的資料積累，於九十年代中成稿。不久，友人徐吉軍約我主編一部茶事詞典，遂將這部舊稿拆散作爲條目編入；同時又編寫了有關宋茶的各類條目，共約七十餘萬言，還有多位作者參加編寫條目（我忝任執行主編），全書凡二百萬字，由徐海榮斥資出版，即《中國茶事大典》（華夏出版社二〇〇〇年版）。

今覺得這一『名茶録』，對讀者或許仍有參考價值，遂將舊稿檢出加以修訂，幅度之大，幾近乎重寫。修訂增補中有幾點必要的説明：一是唐宋及其以前之歷代茶書，我據唐宋史料進行廣搜博採。凡本書所有者，换用本書所校證之資料；如本書所無者，則據唐宋相關資料書，凡引文在各條目中一一括注標明出處。一般採用中華書局及上海古籍出版社所出之點校本，無點校本者一般用《四庫全書》本或影印宋本。本書附録列有參考書目，在條目中不再贅列引書版本。二是明清名茶多據各地方志編寫，寒齋雖藏有《天一閣藏明代方志選刊》二種、書目文獻出版社《北圖藏古籍珍本叢刊》、《日本藏中國稀見方志叢刊》及多種四庫本省志（上海古籍出版社影印本），但仍不敷使用，遂查閱了蘇州圖書館古籍部及市方志辦資料室購藏的《中國地方志集成》；但相对於今存海内外的八千餘種方志而言，筆者所檢索和輯録的茶品仍爲少數。今各地館藏方志正大量影印出版，或許今後能有補輯之機緣，以補今掛漏甚夥之遺憾。

拙輯還部分參考了吴覺農主編的《中國地方志茶葉資料選輯》（農業出版社一九九〇年版）。限於條件，對吴書所引資料未及一一覆核原書（只核對過部分資料）。對吴書一些明顯的衍誤訛奪，按本書凡例所定的校勘原則處置，不另出校記。三是本書的編排，原擬以四角號碼爲序編排，考慮到部分讀者的習慣，今改用首字筆畫爲序排列。四是爲免煩瑣，所有校證部分已省略。五是括注今地名，確是極費時間的難題。今主要根據譚其驤先生主編的《中國歷史地圖集》、新版《辭海》及《中國地名大辭典》（兩書分見上海辭書出版社一九九九年彩圖本二〇〇三年版），括注所列今地名，多爲本世紀初以前的地名。在本書的出版過程中，歲月又流逝了十餘年，今地名一定會有許多更動，堪稱改不勝改。凡古今地名相同者，一般不再括注今地名。歷史地理學既是顯學，又是十分煩難之學。但對歷史學而言，確實是必不可少的學問，正如鄧廣銘先生所説乃治史『四把鑰匙』之一。我資質愚魯，儘管時時向史念海（已歸道山）、鄒逸麟先生等師友求教，但仍視歷史地理學爲畏途。六是凡史料原有之注仍爲小字注文，其餘方志編者或筆者之説明、詮釋性文字一般用括注大字。

因此，本書除掛漏仍夥外，雖經反復修訂，一定還存在不少瑕疵，懇祈讀者批評指正。

乙夜清供　宋代貢茶名。創制於宣和二年（一一二〇），南宋仍爲貢茶。其規格：竹圈、模，方一寸二分，正方形。宋代趙汝礪《北苑別録・綱次》：『乙夜清供：小芽，十二水，十宿火，正貢一百銙。』屬細色第三綱。

二涼亭茶　晚清名茶。産於湖南靖州。清光緒《靖州鄉土志》卷四《物産・茶》：『城西南五里二涼亭茶葉最清美，惜樹少。』又同書附録《靖州三十詠》之一：『姜牙蜜餞滿盤陳，風味油茶亦可人。絶憶頭綱新茶出，二涼茶子雨前春。』注云：『以湅米雜鹽豉煮之，謂之油茶。二涼亭茶，新焙；年例，園客分餉官署。』

十二雷　古代名茶。産於兩浙東路明州（治今浙江寧波）慈溪。北宋已著名，元時充貢，清初已湮没。又名區茶。其名始見於宋代晁説之《景迂生集》卷七《贈雷僧》之三：『留官莫去且徘徊，官有白茶十二雷。便覺羅川風景好，爲渠明日更重來。』子黠四明茶云：『直羅有此茶否？』答云：『官人來，則直羅有。』十二雷，是四明茶名。可知十二雷爲白茶。宋人極爲推崇白茶，譽爲茶瑞，知其名貴至極。清代全祖望《十二雷茶灶賦・序》：『吾鄉十二雷之茶，其名曰區茶，又曰白茶。首見於景迂先生之詩，而深寧居士述之，然未嘗入貢也，元始貢之。王元恭曰：「以慈溪東廒嶴中三女山資國寺旁所出稱絶品，岡山開壽寺旁次之。必以化安山中瀑泉蒸造審擇，陽羨、武夷未能過焉！」顧諸公但言區茶之精，而不知早見於陸氏《茶經》……但十二雷者，甚難致，而近日山人竟無識者。』景迂，即晁説之（一〇五九—一一二九）號；深寧，指南宋末王應麟（一二二三—一二九六）。全祖望所謂陸羽《茶經》已言之，指『浙東以越州上』，注云『餘姚縣生瀑布泉嶺曰仙茗』云云，實即慈溪三女山之茶，即區茶也。參見清光緒《慈溪縣志》卷五三。

十八堡茶　明清茶名。産於四川邛崍。十八堡茶，明代其名已著，近代仍産。民國《邛崍縣志》卷二《方物志》：『邛州十八堡名目（新採訪者，查係明製）：　花楸、天台、相台、驟馬、天池、牛心、紅曉、鹽井、霧清、中峯、石匣、水口、横山、左壩、飛龍、小鳳、木磊、朱璜。十八堡，皆有頭目人。兩地分界，如今之團區，爲收税計也。清之季年，州牧曾朝佑一律免征，園户至今頌之。其實，邛州産茶之地，何止十八堡，龍溪、川溪、雙河、三壩皆産白毫。收茶之時，又何止穀雨，而南北諸山處處産茶，自春及秋均可採擷，故有茶葉、有茶幹、有茶果（如豌豆大）。幹與果須熬，而葉則泡可也。其色有黑、有白、有紅、有緑，緑者最上。其名有芽茶、家茶、孟冬、鐵甲，並有陽山、陰山之分。』此述民國時期邛崍産茶之富，品類之多，除黄茶外，皆有之。

丁坑茶　宋代名茶。産於紹興。陸游《劍南詩稿》卷二五《秋日郊居》之三：『已炊藟散真珠米，更點丁坑白雪茶。藟散，米名；丁坑，茶名。』丁坑，地名，轉作茶名，似當爲白茶。高似孫《剡録》云：『越産之擅名者，有……雲門山之丁坑茶。』范仲淹《清白堂記》云：『山巖之下，獲廢井，視其泉清而色白，味之甚甘，以建溪、日鑄、卧龍、雲門之茗試之，甘液華滋，悦人襟靈。』張伯玉《蓬來閣》詩自注：『卧龍山茶冠吴越。』（引自《嘉泰會稽志》卷三）丁坑茶是堪與建茶、日鑄、卧龍等一流名茶相匹的極品名茶。其爲白茶，尤身價百倍。顯然屬於草茶中名品。陸游又有《北窗》詩云：『一掬丁坑手自煎。子虞寄惠山泉，丁坑蓋日鑄流亞也。』

丁香茶　宋代僞茶名。丁香乃生長在我國北方的一種落葉灌木或小喬木，似茶而實非茶。不同于生在熱帶的常緑喬木（俗名雞舌香）。丁香葉呈圓或橢圓形，花紫色或白色，春季開，有香味。可供觀賞，有取其嫩葉製成茶，其實與茶形似而性實異。正是這種相似性，在宋代實行茶葉專賣制度下，走私者常以丁香葉摻雜茶中，製成僞茶，以假亂真，以牟取暴利。

丁坭茶　宋代名茶。爲總名日鑄茶之具體品種，施志已著録八種之多。産於紹興天衣山，茶以地名。宋代施宿《嘉泰會稽志》卷一七《日鑄茶》：『其次則天衣山之丁坭茶，陶宴嶺之高塢茶，一曰金家嶴茶。秦望山之小朵茶，東土鄉之雁路茶，會稽山之茶山茶，蘭亭之花塢茶，諸暨之石筧茶，餘姚之化安瀑布茶，此其梗概也。』

丁仙崖茶　歷史名茶。産於江西武寧。清乾隆《武寧縣志》卷三〇《雜記》：『李德嚴棄官學道，訪丁義遺蹤，入瓜源，構淨明堂，時有白鹿馴擾階下及青鳥採茶之異。茶産於丁仙崖，香色絶勝。其修治與鄉人異，至今尚傳其法云。』

入香茶　指製茶時摻入香料的茶，亦宋代貢茶品類之一。宋制貢茶時有入香不入香兩種類别，入香茶即摻入麝香、腦子之類香料者，成爲其後窨製花茶的濫觴。宋《兩宋名賢小集》卷一三六録陳克《觀錢德嘗書畫》：『老子眼寒俱不識，勞君煎點入香茶。』

七里香　清代茶名。産於四川綿竹。清嘉慶《綿竹縣志》卷三六《藝文上》：『清陸箕永《綿竹竹枝詞》：「錢磴回盤萬仞岡，採茶郎似去年忙。幾家門户原依舊，認取沿山七里香。」西北多産茶，上盤絶壁，下臨湍流。採茶時，男女羣往，攀援峻險，如猿玃然。七里香，似木香，土産也。』

七寶茶　宋代茶名。宋代進士殿試，后妃出此茶賜考試官員。王鞏《甲申雜記》載：『仁宗朝，春試進士集英殿。后妃御太清樓觀之，獻出餅角子以賜進士，出七寶茶以賜考試官。』餅角子，指龍鳳團茶的碎片。七寶茶，或爲已摻入花、菓而製成的花茶。梅堯臣有詩可證：《宛陵集》卷二〇《七寶茶》云：『七物甘香雜蕊茶，浮花泛緑亂於霞。啜之始覺君恩重，休作尋常一等誇。』仁宗嘉祐二年（一〇五七），歐陽修知貢舉，薦梅堯臣爲小試官，即點檢試卷考官。是科得人爲盛，曾鞏、蘇軾兄弟均第是科進士。考官即此際獲賜七寶茶。亦或專供后妃享用的貢茶。

七品茶 指宋代七個等級的建茶。始見於宋代梅堯臣《宛陵集》卷三七《李仲求寄建溪洪井茶七品云愈少愈佳未知嘗何如耳因條而答之》。詩云：『忽有西山使，始遺七品茶。末品無水暈，六品無沉柤，五品散雲腳，四品浮粟花，三品若瓊乳，二品罕所加，絶品不可議，甘香焉等差。一日嘗一甌，六腑無昏邪。』宋代士大夫間有互贈春茶，以詩相酬之習俗，被視爲朋友間君子之交的雅事。李仲求，李定表字，建安人，李寅孫，虚舟之子，曾任司農少卿，頗有能名。建溪，水名。宋代福建建州産的茶最好，常稱爲建茶，名品甚多。洪井茶，爲建茶之一，七品指七個等級的茶，由於採製的時間和方法不同，品質頗有區别。此詩惟妙惟肖地描寫了梅堯臣品嘗這七個等級的洪井茶後的真切感受。他從末品煎飲起至極品乃有飄飄欲仙之感。後世遂以品茶作爲鑒别茶品質的專門名詞。

七水埇茶 清代名茶。産於廣東茂名。清光緒《茂名縣志》卷一《物産·茶》：『新洞之茶，樹高數尺，葉頗長，花白，略小於洋茶花。穀雨前採取者佳，秋末尤佳。以七水埇者爲極品，名馳遠近，莊黄洞坳頭次之。性寒，去食積油膩，味易變，難久藏。』

七星墩茶 晚清茶名。廣東海豐出産。清同治《海豐縣志續編·山川》：『蓮花山，邑北五十里，形如蓮花，高數百叢……上平如砥，中有七星墩，其産茶氣味最佳。』

七根毛茶　清代名茶。產於今廣東信宜市。清同治《廣東通志》卷一〇九：『白馬山，在〔信宜〕城北一百里……立白馬廟於錢排石崖中，產七根毛茶。』

九節茶　清代名茶。今廣東汕頭市南澳縣出產。清乾隆《南澳志》卷二：『果老山，城西南十二里。產九節茶。』又，同書卷一〇《物產·茶》：『九節茶，產果老山。枝葉紛披，似珍珠蘭，可以去風熱。』似爲類茶植物。

九峯茶　明代名茶。產於四川嘉定州（治今樂山市）。明萬曆《嘉定州志》卷五《物產·茶》：『產九峯者佳。初出時，不異天池，然不多；率以僞者摻入之，便惡。』嘉定州，明洪武九年（一三七六）降爲直隸州，治今四川樂山市，屬四川布政司。轄境相當今四川洪雅、夾江、峨眉山、樂山、峨邊、犍爲、榮縣、威遠等市、縣地。清雍正十二年（一七三四），復升爲府。

九龍山茶　清代茶名。廣東陸豐產。清乾隆《陸豐縣志》卷二：『九龍山，在邑西五十里。產茶頗佳，與虎山埒。』

九龍嶺茶　清代名茶。湖南邵陽產。清光緒《邵陽縣志》卷六《物產·茶》：『茶，不甚多，產龍山、赤水者甘。九龍嶺者，瀹之，氣若雲霧。』當爲高山茶。

九龍峽茶　清代名茶。福建清流產。清道光《清流縣志》卷九《物產·茶》：『茶，種之山者名山茶；種之園者名園茶。山茶味厚而園茶次之，視作手以爲精粗。國初，有江南僧至境，遍山種茶，依松蘿製之，有香有色，迄今圩埔、梓材、薯坑等鄉間傳其種，唯九龍峽中所産者葉雖粗而味尤永，然亦僅可供盧仝之第七碗者。』

九龍嶂茶　明清之際名茶。江西安遠産。充貢。清乾隆《安遠縣志》卷一：『九龍嶂，在縣南十五里新龍堡界。綿亘十二里，列巘崚，如翠屏環抱。山之巔，雲霧蒸騰，覩其聚散，以驗晴雨……曬禾坪數畝地，産茶，雨液露膏，滋潤獨厚，香色味可稱名品，即今上貢茶也。』又同治《安遠縣志》卷一九《物産·茶》載：九龍嶂茶，『雍正五年取以作貢，計正額六十斤，後以所産不敷，在古亨山採取埶數，氣味比龍巖亦不稍遜』。

九層巖茶　清末民初名茶。産於福建龍巖。民國《龍巖縣志》卷七：『九層巖，在縣東百餘里，丹崖翠巘，地産名茶。香味特别，山極高，自下望之，雲氣縹緲，迴入層霄中，清泉甘冽異常。』

九嶷山茶　清代名茶。産於湖南寧遠。清嘉慶《寧遠縣志》卷二《物産·茶》：『茶，出九嶷山，味美，但不可多得。』

三火茶　指開春採製的頭三焙茶。以品質優良著稱。宋代黄儒《品茶要録·采造過時》：『茶事起於驚蟄前，其采芽如鷹爪。初造曰試焙，又曰一火；其次曰二火，二火之茶，已次一火矣。故市茶芽者唯同出於三火前者爲最佳。』

三味茶　歷史名茶。武夷巖茶品種之一。産於福建武夷山區。有解酒消滯之效。清道光《武夷山志》卷一九《物産》：『三味茶，别是一種。能解酲消脹。巖山、外山，各皆有之，然亦不多也。』參見『武夷茶』條。

三清茶　清代名茶。産於江西玉山。茶以山名。清同治《玉山縣志》卷一下《物産·茶》：『茶以三清山産者味特清冽，前《志》稱西坑茶與靈山並重，然不及三清遠甚。』

三角山茶　近代茶名。河南信陽縣所産。民國《信陽縣志》卷三："『三角山，亦名三架山，又名仙山，在縣西六十里……北麓平田數十畝，清溪映帶，頗有武陵風景。邑人楊子述於山麓集股種茶十餘萬株。』此乃近代較早之茶場。

三巖山茶　清末民初茶名。爲廣西桂平産的野生名茶。民國《桂平縣志》卷四《山川上》："『三巖山，縣西一百二十里，武平里西北。三峯並峙，高峻爲武平諸山冠，人跡罕至，上産天然茶，色味俱佳，經宿不變。』

三寶峯茶　近代名茶。産於廣西上林縣。民國《上林縣志》卷一："『大明山，山拔地四十八里，上有三寶峯，山中産茶。』

下隔茶　清代名茶。産於福建上杭。早在清代就已在漢口注册商標，成爲名動一時的名牌茶。民國《上杭縣志》卷三："『邑中産茶，古田、下隔最多。……舊時漢口有懸下隔名茶牌者，其盛可知。』則茶以地名。

大方茶　宋代片茶茶名。産於湖南路潭（治今湖南長沙）、岳（治今湖南岳陽）、辰（治今湖南沅陵）、澧州（治今湖南澧縣）和湖北路復州（治今湖北天門）等地，《宋會要輯稿·食貨》二九之九及《文獻通考·征榷五》有載。值得注意的是産於潭州的大方茶是以大斤計量的。宋初，宋太祖就詔令潭州大方茶："『舊日每三十片重九斤者，不得令過十斤。』（《宋大詔令集》卷一六三）《宋史·李允則傳》則云潭州『茶以十三斤半爲定制』。華鎮《雲溪居士集》卷二六《湖南轉運司申明茶事劄子·小貼子》又云："『況潭州方茶，每一大斤，權以省秤得九斤之重，歲科一十五萬斤，則爲一百三十五萬斤矣。』可見在北宋初和北宋末均爲每一大斤九斤，僅在宋真宗時一度以十三斤半爲一大斤。

大方茶　清代名茶。產於安徽歙縣。其得名緣由有二説：其一，因縣内南鄉有大方山而得名；其二，因僧大方在隆慶（一五六七—一五七二）年間住松蘿山，創制松蘿茶而聲名鵲起，後因仿比丘大方製法而得名。民國《歙縣志》卷三：『其製而售諸國内者，有毛峯、頂谷、大方、雨前、烘青等目。大方以縣南有大方山而得名；或云仿僧之製法，故以僧名名之。產諸旱南者，味極濃厚，爲邑產佳品。毛峯，芽茶也，南則陔源，東則跳嶺，北則黄山，皆產地，以黄毛爲最著，色香味非他山所及。頂谷享其山高，毛峯享其芽細；雨前擷之于穀雨前；烘青焙而不揉，枝之稍嫩次於毛峯者。蓋銷地各有嗜，製品亦相其所宜。』可見這是一種内銷茶，其高山茶則稱頂谷或頂谷大方，毛峯和黄山毛峯亦創制於清代，今已是極品名茶。

大拓枕　宋代片茶茶名。產於荆湖北路江陵府（治湖北今縣）。見《文獻通考·征榷考五》。

大旭山茶　近代茶名。廣東連山所產。茶以山名，產量頗多。民國《連山縣志》卷一：『大旭山，在城西南一百一十里。產茶最盛，常有茶商設廠採辦，販運省城。』

大邑毛尖　歷史茶名。產於四川大邑縣境。清光緒《大邑縣志》卷七《物產·茶》：『邑境霧中、鶴鳴諸山現俱產茶。每年尚額銷邊腹茶引二千三百餘道，而樹老山荒，產數已不如前，製造亦未能如法。若火番餅、磚茶等名目，民間鮮有知者。唯穀雨前所採毛尖，猶膾炙人口云。』火番餅爲著名邊銷茶，五代初已有，始見於毛文錫《茶譜》。

大坪山茶　清代茶名。產於臺灣淡水。清同治《淡水廳志》卷一二《物產·茶》：『茶，產大坪山、大屯山、南港仔山及深坑仔内山最盛。』

大鳴山茶　歷史名茶。廣西南寧武鳴縣産。清道光《武緣縣志》卷三：『茶出大鳴山者最佳。』

大嶺山茶　清代茶名。廣東東莞産。清宣統《東莞縣志》卷六：『大嶺山，在城南四十里……主峯産茶。』

大嶺頭茶　民國茶名。湖南嘉禾（明末析桂陽州、臨武縣置，今屬湖南郴州）産。民國《嘉禾縣圖志》卷三：『大嶺頭，南托附近……昔荒，今墾種茶。』

大茶山茶　歷史名茶。産於廣西邕寧縣（治今廣西南寧市邕寧區）。民國《邕寧縣志》卷一：『大茶山，縣西南六十里。上産佳茗，葉大味甘，煮茗旬日，氣味不變。』

大南山茶　清代茶名。産於四川瀘州。清嘉慶《直隸瀘州志》卷一：『大南山，在州南四十里，其山産茶。』

大帽山茶　清代名茶。廣東新安（治今深圳寶安）縣産。清同治《廣東通志》卷一〇〇：『大帽山，在城東五十里……多産茶。』

大梁山茶　清初名茶。湖北宜都産。清康熙《宜都縣志》卷一引王之棟《山水記》：『去城十五里爲白洋……西南十六里，又得一大梁山，高峻奇聳，山家業茶。』

萬春茶　宋代茶名。爲茶馬貿易中的博馬茶之一。如多餘也充陝西路食茶。《宋會要輯稿·職官》四三之八五載，元豐六年（一〇八三），宋廷規定萬春茶的買賣價格分别爲每馱八十七貫三十六文和一百七十三貫三百四十八文，買賣差價爲八十六貫三百一十二文，利潤率高達百分之九十九點一七。茶場司對川陝茶實行禁榷，由於官方壟斷經營，茶司從中獲取高額利潤，用於博馬支出外，每年盈餘高達上百萬至數百萬貫。

萬源茶　近代茶名。爲四川萬源縣境所産茶的合稱。民國《萬源縣志》卷三《農業·桐茶》：『縣屬産茶，以三區之白羊廟，四區之鍋團圓，八區之青花溪，十區之大竹河、白果壩等處最爲馳名。種茶之法亦分點種、移苗兩項，唯不及桐樹之易活易長，嫩苗尚須人力保護，收穫在植定七年以後。製茶：於採回時入鍋攬炒，以梗葉皆軟爲度，晾至半乾，盛於麻袋内，以足團之，或一次二次，至多不過三次，則葉成條而拳曲，曝乾或陰乾後，揀去枝乾，貯袋内，築成包，外束以繩，便於運輸。』此乃邊銷茶。

萬壽龍芽　宋代貢茶名。大觀二年（一一〇八）始造。規格：銀圈、銀模，徑一寸五分。趙汝礪《北苑别録·綱次》：『萬壽龍芽，小芽，十二水，八宿火，正貢一百片。』此屬細色第三綱。

萬春銀葉　宋代貢茶名。宣和二年（一一二〇）造。規格：銀模、銀圈，兩尖徑二寸二分，形似六角形梅花狀，飾龍紋。《北苑别録·綱次》：『萬壽銀葉（方案：應作萬春，據《宣和北苑貢茶録》及其圖。）《西溪叢語》卷上改），小芽，十二水，十宿火，正貢四十片，創添六十片。』此屬細色第四綱貢茶。

寸金　宋代貢茶名。宣和三年（一一二一）造。規格：銀模、銀圈，方一寸二分，龍飾面。趙汝礪《北苑别録·綱次》：『寸金，小芽，十二水，九宿火，正貢一百銙。』自龍團勝雪至寸金，凡十六品，均爲細色第三綱貢茶。

上雲茶　明代茶名。産於浙江臨海。以縣有上雲峯産茶而得名。清乾隆《浙江通志》卷一〇五引嘉靖《臨海縣志》：『上雲峯産茶，味異他處，宋濂有《記》。』宋濂，明初著名文人。

上帥茶　清代名茶。廣東連山（治今連山壯族瑶族自治縣）産。清道光《連山綏瑶廳志·物産》：『茗則大龍茶、小龍茶、黄連茶、上帥茶。茶出上帥者，在山尖，二尖相連而並峙，絶壁懸崖不可攀。茶生崖上，七莖爲一絲，其味甘，茶之最上品也，然不常有。』

上杭茶　清末民初茶名。爲福建上杭縣所産茶的總稱。民國《上杭縣志》卷三：『邑中産茶，古田、下隔最多，次圓通、龍嶂，次石梅峯、烏石崠、湖梓里，味皆香厚，然不講求種植製焙之法，日漸消落，至今不圖，恐如靛業之一跌不振。……其盛可知。近則杭茶不足供邑人之用，多來自浙江、崇安、寧洋、安溪，而寧洋茶尤巨。』又同書卷九《物産·茶》載：『杭於茶各處皆産，其稍著名者，則以金山、古田、下隔、圓通山、石梅嘴、湖梓里、上羅地、石坪前等處爲最。漢口有懸下隔名茶牌者，蓋百年前物也。然産量日減，不足供本地之需。蓋吾杭土質本佳，唯製焙不得法，又多作僞。若其佳者，味厚而甘，不特遠勝寧洋，且並駕浙江也。』茶多以地名，且不乏名茶。

上磴茶　清末民初茶名。廣東懷集産。民國《懷集縣志》卷一〇：『上磴茶，〔産於〕離城一百二十里〔處〕。有名冷甕茶者，飲之滿齒生涼。』

上下涇茶　唐宋之際茶名。産於宣州太平縣（治今安徽黄山市）。宋代樂史《太平寰宇記》卷一〇三：『太平縣：上涇下涇，邑圖云：「産茶味與黄州同。」』按：黄州，治今湖北黄岡。此當始見於毛文錫《茶譜》。

上塢山茶　清代名茶。産於浙江嵊縣南山。清同治《嵊縣志》卷二〇上：『今之大昆茶，以孔村者爲佳；小昆茶，以油竹潭爲佳。而南山九州峯之上塢山茶甚甘美，寺横路尤佳。』

上林第一　宋代貢茶名。始創于宣和二年（一一二〇）。規格：竹圈、模，方一寸二分，正方形。趙汝礪《北苑别録·綱次》：『上林第一：按《建安志》云：雪英以下六品，火用七宿，則是茶力既強，不必火候太多，自上林第一至啓沃承恩，凡六品。日子之製同，故量日力以用火力，大抵欲其適當，不論採摘日子之深淺，而水皆十二研，工多則茶色白，故耳。小芽，十二水，十宿火，正貢一百銙。』

上品揀茶　宋代貢茶名。紹聖二年（一〇九五）造。規格：銀模銅圈，尺寸奪。圓形，龍紋飾面。《北苑别録·綱次》：『上品揀芽，小芽，十二水，十宿火，正貢一百片。』細色第四綱貢茶。

廣利茶　明清名茶。四川遂寧所産。清乾隆《遂寧縣志》卷四：『昔邑廣利寺山産之，其味最佳。』可見爲一種寺院茶。

義合山茶　清代茶名。廣東河源縣産。清同治《廣東通志》卷一〇四：『義合山，在縣東五十里，多竹。相近有康禾山，多木，俱産茶。』

女兒紅　清代茶名。今江蘇南京浦口産。這是一種花茶。運銷蘇州、上海等地。清光緒《江浦埤乘》卷一：『女兒紅，茶名也，浦口人於春間採製，販運蘇、滬。又以珠蘭熏茶之法，尤以浦口爲工。』

小團　①唐代茶名。産於綿州（治今四川綿陽），因其爲小團餅茶而得名。唐代李肇《國史補》卷下：『風俗貴茶，茶之名品益衆……東川有神泉、小團、昌明、獸目。』②宋代貢茶小龍團之簡稱。參見『小龍茶』條。

小卷　宋代片茶茶名。産於湖南路岳州（治今湖南岳陽）。見《宋會要輯稿·食貨》二九之一。

小鳳團　宋代貢茶名。即小鳳茶。小鳳團創制於仁宗時，吴曾《能改齋漫録》卷一五《建茶》：『建茶務，仁宗初，歲造小龍、小鳳各三十斤，大龍、大鳳各三百斤。』又，宋制：史官月賜小鳳茶。歐陽修《文忠集》卷一四《感事》詩：『病骨瘦便花蕊暖，煩心渴喜鳳團香。先朝舊例，兩府輔臣歲賜龍茶一斤而已。余在仁宗朝作學士兼史館修撰，嘗以史院無國史，乞降一本……（仁宗）亟命賜黃封酒一瓶、果子一合、鳳團茶一斤。押賜中使語余云：「上以學士校寫新國史不易，遂有此賜。」然自後月一賜，遂以爲常。後余忝二府，猶賜不絶。』據此，月賜史官小鳳團茶似始于歐陽修，其後遂成定制。韓駒詩《陵陽集・又謝送鳳團及建茶》之一可證：『白髮前朝舊史官，風爐煮茗暮江寒。蒼龍不復從天下，拭淚看君小鳳團。』游師雄《汲泉烹茶寄葉君康直》：『清甘一派古祠邊，昨日親烹小鳳團。』（《全宋詩》卷八四三）黄庭堅《阮郎歸・茶詞》：『香分小鳳團，雪浪淺，露花圓，捧甌春筍寒。』

小方茶　宋代片茶茶名。産於湖北路鄂州（治今湖北武昌），湖南路岳、辰、澧等州。《宋會要輯稿・食貨》二九之一及《文獻通考・征榷五》有載。參見『大方茶』條。

小方珪　宋代方形貢茶的雅稱。宋代貢茶制式各異，品種繁多，除了圓形團餅外，還有方形、菱形等其他花式，由於製作模具不同，形成了不同的形狀。此又可指代龍園勝雪。熊蕃《宣和北苑貢茶録》：『其制方寸新銙，有小龍蜿蜒其上，號龍園勝雪。』葛勝仲《丹陽集》卷一八《試建溪新茶次元述韻》：『更看正紫小方珪，價比連城真稱愜。』

小龍茶　即宋仁宗時蔡襄創制的上品龍茶。宋代極品名茶。充貢。每斤二十八餅，又稱小龍團。張耒《柯山集》卷二三《晚春初夏八首》之五：『睡足高簷春日斜，碾聲初破小龍茶。』鮑慎由《與鄭公華自朐山鄰舟行》：『閑擕小龍團，睡起就君煮。』（《宋詩紀事》卷三二）又簡稱爲小團，如馮山《安岳集》卷一一《再和》詩：『此品何嘗下小團，分甘仍值雪霜寒。』郭祥正《青山集》卷二〇《立夏日示陳安國宣義》：『小團宫様茗，分酌莫辭深。』蘇軾《月兔茶》：『君不見，鬥茶公子不忍鬥小團，上有雙銜綬帶雙飛鸞。』

小朵茶　宋代名茶。産於紹興秦望山。乃日鑄茶品種之一。參見『丁坈茶』條。

小硯春　明代名茶。産於六安州（治今安徽六安）。明代天啓《吴興備志》卷二二引《峴山志》：『峴山麓近僧房處，時有茶，味亦佳。原按：六安州有小峴山，出茶，名小硯春。若此茶當名碧峴春耶？』稱湖州亦有峴水。當仿六安小硯春茶名，命名此硯山茶爲碧峴春。

小江源茶　唐代名茶。一名小江園，産於峽州夷陵（治今湖北宜昌）。巴東是我國較早産茶的地區。南朝梁·任昉《述異記》卷上已云：『巴東别有真香茗。』唐代陸羽《茶經·七之事》也引《夷陵圖經》云：『黄牛、荆門、女觀、望州等山，茶茗出焉。』唐代楊曄《膳夫經手録》：『夷陵又近有小江源茶，雖所出至少，又勝於茱萸簝矣。』又，五代毛文錫《茶譜》云峽州有『小江園』，疑即爲此茶。

小陂橋茶　民國茶名。今湖南永州祁陽縣産。民國《祁陽縣志》卷八：『水東流八里，届小陂橋，自源福巖以東北，民以筒車引水浸田，悉無旱憂。多種杉植茶，春夏之交，喬木瞻雲，柔葉含露，羣女採茶，村歌酬答，實娱客耳。』

小高山茶　清末民初茶名。今四川巴中市南江縣北部出産。民國《南江縣志》第二編《物産·植物》：『茶，盛産北部……清明採者尤佳。小高山産物，故益可恃之，無以逾之。』

小鹿鳴茶　民國名茶。四川宜賓興文縣産。民國《興文縣志》卷二〇《農産》：『茶，以建武小鹿鳴山所産名最著，年産佳品不過數斤。』

子茶　清代茶名。這是産於江西修水縣的夏茶。清同治《義寧州志》卷八《地理志·土産》：『芽茶，雙井釣台畔，有茶一株，葉與常茶異，高四五尺許，土人間採之，味佳，勝天池、武夷；又，雙井明月庵牆隅一株，然皆不復見矣。今其地猶生茶，採于清明、穀雨時者爲芽茶，採于立夏時者爲子茶。小滿、芒種時爲紅梗、白梗。八鄉皆有之，而崇鄉、幽溪較勝。……道光間，寧茶名益著。種蒔殆遍鄉村，製法有青茶、紅茶、烏龍、白毫、花香、茶磚各種。每歲春夏，客商麇集，西洋人亦時至，但非我族類，道路以目，留數日輒去。』

馬茶　清代茶名。四川灌縣産。這是一種邊銷茶。主銷金川，茶味粗劣。清光緒《增修灌縣志》卷一二《物産·茶》：『邑中有紅茶、白茶、苦丁茶、茨藜茶，要不及青城毛茶味厚。其連枝葉砍者，名馬茶。夷人所食，每歲運售金川。』又光緒《灌記初稿》卷二：『又有白茶、紅茶、苦丁茶、馬茶，馬茶尤邊夷所重。』可見是一種邊銷博馬茶。

馬二嶺茶　清代名茶。産於廣西鬱林州（治今廣西玉林市）。清乾隆《鬱林直隸州志》卷二：『馬二嶺，在州城北三十里。案：嶺與寒山對峙，大梁江逕其中，江流過此嶺及石人嶺遂入羅望江，州人以茶産此嶺者爲佳。』

馬面山茶　清代野生名茶。産於今廣西欽州靈山縣境。清嘉慶《靈山縣志》卷五：『雞籠山，距縣九十里，西向者爲馬面山，連峯合遝，横亘三十餘里，常産仙茶，鄉人清明、穀雨前後偶一遇之，拾或盈筐歸。』又，民國《靈山縣志・植物》：『馬面山茶，葉厚面長大，背有白色，味甚甘涼。一説此山界分東西，東邊茶尤美云。』

馬跪山茶　清代名茶。産於四川綿竹縣(治今四川綿竹市)。有青龍、白馬二品。清光緒《綿竹縣鄉土志》乙《植物・茶》：『木本科，雙子葉，葉頭鋭，葉基腳尖，葉緣鋸齒。果如松子，味苦。綿北馬跪寺青龍、白虎二垉所産甚佳。邑商採配作邊引，行銷松茂等處。』真品馬跪山茶，一葉緣有鋸齒，一葉緣無；無此特徵者爲僞茶。

豐都茶　清代茶名。爲今重慶豐都縣境所産茶品的合稱。民國《重修豐都縣志》卷九：『茶，産義順鄉馬武壩、七曜山俱佳。廂子石、茶子岫尤多。至崇德鄉梨子灣，香味仿佛雲南普茶，但所産不敷一鄉之用。光緒二十七年(一九〇一)，太和鄉廪生譚綺垣選購佳種，種植里餘，出産暴盛，色味雙佳，遠近爭購之。後綺垣卒，茶樹漸萎。』

王家嶺茶　歷史名茶。産於湖北歸州(治今湖北秭歸)。清光緒《歸州志》卷八：『州南四十里王家嶺産者良，烹貯碗中，經宿色不變。』

開卷　宋代片茶茶名。産於湖北路復州(治今湖北天門)、湖南路岳州(治今湖南岳陽)等地。見《宋會要輯稿・食貨》二九之一《茶色號》。

開勝　宋代片茶茶名。産於湖南路岳州(治今湖南岳陽)。見《文獻通考・征榷五》。

開陽茶　清代民初貴州開陽縣(今貴陽市屬縣)所産茶的統稱。其縣南貢茶，歷充貢品，其名久著。民國《開陽縣志稿》卷三三《物産・茶》：『縣屬爲産茶區，且質亦佳，爲有名出品。如一區之南貢、翁朵、大塘、枇杷哨、磨盤、頂方、中壩、翁昭，三區之馬江山、馬場、三合場、中火爐、宅吉以及一、四、五區之各地均產之。尤以南貢附近之白沙波一帶產品質最佳，年可數千斤。據父老流傳，南貢附近所產之茶，在專制時代，指爲貢品，南貢即以此得名，而茶亦以此馳名全縣。清末年，邑人李香池等曾有藺茶公司之創立，製壓茶餅，有方、圓兩種，茶面有開陽貢茶四字，銷行各縣，爲數甚巨，惜以管理無方，早經停辦，殊爲遺憾。南貢一帶之茶，生熟土圩上，其樹較高，葉厚，色青，葉柄之長，均較各地過之。土爲黑砂而疏鬆，故根易蔓延，便吸肥料。每歲冬末，必掘其根土尺許，鏟附近土皮和人糞壅之，仍以原土掩上。其茶泡後，色淡緑，味香，久泡稍冷。則呈葡萄紅色，至爲美觀，煨至三次，色味不變，陳者尤佳，洵特產也。故價常較他處爲高，本年新市價值，頭茶摘于穀雨前，每斤已在一元左右。製茶土法，於歲三月初，摘新芽，名頭茶，細小而嫩。先以清水洗淨，濾幹後，入淨釜中以文火焙之，每分鐘攪五六次，覺熏手時，取入竹器中，潔手揉葉，至卷而止，候熱散盡，洗鍋再焙（不洗鍋則生茶銹），如是者四，但炒至三四次時，每分鐘須攪十次，否則葉色不均，細粗不勻，此後入竹籠中烤之，上蓋以潔布，使火力均勻，茶氣不散，至幹而止，即成茶也。採茶自清明起，穀雨前採者曰雨前茶，極細者曰毛尖，均茶中上品。四月摘二次，曰上茶，至三次止。茶開白花，實内藏子，可榨油。本縣全年茶之產量，至少在五萬斤以上，除供應本地外，販運鄰縣約三萬斤之譜，平均以每斤五毛計，每年入洋亦在一萬五千元左右，如能予以提倡改良，則本縣茶業，將來自大放光明也。』

天池茶　明清名茶。産於蘇州吳縣天池山。明代張謙德《茶經·茶産》：『品第之，則虎丘最上；陽羨、蒙頂石花次之；又其次則姑胥天池、顧渚紫筍、碧澗明月之類是也。』顧起元《客座贅語·茶品》：『如吳門之虎丘、天池……閩之武夷、寶慶之貢茶，歲不乏至。』陳仁錫《潛確類書》：『今則吴中之虎丘、天池、伏龍……皆足珍賞。』詹景鳳《明辨類函·食法》：『四方名茶，江北則廬州之六安，江南則蘇州之虎丘、天池……而色香亦虎丘之天池矣。』清代陳鑒《虎丘茶經注補·一之源》：『鑒親采數嫩葉，與茶侣湯愚公小焙烹之，真作豆花香，昔之鬻虎丘茶者，盡天池也。』今已無存。

天柱茶 唐代名茶，又稱天柱峯茶。茶因地名，産於舒州（治今安徽潛山）。唐代楊曄《膳夫經手録》：『舒州天柱（峯）茶，雖不峻拔遒勁，亦甚甘香芳美，良可重也。』《太平廣記》卷三九九引《中朝故事》：『有親知授舒州牧，李謂之曰：「到彼郡日，天柱峯茶可惠三數角。」其人獻之數十斤，李不受，退還。明年罷郡，用意精求，獲數角投之。贊皇閲之而受，曰：「此茶可消酒肉毒。」乃命烹一甌，沃於肉食，以銀合閉之，詰旦開視，其肉已化爲水矣。衆服其廣識也。』此雖小説家言，未必盡信，但李德裕求天柱茶則確有其事，其《憶茗芽》詩序稱：『天柱峯茶可惠三四角。』（《全唐詩》卷四七五）又，秦韜玉《採茶歌》也云：『天柱香芽露香發，爛研瑟瑟穿獲篾。』薛能《謝劉相公寄天柱茶》：『兩串春團敵夜光，名題天柱印維揚。』

天峯茶 清代茶名。産於浙江象山縣西北蒙頂山，故又名蒙頂山茶。清道光《象山縣志》卷二：『蒙頂山，縣西北四十五里，一名茶山。有花氣巖，其絶頂名天峯，有佳茗。』故稱天峯茶。

天燭紅 清代名茶。産於安徽歙縣。因其芽葉色鮮紅，似南天燭而得名。參見『羅漢茶』條。

天目山茶 歷史名茶。指産於浙江天目山區的茶。宋代樂史《太平寰宇記》卷九三引五代毛文錫《茶譜》：『杭州臨安、於潛二縣生天目山者，與舒州同。』唐代皇甫曾有《送陸鴻漸山人天目采茶回》詩：『千峯待逋客，香茗復叢生。采摘知深處，煙霞羨獨行，幽期山寺遠，野飯石泉清，寂寂燃燈火，想思一磬聲。』此詩可證陸羽曾入天目山採茶，中唐以後，天目山茶名已顯。皎然《飲天目山茶寄元居士晟》詩云：『喜見幽人會，初開野客茶。……知君在天目，此意曰無涯。』宋初，其名仍著。上引樂史書同卷云：『山極高峻，上多美石、泉水、名茶。』明清兩代仍爲名茶。明代田藝蘅《煮泉小品·宣茶》：『今天目遠勝徑山，而泉亦天淵也。』明代屠隆《茶説》也稱：『天目，爲天池龍井之次，亦佳品也。』地志云：『山中寒氣早嚴，山僧至九月即不敢出。冬來多雪，三月後方通行。茶之萌芽較晚。』天目山茶，又稱雲霧茶。清光緒《臨安縣志》卷一引萬曆《舊志》：『雲霧茶出天目，各鄉俱産，唯天目山者最佳。』

天字嶂茶　清代茶名。産於福建永安。清道光《永安縣志》卷一：『天字嶂，去城西五十里……今耕藝其上，茶敵桂山。』

天尊貢芽　宋代貢茶名。産於浙江省桐廬縣天尊巖，故名。宋代范仲淹謫守桐廬，有《瀟灑桐廬郡》詩十絶，有云：『瀟灑桐廬郡，春山半是茶，輕雷何好事，驚起雨前芽。』周格在徽宗宣和四年（一一二二）爲郡守，因仲淹詩名而建瀟灑樓（見乾隆《浙江通志》卷四九）。宋代桐廬確産名茶。明代李日華《六研齋筆記》載：『天尊巖産茶，最芳辣，宋時充貢。』其《紫桃軒雜綴》云：『分水貢芽，出本不多，大葉老梗，潑之不動，入水煎成，翻有奇味。薦此茗時，如得千年松柏根，作石鼎熏燎，乃足稱其老氣。』則明代已改稱分水貢芽，今這種歷史名茶已恢復生産。清光緒《分水縣志》卷三云：『貢芽並非大葉老梗，近時所産，有苞紫、壽眉、雀舌、蓮心、頂穀、柳條、桐絲諸品，貿販遠郡。唯黄茶售遼東，五月始採，爲大葉老梗耳。』按：清末之茶與宋代及明代已大相徑庭，非天尊巖所産，故其性不同。然天尊貢芽確非大葉老梗，乃嫩茶尖，一芽二葉。

天闕山茶 清代名茶。産於今南京天闕山。清乾隆《江南通志》卷八六：『江寧天闕山茶，香色俱絶。』據民國《首都志》卷四稱：天闕山，即爲南京中華門外三十里的牛首山（以其形似牛首得名，富含鐵礦石）。『山産茶，香色俱絶，名天闕茶。』則此茶自明清延續至近代。

無比壽芽 宋代貢茶名。大觀四年（一一一〇）造。規格：銀模、竹圈，方一寸二分。龍飾面。《北苑別録・綱次》：『無比壽芽，小芽，十二水，十五宿火，正貢五十銙，創添五十銙。』此屬細色第四綱。

無疆壽龍 宋代貢茶名。宣和二年（一一二〇）造。規格：竹圈、銀模，直長三寸六分，長方形，面飾龍紋。《北苑別録・綱次》：『小芽，十二水，十五宿火，正貢四十片，創添六十片。』細色第四綱貢茶。

雲葉 宋代貢茶名。宣和三年（一一二一）創制。規格：銀圈、銀模，模長一寸五分。《北苑別録・綱次》：『雲葉：小芽，十二水，七宿火，正貢一百片。』屬細色第三綱貢茶。

雲桑 代用茶名。産於河南密縣的代茶飲料。是清末民初的木本植物，又能療饑。民國《密縣志》卷一三：『雲桑，能救饑，作茶尤佳，見《中州雜俎》。』

雲葉茶 僞茶名。一種可代作茶飲的闊葉木本植物名。『生密縣山野中，其樹枝葉皆類桑，但其葉似雲頭花叉，又似木欒樹葉，微闊，開細青黄花，其葉微苦。採嫩葉煠熟，換水浸淘去苦味，油鹽調食，或蒸曬作茶尤佳。』參見明代徐光啓《農政全書》卷五四《荒政・木部》、清代吴其濬《植物名實圖考》卷三四《雲葉》。

雲居茶 唐代茶名。産於虔州南康縣（治今江西贛州南康市）。宋代陳景沂《全芳備祖・後集》卷二八引五代毛文錫《茶譜》：『〔虔州〕：南康雲居。』

雲香茶　明清之際名茶。産於江西德安（治今江西九江市德安）。清乾隆《德安縣志》卷六《物産》載：『雲香茶，出聶家山。味甘美，可消渴益神，今無。』

雲霧茶　中國名茶茶名。因産於雲霧繚繞的高山而得名，一般多採自海撥一千米以上的高山。因高山氣温低，日照時間短，晝夜温差大，導致所産茶中内含物豐富，茶多酚、咖啡鹼和糖類物形成量增加。高山空氣潔淨，少污染物，富於紫外線輻射，導致有利於芳香物的合成，故高山茶香味特别醇厚、濃郁。雲霧茶還有茶芽粗壯、持嫩性強，葉色翠緑，葉質厚實的特點，故製成的成品茶條索緊湊，白毫顯露，香氣馥郁，滋味醇厚，耐沖泡而湯色翠緑。如江西廬山雲霧茶、安徽黄山雲霧茶、浙江嵊縣泉崗輝白等，多名重天下。雲霧茶，實濫觴于宋代，見陸游《劍南詩稿》卷五《九日試霧中僧所贈茶》：『今日蜀州生白髮，瓦爐獨試霧中茶。』據嘉慶《四川通志》卷一九載：『霧中山在〔大邑〕縣北五十里，一名霧山。』陸游同卷詩又有《次韻周輔霧中作》，稱：『亂雲高出一峯危』，可證霧中山爲高山無疑，則霧中茶乃高山雲霧茶。民國《廬山志》卷五引吴煒《續廬山志》云：『雲霧茶，出五老峯者爲上，今百花園迤近諸地，大半種茶，其味亦勝萬壽。』同書卷一二載：『雲霧茶，山僧多種巖壁間。更有鳥雀銜子，墜生林谷，名閴林茶，色白香清，穀雨時採之最良。』同卷還載其茶之沿革、栽培、採製、防治病蟲害及其特點和真僞識别法等，可參看。這是關於廬山雲霧茶的記載。又，据清劉獻廷《广阳杂记》卷二记载：『衡山水月林主僧靜音餽余閴林茶一包。』則湖南衡山亦産這種高山雲霧茶。宋初，太平興國（九七六—九八四）年間已貢廬山茶，後因山寒茶遲，邑人吴昶詣闕言之，詔免貢。《廣羣芳譜·

茶譜二》引《黃山志》：『蓮花庵旁就石縫養茶，多輕香冷韻，襲人齗齶，謂之黃山雲霧茶。』這兩種最負盛名的雲霧茶，皆爲歷史名茶。

雲臺山茶 明代名茶。四川宜賓南溪縣産。民國《南溪縣志》卷一：『雲臺山，在縣北八十里。明進士汪忱、唐佐讀書於此。明汪忱《採茶》詩：「傍竹沿溪茶數柯，報君指下莫傷他。來年更有新條在，贏得東風雨後多。」「攜籃過嶺掇龍芽，嫩葉新枝帶露華。活火覓泉和月煮，不知正味落誰家。」「煎茶山北與山南，收得龍芽緑滿籃。七碗消除高士渴，更無塵夢到茅庵。」』今江蘇連雲港市亦有雲臺山，但地處淮北，不産茶。

雲霧山茶 古代名茶。産於貴州黃平（治今貴州黔東南苗族侗族自治州黃平）。晚清已絶。清嘉慶《黃平州志》卷一：『雲霧山，距舊城西北三十里……崇岡峻嶺，地僻境幽，常有雲霧籠其巔，昔産茶。山僧藝之以爲業，後大爲僧累，今則根株悉絶矣。』

雲霧仙品 清代名茶。産於今湖南澧縣雲朝山。爲高山雲霧茶。清道光《澧州直隷州志》卷一二《藝文·記》引康應瑚《雲朝山記》：『雲朝山，在邑南九十里。高數千仞，與騰雲山對峙，亦勝地也。……故傳曰雲朝高頂，種有荈樹，清香異味，昔人評之曰雲霧仙品。』當亦野生茶樹。

木坑茶 明代名茶。産於江西弋陽（治今江西上饒市戈陽）。後因寧王催貢而民不堪其苦。清康熙《弋陽縣志》卷三：『茶，本縣西北鄉間有佳者，謝源、木坑次之。明寧藩差校坐（催）茶芽，陵轢官吏，民不堪命。寧敗，弋去一大蠹矣。』謝源，宋代已聲名鵲起。參見『謝源茶』條。

五花茶 唐宋之際蜀茶名品。爲一種葉片上有五種花紋的茶。始見於《事類賦注》卷一七引毛文錫《茶譜》：『五花茶者，其片作五出花也。』吕陶《淨德集》卷三一《以茶寄宋君儀有詩見答和之》云：『一花五出最爲早，焙户常於火前造。』可見乃産於寒食前之早春蜀茶精品。

五臺山茶　清代茶名。産於南京城西五臺山。清光緒《金陵瑣志·物産風土志》：『城西五臺山茶，樹本不高而葉茂。同治初，江寧塗太守宗瀛所種，尚有數十株耳。然品茶必先試水。』

五花巖茶　明清名茶。産於安徽廣德。清光緒《廣德州志》卷二二：『州産五花巖者稱珍品，謂之岕茶，今絶少，以石溪、陽灘山、乾溪等處者爲最。』據錢文選之説，此茶亦爲雲霧茶。此茶爲明代聲名鵲起的岕茶之一，清末已罕見。廣德産佳茗，在民國四年（一九一五）曾獲巴拿馬國際賽會金奬。見錢文選編纂的民國《廣德縣志稿》。

支提茶　清代名茶。産於福建寧德。茶以地名。清乾隆《寧德縣志》卷一《物産·茶》：『茶，西路各鄉多有，支提尤佳。』

支提新茗　清代茶名。産於福建福州鼓山。清周亮工《閩小紀》：『閩人以粗瓷膽瓶貯茶，近鼓山支提新茗出，一時學新安製爲方圓錫具，遂覺神采奕奕。』可見這種新茶換了錫紙包裝，便身價百倍。

不知春　清代茶名。這是福建崇安開發的新品名茶。民國《福建通志》卷四引《寒秀草堂筆記》：『柯易堂曾爲崇安令，烹茶之至美，名爲「不知春」。在武夷天佑巖下，僅一樹，每歲廣東洋商預以金定此樹，自春前至四月，皆有人守之。唯寺僧偶乞得一二兩，以餉富商大賈。』由此可見，此茶在清代極爲珍稀。

太湖　宋代散茶茶名。産於淮南西路舒州太湖縣（治安徽今縣）。太湖，乃宋代著名十三山場之一，爲草茶的集散地之一。乃以地名轉作茶名。《文獻通考·征榷五》有載，參見『龍溪』。

太平嘉瑞　宋代貢茶名。政和二年（一一一二）造。規格：銀模、銅圈，徑一寸五分。龍紋飾面。宋代趙汝礪《北苑别録·綱次》：『太平嘉瑞，小芽，十二水，九宿火，正貢三百片。』屬細色第五綱。

太安山茶　清代名茶。産於四川灌縣。清光緒《增修灌縣志》卷二：『太安山，在縣西南四十里，産茶。』

太湖寺茶　清代名茶。四川滎經縣（治今四川雅安市滎經）産。清嘉慶《四川通志》卷七五《物産二》：『太湖茶，瓦屋山太湖寺出茶，味清冽，甚佳。』又，乾隆《滎經縣志》卷首《圖考》：『小溪壩，城南過河里許。地廣田腴，習尚勤儉，産茶極多，唯太湖寺茶品絶佳。』又，同書卷三《物産》：『太湖茶，味最佳，昔人詠之曰：「品高李白仙人掌，香引盧仝玉腋風。」』又，太湖寺，一名雲峯寺。又，滎經縣爲清代『南路』邊茶産地之一。

日鑄　宋代名茶。又稱日注，産於越州（治今浙江紹興）會稽縣東南之日鑄嶺，因以地名而爲茶名。爲宋代草茶中絶品。宋代楊彦齡《楊公筆録》載：『會稽日鑄山，茶品冠江浙。……山有寺，其泉甘美，尤宜茶，山頂謂之油車嶺，茶尤奇。稱日鑄。……或云日注，以日所射注處云。』宋《嘉泰會稽志》卷一七《日鑄茶》：『日鑄嶺，在會稽縣東南五十五里……朝暮常有日，産茶絶奇，故謂之日鑄。……日鑄之出，殆在吴越國除之後……日鑄，他書及士人皆用此「鑄」字，蔡君謨、東坡先生詩帖墨蹟皆然。唯歐陽公著《歸田録》則書爲日注。』《歸田録》卷一載：『草茶盛於兩浙，兩浙之品，日注爲第一。』日鑄茶，北宋其名已著，南宋充貢。其時，以日鑄、日注並稱之。如蘇軾《東坡全集》卷五《和錢安道寄惠建茶》詩：『粃糠團鳳友小龍，奴隸日注臣雙井。』蘇轍《欒城集》卷九《宋城宰韓秉文惠日鑄茶》：『君家日鑄山前住，冬後茶芽麥粒粗。』陸游，南宋紹興山陰人，其詠日鑄詩甚多，皆稱日鑄。如《劍南詩稿》卷一七《山居戲題》之一：『嫩白半甌嘗日鑄，硬黄一卷學《蘭亭》。』是説日鑄茶乃白茶。高似孫《剡録》卷一〇《茶品》稱：『會稽山茶，以日鑄名天下，餘行日鑄嶺，入日鑄寺（按：應爲資壽寺），緶日鑄泉，瀹日鑄茶，茶與水味，深入理窟。……世之烹日鑄者，多剡茶也。日鑄，以水勝耳。』其説乃指日鑄茶名重天下，多以剡茶（産今浙江嵊縣）仿冒。晁沖之《陸元鈞（宰）寄日注茶》：『更煩小陸分日注，密封細字蠻奴送。』元鈞，陸游父陸宰字。紹興人李光《莊簡集》卷七《列之告别爲之悵然小詩送别》也云：『旋汲雙泉烹日鑄，從今誰共北窗涼。』

中和茶　清代茶名。爲廣西桂平（治今廣西桂平市西）産的一種紅茶。民國《桂平縣志》卷一九：『中和茶，出秀一里，集於中和墟，故名，色紅味厚，爲紅茶之一種，境内茶産，斯爲最富。』此縣還産西山茶、石田茶、紫荆茶、烏茶等。

中洲茶　宋代名茶。産於江西。楊萬里《誠齋集》卷二五《寄中洲茶與尤延之延之有詩再寄黄檗茶仍和其韻》：『爾許中洲真後輩，與君顧渚敢連衡。』此詩淳熙十五六年（一一八八—一一八九）間作者請祠家居或居官江西高安時所作。楊萬里，江西廬陵人。尤袤，江蘇無錫人，字延之，與楊萬里、陸游、范成大並稱『南宋四大家』。尤袤以爲，這中洲茶實在比不上顧渚茶。

中峯茶　宋代茶名。産於嘉州（治今四川樂山）之中峯，茶因地名。宋代范鎮《東齋記事》卷四：『蜀之産茶凡八處：雅州之蒙頂，蜀州之味江，邛州之火井，嘉州之中峯，彭州之堋口，漢州之楊村，綿州之獸目，利州之羅村。』

中華山茶 清代名茶。江西石城縣産，又名鑿龍山茶。清光緒《江西通志》卷五六：『中華山，在石城縣南六十里，一名鑿龍山。産茗極佳。』

牛觝茶 宋代茶名。産於澧州（治今湖南澧縣）石門縣（今屬湖南常德市）之樂普山。王象之《輿地紀勝》卷七〇《湖北·澧州·景物下》：『白龍泉，在石門之樂普山。相傳嘗有白龍出水中，今呼其地爲牛觝焉。山産茶，亦謂之牛觝茶。』

朱圍山茶 清代名茶。産於今廣東臺山。清道光《新寧縣志》卷四：『黄竹塇東南爲牛圍山，在城西南百里高與大隆山相埒，上産茶，生石上者尤良。』新寧，明弘治十一年（一四九八）分新會縣置；治今廣東臺山市。

長壽玉圭 宋代貢茶名。政和二年（一一一二）造。規格：銀模、銅圈，直長三寸。面飾龍紋。宋代趙汝礪《北苑别録·綱次》：『長壽玉圭，小芽，十二水，九宿火，正貢二百片。』此細色第四綱貢茶。

片甲 唐宋茶名。宋代樂史《太平寰宇記》卷七五引五代毛文錫《茶譜》：『又有片甲者，即是早春黄芽，其葉相抱，如片甲也……皆散茶之最上也。』宋代吕陶《淨德集》卷三一《以茶寄宋君儀有詩見答和之》：『小方片甲洎嘴翼，凡下不足論芳馨。』其茶産於蜀州（治今四川崇慶），爲草茶中之精品。片甲，屬黄茶類名品。

片金 宋代片茶茶名。産於荆湖南路潭州（治今湖南長沙）。見《文獻通考》卷一八《征榷五》。

片茶 宋代茶類名。即團餅茶，屬緊壓茶類。其名見於《文獻通考》卷一八《征榷五》：『凡茶有二類，曰片，曰散。片茶蒸造，實卷模中串之……其名有龍、鳳、石乳、的乳、白乳、頭金、蠟面、頭骨、次骨、末骨、粗骨、山鋌十二等。龍、鳳皆團片。石乳、的乳皆狹片，名曰京、的乳，亦有闊片者。乳以下皆闊片。以充歲貢及邦國之用，洎本路食茶。餘州片茶有：進寶、雙勝、寶山、兩府出興國軍，仙芝、嫩蕊、福合、禄合、運合、慶合、指合出饒、池州，泥片出虔州，緑英、金片出袁州，玉津出臨江軍，靈川出福州，先春、早春、華英、來泉、勝金出歙州，獨行、靈草、緑芽、片金、金茗出潭州，大拓枕出江陵，大小巴陵、開勝、開捲、小捲、生黄、翎毛出岳州，雙上、緑芽、大小方出岳、辰、澧州，東首、淺山、薄側出光州，總二十六名。（方案：以上所舉片茶凡三十九名，其中：潭、岳州之「緑芽」重名；潭州之「片金」訛倒作「金片」，與袁州之茶名重出。實凡三十七品，馬端臨誤計爲三十六，刻本又訛作二十六名。）其兩浙及宣、江、鼎州止以上中下或第一至第五爲號。』《宋會要輯稿·食貨》二九之一《茶色號》列舉了這三十餘種片茶茶名及其産地，與《文獻通考》所載，頗有不同，可參看。片茶産於建、劍二州的稱建茶，其製法既蒸又研，與餘州不同。此外，江南路、兩浙路、荆湖南北路的一些州也産片茶。又，《宋史·食貨志下五》載：『（片茶）其出虔、袁、饒、池、光、歙、潭、岳、辰、澧州，江陵府、興國軍、臨江軍，有仙芝、玉津、先春、緑芽之類二十六等（名？），兩浙及宣、江、鼎州又以上中下或第一至第五爲號。』方案：此『二十六』，乃誤據《通考》，應作『三十六』，實乃三十七名。也就是説，除了上舉三十幾個品種外，在有些地方僅以上、中、下三等或第一至第五號作爲區分價格的品種。其買賣價格，參見《宋會要輯稿·食貨》二九之八至一四所載買、賣茶價。

化飯茶　清代名茶。産於廣東龍門縣左潭山。民國《龍門縣志》卷四引《採訪册》：『芒芒髻山，在左潭山，巔有巖，巖有泉，隆冬不涸，産茶甚佳，名化飯茶。』

化錢爐茶　晚清的商銷茶名。湖南岳陽産。清光緒《巴陵鄉土志・商務》：『化錢爐茶，每歲三萬餘斤，得價六千串左右。由水運銷行上海、廣東等處。』又云：『茶，君山最貴，北港次貴。』『㴩湖諸山各洞皆産茶。』

鳳鳴山茶　清代名茶。産於浙江上虞縣。茶以山名。清光緒《上虞縣志》卷二八：『嘉慶志云：鳳鳴山蒼松，以山上瀑布泉烹之，色香味俱絶，或以縣北老婆嶺泉烹之，亦佳。』

風韻甚高　宋代貢茶名。宣和年間（一一一九—一一二五）創制。參見『瓊林毓粹』條。

烏東茶　清代茶名。産於湖北利川縣（治今湖北利川市）。因産於其縣烏東坡而得名，因地名而轉作茶名。清同治《利川縣志》卷一《山川》載：『烏東坡，土人遍種茶樹，其葉清香，堅實，最經久泡，迥異他處，名烏東茶，亦地氣使然。』

烏川山茶　清代茶名。産於湖南善化縣（治今湖南長沙市）。清光緒《善化縣志》卷四：『烏川山，縣東北九十里，重嶺復山，居民多種藍靛及茶、竹爲生。』

鳳團　宋代貢茶名，即鳳茶。因其表面飾有鳳紋圖案而得名。有大鳳、小鳳兩種。銙式有方、圓等形狀，銀模、銅圈。讀畫齋本《宣和北苑貢茶録》附有圖樣。據圖，大鳳茶，團面飾單鳳，周邊無小圓圈。小鳳茶，餅面飾有雙鳳。周邊有五十餘小圓圈；宋代張舜民《畫墁録》載：『丁晉公爲福建轉運使，始製爲鳳團，後又爲龍團。』周邦彦《片玉詞》補遺《浣溪沙・春景》詞：『閑碾鳳團消短夢，静看燕子壘新巢。』李清照《鷓鴣天》詞：『酒闌更喜團茶苦，夢斷偏宜瑞腦香。』楊億《楊文公談苑》云：『（建茶）凡十品，曰龍茶、鳳茶……餘皇族、學士、將帥皆得鳳茶。』從賞賜對象看，鳳茶稍遜龍茶一籌。宋代韋驤《錢塘集》卷六《公舒朝請得福守次韻奉和》詩：『香收殘爇餘龍腦，箋寫新詩掩鳳團。』

鳳山茶　①清初名茶。今廣東潮州産。清雍正《海陽縣志》卷八《物産·茶》：『茶，潮地佳者罕至。今鳳山茶佳，亦云待詔山茶，亦名黄茶。苦芧葉大而樹高，取其芽，日干之，味最苦，然性寒，不宜多〔飲〕。』此似爲苦芧茶。②民國時期茶名。産於浙江里安縣。民國《里安縣志稿》：『鳳山，俗名赤巖山，去城東三十五里。……有茶數百株，茶品最佳，高出雁山之上，俗名鳳山茶。』

鳳嶺茶　唐代茶名。産於池州（治今安徽貴池）池陽。宋代陳景沂《全芳備祖·後集》卷二八引五代毛文錫《茶譜》：『（池州）池陽鳳嶺。』以地名爲茶名。

鳳凰茶　清代名茶。産於廣東新安（治今深圳市西寶安區）。清同治《廣東通志》卷一〇〇：『鳳凰山，在大奚山嶂，内有神茶一株，能消食退暑，不可多得。土人于清明採之，名鳳凰茶。』

鳳翥龍驤　宋代貢茶龍鳳茶的雅稱。黄裳《演山集》卷一《龍鳳茶寄照覺禪師》：『有物吞食月輪盡，鳳翥龍驤紫光隱。雨前已見纖雲從，雪意猶在深淪中。』參見『龍鳳團茶』條。

六安茶　中國古代名茶。産於今安徽六安市屬縣六安、霍山、金寨毗鄰地區。唐壽州盛唐縣，宋代改名爲六安縣，元代始置六安州，轄區與今六安市相當。唐代的壽州黄芽，宋代淮南十三山場中的霍山、麻步、開順三場即在壽州，成爲著名的茶葉産區和集散中心之一。這一帶唐宋以來已産名茶。六安茶，其歷史十分悠久。明初，六安茶充貢，因而聲名鵲起。弘治七年（一四九四），分設霍山縣，州縣俱貢。明代許次紓《茶疏·産茶》云：『天下名山，必産靈茶，江南地暖，故獨宜茶。大江南北，則稱六安。然六安乃其郡名。其實産霍山縣之大蜀山也。……南方謂其所消垢膩，去積滯，亦甚寳愛。』陳霆《兩山墨談》卷九也説：『六安茶爲天下第一，有司苞貢之餘，例饋權貴與朝士之故舊者。』李東陽、肖顯、李士直同值玉堂，有聯句詩《詠六安茶》傳爲佳話：『七碗清風自六安，每隨佳興入詩壇。纖芽出土春雷動，活火當爐夜雪殘。陸羽舊經遺上品，高陽醉客避清歡。何時一酌中泠水，重試君謨小鳳團。』清末，又在霍山黄芽、六安州小峴春等極品名茶的基礎上創制六安瓜片，成爲至今享譽海内外的緑茶名品，躋身中國十大名茶之一。其焙製工藝獨特，選用單片葉，不帶梗葉，經採片、攀片、炒片、烘片等工藝製成，形似瓜片，翠緑附霜，以香高、味鮮、耐泡而著稱。

六班茶　唐代茶名。有醒酒之功效。《雲仙散記》卷二引《蠻甌志》：『（白）樂天方入關（齋？），劉禹錫正病酒，乃饋菊苗、虀、蘆菔、鮓，换取樂天六班茶二囊，以醒酒。』

六麼山茶　清代名茶。産於廣西横州（治今横縣）。清光緒《横州志》卷三：『六麼山，在城北三十里……産異茶。』

文筆山茶　清代茶名。産於今福建永安市。清道光《永安縣志》卷五：『文筆山茶，粗甚，好者價不過三分。』

方山茶　明清名茶。産於浙江衢州龍游縣（治今縣龍游鎮）。充貢。清初貢額四斤。清康熙《龍游縣志》：『方山，在縣東四十五里。山形方正如冠，故名。《隋書》所稱丘山與龍山並稱者，疑即此。石勢叢削，上幹青冥，産茶入貢品。在巓渚、日鑄之間。』

火井茶　唐宋之際蜀茶之名品。産於邛州（治今四川邛崍市）火井，以地名轉作茶名。五代毛文錫《茶譜》云：『邛州之臨邛、臨溪、思安、火井，有早春、火前、火後、嫩緑等上中下茶。』宋・范鎮《東齋記事》卷四曰：『蜀之産茶凡八處：雅州之蒙頂、蜀州之味江、邛州之火井……』

火前春　唐代蜀茶名品。産於四川邛州（治今四川邛崍市）。詳上條所引《茶譜》文。唐白居易《謝李六郎中寄新蜀茶》詩云：『紅紙一封書後信，緑芽十片火前春。』（《白氏長慶集》卷一六、《全唐詩》卷四三九）宋代梅堯臣《宛陵集》卷一二《謝人惠茶》詩云：『山上已驚溪上雷，火前那及兩旗開？采芽幾日始能就，碾月一罌初寄來，以酪爲奴名價重，將雲比腳味甘回。更勞誰致中泠水，況復顔生不解杯。』火前，指寒食之前，寒食禁火，在清明前。故火前茶，即今之明前茶。

火前茶　①指寒食前採製的早春新茶。因寒食禁火，故名。一般冬至後一〇三至一〇五天爲寒食，這三天禁火，人們不能生火煮飯，要事先準備乾糧冷食，據説是紀念晉大夫介子推被燒死而禁火，此俗早已有之。寒食後之一天即清明。春茶貴早，火前茶以品質優良著稱。宋代王觀國《學林》卷八載：『茶之佳品，摘造在社前；其次則火前，謂寒食前也；其下則雨前，謂穀雨前也。』《宋史・食貨志下六》亦載：『建寧臘茶，北苑爲第一。其最佳者曰社前，次曰火前，又曰雨前。所以供玉食，備賜予。』唐代韓偓詩《己巳年正月爲閩相相召卻請赴沙縣郊外泊船》：『數盞緑醅桑落酒，一甌香味火前茶。』又簡稱火前，雅稱火前春。如唐代白居易《謝李六郎中寄新蜀茶》：『紅紙一封書後信，緑芽十片火前春。』齊己詩《詠茶十二韻》：『甘傳天下口，貴占火前名。』丁謂《以詩送宣賜進奉紅綃封龍字茶與璉禪師》：『密緘龍焙火前春，翠字紅綃熨眼新。』②特指唐宋之際産於四川臨邛（治今四川邛崍）等地名茶。詳見上條。

火番餅　唐宋茶名。爲一種邊銷茶。産於邛州（治今四川邛崍）。宋代樂史《太平寰宇記》卷七五引《茶經》（案：當爲《茶譜》之譌）：邛、臨數邑，『又有火番餅，每餅重四十兩，入西蕃、黨項重之，如中國名山者，其味甘苦』。

鬥茗　宋代極品名茶，即鬥茶、鬥品。有茶瑞之譽。宋代宋子安《東溪試茶録》：『茶之精絶者曰鬥〔品〕、曰亞鬥，其次揀芽、茶芽。』陸游《劍南詩稿》卷五《晨雨》：『青箬雲腴開鬥茗，翠罌玉液取寒泉。』

鬥品　宋代最高檔的名茶，亦稱鬥茶。因其爲宋代用於鬥茶的精選出來的最佳極品名茶而得名。猶今之參加名茶評審的樣茶。宋代黄儒《品茶要録・白合盜葉》：『茶之精絶者曰鬥，曰亞鬥，其次揀芽、茶芽。鬥品雖最上，園户或止一株……故造鬥品之家，有昔優而今劣，前負而後勝者……其造：一火曰鬥，二火曰亞鬥，不過十數銙而已。』趙佶《大觀茶論・采擇》：『凡芽如雀舌穀粒爲鬥品，一槍一旗爲揀芽，一槍二旗爲次之，餘斯爲下。』蘇軾《東坡全集》卷二三《荔支歎》云：『今年鬥品充官茶。今年閩中監司乞進鬥茶，許之。』是説將鬥品充貢茶。范成大《石湖詩集》卷四《題張氏新亭》：『煩將煉火炊香飯，更引長泉煮鬥茶。』

鬥窟茶　明清名茶。産於浙江樂清縣雁蕩山。清乾隆《廣雁蕩山志》卷一二：『鬥窟茶，施志：鬥窟山，在能仁寺東南山脊上。兩山排夾里許，中有茶圃，雲霧時流其間，茶色味不下龍湫白雲茶。』則茶以山名。此外，還有『雁山五珍』之一的龍湫茶：『一槍一旗而白色者，名明茶；紫色而香者，名元茶。』（同上引書卷二八《志餘・茶》）

巴陵　宋代片茶茶名。産於湖南路岳州（治今湖南岳陽）。有大、小巴陵兩種不同品種。見《文獻通考·征榷五》。

巴岳茶　清代名茶。四川銅粱（治重慶今縣）産。清道光《銅粱縣志》卷一：『巴岳山，在縣南十五里，一名滬昆山。……濃陰蒼翠，鳥道曲盤，上有三十五峯，多産佳茗。』又同書卷三《食貨·物産》：『茶有兩種：一巴岳茶，雨水前葉細如粒，以此時採者爲佳；一白茶，樹高數丈，味甘美，飲之可消積食。』巴岳茶，又名滬昆茶。

雙上　宋代片茶茶名。産於湖南路岳、辰、澧州。參見『大方茶』條。

雙勝　宋代片茶茶名。産於江西路興國軍（治江西今縣）。僅見《文獻通考·征榷五》。

雙井茶　宋代絶品名茶。雙井，本爲地名，轉作茶名。産於洪州分寧（治今江西修水）雙井。黄庭堅即雙井人，故喻稱雙井茶爲『家山小草』，因雙井茶爲宋代草茶第一，又爲白茶。宋代歐陽修《歸田録》卷上：『臘茶出於劍、建，草茶盛於兩浙。兩浙之品，日注爲第一。自景祐以後，洪州雙井白芽漸盛，近歲製作尤精，囊以紅紗，不過一二兩，以常茶十數斤養之，用避暑濕之氣。其品遠出日注上，遂爲草茶第一。』其《文忠集》卷九《雙井茶》詩云：『窮臘不寒春氣早，雙井芽生先百草。白毛囊以紅碧紗，十斤茶養一兩芽。』梅堯臣《宛陵集》卷三六《晏成續太祝遺雙井茶五品茶具四枚近詩六十篇因以爲謝》：『始於歐陽永叔席，乃識雙井絶品茶。』蘇軾《東坡全集》卷二六《黄魯直以詩饋雙井茶次韻爲謝》：『江夏無雙種奇茗，汝陰六一誇新書。磨成不敢付僮僕，自看雪湯生璣珠。列仙之儒瘠不腴，只有病渴同相如。明年我欲東南去，畫舫何妨宿太湖。』公自注：《歸田録》：『草茶以雙井爲第一。』畫舫宿太湖，顧渚貢茶故事。蘇軾又有《西江月·送茶并谷簾與王勝之》

詞：『龍焙今年絶品，谷簾自古珍泉。雪芽雙井賽神仙，苗裔來從北苑。』黄庭堅更有多首關於雙井茶詩，如《雙井茶送子瞻》（東坡酬答詩已如上録）、《以雙井茶送孔常父》、《公擇爲前韻嘲戲雙井》、《又戲爲雙井解嘲》等，多爲膾炙人口的名作。雙井茶，至南宋仍爲絶品，如楊萬里《誠齋集》卷七《晚興》：『雙井茶芽醒骨甜，蓬萊香燼倦人添。』張擴《東窗集》卷五《次韻子温惠雙井茶二首》之一：『雙井昆仍分不疏，渴中曾起病相如。』陳師道更把黄庭堅作爲雙井茶的化身，以爲雙井乃茶中極品，而山谷詩則詩中翘楚。其《後山集》卷二《贈魯直》云：『君如雙井茶，衆口願共嘗。』韓駒《出宰分寧別舊同舍五首》之二：『自擷雙井茶，與僧酌雲泉。』（《陵陽集》卷一）宋人詠雙井茶詩極夥，難以盡舉。《宋史·食貨志下六》亦載：『時，茶之産於東南者……婺源之謝源，隆興之黄龍、雙井，皆絶品也。』

雙古墳緑茶　民國茶名。産於四川榮縣（治今四川自貢市榮縣）。民國《榮縣志》卷四：『山谷間茶種不一，以天堂、定理、蓮花諸寺爲多。明末赭矣。近年雙古墳始製緑茶，色香味都絶。西北多山，倘遍廣植而精焙之，自然之大利也。』

水芽　宋代貢茶龍園勝雪等的別名。宋代熊蕃《宣和北苑貢茶録》載：『至於水芽，則曠古未聞也。宣和庚子歲，漕臣鄭公可簡，始創爲銀線水芽。蓋將已揀熟芽再剔去，只取其心一縷，用珍器貯清泉漬之，光明瑩潔，若銀線然。其制方寸新銙，有小龍蜿蜒其上，號龍園勝雪。……蓋茶之妙，至勝雪極矣！故合爲首冠，然猶在白茶之次者，以白茶上之所好也。』可知龍園勝雪即水芽，由福建路轉運使鄭可簡創制於宣和二年（一一二〇）。又，趙汝礪《北苑別録·綱次》載，至南宋淳熙（一一七四—一一八九）年間，上供的貢茶中已有龍焙貢新、試新、龍園勝雪及白茶爲水芽。

水茶　宋代四川合州石照縣（治今重慶合川市）梁山茶的俗稱。乃白茶。宋人尚白，故稱甲于巴蜀。宋代王象之《輿地紀勝》卷一五九：『《圖經》云：水茶，在石照縣南五里。左思《蜀都賦》曰：外負銅梁而巖渠，即此山也。《寰宇記》云：遠望諸山而此獨秀。《圖經》又云：……山有茶，色白，甘腴。俗謂之水茶。甲于巴蜀。』

水南　宋代名茶。産於合州（治今重慶市合川）之水南，當亦爲地名轉作茶名。《文獻通考·征榷五》有載。參見『趙坡』條。

水井茶　近代名茶。産於廣東開平（治今廣東開平市）。民國《開平縣志》卷六《物産·茶》：『邑大岡、金村、麗洞向多種茶，但不及水井之多且佳。水井茶，以産自磨刀水者尤勝。百立山之白雲茶亦有名。』

水月芽　宋代名茶。産於今江蘇吴縣西山。西山爲太湖中第一大島。有水月庵，茶以寺名。頂級名茶碧螺春即在水月茶基礎上創制而成。宋代朱長文《吴郡圖經續記》卷下《雜録》：『洞庭山出美茶，舊入爲貢。《茶經》云：長洲縣生洞庭山者與金州、蘄州味同。近年山僧尤善製茗，謂之水月茶，以院爲名也。頗爲吴人所貴。』范成大《吴郡志》卷三三録李彌大《無礙泉詩序》云：『水月寺東，入小青塢，至縹緲峯下，有泉泓澄瑩澈，冬夏不涸，酌之甘冽，異於他泉而未名。紹興二年（一一三二）七月九日，無礙居士李似矩、静養居士胡茂老飲而樂之，静養以無礙名泉。主僧願平煮泉烹水月芽。』爲賦詩云：『甌研水月先春焙，鼎煮雲林無礙泉。』水月芽，又稱水月茶。清同治《蘇州府志》卷二〇載：『茶出吴縣西山，以穀雨前爲貴。唐皮、陸各有《茶塢》詩，宋時洞庭茶嘗入貢。水月院僧所製尤美，號水月茶。載《圖經續記》。近時，東山有一種名碧螺春最佳，俗呼『嚇殺人香』。』

水仙茶　民國初名茶。產於福建建甌。此茶開花而不結子，用壓枝法繁殖。民國《建甌縣志》卷二五：『水仙茶，質美而味厚，葉微大，色最鮮，得山川清椒之氣。查水仙茶出禾義里大湖之大山坪，其地又有巖叉山，山上有祝桃仙洞。西墘廠某甲業茶，樵採於山，偶到洞前，得一木，似茶而香，遂移載園中，及長採下，用造茶法製之，果奇香爲諸茶冠。但開花不結子，初用插木法，所傳甚難，後因牆崩將茶壓倒，發根，始悟壓茶之法。獲大發達，流傳各縣。而西墘廠之茶母至今猶存，固一奇也。製法多端，近人所刊行《茶務改良真傳》可資考證。出產以大湖爲最，而今大湖牌號數十，推黄茂榮爲第一（濕包法改爲乾包法）。由其製法精良，得之自然，而輔以人力也。』

水簾山茶　清末茶名。產於廣東東莞。清宣統《東莞縣志》卷一四《物產・茶》：『邑有茶山，舊以種茶得名，今水簾山巔有種茶爲業者。』

水滿峒茶　民國時茶名。這是一種產於今海南省五指山市的野茶。民國《海南島志》：『本島向無人工種茶，一般所飲之茶多仰給於外。本島所產茶葉，皆產自野生茶樹，而製法粗惡，色味不佳。其中最有名之茶，爲五指山水滿峒所產，樹大盈抱，所製茶葉氣味尚清，每年由陵、萬、定三屬出口，產額約值六七千元。』

水沙連山茶　清代類似於茶的代茶飲料名。臺灣漳化縣產。清道光《彰化縣志》卷一〇《物產・茶》：『茶，出水沙連山，能祛暑消瘴。其餘武夷諸品，皆來自内地。』又，據乾隆《海東劄記》載：『地不產茶。水沙連一種，與茗荈相類。產野番叢篁中曦光不到之處，故性寒可療熱症，然多啜恐胃氣受傷。』則似爲似茶而非茶的假茶，可代茗飲。

玉華　宋代貢茶名。宣和三年（一一二一）造進。規格：銀模、銀圈，横長一寸五分。宋代趙汝礪《北苑別録・綱次》：『玉葉（按：此誤，應以《宣和北苑貢茶録》及其附圖、姚寬《西溪叢語》卷上改正爲玉華）：小芽，十二水，七宿火，正貢一百片。』屬細色第三綱貢茶。

玉茗　宋代對白茶的雅稱。如晁補之《雞肋集》卷六《次韻蘇翰林五日揚州石塔寺烹茶》：『今公食方丈，玉茗攄噫噎。……中和似此茗，受水永不節。輕塵散羅曲，亂乳發甌雪。……老謙三昧手，心得非口訣。』

玉餅　宋代建州貢茶雅稱。郭祥正《青山集》卷一八《謝君儀寄新茶》二首之一：『建溪春物早，正月有新茶。得自參軍掾，分來居士家。碾開鷺玉餅，湯濺白雲花。一啜清魂魄，醇醪豈足誇？』

玉津　宋代片茶茶名。產於江西路袁州（治今江西宜春）和臨江軍（治今江西清江）。見《宋會要輯稿・食貨》二九之一和馬端臨《文獻通考・征榷五》。

玉山茶　明清名茶。產於江西峽江縣（治江西吉安市今縣）。清同治《峽江縣志》卷一下《物產・茶》：『茶出玉笥山者，名玉山茶。味佳，宜雨前產。』

玉蟬膏　宋代建茶名，爲團餅茶。宋代《清異録》卷下：『大理徐恪見貽鄉信鋌子茶，茶面印文曰「玉蟬膏」，一種曰「清風使」。恪，建人也。』

玉女峯茶　清代名茶。產於福建寧德（治今福建寧德市）。茶以山名。清乾隆《寧德縣志》卷一：『玉女峯，在縣廓正南……前有茶園，後有石筍。』

玉葉長春　宋代貢茶名。宣和四年（一一二二）造。規格：　銀模、竹圈，直長一寸，長方形，無紋飾。宋代趙汝礪《北苑别録・綱次》：『玉葉長春，小芽，十二水，七宿火，正貢一百片。』細色第四綱貢茶。

玉除清賞　宋代貢茶名。宣和二年始創。規格：　竹圈、模，方一寸二分，正方形。趙汝礪《北苑别録・綱次》：『玉除清賞：小芽，十二水，十宿火，正貢一百銙。』屬細色第三綱貢茶。

玉清慶雲　宋代貢茶名。宣和二年造。規格：　銀模、銀圈，方一寸八分，正方形，龍紋飾面。宋代趙汝礪《北苑别録・綱次》：『玉清慶雲，小芽，十二水，九宿火，正貢四十片，創添六十片。』此乃細色第四綱貢茶。

末茶　我國古代茶類名稱之一。頗似今之茶末及日本的抹茶。其名，始見於唐代陸羽《茶經・六之飲》：『飲有粗茶、散茶、末茶、餅茶者。乃斫、乃熬、乃煬、乃舂，貯於瓶缶之中以湯沃焉，謂之痷茶。』陸羽實語焉不詳。茶實即二類，曰片曰散，片茶即爲餅茶，以珍膏油其面者又稱蠟茶，既蒸又研。這三類茶飲用時，須先經炙烤、碾磨、過篩、加工成粉末狀的茶末才能煎點。末茶即爲加工後形成的茶類，是一種成品茶，宋代又稱食茶。在開封及其附近的京畿地區則充分利用汴河、黄河的水力資源，以水磨將草茶（即散茶）加工爲末茶，以充食茶。所以，宋代特有的水磨茶也是末茶。李燾《長編》卷三四三元豐七年二月甲戌條載：『都提舉汴河堤岸司奏：「乞不許在京賣茶人户都擅磨末茶出賣，許諸色人告首，依私蠟茶科罪支賞。」從之。』古人點茶時，是將末茶連茶湯一起喝掉的，日本抹茶道中仍保持了宋代這種飲法的遺存。范仲淹《和章岷從事鬥茶歌》『黄金碾畔緑塵飛』，黄庭堅《雙井茶送子瞻》『我家江南摘雲腴，落磑霏霏雪不如』及元代謝宗可《詠物詩・雪煎茶》『夜掃寒英煮緑塵』，都不失爲詠末茶的名句。在宋元茶藝點茶、鬥茶、分茶中，首要條件是須先將團片茶加工成末茶。因此，末茶在我國茶文化史上有輝煌的一頁，與今之茶末不可同日而語。

未過清　近代名茶。廣西昭平（治廣西賀州市今縣）出產。謂清明前産製之茶。民國《昭平縣志》卷六《物産・茶》：『昭平所種，若雨水〔前〕採者名雨前茶，清明前採者名未過清，氣味清腴，亦不讓他〔處〕。』

未明茶　清代茶名。這是廣西鬱林州（治今廣西玉林市）清明前採製的一種名茶。清光緒《鬱林直隸州志》卷四《物産》：『茶宜於山，近山者之利。嫩芽清明前採名未明茶，比他省雨前尤早，茶味厚而色近濁，土人不善製之，故昔時常有遠商來收買，焙碾好始運去，今則少矣。』

甘白香　宋代名茶。産於歙州（治今安徽歙縣）之鳳凰山。清光緒《新安志》卷三載：『鳳凰山，在〔歙〕縣北十五里，高三十仞，周十五里……舊産茶，歲産製不過三二斤。熙寧中，丘寺丞名之爲甘白香。』

甘露寺茶　清末民初茶名。産於福建同安縣（治今福建廈門同安區）。民國《同安縣志》卷一一：『近甘露寺有出茶，三秀山亦有出茶矣。』前此，同安不産茶，以武夷茶和安溪茶爲貴。

古勞茶　清代名茶。廣東鶴山（治廣東今市）産。清道光《鶴山縣志》卷二下《地理・物産》引《舊志》：『古勞之麗水、冷水山阜皆植茶。其最佳者，曰石巖頭，以其生於石上，味特香烈。白露日採者謂之早白露，能愈百病。邑中物産，唯此可以甲諸郡。崑崙山亦産白雲茶，可已痢疾，然不可多得。』則秋茶中亦頗有佳品。

古亭茶　清初名茶。江西安遠（治江西贛州市今縣）出産。又名古坑茶。清乾隆《安遠縣志》卷一：『古亭山，在廉江坊東，距縣十五里，崪嶂嶢岧，雲氣卷舒，踞九龍之上游，其疊阜復岡處，分上下。古亭皆産茶，露濃土美，香色味堪方九龍。原注：向名古坑，今易亨。』

古琶茶 近代茶名。廣西武宣（治廣西來賓市今縣）産。民國《武宣縣志》第四編：『古琶茶，每斤四角，行銷縣屬及象州。』

古雲山茶 明清名茶。廣東河源（治今廣東河源市源城區）産。清康熙《河源縣志》卷一：『古雲山，在城東十里。高六十丈，其上産茶。』

古禄山茶 宋代茶名。産於廣西賓州上林縣（治今廣西南寧市田東縣東南）西，茶以山名。宋代王象之《輿地紀勝》卷一一五引《賓州圖經》記載了一個盧氏十齡童在古禄山採茶遇仙的神話故事：『古禄山，在上林縣西七里，上有石壇，號仙殿。雍熙中，有盧氏，年十歲，登山採茶，遇仙於此。』又稱遷江縣（治今廣西來賓市西南）也有茶山，則宋代廣西賓州（治今廣西賓陽）已有多處産茶之地。

石乳 宋代貢茶名。産於建州，爲蠟面茶品種之一，始創于宋太宗在位時。宋代熊蕃《宣和北苑貢茶録》稱：『又一種茶，叢生石崖，枝葉尤茂。至道初，有詔造之，别號石乳。』楊億《楊文公談苑》也説：『龍、鳳、石乳茶，皆太宗令造。』《宋史・地理志五》亦載：『建寧府貢火前、石乳、龍茶。』《文獻通考・征榷五》注云：『石乳、（頭）〔的〕乳皆狹片，名曰京的乳，亦有闊片者。』

石楠 唐宋之際名茶。産於潭州（治今湖南長沙）。其茶有療風卻暑之效。五代毛文錫《茶譜》：『（潭州）長沙之石楠，采芽爲茶，湘人以四月四日摘楊桐草，搗其汁拌米而蒸，猶糕糜之類。必啜此茶，乃去風也，尤宜暑月飲之。』（吴淑《事類賦注》卷一七引）此即明代李時珍《本草綱目》卷三六稱作石南，以其同有療風之效，而附會爲廣西修仁産欒茶。參見『欒茶』條。

石芝茶 歷史名茶。安徽青陽縣（治安徽池州市今縣蓉城鎮）産，生於高山懸崖峭壁間，當爲野生茶。清光緒《青陽縣志》卷二：『石芝，生峭壁懸崖猿猱不可度處，採者絙引而上，服之輕身延年。生陽崖者其色紫，生陰谷者其色黑。』

石田茶 清代茶名。爲廣西桂平（治今廣西桂平市西）産的一種緑茶。民國《桂平縣志》卷九：『石田茶，出下秀里石田村諸山。色青緑，所産亦與中和頡頏。』此外，是縣還産西山茶、三巖山茶、紫荆茶、中和茶、烏茶等，皆茶以地名。

石芽茶 清代茶名。産於廣西平樂（治廣西桂林市今縣平樂鎮）。清光緒《平樂縣志》卷一：『蓮花山，在城南三十里……山出石芽茶，可消暑解渴，味甚佳。』

石邑茶 清代茶名。江西石城（治江西贛州今縣琴江鎮）産。多取福建崇安等地茶仿冒，以其地脈相近，茶質相似之故。清乾隆《石城縣志》卷三《物産·茶》：『石邑茶，多取資于福建崇安、寧化。本處山谷雖産，亦不佳。唯縣南十五里通天巖有異茶，善製者往往攜囊就巖採製，清芬淡逸，氣襲幽蘭，絶勝寧岕、贛儲，然珠粒丹砂，寶貴不常，抑亦窮巖邃壑，罕有問津人歟？』

石榴茶 古代名茶。産於江西興國（治江西贛州市今縣瀲江鎮），又稱龍樓茶，是以山名、地名轉作茶名，這在古代是屢見不鮮的。清同治《興國州志》卷二：『百福山，治西北三十里，舊名石榴山。其最高處，名龍樓，産茶甚美，北有石榴寨。』則茶以山、寨命名。

石墨茶　清代茶名。産於安徽黟縣（治安徽黄山市今縣碧陽鎮）。清同治《黟縣三志》卷三云：『六都石墨嶺，産者最佳，茗家謂之石墨茶。』

石廩茶　唐宋名茶。産於湖南衡山。唐代李肇《國史補》卷下載：『湖南有衡山』，即以山名茶。唐代《李羣玉詩集》卷上《龍山人惠石廩方及團茶》詩云：『客有衡岳隱，遺余石廩茶。』宋代吴淑《事類賦注》卷一七引五代毛文錫《茶譜》曰：『衡州之衡山，封州之西鄉，茶研膏爲之，皆片團如月。』可知衡山確産茶。宋代張栻《南軒集》卷七《南嶽庵僧寄上封新茶》：『浮甌雪色喜初嘗，中有祝融風露香。』可知唐代衡山石廩峯，宋代祝融峯均産茶，茶或以峯名，統稱之爲衡山茶。

石人塢茶　清代茶名。因産地鄰近杭州龍井而以此贋品亂真茶。參見『翁家山茶』條。

石女峯茶　明清名茶。産於皖南涇縣（治安徽宣州今縣涇川鎮）。清嘉慶《涇縣志》卷三引《鄭志》：『石女峯，其上産，與白雲茶類。』

石牛崠茶　清代名茶。産於福建寧洋（治今福建漳平市西北雙洋）。寧洋，明嘉靖四十五年（一五六六）置縣，其地於一九五六年分别併入龍巖、漳平、永安三縣。清光緒《寧洋縣志》卷二：『石牛崠，在城西六十里。……産有山茶，可爲藥物，人爭採之，只是少許，不可多得，故名仙茶。』可見爲一種野生茶，又稱仙茶。

石筧嶺茶　宋代名茶。産於今浙江諸暨縣（治浙江今市）。宋代高似孫《剡録》卷一〇：『越産之擅名者，……諸暨之石筧嶺茶。』

石梅峯茶　清末民初名茶。産於福建上杭（治福建龍巖市今縣）。民國《上杭縣志》卷三：『石梅峯，壁立千仞，形如梅蕚，産佳茶。』

石梯山茶　清代名茶。産於福建莆田（治福建莆田市今縣）。清乾隆《福建通志》卷三《山川・莆田縣》：『石梯山，自仙游縣九座山發脈……山形如梯，其土宜茶。絶頂有爐峯巖，南可望海。』

石船山茶　民國初茶名。産於廣東惠來縣（治今廣東揭陽）。民國《惠來縣志》卷四：『惠地佳茶罕至。南陽、石船等山産者頗佳。』山似船而得名，茶以山名。另有南陽山茶，亦佳。

布穀巖茶　清代名茶。産於浙江上虞（治浙江紹興上虞市）。清光緒《上虞縣志校續》卷二一：『寒山（亦名翰山），在縣南七十餘里。其東北六七里，爲銜水巖，縱横數十丈，巖下有白雲洞，其右爲布穀巖，産名茶。』此外，尚有謝公嶺茶、後山（俗稱雲霧）茶、鳳鳴山茶、覆卮山茶等，皆以地名。

龍井　中國極品名茶。産於浙江杭州，爲緑茶中絶品。實濫觴於宋代。秦觀《淮海集》卷三八《龍井記》云：『龍井，舊名龍泓，距錢塘十里。吴赤烏中，方士葛洪嘗煉丹於此，事見《圖記》。其地當西湖之西，浙江之北，風篁嶺之上，實深山亂石之中泉也。……元豐二年，辯才法師元靜，自天竺謝講事退休於此山之壽聖院，去龍井一里。凡山中之人，有事於錢塘與遊客將至壽聖者，皆取道井旁，法師乃即其處爲亭。又率其徒以浮屠法環而呪之，庶幾有慰夫。所謂龍者，俄有大魚自泉中躍出，觀者異焉。』參見同書卷三八《龍井題名記》。龍井之名，始于辯才法師，他與宋代許多大名士均有交往過從。蘇軾《東坡全集》卷一八《辯才老師退居龍井……次辯才韻一首》：『去如龍出山，雷雨卷潭湫。』趙抃有《重遊龍井》詩（題注：予元豐已未仲春甲寅以守杭得請歸田，出遊南山，宿龍井佛祠。今歲甲子六月朔旦復來，六年於兹矣。老僧辯才登龍泓亭烹小龍茶以迓予，因作四句）云：『湖山深處梵王家，半紀重來兩鬢華。珍重老師迎意厚，龍泓亭上點龍茶。』（引自《咸淳臨安志》卷七八。）後來，辯才法師因其地種茶，龍井茶實始於此。南宋程珌《洺水集》卷七《遊龍井記》已載其曾到此品茗酌泉。可見此時已有龍井茶。龍井茶之顯，則因元代虞集《遊龍井詩》：『烹煎黄金芽，不取穀雨後，同來二三子，三咽不忍嗽。』其後，明代高濂《四時幽賞録》、田汝成《西湖遊覽志》及田藝蘅《煮泉小品》等書均有關於龍井茶的記載。清康熙（一六六二—一七二二）時，龍井茶已列爲貢品。龍井茶，因其産地及炒製技術的不同，可分爲獅、龍、雲、虎四系，今已歸併爲獅、龍、梅三大品類，尤以獅峯龍井爲珍。梅即梅塢龍井茶，龍爲老龍井。龍井茶，採於穀雨前者尤佳。一斤乾茶，約需四萬個芽頭焙製。炒製龍井茶，不經揉撚爲一大特色。炒製時，全憑手法，有抖、帶、擠、甩、挺、拓、扣、抓、壓、磨等，號稱十大手法，要領頗難掌握。龍井茶，扁平挺秀，光滑匀齊，翠緑略黄，沖泡後嫩匀成朵，槍旗相映，芽芽直立，湯清明亮，滋味甘鮮。龍井茶，歷爲中國十大名茶之一，當之無愧。惜今真贋相雜，僞茶太多。

龍芽　①對宋代貢茶的泛稱，又作龍牙。如宋代楊萬里《誠齋集》卷二九《過平望》：『午睡起來情緒惡，急呼蟹眼瀹龍芽。』元代謝宗可《詠物詩·茶筅》：『萬縷引風歸蟹眼，半瓶飛雪起龍牙。』②特指北苑貢茶萬壽龍芽的簡稱。此茶創制於宋大觀二年（一一〇八）。熊蕃《宣和北苑貢茶録》：『貢新銙、試新銙、白茶、龍園勝雪、御苑玉芽、萬壽龍芽……』又，楊萬里《誠齋集》卷一七《謝木韞之舍人分送講筵賜茶》：『北苑龍芽内樣新，銅圍銀範鑄瓊塵。』參見姚寬《西溪叢語》卷上。

龍茶　宋代貢茶名。産於建州北苑官焙。因團餅表面飾有龍紋圖案而得名。有大龍、小龍兩種，又稱龍團。宋代蔡襄《端明集》卷二《北苑十詠・造茶》(題注:『其年改造新茶十斤,尤極精好。被旨號爲上品龍茶,仍歲貢之。』)此即小龍團。丁謂《北苑焙新茶》詩云:『北苑龍茶者,甘鮮的是珍』;『帶煙蒸雀舌,和露疊龍鱗』;『年年號供御,天産壯甌閩』(録自《全芳備祖》後集卷二八)。按,此即大龍茶,又稱龍字茶,見丁謂《以詩送宣賜進奉紅綃封龍字茶與璉禪師》。詩云:『密緘龍焙火前春,翠字紅綃熨眼新。』楊億《楊文公談苑》:『(建茶)凡十品,曰龍茶、鳳茶……龍茶以供乘輿及賜執政、親王、長主……江左乃有研膏茶供御,即龍茶之品也。』據此,可知龍茶爲既蒸又研的研膏茶,只有皇親和兩府大臣才獲賜與。黄庭堅《山谷詞・阮郎歸・茶詞》:『摘山初製小龍團,色和香味全。碾聲初斷夜將闌,烹時鶴避煙。消滯思,解塵煩,金甌雪浪翻。只愁啜罷水流天,餘清攪夜眠。』楊傑《無爲集》卷三《和穆父待制蓬萊觀雪》:『龍團屢烹試,風腋頓爽颯。』葛勝仲《丹陽集》卷一九《走筆追記十二月九日潭頭之遊》:『醉鄉因蟻酎,水厄爲龍團。』韋驤《錢塘集》卷六《嘗進酒》:『昔年北苑試龍茶,似陟雲霄領露華。』鄒浩《道鄉集》卷六《清明日遊大明道中》:『不許遊人同所得,竹林深處試龍茶。』龍團,又用作團龍,見韋驤《錢塘集》卷六《和世美行役不與貢第一茶》:『采鳳團龍貢紫宸,今年斗柄僅離寅。』因其茶香襲人,故又稱團香。見梅堯臣《宛陵集》卷一五《依韻和杜相公謝蔡君謨寄茶》:『團香已入中都府,鬥品爭傳太傅家。』據讀畫齋本《宣和北苑貢茶録》所附圖式:大龍茶爲銅圈,餅面周邊有五十餘小圓圈;而小龍茶則無之,且爲銀模、銀圈。其模直徑三寸,大龍茶則更大些。參見『龍鳳團茶』條。

龍溪　宋代散茶茶名。産於淮南路舒州,治今安徽潛山縣。淮南十三山場中,舒州龍溪乃其一。馬端臨

《文獻通考》卷一八《征榷五》：『散茶有太湖、龍溪、次號、末號，出淮南；岳麓、草子、楊樹、雨前、雨後，出荆湖；清口出歸州，茗子出江南，總十一名。』皆爲草茶。據《宋會要輯稿》二九之八載：淮西路舒州三場之一龍溪場的買茶價分上中下三號，分别爲三十三文，二十七文五分，十八文七分。又指龍溪場收購的草茶。茶以地名。

龍山茶 ①歷史名茶。産於今廣西貴港縣北山。相傳始於唐代。民國《貴縣志》卷一：『北山，一名平天山……唐貴州牧嘗教植茶樹於此，土人賴之，俗呼其地爲龍山。』又同書卷一〇：『龍山茶，北山里産，有山茶、園籬茶之别。』山茶爲野生茶；園籬茶則爲種植茶，又稱園茶。②宋代茶名。産於廣西路貴州（治今廣西貴港市）北五十里龍山，茶以山名。宋代王象之《輿地紀勝》卷一一一：『龍山，在州北五十里，山有茶利。摘茶而鬻者，不啻二百餘家。』以亦爲野生之茶，數量不少。③清代名茶。産於湖南邵陽。清嘉慶《邵陽縣志》卷四七《物産·茶》：『茶，邑中所産，不如别屬。兼之製造欠法，味有酸澀。唯龍山茶得之樹木陰翳下，味獨清香，而所出甚少。若本地茶，作法不美，所以不責辦貢也。』

龍門茶 晚清茶名。産於浙東金華縣（治今浙江金華市金東區）。清道光《金華縣志》卷一：『浙茶甲天下，而邑唯以龍門名。擷其莖數寸，綴葉三四，此不取稚（嫩），取其飽霜露極老者，京中下品耳。』龍門，金華山中地名；則茶以地名。

龍水茶 清代名茶。廣西賀縣（治今廣西賀州市賀街）産。清光緒《賀縣志》卷七《物産》：『水茶之葉製茗，不異武夷。向姜七、姜八二都頗收其利，近南鄉龍水茶尤盛。』又，據民國《賀縣志》卷四《林業·茶》可補：『冷水茶出三叉山頂，老樹三株，味清香。』『近瑞雲山亦種茶，名西山茶，品質澤潤，氣味清香，聲價倍高。』

龍泉茶　宋代名茶。產於湖北鄂州崇陽縣（治今湖北咸寧市崇陽）西南。茶以山名。宋代王象之《輿地紀勝》卷六六：『龍泉山，在崇陽西南四十里……巖有茶，甚甘美，曰龍泉茶。』

龍脊茶　清代名茶。產於廣西龍勝（治今廣西龍勝各族自治縣）。曾充貢。清道光《龍勝廳志·山》：『龍脊山，城東八十里，產龍脊茶。向辨土貢，近年停止。』又，同書《物產》：『龍脊茶出義寧。』

龍湫茶　明清名茶。產於浙江雁蕩山區，被譽爲雁蕩山五珍之一。清代勞大輿《甌江逸志》卷三二：『雁山五珍：謂龍湫茶、觀音竹、金星草、山藥、官香魚也。茶即明茶，紫色而香者名玄茶，其味皆似天池而稍薄。』又，雁蕩山有龍湫瀑，茶當緣此而得名。

龍樓茶　清代名茶。產於江西興國（治江西贛州今縣）百福山。清同治《興國州志》卷二：『百福山，治西北三十里，舊名石榴山。其最高處，名龍樓，產茶甚美。』茶以地名。

龍口巖茶　清代名茶。產於浙江嵊縣（治今浙江嵊州市）。道光《嵊縣志》卷一：『龍口巖，在四明山。懸巖嵌空，狀類龍口，土人築室其下，水從龍口中出，落簷前，若垂簾然，下匯爲潭，產茶甚佳。此外，又有太白山、油竹山、仙家崗、瀑布嶺茶，皆茶以地名。

龍鳳團茶　宋代貢茶名。產於福建建州（治今福建建甌）。因團餅表面飾有龍、鳳花飾而得名。又有大小龍鳳之別。簡稱龍鳳或龍鳳茶。宋人關於龍鳳茶資料極夥，且頗歧異；熊蕃《宣和北苑貢茶録》備述其涯略，明其沿革，今録其文，以概其餘：『太平興國初，特置龍鳳模，遣使即北苑造團茶，以別庶飲，龍鳳團茶蓋始於此。（注引楊億《談苑》：「龍茶，以供乘輿及賜執政、親王、長主，其餘皇族、學士、將帥皆得鳳茶。」）慶曆中，蔡君謨漕閩，創造小龍團以進，被旨仍歲貢之。（注引蔡襄《北苑造茶詩・自序》：「其年改造上品龍茶，二十八片，才一斤。尤極精妙。」又注引歐陽修《歸田録》云：「茶之品莫貴於龍鳳，謂之小團，凡二十〔八〕餅，重一斤，其價，值金二兩，然金可有而茶不可得。」）自小團出，而龍鳳遂爲次矣。元豐年間，有旨造密雲龍，其品又加於小團之上；紹聖間，改爲瑞雲翔龍。』蔡絛《鐵圍山叢談》卷六曰：『龍焙又號官焙，始但有龍、鳳大團二品而已。仁廟朝，伯父君謨名知茶，因進小龍團，爲時珍貴，因有大團、小團之別。』葉夢得《石林燕語》卷八也云：『建州歲貢大龍鳳團茶各二斤，以八餅爲斤。仁宗時，蔡君謨知建州（方案：此誤，當爲福建路漕使），始別擇茶之精者爲小龍團十斤以獻，斤爲十餅（方案：此又誤，應爲二十八片）。……自是遂爲歲額。』吴曾之説又略不同，其《能改齋漫録》卷一五《建茶》云：『建茶務，仁宗初歲造小龍、小鳳各三十斤，大龍、大鳳各三百斤。』可證龍鳳團茶乃大龍、大鳳、小龍、小鳳四個品種的合稱。大龍鳳創於丁謂，小龍鳳則創于蔡襄，故蘇軾《東坡全集》卷二三《荔支歎》詩云：『前丁後蔡相籠加。』《宋史・後妃傳》載：『舊賜大臣茶，有龍鳳飾，〔劉〕太后曰：「此豈人臣可得？」命有司別進入香京鋌以賜之。』可見這龍鳳茶爲皇室的專享品，偶亦賜于大臣、親王、長主。龍鳳團茶又有入香、不入香兩類，詳趙汝礪《北苑別録・綱次》。據蘇轍《欒城集》卷一八《鳳咮石硯銘・序》云：『北苑茶冠天下，歲貢龍鳳團，不得鳳凰山咮潭水則不成。』宋人詠龍鳳茶詩詞極夥，難以盡舉，僅列二首佳作。王禹偁《小畜集》卷八《龍鳳茶》：『樣標龍鳳號題新，賜得還因作近臣。

烹處豈期商嶺水，碾時空想建溪春。香於九畹芳蘭氣，圓似三秋皓月輪。愛惜不嘗唯恐盡，除將供養白頭親。』陸游《劍南詩稿》卷三八《庵中晨起書觸目》：『朱擔長瓶列雲液，絳囊細字拆龍團。』宋·黄裳《演山集》卷一有《龍鳳茶寄照覺禪師》詩，亦不失爲膾炙人口的名作。由於龍鳳茶製作精良，品質極佳，後代因亦以泛指名茶。如清代鄭燮《儀真縣江村茶社寄舍弟書》詩序曰：『此時坐水閣上，烹龍鳳茶，燒夾剪香，會友人吹笛作《落梅茶》一曲，真是人間仙境也。』

龍鳳英華　宋代貢茶名。宣和二年（一一二〇）始造。規格：竹圈，方一寸二分。宋代趙汝礪《北苑別録·綱次》：『龍鳳英華：小芽，十二水，十宿火，正貢一百銙。』屬細色第三綱十六品之一。

龍歸山茶　明清名茶。産於江西崇義（治江西贛州市今縣）。其味猶如普洱茶。清雍正《江西通志》卷一三：『龍歸山，在崇義縣西一百八十里，與廣東韶州仁化縣連界，深林叢菁，土人製茶，與普洱茶相似。』則茶以山名。崇義，在今江西南部，西鄰湖南，西南鄰近廣東。縣府今駐横水鎮。

龍團鳳爪　即龍鳳團茶。明代陳鐸《醉花陰·冬怨》套曲：『試龍團，烹鳳爪，旋喚家僮歸瓊瑶。』將龍鳳茶譽爲瓊漿玉液。

龍團鳳餅　即宋代貢茶龍鳳團茶。其茶屬緊壓茶類，稱爲團、餅片茶，其義正同。因茶餅表面有龍、鳳飾紋而得名。宋徽宗趙佶《大觀茶論·序》：『本朝之興，歲修建溪之貢，龍團鳳餅，名冠天下。』清代梁章鉅《歸田瑣記·品泉》：『然所謂龍團鳳餅，皆須碾碎，方可入飲。』明代唐寅詩《題落花卷》：『自汲水泉烹鳳餅，坐臨溪閣待幽人。』參見『龍鳳團茶』條。

龍團先春　明代名茶。福建羅源縣産。清道光《羅源縣志》卷二八《物産・茶》：『大抵茶之佳否在地土，亦在製法。邑産茶近苦，崇禎《舊志》云：茶，諸山皆有，唯小雲寺清明采者爲第一，名曰龍團先春。』

龍園勝雪　宋代貢茶名。宣和二年（一一二〇）始創。模具及成品規格爲：竹圈，銀模，方一寸二分。宋代趙汝礪《北苑別録・綱次》：『龍園勝雪：（按：《建安志》云：龍園勝雪用十六水，十二宿火；白茶用十六水，七宿火。勝雪係驚蟄後採造，茶葉稍壯，故耐火。白茶無培壅之力，茶葉如紙，故火候止七宿。水取其多，則研夫力勝而色白，至火力則但取其適，然後不損真味。）水芽，十六水，十二宿火，正貢三十銙，續添三十銙，創添六十銙（按：此據四庫本；《説郛》本作續、創各二十銙）。』有的書又作『龍團勝雪』。

龍苑報春　宋代貢茶名。宣和四年（一一二二）造。規格：銀模，銅圈，徑一寸七分。圓形，龍紋飾面。宋代趙汝礪《北苑別録・綱次》：『龍苑報春，小芽，十二水，九宿火，正貢六百片，創添六十片。』乃細色第五綱貢茶。

龍窖源茶　明清名茶。湖南臨湘（治今湖南臨湘市，屬岳州代管）産。清康熙《臨湘縣志》卷一：『龍窖源，縣東百二十里，産茶。』

龍罩台茶　近代名茶。産於貴州桐梓（治貴州遵義市今縣）。又名楊花台茶。民國《桐梓縣志》卷四：『龍罩台，與天字山相對，土沃米腴，産茶尤佳，一名楊花台。』桐梓地處黔北山地中部，北鄰重慶市，今仍産茶葉。

龍溪溝茶　清代名茶。産於今四川阿壩藏族羌族自治州松潘、汶川兩縣交界之處。民國《松潘縣志》卷八《文苑》引清代劉紹攽《西行記》：『乾隆九年三月十三日，制府慶上公偕余赴松潘，出成都西門三十里，過犀浦……沿江行崖壁間，自是無平壤矣。三十里爲龍溪溝，樹木茂密，多佳茗，葉細味清。』（按：龍，原作『尤』，當誤。）又，嘉慶《汶志紀略》卷三：『汶川山川，自茂州來，至青坡，入縣境……又南行四十五里，過娘子嶺，即古龍溪溝。溝最寬，又最深，可以上至茂，東達彭境。居民繁庶，田土寬廣，讀書、治生産，此地爲最。又産茶，户有茶園，以爲生計。』

龍坡山子茶　宋初名茶。産於今浙江長興顧渚之龍坡。因地名而得茶名。《清異録》卷四：『開寶中，竇儀以新茶飲予，味極美。奩面標云：「龍坡山子茶」。龍坡是顧渚之别境。』方案：竇儀（九一四—九六七），卒於乾德五年，不可能在開寶中（九六八—九七五）與作者會茶，此亦其書作者不可能爲陶穀之顯證。

平靈台茶　清代茶名。産於貴州湄潭縣（治貴州遵義市今縣）。清乾隆《黔滇志略》卷二四《物産》：『茶，平靈台，在湄潭城北四十里馬蝗箐中，四面懸巖，多茂林……頂上方廣十里，有茶樹千叢。』參見光緒《湄潭縣志》卷一二。地處黔中山區丘陵及河谷盆地，屬中亞熱帶温潤氣候，故此縣至今仍盛産茶葉。

東白　唐宋名茶。産於婺州（治今浙江金華）東陽縣。（按：東陽，今爲金華代管縣級市，唐宋時屬婺州。）唐代李肇《國史補》卷下：『婺州有東白。』清乾隆《浙江通志》卷一〇六引《東陽縣志》：『大盆、東白二山爲最。』可知東白爲山名，轉作茶名。又，清道光《東陽縣志》卷三云：『獨山，在縣東五十里，高百丈，周十里，四望如城郭，中爲深塢。唐宋時，有司嘗治茶於此，設茶院，名茶院塢。』疑即東白茶産地，唐、宋時充貢。

東首　宋代片茶茶名。産於淮南西路光州（治今河南信陽市潢川）。見《文獻通考》卷一八《征榷五》。

東山茶　歷史名茶。産於江西吉水（治江西吉水市今縣）。清光緒《吉水縣志》卷五：『東山，在縣東二十里。沿仁壽、折桂二鄉，綿亘百餘里。唐·劉智請移郡於此。謂東通泰山，上有田可耕，茶藥可採。』

東皂茶　明清名茶。江西新淦（治今江西吉安市新干）産。一名皂峯茶，茶以山名。參見『棲碧茶』條。

東楚茶　清初名茶。産於福建建寧（治福建三明市今縣）。清乾隆《建寧縣志》卷二七《物産·茶》：『茶類非一，建邑唯東楚産者稱最。』

東路茶　清代以來四川廣元（治今四川廣元市市中區）産的邊銷茶名。因清代及民初運銷甘肅階州（治今甘肅武都縣）、四川松潘（治四川阿壩州今縣）等地而得名。民國《重修廣元縣志稿》卷一二《物産·茶》：『茶，爲山茶科常綠灌木，高七八尺，葉長橢圓形，秋末開白花，翌秋始結果。春日摘嫩葉以製茶，供飲料，味苦微澀，略具香氣。縣東鹿亭溪、普子嶺一帶廣産之，俗稱東路茶。其粗葉稱老葉茶，運銷甘省階州、文縣及松潘以上番地。嫩葉銷本縣，鮮出境者。』

東區紅茶　民國茶名。産於四川北川縣（治今四川綿陽市北川羌族自治縣）東區。有幾個品種，其計量單位頗爲特殊，以石、包計，每石二包，每包六十斤。民國《北川縣志》卷三《茶法》：『東區紅茶，陳家壩爲多，通口次之。每石二包，每包重六十斤，每年産出十餘萬斤。物價飛漲，價值難定。』又有南區紅茶，年産約十二萬斤。

北山茶　歷史名茶。産於衢州西安縣（治今浙江衢州衢縣）。其名已著於宋。曾幾《茶山集》卷四《迪侄屢餉新茶》二首之二云：『欲作柯山點俗所謂衢點也，當令阿造分造侄妙于擊拂。』在宋代衢州的點茶法已自成一家，著稱於世。清嘉慶《西安縣志》卷二一：『北山茶，舊志：西邑出茶不多，唯北山者佳。』茶以山名。

北苑茶　五代、北宋貢茶名。五代南唐創制，宋代名重天下的名茶。專以充貢，宋代北苑貢焙在建州（治今福建建甌）鳳凰山麓。吴曾《能改齋漫録》卷九《北苑茶》專考其得名之由：『李氏都於建業，其苑在北，故得稱北苑。水心有清輝殿，張洎爲清輝殿學士。别置一殿於内，謂之澄心堂，故李氏有澄心堂紙。其曰北苑茶者，是猶澄心堂紙耳。李氏集有翰林學士陳喬作《北苑侍宴賦詩序》曰：「北苑，皇居之勝概也」。……以二序觀之，因知李氏有北苑，而建州造鋌茶又始之，因取此名，無可疑者。』是説五代南唐都城建康（治今江蘇南京）城北面有禁苑，建茶充貢又始于南唐李氏，因將建州貢茶命名爲北苑茶。吴曾此説，是爲糾正姚寬《西溪叢語》卷上『建州龍焙，面北，謂之北苑』的望文生義之説。上世紀八十年代初，在今福建建甌縣焙前村林壟山發現一處摩崖石刻，乃北宋柯適《北苑御焙記》，其文曰：『建州東鳳凰山，厥植唯茶，太平興國初，始爲御焙，歲貢龍鳳。上東、東宫、西幽、湖南、新會，北溪屬三十二焙，有署暨亭榭。中曰御茶堂，後坎泉甘，字之曰御泉，前引二泉，曰龍、鳳池。慶曆戊子仲春朔柯適記。』則北苑確在鳳凰山麓，東溪水畔。元代，武夷山御茶園聲譽鵲起而北苑茶焙遂湮廢。據宋代丁謂《茶録》載，建溪官私之焙有一千三百三十六焙之多，其中官焙三十二。丁謂《北苑焙新茶并序》云：『唯北苑發早而味尤佳，社前十五日即採其芽，日數千工，聚而造之，逼社即入貢。工甚大，造甚精。』詩云：『北苑龍茶者，甘鮮的是珍。四方唯數此，萬物更無新。』北苑貢焙，常日役千夫，歲費萬金。蔡襄也有《北苑十詠·北苑》詩云：『靈泉出地清，嘉卉得天味。』元絳《謝京師故人》：『丹荔黄甘北苑茶，勞君誘我向天涯。』（轉引自李壁《王荆公詩注》卷一三《送元厚之待制知福州》注引絳詩〕）祖無擇《龍學文集》卷六《袁州慶豐堂十閑詠》之五：『曉按三杯後，閑烹北苑茶。色香俱絶品，雪泛滿甌花。』黄庭堅茶詞《滿庭芳》有云：『北苑龍團，江南鷹爪，萬里名動京關。』（《山谷集·山谷詞》）陳師道以同調和云：『北苑先春，琅函寶韞，帝年分落人間。』（《後山集》卷二四《長短句》；又，宋·曾慥編《樂府雅詞·拾遺》卷上誤系作主爲張耒。）皆詠北苑茶名作。北苑茶事詳載熊蕃《宣和北苑貢茶録》及趙汝礪《北苑别録》。

北港茶 晚清商品茶名。今湖南岳陽市産。清光緒《巴陵鄉土志·商務》：『北港茶，每歲出十萬餘斤，得價二十萬串左右。由水運銷行華容九都、安鄉、長沙、湘潭、漢口等處。』此外，還有洪橋茶、化錢爐茶、河塘茶、各洞茶等，商銷各地大中城市，甚至還有出口。

北源茶 明清名茶。産於安徽歙縣（治安徽黄山市今縣）境内北部。清乾隆《歙縣志》卷六《物産·茶》：『茶，概曰松蘿。松蘿，休山也。明隆慶間，休僧大方住此，製作精妙，郡邑師之，因有此號。而歙産本軼松蘿上者亦襲其名，不知佳妙自擅地靈。若所謂紫霞、太函、冪山、金竺，歲産原不多得。其餘若蔣村、徑嶺、北灣、茆舍、太廟、潘村、大塘諸種，皆謂之北源。北源自北源，又何必定署松蘿也，然而稱名者久矣。又有歙産而與鄰邑並著者。』歙縣茶産於其北部縣境，其茶名多以地名，總稱爲北源茶。因明僧大方創制松蘿茶，其後遂盛，故多以松蘿命名，其實品質上佳的北源茶未必一定要以松蘿爲號。可證早在明清時期，古人就已有商標意識。今此縣仍爲我國産茶重點縣，所産茶以毛峯、大方著稱。

北洞源茶 清代茶名。廣西恭城縣（治今廣西恭城瑶族自治縣西南）産。清光緒《恭城縣志》卷四《物産》：『茶出北洞源，味尤佳。』

歸仁山茶　古代名茶。産於陝西洋州西鄉縣（治陝西漢中市今縣）。清康熙《陝西通志》卷三：『西鄉縣：歸仁山，在縣東南四百里，産茶之處。』洋州西鄉茶，在宋代已很出名，既是博馬茶，又充陝西食茶。洋州西鄉也成爲茶馬古道上的集散和轉運中心。西鄉縣，今仍爲全國産茶基地縣，所産緑茶名品『午子仙毫』等享有盛名。

葉家白　宋代極品名茶。産於福建建州（治今建甌）鳳凰山。乃宋人最爲崇尚的白茶，茶園又多爲葉姓焙人所有而得名。又稱葉家春、葉白團。其茶充貢。宋代宋子安《東溪試茶録·茶名》云：『茶之名有七，一曰白葉茶，民間大重。……今出壑源之大窠者六（注云：葉仲元、葉世萬、葉世榮、葉勇、葉世積、葉相），壑源巖下一（注：葉務滋），源頭二（葉團、葉肱），壑源後坑（葉久），壑源嶺根三（葉公、葉品、葉居）；林坑黄漈一（游容），丘坑一（游用章），畢源一（王大照），佛嶺尾一（游道生）。』梅堯臣詩《吕晉叔著作遺新茶》題注列舉了葉姓四家及王、游各一家，凡六家，故詩云：『四葉及王游，共家原阪嶺。』『六色十五餅，每餅包青箬。』與宋子安所述略不同。宋徽宗趙佶《大觀茶論·品名》所載更是大相徑庭：『名茶各以所産之地：如葉耕之平園台星巖，葉剛之高峯青鳳髓，葉思純之大嵐，葉嶼之屑山，葉五崇林之羅漢山水桑芽，葉堅之碎石窠、石臼窠，葉瓊、葉輝之秀皮林，葉師復、師貺之虎巖，葉椿之無雙巖芽，葉懋之老窠園。各擅其美，未嘗混淆，不可概舉，前後爭鬻，互爲剥竊……焙人之茶固有前優而後劣者，昔負而今勝者，是亦園地之不常也。』（《説郛》卷九三上，宛委山堂本。）宋徽宗這一平允之論，道出了諸葉變置無常的道理。但白茶以葉姓命名則無疑。梅堯臣《宛陵集》卷二九《王仲儀寄鬥茶》：『白乳葉家春，銖兩直錢萬』，是説其貴重無比。蘇軾《歧亭五首》詩之三：『仍須煩素手，自點葉家白。』（王注引趙次公：『葉家白，建溪茶名』；施元之注引《茶録》：『建州葉氏多茶山，每歲貢焉。』）説詳《東坡詩集注》卷一八及《施注蘇詩》卷二一。陸游《劍南詩稿》卷三九《村舍雜書》之七：『不知葉家白，亦復有此不？』蘇轍《欒城集》卷五《西湖二詠・觀捕魚》：『食罷相攜堤上步，將散重煎葉家白。』鄒浩《道鄉集》卷四《次韻答詹成老謝密雲龍之什》：『葉家所得最非常，好事殷勤始容取。』陳襄《古靈集》卷二四《次韻程少卿暮春》：『宮花不見姚黄蕊，苑茗初嘗葉白團。』諸家題詠一致推崇。其茶又簡稱爲『葉白』。

四川邊茶 黑茶名。爲黑毛茶的一種。因銷路不同，分爲南路邊茶和西路邊茶。南路邊茶，又稱南邊茶。產於四川的雅安（縣級市，治今四川雅安市雨城區）、天全（治四川雅安市今縣）、滎經（治四川雅安市今縣）、達縣（治今四川達州市）、宜賓（治四川今市）、樂山及重慶萬縣（治今重慶市萬州區）等地。南邊茶依枝葉加工方法不同。有毛莊茶和做莊茶之分。毛莊茶（亦稱金玉茶），爲枝葉採割下來殺青後未經蒸揉發酵處理即進行乾燥的產品；做莊茶，爲枝葉採割下來殺青後還要經過較複雜的蒸揉及渥堆做包之後始行乾燥的產品。由於『毛莊』製法簡單，品質較差，在蒸壓成品茶之前均要進行加工以利物質轉化，因此，現大多爲『做莊茶』而淘汰了『毛莊茶』。做莊茶的原料非常粗老，主要是利用茶樹的修剪葉，其品質特徵是，外形卷折成條如『辣椒形』，色澤棕褐似『豬肝色』；香氣尚純有老茶香，湯色黄紅，滋味尚醇，葉底棕褐粗老，無落地葉和腐敗枝葉。南路邊茶整理之後壓製成康磚和金尖兩個花色。西路邊茶，又稱西邊茶。產於四川的邛崍

（治今四川邛崍市，屬成都市代管）、灌縣（治今四川都江堰市）、平武（治四川綿陽市今縣）、崇慶（治今四川崇州市）、大邑（治四川成都今縣）、北川（治四川綿陽今縣）等地。西路邊茶的枝葉較南路邊茶更爲粗老，其成品茶有茯磚和方包兩個花色。茯磚的原料爲手採老葉或修剪枝葉。原採用殺青後直接乾燥的『毛莊金玉茶』製法，現推廣用『做莊茶』製法代替『毛莊金玉茶』製法，品質比以前有所改善。方包的原料爲一二年生成熟枝梢，採割下來直接曬乾即可。邊茶，明清作爲博馬茶；近代則銷往西南少數民族地區充食茶。

生芽　近代茶名。雲南元江（治今雲南壓溪市元江哈尼族彝族傣族自治縣）產。民國《元江志稿》卷七引《台陽隨筆》：『近來元（江）人購種遍植豬羊街諸處，其色香味不減普產，最佳者爲生芽，即銀尖，亦曰白尖，乃穀雨時所採之蘖，惜業此者尚用土法製造。』元江生芽品質可與普洱茶相侔。

生黃　宋代片茶茶名。產於湖南路岳州（治今湖南岳陽）。見《宋會要輯稿·食貨》二九之一。

丘家山茶　明清名茶。產於安徽宿松縣（治安徽安慶市今縣）。又名羅漢尖茶。丘家山與湖北蘄州相鄰。清康熙《宿松縣志》卷五：『丘家山，峯矗雲霄，爲諸峯第一，亦名羅漢尖，産茶。山陰爲蘄州界。』又，據民國《松宿縣志》卷一七：此縣又有西源山、北浴河、蔣家山、葉家山等地産茶；『其尤佳者，則爲羅漢蕩之雲霧茶』。松茶畝産平均約八九十斤。

仙芝　宋代片茶之名。産於江西路饒、池州。其在真州務運至饒、歙州的賣價爲每斤五三〇文，在無爲軍榷務運至饒州的售價爲五一三文。宋代實行榷茶制度，其買賣價格均由官方壟斷。宋代的六榷務收購哪些州的茶，然後又運至哪些地方出售，均有明文規定。如饒州仙芝的買價即收購價僅一二一〇文，其利潤近四倍。參見《宋會要輯稿·食貨》二九之一〇、一一。

仙人茶　清代名茶。廣東茂名（治今廣東茂名市）產。因產於馬蹄嶺仙人巖而得名。清光緒《茂名縣志》卷一：『馬蹄嶺，在縣西六十五里。……巖石罅有樹數十本，葉可製茗，極佳，曰仙人茶。邑舉人楊廷桂從歲貢楊植堅讀書仙坑，時採製飲之。奇賞不止，有詩志之。信宜舉人李龍光，偕友人游仙人巖，《贈居士楊國樹惠仙人茶》詩序，記之甚悉。』

仙崗茶　清代名茶。產於湖北來鳳（治湖北鄂西土家族苗族自治州今縣）。清同治《來鳳縣志》卷二九：『邑雖種植不多，然間有佳品。舊志所云有雲巖、仙崗兩種。』

仙墟茶　歷史名茶。產於今廣西南寧市武鳴縣。清宣統《武緣縣圖經》卷二：『大名山，山坳坦處有石棋枰一、石墩八、石灶七……四周茶樹，古茂異常，所謂仙墟也。』

仙人石茶　明代名茶。產於湖南湘陰（治湖南岳陽市今縣）。明嘉靖《湘陰縣志》卷上《古跡》：『仙人石，在治東四十里。相傳仙人立石上，扳茶樹而望白鶴山，俄而去……至今此地茶最佳，號仙人石茶。』

仙人掌茶　唐、五代名茶。產於湖北當陽（治今湖北當陽市，由宜昌市代管），因其狀似仙人掌而得名，是史料中最早見到的曬青茶。《全唐詩》卷一七八載李白《答族姪僧中孚贈玉泉仙人掌茶詩并序》：『余聞荆州玉泉寺近青溪諸山。……其水邊處處有茗草羅生，枝葉如碧玉，唯玉泉真公常采而飲之。年八十餘歲，顔色如桃花。而此茗清香滑熟，異於他者，所以能還童振枯扶人壽也。余遊金陵，見宗僧中孚，示余茶數十片，拳然重疊，其狀如手，號仙人掌茶。蓋新出乎玉泉之山，曠古未睹，因持之見遺兼贈詩，要余答之，遂有此作。

後之高僧大隱，知仙人掌茶，發乎中孚禪子及青蓮居士李白也。』其詩云：『茗生此中石，玉泉流不歇。根柯灑芳津，采服潤肌骨。叢老卷緑葉，枝枝相接連。曝成仙人掌，似拍洪崖肩。』據此詩及序可知乃野生曬青茶，賴詩仙李白，其名遂傳。又，清康熙《當陽縣志》卷一《山川》云：『玉泉山，初名覆舟山，在縣西三十里……玉泉寺東石鐘峽下有乳窟。』茶之品質，實獲益於乳泉之水。

仙山名茶　晚清茶名。這是當時山西商人買茶於湖北蒲圻（治今湖北赤壁市）羊樓峝（即今羊樓洞鎮）所監製的定牌商標茶。是我國最早的有商標的茶名之一。民國《湖北通志》卷二一《風俗》引周順倜《艮思堂集·蓴川竹枝詞》：『三月春風長嫩芽，村莊少婦解當家。殘燈未掩黄粱熟，枕畔呼郎起採茶。茶鄉生計即山農，壓作方磚白紙封。别有紅箋書小字，西商監製白芙蓉。』原注：『每歲西客于羊樓峝買茶，其磚茶用白紙緘封，外粘紅簽，題「本號監製仙山名茶」等字。芙蓉山在西鄉。』

仙峯嶂茶　清代名茶。産於廣東河源（治今廣東河源市源城區），有仙茶之稱。清乾隆《河源縣志》卷一：『仙峯嶂，在城東北一百二十里……産仙茶，味甘美。』其地清屬惠州府。

仙家崗茶　明清名茶。産於浙江嵊縣（治今浙江嵊州市，由紹興市代管）。清道光《嵊縣志》卷一：『仙家崗，在縣西七十里，剡茶品，此爲最。』此茶明清時充貢。

白乳　古代名茶。産於建州。專以賜館閣儒臣。宋代楊億《楊文公談苑》載：『（建茶）凡十品：曰龍茶、鳳茶、京鋌、的乳、石乳、白乳、頭金、蠟面、頭骨、次骨。龍茶以供乘輿及執政、親王、長主，餘皇族、學士、將帥皆得鳳茶，舍人、近臣賜京鋌、的乳，館閣白乳。』又，熊蕃《宣和北苑貢茶録》載：『又一種號白乳，蓋自龍鳳與京、石、的、白四種繼出，而蠟面降爲下矣。』明代楊慎《藝林伐山》卷一五云：『北苑焙茶之精者曰白乳、頭金、蠟面。』清代杜芥《寄莘臾採茶》：『龍團莫製仙人采，白乳留他二寸長。』可見至明清，其名益重。

白茶　宋代極品貢茶。政和三年（一一一三）造。宋徽宗趙佶《大觀茶論·白茶》：『白茶自爲一種，與常茶不同。其條敷闡，其葉瑩薄，崖石之間，偶然生成。雖非人力所可致。有者不過四五家，生者不過一二株，所造止於二三銙而已。芽英不多，尤難蒸焙，湯火一失，則已變爲常品。須製造精微，運度得宜，則表裏昭徹，如玉之在璞，它無與倫也。淺焙亦有之，但品不及。』趙汝礪《北苑別録·綱次》：『白茶：水芽，十六水，七宿火，正貢三十銙，續添十五銙（按：《説郛》本作五十銙），創添八十銙。』此爲細色第三綱貢茶。

白馬茶　唐代茶名。産於山南東道涪州（治今重慶市涪陵區）。五代毛文錫《茶譜》：『涪州出三般茶：賓化最上，製於早春；其次白馬；最下涪陵。』

白雲茶　①宋代名茶。産於杭州錢塘（治今浙江杭州市）上天竺白雲峯。宋《咸淳臨安志》卷五八《物産·茶》：『歲貢見《舊志》載，寶雲庵産者名寶雲茶，下天竺香林洞産者名香林茶，上天竺白雲峯産者名白雲茶。東坡詩云：「白雲峯下兩槍新。」』宋代王象之《輿地紀勝》卷二《臨安府·景物下》：『白雲峯，在上天竺，建堂於峯下，號白雲堂；山中産茶，號白雲茶。』②明清名茶。産於安徽涇縣（治安徽宣城市今縣）。明嘉靖《涇縣志》卷五：『白雲寺有尋丈之地，面陽，而在山之腰，茶甘而香，號白雲茶。』又，清嘉慶《涇縣志》卷三：『水西山，在格山東南，去縣西五里，其左峯曰白雲，産美茶。』可知白雲茶，産於皖南涇縣水西山白雲峯，茶以峯名。但道光《涇縣續志》卷三引順治《涇縣志》稱：『白雲山産美茶，下有白雲潭。』則又云茶以山名。

此外，據嘉慶志載：自磨盤山至湧溪山，『廣袤三十餘里』，諸山如桐杭山，芭蕉山（嶺）、齊雲山、獅子山、前山等，皆産茶。

白毛茶　近代名茶。産於廣東樂昌（治今廣東韶關樂昌市）。民國《樂昌縣志》卷五：『白毛茶，葉有白毛，故名。味清而香，爲紅茶、緑茶所不及。大山處處有之，以瑶山所産者爲最。邑人烹以祭祀，其茶輒變潮水色。』

白茅茶　①清末民初茶名。廣東仁化（治廣東韶關市今縣）産。民國《仁化縣志》卷首：『黄嶺，城東北四十五里，西界樂昌，北界湖南桂陽……山窩産白茅茶。』②産於湖南嘉禾縣（治湖南郴州市今縣）的野茶。民國《嘉禾縣圖志》卷一六《食貨上》：『茶葉，種者少。龍潭墟及藍嶺火燒野生，味美，名白茅茶。』

白蓮茶　清代名茶。湖南湘潭（治湖南湘潭市今縣）産。清嘉慶《湘潭縣志》卷三九：『茶，穀雨前採者爲雨前茶，過此葉粗，香味亦減。……十六都白蓮圃所産尤良。』則茶以地名。

白毫尖　清末民初名茶。紹興新昌縣（治浙江紹興市今縣）産。民國《新昌縣志》卷四《食貨下》引《新昌農業調查・茶》：『白毫尖，爲茶種之特等者，葉面毫毛皆呈白色，質厚且軟，味汁俱佳。』

白鶴茶　唐宋名茶。即産於岳州（治今湖南岳陽）的灉湖含膏。始見於唐代李肇《國史補》卷下：『風俗貴茶，茶之名品益衆……岳州有灉湖之含膏。』宋代范致明《岳陽風土記》載：『灉湖諸山舊出茶，謂之灉湖茶。李肇所謂岳州灉湖之含膏也，唐人極重之，見於篇什。今人不甚種植，唯白鶴僧園有千餘本，土地頗類此苑。所出茶，一歲不過一二十兩，土人謂之白鶴茶，味極甘香，非他處草茶可比。』灉湖茶已不見五代毛文錫《茶譜》著録，在唐代爲含膏之片茶，至宋代已演變爲不研膏之草茶白鶴茶。

白露茶　唐宋名茶。産於洪州（治今江西南昌）西山。唐代李肇《國史補》卷下：『風俗貴茶，茶之名品益衆……洪州有西山之白露。』五代毛文錫《茶譜》亦載：『洪州西山白露及鶴嶺茶極妙。』宋代楊伯嵒《臆乘·茶》：『豫章曰白露，曰白（芽）。』又，明代白露茶仍存。李時珍《本草綱目》卷三二《果四·茗》：『楚之茶則有荆州之仙人掌，湖南之白露，長沙之鐵色。』

白頭嶺茶　清代名茶。産於福建長汀（治福建龍巖市今縣）。清咸豐《長汀縣志》卷三：『白頭嶺，在縣西二十五里。……自此而西，連山夾路，林霍綿濛，故多産茶。嶺凹有白雲寺，有亭煮茶。』

白羊山茶　清代名茶，又名白石茶。安徽六安（治今安徽六安市）産，以地名。清嘉慶《六安直隸州志》卷三：『白羊山，一名白石山，縣西南四十里。上有龍泉古寺，寺前井水，烹茶氣香而味永。』

白崖山茶　清末民初名茶。廣東懷集（治廣東肇慶今縣）出産。民國《懷集縣志》卷一〇：『白崖山茶，城南一百五十里，色澤俱佳，價廉味美，遠近久馳名焉。』

叢茶　歷史名茶。産於四川重慶府璧山縣（今屬重慶市）。清同治《璧山縣志》卷二《物産》：『璧山之玉兔山、拖木槽、馬度槽、縉雲山等處皆産。清明後採，俗謂之清明茶，亦曰叢茶。』

鳥嘴　唐宋之際産於蜀州（治今四川崇州市）名茶的雅稱。以其芽嫩，細小如鳥嘴而得名。五代前蜀毛文錫《茶譜》：『蜀州［産］晉原、洞口、横源、味江、青城。其横源雀舌、鳥嘴、麥顆，蓋取其嫩芽所造，以其芽似之也。……皆散茶之最上也。』唐宋的散茶，即草茶、芽茶，與團餅即片茶、蠟茶形成三大類茶。唐代薛能《蜀州鄭使君寄鳥嘴茶因以贈答八韻》：『鳥嘴擷渾芽，精靈勝鏌鋣。』（《全唐詩》卷五六〇）鄭谷《峽中嘗茶》：『吴僧謾説鴉山好，蜀叟休誇鳥觜香。』宋代梅堯臣《宛陵集》卷四四《志來上人寄示酴醾花并壓塼茶有感》：『又置新茶采雨前，鳥觜壓塼雲色弄。』參見『雀舌』條。

烏銜茶　宋代貢茶茶名。産於江西路饒州（治今江西鄱陽），因烏銜茶子落下長此茶山而得名。宋代爲貢茶，范仲淹知饒州，上奏請求罷貢。故《輿地紀勝》卷二三録宋代李深《題范文正公祠堂》詩二首之一：『一章奏免烏銜茶，惠及饒民幾萬家。遺老至今懷德政，爲余談此屢咨嗟。』

烏喙茶　清代名茶。産於今廣東潮州鳳凰山。清雍正《海陽縣志》卷四六《雜録》：『鳳凰山有峯曰烏崠，産烏喙茶，其香能清肺膈。』

立山茶　宋代茶名。産於廣西昭州立山縣（治今廣西蒙山縣東南古眉）茶山洞，其地與修仁縣相接，故其茶味頗似修仁茶。宋代王象之《輿地紀勝》卷一七〇：『茶山洞，在立山縣境，與修仁聯，故所作茶片，莫辨其爲修仁也。』

蘭花茶　民國名茶。産於四川南川縣（治今重慶南川市），爲家茶品種之一。民國《南川縣志》卷四：『近時邑産，四路俱蕃。以東路半溪溝爲最多，北路雙河場、九盆坎爲最美。多數爲叢生灌木，曰叢茶，俗稱家茶（雙河場所産一種名蘭花茶，每年只摘一次，鍋内微炒兩次，入茶甌中，葉正立形似竹葉，香如蘭花）。採之最早於雨水節前者，曰雨前茶，即雀舌也（俗云：陽雀未開口）。製造之精者，有紅茶、緑茶兩品。』

蘭筍山茶　明清茶名。産於今上海松江區蘭筍山。清乾隆《江南通志》卷八六：『蘭筍山茶，色淡而味清芬，亦絶品也。』

頭綱　指宋代建州北苑貢進的第一綱茶。貢茶貴早，名品衆多，根據採製時間不同而以不同綱次進發赴京上供。一般而言，頭綱總是最好的茶。如真宗時的龍鳳茶，仁宗時的上品龍茶，神宗時的『密雲龍』，徽宗宣和年間（一一一九—一一二五）的白茶與龍園勝雪，孝宗淳熙年間（一一七四—一一八九）的貢新等。熊蕃《宣和北苑貢茶録》：『唯白茶與勝雪，自驚蟄前興役，浹日乃成，飛騎疾馳，不出中春，已至京城，號爲頭綱。』趙汝礪《北苑別録》引《建安志》云：『頭綱用社前三日進發，或稍遲亦不過社後三日。』《東坡詩集》卷二一《七年九月自廣陵召還復館于浴室東堂八年六月乞會稽將去汶公乞詩乃復用前韻》三首之一：『上人問我遲留意，待賜頭綱八餅茶。尚書、學士得賜頭綱龍茶一斤八餅，今年綱到最遲。』方案：此即大龍團也。葛勝仲《丹陽集》卷二〇《謝太守惠茶》：『不預頭綱評四品，恍驚流落滯天涯。』又常作『頭貢』。如賀鑄《慶湖遺老詩集》卷一《玉鉤環歌》：『稱是頭貢雙龍團，聊送公齋增冗長。』《永樂大典》卷一二〇四三引宋·張舜民詩《丞相寵示白羊御酒之作》：『逡巡若遇頭綱品，感激方明壯士肝。前宰相在外，歲賜頭綱團茶一斤，白羊酒二壺。』又，晁沖之《晁具茨詩集》卷六《簡江子之求茶》：『幸爲傳聲李太尉，煩渠折簡買頭綱。』

頭金　宋代建茶茶名。産於建州（治今福建建甌）。爲研膏闊片茶。宋代楊億《楊文公談苑》：『（建茶）凡十品：曰龍茶、鳳茶、京鋌、的乳、石乳、頭金、蠟面、頭骨、次骨……』《文獻通考·征榷五》載：『凡茶有二類：曰片，曰散。片茶蒸造，實卷模中串之；唯建、劍既蒸而研，編竹爲格，置焙室中最爲精潔，他處不能造。其名有龍、鳳、石乳、的乳、白乳、頭金、蠟面、頭骨、次骨、末骨、粗骨、山鋌十二等（注云：乳以下皆闊片）。』兩説略有不同。似前云宋初之茶，後述宋末之品。

漢茶　明代茶名。產於陝西漢中（治今陝西漢中市南鄭縣）。明代萬曆以前的漢中府，其轄境約當今陝西秦嶺以南，洵河流域以西，鳳縣、寧強等縣以東地區。萬曆後轄境縮小。這是一種易馬之茶。其茶味甘而淡，但品質較好，價格也貴。商人開中，不受歡迎。參見『湖茶』條。

漢中茶　產於今陝西漢中及所屬諸縣茶的泛稱。據《新唐書·地理志》載：興元府茶已充貢，而《明史·食貨志》則云：『漢中茶味甘而薄。』宋代充博馬茶和陝西路食茶。

寧鄉茶　清代茶名。爲湖南寧鄉（治湖南長沙市今縣）所產茶的總稱。以潙山茶最爲有名。民國《寧鄉縣志》卷三《征榷·茶引》：『寧鄉產茶少，潙山茶最名。八角溪、祖塔二處茶次之。此外，一都六度庵，二都蘇家壩、文家沖，三都張家沖，八都瓦子坪，茶質皆不及潙山，而六度庵最多。……光緒初，商人每歲三月來縣採辦，設號於治城，造紅茶（茶號常設周壯節祠），銷洋商，歲入數萬金。縣商販運新疆，其利亦厚，後因外茶輸入，而本〔邑〕採茶、造茶之法不精，或雜以劣質，銷茶壅滯，商多折閱。』參見『潙山茶』條。

寧國寺茶　明清茶名。這是江西廬陵（治今江西吉州市吉安縣）產的一種貢茶。清康熙《廬陵縣志》卷一三載：『寧國寺，在甘泉門之上……寺歲以茶貢，然山不種茶也……。寺不市〔茶〕，僧不傖，長廊學畫，曲房寫字，劈箋滌硯，以韻勝他寺。僧名公貴，人多喜之，數數過從，蓋茶鐺篆鼎不能間也。』僧公貴能書善畫，招來名士茶客慷慨解囊，再以此茶充貢，實亦絶無僅有。可稱布施茶，或以書畫換茶，亦茶苑藝界勝事。

永豐茶　歷史名茶。產於江西永豐。永豐產茶，始於元代，明代已充貢。清代有一槍一旗者，但製未精。

元代揭傒斯有《浮雲道院記》：『客之言曰，吾所居郡曰廬陵，邑曰永豐，是爲歐陽文忠公之鄉。吾之里在雞山之陽，鷺溪之濱……泰定四年秋，吾歸自河南，乃辟園數畝，種桑、柘三百株，枳若桔皆千株。木實之脂，可食可燭，俗號山茶，又曰木子樹者七百株，茶五百株，桃、李、雜果、松、竹之屬又稱是。……乃築室四楹。其中，爲藏修之所，取孔子「不義而富且貴，於我如浮雲」之語，扁曰「浮雲道院」。……客名鷴，字楚奇。其學以六經爲主，其文以義理爲本，其詩近陶、柳之間。』（《揭傒斯全集·文集》卷五，參校《文安集》卷一〇）明嘉靖《永豐縣志》卷三《物産》：『在食物曰茶（注：充歲貢）。』又，清同治《永豐縣志》卷五《物産·茶》：『始生而嫩者爲一槍，寖大而開者爲一旗。豐人製茶不甚精，恒取給於外。』

永定毛坪茶　清代名茶。産於湖南澧州（治今湖南常德市澧縣）。清乾隆《澧州志林》卷八《物産·茶》：『唐陸羽著《茶經》而天下益講烹采。渴之需茶，遂與饑需食等。澧茶皆仰給鄰商，土産無多，以永定毛坪者爲上。』

聖楊花　宋初蜀茶名品。産於今四川名山縣（治四川雅安市今縣）之蒙山，即唐宋名茶蒙頂茶的産地。此爲供佛茶。《清異録》卷四：『吴僧梵川……自往蒙頂結庵種茶，凡三年，味方全美。得絶佳者聖楊花、吉祥蕊，共不逾五斤，持歸供獻。』

聖泉巖茶　清代名茶。産於福建安溪（治福建泉州市今縣）。清乾隆《安溪縣志》卷三：『聖泉巖，在駟馬山左……登巔遠眺，可望郡中清源山。産茶甚佳，而亦絶少。』

對爿茶　清末民初茶名。産於浙江紹興新昌縣。民國《新昌縣志》卷四：『對爿茶，是種葉芽發生，僅有二片，同時相長，葉量較少，質亦不甚良，故爲品種之次。』此外，還產白毫尖、紅芽茶、起耕茶，均不失佳品茶。

對乳茶　清初名茶。產於浙江諸暨（治今浙江諸暨市）。清乾隆《浙江通志》卷一〇四：『今諸暨各地所產茗葉，質厚味重，對乳茶最良。每年採辦入京，歲銷最盛，而昔人未有志及者，故特拈出。』

匡茶　古代名茶。產於江西南康（治今江西南康市）。清雍正《江西通志》卷二七《土產·茶》：『匡茶，香味可愛，茶品之最上者。』

吉祥蕊　宋初禮佛名茶。產於四川名山縣之蒙頂。亦見《清異録》，參見『聖楊花』條。

老人茶　明清名茶。產於四川犍爲縣（治四川樂山市今縣）觀門山，爲野茶。相傳有延年益壽之效。清乾隆《犍爲縣志》卷一：『觀門山，在縣東十五里。其地有寺，名老人寺。相傳有老人植茶於此，樹皆連抱，服之者年皆百歲。今其樹尚有，鄉人採食，名老人茶。』

老君眉　清代名茶。產於福建光澤（治福建南平市今縣）。清光緒《重纂光澤縣志》卷五：『其物產，舊志蕪雜不合體例，又所列皆諸縣同有，可掇而來，可移而去，《志》猶不志也。今別爲八：……茶以老君眉名（烏君山前山后皆有）。』

老茵茶　清末民初僞茶名。四川合川縣（治今重慶合川市）產。這是一種木本代茶飲料。皮和葉均可代充茶飲。民國《合川縣志》卷一三《土物》：『老茵茶，樹高數丈，葉形似白茶，色褐，四時不凋。其皮每年脱換一次，花開於夏季，香遠益清，葉與皮作茶亦佳。老山常種此樹，唯云渠鎮、平家溝稱爲特產。平以寬著有《茶樹記異》。』

老婆茶 近代名茶。產於廣西思恩縣（治今廣西環江毛南族自治縣東）。民國《思恩縣志》第四編《經濟》：『老婆茶，葉大色紅。』思恩，舊縣名，在廣西北部。一九五一年與宜北縣合併爲環江縣（治今環江毛南族自治縣）。

老鷹茶 ①清代名茶。產於安徽太平縣（治今安徽黄山市黄山區）。清光緒《太平縣志》卷三《物産·茶》：『春季茶市頗盛，白羊廟、固軍壩、青花溪、鍋團圓等處産者尤佳。老鷹茶，性極寒，多飲令人失聲，煎茶合醬，不變味。』這是一種風味獨特的高山茶。②近代茶名。產於四川萬源縣的近代野生茶。民國《萬源縣志》（治今四川萬源市太平鎮）：屬達州市代管，萬源爲縣級市，一九一四年因與安徽太平縣同名而改）卷三《物産·茶》：『老鷹茶，野産，性寒。多飲令人失聲，煎茶合醬不變味，外商有專收此茶者，本地少用。』方案：似老鷹茶原産安徽太平縣。因民國時四川達州太平縣改名爲萬源縣，而修志者誤以安徽太平縣所産之老鷹茶誤採入縣志而附會。這從皖、川同名縣兩志所載其茶性狀相一致可證。③產於四川蒼溪的近代紅茶名。民國《蒼溪縣志》卷八《物産》：『老鷹茶，一名紅茶，飲之消暑。』

老萬山茶 清代茶名。今廣東中山（一九二五年改廣東香山縣爲中山縣，今撤縣改市）産。清道光《香山縣志》卷五：『老萬山茶，解暑避瘴氣。』

老香山茶 晚清名茶。產於廣東高要（治今廣東肇慶端州區，高要，一九九三年撤縣改市，由肇慶市代管）。清宣統《高要縣志》卷三：『老香山，在縣城西南六十四里……山深林密，松杉最繁，出茶甚美。又有一種野生者，葉大而粗，土人稱爲雲霧茶，能除瘴氣熱病。』

老山家園茶 清代名茶。四川仁壽縣（治四川樂山市今縣）出産。清同治《仁壽縣志》卷二：『茶出老山家園，曰家園茶。入瓦壺，水煎久久，色濃味厚，清且香。』

西山茶 清代名茶。産於廣西桂平（治今廣西桂平市）西山。民國《桂平縣志》卷一九：『西山茶，出西山棋盤石乳泉井右觀音巖下，低株散植，緑葉鋪菜，根吸石髓，葉映朝暾，故味甘腴而氣芬芳。炎天暑溽，避地禪房，取乳泉水煮之，撲去俗塵三斗，杭湖龍井未能逮也，棋盤石外，亦多種者，而氣味不如。』

西坑茶 清代名茶。産於江西玉山（治江西上饒市今縣）。清道光《玉山縣志》卷一二：『西坑茶，雨前雨後摘之，雖蒸焙法未精，行之江浙與靈山茶並重。』縣境中、北部爲懷玉山區，其地與三清山皆産名茶雲霧茶。今猶爲江西省茶葉生産重點縣。

西庵茶 宋代杭州名茶。蘇軾貶黄州（治今湖北黄岡市），由故人寄贈。其詩《杭州故人信至齊安》曰：『更將西庵茶，勸我洗江瘴。』

西巖山茶 明清名茶。産於福建浦城（治福建南平市今縣）。清乾隆《浦城縣志》卷一：『西巖山，在德星門外。……有蘭若二：一在絶頂，一在半嶺。産茗甚佳。』同書卷五又稱：其茶『可方松蘿』。又，光緒《浦城縣志》卷四二《藝文》引清代袁枚《漁梁道上作》：『遠山聳翠近山低，流水前溪接後溪，每到此間閑立久，採茶人散夕陽西。』

百丈 唐宋茶名。産於雅州的百丈縣（治今四川雅州市名山縣東北百丈鎮）。宋代樂史《太平寰宇記》卷七七引五代毛文錫《茶譜》：『雅州百丈、名山二者尤佳。』茶以地名。

夷陵茶　唐宋茶名。産於峽州夷陵（治今湖北宜昌市夷陵區）。唐代陸羽《茶經·七之事》引《夷陵圖經》：『茶茗出焉。』宋代黄庭堅《黔南道中行記》：『初，余在峽州，問士大夫夷陵茶，皆云粗澀不可飲；試問小吏，云唯僧茶味善。試令求之，得十餅，價甚平也。攜至黄牛峽，置風爐清樾間，身候湯，手斟得味，既以享黄牛神，且酌元明、堯夫云：「不減江南茶味也。」』可知夷陵亦有好茶，但似僅産於寺院。

至德茶　唐代茶名。産於至德縣（治今安徽宣州東至縣東北）。見唐代楊曄《膳夫經手録》：『蘄州茶、鄂州茶、至德茶，以上三處出（産）者，並方斤厚片，自陳、蔡以北，幽、并以南，人皆尚之。』可見這三種大方片茶，遠銷至今河南、河北、山西等廣大地區。至德儘管僅一小縣，因産茶而成爲遠銷四方的唐茶集散中心之一。

尖山茶　民國初茶名。廣東連山（治今廣東連山壯族瑶族自治縣西北）産。有仙茶之譽。民國《連山縣志》卷一：『尖山，在城南一百八十里，與福堂、上帥二村分界，水亦分流，壁立千仞，三峯鼎峙。相傳有人得茶數株，採之不盡，故今名其山之茶曰仙茶。味清甘，可避瘴。』

尖汊溪茶　近代名茶。四川雲陽縣（今屬重慶市）産。民國《雲陽縣志》卷三：『由團壩分水嶺以西，曰尖汊溪，北亘大嶺，歷苦草塘、中元岈口、燕子坪、沈家坪（在高峯觀下），産茶。』

早春　①唐末五代時茶名。産於邛州（治今四川邛崍市）。宋代吴淑《事類賦注》卷一七引五代毛文錫《茶譜》：『邛州之臨邛、臨溪、思安、火井，有早春、火前、火後、嫩緑等上中下茶。』②明代指秋天採製的茶。明代許次紓《茶疏·采摘》：『往日無有於秋日摘茶者，近乃有之；秋七八月重摘一番，謂之早春，其品甚佳。』許氏號稱茶學專家，然其説謬甚。早在宋代，就已普遍有採秋茶的習慣。南宋陸游《劍南詩稿》卷二《黄牛峽廟》：有『村女賣秋茶』之句。此詩作於乾道六年（一一七〇）十月入蜀途中，陸游《渭南文集》卷四八有《入蜀記》記其事云：『晚次黄牛廟，山復高峻。村人來賣茶、菜者甚衆……茶則皆如柴枝草葉，苦不可入口。』黄牛峽在川、鄂兩省交界之處，黄庭堅有類似記載。陸游詩中還記南宋多處採秋茶，如四川榮州、其家鄉紹興山陰；分見《詩稿》卷六、一三、三一、四七、五九、七八、七九、八三等。可證早在宋代，已普遍採製秋茶，自己食用外還作爲商品茶；秋茶的品質，則遠不如春茶，古今皆然。③宋代片茶茶名。産於江東路歙州。《文獻通考·征榷五》有載。其在真州務的賣價爲每斤四百八十八文，在無爲軍的賣價爲四百七十一文。均見《宋會要輯稿·食貨》二九之一〇、一一。

團黄　唐宋名茶。産於蘄州（治今湖北蘄春縣蘄州鎮）。是貢茶中的極品茶，至今已有千年以上的歷史。始見於唐代李肇《國史補》卷下：『風俗貴茶，茶之名品益衆。……蘄州有蘄門團黄。』五代毛文錫《茶譜》亦載：蘄州『團黄有一旗二槍之號，言一葉二芽也』（《事類賦注》卷一七引）。按：吴淑引文有誤，似應作『一槍二旗，言一芽二葉也』；《大觀茶論·采擇》、《北苑别録·揀茶》等皆作『一槍二旗』，是其證。應乙正。唐代楊曄《膳夫經手録·茶録》亦云：『蘄州蘄水團黄，團薄餅，每斤至百餘〔片〕，率不甚粗弱，其在露消者，片尤小而味甚美。』

團膏　宋代團餅貢茶的别稱。因其形爲圓形團餅，又爲研膏茶，故云。宋代蘇頌《蘇魏公文集》卷一一《諸公和雷字韻茶詩四絶句外復有繼作輒續二篇》之一：『團膏才就貢綱催，度嶺逾江萬里來。共看雲甌輕攪雪，還如春架動研雷。』

團山茶　清末民初茶。產於貴州都勻（治貴州今市）。民國《都勻縣志稿》卷一：『團山，位縣城西南二十七里，產茶最佳。』又，同書卷六《物產》載：『茶，四鄉多產之，產水箐山者尤佳，以有密林防護也。』

呂仙山茶　清代茶名。產於廣西靈川（治廣西桂林市今縣）。清嘉慶《廣西通志》卷九六：『靈川舊縣呂仙山，縣西四里……其地產茶。』

呂峯山茶　清代名茶。產於福建沙縣（治福建三明市今縣）。清道光《沙縣志》卷一六《物產·茶》：『茶，〔產〕呂峯山、草洋鄉者良。』

先春　①早春即清明前後採製的新茶。如唐代盧仝《走筆謝孟諫議新茶》：『先春抽出黃金芽。』宋代沈遘《西溪集》卷一《七言贈楊樂道建茶》：『建溪石上摘先春，萬里封包數數珍。』②宋代片茶茶名。產於歙州（治今安徽歙縣）。《文獻通考·征榷五》：『靈川、福川、先春、早春、華英、來泉、勝金出歙州。』③宋代貢茶北苑茶的雅稱。因其逼社（即社前）即入貢，故稱先春茗。楊億《武溪新集》卷四《又以建茶宣筆别書一絶》：『輒將北苑先春茗，聊代山中墮月毫。』參見『北苑茶』。

竹茶　唐代茶名。產於廣西容州（治今廣西玉林市容縣）。宋代樂史《太平寰宇記》卷一六七引《茶經》：『容州黄家洞有竹茶，葉如嫩竹，土人作飲，甚甘美。』此似爲《茶譜》佚文。形似竹葉，當爲大葉茶。

竹山茶　清代名茶。湘南耒陽（治今湖南耒陽市）產。茶以山名，此茶可以煮食。當爲古時菜食的遺存。清光緒《耒陽縣志》卷七：『竹山内採謂之竹山茶，極細嫩，煮食香味俱佳。《本草》：「消食化痰，解酒食油膩燒炙之毒，多飲寒胃。」』方案：此已非《政和本草》原文。

竹間茶　唐代名茶。湘南永州（治湖南今市）龍興寺採製。龍興寺首創我國歷史上茶園庇蔭栽培法。茶竹間種在今一些茶區仍采用此法。唐代柳宗元《柳河東集》卷四二有《巽上人以竹間自採新茶見贈酬之以詩》，此詩作於永貞元年（八〇五）。當時著名文學家柳宗元因『二王八司馬』事件而被貶到湖南永州，寺僧以『竹間茶』款待他。詩云：『芳叢翳湘竹，零落凝清華。復此雪山客，晨朝掇靈芽。』

竹簟茶　宋代茶名。這是一種產於安徽青陽縣（治安徽池州市今縣）的菌茶。清光緒《青陽縣志》卷二《風土志·物產·茶》：『竹簟，柔白如菌，人食之，先以灰煮其汁如血，去汁再煮，味若珍脯。宋代陳仁玉《菌譜·竹簟》云：「生竹根，味極甘。」』似爲一種與茶相似的菌類植物。

休寧松蘿　綠茶名。爲一種捲曲型細嫩炒青，歷史名茶。產於安徽省休寧縣（治安徽黃山市今縣）松蘿山。關於松蘿茶的炒製方法，最早記載於明代羅廩的《茶解》中『松蘿茶出休寧松羅山，僧大方所創造。其法，將茶摘去筋脈，銀銚炒製。今各山悉仿其法，其僞亦難辨別』。後在明代聞龍的《茶箋》中也對其精湛的加工方法進行了詳細的記錄。『茶初摘時，須揀去枝梗老葉，惟取嫩葉，又須去尖與柄，恐其易焦，此松蘿法也，炒時須一人從旁扇之，以祛熱氣，否則色香俱減。予所採試，扇者色翠，令熱報導稍退。以手重揉之，再散入鐺，文火炒乾入焙。蓋揉則其津上浮，點時香味易出。』松蘿茶現今的炒製方法基本同屯綠炒青，但各方面要求較爲嚴格。松蘿茶品質優異，明代謝肇淛《五雜組》云：『今茶品之上者，松蘿也、虎丘也、羅岕也、龍井也、陽羨也、天池也。』松蘿茶的品質特徵爲條索緊捲勻壯，色澤綠潤，香氣高爽，滋味濃厚，帶有橄欖香味，湯色綠亮，葉底綠嫩。其顯著特點是『三重』：即色重、香重、味重。

價倍南金　宋代貢茶名。宣和年間（一一一九——一一二五）創制。參見『瓊林毓粹』條。

仰山茶　①宋代名茶。產於袁州（治今江西宜春市）之界橋，即《茶譜》所載『袁州之界橋，其名甚著……烹之有綠脚垂下』之綠英茶。宋代陳詵《和祖擇之學士袁州慶豐堂十詠》之五：『秀泉開舊甃，初試仰山茶。』（《龍學文集》卷六附錄）清康熙《宜春縣志》卷一三《物產·茶》載：『今唯稱仰山、稠平、木平者爲佳，稠平者尤號絶品。出宋志。』清代縣志是根據宋代方志著錄的，證以上引陳詵詩，確爲宋茶。②明清名茶。產於安徽休寧（今屬黃山市）。清康熙《休寧縣志》卷一：『仰山，在縣東南七十里。由汊口環珮水東行，過方山，歷凹山上至茶園，即仰山脚也。』則茶園位於仰山脚下，茶以山名。

華英　宋代片茶名。產於江東路歙州（治今安徽歙縣）。《文獻通考·征榷五》有載。《宋會要輯稿·食貨》二九之一〇稱此茶充本州折稅茶，其在真州榷貨務的賣價爲五百二十文。參見『片茶』條。

後山茶　明代茶名。產於浙江上虞（治今浙江上虞市，由紹興市代管）。清乾隆《浙江通志》卷一〇四引嘉靖《浙江通志》：『茶之類，有上虞後山茶。』又稱雲霧茶。清光緒《上虞縣志》卷二八：『後山茶，嘉靖《通志》：茶之類，有上虞後山茶。《備稿》曰：今縣北諸山多產茶，其在羅巖山上者，俗稱雲霧茶，味更佳。明韓銑有《後山茶》詩。』

各洞茶　晚清商品茶名。湖南岳陽（治湖南今市）產。清光緒《巴陵鄉土志·商務》：『各洞茶，每歲出五十餘萬斤，得價十萬餘串，由水運銷行漢口、外洋等處。』此外，還有北港茶，『每歲出十萬餘斤，得價二十萬串左右』，水運行銷華容、長沙、湘潭、漢口等地。其價竟爲各洞茶之二倍，足見其品質優良。是縣還有洪橋茶、花錢爐茶、河塘茶等，分別歲産二三萬斤，水運行銷武昌、漢口、蕪湖、南京、上海、廣東、江西等地。又有君山茶充貢。茶以『君山最貴，北港次貴，灉湖諸山各洞皆産茶』（同上《鄉土志·物産》）。

名山茶　①唐宋茶名。産於雅州（治今四川雅安）名山縣。爲著名的邊銷茶。宋神宗熙豐之際，實行茶馬貿易以來，即成爲博馬的主要茶品之一，其産量和成交量數額巨大。名山茶，始見於《太平寰宇記》卷七七引五代毛文錫《茶譜》：『雅州百丈、名山二者尤佳。』據《宋會要輯稿·職官》四三之八五載：元豐六年（一〇八三）閏六月十三日頒布的買賣價格每馱分別爲（七十八貫五百三十三文和一百八十一貫六百一十五文，差價爲一百零三貫八十二文。此爲細色四品博馬茶之一。②産於四川名山歷代茶的總稱。宋代盛行四色博馬茶。關於其品質，陸羽和毛文錫之説迥然不同。就宋代而言，屬於粗色茶品，除蒙山産的名茶外，應爲一般粗茶，稱不上名品。清光緒《名山縣志》卷八《物産一》：『名山茶，陸羽《茶經》謂：劍南以雅州百丈山、名山、瀘州爲下。《寰宇記》引《茶譜》云：雅州百丈山、名山二者尤佳。（方案：今傳本《茶經·八之出》已無此條内容。所引《茶經》、《茶譜》，多非原文，已改寫。）按二説齟齬，實則名山茶，自蒙頂而外，皆不甚佳，味苦澀而短薄。』又同書卷一五《外紀》：『名山茶，自蒙頂仙茶而外，隨地所産皆粗葉，爲大筒，致遠出打箭爐……其嫩芽，早採極細者，則小兒女子每歲穀雨前私摘入市……亦或稀遇，頗可飲。又有較嫩芽，粗及半者，往往煉爲磚方，廣二寸，長倍之，印以字文，土人弗貴也。函而遠饋，世多珍異。』可見自宋至清歷代多以名山茶作爲邊銷茶，宋、明二代更是博馬茶的主要品種。名山縣境内蒙山所産蒙頂茶，唐宋已列爲貢品：『蒙頂黄芽』，今猶躋身全國十大名茶之列。

凫山茶　清代名茶。産於安徽旌德縣（今屬宣州市），與宣城敬亭緑雪、涇縣白雲茶齊名。清嘉慶《旌德縣志》卷五《物産·茶》：『凫山石拱産者絶佳，與宣城之緑雪、涇縣之白雲並著。飲之可滌脹懣，不可多得。』爲極品名茶之一。

慶合　宋代片茶茶名。産於江西路饒、池州。其收購價（買價）分别爲每斤一四三文和一三二文，其在真州榷務運至二州慶合茶的賣價（售價）分别爲六〇五文和五三四文，差價分别爲四六二文和四〇二文。其在無爲軍榷務運至二州的賣價分别爲五八〇文和五〇九文，差價分别爲四三七文和四七七文。如分别以兩州的平均差價每斤四五〇文和四四〇文計，則利潤率分别爲百分之三一四點六八和百分之三三二點九五。參見《宋會要輯稿·食貨》二九之一〇至一一。

劉仙巖茶　清代名茶。廣西臨桂（治廣西桂林今縣）産。清嘉慶《臨桂縣志》卷一二：茶，『劉仙巖特佳。按，七星山石上亦産茶，尤芳潤』。

劉家山茶　清末民初茶名。廣東始興（治廣東韶關市今縣）産。民國《始興縣志》卷四《物産·茶》：『茶，産劉家山柑子園。味本佳，惜焙製未精，只銷行本境。』

齊嶽茶　清末民初茶名。産於廣東懷集（今屬肇慶市）。民國《懷集縣志》卷一〇：『齊嶽茶，〔産〕城西北一百二十里。』此外，還有白崖山茶，『色澤俱佳，價廉味美』，遠近馳名。又有羅逢茶，産城東七十里。上磴茶，産縣城一百二十里處；『有名冷甕茶者，飲之滿齒生涼，然殊難得。』黄沙茶，『在鳳崗堡，距城一百三十里，茶味清香』。均見同書同卷。

齊雲山茶　明清茶名。産於安徽涇縣（今屬宣城市）。這是一種高山茶。清嘉慶《涇縣志》卷三引《一統志》：『齊雲山，在獅子山北。距縣西南七十里，在縣南四十里，與承流峯並峙，高數千丈，山頂平可數十畝，産茶。』此外，還有桐嶺茶、芭蕉嶺茶、茶坑茶、陽嶺茶、前山（一名南山）茶、水西山白雲嶺茶等。同書卷五《物産》又載其茶品曰『塗尖、梅茶片、松蘿、草青、黄茶、雨前、碧山茶、湧溪茶、洋尖茶』等。涇縣及皖南諸山多産名茶。

齊頭山茶　清代茶名。這是産於安徽六安的秋茶。茶以地名。清嘉慶《六安直隸州志》卷三：『齊頭山，崗氣常周，經旬才一二睹日光，猶是晨拂冥濛，暮連蒼靄，未嘗親覩朗廓於中。所藝茶，遠謝（勝？）膏沃，夙飽煙霜……唯白露所採者最勝，先後日皆不貴，何況春枝。』

次春　明代貢茶名。芽茶，即草茶、散茶，可直接沖泡，不必烹煮即可直接飲用。明代沈德符《萬曆野獲編補遺·供御茶》：『洪武二十四年九月……罷造龍團，唯採茶芽以進。其品有四：曰探春、先春、次春、紫筍。』

次骨　宋代茶名。爲當時産於福建建（治今福建建甌市）、南劍（治今福建南平市）二州的蠟茶品種之一。宋代楊億《楊文公談苑》：『（蠟茶）凡十品：曰龍茶、鳳茶、京鋌、的乳、石乳、白乳、頭金、蠟面、頭骨、次骨。』參見《文獻通考·征榷五》。

江郎茶　清代名茶。産於浙江衢州江山縣（治今江山市）。清乾隆《江山縣志》卷一三《物産》：『茶，出詹村、上王、張村諸處，舊廿七都爲尤盛。而生於江郎者〔爲〕第一。味甘色白，多啜宜人，無停滯酸噎之患，其價甚貴。』江郎當爲其縣地名，茶以地名。

江西坡茶　近代茶名。產於貴州普安縣（治貴州黔西南布依族苗族自治州今縣）境。民國《普安縣志》卷一二《林業》：『縣屬山菁阻深，最宜於林業。其可資生者，如地瓜坡、江西坡之茶，亦農民衣食之源也。』又，同書卷一：『江西坡，在城東三十里，高聳寬平，明洪武中置衛於此。……地瓜坡，在城南三十里，坡高八里，綿亘十餘里。』則與地瓜坡茶均茶以地名。地瓜坡，又以盛產地瓜而著名。

興元府茶　宋代陝西路食茶名。興元府乃宋代西北重鎮，利州路治所所在地，也是茶馬驛道上重要的集散中心和轉運中心，古稱南鄭，治今陝西漢中市。由於地扼川陝要衝，在茶馬貿易中有特別重要的地位和作用，每年集散的茶約數十萬馱（數千萬斤），因此興元府茶也成爲陝西路食茶的集散中心。博馬之餘，或博馬不合格茶即充食茶出售。其價格爲每馱一二三貫五一七文（參見《宋會要輯稿・職官》四三之八六）。

興國巖銙　宋代貢茶名。無始造年份。規格：竹圈，模，方一寸二分，正方形，無形飾。宋代趙汝礪《北苑別録・綱次》：『興國巖銙，注云：巖屬南劍州，頃遭兵火，廢。今以北苑芽代之。中芽，十二水，十宿火，正貢二百七十銙。』此亦細色第四綱貢茶。

興國巖小鳳　宋代貢茶名。宋代趙汝礪《北苑別録・綱次》：『興國巖小鳳，中芽，十二水，十五宿火，正貢五十片。』細色第五綱貢茶。

興國巖小龍　宋代貢茶名。宋代趙汝礪《北苑別録・綱次》：『興國巖小龍，中芽，十二水，十五宿火，正貢七百五十片。』細色第五綱貢茶。

興國巖揀芽　宋代貢茶名。規格：銀圈、銀模，徑三寸。圓形，龍紋飾面。《北苑别録·綱次》：『中芽，十二水，十宿火，正貢五百一十片。』以上均見熊蕃《宣和北苑貢茶録》及書末附圖。産於建州北苑。

汝城茶　民國茶名。爲湖南汝城縣（治湖南郴州市今縣）所産茶葉的合稱。民國《汝城縣志》卷一八：『茶葉多産於南鄉，西鄉次之。南一區所産曰花仁茶、曰西山茶，南二區所産曰厚溪茶、曰九龍岡毛茶，西二區所産曰延壽茶、曰戴下茶。向日有粤商届時到此收買，運輸出口，近今價值日昂，本地銷售亦多，僅足敷用。』

湯茶　清初茶名。這是一種茶商對浙江東陽（治今浙江金華東陽市）産毛茶取葉片粗者減少炒製時間而形成的商品茶。清乾隆《浙江通志》卷一〇六引《東陽縣志》：『大盆、東白二山爲最。穀雨前採者謂之芽茶，更早者謂之毛尖，最貴，皆挪做，謂之挪茶。茶客反取粗大，但少炒之，謂之湯茶。轉販西商，如法細做，用少許撒茶餅中，謂之撒花，價常數倍。』又，東陽東白山茶已始見於陸羽《茶經》，可見其來已久。

安樂茶　宋代名茶。産於江西路南康軍建昌縣（治今江西九江市永修），爲草茶絶品。宋代王象之《輿地紀勝》卷二五：『雲居山在建昌，乃歐岌得道之處……〔山〕出茶，號安樂茶，草茶中最爲絶品。』洪芻《老圃集》卷下《題雲居寺》詩云：『曲肱聊寄吉翔卧，緩帶來嘗安樂茶。』

安樂山茶　清代茶名。産於杭州安樂山，茶因山名。清光緒《西湖志》卷二四：『安樂山茶，《西溪梵隱志》：安樂山春日焙茶石塢，香聞十里。』以香高而著稱，茶以山名。

安遠貢茶　清代貢茶名。清時，江西安遠（治江西贛州今縣）以九龍、古亨茶充貢。清乾隆《安遠縣志》

卷三《貢茶》：『安邑佳茶，……佳者殊少。惟縣南十五里九龍嶂，其巖有茶樹，善製者攜囊入山，守候採製，氣味清芬如蘭，然所產甚稀，得者若珠粒丹砂，寶貴異常。自雍正五年額數供貢，九龍巖所產不敷，在古亭採取塾數。後歷年龍巖茶樹新發不敵所枯，所貢額數，大半取給古亭，其清芬稍遜龍巖矣。而古亭產茶之處，距縣十五里，官斯土者，逢春必登山親看，諭土人培植愛護，並不時飭役巡查。近年茶樹亦稀，豈植物之美者易於凋落歟？抑地氣之精，有時而泄，有時而伏歟？恐將來古亭不敷，又必尋採其次云。』同書卷一《物產》亦載：茶，『古亭佳矣，九龍猶居第一』。

軍山茶 清代名茶。湖南湘潭（治湖南湘潭市今縣）產。茶以山名。清光緒《湘潭縣志》卷四：『軍山，在縣東南百五十里，高秀入雲。……中饒茶茗，春採露芽，供民家常飲。』

祁門茶 唐代茶名。爲祁門（治安徽黃山市今縣）所產茶的總稱。唐代楊曄《膳夫經手録·茶録》：『歙州婺源、祁門，婺源方茶，制置精好，不雜木葉。自梁、宋、幽、并間，人皆尚之。賦税所入，商賈所齎，數千里不絕于道路，其先春含膏亦在顧渚茶品之亞列。祁門所出方茶，川源、制度略同，差小耳。』可知，唐代的祁門茶，爲小方片茶，以品質優良著稱，更遠銷四方。祁門，唐宋以來即爲著名茶葉產區，所產爲緑茶、青茶。自清光緒（一八七五—一九〇八）初起創制紅茶，一百餘年來祁紅以香高質優而享譽中外，成爲我國功夫紅茶的主要產地之一。祁紅作爲條形紅茶在國際市場上長盛不衰，實難能可貴。當今時尚紅碎茶而祁紅占市場份額百分之九十五以上，一枝獨秀，與印度大吉嶺紅茶一起成爲英國皇室的首選飲料。在國內也廣受消費者喜愛。

陽羨茶 古代名茶。産於江蘇宜興（治江蘇常州今市），其地古稱陽羨，因名之。此茶唐時已充貢。《咸淳毗陵志》卷二七《古跡》載：『李棲筠爲州，有僧獻佳茗，陸羽以爲芬香冠絶他境，可供上方，始貢萬兩。置舍洞靈觀，韋夏卿徙茲地。』這是始置陽羨茶貢茶院。宋代張舜民《畫墁録》載：『有唐茶品，以陽羨爲上供，建溪北苑未著也。』唐代盧仝詩《走筆謝孟諫議寄新茶》：『天子未嘗陽羨茶，百草不敢先開花。』宋代梅堯臣《宛陵集》卷五五《得雷太簡自製蒙頂茶》：『顧渚及陽羨，又復下越茗。』《宋史》卷一八四《食貨志下六》載：『時，茶之産於東南者……雷川顧渚生石上者謂之紫筍，毗陵之陽羨，紹興之日鑄，婺源之謝源，隆興之黄龍、雙井，皆絶品也。』可見南宋時，其名仍著。晁説之《景迂生集》卷四《謝仲長通判朝議兄惠顧渚茶》：『天子不嘗陽羨茶，二百餘年空咨嗟。』是説宋代已不作爲貢茶。陽羨茶，至清代仍爲名茶，如吴偉業《永和宫》詞：『賫使唯追陽羨茶，内人數減昭陽膳。』清代曹寅《潯江以夜坐詩見寄兼餉武夷茶》：『武夷真仙人，顧渚近名士。』

陽谷先春 宋代貢茶名。宣和年間（一一一九—一一二五）創制。參見『瓊林毓粹』條。

陽嶺山茶 清代名茶。江西崇義（治江西贛州今縣）産。清光緒《崇義縣志》卷一：『陽嶺山，在縣治西南數里。……産茶極佳。是山，朝無雲則晴，雲則必雨。邑人常卜不爽云。』今猶爲特産名茶。

陽寶山茶 清代名茶。産於貴州貴定縣（治貴州黔南布依族苗族自治州今縣）。清乾隆《貴州通志》卷五：『陽寶山，在城北十里……山産茶，可供啜。』又，民國《貴州通志・古跡》引《黔語》載：『照壁山寺，在府城東北一里許。本名陽寶山，又名頂高峯。列嶂排雲，儼若屏障……泉冽茶甘，宦遊之極樂也。』乾隆《貴州通志》卷五又載：貴筑縣産高坡茶，都匀縣産藤茶山茶，定番州、平遠州均有茶山茶。今貴州多産名茶的格局，在清代中期以前已奠定其基礎。

觀音茶　僞茶名，爲草決明的俗稱。産於湖北崇陽（治湖北崇陽市今縣）等地。民國《湖北通志》卷二三《物産・茶》：『觀音茶，《崇陽縣志》：草決明，俗呼觀音茶，用以代茗。又《興國州志》：草決明俗呼六安茶。』這是同一種又俗稱六安茶的代茶飲料。

觀音仙茶　清代名茶。産於四川滎經縣（治四川雅安市今縣）。民國《滎經縣志》卷一六《詩》引清代何紹基《韓孟傳大令贈觀音山茶因言滎經蠶桑頗盛今皆廢而採茶矣》：『滎經茶引行腹邊，税銀萬兩課三千，觀音仙茶最上品，質輕幹短色味鮮。地下出泉天落雨，但到此山化甘乳，一旗一槍悉慈悲，不寒不削滋肺腑。其中細葉尤可珍，箬籠錫匣貢九閽，人人皆具媚茲意，雨前採盡一山春。開山寺前石如鏡，照見形容可端正，紛紛兒女叩觀音，保佑年年茶事盛。觀音有靈應歎嗟，吾民不肯做人家，多年拋廢蠶桑業，競唱山歌來採茶。』

觀音巖茶　清代茶名。産於今四川江油市（屬綿陽市代管）。清道光《江油縣志》卷一：『觀音巖，在縣西三十五里，産茶。』

觀音嶺茶　晚清名茶。産於今江西瑞金市（由江西贛州市代管）。清同治《瑞金縣志》卷二《物産・茶》：『茶，山阜多産。唯銅鉢山爲最著，以山高而土黄，得清虚之氣爲多也。近日銅鉢山茶甚少，以觀音嶺所産爲佳。』

紅毛茶　代用茶名。這是一種草本植物，其根與茶煮飲，可成藥茶而療時疾。産於臺灣（宜蘭縣）。清乾隆《海東劄記》：『紅毛茶，草類。黄花，五瓣；葉如瓜子，亦五瓣；根如藤，斷取曝幹瀹茗，可療時症。』

參見咸豐《噶瑪蘭廳(宜蘭縣)志》卷六引《臺灣紀略》。

紅芽茶　清末民初名茶。浙江新昌縣(治浙江紹興市今縣)産。民國《新昌縣志》卷四:『紅芽茶,葉芽柔嫩致厚,且具紅色,亦上品也,唯其種不繁,所睹無多耳。』

紅筋茶　清代名茶。産於江蘇宜興(治江蘇常州今市)。清光緒《常州賦·物産》:『紅筋茶美,春時僅見敷芽。古陽羨茶入貢,今宜興離墨山出紅筋茶,乃陽羨真種,最難得。』

壽巖都勝　宋代貢茶名。宣和年間(一一一九—一一二五)創制。參見『瓊林毓粹』條。

弄懷巖茶　明代名茶。産於廣西上思縣(治廣西防城港市今縣)境。因明嘉靖年間知州周璞題名而得名。清道光《上思州志》卷八:『弄懷巖,城西二十里……又多産名茶。明嘉靖間,知州事周璞題名曰弄懷(四景之一曰弄懷泉石)。』

麥黄　清代名茶。産於安徽歙縣(治安徽徽州今縣)。初夏採製,因其萌芽之際正值麥熟發黄之時而得名。參見『羅漢茶』條。

進寶　宋代片茶茶名。産於江西路興國軍(治今湖北陽新縣)。見《文獻通考·征榷五》。興國軍,宋屬江南西路,其轄境約當今湖北黄石市及大冶通山、陽新等市縣地。

運合　宋代片茶茶名。産於江西路饒、池州。饒州産運合茶買價爲一三〇文,池州産則爲一一〇文。真州榷務在饒州的賣價爲五三八文,毛利每斤四〇八文,在池州的賣價爲四九〇文,毛利每斤爲三八〇文;在歙州的賣價也爲五三八文。如以綜合平均進價每斤一二〇文計,則毛利爲四一八文。其無爲軍榷務在饒州的賣價爲五二一文，毛利爲三九一文，在池州的賣價爲四二五文，毛利爲三一五文。這高於收購價數倍的利潤，就是宋政府巨額茶利並成爲財政收入支柱之一的主要來源。參見《宋會要輯稿·食貨》二九之一〇至一一。

遠安茶 歷史名茶。産於湖北遠安。清同治《荆門直隸州志》卷六：『遠安茶以鹿苑爲絶品，每年所産不足一斤，反不如鳳山之著名。然鳳山亦無茶，外間所賣，皆出董家畈、馬家畈等處，以其近鳳山，故曰鳳山茶。』又，同治《遠安縣志》亦載：『雲門山……又名鹿溪山，山下爲鹿苑寺，舊有八景，曰絶品茶……千年艾。』可知鹿苑所産爲寺院絶品茶。

貢兜 清代茶名。爲湖南岳陽産君山貢茶製時揀汰毛茶製成的茶。質優價廉。清同治《巴陵縣志》卷一一《風土·土産》引《湖上客談》：『貢尖下有貢兜，隨辦者炒成。色黑而無白毫，價率千六百，粗五十止，其實佳茶也。君山茶無他葉，其味粗細若一，粗者但陳收而濃煎之，可消食利氣，而無克損之害。』

貢新 宋代貢茶名。宋代熊蕃《宣和北苑貢茶録》：『自白茶、勝雪以次，厥名實繁，分列于左，使好事者得以觀焉：　貢新（大觀二年造。）』又，同書附圖：『貢新，竹圈，銀模，方一寸二分。』又趙汝礪《北苑别録》：『細色第一綱，龍焙貢新，水芽，十二水，十宿火，正貢三十銙，創添二十胯。』貢新，即水芽。宋代莊綽《雞肋編》卷下載：『大樹二月初因雷迸出白芽，肥大長半寸許，採之浸水中，竢及半斤，方剥去外包，取其心如針細，僅可蒸研，以成一（胯）〔銙〕，故謂之水芽。然須十銙中入去歲舊水芽兩銙，方能有味，初進止二十銙，謂之貢新。』周煇《清波雜誌》卷四載：『歲貢十有二綱，凡三等，四十有一名。第一綱曰龍焙貢新，止五十餘銙，貴重如此！』

貢篚推先　宋代貢茶名。宣和年間（一一一九—一一二五）創制。參見『瓊林毓粹』條。

花塢茶　宋代名茶。産於紹興。陸游《劍南詩稿》卷八一《蘭亭道上》四首之三：『蘭亭酒美逢人醉，花塢茶新滿市香。蘭亭，官酤名也；花塢，茶名。』宋代高似孫《剡録》載：『蘭亭之花塢茶』，是其證。

花巖茶　清代名茶。産於福建延平將樂。民國《福建通志·山經》卷一六：『花巖，在東巖之南，距縣九十里。《八閩志》云：「多産佳茗，在隆蔭都。」』

花香茶　晚清商品茶名。湖南武岡産。主銷漢口。清光緒《武岡州鄉土志·物産》：『花香茶，産本境高沙竹篙塘，水運漢口四三〇〇斤。』又有紅茶，『産本境石下江洞口山門高沙，水運漢口，轉售外國。每年三五〇〇〇石（斤？）』。還有粗洞茶，『産粤西華江六峝。陸運本城五五〇〇斤（每年）』。

花筵江茶　民國名茶。産於湖南祁陽。民國《祁陽縣志》卷一〇：『産茶之鄉，如黄家渡、大忠橋、源福巖、青岡上下皆是，而以花筵江爲良，然不能多獲。』

芹源山茶　清代茶名。廣西恭城縣産。清光緒《恭城縣志》卷一《山川》：『芹源山，在城東二十里，産茶與杉樹均佳。』同書卷四《物産》又載：『茶出北洞源，味尤佳。』則又有北洞源茶。

蒼山茶　清代名茶。産於安徽含山。這是一種山僧種植的寺院茶。清康熙《含山縣志》卷五：『蒼山，縣西南二十里南十三都。《一統志》云：一名桑山，以地多野桑，故名。又云：蒼本作倉，秦王嘗置倉於此。山勢峻拔，上有泉，曰白龍潭，方廣不一二丈，水深僅及骭，而淙淙石罅間，來去莫測也……潭旁産茶，香味獨異，即以潭水瀹之，乳花凝白，蘭氣襲芬，真佳品也，然亦不可多得。舊傳陳希夷曾煉丹山上，有手植茶樹遺種，恐係附會。若今茶皆山僧自植者。』許暢有《蒼山茶歌》。

芳蕊 唐代名茶。產於峽州（治今湖北宜昌）。見唐代李肇《國史補》卷下：『風俗貴茶，茶之名品益衆……峽州有碧澗、明月、芳蕊、茱萸簝。』此或即源自《茶經·七之事》引《桐君録》：『巴東別有真香茗。』

楊樹 宋代散茶茶名。產於荆湖南路，即今之湖南省。爲草茶。《文獻通考·征榷五》有載。參見《宋史·食貨志下五》。

楊村茶 宋代蜀茶茶名。產於漢州（治今四川廣漢）之楊村，茶以地名。宋代范鎮《東齋記事》卷四：『蜀之産茶凡八處……漢州之楊村。』

兩府 宋代片茶茶名。產於江西路興國軍。軍爲宋代地方州郡建制，州、府、軍、監平行，但以其户口多少、地處位置、經濟條件等又劃分爲若干等級。州、軍均在路下，下轄縣。見《文獻通考·征榷考五》。

來泉 宋代片茶名。產於江東路歙州。充本州折税茶，其在真州（治今江蘇儀征）榷貨務的賣價爲四六二文。參見『華英』條。

連理山茶 唐宋茶名。產於金州（治今陝西安康）。宋代用以易馬。宋代王象之《輿地紀勝》卷一八九引《圖經》云：『有連理山茶，乃升平舊物。見於題詠者多矣。』

園茗 唐以前茶名。浙江臨海蓋竹山產，清乾隆《浙江通志》卷一〇五：『園茗，蓋竹山有仙翁茶園，相傳葛玄值茗於此。』此爲傳説中的東漢茶，未必盡信，俗又稱仙茗，實爲唐以前道家茶。葛洪《抱朴子》和宋代張君房《雲笈七籤》有載。

里耶茶　清代名茶。產於湖南保靖。清同治《保靖縣志》卷三：茶，『保邑少藝此者，唯里耶一帶，亦間有佳製，謂之里耶茶』。

岕茶　明清之際產於江蘇宜興和浙江湖州長興界山羅岕山的名茶。又稱羅岕茶。岕，又寫作岕，乃指兩山之間。明代許次紓《茶疏・產茶》：『近日所尚者，爲長興之羅岕，疑即古人顧渚紫筍也。介於山中謂之岕，羅氏隱焉故名羅。然岕古有數處，今唯洞山最佳。』周高起《洞山岕茶系》：『羅岕去宜興而南逾八九十里，浙直分界，只一山岡，岡南即長興。山兩峯相阻，介就夷曠者，人呼爲岕。』馮可賓《岕茶箋・序岕名》：『環宜興境產茶者，曰羅嶰，……而曰岕，兩山之介也。』今長興縣山地仍有以岕爲地名者，如羅岕、丁孚岕等。明代袁宏道《龍井》序云：『岕茶，葉粗大，真者每斤至二千餘錢。』清代余懷《板橋雜記・軼事》：『厚予之金，使往山中販岕茶，得息頗厚。』《西遊記》第六回載：『吃盞岕茶，並肩坐在榻上。』又作岕茗，明・熊明遇《羅岕茶記》：『岕茗產於高山，渾至風露清虛之氣，故爲可尚。』袁中道《春日閒居》之二：『閒時洗瓶烹岕茗。』又常稱爲岕荈，如清代陳維崧《阮亭先生有謝綠雪茶詩余亦贈先生茗一器并索再和》：『鴉山固足珍，岕荈應最飲。』岕茶爲片茶故又稱岕片，如清孔尚任《桃花扇・哭主》：『叫左右泡開岕片，安下胡床。』清代鄭日奎《信民謠》之二：『靈山茶，浪得名，一甌鮮芽曾幾莖，風味敢與蒙岕爭。』可見岕茶在明清時爲極品名茶，知名度極高。

延平石乳　宋代貢茶名。宣和年間（一一一九—一一二五）創制。參見『瓊林毓粹』條。

伴和茶　僞茶名。指一種摻雜有樹梗、樹葉、豆類等物的假茶。宋代實行榷茶制度，食茶多磨成末茶出售，用水磨加工者又稱水磨茶，故易於入雜物作僞，以牟利。宋代李燾《續資治通鑒長編》卷五〇三載：『元符元年十月戊子，户部言：「應獲利到私末茶並伴和，如不獲元犯人，請並依私臘茶獲犯人法，估價給償。内伴和茶合毁棄者，每斤如有獲利抛棄隨行之法，准折充賞，剩數即納官。」』又作拌合茶。

佛頂茶　清代名茶。産於雲南楚雄佛頂山。清道光《雲南通志稿》卷一七：『佛頂山，《楚雄縣志》：在縣西二百里瓦姑哨下，山形如佛頂，産雀舌茶，今爲土人鏟盡。』

皂莢芽　僞茶名。這是古人以皂莢樹芽葉採製而製成的似茶飲料，以冒充茶葉，或與茶摻合製成僞茶。見《事類賦注》卷一七引《茶譜》：『又有皂莢芽、槐芽、柳芽，乃上春摘其芽，和茶作之。』

龜山茶　明清名茶。産於江西崇義。清雍正《江西通志》卷一三《山川七·南安府》：『龜山，在崇義縣西三十里，形如龜，多産茶及水竹。』此外，還有龍歸山茶。産於『崇義縣西一百八十里』之龍歸山，『與廣東韶州仁化縣連界，深林叢箐，土人製茶，與普兒（洱？）茶相似。』

龜峯茶　清末民初名茶。産於湖北麻城的高山。民國《麻城縣志·續編》卷三《食貨·物産》：『麻城産茶之山不一，以龜峯爲最佳，山麓附近各地，出産亦旺，而品稍遜。蓋茶不喜腴，山愈高則土質愈瘠，接雲霧亦近，故香味清洌可貴。他如天台山、壘峯山、復鐘尖等處所産均美，惜數量不多，只是供本地之用，故名不遠傳耳。』

飯甑山茶　清代名茶。産於湖南慈利。清光緒《慈利縣志》卷六《食貨》：『茶唯飯甑山有名，然亦不能多。頃歲西連有作紅茶者，販之輒獲倍直。於是，人稍稍知種茶之利。』又，同書卷一《山水》稱：『近紅茶擅贏，民藝日盛，販者飾之出海，號鶴峯幫……西賈品其與寧都同爲中土第一。實則鶴峯不能專有，大率半出縣北鄙云。』

廬州開火新茶　唐末宋初之際名茶。產於廬州（治今安徽合肥）。當產於清明前後，故名。宋代樂史《太平寰宇記》卷一二六：『廬州土產，開火新茶。』

懷寧茶　清代茶名。產於安徽懷寧縣。民國《懷寧縣志》卷六《物產・茶》：『高山石巖，不種自生，謂之野茶。龍眠庵、張家山、龍池尖、大龍山所產，品皆絶勝。清明前後採之，製出如新霽，泡以山泉，味不在蒙頂下，但不可多得。其餘松秀山、百子山、科甲沖、甘露庵、穀泉庵、王家壩等處亦產茶，味香質厚，惜所出者少。唯旨泉沖有茶園，居民多以種茶爲業。』參見道光《懷寧縣志》卷七《物產・茶》。這裏既有生於高山石巖間的野茶，也有以地名命名的人工種植茶，還有寺院茶，都品質優良，各具特色。

汪家巖茶　清代名茶。湖北大冶產。清同治《大冶縣志》卷二：『茶出天台汪家巖、吳家嶺諸山。』

沅江茶　清代茶名。爲湖南沅江茶的總稱。形似武夷，幾可亂真。嘉慶《沅江縣志》卷二九《藝文》引邑人王文藩《沅江櫂歌》：『釵頭細茗趁春雷，品似閩中九曲來。珍重紅囊遥寄與，何時鬥水共裴回。沅江茶，外間充武夷茶販賣。』同書卷一八《風俗》亦云：『今則開墾爲土，苧麻、紅薯、茶葉極盛。』似清代始種茶。

沅溪茶　明清名茶。湖南桃源產。清道光《桃源縣志》卷三《物產・茶》：『茶，北鄉甚稀，東西鄉並不產茶，唯南鄉近安化界產者頗佳。每夏，茶商至邑，區爲三等。沅溪一帶爲上，楊溪一帶次之，水溪則下矣。各溪只隔一山，而味迥殊。茶商嘗杯中汁，即能辨其爲某溪茶，而土人不能自辨矣。龍太常謂，桃花源西所產茶，用蒸法如岕。桃花源西正沉溪之地，則沉溪之茶自明已名〔世〕矣。』

啓沃承恩 宋代貢茶名。宣和二年（一一二〇）造。宋代趙汝礪《北苑别録·綱次》：『啓沃承恩：小芽，十二水，十宿火，正貢一百銙。』屬細色第三綱貢茶。

社留山茶 清代名茶。産於廣西賓州（治今賓陽）。清道光《賓州志》卷八：『社留名山，在州南八十里……山半有石穴，水泉噴出，懸崖飛瀑，爲社留江之源，産茶甚佳，村人利之。』

君山茶 清代名茶。産於湖南巴陵（治今岳陽）。充貢。君山銀針今猶爲頂級極品名茶。清嘉慶《巴陵縣志》卷一四《物産·茶》：『茶，君山爲上，國朝充土貢，自乾隆四十六年始。有蘭芽、鍋青等名，柏港次之，俱非他産所及。』又，同治《巴陵縣志》卷一一《風土·土産》：『君山貢茶，自國朝乾隆四十六年始，每歲貢十八斤。穀雨前，知縣遣人監山僧採製，一旗一槍，白毛茸然，洵珍品也，俗稱白毛尖，即白鶴翎之遺意。按邑茶盛稱於唐，始貢於五代馬殷，舊傳産灉湖諸山，今則推君山矣。然君山所産無多，正貢之外，山僧所貨貢餘茶，間以北港茶參之。北港地皆平岡，出茶頗多，茶葉甘香，亦勝他處。道光二十三年，與外洋通商後，廣人每挾重金來製紅茶，土人頗享其利。日曬者色微紅，故名紅茶；昔之稱蘭芽、鍋青用火焙者，統呼黑茶矣。』君山貢茶，本自唐之灉湖含膏，宋之白鶴茶，後發展爲君山銀針，今猶享有盛名，乃黄茶類茶品。又同書引《湖上客談》云：『貢茶，君山歲十八斤，官遣人監僧家造之。或至百數斤，斤以錢六百償之，僧造茶成，已斤費二千餘錢矣。向來賣者可得四千。近以軍事，武弁過此，必買茶以饋大官，斤率九千六百，多則十二千，僧利害略相當。然事平，軍船日少，茶已不售而官供如故，敗茶之道也。』

君山銀針　黄茶名。爲黄茶中芽茶的一種，産於今湖南岳陽市洞庭湖心的君山。君山爲一秀麗湖島，位於岳陽城西，與岳陽樓遥遥相對，就像鑲嵌在銀波浩瀚的水面上的一顆翠玉。唐劉禹錫詩中寫道：『遥望洞庭山水翠，白銀盤裏一青螺。』春夏之際，島上氣温適宜，湖水蒸發，雲籠霧罩，非常適宜茶樹生長。相傳君山茶在後唐（九二三—九三六）已充作貢品，歷代相襲，清朝乾隆皇帝特别愛好君山茶。清代江昱《瀟湘聽雨録》記載：『湘中産茶，不一其地。……而洞庭君山所産毛尖，當推第一。』據文獻記載，君山銀針始創於清朝，《湖南省志》載：『巴陵君山産茶，嫩緑似蓮心，歲以充貢。』又據《文獻通考》載：『黄翎毛出岳州。』这裏的『黄翎毛』與『蓮心』是指茶芽幼嫩，滿披茸毛，與現君山銀針的形象相似。君山銀針採製技術超羣，採摘標準要求極嚴格，一般於清明前三天左右開採，採肥嫩壯大的芽頭。採摘時爲防止擦傷芽和茸毛，盛茶籃内襯有白布。芽頭要求長二五至三〇毫米、寬三至四毫米，芽蒂長約二毫米。鮮葉採回之後，經『殺青、攤晾、初烘、攤涼、初包、復烘、攤涼、復包、足火』九道工序加工而成。全程歷時三晝夜，長達七十多小時。加工完成，還需精心挑選分級，根據芽葉的肥壯程度，分爲特號、一號、二號三個檔次。君山銀針風格獨特，品質超羣，與碧螺春産地氣候條件相仿，同列爲十大名茶之列。爲我國名優茶之佼佼者。

靈川　宋代片茶茶名。産於江南東路歙州（治今安徽徽州）。見《文獻通考·征榷五》。

靈草　宋代片茶茶名。産於荆湖南路潭州（治今湖南長沙）。見《宋會要輯稿·食貨》二九。

靈山茶　清代名茶。産於江西玉山縣。茶以山名。參見『西坑茶』、『三清茶』條。

靈虬茶　明代茶名。産於湖北蘄州。爲寺院茶。清光緒《蘄州志》卷三〇：『靈虬寺，在治北七十里，明正統間僧福興重修。顧黄公有《山僧説靈虯茶》詩，自注云：「産寶掌道場。」』

靈山寺茶　清代名茶。産於福建龍溪（治今龍巖）。清乾隆《龍溪縣志》卷一〇：『靈山寺茶，俗貴之。近則遠購武夷茶，以五月至。至則鬥茶。』由此可見，這是可與武夷茶一決高低的寺院茶。

靈石山茶　明清名茶。産於福建福清。清康熙《福清縣志》卷一《土産》：『茶，一出清遠里黄檗山，一出清源里靈石山。』此外，還有萬石山茶。同書卷一《山川》云：『萬石山，在六十都，去縣百餘里，有茶園。』

靈鷲山茶　明代名茶。雲南永昌府産。明隆慶《雲南通志》卷二：『靈鷲山，在府城北八里，高如寶蓋，延袤七里餘，山巔舊有報恩寺，俗呼大寺，山有茶園、果林。』

張塢茶　明代名茶。湖州長興出産。清乾隆《浙江通志》卷一二引萬曆《府志》：『大官山、小官山在（長興）縣西北四十五里……有張塢，産茶，爲羅岕之次。』又有槍旗嶺茶。同書引弘治《湖州府志》稱：『槍旗嶺，在縣東南三十里弁山上。石頭槍旗所植之竅。』又引嘉靖《浙江通志》云：『此山舊亦産茶而嘉，故曰槍旗。』則茶以嶺名，亦明代名茶。

陳茶　晚清茶名。産於廣東花縣。民國初已衰。民國《花縣志》卷六：『茶葉，多産於山間，而以單竹壩所産者爲佳，與清遠茶齊名，次則爲三華店，爲三華村所特産，鄰鄉不能培植，銷流於順德、大良等處，號曰陳茶。』

鳩坑茶　唐宋名茶。産於睦州（治今浙江建德東北）。唐代李肇《國史補》卷下：『睦州有鳩坑。』唐楊曄《膳夫經手録·茶録》云：『睦州鳩坑茶，味薄，研膏絶勝霍山者。』五代毛文錫《茶譜》曰：『睦州之鳩坑極妙。』宋代樂史《太平寰宇記》卷九五稱：『睦州貢鳩坑團茶。』宋初曾充貢。

武夷茶　歷史名茶。産於福建武夷山區。濫觴於宋，元明充貢，清代極盛，至今猶然。清道光《武夷山志》卷一九：『茶之産不一，崇、建、延、泉，隨地皆産，唯武夷爲最。他産性寒，此獨性温也。其品分巖茶、洲茶，附山爲巖，沿溪爲洲；巖爲上品，洲次之。又分山北、山南，山北尤佳，山南又次之。巖山之外，名爲外山，清濁不同矣。採摘以清明後、穀雨前爲頭春，立夏後爲二春，夏至後爲三春。頭春香濃味厚，二春無香味薄，三春頗香而味薄。種處宜日宜風，而畏多風日，多則茶不嫩。採時宜晴不宜雨，雨則香味減。各巖著名者：白雲、天遊、接筍、金谷洞、玉華、東華等處。採摘烘焙，須得其宜，然後香味兩絶。第巖茶反不甚細，有小種、花香、清香、工夫、松蘿諸名，烹之有天然真味，其色不紅。崇境東南，山谷平原，無不有之。唯崇南曹墩，乃武夷一脈，所産甲于東南。至於蓮子心、白毫、紫毫、雀舌，皆外山洲茶，初出嫩芽爲之，雖以細爲佳，而味實淺薄。若夫宋樹尤爲稀有，又有名三味茶，別是一種。能解酲消脹。巖山、外山，各皆有之，然亦不多也。』

武夷松蘿　清代名茶，這是福建崇安以地産茶仿松蘿製法開發的新品。清周亮工《閩小紀》：『崇安殷令，招黄山僧以松蘿法製建茶，堪並駕。今年余分得數兩，甚珍重之。時有武夷松蘿之目。』可證製法對茶的品質至關重要。

青芽　對唐宋名茶顧渚紫筍的別稱。唐代皎然《顧渚行寄裴方舟》詩：『女宫露澀青芽老，堯市人稀紫筍多。顧渚青芽誰得識，日暮采之長太息。』以紫筍爲碧螺色嫩芽而言之。參見『顧渚春』條。

青硯茶 唐代名茶。陸羽《茶經・八之出》云：『浙西以湖州上（注引《郡國志》：青硯、啄木二嶺者與壽州同）。』清乾隆《浙江通志》卷一二引《吳興掌故》：『青硯山，在縣西六十里。』

青又庵茶 歷史名茶。江西廬陵寺院出產。又名青幽庵茶。清道光《廬陵縣志》卷三九《寺觀》：『青又庵，在青又山。距淨居寺五里，一名青幽庵。基枕青原，夾出山谷間，綿邈不盡，故名。……《墨歷記》云：「由此數轉，爲石樓丹梯……蹬而上，忽開平田，禾黍瓜瓞，仿佛桃源，卻無人家，獨前阿茶叢之中，垂瓦西下，是所謂青又庵，千峯青又青，殆取此乎！行者烹所採茶，正不必北苑、岕法也。厥後經大小同崴，歷觀茶圃，皆笑老人所經畫。」』

青城貢茶 清代名茶。四川灌縣青城山產，爲一種貢茶。清光緒《增修灌縣志》卷六《茶法・貢茶》：『康熙十三年，布政司劄：飭縣屬青城山天師洞三十五庵僧、道等，每年採辦青城芽茶八百斤。內揀頂好貢茶六十斤，陪茶六十斤，官茶六百八十斤。道光四年，奉文裁減一百斤，每年採辦芽茶七百斤。內揀好貢茶二十斤，陪茶二十斤，官茶六百六十斤，每斤給茶價錢一百文。于立夏前五日，僧道等將茶辦齊，運赴縣署，自行揀選三日。貢茶、陪茶用錫瓶四個敬盛裝貯，於立夏前一日派撥內司差役解赴布政司貢房投驗，餘茶齎送各大憲轅下。』

苦䔲 僞茶名。這是產於廣東各地的一種木本似茶飲料。清同治《廣東通志》卷九五：『苦䔲，《南越志》：龍川縣有皋蘆，一名瓜蘆，葉似茗，土人謂過羅，或曰物羅（陳藏器《本草》）。珣曰：生南海諸山中，葉似茗而大，味苦澀，出新平縣（《本草綱目》）。葉大如掌，一片入壺，其味極苦，少則反有甘味，利咽喉之疾，功並山豆根，以産新安、河源者爲良。粤人烹河南茶者，必點簦少許爲良，今稱爲苦艼，亦作簦（《嶺南雜記》）。桂山産苦簦（《惠州府志》）。』

苦辛茶 近代名茶。産於廣西思恩縣（治今廣西環江毛南族自治縣）。茶以地名。民國《施恩縣志》第四編《經濟》：『苦辛茶，産於前區苦辛峒，味香而美。』又有『老婆茶，葉大色紅；藤茶，近山者多用之；葫蘆條，葉如葫蘆形，性涼。苦丁茶，葉厚，味苦甜』。似皆爲代茶飲料。

苦竹園茶 宋代北苑貢茶名。苦竹，乃茶園之名，因園多苦竹而得名。茶、竹相得益彰，古代已然。宋子安《東溪試茶録・北苑》：『建溪之焙三十有二，北苑首其一，而園别爲二十五。苦竹園頭甲之……苦竹園頭連屬窠坑，在大山之北，園植北山之陽，大山多修木叢林，鬱蔭相及，自焙口達源頭五里，地遠而益高。以園多苦竹，故名曰苦竹；以高遠居衆山之首，故曰園頭。』

苗坡茶 清代茶名。貴州龍里縣産。清乾隆《貴州通志》卷一五《物産・茶》：『茶，産龍里東苗坡及貴定翁粟沖、五柯樹、擺耳諸處，土人製之無法，味不佳，近亦知採芽以造，稍可供啜。』茶皆以地名。

英德茶品 歷史名茶。産於廣東英德縣。民國《英德縣續志》卷一六《物産・茶類》：『赤硃山茶、石蓮鄉藍山茶、阿婆嶂嶺茶、溪頭鄉黄嶺茶、鶴子鄉浮雲山茶，皆奇品。若中隅西茶，相傳六祖所植。又有名葫蘆茶者，叢生，莖小而長，葉尖如指，能消暑解毒，煎水治小兒瘡疥。』（原注：引自《採訪册》。）

范茶 清末民初茶名。産於浙江海寧斜橋鄉。數量極少。民國《海寧州志稿》卷一一《物産・茶》：『州境不産茶，唯有范茶一種，産斜橋鄉，相傳只十八株，不能增。此外，唯袁花鄉稍有山茶，質粗味薄，産亦無幾，烘焙均用土法。』同書卷四〇《風俗》則載：『城鎮之有茶肆，始于乾隆時。今則村落之有橋亭者，無不徧設矣。清晨趨市喫早茶，午後曰喫晚茶。』海寧瀕海，富産魚鹽，幾不産茶，故茶館之普及，遲至清乾隆時。如杭州，兩宋已極盛。

范殿帥茶 元代貢茶名。《元史·食貨志》已云不知所出，實産於浙江慈溪四明山開壽寺。范文虎，南宋時任殿帥，故云。清光緒《慈溪縣志》卷六引明《四明山志》云：『（岡山）下有開壽寺，産名茶。僅次於三女山所出。上有宋丞相史嵩之墓，殿帥范文虎因置茶局（製）貢茶。……本朝永樂間，縣官襲其舊。』述其來由、沿革甚明。

茅田茶 清代名茶。産於四川汶川。清嘉慶《汶志紀略》卷三《物産·茶》：『茶，茅田最佳，又野産白茶樹，極大。』又據同書卷三《山川》載：縣又有銀嶺（俗稱娘子嶺）、古龍溪溝茶，味亦佳。

林岕茶 明清名茶。江西寧都産。一名岕茶。清道光《寧都直隸州志》卷五：『冠石，州西十里。形如冠，俗呼紗帽寨。寓賢林時益、彭士望結廬其中，環山麓種茶。右爲紫雲峯，最高爽，茶味尤美，四方爭重價購之，名曰林岕。』又，同書卷一二《土産·物貨》：『近日如黄竹寨、竹坑村、官人山、赤竹峯等處，所産色香味均無不美。向時土貢，悉採於此。瑞金以銅鉢山産者爲佳，石城以通天巖産者爲佳，二縣稱其幾與林岕爭勝，益見岕茶之足珍也。』

枇杷茶 僞茶名。這是一種以枇杷樹芽採製而成的飲料。其形味均似茶，亦常和茶摻合而製成僞茶而牟利。見《事類賦注》卷一七引《茶譜》文：『茶之别者，枳殼芽、枸杞芽、枇杷芽，皆治風疾。』宋人尤擅入雜製僞。

松蘿茶　明清名茶。產於安徽歙縣。因其山名而作茶名。松蘿山，在今安徽休寧縣北，產名茶。明代與蘇州虎丘茶、杭州龍井茶齊名，享譽天下。明代許次紓《茶疏・產茶》：『若歙之松蘿，吴之虎丘，錢塘之龍井，並可雁行，亦與岕頡頏。往郭次甫亟稱黄山，黄山亦在歙中，然去松蘿遠甚。』

坡山鳳髓　古代名茶。因紀念蘇軾兄弟而得名。產在江西興國。清同治《興國州志》卷二《山川》載：『坡山，治東南七十里，峭壁千丈，頂平如樓，嶄然出衆……原名碧雲山。東坡由興國往江西筠州，視其弟子由，嘗登此，因名。里人於此製茶，名坡山鳳髓。山有響鈴石。』充分利用名人的廣告效應，古人已然。又，州治中還有百福山（舊名石榴山）、筠山、厚嶺山（俗稱厚堖土）皆稱名茶。其厚嶺山之北有峯，名桃花尖。宋代已產『桃花絶品』，亦因蘇軾譽揚而名聞天下。參見『桃花茶』條。

頂湖茶　清代名茶。產於廣東高要。清道光《高要縣志》卷四：『頂湖茶，端州白雲山頂有湖，僧於巖際種茶，歲收石許。烹之，作素馨花氣味，甘淡而滑，稱頂湖茶，然不恒得。』

抹山茶　明末清初名茶。產於安徽徽州。張潮《岕茶彙鈔・序》云：『吾鄉三天子都，有抹山茶，茶生石間，非人力所能培植。味淡香清，足稱仙品，採之甚難，不可多得。惜巢民已歿，不能與之共賞也。』張潮，字山來，號心齋居士，安徽徽州人，曾刻《昭代叢書》一五〇卷。其稱吾鄉，正其家鄉徽州所產名茶。

揀茶　中國古代茶類品名。一槍一旗的芽茶，是僅次於小芽、鬥品的極品茶芽，宋代著名貢茶密雲龍即以此爲原料加工而成。又稱中芽，即一芽一葉的優質名茶。宋代熊蕃《宣和北苑貢茶録》：『次曰中芽，乃一芽帶一葉者，號一槍一旗……如一槍一旗，可謂奇茶也。故一槍一旗號揀茶，最爲挺特光正。』黄儒《品茶要録》載：『茶之精絶者曰鬥，曰亞鬥，其次揀芽、茶芽……其造：一火曰鬥，二火曰亞鬥，不過十數銙而已。揀芽則不然，遍園隴中擇去其精英者耳。其或貪多務得，又滋色澤，往往以白合、盜葉間之。』趙佶《大觀茶論·采擇》：『凡芽如雀舌穀粒者爲鬥品，一槍一旗爲揀芽，一槍二旗爲次之，餘斯爲下。』又，王鞏《續聞見近録》：『元豐中，取揀芽不入香作密雲龍茶，小於小團而厚實過之。終元豐，外臣未始識之。』黄庭堅《戲贈曹子方家鳳兒》：『揀芽入湯獅子吼，荔子新剥女兒頰。』任淵注：『按《北苑貢茶録》：「一槍一旗號揀芽。」上品揀芽，蠟茶名也。』又詩《奉同公擇作揀芽詠》：『赤囊歲上雙龍壁，囊貢小團亦單疊，唯揀芽雙疊。曾見前朝盛事來。』（分見《山谷外集詩注》卷一七、一五）此爲揀茶即密雲龍及密雲龍雙角團袋之證。葛勝仲《丹陽集》卷二二《次韻德升惠新茶》之二：『雙疊紅囊貯揀茶，旋將活火試瑶花。』可爲黄詩佐證。謝薖《次韻季智伯寄茶報酒三解》之一：『揀芽投我真抛卻，不是能詩薛許州。』

虎山茶 清代茶名。產於廣東海豐。清同治《海豐縣志續編·山川》：『虎山，邑東三十里。盤郁幽深，茅庵梵刹，聯繹山腰。居民多持長素，以種茶爲業，恍然別有洞天。』其縣又產蓮花山茶、銀瓶山茶，均品質優良，『味尤甘香』。同書《風俗》又載：其地婦女嗜『咸茶』，實即『擂茶』，宴賓以代檳榔。

虎丘茶 明清極品名茶。產於蘇州虎丘山。與天池茶同被譽爲絶品。明代文震亨《長物志》：『虎丘、天池，最號精絶，爲天下冠，惜不多產，又爲官司所據。寂寞山家，得一壺兩壺，便爲奇品。然其味實亞於岕。』『品茶者，從來鑒賞，必推虎丘第〔一〕，以其色白，香同嬰兒肉，此真絶妙論也；次則屈指棲霞山，蓋即虎丘所使匡廬之種而移植之者。』（屠龍《茗笈》）明代馮時可《茶論》論曰：『蘇州茶飲遍天下，專門以採造勝耳。徽郡向無茶，近出松蘿茶，最爲時尚。是茶，始比丘大方。大方居虎丘最久，得採造法，其後於徽之松蘿結庵，採諸山茶於庵焙製，遠邇爭市。價倏翔湧，人因稱松蘿茶，實非松蘿所出也。是茶，比天池茶稍粗而氣甚香，味更清。然於虎丘，能稱仲，不能伯也。松郡佘山亦有茶，與天池無異，顧採造不如。近有比丘來，以虎丘法製之，味與松蘿等。』

虎溪茶　清代名茶。產於四川彭水。清光緒《彭水縣志》卷二：『邑各鄉皆有茶，而以江口鎮虎溪所產爲佳。』茶以地名。

味江茶　唐宋茶名。產於蜀州（治今四川崇慶）味江。茶以地名。五代毛文錫《茶譜》云：『蜀州（產）晉原、洞口、橫源、味江、青城。』（宋代樂史《太平寰宇記》卷七五引）宋代范鎮《東齋記事》卷四云：『蜀之產茶凡八處：雅州之蒙頂，蜀州之味江……』

果老嶺茶　明清名茶。產於安徽灊山縣。清康熙《灊山縣志》卷四：『茶類，有芽茶，穀雨前者；有葉茶，立夏採者。有苦茶，出皖山，葉似茶而大，非茶種，可卻暑疾。』《山川志》云：『有果老嶺，其澗多茶，其茶佳。』唐時享有盛名的天柱峯茶即產於此。

昌明茶　唐、五代名茶。產於綿州昌明縣（治今四川江油南）。唐代李肇《國史補》卷下：『風俗貴茶，茶之名品益衆……東川有神泉、小團、昌明、獸目。』白居易詩有云『渴飲一盞綠昌明』，表明其爲綠茶。宋代樂史《太平寰宇記》卷八三引五代毛文錫《茶譜》曰：『綿州龍安縣生獨嶺關者，與荆州同。其西昌、昌明、神泉等縣，連西山生者，並佳。獨嶺上者不堪採擷。』宋代晁載之《續談助》引唐代楊曄《膳夫經手録・茶録》云：『東川昌明茶，與新安含膏爭其上下。』

昌茶　民國茶名。產於廣東樂昌。民國《樂昌縣志》卷五：『昌茶，與白毛茶不同，常緑灌木，高五六尺，秋日開白花，實三角形，其葉可烹爲飲料，邑人採其嫩葉，以茉莉花烘之，味香而美。』這是一種花茶。

昌化茶　明代茶名。爲浙江昌化縣（治今浙江臨安縣西天目溪畔）所產茶的泛稱。明代李日華《紫桃軒雜綴》云：『昌化茶，大葉如桃枝柳梗，乃極香。余過逆旅，偶得，手摩其焙甑，三日龍麝氣不斷。』以麝等香料入茶，宋代製作貢茶已然，或昌化茶承其餘緒歟？

明山茶　宋代茶名。產於廣西路賓州（治今廣西賓陽東北）。宋代王象之《輿地紀勝》卷一一五：『明山茶，其味苦，與修仁所産相似。』

明月茶　唐代名茶。產於峽州（治今湖北宜昌）。唐代李肇《國史補》卷下：『風俗貴茶，茶之名品益衆……峽州有碧澗、明月茶、芳蕊、茱萸簝。』楊曄《膳夫經手録・茶録》載：『自是碧澗茶、明月茶、峽中香山茶皆出其下。』五代毛文錫《茶譜》載：『峽州：碧澗、明月。』（引自《全芳備祖・後集》卷二八）

羅村茶　唐宋名茶。產於蜀之利州（治今四川廣元）羅村。范鎮《東齋記事》卷四：『蜀之産茶凡八處：雅州之蒙頂……利州之羅村。然蒙頂茶爲最佳也。……其次羅村，茶色緑，而味亦甘美。』

羅坑茶　清代名茶。產於廣東曲江。清光緒《曲江縣志》卷一二《土產》：『羅坑茶，色紅，經宿不變味，功專消暑。』有清涼解渴之效。又有南華寺茶，『味甘而清，以供佛祖』。康熙《重修曲江縣志》卷一亦云：『細茶出南華者佳。』顯爲寺院茶，以品質優良而著稱。

羅岕茶　明清名茶。產於湖常毗鄰地界。明代徐獻忠《吴興掌故集》卷一三：『羅岕在長城之西鄉，由合溪至其地四十里，地多姓羅。其茶粗枝大葉，立夏始開園採摘，其味太厚，必借煎法，始成佳品。』又明代董斯張《吴興備志》卷二二引鄭圭《羅岕茶地考》詳載羅岕茶產地、品目始末，其後談鑒别法稱：『總之，第一要香，而香以蘭幽韻爲上，其次稍竄如豆花；味要甘要滑，而又厚者爲上，其次稍薄，若苦澀，則非羅岕產。』又，清乾隆《長興縣志》卷三引《岕茶匯鈔》：『羅岕，介於山中，羅隱隱此，故名。』其説當爲傳聞。

羅逢茶　清末民初茶名。產於廣東懷集。茶以地名。民國《懷集縣志》卷一〇：『羅逢茶，〔產〕城東七十里。』該縣又產白崖山茶、齊嶽茶、上磴茶、黄沙茶，或『色澤俱佳』，或『茶味清香』，或『飲之滿齒生涼』，各具特色，皆茶以地名。

羅漢茶　清代名茶。安徽歙縣產。民國《歙縣志》卷三：『降至清季，（歙茶）銷輸國外，遂廣種植而繁厥名。其種類有羅漢、竹葉、卷耳、麥黄、天燭紅等。稱羅漢者，葉分層而密似羅漢松也；竹葉者，葉狹長略肖竹葉也；卷耳者，葉肥厚如耳之卷也；麥黄者，收揀較遲，麥黄時始萌芽也；天燭紅者，嫩葉鮮紅，色若南天燭也。其採摘計分二次：頭茶名春茶；二茶名子茶。』可知多以象形或採茶季節而命名之。歙縣地雖宜茶，唐茶間產名茶已著稱，但商銷茶大量種植始于道光八年（一八二八），至清末民初茶產量已達到五萬擔以上。其產品以出口爲主。

羅漢蕩雲霧茶　明清名茶。產於安徽宿松縣羅漢蕩山。清道光《宿松縣志》卷二一：『羅漢蕩山，距縣九十里……山常在雲霧中，產異蔬、名茶、靈藥。』又同書卷二五《藝文》載李耀祖《遊羅漢蕩小記》述山僧大能烹羅漢蕩雲霧茶招待作者的經過：『水自山溜滴滴石堝中，烹茶注盞，薰蒸有雲霧氣……余尤味斯茶之味外味也。蓋茲山之類，鬱積磅礴，鍾於物，都與外間有別，而茶又得氣之先者。遠近爭市之。』

嶺南茶　泛指兩廣産的茶。一般爲大葉茶或苦蔃茶。元代耶律楚材《西域從王君玉乞茶因次其韻》之三：『高人惠我嶺南茶，爛賞飛花雪没車。』(《湛然居士集》卷五)元代其名已著。

制茶　清代茶名。這是産於廣東曲江(治今廣東韶關市曲江區)的寺院茶。清光緒《曲江縣志》卷一二：『制茶，産南華寺，味甘而清，以供佛祖。』又産羅坑茶，『色紅，經宿不變味，功專消暑』(同書同卷)。

和尚崗茶　近代茶名。廣西榴江(治今廣西鹿寨縣東寨沙鎮)縣産。民國《榴江縣志》第一編：『和尚崗，縣東七十里。與荔浦、大閎接界……山内有巨石，形如僧。石人後産茶樹一株，大可數十圍，高二丈餘，茶味清甘，隔宿而味不變，乃榴屬之特産也。』榴江，舊縣名，在廣西中部偏東。一九二四年，由永福縣鹿寨、黄冕、寨沙三區析置。一九五二年與雒容、中渡兩縣合併爲鹿寨縣。

岳茗　歷史名茶。産於湖南衡山(山主體部分，在湖南衡陽市南岳區及衡山、衡陽兩縣之境内)。衡山又稱南岳，故簡稱之。清康熙《衡岳志》卷二《物産·茶》：『沿山皆茶。冬雪初霽，吐白花滿山谷，異常撩人。寒蝶凍餘，迎距宛轉。春日雨晴，採芽明焙。以峯泉試之，浮乳甘香，不在徽歙下矣。』又，光緒《衡山縣志》卷二〇《風俗·飲食》：『烹岳茗，膾湘魚。』參見『衡山茶』條。又云：『其細民販賣小物，有米販、布販、炭販、茶販……皆肩挑背負，自鄉閭販至城市，朝雲暮還。』産於南岳之茶，清末商品化程度已很高。

岳麓　宋代茶名。産於荆湖南路潭州（治今湖南長沙）。茶以山名。潭州不僅産大片茶，也産草茶。《文獻通考·征榷五》：『岳麓、草子、楊樹、雨前、雨後，出荆湖。』宋代蒲積中編《歲時雜詠》卷一五引魏野《清明日書謌公房》詩云：『殷勤旋乞新鑽火，爲我親烹岳麓茶。』則宋初已著名。

的乳　五代宋初貢茶茶名。産於建州（治今福建建甌市）鳳凰山。此茶爲研膏片茶，專以賜中書舍人等近臣。宋代楊億《楊文公談苑》：『〔建茶〕凡十品：曰龍茶、鳳茶、京鋌、的乳……舍人、近臣賜京挺、的乳。』宋代熊蕃《宣和北苑貢茶録》：『又一種號白乳，蓋自龍鳳與京、石、的、白四種繼出，而蠟面降爲下矣。』《文獻通考·征榷五》載：『有龍、鳳、石乳、的乳……十二等，以充歲貢及邦國之用洎本路食茶。注云：石乳、〔的〕乳皆狹片，名曰京的乳，亦有闊片者。』則似的乳有闊、狹片兩個品種，它與石乳合稱京的乳。宋代梅堯臣《宛陵集》卷九《劉成伯遺建州小片的乳茶十枚因以爲答》詩：『玉斧裁雲片，形如阿井膠。春溪鬥新色，寒籜見重包。價劣萬金敵，名將紫筍抛，桓公不知味，空問楚人茅。』對其形、色及包裝、貴重程度言之甚詳。

金片　宋代片茶茶名。産於江南西路袁州（治今江西宜春市）。見於《宋會要輯稿·食貨》二九之一。同産於袁州的片茶還有玉津、緑英。

金尖　清末民初茶名。産於四川雅安（治四川今市）。民國《雅安縣志》卷四《風俗》引《通志》：『近山人户，採茶爲業……茶之細者，一旗一槍，是曰雨前茶，士紳家儲以備飲。漸粗曰金尖，曰金玉。男女歲作工，咸習爲摘茶、揀茶、烘茶、焙茶、窨茶、蒸茶、築茶、編包、腳運，自園户貿於商，商市於番，利四分之而得其一，平民生計衣食資之。』是説清民之際，雅安雨前茶已有蒸青、烘焙、窨花茶等多品種行銷，茶户利潤約在百分之二十五，賴此而維持生計。

金茗 宋代片茶茶名。産於荆湖南路潭州（治今湖南長沙）。見《文獻通考·征榷五》。

金錢 宋代貢茶名。宣和三年（一一二一）造進。規格：銀模、銀圈，徑一寸五分。宋代趙汝礪《北苑別録·綱次》：『金錢：小芽，十二水，七宿火，正貢一百片。』細色第三綱貢茶。

金山茶 清初名茶。福建上杭（治福建龍巖市今縣）産。清乾隆《上杭縣志》卷一《物産·茶》：茶，『上杭凡山皆種茶。多而且佳者，唯金山爲最，至精細者，如蓮子心香味，逾於松蘿。』

金谷巖茶 清代名茶。産於福建崇安（治今福建武夷山市駐地崇安鎮）。民國《福建通志·山經》卷二〇：『金谷巖、金谷洞，《武夷山志》云，巖在希真之右，洞在兩巖之間……産茶最佳。』武夷山區産名茶甚多，詳『武夷茶』條。

金面山茶 清代茶名。産於臺灣淡水、宜蘭交界處。清同治《淡水廳志》卷二：『此間山平多種茶。……金面山頭分水嶺，即淡、蘭交界，……北嶺高而不險，居民多種茶，有市百餘家。』金面山茶，又名北嶺茶。

金紫山茶 清代名茶。産於廣西賀縣（治今廣西賀州市）。俗稱仙茶。民國《賀縣志》卷一：『金紫山，在桂嶺墟北約十餘里，山自生茶，味甘芳異常，村人名爲仙茶，春日採之不竭。』

金樓山茶 清代茶名。産於浙江於潛（治今浙江杭州臨安西）縣金樓山。茶以山名，山又名霞山。嘉慶《於潛縣志》卷四載：『金樓山，縣南二十九里，一名霞山（《一統志》）。山在紫溪之西，高三百丈，周圍十五里，上饒松、竹、茶、栗，間有桂、柏、薔薇（萬曆縣志）。』

徑山茶　宋代名茶。產於杭州臨安（治浙江杭州今縣）徑山寺。乃寺院茶。宋代吴自牧《夢粱録》卷一八《物産》：『蓋南北二山、七邑諸山皆産（茶），徑山採穀雨前茗，以小缶貯饋之。』《咸淳臨安志》卷五八《物産·茶》亦有載。徑山寺不僅産茶，僧人之茶藝亦名聞天下。日本茶祖榮西亦嘗來徑山寺學習茶藝，成爲日本茶道的濫觴。

乳芽　宋人對白茶的雅稱。張擴《東窗集》卷四《送賀子忱吏部福建漕》：『丹荔壓枝收白曬，乳芽登焙薦青春。』

京鋌　五代宋初貢茶。此茶創制於南唐。宋代馬令《南唐書》卷二：保大四年（九四六），『命建州製的乳茶，號曰京鋌，蠟茶之貢自此始』。據此可知其即爲的乳，蠟面茶品種之一。熊蕃《宣和北苑貢茶録》曰：『五代之季，建安屬南唐，歲率諸縣民採茶北苑，初造研膏，繼造蠟面，既又製其佳者號曰京鋌（原注：其狀如貢神金、白金之鋌）。』是説其形如金、銀之鋌，爲蠟茶中之精品。楊億《楊文公談苑》也云：『江左近日方有蠟面之號，李氏别令取其乳作片，或號曰京鋌、的乳及骨子等，每歲不過五六萬斤，迄今歲出三十餘萬斤。凡十品：曰龍茶、鳳茶、京鋌、的乳……舍人、近臣賜京鋌、的乳，館閣（賜）白乳。』（據阮閲《詩話總龜》後集卷二九《詠茶門》録文，參校《海外新發現永樂大典》之卷八〇四，頁四八至四九。）《文獻通考·征榷五》稱蠟茶凡十二等，不列京鋌，只有的乳，顯然認爲二者乃一茶之異稱，其注稱：『石乳、（的）乳皆狹片，名曰京的乳，亦有闊片者。』是説石乳、的乳合稱爲京鋌，與楊億、熊蕃之説不同。參見『的乳』。

廟王茶　民國茶名。産於廣西武宣（治廣西來賓市今縣）。民國《武宣縣志》第四編《茶之屬》：『廟王茶，每斤三角，行銷縣屬及象州以上各縣。』此外，還有紫荆茶、古琶茶，皆『每斤四角』，分别行銷縣屬桂平以下各縣及象州。

炒子茶 清代茶名。爲廣東揭陽縣（治廣東今市）山中産的一種土茶。清光緒《揭陽縣續志》卷四：『山中土茶，味微苦，炒熟，性極温，土人呼爲炒子茶。然唯山中人嗜，揭所飲啜，皆建茶也。』

爐茶 清代茶名。這是四川爐霍屯（治四川甘孜藏族自治州屬今縣）集散的茶葉，是與印度茶爭奪西藏、青海市場的重要茶品，其地與打箭爐（治今四川甘孜州康定縣）同爲内地茶向三大藏區輻射的邊銷茶集散中心。在古茶馬道的中心。光緒《四川新設爐霍屯志略·飲食》附録《上趙次帥條陳》：『霍屯，宜興茶務也。印茶行銷藏地，侵蝕利權，已非一日。霍屯爲入藏北路，蕃夷運茶，由此路者，十之八九。查霍屯可興辦茶務地方有二：霍屯本城一也，屯所管寫遠之林沖二也。本城與林沖首尾相距約四百餘里。屯境轄地，自開埠頭，蕃夷不能異議，況彼處興辦茶務，蕃夷無不樂從。且霍屯東北一面，毗連金川諸夷；西北一面，毗連德格及甘省玉樹諸夷地面，縱約千餘里，茶業發達，正一基礎……爐茶近來貨品不佳，較以印茶減色，果於霍屯興辦茶務，一面改良茶品，一面設立埠頭，挽回利權，是亦要素，此興辦茶務之似爲應辦事宜也。』此條陳所述以屯茶佔領藏銷市場，擠佔印茶傾銷之説頗具真知灼見。

鄭宅茶 清代名茶。産於福建仙游（治福建莆田市今縣），又稱鄭氏茶。清乾隆《仙游縣志》卷四：『茶有數種，唯鄭宅爲最。而出於九座山、九鯉湖者亦佳。』又，同治《仙游縣志》卷五三：『鄭氏茶以别致推重騷壇。烹之，水色仍白，香氣四溢，當時古樹剩一二株而已。其傳送海内者，類取仙産茶，依鄭宅所製，然香色猶遠勝他處。採摘之煩、製造之功，勞費不少。』民國《福建通志》卷四引《遁齋偶筆》云：『閩中興化府城外鄭氏宅，有茶二株，香美甲天下，雖武夷巖茶不及也。所産無幾，鄰近有茶十八株，味亦美，合二十株。有司先時使人謹伺之，烘焙如法，籍其數以充貢，間有烘焙不中選者以餉大僚，然亦無幾。此外十餘里内所産皆冒鄭氏，非其真也。』

鄭行山茶　宋代名茶。産於明州象山縣。清刻本《象山縣志》卷二引《寶慶志》：『鄭行山，縣北十里，上産靈草、佳茗；舊有鄭行續庵於此，故名。』又見乾隆《浙江通志》卷一〇三引《象山縣志》：『鄭行山産佳茗，珠山更多。』

卷耳　清代名茶。産於安徽歙縣（治安徽徽州今縣）。因其葉片肥厚類似耳朵之形狀而得名。參見『羅漢茶』條。

淺山　宋代片茶茶名。産於淮南西路光州（治今河南潢川）。見《文獻通考·征榷五》。光州轄境約當今河南淮河以南、竹竿河以東之地，地瀕淮河上游。

河南茶　清代茶名。爲廣東番禺（治廣東廣州今市）珠江南岸所産茶的總稱。清同治《番禺縣志》卷七《物産·茶》引《採訪册》：『茶，有河南茶，珠江南岸三十三村多藝茶。有家園茶，蓼湧、南村、市頭等處亦多藝茶。其嫩芽充河南茶，以售於外。其老葉曰家園茶，亦曰老茶。有白雲茶，産滴水巖、白雲頂諸處。近日慕德里屬之茶山，鹿步屬之慕源，亦多種茶，皆有茶莊。』又，同書卷五四《雜記》：『珠江之南，有三十三村，謂之河南；粵志所謂河南之洲，狀若方壺是也。其土沃而人勤，多業藝茶。春深時，大婦提籯，少婦持筐，於陽崖陰林之間，淩露細擇緑芽紫筍，熏以珠蘭，其芬馨絶勝松蘿之莢。每晨，茶佔涉珠江以鬻於城，是曰河南茶。』則其爲珠蘭花茶，晚清時已暢銷廣州。

河婆茶　晚清名茶。廣西貴縣（治今廣西貴港市貴城鎮）産。又名六花茶。因河婆人種之於六花山而得名，一以人名，一以山名。民國《貴縣志》卷一〇《物産·茶》：『河婆茶，一名六花茶，河婆人植之於六花山，故名。味淡而香，懷西、懷北各里産，土壤宜砂土。清明後、穀雨前採嫩葉焙製者尤佳。』

河塘茶　晚清商品茶名。今湖南岳陽産。清光緒《巴陵鄉土志·商務》：『河塘茶，每歲出二萬餘斤，得價四千串左右。由水運銷行江西各處。』又，巴陵縣，民國初改岳陽縣，屬湖南岳陽市。

河源茶　清代茶名。爲廣東河源（治今廣東河源市源城區）所産茶的合稱。清乾隆《河源縣志》卷一一：《物産·茶類》：『嶺南山地産茶者多，而河邑獨盛。上管、康禾、諸約居人生計，多半賴此。春夏之交，賈人叢集産茶，恒於清明前，香嫩色美，遲採者賤。至霜降後復取新芽，謂之霜茶，味尤佳，然不可多得。桂山有仙茶，迥異常品，非人工所植，可偶遇而不可求也。又有名「一枝槍」者，亦出桂山。』

油竹山茶　清代名茶。産於浙江嵊縣（治今浙江嵊州市，由紹興市代管）。清道光《嵊縣志》卷一：『油竹山，在縣西剡源鄉，太白之分支。産茶爲剡最。』此外，尚有太白山、龍口巖、仙家崗茶，皆爲名品，均以山名。

油麻壩茶　宋代陜西路食茶茶名。據《宋會要輯稿·職官》四三之八五：宋代川茶禁榷，專充博馬，更不出賣。陜西路食茶規定品種，油麻壩茶即爲其中之一。其賣價爲每馱九十三貫九百九十八文。

泗綸茶　近代名茶。産於廣東羅定（治今廣東羅定市，由雲浮市代管）。民國《羅定志》卷三引《採訪册》：『茶，三區羅鏡、四區蒲垌坑皆有之，而以泗綸爲多。在昔茶葉甚盛，後因製法失宜，外茶代興，遂至不振。』此揭示外茶傾銷，擠壓華茶市場之史實。

泥片 宋代片茶茶名。産於江西路虔州（治今江西贛州）。見《文獻通考·征榷五》。

寶山 宋代片茶茶名。産於江西路興國軍（治今湖北陽新縣）。見馬端臨《文獻通考·征榷五》。

寶雲茶 宋代名茶。産於杭州錢塘縣（治今浙江杭州市）寶雲庵而得名。乃寺院茶。《咸淳臨安志》卷五八《物産·茶》：『歲貢見《舊志》，錢塘寶雲庵産者名寶雲茶，下天竺香林洞産者名香林茶，上天竺白雲峯産者名白雲茶。』歐陽修《文忠集》卷九《雙井茶》：『寶雲、日注非不精，争新棄舊世人情。』黄庭堅《山谷集》卷三《以雙井茶送孔常父》：『心知韻勝舌知腴，何以寶雲與真如？』王令《廣陵集》卷一七有《張和仲惠寶雲茶》詩云：『果肯同嘗作林下，寒泉應有惠山存。』（原注：先有詩云：「寶山更許同嘗否？擬待重烹第二泉。」故有是句。）可證其名北宋已顯，且和雙井、日鑄等相亞，同爲極品名茶，亦曾充貢。

寶洪茶 清代名茶。産於雲南宜良（治雲南昆明市今縣）。茶以山名。又名北樂茶、播雄茶。清道光《雲南通志稿》卷一一：『北樂山，《一統志》：在宜良縣北三十里。《雲南府志》：在宜良縣北二十里，舊名播雄山，今稱寶洪山。《宜良縣志》：上有古刹，産茶。』乃寺院茶。

寶林寺茶 清代名茶。産於四川南溪（治四川宜賓市今縣）。民國《南溪縣志》卷二《文徵》引清萬清涪《南廣竹枝詞》：『家園茶數寶林寺，粗葉子出汪家場，幾日春光過穀雨，便難買得好旗槍。縣境所産茶，土人呼爲家園茶。寶林寺稱上品，汪場一帶次之。穀雨後價漸平減，亦猶武夷、蒙頂重旗槍也。』

寶唐山茶 唐、五代名茶。產於彭州導江縣（治今四川都江堰市東）。導江，唐武德三年（六一九）改灌寧縣置，屬彭州（治四川今市，轄境約當今彭州、都江堰二市）；元初廢。五代毛文錫《茶譜》載：『玉壘關外寶唐山有茶樹，產於懸崖，筍長三寸五寸，方有一葉兩葉。』（《事類賦注》卷一七引）。

定風茶 清代名茶。產於四川敘永縣紅崖定風山。又名紅崖茶。清光緒《續修敘永廳永寧縣合志》卷五三《名勝》載：『紅崖三十六峯，清李藝浦《第十四峯》序云：「定風山，在蓮花峯之下，廟祀東嶽，產名茶。」詩曰：「百年古刹郁蒼蒼，灌木陰森夏亦涼，晴日東升朝嶽帝，仙雲西下捧空王，畫圖隱隱橫龍馬，門戶雙雙列鳳凰，間摘新芽調雀舌，松寮邀客試茶槍。」』其茶至近代仍著名，且行銷境外。民國《敘永縣志》卷一《物產》：『茶，有大茶、白茶兩種。以紅崖茶最爲著名，頗行銷境外。農家有摘取酸棗樹葉作茶者。此外，尚銷雲南之春茶，每年耗費亦巨，若將紅崖茶改良製法，必能抵制春茶之輸入。』可見近代鄰近地區之茶競銷之一斑。

定海茶 明清茶名。產於浙江定海（治今舟山市定海區）。清乾隆《浙江通志》卷一〇三引《定海縣志》：『定海之茶，多山谷野產，又不善製，故香味不及園茶之美。五月時重抽者曰二烏，苦澀不堪。產桃花山者佳，普陀山者愈肺癰、血痢，然亦不甚多得。』

宜北茶 近代茶名。爲廣西北部宜北縣（治今環江毛南族自治縣北）所產茶葉的合稱。民國《宜北縣志》第四編《產業·茶》：『香茶、金鉤茶、苦茶、藍靛茶，民國十五年縣府檢送香茶種子寄到南京試種，出茶品種最佳，曾給予獎狀。若更加研究，改進種法及製法，將來茶業發達，未可限量。』其第四編《商業》又云：『治安、崇興兩鄉」，以「茶葉、杉木爲大宗」。可見近代廣西宜北已有專業茶鄉。

宜年寶玉　宋代貢茶名。宣和二年（一一二〇）造。規格：銀模、銀圈，直長三寸，腰圓形，飾有龍紋。宋代趙汝礪《北苑別録·綱次》：「宜年寶玉，小芽，十二水，十二宿火，正貢四十片，創添六十片。」細色第四綱貢茶。

試新銙　宋代貢茶名。宋代熊蕃《宣和北苑貢茶録》：「龍焙初興，貢數殊少；累增至於元符，以片計者一萬八千，視初已加數倍，而猶未盛，今則爲四萬七千一百片有奇……貢新銙（大觀二年造），試新銙（政和二年造），白茶（政和三年造）。」又，趙汝礪《北苑別録》：「龍焙試新，水芽，十二水，十宿火。正貢一百銙，創添五十銙。」爲細色第二綱貢茶。參見姚寬《西溪叢語》卷上。

建茶　唐宋名茶。産於建州（治今福建建甌）。建茶創制於晚唐，經五代的發展，至宋聲譽鵲起，成爲最主要的貢茶名品。以品質優良，制式、品種多而著稱。宋代楊億《楊文公談苑·建州蠟茶》載：「建州，陸羽《茶經》尚未知之，但言福、建等十二州未詳，往往得之，其味極佳。」張舜民《畫墁録》：「有唐茶品，以陽羨爲上供，建溪北苑未著也。貞元中，常衮爲建州刺史，始蒸焙而研之，謂研膏茶。」嫁名宋初陶穀撰《清異録·晚甘侯》載孫樵《送茶與焦刑部書》云：「晚甘侯十五人遣侍齋閣，此徒皆請雷而摘，拜水而和，蓋建陽丹山碧水之鄉，月澗雲龕之侶，慎勿賤用之。」可知創制於唐常衮，至晚唐猶爲罕見珍品。唐·楊曄《膳夫經手録》載：「建州大團，狀類紫筍，又若今之大膠片，每軸十斤餘。」茶又稱建茗，如五代·王仁裕《開元天寶遺事》卷上：「逸人王休……每至冬時，取溪冰敲其晶瑩者煮建茗，共賓客飲之。」宋·太平老人《袖中錦》曰：章惇曾説：『近世有古所不及者三事：洛花、建茶、婦人腳。』（宛委山堂本《説郛》卷一二下）洛花，指洛陽牡丹，婦人纏足始於五代；此三者，宋代蔚爲時尚。宋代羅拯《建茶》詩云：『自昔稱吳蜀，芳鮮尚未真。於今盛閩粵，冠絶始無倫。』是説建茶盛極一時在宋代。李心傳《建炎以來朝野雜記·甲集》卷一四《建茶》可證：『建茶歲産九十五萬斤，其爲團銙者，號蠟茶，久爲人所貴，舊制歲貢片茶二十一萬六千斤。』周煇《清波雜誌》卷四：出使者『或攜建茶沿途備用，而虜中非絶品不顧，蓋榷場客販坌集，且能品第精粗』。可見兩宋建茶已名重契丹、女真。王仲修《宮詞》百首之十九：『宮人卻愛民家景，松竹陰中碾建茶。』陸游《劍南詩稿》卷四五《喜得建茶》詩云：『玉食何由到草萊，重奩初喜拆封開。雪霏庾嶺紅絲磑，乳泛閩溪緑地杯。』又，《輿地紀勝》卷一二九引周絳《茶苑總録》佚文云：『天下之茶建爲最，建之北苑又爲最。』其説甚是。

建溪 對名聞天下宋代建茶的借稱。建溪，原爲水名，發源於武夷山，流經福建建州（治今建甌）等地，即閩江上游。宋代建州産名茶、貢茶，正在建溪流域，因而借作茶名。梅堯臣《宛陵集》卷五五《得雷太簡自製蒙頂茶》：『陸羽舊《茶經》，一意重蒙頂。比來唯建溪，團片敵金餅。』陸游《劍南詩稿》卷一一《建安雪》：『建溪官茶天下絶，香味欲全須小雪。』

建溪春 宋代對産於建州春茶的喻稱。梅堯臣《宛陵集》卷五二《吕晉叔著作遺新茶》：『四葉及王游，共家原阪嶺，歲摘建溪春，爭先取晴景。』强至《祠部集》卷四《通判國博惠建茶且有對啜之戲因以奉謝》：『數餅建溪春，求逾尺璧珍。』宋·釋義青《雲門糊餅頌》：『祖佛超談問作家，困來宜喫建溪春。』（見《大藏經》本元·從倫編《林泉老人評唱投子青和尚頌古空谷集》卷三）宋·釋德洪《石門文字禪》卷四《郭祐之太尉試新龍團索詩》：『政和官焙雨前貢，蒼璧密雲盤小鳳。京華誰致建溪春，睿思分賜君恩重。』又常稱之爲『建陽春』，如馮山《安岳集》卷一一《問江巨源求茶》：『語笑嘉陵醉別辰，曾留一角建陽春。』又作『建溪雲』，因其地多白茶，故云。如宋代郭祥正《青山集》卷二七《休師攜茶相過二首》之一：『試揀松蔭投石坐，一杯分我建溪雲。』參見『建溪』條。

建州大團　唐代茶名。産於建州（治今福建建甌）。建州産茶，陸羽《茶經・八之出》已言之：『嶺南生福州、建州、韶州、象州。』但陸羽對建茶並不瞭解，坦言『未詳』，只説：『往往得之，其味極佳。』建州研膏茶，始于晚唐常袞爲刺史時。楊曄《膳夫經手録・茶録》云：『建州大團，狀類紫筍，又若今之大膠片，每一軸十斤餘。將取之，必以刀刮，然後能破。味極苦，唯廣陵、山陽兩地，人好尚之。不知其所以然也，或曰（可？）療頭痛。』作者生於晚唐，其對建茶的瞭解，較陸羽爲詳，當時僅揚州、淮安等地行銷。南唐時始充貢。建茶聲譽鵲起是在宋初。詳『建茶』條。

承平雅玩　宋代貢茶名。宣和二年（一一二〇）始創。規格：竹圈，模，方一寸二分，正方形。宋代趙汝礪《北苑別録・綱次》：『承平雅玩：小芽，十二水，十宿火，正貢一百銙。』屬細色第三綱。

細色五綱　宋代貢茶。建州鳳凰山爲宋代貢茶的主要産地。至北宋末，『採擇之精，製作之工，品第之勝，烹點之妙，莫不咸造其極』（趙佶《大觀茶論・序》，宛委山堂本《説郛》卷九三上）。貢茶的品目和數量很多，按製作的時間，分綱次上供。細色五綱爲最好的貢茶。趙汝礪《北苑別録・綱次》四庫本編者按引《建安志》載：『細色五綱，凡四十三品，形式各異。其間貢新、試新、龍園勝雪、白茶、御苑玉芽，此五品中，水揀第一，生揀次之。』《北苑别録》又云：『貢新爲最上，後開焙十日入貢；龍園勝雪爲最精，而建人有值四萬錢之語。夫茶之入貢，圈以箬葉，内以黄門，盛以花箱，護以重篚，扃以銀鑰。花箱内外，又有黄羅羃之，可謂什襲之珍矣。』

細色第五綱　宋代貢茶名。南宋初淳熙年間（一一七四—一一八九）所上與北宋末上貢品種數量略有不同。除太平嘉瑞至興國巖小鳳六色外，尚有附貢先春兩色：太平嘉瑞，正貢二百片，長壽玉圭，一百片。續入額四色：御苑玉芽、萬壽龍芽、無比壽芽、瑞雲翔龍，正貢各一百片。合計十二色。而宣和只貢六品。參見熊蕃《宣和北苑貢茶録》、趙汝礪《北苑别録》、姚寬《西溪叢語》卷上。無論數量品種，南宋皆已超越北宋之貢茶。

紹興茶　宋代紹興所産名茶的總稱。據宋代施宿《嘉泰會稽志》卷一七《日鑄茶》：日鑄、卧龍（瑞龍）外，『次則天衣山之丁堄茶，陶宴嶺之高塢茶（一曰金家嶴茶），秦望山之小朵茶，東土鄉之雁路茶，會稽山之茶山茶，蘭亭之花塢茶，諸暨之石筧茶，餘姚之化安瀑布茶，此其梗概也，其餘尤不可殫舉』。

函紫茶　明代名茶。産於安徽歙縣。因其産地太函山及紫霞山而得名。民國《歙縣志》卷三：『《舊志》載，明隆慶間，僧大方住休之松蘿山，製茶精妙，郡邑師其法，因稱茶曰松蘿。歙産本軼松蘿上，亦襲其號，然其時僅西北諸山及太函山産茶。明人記載，以函紫爲最上品，謂太函及紫霞山也。降至清季，銷輪國外，遂廣種植，而繁厥名。』參見『北源茶』、『紫霞茶』條。

春風芽　宋代建茶的雅稱。見范成大《石湖詩集》卷一七《晁子西寄詩謝酒自言其家數有逝者詞意悲甚次韻解之且以建茶同往》：『中以春風芽，一瀹萬慮忘。』謂建茶可忘憂解愁，亦詩人之浪漫想象。

玳瑁山茶　清代名茶。產於福建長樂，又名羅徑山茶。清道光《長樂縣志》卷四《山川略》：『玳瑁山，在縣西少南五十里，一名羅徑山。其山出茶。』此外，同書卷四還云：『登雲山，居人多種茶，佳者與永安、洋頭並。』

趙坡　宋代蜀茶中的珍品。趙坡，本爲地名，在今四川廣漢縣，轉作茶名。馬端臨《文獻通考·征榷五》：『蜀茶之細者，其品視南方已下。唯廣漢之趙坡，合州之水南，峨眉之白芽，雅安之蒙頂，土人亦珍之。』南宋陸游《劍南詩稿》卷八《晚過保福》詩有云：『茶試趙坡如潑乳，芋來犀浦可專車。』犀浦，乃鎮名，在四川華陽縣西，以產芋著稱。

趙封山茶　宋代名茶。產於河南鞏縣（治今河南鞏義市）。民國《河南通志》卷七：『趙封山，在鞏縣東南四十里，宋種茶於此。』

荆茶　僞茶名。這是產於四川廣安的一種解暑藥茶飲料。民國《廣安縣志》卷一二：『荆芥，鄉人解暑，瀹枝以代茶。』但廣安宋、明清時均產茶。同書卷一二《土產志》載：『茶產牛角硐，宋時，軍有合同場。遠商採買於園户，出鬻他路，名曰硐茶。嘉道中尚盛，今出產少。』方案：廣安軍，北宋初分渠、合、果三州地置；治渠江縣（今四川廣元市）。兩宋分屬梓州路、潼川府路。牛角硐茶，曾充博馬及商銷食茶，僅見於此。

薦新　明代福建貢茶名。《明史》卷八〇《食貨志四》：『其上供茶，天下貢額四千有奇。福建建寧所貢最爲上品，有探春、先春、次春、紫筍及薦新等號。舊皆採而碾之，壓以銀板，爲大小龍團。太祖以其勞民，罷造，唯令採茶芽以進，復上供户五百家。』

草子　宋代散茶茶名。産於荆湖南路，即今湖南境内。爲草茶。《文獻通考》卷一八《征榷五》有載。參見『岳麓』條。

草茶　我國古代茶類名稱之一，即散茶。焙製時，無須研膏。唐宋茶類，大致可分爲兩類，片茶和散茶，片茶爲團餅茶，散茶又稱草茶，充食茶。也有名品，如雙井、日鑄等。宋代歐陽修《歸田録》卷上：『草茶盛於兩浙，兩浙之品，日注爲第一。自景祐已後，洪州雙井白芽漸盛，近歲製作尤精……其品遠出日注上，遂爲草茶第一。』馬端臨《文獻通考·征榷五》：『散茶有太湖、龍溪、次號、末號，出淮南；岳麓、草子、楊樹、雨前、雨後出荆湖；清口出歸州，茗子出江南，總十一名。江浙又有以上中下、第一至第五爲號者。』是説宋代草茶盛産於兩浙外，淮南、荆湖、江南等路也有出産。《宋會要輯稿·食貨》二九之八至一四還記載了各種草茶品種的買賣價格。李燾《長編》卷二四載：『太平興國八年十月庚寅，賜諸軍校建茶有差；並賜諸軍翦草茶，人一斤。』可見當時草茶産量之高，亦充上供。皇帝用作賜茶品種之一。葛立方《韻語陽秋》卷五：『自建茶入貢，陽羨不復研膏，只謂之草茶而已。』可見是否研膏，是判别草茶或片茶的主要標準。黄儒《品茶要録·後論》亦載：『昔者陸羽號爲知茶，然羽之所知者，皆今之所謂草茶，何哉？如鴻漸所論，蒸芽並葉，畏流其膏，蓋草茶味短而淡，故常恐去膏；建茶力厚而甘，故唯欲去膏。』

茱萸膏　唐代名茶。産於峽州（治今湖北宜昌市）。唐代李肇《國史補》卷下載：『峽州有碧澗、明月、芳蕊、茱萸簝……』五代毛文錫《茶譜》亦載：峽州有『小江園、明月簝、碧澗簝、茱萸簝之名』（引自宋代吴淑

《事類賦注》卷一七)。

茶龍 宋代貢茶名,即龍茶,爲一種飾有龍形的貢茶。宋代黄裳《演山集》卷一《龍鳳茶寄照覺禪師》:『昔云木馬能嘶風,今看茶龍堪行雨。』此爲詩人的形象思維。貢茶表面裝飾的龍飛上了天空,化成了呼風喚雨的茶龍。

茶包 清代産於四川汶川(治四川阿壩藏族羌族自治州今縣)的茶名。這是一種專門銷往少數民族地區的邊銷茶,茶粗價廉的低檔茶。民國《汶川縣志》卷四《物産》:『邑南茅亭産茶,味清香,色微緑,葉長而寬。清時入貢,素負盛名。又興文坪茶亦佳,龍溪、映秀次之,均稱細茶。又以老枝葉焙成方圓形,運往夷地銷售,名茶包,即粗茶。』

茶穀 近代茶類名。産於四川敘永(治四川瀘州市今縣),又稱大茶,即將採下粗葉曬乾即成,亦間有製成茶磚者。民國《敘永縣志》卷七《茶業》:『敘永多山,大小岡阜,皆可種茶。唯農家視爲副業,故産量不豐。敘永之茶,大别爲二:一曰大茶,一稱茶穀。葉粗,或野生,製法甚簡,一經日光,即可成茶,間有製成茶磚者,惜不中飲,故難入市。二曰叢茶,葉細,有紅緑兩種,製法,用火烘焙。』

茶條 近代茶名。這是産於四川樂山(治今四川樂山市市中區)的一種野茶,又稱茗子。其枝條堅硬,可作杵。民國《樂山縣志》卷七《物産》:『茗子,即野茶,堅可作杵,亦名茶條。』《縣志》又載:『茶有紅春、白春、家茶之别。紅、白春葉大,味甘;家茶葉小,味苦。春分前後採者曰毛尖,最香嫩;清明採者,味濃而價低。』則家茶爲人工栽培茶。

茶菱 代用茶名。一種可以沏茶飲用的水生植物。産於安徽懷遠縣(治安徽蚌埠市今縣)。清嘉慶《懷遠縣志》卷二:『茶菱,生淝河,形如蓮蕊,微炒,沏茶清香。』同書又載,縣産『雲霧茶,初夏出塗山,感雲霧而生,故名』。方案:雲霧茶一般也出高山。

茶瑞 宋代對極品名茶白茶的譽稱,充鬥茶。宋代宋子安《東溪試茶録·茶名》:『白葉茶,民間大重。出於近歲,園焙時有之。地不以山川遠近,發不以社之先後,芽葉如紙,民間以爲茶瑞。取其第一者爲鬥茶。』宋徽宗趙佶《大觀茶論·白茶》:『白茶,自爲一種,與常茶不同,其條敷闡,其葉瑩薄。崖石之間,偶然生出,雖非人力所可致。有者不過四五家,生者不過一二株,所造止於二三銙而已。』

茶山茶 宋代名茶。産於紹興(治浙江紹興市今縣)會稽山。見宋代施宿《嘉泰會稽志》卷一七:『會稽山之茶山茶。』

花塢茶 宋代名茶。産於紹興蘭亭,那裏還形成了茶市。見南宋陸游《劍南詩稿》卷八一《蘭亭道上》(四首之三):『蘭亭酒美逢人醉,花塢茶新滿市香。』(原注:『蘭亭,官酤;花塢,茶名。』)參見施宿《嘉泰會稽志》卷一七。

茗子 宋代散茶茶名。産於宋代江南路。乃草茶。《文獻通考·征榷五》:『茗子出江南,(散茶)總十一名。』

茗山茶 明清茶名。産於浙江蕭山縣(治今浙江杭州市蕭山區)。清乾隆《浙江通志》卷一〇四:『茗山茶,《名勝志》:「蕭山縣茗山産佳茗。」』

茗地源茶　宋代名茶。產於池州青陽縣（治安徽池州市今縣）。清光緒《青陽縣志》卷二載：『茗地源茶，根株頗碩，生於陰穀。春夏之交，方發萌莖，條雖長，旗槍不展，乍紫乍緑。天聖初，郡守李虚己、太史梅詢試之，品以爲建諸渚不過也。』方案：今考嘉靖《池州府志》卷六，李虚己天聖元年（一〇二三）知池州；《長編》卷一〇二又載，其二年四月仍在知池州任。其認爲此茶可與建茶媲美。

滎經茶　清末民初茶名。爲四川滎經（治四川雅安市今縣）所産茶的合稱。民國《滎經縣志》卷二〇《物產》：『茶，産縣西境，各種不一，曰大茶、曰金玉、曰春茗、曰白毫、曰毛尖、曰紅茶（俗名老鷹茶）。大茶、金玉、春茗銷本地。以上各種，每年約共銷二百三十餘萬斤。』

胡嶺茶　明代茶名。産於浙江温州里安縣（治温州今市）胡嶺。清乾隆《浙江通志》卷一〇七引萬曆《温州府志》：『茶，五縣俱有……里安胡嶺、平陽蔡家山産者亦佳。』堪與樂清雁山龍湫背茶相頡頏。

枳殼芽　僞茶名。一種與茶相似的藥用飲料。以枳樹芽葉爲原料，也常常摻合入茶中製成僞茶。宋代吴淑《事類賦注》卷一七引毛文錫《茶譜》：『茶之别者，枳殼芽、枸杞芽、枇杷芽，皆治風疾。』

樹蘭　代用茶名。廣西馬平縣（治今廣西柳州）産一種木本植物，可入茶合飲。光緒《馬平縣志》卷二《物産》：『樹蘭，即木本魚子蘭，花穗如珍珠而香不及，以之入茶極佳。』馬平縣，隋開皇十一年（五九一）析桂林縣始置，治今廣西柳州市。大業初屬始安郡。唐武德四年（六二一）爲昆州治，貞觀八年（六三四）至明清爲柳州治所。一九三一年改爲柳州縣，今爲柳州市地。

卧龍茶　宋代名茶。産於越州（治今浙江紹興）。宋《嘉泰會稽志》卷一七《日鑄茶》載：『今會稽産茶極多，佳品唯臥龍一種，得名亦盛，幾與日鑄相亞。臥龍者，出臥龍山，或謂茶種初亦出日鑄……臥龍則芽差短，色微紫黑，類蒙頂、紫筍，味頗森嚴，其滌煩破睡之功，則雖日鑄有不能及，顧其品終在日鑄下。自頃二者皆或充包貢，臥龍則易其名曰瑞龍，蓋自近歲始也。』據此，可知茶以山名，亦充貢；南宋中期又改名瑞龍。宋代陸佃《陶山集》卷三《依韻和趙令時三首》之二：『揚子已無騎鶴事，會稽唯有臥龍茶。會稽州宅產茶，雖及殊品，然去鏡湖頗遠。』陸佃，王安石學生，陸游祖父，北宋神宗時人，其時臥龍茶已聲名鵲起。張伯玉《蓬萊閣閑望寫懷》（《會稽掇英總集》卷一）：『茶先春入焙，臥龍茶冠吳越。筍帶雪粘盆。』晁説之《景迂生集》卷八《寄中遠越州旅舍兼簡宋倅》：『茶寄臥龍何日到？貳車東宋世相親。』

磚茶 ①古代貢茶。產於四川大邑（治四川成都市今縣），爲團餅茶。清光緒《大邑縣志》卷七《物產·茶》：『大邑、思安二茶場；《茶譜》：蜀州晉源洞口漕（?）造茶，爲餅二兩，印龍鳳於上，飾以金箔，每八餅爲一斤，入貢，俗名磚茶。』晉源，應作晉原，縣名。北周以江原縣改名，治今四川崇州市西北懷遠鎮，後移治今崇州市，隋屬蜀郡；唐、北宋爲蜀州治，南宋爲崇慶府治；元爲崇慶州治。明洪武初省入崇慶州。今考五代毛文錫《茶譜》佚文無此條，此顯非毛氏《茶譜》之文明矣；不知光緒《大邑縣志》所據爲何？或明清另有《茶譜》，或誤引書名歟？②緊壓茶名，爲緊壓茶中壓製成磚形的各種茶的統稱。其產地在湖南、湖北、四川、雲南等省。原料有黑茶、綠茶與紅茶。形狀有磚形的黑磚、花磚、茯磚、老青磚、米磚、康磚、緊茶和金尖等。磚茶要求四角分明，厚薄均勻，重量符合規格，磚面平整光滑，無彎曲、面茶脱落、包心外露和燒心等現象。

南木　唐代茶名。産於唐山南東道江陵（治今湖北荆州市江陵）。唐代李肇《國史補》卷下：『江陵有南木。』楊曄《膳夫經手録·茶録》：『江陵南木茶（凡下），施州方茶（苦硬）。』是説其品質一般。

南華茶　清初名茶。産於廣東曲江（治今廣東韶關市曲江區）。又稱細茶。清康熙《重修曲江縣志》卷一：『細茶，出南華者佳。』

南溪茶　宋代名茶。産於杭州香林寺。宋釋祖可詩《香林許惠南溪茶作詩促之》：『午窗湯餅違煩渴，安得雲腴作短兵。』此乃寺院茶，一般品質優良。

南山應端　宋代貢茶名。宣和四年（一一二二）造。規格：銀模、銅圈，方一寸八分，正方形，龍紋飾面。《北苑别録·綱次》載：『南山應瑞，小芽，十二水，十五宿火，正貢六十銙，創添六十銙。』此爲細色第五綱貢茶。

南區紅茶　民國茶名。産於四川北川縣南區。其每擔爲一百二十斤，也與别處略異。民國《北川縣志》卷三《物産》：『南區紅茶：敏溪、大水灣、曹三溝、曲山、擂鼓坪皆産。每年約一千擔，每擔一百二十斤。』

南石坑茶　歷史名茶。産於江西進賢縣（治江西南昌今縣）。清同治《進賢縣志》卷二《輿地·山川》：『南石坑，邑東三十五里，在十六都。俗名石坑，昔産茶。』又，同書卷二《物産·茶》：『茶，出南石山者佳。』

南華山茶　清代産於廣東曲江縣的茶名。同治《廣東通志》卷一〇一：『南華山，在縣南六十里，溪水回環，峯巒奇秀，産茶。』

南園熙春　清代名茶。産於安徽黟縣（治安徽黄山市今縣）。清嘉慶《黟縣志》卷三《物産·茶》：『黟之茶，産城南周家園二都、秀里四都、燕窩八都、大原十一都、朏曙下十二都。又有南園熙春，出北原；雲霧茶，出羊棧嶺頭。』

南閭嶺茶 清代茶名。産於海南定安（治海南省今縣）。定安，在今海南島東北部、南渡江中游南畔。縣爲省轄行政單位。縣有南海農場，乃全國最大茶場之一。其所産紅茶、緑茶，百分之九十以上出口外銷。清光緒《定安縣志》卷一：『南閭嶺茶，味清甘。每年清明前後十日採，採時有數百餘人，日採夜宿。以香氣占茶葉老嫩：早時聞香茶葉嫩，午候聞香茶葉得中，日晡聞香茶葉老，名曰甜茶，味匹武夷，甚堪避瘴。』

括蒼雲霧茶 清代名茶。産於浙江縉雲縣（治浙江麗水市今縣）。清道光《縉雲縣志》卷三：『茶隨處有之。以産小筠、大園、柳塘者佳；括蒼雲霧茶，亦爲珍品。』茶，至今仍爲該縣特産。

指合 宋代片茶茶名。産於江西路饒（治今江西饒州鄱陽）、池州（治今安徽池州市貴池區）。見《文獻通考·征榷五》。

挪茶 清初名茶。産於浙江東陽（治今浙江東陽市，由金華市代管）等地。用撚揉等手法加工稱挪茶。已近乎現代龍井等名茶手工炒製加工法。清乾隆《浙江通志》卷一〇六引《東陽縣志》：『大盆、東白二山爲最。穀雨前採者謂之芽茶，更早者謂之毛尖，最貴，皆挪做，謂之挪茶。』

界亭茶 清代名茶。湖南沅陵（治湖南懷化市今縣）産。其上品充貢。清光緒《沅陵縣志》卷三八《物産·茶》：『邑中出茶處多。先以碣灘産者爲最，後界亭茶盛行。極先摘者名白毛尖，今且以充土貢矣。』則以白毛尖爲極品名茶。

界牌茶 清代名茶。產於湖南永州江華(治今永州江華瑶族自治縣)瑶山。清嘉慶《道州志》卷一〇《土產》:『茶葉,出西北靈王廟山内最多。逢穀雨日,帶露摘之,甚柔細,以後漸粗,陳久者良。南路近江邑瑶山内界牌茶,即六洞茶,其味濃苦,其色正紅,暑月服之,可解渴煩,然真者殊鮮。』可見清中葉時,冒牌名茶已盛行於世。

思河嶺茶 清代茶名。海南定安(治海南今縣)產。清光緒《定安縣志》卷一:『思河嶺茶,俗名白馬嶺茶,味甜勝於南閭嶺,其採法亦與南閭嶺同。』此外定安還有『水滿峒茶,氣味香美,冠諸黎山,久已有名』,『龜嶺茶,在嶺口香林寺』,是寺院茶。

蝦門茶 清代名茶。產於廣西蒼梧縣(治廣西梧州市今縣)。清同治《蒼梧縣志》卷一〇《物產》引《採訪册》:『茶產多賢鄉六堡,味厚,隔宿不變。產長行蝦門埇者,名蝦門茶。色香味俱佳,唯稍薄耳。』則茶以地名。其地又產『六堡茶』,今猶馳名中外。

炭青 清代名茶。產於湖南寧遠(治湖南永州市今縣)九嶷山。清嘉慶《九嶷山志》卷二《物產・茶》:『茶,每歲穀雨前採芽,焙之,曰炭青。味甘香,不減武夷、日鑄,以瀟水煮之,厥味信佳。』

峒茶 清代茶名。①產於廣西岑溪(治今廣西岑溪市,由梧州市代管)。清乾隆《岑溪縣志》卷二:『岑向無茶,止大峒山巔植之,其味甚佳,故有峒茶之名。迄今各鄉近山處盡種,而謝孟堡山場所植尤夥,遠近販鬻,爲利頗饒。』②湖南桑植(治湖南張家界市今縣)產茶。清同治《桑植縣志》卷二:『峒茶,四邑皆產,縣屬獨多。味頗厚,穀雨前摘取,細者亦名槍旗。』

垂雲茶　宋代名茶。產於杭州寶嚴禪院垂雲亭而得名。宋《咸淳臨安志》卷五八《物產・茶》有載。蘇軾《東坡全集》卷一八有《怡然以垂雲新茶見餉報以大龍團仍戲作小詩》：『妙供來香積，珍烹具太官。揀芽分雀舌，賜茗出龍團。』

香片　花茶之一種。以片狀茶葉與花拼合窨製而成，暢銷我國京津和東北等地區，爲廣大羣衆喜愛的大衆化茶葉。此茶明清已盛行。明代朱權《茶譜・熏茶茶法》載：『百花有香者皆可。當花盛開時，以紙糊竹籠兩隔，上層置茶，下層置花，宜密封固。經宿，開換是花，如此數日，其茶自有香味可愛。有不用花，用龍腦熏者亦可。』又，錢椿年《花譜・製茶諸法》：『木樨、茉莉、玫瑰、薔薇、蘭蕙、桔花、梔子、木香、梅花，皆可作茶。諸花開時，摘其半含半放蕊之香氣全者，量其茶葉多少，摘花爲茶，花多則太香而脫茶韻，花少則不香而不盡其美，三停茶葉一停花始稱。……用磁罐一層茶一層花投間至滿，紙箬紮固，入鍋重湯煮之，也出待冷，用紙封裹，置火上焙乾收用。』介紹了兩種不同的花茶製法。今已多用窨製。參見『花茶』條。

香茶　清代名茶。產於福建泉州（治福建今市）。入腦子、麝香等藥材而製成，是宋代龍鳳團茶的遺存，又名孩兒茶。清乾隆《福建通志》卷一〇：『香茶，一名孩兒茶，其法用腦麝合而成之，味芬，性涼。』

香山茶　①唐代名茶。產於峽州（治今湖北宜昌市夷陵區）和夔州（治今重慶市奉節縣）一帶。唐代楊曄《膳夫經手録・茶録》：『峽州……自是碧澗茶、明月茶、峽中香山茶，皆出其下。』唐代李肇《國史補》卷下亦載：『風俗貴茶，茶之名品益衆……夔州有香山。』峽中，當指今三峽地區，即今重慶奉節至湖北宜昌一帶。
②清代茶名。產於重慶奉節。奉節縣，今直屬重慶市，南鄰湖北省，爲三峽地區之一。清光緒《奉節縣志》卷

二〇《寺觀》：『香山寺，在縣東南三十里麝香山上。寺産香山茶，因名。』此乃寺院茶。

香林茶　宋代名茶。産於浙江杭州下天竺香林洞，故云。《咸淳臨安志》卷五八《物産・茶》有載。參見『白雲茶』條。

香露茶　近代茶名。四川三台（治四川綿陽市今縣）産。民國《三台縣志》卷一三《物産・茶》：『早取爲茶，晚取成荈，苦不堪食。邑産爲香露茶、女兒茶二種。』

香口焙銙　宋代貢茶名。失書造貢年份。規格：竹圈，模，方一寸二分，正方形，無紋飾。宋代趙汝礪《北苑别録・綱次》：『香口焙銙，中芽，十二水，十宿火，正貢五百銙。』細色第四綱貢茶。香口焙，爲建州三十二官焙之一。宋子安《東溪試茶録・總敍焙名》載：『丁氏舊録云：官私之焙千三百三十有六，而獨記官焙三十二。東山之焙十有四：……香口十二。』《北苑别録・外焙》：『石門、乳吉、香口，右三焙常後北苑五七日興工，每日採茶、蒸榨以過黄，悉送北苑併造。』

覆鐘尖茶　清末民初名茶。産於湖北麻城（治今湖北麻城市，由黄岡市代管）。民國《麻城縣志》卷一：『覆鐘尖，在縣東一百一十里。峯挺立聳入雲際，四周迤邐下垂，若覆鐘然，故名。産茶最佳，瀹之色青碧，味香洌異常，惜産量無多，歲收不過百斤，山麓居民，都於上年冬投資訂購。』

修仁茶　宋代名茶。産於廣西路桂州修仁縣。修仁，治今廣西桂林荔浦西南修仁鎮。《宋史》卷一八四《食貨志下六》：『時遠方若桂州修仁諸縣，夔州路達州有司皆議榷茶……桂州修仁等縣禁榷及陝西碎賣芽茶皆罷。』鄒浩《道鄉集》卷一〇《修仁茶》（三首）：『味如橄欖久方回，初苦終甘要得知。不但炎荒能療疾，攜歸北地亦相宜。』『嶺南州縣接湖南，處處烹煎極口談。北苑春芽雖絕品，不能消鬲禦煙嵐。』『龍鳳新團出帝家，南人不顧自煎茶。夜光明月真投暗，悵望長安天一涯。』是說修仁茶啜苦咽甘，有療疾去瘴之效。亦宋代茶馬貿易中廣西以茶易馬的主要品種。

皇帝茶 歷史名茶。產於福建漳浦（治今福建漳州市今縣）太武山。相傳因宋末帝趙昺而得名。清康熙《漳浦縣志》卷四：『太武山有皇帝茶，乃宋帝昺所遺也。近清泉亦多茶樹。』參見同書卷一《方域上》：『帝昺井，在古雷山上，相傳帝昺南奔到此，汲井烹茶，棄茶井邊，久而成樹，今是地多茶。』這種流傳已久的傳說，反映的卻是當地民衆的故國之思。

泉山茶 清代名茶。產於福建泉州晉江縣（治福建泉州今市）。民國《福建通志·山經》卷九：『泉山，《太平寰宇記》云在州北五里。《閩書》作清源山……茶户居之。茶宜高山之陽，受日光早處，此地霧露蒙密，受暘獨先。』

侯計山茶 歷史名茶。湖南耒陽縣（治湖南今市，由衡陽市代管）產。清道光《耒陽縣志》卷二：『《府志》載：侯計山，在縣東七十里。……山植茶，並粟、麥、麻、豆。』縣志載，此山一名侯憩山。

待詔茶 清初名茶。產於廣東潮州、饒平（治廣東潮州今縣）接壤之待詔山，茶以山名。康熙《饒平縣志》卷一：『待詔山，在縣西南十餘里……土人植茶其上，郡稱待詔茶。』

勝金 宋代片茶茶名。產於江東路歙州。見《文獻通考·征榷五》。《宋會要輯稿·食貨》二九之一○載其在真州（治今江蘇儀徵市）榷務的賣價爲五六三文。同樣的茶在不同的榷貨務，其買賣價格並不相同。

急程茶　唐代貢茶名。須於清明節前從產地湖州飛騎上供至京城長安（治今陝西西安）的貢茶。因新茶貴早，須在清明前半個月採製，限十天内日夜兼程，飛騎傳送四千里路，急如星火般上貢皇室薦新。唐・李郢《茶山貢焙歌》云：『十日王程路四千，到時須及清明宴。』（王安石編《唐百家詩選》卷一八）這種貢茶，無疑對茶農是一個沉重的負擔。宋代談鑰《嘉泰吴興志》卷一八引《郡國志》云：『歲貢凡五等，第一陸遞，限清明到京，謂之急程茶。』貢茶到京後，先薦宗廟，再分賜皇親、近臣。茶名爲陽羨、紫筍，此貢始於貞元五年（七八九）。八年，湖州刺史于頔因時令過早，建議常州紫筍茶可稍緩數日；開成三年（八三八），又應刺史楊漢公表請，同意寬限三五日。説明茶葉的採製不能違反自然規律，不合時令的過早採摘，欲速而不達，對地方官吏和茶農也是一種騷擾和負擔。

餅茶　唐宋茶類之一，即團茶、片茶，以形狀似餅而得名。有圓形、方形、菱形或其他花式。見宋代熊蕃《宣和北苑貢茶録》附圖。屬於研膏茶緊壓茶類，又稱茶餅。蔡襄《茶録・茶色》載：『茶色貴白，而餅茶多以珍膏油其面，故有青黄紫黑之異。』黄儒《品茶要録・漬膏》曰：『茶餅光黄，又如蔭潤者，榨不乾也。榨欲盡去其膏。』《墨客揮犀》卷五：『自來進御唯建州餅茶，而浙茶未嘗修貢。』按：此説未允，浙茶的一些名品，如日鑄、鳩坑等，宋初即已充貢。今仍有餅茶，主要產於雲南等地，以滇青毛茶爲原料，加工工藝有渥堆、做色工序，品質接近黑茶，有方形、圓形小茶餅及俗稱大茶餅的七子茶餅等品種。清代李調元編《全五代詩》卷一二録有李濤《春晝回文》詩云：『茶餅嚼時香透齒，水沉燒處碧凝煙。』

施州方茶　唐代茶名。產於黔中道施州（治今湖北恩施）。唐代楊曄《膳夫經手録》：『施州方茶（苦硬）」，已上四處，悉皆味短而韻平。唯江陵、襄陽皆數千里食之。』是説潭州陽團、渠江薄片、江陵南木及施州方茶，這四種茶因品質不佳，只行銷湖北武漢、襄樊一帶。

閩團　宋代建茶的别稱。因其産在福建又爲團餅茶，故稱。宋代蘇轍《欒城集》卷九《次前韻》：『龍鸞僅比閩團釃，鹽酪應嫌北俗粗。』（本詩同卷上一首爲《宋城宰韓秉文惠日鑄茶》，即次其韻。）

閩茶　明清時期福建所産茶葉的總稱。其名最著者爲武夷，又有巖茶、洲茶之别，其具體品種很多。此外尚有建安産建茶，還有福州産的土茶，品種也很多，各地産茶品質有高下精粗之别。民國《福建通志》卷四《物産・茶》引《閩産録異》備述『閩諸郡皆産茶，以武夷爲最』。其品『有松際，色淺味香。老君眉（光澤烏君山前亦産老君眉），葉長味鬱，然多僞。爲鐵羅漢、墜柳條，皆宋樹，又僅止一株，年産少許，無何價值。凡茶，他郡産者，性微寒；武夷九十九巖産者，性獨温。其品分巖茶、洲茶。附山爲巖，沿溪爲洲；巖爲上品，洲爲次品。九十九巖皆特拔挺起，凡風日雨露，無一息之背。水泉之甘潔，又勝他山。其茶分山北、山南，山北尤佳，受東南晨日之光也。巖茶、洲茶之外，爲外山清濁不同矣。九十九巖茶可三瀹，外山兩瀹即淡。武夷各巖著名者：白雲、仙游、接筍、金谷洞、玉華、東華；餘則崇南之曹墩，乃武夷一脈，所産甲于東南。蓮心、白毫、紫毫、雀舌，皆外山及洲茶。採初出嫩芽爲之，雖以細爲佳，味則淺薄。又有三味茶，别是一種，能解酲消脹。凡樹茶宜日宜風，而厭多風日，多則茶不嫩，採時宜晴不宜雨，雨則香味減。武夷採摘以清明後、穀雨前爲頭春，香濃味厚；立夏後爲二春，無香味薄；夏至後爲三春，頗香而味薄；至秋則採爲秋露。貯茶，一忌濕氣，次忌共置，三忌大器，以一二兩小甕密緘包裹，置鉛箱中，實以巖片，緘以木匣爲妙；然新舊交則色紅味老而香減。蓮心、白毫陰乾者，色尤易變。甌寧縣之大湖，别有葉粗長名水仙者，以味似水仙花，故名。又有烏龍，産大湖、小湖，皆能除煩去膩，真者亦難得。太姥緑雪芽，今福寧府各縣溥種之，名緑頭春，味苦。福寧白琳、福安松蘿，以寧德支提爲最。福州之福寧及閩縣之鼓山，皆産半山茶。侯官之水西、鳳岡、九峯山、林洋（即林洋寺）、華峯、長箕嶺，長樂之蟹榖，福清之靈石，永福之名山室、方廣巖，連江之美肇、石門，皆産佳茗。獨武夷價翔，夷人恐砂氣侵精，不敢捆載，武夷片石，以此獨全。寧、福兩郡所産，皆呼土茶，以别武夷、建安也。昔年閩茶運粵，粵之十三行，逐春收貯，次第出洋，以此諸番皆缺，茶價常貴；今閩商資薄，不能居貨，茶賈反以急售蕩産』。是書分述武夷茶、建茶及福州各地産土茶及其品種、特色，頗爲詳備。

美肇茶　清代名茶。産於福建連江（治福建福州今縣）。乾隆《連江縣志》卷四《物産·茶》：『昔人造茶之法不同，但專以蒸碾爲工，至明代始用茶芽炒製，今謂之古制。連邑仿製者，以美肇爲最。亦有以火焙贋爲武夷者。如雲居、五峯、西安所出，味亦甚佳。然深於茶事，必有擇水、簡器、慎烹諸法，如顧況所云：「文火、細煙、小鼎、長泉」，是于葉先生不負者。』

將樂茶　清初茶名，爲福建將樂縣各鄉（治福建三明市今縣）所産高山野茶的合稱。清乾隆《將樂縣志》卷五《土産·茶》：『茶，城鄉皆有。俱不甚佳，産於園地者更劣。過夜即酸，蓋必以産高山者得雨露風霜爲美也。東鄉有雲衢茶，南鄉有仙人堂茶，水南有□嶺茶，北鄉有九仙山茶。雖法制樸拙，而真味有餘，但所産不能多得也。』諸鄉茶，皆以地名或山名之。

將軍嶺茶　清代名茶。産於江西吉安龍泉（治今江西吉安市遂川）。清同治《龍泉縣志》卷一：『將軍嶺，在縣西北四十里。……山產茶佳。』此外，縣還産頤山茶，『在縣西南六十里』，『山產茶極佳』。

總岡茶　清代名茶。產於四川丹稜（治四川眉山市今縣）。清乾隆《丹稜縣志》卷一：『總岡山，縣西五十里。崇峯峻嶺盤折蜿蜒數十里，相續不斷。其首洪雅，其陰雅安、名山、蒲江，其陽爲邑地，饒茶桐、黄柏、五棓，居人恃以爲富。』又，同書卷五《物產·茶》：『茶俱產西山。總岡至盤陀，蜿蜒數十里，民家僧舍種植成園，用此致富。其細者曰雨前，次曰鍋焙，次曰花刀，粗曰大葉，最下曰鐵甲。舊傳土淺而味薄，唯打箭爐一路可售。今松潘、川北通引盛行矣。又有野茶，名老人者，葉似檬，味苦而佳，能療頭風，亦可採也。』則總岡山地跨洪雅、雅安、名山、蒲江數縣之地，皆名茶產地。其山陽爲丹稜，產茶品質已稍遜以上諸縣。

洪橋茶　晚清商銷茶名。湖南岳陽產。清光緒《巴陵鄉土志·商務》：『洪橋茶，每歲出二萬餘斤，得價四千串左右。由水運銷行武昌、漢口、蕪湖、南京等處。』

洪雅茶　清代茶名。產於四川洪雅（治四川眉山市今縣）。其品種有鷹嘴山、柏木崗、花溪、總岡等名目，皆茶以地名。洪雅產茶始於唐，見五代毛文錫《茶譜》。清嘉慶《洪雅縣志》卷二五《雜著》：『縣西南諸山皆產茶，界峨眉者，其茶色青、味甘，如峨山所產。界滎經、雅安、名山，其茶色黄、味苦，製皆成顆，無製餅法。』參見同書卷二《山川》稱：『鷹嘴山，縣南四十里』，『所產富茶、鐵』；卷四《物產》又云：『茶出花溪、總岡二處。』

洪坑紅茶　民國初茶名。產於浙江壽昌（治今浙江建德市西南壽昌鎮）。民國《壽昌縣志》：『茶，每年出產約數千擔，運銷滬、杭一帶。以十都之緑茶及十二都里洪坑紅茶爲最，曾得北京展覽會褒獎及巴拿馬賽會特獎、頭等金牌。』浙江産紅茶比較罕見。同書卷二《山川》又載：『黄尖山，在縣西南十五里，高出雲表，秀拔異常，出産名茶。』則又有黄尖山茶。

舉巖茶　唐代名茶，産於婺州（治今浙江金華）。五代毛文錫《茶譜》：『婺州有舉巖茶，斤片方細，所出雖少，味極甘芳，煎如碧乳也。』又，清乾隆《浙江通志》卷一〇四《物産・金華府》引《品茶要録補》：『婺州之舉巖碧乳。』

洞庭茶　指今江蘇吴縣洞庭東、西山所産的宋代名茶，即名茶碧螺春的産地，碧螺春實濫觴於此。太湖之中有七十二山，作爲其中之一的洞庭山是最大一座，東、西山是太湖中的半島和島，常年氣候濕潤，雨水充足，盛産花果。湖南則另有洞庭湖，又稱青草湖，其名茶爲君山銀針，屬黄茶類，亦極品名茶。宋代王禹偁詩中所詠洞庭茶，乃江蘇吴縣之洞庭茶。其《小畜集》卷七《和郡僚題李中舍公署》：『地脈暗分吴苑水，廚煙時煮洞庭茶。』乃其知蘇州鄺縣長洲時所作詩。

洞源茶　清代名茶。江西永寧（治今江西井崗山市鵝嶺西，一九一四年因多地名永寧而改名寧岡縣，二〇〇〇年撤縣併入井崗山市）産。清光緒《永寧州志》卷三：『（洞源）茶雖不及義寧之龍脊、興安之六峒，味亦佳。』

洋州茶　宋代茶名，這是一種專用於茶馬貿易的博馬茶，爲細色茶品之一，是深受西北、西南少數民族喜愛的茶品。産於利州路洋州（治今陝西洋縣）。洋州西鄉縣成爲博馬茶的集散中心之一。據《宋會要輯稿・職官》四三之八五至八六載：元豐六年（一〇八三），宋廷規定了洋州茶的買賣價格分别爲每馱（一百斤）七十貫五百二十四文和一百七十三貫三百四十八文，差價爲一百零二貫八百二十四文。茶場司的利潤相當驚人，達百分之二百四十五點八。其剩餘或運輸途中損壞的洋州茶則充食茶出賣，其價格要低得多，爲每馱八十六貫二百三十文，僅略高於收購價。

潯江茶　清代茶名。產於廣西義寧（治今廣西桂林臨桂縣西北五通）。爲靈鷲茶的俗稱。清道光《義寧縣志》卷二：『龍脊茶出上江，靈鷲茶出下江，俗呼爲潯江茶。』

宣家山茶　清代茶名。產於浙江諸暨縣（治浙江紹興今市）。清宣統《諸暨縣志》卷一九：『宣家山茶，隆慶《駱志》：宣家山在縣東七十里。日入柱山茶，縣南七十里；五泄山茶，縣西四十里；梓烏山茶，縣東七十里。』皆茶以山名。此外，諸暨還产對乳黄茶、石筧嶺茶、東白山茶，皆爲名品。

宣州鴉山茶　唐宋名茶。產於宣州宣城縣（治今安徽宣城市宣州區）。唐代楊曄《膳夫經手録·茶録》：『宣州鴉山（原誤鴨山，當形近而訛）茶，亦天柱之亞也。』宋·吳淑《事類賦注》卷一七引五代毛文錫《茶譜》：『宣城縣有丫山小方餅，横鋪茗芽裝面，其山東爲朝日所燭，號曰陽坡，其茶最勝。太守嘗薦於京洛人士，題曰「丫山陽坡横紋茶」。』（《全芳備祖》後集卷一八引是條文字頗異。）鴉山茶，當即丫山茶。音近而訛。清康熙《江南通志》卷七附會鴉山在寧國縣和廣德縣交界處。此實誤，可能因梅詢（堯臣叔父）曾知廣德軍，又有『茶煮鴉山雪滿甌』句而誤解。梅堯臣及其叔父梅詢均爲宣城人，堯臣有詩《宛陵集》卷三五《答宣城張主簿遺鴉山茶次其韻》：『昔觀唐人詩，茶詠鴉山嘉，鴉銜茶子生，遂同山名鴉。重以初槍旗，採之穿煙霞。江南雖盛產，處處無此茶。』這首詩説得很清楚，詩題已點明鴉山在宣州宣城，自唐已然。鴉山，因雀鴉銜茶子而生，故堯臣在另一首《志來上人寄示酴醾花并壓塼茶有感》稱之爲『烏觜壓塼雲色弄』（《宛陵集》卷四四），即又稱此爲烏嘴茶。亦云因傳説鴉銜茶子而得名，茶又以山名。據梅詢詩則又可知爲白茶。

祖塔甜茶 清代名茶。産於湖南寧鄉（治湖南長沙今縣）。民國《寧鄉縣志》卷三：『祖塔甜茶，樹高葉大，味甘性涼。』同書又載：『溈山茶，雨前摘製，香嫩清香』，商銷甘肅、新疆等省。

神泉 唐、五代茶名。産於綿州神泉（治今四川綿陽西、安縣南）。唐代李肇《國史補》卷下：『風俗貴茶，茶之名品益衆……東川有神泉、小團、昌明、獸目。』神泉，唐代縣名，屬綿州，因以地名作茶名。宋代樂史《太平寰宇記》卷八三引五代毛文錫《茶譜》云：『綿州龍安縣生松嶺關者，與荆州同。其西昌、昌明、神泉等縣，連西山生者，並佳。』

神仙茶 清初茶名。産於廣東香山縣（治今廣東中山市）五桂山。清康熙《香山縣志》卷一：『五桂山，在縣南八十五里。……山左有大小花園，産各異花甚多，其陽産神仙茶。』

神潭茶 明清名茶。産於江西萬安（治江西吉安市今縣）。曾充貢茶。清康熙《萬安縣志》卷一：『神潭，在縣南五里惶恐灘上。潭水清深……潭之兩岸，多種茶株，味甚香美，故云蜜溪水、神潭茶。』又同書卷四《物産·茶》：『茶出神潭者，爲貢茶。按：貢茶由來已久。舊有茶園，經甲寅變亂，遂荒不治。戊辰歲，知縣黄昌圖殫心經營，給與茶户種本，務令開復舊園，課其耕種，力勤栽培，計三年後方可有濟，庶得每歲如常辦供，不至廢墜。』甲寅，康熙十三年（一六七四）；戊辰，康熙二十七年（一六八八）。由知縣令而復墾茶園。

眉州茶 唐代劍南道眉州（治今四川眉山）所産茶的總稱。既有片茶，也有散茶。宋代樂史《太平寰宇記》卷七四引《茶經》（按：據《事類賦注》卷一七引同條應作《茶譜》）：『眉州洪雅、昌闔、丹稜，其茶如蒙頂製餅茶法。其散者，葉大而黄，味頗甘苦，亦片甲、蟬翼之次也。』當泛指眉州及其屬縣所産茶。

賀縣茶　近代茶名。爲廣西賀縣（治今廣西賀州市）所産茶葉的合稱。民國《賀縣志》卷四：『冷水茶出三叉山，味美。仙人茶出三叉山頂，老樹三株，高丈餘，味清香。南鄉龍水茶尤盛。近瑞雲山亦種茶，名西山茶，品質澤潤，氣味清香，聲價倍高，永慶大寧、大小水等處茶皆不及。種植用子，培護用草灰，採葉時以手搓之，以鍋炒之，每年産量三萬餘斤，每斤最多三角或二角。昔時製紅茶，又名珠茶，行銷粤地，由粤運洋，製葉用麻布袋，以足踐之，用火焙之，每年産量不下十萬斤，近因洋莊不銷，茶價大跌，根不培植，茶遂荒棄，雖有出産，大非昔比。』此外，邑産金紫山茶，『山自生茶，味甘芳異常』。以上皆引自《續志》。

獨行　宋代片茶茶名。産於荆湖南路潭州（治今湖南長沙）。見《文獻通考・征榷五》。即大方茶，《宋大詔令集》卷一六三《財利上・賜潭州造茶人户敕榜》：『逐年所行造納官湖南獨行號大方茶。』

絶品茶　歷史名茶。産於湖北遠安（治湖北宜昌市今縣）。茶園在雲門山麓鹿苑寺，乃八景之一。清同治《遠安縣志》卷一：『雲門山，在縣西北十五里。山皆鹿疃，又名鹿溪山，梁荆山居士陸清和棲焉。山下爲鹿苑寺。舊有八景，曰絶品茶、招仙巖、千年艾、腰帶水、松風亭、苦作溪、石柱山、清華台。安邑侯憩此，問及茶、艾，僧言：　土人採伐，鮮有存者。』

珠山茶　清代名茶。産於浙江象山縣珠山。民國《象山縣志》卷一：『珠山，縣東北三十五里。一名珠嚴山。有白堊、茜石、異草、佳茗。』

起蕻茶　清末民初名茶。産於浙江紹興新昌縣（治浙江紹興今縣）。民國《新昌縣志》卷四：『起蕻茶，葉芽起蕻頗繁，又皆柔嫩，雖採期多延數日，亦不老硬，故尚不失爲佳品之目也。煙山、遁山二地所植者，多屬此種。』

都堂銙　喻稱小龍團、密雲龍等極品貢茶。因只賜兩府大臣，身價極高。然金可有茶不可得，故稱。宋代歐陽修《歸田録》卷二：『慶曆中，蔡君謨爲福建路轉運使，始造小片龍茶以進。……其價值金二兩，然金可有，而茶不可得。每因南郊致齋，中書、樞密院各賜一餅，四人分之。宮人往往縷金花於其上，蓋其貴重如此。』周煇《清波雜誌》卷四《密雲龍》載：『自熙寧（方案：此誤，當爲元豐）後，始貴密雲龍，每歲頭綱修貢，奉宗廟及供玉食外，齎及臣下無幾。戚里貴近，丐賜尤繁。』吴則禮《北湖集》卷二《同李漢臣賦陳道人茶匕詩》：『豈知公子不論價，千金爭買都堂銙。』又，《埛邀公卷煎茶》詩云：『阿埛手持都堂銙，百千硨磲未論價。』

都濡茶　宋代名茶。産於夔州路黔州（治今重慶市彭水苗族土家族自治縣）。宋代著名詩人黄庭堅曾謫黔州，都濡茶因其詩文而著稱。同治《酉陽直隸州續志》卷一九《物産志》載：『茶，西屬皆有之，然惟彭水爲多。彭水之茶，古志未嘗言及。至宋，則都濡、洪社，嘉茗獨傳。』黄山谷《答從聖使君書》云：『今往黔州都濡月兔兩餅，施州八香六餅，試將焙碾嘗。都濡，在劉氏時貢炮也；味殊厚，恨此方，難得真好事者耳（劉琳等點校本《黄庭堅全集》頁一九六九，四川大學出版社，二〇〇一年版）。』又《與馮興文判官書》（同上點校本《全集》頁一九八二）言：『分惠洪杜新芽，感刻感刻。』是也。而黔州之茶，亦於此時並著。山谷書云：『此邦茶乃可飲，但去城或數日，土人不善製造，焙多帶煙耳，不然亦殊佳。』（方案：此僅見於《續志》卷一九，不見於山谷《全集》，或爲佚文）又，《與瀘州安撫王補之書》云：『施、黔作研膏茶亦可飲。漫往數種，幸一碾試，垂諭如何。』（據《山谷集·別集》卷一五《與王瀘州獻可字補之書》十七首之十一校改）此可知邑茶著稱，始于宋代矣。』又，同書卷二二《藝文志》録黄庭堅《阮郎歸·茶詞》四首，今據《全宋詞》校改後録於下：『摘山初製小龍團，色和香味全。碾聲初斷夜將闌，烹時鶴避煙。消滯思，解塵煩。金甌雪浪翻，只愁啜罷月流天，餘清攪夜眠。烹茶留客駐雕鞍，月斜窗外山。別郎容易見郎難，有人愁遠山。歸去後，憶前歡。畫屏金博山，一杯春露莫留殘，與郎扶玉山。歌停檀板舞停鸞，高陽飲興闌。獸煙噴盡玉壺幹，香分小鳳團。雪浪淺，霜花圓，捧甌春筍寒，絳紗籠下躍金鞍，歸時人倚欄。黔中桃李可尋芳，摘茶人自忙，月團犀銙門圓方，研膏入焙香。青箬裹，絳紗囊，品高聞外江，酒闌傳碗舞紅裳，都濡春味長。』方案：山谷書與茶詞，均見上引同治《續志》轉引，據山谷全集、別集及《全宋詞》校訂，凡訛奪倒脱文字均改，又括注出處。

都茗山茶　唐宋之際茶名。産於廣西邕州上林縣（治廣西南寧今縣）。宋代樂史《太平寰宇記》卷一六六：邕州上林縣『都茗山，在縣西六十里，其山出茶，土人食之，因呼爲都茗山』，則山以茶名。

蓮心茶　晚清茶名。産於福建連江（治福建福州今縣）。清嘉慶《連江縣志》卷三：『茶，儒洋所出，有蓮心茶。』

蓮花庵茶　清代名茶。産於廣東海豐（治廣東汕尾市今縣）。清同治《海豐縣志續編·寺庵》：『蓮花庵，在蓮花峯頂。曲徑迤邐，虯松延蔓，幽泉吞吐，別有洞天。其地産茶數株，酌泉烹之，滋味甘潔，滌蕩煩襟，亦地靈之一證也。』

蓮塘山茶　清代茶名。產於河南光州（治今河南信陽市潢川）。清乾隆《光州志》卷二七：『茶，出蓮塘山，但味劣於六〔安〕產，故不能行遠。』又，同書卷六七：『今唯光山、蓮塘山植茶，然亦不多，餘則無有矣。』光州，是宋代著名的茶產區，至清代已衰極，產茶既少又劣。

莫干山雲霧茶　清代名茶。產於浙江武康（治今湖州德清）縣境莫干山。清道光《武康縣志》卷二引吴康侯《遊天池寺登莫干山記》：『〔山〕有古塔遺跡，俗呼塔山，實則莫干之頂矣。寺僧種茶其上，茶吸雲霧，其芳烈十倍恒等。』为优质高山寺院茶。

桂丁茶　清代名茶。產於湖南邵陽（治湖南邵陽市今縣）。清光緒《湖南通志》卷末之一五：『桂丁茶出邵陽白雲巖，衲子採之，歲不可多有。味微苦而香特清，酷暑以一葉入茶甌，至隔宵不變味。其葉似桂，或以此得名（引《萸水録聞》）。』

桂山茶　明清名茶。廣東河源（治今廣東河源市源城區）產。清康熙《河源縣志》卷一：『桂山，自增城界帽子峯南走平陵，東望白石中一山特起，即此山也。在城西一十五里……與梧桐山相望，產桂茶。』又乾隆《河源縣志》卷一：『桂山……中有飛泉，懸空而下，最爲奇觀。產仙茶；　筍亦甚美。昔爲瑶地，後爲客民耕修。』同書卷一一《物產·茶》亦載：『嶺南山地產茶者多，河邑獨盛。上管、康禾諸約，居人生計，多半賴此。』

桂平茶　清代茶名，爲廣西桂平縣（治今廣西桂平市西，由貴港市代管）境諸山所產茶的合稱。民國《桂平縣志》卷一九《物產下·茶》：『古者相見，拜揖而已，情意重則有饗燕之禮。而今主賓酬酢，必以茶煙、檳榔爲敬，數者尤以茶爲人人不可少缺之物，此蓋始於漢晉之間，至唐而大盛……茶之來亦遠矣，自有此物，而往來之文易備，無待燕饗，亦可達情，周孔復生，必加入士相見禮之中。況自中外互市，取利於外，尤以此爲大宗，可略之乎！ 桂平諸山，如思陵、紫荆、三巖（武平里山）及烏茶、大澤、盤龍、大石（秀一里山）、石田（下秀里山）各嶺，皆産茶。』則其茶皆以山嶺之名而命名之。

桂峯頂茶 清代名茶。廣東龍門縣（治廣東惠州市今縣）産。『桂峯山，在龍門縣北七十里。山多桂樹，花時香聞十餘里（見《大清一統志》卷三三九）。』有茶，名桂峯頂，味絶佳，但出産無多，極難得。

棲碧茶 明清名茶。江西新淦（治今江西樟樹市新干）産。清同治《新淦縣志》卷一《物産·茗》：『新淦自昔亦産佳茗。玉笥、東皂、棲碧諸山，不少嘉種。雲霧窟宅，陰崖不見日色處，茶味清而微苦；平原沙土所産，新芽一發，便長寸餘，腴而豐美，得水土之力全也。』

桐木茶 清代名茶。産於江西鉛山（治江西上饒市今縣）。茶以山名，當爲桐茶間作。清道光《鉛山縣志》卷三引《府志拾遺》云：『凡石山帶土者，兩山夾岸者，陽崖者、陰峽者，皆種以莾木。至三月清明前後，始吐芽。山人無論老少，入山採其芽，揉作焙炒。……今唯桐木山出者葉細而味甜，然土人多不善製，終不知武夷味清苦而雋永。凌露而採，出膏者光，含膏者皺；宿製者黑，日成者黄。……三月清明前採芽爲上春，清明後採芽爲二春，四月以後採葉則不入。』宋人已知茶、桐間種，相得益彰。

桐嶺茶 明清名茶。産於皖南涇縣（治安徽宣城市今縣）桐坑山。清道光《涇縣續志》卷三引《府志》云：『桐坑山，在湧溪山南，距縣東南八十里，與旌德縣分界。其西即雙嶺，又西名碓嘴峯，山高險，仰之如在半天，有小徑通商旅，與旌德縣分界。成化《縣志》：一名桐嶺，多産茶杉。』則其茶産於涇縣與旌德縣接壤的界山桐坑山，以産茶桐而著稱。茶桐間作，也是古人早就發明的相得益彰的種茶法。是縣産名茶甚夥，同書稱『白雲同産美茶』；嘉慶《涇縣志》卷三則云：湧溪山、磨盤山、芭蕉嶺、陽嶺、齊雲山、前山（南山）、水西山等多産名茶、佳茗。涇縣迄今仍爲我國重點産茶縣之一。有湧溪火青、提奎、特尖等頂級名茶暢銷海内外。

桐梓茶 古代茶名，爲清代以來産於貴州桐梓（治貴州遵義市今縣）茶的合稱。民國《桐梓縣志》卷九《食貨・物産一》：『今土人飲茶各種：老鷹茶，樹大葉苦，似冬青葉，無其青滑，有細白毛，最宜解暑；大樹茶，徑一二尺，葉粗，味微甜；叢茶，即苦茗也。以火石地、紅油沙地所産爲上；城外東山是火石地，村人競相種植，多者數百斤，焙其嫩芽，五分有一；溱里、後箐數十里皆紅油沙地，産茶尤佳，氣香味回，均有遠販來，土人不如東山之專力也。又夜郎箐頂，重雲積霧，爰有晚茗，離離可數，泡以沸湯，須臾揭顧，白氣羃缸，蒸蒸騰散，益人意思，珍比蒙山矣。』

桃花茶 宋代名茶，又稱桃花絶品，産於興國軍（宋屬江西路，治今湖北陽新）之南桃花寺。見蘇軾詩《問大冶長老乞桃花茶栽東坡》（查注引《名勝志》：『桃花寺，在興國州南十五里桃花尖之下。寺有泉，甘美，用以造茶，勝他處，號曰桃花絶品。宋時，知軍事王琪《桃花茶》詩云：「梅花既掃地，桃花露微紅。風從北苑來，吹入茶塢中。」』——《蘇軾詩集》卷二一第一一一九頁，中華書局點校本，一九八二年版）；清同治《興國州志》卷二載：『厚嶺山，俗稱厚腦山，在排市背後，崖谷峻深，居民稠密。山北有峯，名桃花尖，石泉甘冽，里人用以造茶，稱桃花絶品。』與查注所引略異。蘇軾詩云：『不令寸地閑，更乞茶子藝』；『他年雪堂品，空記桃花裔』。可知蘇軾確嘗將桃花茶移栽於黄州東坡。曾幾《茶山集》卷六《張耆年教授置酒官舍環碧散步上園煎桃花茶》云：『但煮東坡所種茶』；陸游《劍南詩稿》卷七《題徐淵子環碧亭亭有茶山曾先生詩》：『速宜力置竹葉酒，不用更瀹桃花茶。桃花茶，見曾公詩。』）兩詩即用蘇軾桃花茶詩之典。

格山茶　清末民初名茶。産於貴州都匀縣（治今貴州都匀市）。民國《都匀縣志》卷四：『格山，山當城西二十里，高可三百丈，亘十餘里……産茶最佳。』

真如茶　宋代名茶。産於兩浙東路明州剡縣（治今浙江嵊州市）。宋代高似孫《剡録》卷一〇《茶品》：『瀑嶺仙茶、五龍茶、真如茶……』皆茶以地名，黄庭堅《山谷集》卷三《以雙井茶送孔常父》詩云：『心知韻勝舌知腴，何似寶雲與真如？』可證真如茶實乃與雙井、寶雲齊名的名茶，乃草茶中之極品。

真香茗　古代名茶。産於巴東（南朝以前的巴東郡，其轄境約當今重慶市萬州區、奉節、雲陽、開縣、巫溪縣等三峽地區，治今重慶奉節縣東）。始見於南朝梁·任昉《述異記》卷上：『巴東有真香茗，其花白色如薔薇，煎服令人不眠，能誦無忘。』茶有破睡提神之效，尚屬可信，謂有過目成誦之功，則未免誇大其詞。唐代陸羽《茶經·七之事》引《桐君録》云：『巴東别有真香茗，煎飲令人不眠。』（據《大觀茶論·點》引文校改）李時珍則省稱爲真香，《本草綱目》卷三二《果四·茗》：『蜀之茶，則有東川之神泉、獸目，峽州之碧澗、明月，夔州之真香。』

原機　清末民初茶名。這是福建霞浦（治福建寧德市今縣）産的一種毛茶。不經揀選焙製而僅用脚踩之即裝袋，因方言枝謂機而得名，又稱青茶。可能是一種有待運往其他地區地一步加工的原料茶。參見『福緑』條，説詳民國《霞浦縣志》卷一八《實業》。霞浦地處閩東山地，北部又瀕海，縣境在太姥山東南坡，今猶産茶。

顧渚春 古代名茶。産於湖州長興縣顧渚山而得名，亦稱顧渚紫筍。唐代李吉甫《元和郡縣圖志》卷二五：『顧山，在縣西北四十二里。貞元以後，每歲以進奉顧山紫筍茶，役工三萬人，累月方畢。』唐代李肇《國史補》卷下亦載：『風俗貴茶，茶之名品益衆……湖州有顧渚之紫筍。』宋代談鑰《嘉泰吴興志》卷五：『顧渚在長興縣西北三十里，《山墟名》云：「昔吴夫概顧其渚，次原隰平衍，可爲都邑之地。」今崖谷中多生茶茗，以充歲貢。』又，同書卷一八《食用故事·茶》引唐代裴汶《茶述》載：『顧渚、蕲陽、蒙山最上，其次壽州、陽羨。』又引《統記》曰：『長興有貢茶院，在虎頭巖後，曰顧渚。』可知顧渚本爲山名，又稱顧山，因山産名茶而轉作茶名。此茶在唐時充貢，是和四川蒙頂茶齊名的極品名茶。每年應在清明前貢到長安，故又稱『急程茶』，須於早春採製，故稱『顧渚春』。唐代劉禹錫《劉賓客文集》卷五《西山蘭若試茶歌》：『何況蒙山顧渚春，白泥赤印走風塵。』宋代黄庭堅《山谷别集詩注》卷下《送莫郎中致仕歸湖州》：『靜泛苕溪月，閑嘗顧渚春。』（南宋史季温注）蘇軾《東坡全集》卷一一《送劉寺丞赴餘姚》詩：『餘姚古縣亦何有？龍井白泉甘勝乳。千金買斷顧渚春，似與越人降日注。』（查注引錢易《南部新書》：『唐制，湖州造茶最多，謂之顧渚貢焙。』又引晁公武《郡齋讀書志》：『陸羽與皎然、朱放輩論茶，以顧渚春爲第一。』）宋代陳舜俞《都官集》卷一三《過平望驛有懷湖州李使君二首》之二：『茶收顧渚旗猶卷，酒貰烏程蟻半浮。』

頓家山茶　清代茶名。湖南漵浦（治湖南懷化市今縣）産。清乾隆《漵浦縣志》卷七《物産·茶》：『茶，産瑶山者極粗，味頗厚。頓家山又有芽茶。』茶以山名。

虔州岕茶　唐宋之際茶名。産於虔州（治今江西贛州市）。宋代樂史《太平寰宇記》卷一〇七：『虔州土産岕茶。』則岕茶之名，宋初已有。

緊壓茶　茶類名稱，又稱壓製茶，爲再加工茶的一種。産於雲南、四川、湖南、湖北、廣西、福建等省。由毛茶加工後的精茶壓製而成。其壓製方法有兩種：一種採用高壓蒸汽將茶蒸軟，放在模盒内緊壓成磚形或其他形狀；其工藝爲秤茶、蒸茶、裝盒、緊壓、定型、退磚、驗磚和乾燥。其産品有湖北的老青磚、米磚，湖南的花磚、黑磚、茯磚，四川的金尖、茯磚、康磚，雲南的餅茶、緊茶、方茶、沱茶等。另一種採用高壓蒸汽把茶蒸軟，裝入簍包内轉壓成簍裝黑茶；其工藝爲秤茶、蒸茶、成包、捆包和晾包。其産品有湖南的湘尖、四川的方包和廣西的六堡茶等。緊壓茶根據採用的原料不同，又有緑茶緊壓茶、黑茶緊壓茶、紅茶緊壓茶和烏龍茶緊壓茶四種。緊壓茶主要邊銷，部分内銷，少量僑銷。一是貯藏期长，二是便於運輸。

剔目茶　明清之際名茶。産於蘇州吴縣（治今江蘇蘇州吴中區）洞庭東、西山。即碧螺春的前身，俗名細茶。清代翁澍《江蘇縣區志·土産》載：『茶，出洞庭包山者名剔目，俗名細茶。出東山者品最上，名片茶，製精者價格倍於松蘿。』

晏茶　清代名茶。貴州思南府（治今貴州銅仁地區思南縣）産。清乾隆《貴州通志》卷一五《物産·茶》：『茶出婺川，名高樹茶。蠻夷司鸚鵡溪出者，名晏茶，色味頗佳。』

峨眉茶　歷史名茶。產於四川峨眉縣（治今四川峨眉山市）。峨眉茶，始見於唐代李賢《文選・注》，又見於《通考》，則唐宋時其名已著。明清以降，已大不如前。清嘉慶《峨眉縣志》卷三《物產・茶》：『《廣輿記》：峨眉山出，初苦後甘；《通考》：峨眉出白芽茶；《方輿考略》：峨眉花山產茶；《文選・注》：峨山多藥草，茶尤異。』又，同書卷三《茶法》：『峨邑原來產茶，自峨山萬年寺以下，一路山地，多係茶山，皆園户採摘，於市上發賣。』

圓茶　晚清名茶。產於浙江諸暨（治浙江今市）。清宣統《諸暨縣志》卷一九：『又有一種曰圓茶，揉挼一葉如丸，焙乾，仿古龍團、鳳團之制，售於外洋。』爲出口商品茶。

圓通山茶　清末民初名茶。產於福建上杭（治福建龍巖市今縣）。民國《上杭縣志》卷三：『張風凹南行……入杭境，突起高峯，峯巒聳秀，左起犁頭崠。北出曰圓通山，產名茶。』

筆架山茶　近代名茶。產於廣東英德縣（治今廣東英德市英城鎮，由清遠市）。民國《英德縣續志》卷二：『筆架山在縣西，石壁產仙茶，年僅獲數斤，味厚色清，七日不變。』又稱仙茶。

翁家山茶　清代茶名，因其產地鄰近杭州龍井茶產地，故能以假亂真。清光緒《西湖志》卷二四引《錢塘縣志》：『茶出龍井者，作豆花香，名龍井茶。色青味甘。又翁家山亦產茶，最下者法華山、石人塢茶，而龍井法相僧，收以語四方人，曰本山。』同書引《快雪堂集》曰：『昨同徐茂吴至老龍井買茶，小民十數家各出茶。茂吴以次點試，皆以爲贋。曰：「真者甘而不冽，稍冽便爲諸山贋品。」得一二兩，以爲真物；試之，果甘香若蘭。而山人及寺僧反以茂吴爲非，吾亦不能置辨。僞物亂真如此。』名茶產地，以假亂真，唐宋時已有之；

晚清已泛濫，今則更是十茶九僞，足以亂真。

狼猱山茶 唐宋茶名。秋茶，十月採製。産於渝州南平縣（治今重慶市巴南區東北）。宋代樂史《太平寰宇記》卷一三六引五代毛文錫《茶譜》：『（渝州）南平縣狼猱山茶，黄黑色，渝人重之，十月採貢。』

高塢茶 宋代名茶。産於浙江紹興陶宴嶺，一名金家嶴茶。其地當在嶺之頂峯，茶以地名。參見『丁垸茶』條。

高峯茶 清末民初名茶。産於安徽寧國（治今安徽寧國市）。民國《寧國縣志》卷七《物産・茶》：『寧國産茶，昔重鵶山，今以高峯爲最。色緑而味香醇厚。若改變焙法，不讓龍井。』可知是一種緑茶類極品名茶，不過焙製法尚須改進，方能色香味形俱佳。

高腳茶 民國茶名，爲廣西信都（治今賀州市南信都鎮）所産茶的俗稱。當爲從喬木型茶樹採製的茶。灌木叢生茶樹産的茶，則俗稱爲低腳茶。民國《信都縣志》卷五《物産》：『嗜好之屬有茶：有高腳茶、低腳茶二種。』

高品紅茶 晚清茶名。産於湖北鶴峯（治湖北恩施土家族苗族自治州今縣），爲一種出口紅茶。清光緒（纂修、同治刊行）《鶴峯州志續》卷七：『紅茶，邑自丙子年廣商林紫宸來州採辦紅茶，泰和合、謙慎安兩號設莊本城五里坪，辦運紅茶，載至漢口，兑易洋人，稱爲商品。州中瘠土，賴此爲生計。』此乃主要外销的商品紅茶。

高盈山茶 清代茶名。四川忠州（治今重慶忠縣）産。清道光《忠州直隸州志》卷一：『高盈山，在州西二十里。其山孤峯似削，陡壁遥岡，盤曲如篆，翹然礴然之勢，周遭幾百里，故以高盈目之。』又，同書卷四《物産·茶》：『茶，余家巖、周家巖、高盈山皆産。』则茶以山名。

高望山茶 宋代名茶。廣東高要縣（治今廣東高要市，由肇慶市代管）産。清同治《廣東通志》卷一〇七引《輿地紀勝》：『高望山，在縣西二百五十里，山多茶木。』

離鄉草 晚清茶名，爲湖北崇陽（治湖北咸寧市今縣）産的一種出口紅碎茶。民國《湖北通志》卷二二《物産·茶類》引《崇陽縣志》：『今四山俱種茶，山民藉以爲業。往年山西商人購於蒲圻之羊樓峒，延及邑西沙坪。其製採粗葉入鍋火炒，置布袋中揉成，再粗者入甑蒸軟，取細葉灑面，壓作磚，竹箱貯之，販往西北口外，名黑茶。道光季年，歲（茶？）商麇集，採細葉曝日中揉之，不用火炒，陰雨則以炭焙乾，收時碎成末，貯以楓、柳木作箱，内裹薄錫，往外洋賣之，名紅茶。茶出山則香，俗呼爲離鄉草。』

剡茶 唐宋名茶。爲産於剡縣（治今浙江嵊州市）諸品茶的合稱。剡縣，因剡溪而得名。宋代高似孫《剡録》卷一〇《茶品》載：『余留剡幾年，山中巨井，清甘深潔，宜茶。方外交以茶至者，皆精絶。篋中小龍幺鳳，至鐍不擊。唐僧清晝詩：「越人遺我剡溪茗，採得金芽爨金鼎。」剡茶聲，唐已著。李易《剡山詩》：「雲巇移佳茗，風潭繞古松」，栽種也；「趁時務擷茗，餘力工擣楮」，採擷也；「丹鼎山頭氣，茶爐竹外煙」，烹試也。仲皎《贈剡僧秀蘊點茶成梅花》詩：「未飛三白雪，卻報一枝春。」皆風流人也。作《茶品》：瀑嶺仙茶、五龍茶、真如茶、紫巖茶、鹿苑茶、大昆茶、小昆茶、焙坑茶、細坑茶。』録剡茶凡九品。宋代華鎮有《剡中瀑布嶺仙茶》詩云：『煙霞密邇神仙府，草木微滋亦有靈。』（詩見張淏《會稽續志》卷四）方案：李易、仲皎、華鎮皆宋人。又，清乾隆《嵊縣志》卷二《茶之屬》：『仙家崗（充貢）、瀑布嶺、五龍山、真如山、紫巖、焙坑、大昆、小昆、鹿苑、細坑、蕉坑（俱産茶之地名，而西山者最佳）。』

凌雲山茶　清代名茶。四川樂山産（治今四川樂山市市中區）。清嘉慶《樂山縣志》卷四《物産·茶》：『《方輿考略》：嘉定茶山舊産茶。《續刻茶經》：凌雲山茶，色似虎丘，味逼武夷，泛緑含黄，清馥芳冽，伯仲天目、六安。』同書卷一六又云：『凌雲、沙坪，初春所産，不減江南。』

瓷灶山茶　明清之際名茶。産於福建漳浦（治福建漳州市今縣）。茶以山名。清康熙《漳浦縣志》卷一《方域上》：『瓷灶山，在縣北五十餘里二十八都境内，山上多茶。』又同書卷四《風土下·茶》：『茶，出二十八都瓷灶，白埕者佳。』

娑羅茶　近代茶名。産於雲南元江（治今雲南元江哈尼族彝族傣族自治縣）。以其樹似娑羅而得名。民國《元江志稿》卷七引《台陽隨筆》：『娑羅茶，産大哨之茶葉，山以樹似娑羅，故名。』又同書卷二《山川》云：『大哨山，採訪在縣東北百里，産娑羅茶。』

海茶　宋代茶名。産於福建古田縣（治福建寧德市今縣）五華山。《宋詩拾遺》卷二引宋代李堪《仙樓道院》詩（原注：在古田縣五華山）：『春雷會社鼓，寒煙聚海茶。』（又見《宋詩紀事》卷七）

塗山雲霧茶　清代名茶。産於安徽懷遠縣（治安徽蚌埠市今縣）。清嘉慶《懷遠縣志》卷二：『雲霧茶，初夏出塗山，感雲霧而生，故名。』

浴雪呈祥　宋代貢茶名。宣和年間（一一一九—一一二五）創制。參見『瓊林毓粹』條。

浮梁茶　唐代茶名。浮梁爲唐代茶葉集散地，其茶來自附近各州，即今江西、安徽産茶區，然後運銷四方。當時，这裏是最具活力的茶葉市場和集散中心。浮梁，唐屬饒州（治今上饒）。李吉甫《元和郡縣圖志》卷二八：『浮梁縣，武德五年，析鄱陽東界置新平縣，尋廢。開元四年，刺史韋玢再置，改名新昌。天寶元年，改名浮梁。每歲出茶七百萬馱，税十五餘萬貫。』（方案：『七百萬馱』，百字疑衍，當爲七萬馱，每馱一百斤，已達七百萬斤，如果七百萬馱，則爲七億斤，顯然不可能，宋之茶産量，遠過於唐，也僅一億六千萬斤左右。更何況僅爲浮梁一地集散之茶。）唐時全國茶税四十萬貫，則其輸送量約占全國茶産量的八分之三，這已是一個十分驚人的數量。楊曄《膳夫經手録・茶録》云：『饒州浮梁茶，今關西、山東閭閻村落，皆喫之。累日不食猶得，不得一日無茶也。其於濟人，百倍於蜀茶，然味不長於蜀茶。』是説其銷售地區之廣。白居易名詩《白氏長慶集》卷一二《琵琶引》：『老大嫁作商人婦，商人重利輕别離，前月浮梁買茶去，去來江口守空船。』正是浮梁作爲茶葉流通中心的真實寫照。《太平寰宇記》卷一〇七引《郡國志》云：浮梁縣『斯邑産茶，賦無别物』。

湧溪山茶　明清名茶。産於皖南涇縣（治安徽宣城市今縣）。清嘉慶《涇縣志》卷三：『由磨盤山南趨，至湧溪山，廣袤三十餘里，多産美茶，並杉木（引明成化《涇縣志》）。』

家茶　近代茶類。四川南川（治今重慶南川市）産。是諸品茶的合稱，又名叢茶。乃叢生細葉茶。民國《南川縣志》卷六：『吾南有叢茶、白茶二種，均春中始生嫩葉，摘歸蒸焙，去苦水，曝乾供飲。叢茶俗又名家茶。採早而芽細者，有雨前、雀舌、白毫諸名；晚採而芽粗者，通謂之毛尖。白茶俗又名老茵茶。叢茶，樹小而叢生；白茶，樹高丈餘。叢茶價常高於白茶，爲吾南出産大宗。』參見『叢茶』、『老茵茶』條。

家園茶　唐代名茶。産於蘄州蘭溪縣（治今湖北黄岡市浠水）。清順治《蘄水縣志》卷二《物産》：『家園茶，方門山及諸圃皆出。』唐代劉禹錫《劉賓客文集》卷二八《送蘄州李郎中赴任》詩云：『薤葉照人呈夏簟，松花滿碗試新茶。』稱簟蓆與松花茶是蘄州最著名的特产。

賓化茶　唐代茶名。産於山南東道涪州（治今重慶涪陵市涪陵區）。五代毛文錫《茶譜》載：『涪州出三般茶，賓化最上，製於早春；其次白馬；最下涪陵。』又，樂史《太平寰宇記》卷一二〇載：涪州賓化縣，『按新《圖經》云：此縣民並是夷獠，露頂跣足，不識州縣，不會文法，與諸縣户口不同，不務蠶桑，以茶蠟供輸』。可知至宋初，仍有此茶。

容美茶　清代名茶。産於湖北鶴峯（治今湖北恩施土家族自治州鶴峯土家族苗族自治縣）。爲一種貢茶。民國《湖北通志》卷二二《物産·茶類》引《鶴峯州志》：『容美貢茗，遍地生殖，唯州署後數株所産最佳。署前有七井，相去半里許，汲一井而諸井皆動，其水清冽，甘美異常。距城五十里，土司分守留駕司、神仙茶園二處，所産味亦清腴。取井水烹服，驅火、除瘴、散氣、止煩，並解一切雜症。現生産更饒，咸豐時，州人公議，請示設棧，多方經營，由是遠客鱗集，城鄉有食其利者矣。』其地今仍盛産茶葉。

陶溪茶　清代名茶。産於湖北鶴峯。清道光《鶴峯州志》卷七：『茶，《世述録》稱神仙園、陶溪二處茶爲上品，今查各處所産，無甚分别。』

通道趙茶　清代名茶。産於湖南靖州通道縣（治今湖南懷化市通道侗族自治縣）。清道光《靖州直隸州志》卷一一：『穀雨始採茶。烈火炮製，三炒三挪，再用緩火焙乾，味頗香美。通道趙茶尤佳。』

綏寧茶 清代茶名，爲湖南綏寧縣（治湖南邵陽市今縣）所産茶的合稱。清同治《綏寧縣志》卷二六《茶法》：『綏地本非茶鄉。民之勤樹藝者，間於園内隙地及山脚肥饒之處培種茶樹，然所出無幾，多者僅供一家之用，少者尚須別貿他處，餘則全資買濟。故歷來未有採辦，亦未嘗設官經理云。』

琉璃山茶 明代名茶。産於廣東化州（治今廣東化州市，由茂名市代管）。山有泉庵。清光緒《化州志》卷一：『琉璃山，在州西五十里大路旁。明州守趙士錦建庵其上，名琉璃庵，有泉名琉璃泉，出名茶。』又，同書卷一二《餘録》：『小茶山題字，額在琉璃庵，明州守趙士錦題。』似琉璃山又名小茶山。

教王山茶 廣西邕寧縣（治今廣西南寧市邕寧區）産的歷史名茶。民國《邕寧縣志》卷一：『教王山，《府志》：縣南百八十里，林木蔽天，通欽廉，達海澨，廣博無際，産鐵力木，毛茶。』

菱湖茶 清代茶名。因産於浙江湖州菱湖鎮（在今湖州南潯區西南部，南臨德清）而得名。其茶販運不以斤售而論捆縛。清光緒《菱湖鎮志》卷一一：『茶，新《府志》引《菱湖志》：本山茶色緑味薄，立夏前後，競販新茶轉鬻。捆用布縛，售，論縛不論斤，每縛約二百兩。』按此爲每斤十六兩制市秤，約爲十二斤半。

黄龍 宋代名茶。産於江西路隆興府（即洪州，治今江西南昌）。與雙井齊名，皆草茶。《宋史·食貨志下六》載：『當是時，茶之産於東南者……隆興之黄龍、雙井，皆絶品也。』

黄茶 茶類名，我國六大茶類之一。黄茶的名字最早出現在唐朝，是指茶樹芽葉自然發黄的黄茶。當時最負盛名的爲『壽州黄芽』，是有名的貢茶之一。現在的黄茶是在緑茶的加工工藝上加一道『悶黄』的工序，形成了『黄湯黄葉』的黄茶風格。黄茶的製法據文獻記載至遲出現在明代。當緑茶炒製工藝掌握不當，如殺青温度低、時間長，或殺青後未及時攤晾、及時揉撚，或揉撚後未及時乾燥，堆積過久，都會使葉子變黄，産生黄湯黄葉，出現類似後來的黄茶。明代許次紓在《茶疏》中記載：『江南地暖，故獨宜茶，……顧此山中不善製造，就於食鐺火薪焙炒，未及出釜，業已焦枯，詎堪用哉。兼以竹造巨笥，乘熱便貯，雖有緑枝紫筍，輒就黄萎，僅供下食，奚堪品鬥。』描述了緑茶變成黄茶的例子。黄茶是我國特産，現産於四川、湖南、湖北、浙江、安徽、廣東等省。依採製原料芽葉的嫩度和大小可分爲黄芽茶、黄小茶和黄大茶三類。黄芽茶採摘原料細嫩，採單芽或一芽一葉初展（一般芽長於葉）加工而成；黄小茶採一芽一葉或一芽二葉初展的鮮葉加工而成；黄大茶的原料較粗大，一般採一芽三四葉的鮮葉加工而成。黄茶的加工工藝爲：殺青、揉撚、悶黄（有的在揉前悶黄，有的在初烘或烘後悶黄）、乾燥等工序加工而成，其中悶黄是形成黄茶品質的關鍵工序。在悶黄過程中，鮮葉體内的葉緑素在熱化作用下，引起氧化、裂解、置换等變化而被破壞，黄色物質更加顯露出來，這是黄茶呈現黄色的主要原因。黄茶總的品質特徵爲：外形色澤金黄，湯色黄亮，葉底嫩黄。黄茶主要内銷，京、津、滬、武漢、長沙、張家口等國内大中城市都有銷售。黄大茶主銷山東和山西等省，特别是山東省沂蒙山區羣衆嗜飲黄大茶。黄茶中也有極品，如産於湖南洞庭湖區的『君山銀針』，即爲國茶十大名茶之一。其身價與龍井、碧螺春等可相媲美。

黄沙茶　清末民初茶名。廣東懷集（治廣東肇慶市今縣）産。民國《懷集縣志》卷一〇：『黄沙茶，〔産〕在鳳崗堡，距城一百三十里，茶味清香。』

黄連茶 僞茶名。這是一種似茶而可充作飲料的木本植物，又名涼茶樹。産於福建。明代何喬遠《閩書》卷一五〇：『黄連茶本高二三丈，葉似槐而尖長。春初，芽始生，可治以代茗飲；亦爲茹，味香美。俗又呼涼茶樹。』

黄嶺茶 清代名茶。江西興國（治江西贛州市今縣）産。清同治《興國縣志》卷五：『黄嶺，在衣錦鄉，距縣一百三十里。嶺高數里，崇阪層岡，皆茶，漆、竹、木。』同書卷一二《土産・茶》又載：『茶，山地恒有之，然多粗劣。惟縣東新溪，遍地皆茶樹。穀雨前採取細嫩，清芳差可與巖茶比美。』則又有『新溪茶』爲當時名品。同書卷一一亦載，當地風俗以擂茶待客。

黄金芽 宋代龍鳳貢茶的雅稱。因龍鳳茶極爲名貴，價埒黄金，金有價而茶不可得，故云。宋代歐陽修《歸田録》卷二載：『茶之品，莫貴於龍鳳，謂之團茶，凡八餅重一斤。慶曆中，蔡君謨爲福建路轉運使，始造小片龍茶以進，其品絶精，謂之小團，凡二十（八）餅重一斤，其價值金二兩。然金可有而茶不可得，每因南郊致齋，中書、樞密院各賜一餅，四人分之。宫人往往縷金花於其上，蓋其貴重如此。』其後之『密雲龍』，更是身價百倍，莊綽《雞肋編》卷下載：（建溪茶）『採茶工匠幾千人，日支錢七十（文）足，舊米價賤，水芽一銙，猶費五千。如紹興六年，一銙十二千足，尚未能造也。歲費常萬緡。』可見其身價一斑。蘇頌《蘇魏公文集》卷一二《次韻李公擇送新賜龍團與黄學士三絶句》之二：『黄金芽嫩先春發，紫碧團芳出焙來。』參見『密雲龍』條。

黄柏茶 明代茶名。江西清江（治今江西樟樹市）産。明崇禎《清江縣志》卷三《土産・茗藥》：『茗，色味俱不甚佳，然上供茶芽每年十七斤。自定賦以來，未之改也。西南鄉地稍高阜者種之。春自乳茶以後，歲可再摘。邑大家多用閩武夷茶。居人將土茶用黃柏等物浸漬，令色味黃苦，僞爲閩茶易之，實易辨。然粵中某縣，又慣用此茶，歲必市去，又可異也。』這種仿冒福建武夷茶的黃柏茶竟爲廣東某縣定爲主銷茶。可見當時僞茶風行之一斑。

黃涼茶　僞茶名。產於江蘇淮安（治今江蘇楚州）。這是一種用楷樹葉芽製成的假茶。按淮北不產茶，以此充茶飲。清康熙《江南通志》卷二四《物產・淮安府》：『黃涼茶，是木即楷樹，可葅其嫩葉芽。』

黃楝茶　明清之際茶名。產於浙江海寧（治今浙江海寧市，由嘉興市代管）。當地人陳確《黃楝頭歌》云：『三月風吹黃楝茶，低枝肥白長新芽。蓬鬆滿野無須買，採取盈筐不厭奢。小曝庭中勿過千，晶鹽細拌上新壇。少虛壜口毋封裹，一寸翻將浸水盤。浸水盤，日一易，兼旬出之美無敵。福州橄欖旨不如，洞水岕茶香未及。千古只有淵明詩，風韻清遥神似之。詩中無淵明，比食味中無黃楝。日嚼水芽四五莖，以陶詩百篇下之，應稱元賞。』以形象思維方式，曲盡黃楝頭之妙不可言。黃楝頭實爲似茶而非茶的一種醃菜。清代吳騫《拜經樓詩話》：『陳乾初（按：確之號）先生《黃楝頭歌》云云，黃楝頭，至今吾鄉猶尚之。』（録自錢仲聯主編《清詩紀事・明遺民卷》）

黃蘗茶　宋代名茶。產於江西瑞州（治今江西高安市，宋寶慶元年——一二二五年改筠州爲瑞州，約當今高安、上高、宜豐三市縣之地）。宋代楊萬里《誠齋集》卷二五《寄中洲茶與尤延之，延之有詩，再寄黃蘗茶仍和其韻》：『詩人可笑信虛名，擊節茶芽意不輕。』又，宋・謝薖《竹友集》卷一《與諸友汲同樂泉烹黃蘗茶新芽》：『汲泉泣銅瓶，落磑碎鷹爪……矧此好古胸，茗碗得搜攬。』

黄牛峽茶　唐宋茶名。產於三峽地區夷陵（治今湖北宜昌）。始見於唐代陸羽《茶經·七之事》引《夷陵圖經》：『黄牛、荆門、女觀、望州等山，茶茗出焉。』宋代黄庭堅《山谷集》卷二〇《黔南道中行記》載：『壬子之夕宿黄牛峽……陸羽《茶經》記黄牛峽茶可飲，因令舟人求之，有媪賣新茶一籠，與草葉無異，山中無好事者故耳。』宋代陸游《入蜀記》卷四亦載：『晚次黄牛廟，山復高峻，村人來賣茶、菜者甚衆，其中有婦人……茶則皆如柴枝草葉，苦不可入口。』可見，這種茶的品質極差，這二位著名詩人爲享有盛名的品茶專家，可謂所見略同。宋代范成大也有類似記述。黄牛峽，在今宜昌西。後魏·酈道元《水經注》卷三四：『江水又東逕黄牛山，下有灘名曰黄牛灘。南岸重嶺疊起，最外高崖間有如石，色如人負刀牽牛，人黑牛黄。』可見峽因山名，又地名轉作茶名。因其形狀類似黄牛而得名。參見宋代歐陽修《黄牛峽祠》詩及蘇軾《書歐陽公黄牛廟詩後》等。

黄尖山茶　清末民初茶名。產於浙江壽昌（治今浙江建德市西南壽昌鎮）黄尖山，茶以山名。民國《壽昌縣志》卷二：『黄尖山，在縣西南十五里。高出雲表，秀拔異常，出產名茶，爲全邑冠。』同書卷三《食貨·茶》又云：『每年出產約數千擔，運銷滬、杭一帶。以十都之緑茶及十二都里洪坑之紅茶爲最。』可知邑兼產紅、緑茶，暢銷滬、杭等地。

黄楊山茶　清代茶名。廣東中山（治今廣東中山市）產。茶以山名。清道光《香山縣志》卷一：『黄楊山，在縣西南七十里……黄楊茶，山僧採以饗客，可消暑瘴，得者珍之。』此爲寺院茶，供客之用，出產不多。一九二五年，爲紀念孫中山先生而改香山爲中山縣；一九八三年改設中山市。

黄茅嶂茶 清代茶名。產於廣東河源（治今廣東河源市源城區）。茶以地名。清乾隆《河源縣志》卷一：『黄茅嶂，在城東……產茶。』

黄嶺山茶 明清貢茶名。產於杭州臨安縣（治今浙江杭州臨安市）。清康熙《臨安縣志》卷一載：『黄嶺山，每年額貢御茶二十斤。係慶仙鄉二圖黄嶺地方辦解。嗣因奉東、新西二里亦產茶，貼近黄嶺東南，慶仙人旁採越嶺，以致爭競構訟。康熙七年，令陳提知親往黄嶺踏勘。衆議：奉東、新西二里，每年幫慶仙茶七斤。猶恐色位不同，不堪作貢，奉東、新西居民，竟將契買慶仙鄉茶山二號付抵每年幫茶七斤之數。詳憲比富陽例辦解，一勒碑儀門，一勒碑觀音嶺。』又，清光緒《臨安縣志》卷四引宋《咸淳臨安志》：『黄嶺出佳茗』；又引萬曆《舊志》：『黄嶺山歲貢御茶。』則明萬曆前已充貢。同書還稱該縣產天目雲霧茶、徑山茶及黄茶。

黄泥堡茶 民國茶名。產於四川漢源縣（治今四川雅安市今縣）。茶以地名。民國《漢源縣志》卷三：『茶樹，縣中有黄泥堡產之。順河八谷山亦產，味最濃厚，惜不多。有白茶、老鷹茶二種，黄泥堡、兩河鄉出產較豐。』

堋口茶 宋代蜀茶茶名。產於彭州（治今四川彭州市，由成都市代管）堋口。川茶禁榷時，置買茶場於此，成爲宋代蜀茶集散地之一。宋代范鎮《東齋記事》卷四：『蜀之產茶凡八處……彭州之堋口。』五代毛文錫《茶譜》曰：『彭州有蒲村、堋口、灌口，其園名仙崖、石花等，其茶餅小，而布嫩芽如六出花者，尤妙。』宋代吕陶《淨德集》卷一《奏具置場買茶旋行出賣遠方不便事狀》：『本州導江縣蒲村、堋口、小唐興、本頭等鎮，各准茶場司指揮，盡數收買茶貨入官，並已施行。』知堋口屬彭州導江縣，乃鎮名。

梅片　明清茶名。《儒林外史》四二回：『葛來官叫那大腳三把螃蟹殼同果碟都收了進去，揩了桌子，拿出一把紫砂壺，烹了一壺梅片茶。』

梅井山茶　清代名茶。四川璧山縣（治今重慶市今縣）産。清同治《璧山縣志》卷一：『梅井山，縣西南四十里，高出羣山上，有燃燈古佛廟。山出井油、菌蘭、叢茶、五加皮、杉、楠木。』又，同書卷二《物産・茶》載：『璧山之玉兔山、拖木槽、馬度槽、縉雲山等處皆産。清明後産，俗謂之清明茶，亦曰叢茶。』

梅嶺山茶　民國茶名。廣西信都縣（治今賀縣東南信都鎮）出産。一九一二年改信都廳爲信都縣；一九五一年併入賀縣。民國《信都縣志》卷一：『梅嶺山，縣西五十里，接蒼梧界，該山頂有野生茶樹數株，味亦甚美。』

梓烏山茶　清代茶名。産於浙江諸暨（治今浙江諸暨市）。茶以山名。參見『宣家山茶』條。

硐茶　宋代名茶。産於四川廣安軍（治今四川廣安市）。民國《廣安縣志》卷一二《土産》：『茶産牛角硐。宋時，軍有合同場。遠商採買於園户，出鬻他路，名曰硐茶。嘉道中尚盛，今出産少。』廣安軍，北宋開寶二年（九六九）分合、渠兩州地置。治渠江縣（今廣安縣）。轄境相當今四川廣安、岳池兩縣地，先後屬梓州路和潼川府路。南宋咸淳二年（一二六六）改爲寧西軍，元至元十五年（一二七八）廢。嘉道指清嘉慶、道光年間。又同書卷三八《古跡》：『牛角洞，州東南七十里大山中。多茶樹，味最香美，商販出境，名曰洞茶。』故又名洞茶。

雪英 宋代貢茶名。宣和三年(一一二一)造進。規格：銀圈、銀模，横長一寸五分。宋代趙汝礪《北苑别録·綱次》：『雪英：小芽，十二水，七宿火。正貢一百片。』屬細色第三綱貢茶。

雪茶 ①清代茶名。産於四川里塘(治四川甘孜藏族自治州今縣)。清嘉慶《里塘志略》卷下《雜記》：『雪茶，生雪山中。蠻人於四五月間採摘以售。葉如茶而白色，冰芽雲片，氣味香辣，食之令人止燥消煩，領其風調，可補《茶經》之缺。』②清代茶名。雲南麗江産。乾隆《黔滇志略》卷二：『雪山，一名玉龍山，其山九峯，在麗江城西北，蒙氏僭封爲北嶽。山巔積雪，經夏不消。山産茶，謂之雪茶。清苦能解煩渴。』③清代名茶。四川松潘(治四川阿壩藏族羌族自治州今縣)黄龍寺産。民國《松潘縣志》卷五《壇廟》：『黄龍寺，在縣東七十里，亦名雪山寺……附邑人王文藻詩：「百鳥爭鳴送好音，我尋隱逸入山林，雅循流水空芳徑，爲采名茶陟遠岑。」(山中産雪茶)』又，同書卷八《物産》：『雪茶，産縣屬黄龍寺，性涼退火。』同治《松潘紀略·名俗》則云：『有力者，並販茶黄勝關外，易麝香、鹿茸、皮張諸物以歸，歲常一次，獲重利。』稱商人販茶之餘，亦收購山珍而獲厚利。

雪竇茶 元代名茶。産於浙江奉化縣(治今浙江奉化市，由寧波市代管)雪竇山而得名。雪竇山，乃四明山之别峯，宋理宗嘗攀游於此，故賜名應夢山。元成廷珪《居竹軒詩集》卷二《送澄上人遊浙東》詩云：『曉飯天童筍，春泉雪竇茶。』可知是以山名轉作茶名。元代戴表元《剡源文集》卷三〇《四明山中十絶·茶焙》亦云：『山深不見焙茶人，霜日清妍樹樹春。』是四明産茶之證。

雪水嶺茶 晚清名茶。産於浙江上虞(治浙江今市，由紹興市代管)。清光緒《上虞縣志》卷二八：『雪水嶺茶，以上諸茶，皆以地得名。』是説邑産後山茶、風鳴山茶、覆卮山茶、鵓鴣巖茶、隱地茶等，均以其地命名。若論品種，又以採之先後，分別稱之爲：雨前、明前、早春、遲春、夏茶等。縣志又稱：『以上諸茶，皆以時得名。』

捱刀茶　民國茶名，爲四川宣漢縣（治四川達州市今縣）出産的最低等劣質茶。又稱宰茶子。民國《宣漢縣志》卷四《物産》：『茶葉子，以雨前、毛尖爲最，次曰頭茶、二茶、三茶，最下者捱刀茶，或曰宰茶子。西行陜甘，東下夔渝，均爲大宗家常用者。……産地以上東區及北區之十字溪、鐵礦壩爲盛。毛尖唯土黄場、樊噲場採之，餘則否。』

接秀嶺茶　清代名茶。江西蓮花縣産。清同治《蓮花廳志》卷一：『礱西鄉第十一都山接秀嶺，嶺勢延綿連接，上多松、茶。一望若堆藍點翠。』蓮花縣産茶，『有二種：一則取其子以爲油；一則取其葉以爲茗。山嶺之中，民多種蓄以爲利。』可見至遲清代，已食用茶籽油。

探春　明代貢茶名。明太祖朱元璋建立政權後，以團餅貢茶擾民，下令罷造。只許進貢少量芽茶，爲散茶、草茶，可直接沖泡飲用，不必煎點。實開近代以水沖泡茶之先河，是茶文化史上飲用方式的一次重大革新。其中貢茶之一，即爲探春，見明代沈德符《萬曆野獲編補遺·供御茶》。參見『次春』條。

雀香焙　古代名茶。江西瑞州（治今江西高安市）産。又稱陸羽茶。瑞州，古稱筠州，南宋寶慶元年（一二二五）因避理宗趙昀嫌諱而改名瑞州，元爲路治，明爲瑞州府，轄境當今之江西高安、上高、宜豐等縣。雍正《江西通志》卷二七《土産·茶》：『陸羽茶，穀雨前取。廖暹十詠〔詩〕，呼爲雀香焙。』

常樂茶　明代名茶。産於福建安溪（治福建泉州市今縣）。常樂里，在金田鄉，茶以地名。明嘉靖《安溪縣志》卷一《土産·茶》：『安溪茶，産常樂、崇善等里，貨賣甚多。』

鄂州茶　唐、五代茶名，指産於唐代鄂州（治今湖北鄂州市）的茶。鄂州也是唐宋茶集散中心之一。宋代樂史《太平寰宇記》卷一一二引五代毛文錫《茶譜》：『鄂州之東山、蒲圻、唐年縣，皆産茶，黑色如韭，葉極軟，治頭痛。』

崇寧茶　宋代陝西路食茶茶品之一。産於彭州崇寧縣（治今四川郫縣西北唐易鎮），崇寧元年（一一〇二）改永昌縣置崇寧縣，一九五八年撤縣，其地分別併入郫縣、彭縣、灌縣。據《宋會要輯稿·職官》四三之八六：其售價爲每馱八十一貫八百六十六文。

崇清茶　清代名茶。産於四川南江縣（治四川巴中市今縣）崇清鄉。清道光《南江縣志》卷上《物産》：『崇清鄉，山河地土，居民蓄茶園。每採摘於穀雨前後爲頭茶，五六月則爲二茶，七八月則爲晚茶。樹下並可種包穀，其利頗饒。春分，即有陝西客民來山置買，落經紀人家，以便交易。頭茶稍貴，次、晚則不及前矣。』

崇善茶　明代名茶。産於福建安溪（治福建泉州市今縣）。崇善里，位於安溪修仁鄉，在縣東北四十里。參見『常樂茶』條。

銙茶　宋代貢茶的泛稱。主要産於建州（治今福建建甌市，由南平市代管）。宋代祝穆《方輿勝覽》卷一一《建寧府·土産》：『貢龍鳳等茶』下注引《建寧郡志》：『其品大概有四，曰銙、曰截、曰鋌，而最粗爲末。』可知銙茶爲貢茶中之極品。銙，原爲玉帶上的一節，玉帶一般爲十三節。《新唐書》卷九三《李靖傳》云：『靖破蕭銑時，所賜於闐玉帶十三銙，七方六刓，銙各附環，以金固之，所以佩物者。』《新唐書》卷二四《車服志》也稱：『以紫爲三品之服，金玉帶，銙十三。』宋代借用銙字指北苑貢茶製作過程中的棬、模，即《茶經·二之具》中的規。是指造餅團貢茶的模具，以其形狀像玉帶上的銙而得名，成爲宋代貢茶的專有名詞。銙，在宋代文獻中常寫作胯、誇、夸，又常倒用爲茶銙。有圓形、菱形、方型等花式。宋人又將北苑貢茶稱作『寶帶銙』、『帶銙茶』等。宋·趙汝礪《北苑別録·造茶》云：『造茶舊分四局……茶堂有東局、西局之名，茶銙有東作、西作之號。凡茶之初出研盆，蕩之欲其勻，揉之欲其膩；然後入圈製銙，隨笪過黄，有方銙，有花銙，有大龍，有小龍，品色不同，其名亦異，故隨綱系之於貢茶云。』熊蕃《宣和北苑貢茶録》曰：『既又製三色細芽，及試新銙、貢新銙；（分注云：大觀二年、政和三年造。）……興國巖銙、香口焙銙。（注云：紹聖二年造。）』據此書所附圖：試新、貢新爲『竹圈、銀模、方一寸二分』；後二種則『竹圈、模，方一寸二分。』葉夢得《石林燕語》卷八：『宣和後，團茶不復貴……後取其精者爲銙茶。』姚寛《西溪叢語》卷上云：『龍園勝雪，白茶也；茶之極精好者，無出於此，每銙計工價近三十千。』可見其珍貴無比。這種銙茶，甚至名重於遼、金、高麗等鄰國。曹勳《松隱文集》卷一五《年來建茗甚紛紜》載：『余比出疆，以茶遺館伴。乃云：「茶皆中等，此間於高麗界上置茶市，凡二十八九緡可得一銙，皆上品也。」予力辯所自來，謂所遺皆御前絶品，他日相與烹試，果居其次。』可見銙茶影響之大。宋人詠銙茶詩文極夥：如歐陽修《文忠集》卷七《嘗新茶呈聖俞》：『通犀銙小圓復窊』，曾鞏《元豐類稿》卷八《閏正月十一日召殿丞寄新茶》：『千金一胯過溪來。』黄裳《演山集》卷一《簡無咎學士》：『紫犀銙破雪花濃。』張擴《東窗集》卷二《次韻何任叟正字館中試茶》：『茶丁妙寫犀銙真。』梅堯臣《宛陵集》卷五四《得福州蔡君謨密學書并茶》：『茶開片銙碾葉白，亭午一啜驅昏慵。』黄庭堅《山谷詩別集補·謝王炳之惠茶》：『香苞解盡寶帶胯。』陸游《劍南詩稿》卷五九《飯後偶題》：『北苑茶新帶胯方。』周密《武林舊事》卷二《乾淳歲時記·進茶》：『仲春上旬，福建漕使進第一綱茶，名北苑試新，方寸小誇，進御止百誇。……此乃雀舌水芽所造，一誇之值四十萬，僅可供數甌之啜耳。』

銅鉢山茶　清代名茶。江西瑞金（治今江西瑞金市，由贛州市代管）產。清同治《瑞金縣志》卷一：『銅鉢山，縣西北五十里，高入雲表，雲氣常冪其頂……相傳僧建庵掘地，得一銅鉢並一伽藍，色甚古，至今猶存，得名以此。其地植茶，春時採茶者，歌聲互相應答，故八景有銅鉢茶歌。』

銀針　清末民初名茶。產於福建政和（治今福建南平市政和），政和五年（一一一五），改關隸縣爲政和縣，時以年號爲名，屬建州。茶以其色白如銀似針而得名。政和產白茶，宋代其名已著，名品迭出。民國《政和縣志》卷一〇：『銀針，原產下里鐵山，後漸推廣。擇土質量而色黄者種之，發芽滋長。穀雨節採取一旗一槍者揀之，分攤篩上，置當風處，復取曬乾之，色白如銀，曰銀針。曬久則色紅而味遜。』其製法頗獨特，以所產毛茶風乾日曬即成。宋代之白茶，則爲極品貢茶，採製方法全不同。

銀嶺茶　清代名茶。產於四川汶川（治四川阿壩藏族羌族自治州今縣）娘子嶺。清嘉慶《汶志紀略》卷四《古跡》：『娘子嶺，縣南一百一十里。山曰銀嶺，俗名娘子嶺，爲入省大路。有關帝廟，道士居之，往來者獻以茶。其茶即嶺上道士自摘者，味最佳，水亦清冽。』

銀屏蓮花　清代名茶。廣東海豐（治廣東汕尾市今縣）產。清同治《海豐縣志續編·物產》：『茶，銀屏蓮花，穀雨前採之者，土人曰本山，味埒龍井； 販之外省，亦號上珍。但僞者頗多，土人尚不能辨。』又，同書《寺庵》又載：『蓮花庵，在蓮花峯頂。曲徑迤邐，虯松延蔓，幽泉吞吐，別有洞天。其地産茶數株，酌泉烹之，滋味甘潔。』似此名茶，源於寺院茶。

銀瓶山茶 清代茶名，爲廣東海豐所産的一種高山雲霧茶。清同治《海豐縣志續編·山川》：『銀瓶山，邑北二十五里。昂伏乾坎間，縣祖山也。高千仞，狀若瓶。……其茶樹爲雲霧所罩者，味尤甘香。』同書又稱：蓮花山頂『有七星墩，其産茶氣味最佳』。

甜茶 清代茶名。産於湖北恩施利川縣（治今湖北恩施土家族苗族自治州利川市）西南界牌樓。清光緒《利川縣志》卷七《户役志·土産》：『蔬之餘則茶，……産縣西南烏洞（同治《縣志》卷一稱之爲烏東）、東南毛壩者良，産縣西南界牌嶺者味甘，曰甜茶。』

盤山茶 清代名茶。産於江西會昌（治江西贛州市今縣）。清同治《會昌縣志》卷一二《土産·茶》：『茶，出盤山者佳。』

盤龍茶 宋代貢茶名，即龍茶。因餅面飾有蟠龍紋飾而得名。有大龍、小龍、密雲龍、瑞雲翔龍等許多品種。讀畫齋叢書本《宣和北苑貢茶録》後所附的貢茶圖樣三十八幅中，有盤龍紋飾的有二十五種之多，制式各異，規格各别。宋代蘇軾《與子由飲清虚堂》詩云：『銀瓶瀉油浮蟻酒，紫盌鋪粟盤龍茶。』黄庭堅詩《博士王揚休碾密雲龍同十三人飲之戲作》：『矞雲蒼璧小盤龍，貢包新樣出元豐。』則盤龍茶又爲宋代貢茶密雲龍之别稱。

船嶺茶 清代名茶。四川東鄉縣(治今四川達州宣漢縣)産。清同治《東鄉縣志》卷一五《藝文下一》引夏皋《船嶺記》:『船嶺……其嶺脊自北而南,平直一片,兩頭交起,狀若船形。有寺,在嶺南,路峻險,頗難駐足,然每上一層,輒换一境,稍停片刻,即忘疲矣。寺後枕嶺頭,張如屏風,前及左右平地數十畝,環寺之旁,種香茗、嘉蔬,餘者並種菽麥,雜以花果。』據此可知,此當爲寺院茶。同書卷八《土産》又載:『以茶爲利,〔縣〕東北皆産之,而潤陂與黄石獨佳。肩販者攜赴他處,往往得善價。』

翎毛 宋代片茶茶名。産於荆湖南路岳州(治今湖南岳陽市)。見《文獻通考·征榷五》。

貓螺 清代茶名。臺灣淡水産(即今臺灣省新竹縣地)。茶以地名。清同治《淡水廳志》卷一五引吴廷華《社寮雜詩》:『才過穀雨覓貓螺,嫩緑旗槍映翠蘿。獨惜未經嫻茗戰,春風辜負採茶歌。貓螺,内山地名。産茶,性極寒,番不敢飲。』

康梯茶 清末民初茶名,這是一種産於廣西龍州縣(治廣西崇左市今縣)的野茶。民國《龍州縣志·物産》:『康梯茶,生於園邊甚多,惜人不知採而製之耳。』同書載:該縣還産後山茶,『味香性削。……飲之宜』。

鹿池 民初名茶。産於福建連江(治福建福州今縣)。這是一種緑茶,茶以地名。民國《連江縣志》卷一〇:『連茶出産,山鄉皆有。而焙製之佳者,以鹿池爲最;次則雲頭山、儒洋等鄉。然此爲緑茶,銷路不廣。紅茶出於梅洋及西路諸山,前數十年爲盛,今亦鋭減矣。』同書卷四《山川》云:『雲頭山,産茶極佳;鹿池山,畲民所居,製茶特佳。』

蓋竹山茶　産於台州臨海（治今浙江臨海市，由台州市代管）的歷史名茶。相傳始於東漢時葛玄仙翁茶園。宋《嘉定赤城志》卷一九《山水》引《抱朴子》云：『「此山有仙翁茶園。」舊傳葛玄植茗於此。』此當爲傳説，但宋代蓋竹山茶已聲名鵲起。

蓋蒼山茶　宋代茶名。産於台州寧海縣（治浙江寧波市今縣）。宋代陳耆卿《嘉定赤城志》卷二三《山水・寧海》：『蓋蒼山，在縣東北九十里，一名茶山。瀕大海，絶頂睇諸島漵，紛若棊布，以其地産茶，故名。』

粗洞茶　晚清茶名，是一種主銷湖南武岡縣（治今湖南武岡市，由邵陽市代管）的外購商品茶。清光緒《武岡州鄉土志・物産》：『粗洞茶，産粤西華江六峒，陸運本城五千五百斤。』同書又載：『茶，常産本境西北，山土最宜，歲可出數萬斤。供外人採買，較安化産稍遜。』又，本地盛産紅茶，『産本境石下江洞口、山門高沙。水運漢鎮，轉售外國。每年三萬五千石』。其地又产紅茶外銷，數量不菲。

粗色第一綱　宋代貢茶名。據《北苑别録・綱次》載，其品有：正貢：不入腦子上品揀芽小龍一千二百片。（按《建安志》云：入腦茶，水須差多，研工勝則香味與茶相入；不入腦茶，水須差省，以其色不必白，但欲火候深，則茶味出耳。）六水，十宿火。增添一千二百片。正貢：入腦子上品小龍七百片。四水，十五宿火。增添七百片。又，建寧府附發小龍茶八百四十片。方案：小龍團，蔡襄始創於慶曆年間（一〇四一—一〇四八）。正貢似爲宣和時上貢，南宋初仍沿襲其數；增添似南宋初淳熙間續添數。

粗色第二綱　宋代貢茶名。其品種和數量，據趙汝礪《北苑别録・綱次》載：正貢：不入腦子上品揀芽小龍六百四十片，入腦子小龍六百七十片，入腦子小鳳一千三百四十四片，四水。十五宿火；入腦子大龍七百二十片，二水，十五宿火。增添：不入腦子上品揀芽小龍一千二百片，入腦子小龍七百片。又，建寧府附發小鳳茶一千二百片。

粗色第七綱 宋代貢茶名。趙汝礪《北苑别録·綱次》載：正貢：入腦子大龍、大鳳各一千三百六十片，京鋌改造大龍一千六百片。建寧府附發：大龍、大鳳各八百片，京鋌改造大龍一千三百片。又北宋末貢茶爲十綱，細色、粗色各五綱。宋代姚寬《西溪叢語》卷上：『茶有十綱，第一、第二綱太嫩，第三綱最妙。自六綱至十綱，小團至大團而止……』南宋初則爲細色五綱，粗色七綱，凡十二綱。趙汝礪《北苑别録·綱次》：『揀芽以四十餅爲角，小龍鳳以二十（八）餅爲角，大龍鳳以八餅爲角。圈以箬葉，束以紅縷，包以紅楮，緘以蒨綾。唯揀芽俱以黄焉。』又，同書四庫寫本編者按引《建安志》載：『粗色七綱，凡五品，大小龍鳳并揀芽，悉入腦和膏爲團（方案：此説未允。有入腦和不入腦兩種，腦子，即香料）。共四萬餅，即雨前茶。閩中地暖，穀雨前茶，已老而味重。』即使從包裝看，粗色也遠不如細色之貴重、華美。品質差異更大。方案：以上皆據本書上編《唐宋茶書》之《北苑别録》拙校本文字編寫，詳各條校證。

粗色第三綱 宋代貢茶名。據宋代趙汝礪《北苑别録·綱次》載，其品種和數量如下：正貢：不入腦子上品揀芽小龍六百四十片，增添一千二百片；正貢：入腦子小龍六百四十片，增添七百片；正貢：入腦子小鳳六百七十二片，入腦子大龍一千八百片，入腦子大鳳一千八百片。附發：建寧府大龍茶四百片，大鳳茶四百片。

粗色第五綱 宋代貢茶名。正貢：入腦子大龍一千三百六十八片，入腦子大鳳一千三百六十八片，京鋌改造大龍一千六百片。附發：　建寧府大龍、大鳳茶各八百片。以上數量、品種，據《北苑别録・綱次》。

粗色第六綱　宋代貢茶名。據宋代趙汝礪《北苑别録・綱次》載，其品種和數量如下：　正貢，入腦子大龍一千三百六十片，入腦子大鳳一千三百六十片，京鋌改造大龍一千六百片。附發：　建寧府大龍茶八百片，大鳳茶八百片，京鋌改造大龍一千三百片。

粗色第四綱　宋代貢茶名。據宋代趙汝礪《北苑别録・綱次》載，其品種和數量如下：　正貢，不入腦子上品揀芽小龍六百片，入腦子小龍三百三十六片，入腦子小鳳三百三十六片，入腦子大龍一千二百四十片，入腦子大鳳一千二百四十片。附發：　建寧府大龍茶四百片，大鳳茶四百片。

剪刀粗葉　明代茶名，這是一種邊銷茶，主要用於與少數民族易馬。茶粗惡難食。産於四川沿邊一帶碉門（治今四川天全）、永寧（治今四川瀘州市敘永縣）、筠連（治四川宜賓市今縣）。《明史》卷八〇《食貨志四》：『碉門、永寧、筠連所産茶，名曰剪刀粗葉，唯西番用之，而商販未嘗出境。』

獸目茶　歷史名茶。四川彰明（治今四川綿州江油市南彰明鎮）産。獸目茶，唐宋之際已著名於世。五代毛文錫《茶譜》（吴淑《事類賦注》卷一七引）有著録。明清仍産，茶以山名，其地晚清稱趙家溝（光緒《江油縣志》卷一七）光緒《江油縣志》卷三：『獸目山，《方輿紀要》云：　山下有白匯龍潭，上下凡三潭，其水常流，産茶，名獸目茶。　考白匯龍潭，皆在匡山之麓。明葉松《遊天倉山記》云：　至白匯溪，西循獸目而上者，即此。其地在縣西三十里，今名趙家溝。《府志》云：　在彰明縣北五里，與白匯龍潭皆不合。……獸目溪，在縣西北五十里，俗名趙家溝。溪之兩岸皆山，爲獸目山，産茶，亦以此名。』

清口　宋代散茶茶名。產於荆湖北路歸州（治今湖北姊歸）。《文獻通考·征榷五》：『清口出歸州。』此茶爲草茶，主要充食茶。

清茶　宋代兩浙東路湖州德清縣（治今浙江德清）產的名茶。毛滂《東堂集》卷四《德清五兄寄清茶》詩：『玉角蒼堅已照人，冰肝寒潔更無塵。鳳凰雨露生珍草，不比榛蕪亦漫春。』

清水茶　清代名茶。產於福建安溪（治福建泉州今縣）。清乾隆《安溪縣志》卷四《物產·茶》：（茶）『龍涓、崇信出者多，唯鳳山清水巖得名，然少鬻於市。』又，嘉靖《安溪縣志》卷一《土產·茶》稱：『安溪茶產常樂、崇善等里，貨賣甚多。』可知清代茶產量已不如明。安溪，今以產烏龍茶著稱，有中國茶都之譽，所產鐵觀音、黄金桂等名品，名噪海内外。

清遠茶　清代茶名。爲廣東清遠（治今廣東廣州清遠市）所產茶的合稱。清光緒《清遠縣志》卷二《輿地》：『清遠茶，以筆架山爲最，黄藤峽次之，文峒壩仔又次之。春分採者曰社前茶，白露採者曰白露茶，至嫩者名茶菊，稍粗者名上嫩。筆架茶味清香，飲後則涼沁心脾，三伏炎蒸，經宿味亦不變，解暑消滯，功無與比，若收藏年久，可治病。又有一種名葫蘆茶，治小兒疳積。』

清涼山茶　明清茶名。產於今南京清涼山。清乾隆《江南通志》卷八六：『城内清涼山茶，上元（治今江蘇南京，民國初併入江寧縣）東鄉攝山茶，味皆香甘。』今南京清涼山已不再產茶。

渠江薄片茶　唐代茶名。產於山東西道渠州（治今四川達州渠縣）。唐代楊曄《膳夫經手録》：『陽團茶（粗茶）、渠江薄片茶（有油、苦硬）、江陵南木茶、施州方茶，已上四處，悉皆味短而韻卑。』五代毛文錫《茶譜》：『（渠州）渠江薄片，一斤八十枚。』

涪陵茶　唐、五代茶名。產於涪州涪陵縣（治今重慶市涪陵區），乃茶以地名。五代毛文錫《茶譜》：『涪州出三般茶：賓化最上，製於早春；其次白馬，最下涪陵。』又，涪州，隋改合州置，治石境縣（今重慶市合川市）；唐初，又分渝州置，治涪陵。轄境約相當於今重慶市涪陵、南川、武隆、長壽等區、市、縣地。賓化縣，唐先天二年（七一三）置。又，嘉靖《安溪縣志》卷一《土產・茶》稱：『安溪茶、產常樂、崇善等里，貨賣甚多。』可知清代茶產量已不如明。

深灣茶　民國茶名。這是一種產於廣東臺山（治今廣東臺山市，由江門市代管）南部的高山茶。民國《赤溪縣志》卷二：『種茶之地，宜陽宜瘠，縣境山高石露，故產佳茗，而以深灣三個灣頭大府等處高山所產爲最，有觀音茶、白雲茶、白心茶、紅心茶、石茶多種。』又，清同治七年（一八六八）分新寧縣（即今臺山縣）赤溪、曹沖等地置赤溪廳。治今臺山市東南赤溪。轄境約相當於今廣東臺山南部地。一九一二年改爲赤溪縣，一九五三年併入臺山縣。

宿城山茶　清代茶名。產於海州（治今江蘇連雲港市西南）。海州，宋代爲官置六榷貨務之一，其茶以品質優良、價格昂貴著稱。在宋廷實行禁榷及茶專賣制度下，成爲東南沿海最大的集散中心之一。但其茶則從建州、兩浙路、江南路產茶諸州及湖南路潭州、岳州等地搬運而來，就地出售。官方從中籠取高額利潤。建州蠟茶及兩浙路草茶，潭、岳、宣、洪諸州的片茶均質優價高，故入中的商人趨之若鶩，海州茶在六榷務中最爲搶手，但其地宋代並不產茶。這種清代產的宿城山茶爲唯一例外。清嘉慶《海州直隸州》卷二五引《顧志》：

悟正庵，『在宿城山頂，庵多茶樹，東海茶以此地爲最，風味不減武彝也。其名曰雲霧茶』。又，同書卷一一引《顧志》宿城山，諸峯矗兀，環抱如志，中有山田，皆上腴。道光《海州文獻録》卷一六則云：『今唯宿城山有雲霧茶，歲採不及一斤。山麓居民則以山楂之葉代茗荈，別無茶樹也。』可知這種茶爲寺院茶且産量極少。

密雲龍　宋代極品貢茶名。福建路轉運使賈青創制於元豐五年（一〇八二），以建州龍焙壑源揀芽精製而成。雙角團袋，斤爲四十餅。又稱喬雲龍，簡稱密雲、雲龍。紹聖中，改製爲『瑞雲翔龍』。乃宋代極品名茶，貴重無比。宋・王鞏《續聞見近録》載：『元豐中，取揀芽不入香作「密雲龍」茶，小於小團而厚實過之。終元豐，外臣未始識之。宣仁垂簾，始賜二府；及裕陵，宿殿夜，賜碾成末茶，二府兩指許二小黄袋，其白如玉。』（宛委山堂本《説郛》卷五〇下）。周煇《清波雜誌》卷四《密雲龍》載：『自熙寧（方案：應作元豐）後，始貴「密雲龍」，每歲頭綱修貢，奉宗廟及供玉食外，賚及臣下無幾。戚里貴近，丐賜尤繁……』參見葉夢得《石林燕語》卷八、李燾《長編》卷三二二、《宋會要輯稿・食貨》三〇之八、熊蕃《宣和北苑貢茶録》等。宋人題詠極多，如蘇頌《蘇魏公文集》卷一一《次韻孔學士密雲龍茶》：『精芽巧製自元豐，漠漠飛雲繞戲龍。北焙新成圓月樣，内廷初啓絳囊封。』黄庭堅《山谷集》卷三《謝送碾賜壑源揀芽》：『喬雲從龍小蒼璧，元豐至今人未識。』葛立方《韻語陽秋》卷五引曾肇佚詩：『密雲新樣尤可喜，名出元豐聖天子。』陳師道《後山集》卷八《寄豫章公三首》之一：『密雲不雨卧烏龍，已足人間第一功。』宋代黄裳《演山集》卷一《次魯直烹密雲龍之韻》之一：『密雲晚出小團塊，雖得一餅尤爲豐。』毛滂《謝人分寄密雲大小團》：『大月已圓當久照，小月未滿哉生魄。』張商英《溪亭二首》之一：『獨碾雲龍坐溪石，幾人今夕共銀蟾。』（雍正《山西通志》卷二二三引）舒

亶《菩薩蠻·湖心寺席上賦茶》:『香泛雪盈杯,雲龍疑夢回。』(宋·曾慥編《樂府雅詞》卷中)

密嶺茶 清代名茶。江西豐城縣(治今江西豐城市,由宜春市代管)産。清同治《豐城縣志》卷一《風俗·土産》:『茶,山鄉處處有之。出孤山密嶺者佳。』

隨茶 民國茶名。四川宣漢(治四川達州市今縣)出産。以秋後老葉或採茶果烹之。民國《宣漢縣志》卷四《物産》:『唯割秋後老葉,或採茶果烹之,曰隨茶。』

隱地茶 晚清名茶。産於浙江上虞(治今浙江上虞市,由紹興市代管)。清光緒《上虞縣志》卷二八:『隱地茶,近以此茶爲最佳。』

隱玉山茶 清代名茶。産於安徽繁昌縣(治安徽蕪湖市今縣)。又名浮丘山茶。清道光《繁昌縣志》卷一:『隱玉山,一名浮丘山,産茶最佳。邑人王焞云:「……山産茶,歲可數千鐘。近日士民焙得法,謂之炒青,品味清美,不在松蘿、龍井之下。得其利盡布於四方,每穀雨時,四方之人提筐擕簍,鱗集場市,籠之以去。而士民消渴,反不得其七碗之用,所謂笠家露頂,屐家赤腳,此貧而愚者也。」』

隆化早春 清代名茶。四川南川(治今重慶南川市)産。民國《南川縣志》卷四:『至清代,邑中先輩攜茶至京師饋人者,猶得隆化早春之名,可見其爲美種。』

騎火茶 歷史名茶。清明前後採製。始見於唐代。産於四川綿州龍安(治今四川安縣東北)。五代毛文錫《茶譜》載:『(綿州)龍安有騎火茶,最上,言不在火前,不在火後作也。清明改火,故曰騎火。』(引自宋代吴淑《事類賦注》卷一七)按清明前二日爲寒食,禁火,故稱之爲火前。騎火之説,已早見於唐初虞世南《北堂書鈔》，然此書已經後人竄亂，疑此條乃後人增補；似仍最早見於《茶譜》，是書唐末已成，則騎火茶，仍爲唐茶無疑。參見『火前茶』條。

綠華 唐代貢茶名。蘇鶚《杜陽雜編》卷下：『咸通九年，同昌公主出降，宅於廣化里……上每賜御饌湯物……其茶則綠華、紫英之號。』

綠芽 宋代片茶茶名。産於湖南潭州、岳州（治今長沙、岳陽）等地。《文獻通考·征榷五》：『綠芽、片金、金茗出潭州……綠芽、大、小方出岳、辰、澧州。』

綠英 唐宋名茶。産於江南西路袁州（治今江西宜春）。始見於五代毛文錫《茶譜》：『袁州之界橋，其名甚著，不若湖州之研膏紫筍，烹之有綠脚垂下。』（《事類賦注》卷一七、《全芳備祖·後集》卷二八引）其名則見於宋代馬端臨《文獻通考·征榷五》：（餘州片茶，）『綠英、金片出袁州。』可見此茶唐、五代已有，其特點爲不研膏的片茶。烹時有綠脚垂下。

綠玉團 對宋代貢茶大鳳茶的譽稱。宋代馮山《安岳集》卷一一《謝李獻甫寄鳳茶》：『雙鳳婆娑綠玉團，初綱猶怯禁中寒。貴從侍從時宣賜，傳到西南作寶看。』按：大鳳團茶乃雙鳳紋飾，見《宣和北苑貢茶錄》（讀畫齋叢書本）附圖。

綠雪芽 清代名茶。産於福建太姥山。民國《福建通志》卷四引清代周亮工《閩小紀》：『太姥山茶，名綠雪芽。』

瓊林毓粹 北宋貢茶名。宣和年間（一一一九—一一二五）創制。宋代熊蕃《宣和北苑貢茶錄》：『又有瓊林毓粹、浴雪呈祥、壑源拱秀、貢篚推先、價倍南金、陽穀先春、壽巖都勝、延平石乳、清白可鑒、風韻甚高，凡十色，皆宣和二年所製，越五歲省去。』可見均爲曇花一現的貢茶。

越芽　宋代對産於越州茶的泛稱。宋代越州即今之紹興，古稱會稽，府城及所屬各縣産茶極多，其中最有名者則爲日鑄和卧龍。見《嘉泰會稽志》卷一七《日鑄茶》：『今會稽産茶極多，佳品唯卧龍一種，得名亦盛，幾與日鑄相亞。……其次則天衣山之丁堄茶，陶宴嶺之高塢茶（一曰金家嶴茶），秦望山之小朵茶，東土鄉之雁路茶，會稽山之茶山茶，蘭亭之花塢茶，諸暨之石筧茶，餘姚之化安瀑布茶，此其梗概也。其餘尤不可殫舉。』宋代趙抃《清獻集》卷四《次謝許少卿寄卧龍山茶》詩：『越芽遠寄入都時，酬唱珍誇互見詩。』周必大《文忠集》卷四《胡邦衡生日以詩送北苑八銙日注二瓶》詩：『尚書八餅分閩焙，主簿雙瓶揀越芽。』越芽，又稱越茶、越茗。梅堯臣《宛陵集》卷五五《得雷太簡自製蒙頂茶》詩：『顧渚及陽羨，又復下越茗。』

越茗　唐宋茶名，泛指古代兩浙産的茶。唐宋越地，約當宋蘇州以東的兩浙路轄區，故云。清代倪師孟《吴江縣志》卷四七引宋代章岷《如歸令》：『越茗不似雲邀客，吴鱠如線佐庖鮮。』又特指越州即今紹興之茶。

敬亭緑雪　歷史名茶。産於安徽宣城（治今安徽宣城市宣州區）敬亭山。宣城所産的茶，唐宋時已享有盛名。北宋著名詩人梅堯臣有多首詩詠其家鄉宣城茶，其叔父梅詢詩『茶煮鴉山雪滿甌』更是膾炙人口。梅堯臣《鴉山》詩則敘述了鴉山茶由烏鴉銜子落此山而産茶的動人傳説。清代施閏章也有詩詠敬亭緑雪。康熙《宣城縣志》卷八《藝文》載其《敬亭採茶》詩云：『一踏松蔭路，因貪茶候閑，呼朋爭手摘，選葉入雲還。竹色翠連屋，林香清滿山，坐看歸鳥静，月出半峯間。』又，光緒《宣城縣志》卷六有其詠《緑雪茶》詩：『酌向素瓷渾不辨，乍疑花氣撲山泉。』敬亭緑雪茶，宋代其名已著，晚清已罕見，近年又重新開發。爲我國緑茶類頂級極品名茶之一，在海内外享有盛名。

散茶 宋代茶類之一，指未壓製成團餅片茶的蒸青茶，又稱草茶。一般用於食茶，其中也不乏名品，如日注、雙井等。馬端臨《文獻通考·征榷五》載：『凡茶有二類：曰片曰散。……散茶有太湖、龍溪、次號、末號出淮南，岳麓、草子、楊樹、雨前、雨後出荆湖，清口出歸州，茗子出江南，總十一名。江浙又有以上中下、第一至第五爲號者。……散茶（買價）：每一斤自十六錢至三十八錢五分，有五十九等……（賣價）：自十五錢至百二十一錢，有一百九等。從買賣價格看，其與蠟茶、片茶相去甚遠。參見《宋史·食貨志下五》。主産地在今江蘇、浙江、安徽、江西等地。

蔣富山茶 清代名茶。産於浙江金華武義縣（治浙江金華市今縣）。清宣統《武義縣志》卷二：『蔣富山，縣東南三十五里，週二十餘里，山多産茶。』

椒園茶 清代名茶。安徽桐城（治今安徽桐城市，由安慶市代管）産。爲一種小葉種叢生茶。清道光《桐城縣志》卷二二：『茶，其樹大小不一。桐城茶皆小樹叢生，椒園最勝，毛尖芽嫩而香，龍山茶亦好。』

雁山茶 明清名茶。産於浙江樂清縣（治今浙江樂清市，由温州市代管）。爲雁山五珍之一，又名龍湫茶。清光緒《樂清縣志》卷五《田賦·物産》引《雨航雜録》：『雁山五珍，謂龍湫茶、觀音竹、金星草、山樂、官香魚也。』（據四庫本明·馮時可《雨航雜録》卷下校改。）縣志卷五又云：『雁山茶，《甌江逸志》：甌地茶，雁山爲第一，去腥膩，除煩惱，卻昏散，消積食，味與陽羨茶無二。湯顯祖《雁蕩山種茶人多姓阮偶書所見》

詩：「一雨雁山茶，到台舊阮家。暮雲遲客子，秋色見桃花。壁繡莓苔直，溪香草樹斜。鳳簫誰得見，空此駐雲霞。」阮元《試雁山茶》詩：「嫩晴時候碾茶天，細展清旗浸沸泉。十里午風添暖渴，一甌春色鬥清圓。最宜蔬筍香廚後，況是松篁翠石前。寄語當年湯玉茗，我來也願種茶田。」

雁塔寺茶 歷史名茶。産於廣東東莞（治廣東今市）。相傳爲梁天監（五〇二—五一九）中寺院茶。在茶山鄉。清宣統《東莞縣志》卷九六《雜録上》：『茶山雁塔寺，相傳梁天監中僧徒……于寺旁種茶數百株，故後名茶園。』（引《茶山鄉志》）

紫芽 唐宋茶名。因茶芽葉紫而得名，可製成團餅茶。唐代白居易《白香山詩集》卷三九《補遺上·招韜光禪師》詩云：『青芥除黄葉，紅薑帶紫芽。』是説以薑煎飲紫葉茶。唐代習見以薑入茶合煎。宋代趙汝礪《北苑别録·揀茶》：『紫芽，葉之紫者是也……紫芽、白合、烏蒂皆在所不取。』是又指茶叢上長的紫色芽葉，在製茶時應剔去。

紫英 唐代名茶。參見『緑華』條。

紫茗 宋代茶名。生長於海南。這是一種大葉茶。宋代蘇軾《東坡全集》卷三二《和陶·和劉柴桑》詩：『黄橼出舊枿，紫茗抽新佘。』此爲宋代海南儋州（治今海南儋州市）有茶之證。蘇軾曾流放於此，此詩作於紹聖五年（一〇九八）四月。紫茗，當爲多年生喬木型大葉茶，以其湯、葉色紫而得名。

紫餅 宋代建州團餅茶的别稱。因北苑貢茶多爲研膏茶，油其面，呈紫色，煎點時須炙烤，餅面飾物如熔蠟，故稱蠟面茶，又云紫餅。宋徽宗趙佶《大觀茶論·鑒辨》：『茶之範度不同，如人之有首面也……即日成者，其色則青紫。』（《説郛》卷九三上）梅堯臣《宛陵集》卷二二《答建州沈屯田寄新茶》：『春芽研白膏，夜火焙紫餅。』蘇軾《東坡全集》卷二〇《病中夜讀朱博士詩》：『曾坑一掬春，紫餅供千家。』曾坑，北苑名品，地名轉作茶名。

紫筍　唐宋名茶。以産於常州義興（治今江蘇常州宜興市）和湖州長興（治浙江湖州今縣）、四川雅州（治今四川雅安市名山縣）者最爲著名。分别依其地名稱爲義興紫筍、湖州紫筍及蒙頂紫筍。此外建州（治今福建建安）、潭州（治今湖南長沙）等地也産紫筍茶。唐代李肇《國史補》卷下：『風俗貴茶，茶之名品益衆……湖州有顧渚之紫筍，……常州有義興之紫筍。』毛文錫《茶譜》載：『常州義興紫筍。』（《全芳備祖·後集》卷二八引）同書又稱：『袁州之界橋，其名著者，不若湖州之研膏紫筍，烹之有緑腳垂下。』可知唐末五代時，湖州紫筍爲研膏茶。《宋史》卷一八四《食貨志下六》亦載：『茶之産於東南者……雩川顧渚生石上者，謂之紫筍。』唐代陸羽《茶經·一之源》稱：『上者生爛石』，又稱：『紫者上，緑者次；筍者上，牙者次；葉卷者上，葉舒者次。』紫筍，皆符合極品名茶的條件。唐代張文規詩《湖州貢焙看發新茶》：『牡丹花笑金鈿動，傳奏吴興紫筍來。』（宋·洪邁編《萬首唐人絶句》卷六六）是唐時湖州紫筍已充貢之證。元代馮子振《鸚鵡曲·顧渚紫筍》：『一槍旗，紫筍靈芽，摘得和煙和雨。』是説其爲一芽一葉。《茶譜》又稱：『蒙頂有研膏茶，作片進之，亦作紫筍。』（宋代吴淑《事類賦注》卷一七引）可見蒙頂紫筍也爲研膏茶。唐代白居易《白氏長慶集》卷一五《題周皓大夫新亭子二十二韻》：『茶香飄紫筍。』宋代陸游《劍南詩稿》卷五《病酒新愈獨卧蘋風閣戲書》：『自燒沉水瀹紫筍，聊遣森嚴配堅正。紫筍，蒙頂之上者，其味尤重。』宋代吕陶《净德集》卷三一《和蒙軒》：『仙崖雲霧不復見，上峯紫筍今爲嘉。』都是詠蒙頂紫筍的。詠潭州紫筍的，如楊億《武夷新集》卷五《從叔郎中知潭州》：『粉篸斑文簟，雲腴紫筍芽。』述建州紫筍的，如《茶譜》：『建（州）有紫筍。』（熊蕃《宣和北苑貢茶録》引）此外，産紫筍者尚多，如蘇軾《東坡全集》卷三《宿臨安淨土寺》：『覺來烹石泉，紫筍發輕乳。』徐鉉《騎省集》卷四還記述了一種圓卷紫筍茶，見其詩《和門下殷侍郎新茶二十韻》：『力藉流黄暖，形模紫筍圓。茶之美者，有圓卷紫筍。』這是五代南唐産的紫筍茶。總之，唐宋時期，各地産紫筍茶很多，難以盡舉。其共同特徵，當如上引《茶經・一之源》所述。

紫璧　宋代貢茶龍團的雅稱。因龍團均爲研膏茶，須油其表面，略呈紫色，故云。宋代李昭玘《樂靜集》卷四《子常生日無以爲壽偶得團茶一餅因爲拙詩一首藉之以獻》：『比年方貢競珍藏，膚理豐腴紫璧光。虬臂左回分絶格，箬衣十襲護新香。』

紫雲茶　清代名茶。湖北黄梅（治湖北黄岡市今縣）紫雲山産。茶以山名。民國《湖北通志》卷七引《大清一統志》：『紫雲山，在縣北七十里……内有平田，僧人植茶，即爲紫雲茶。』則此茶爲寺院茶。

紫陽茶　泛指産於陝南和川北紫陽茶區的茶。地跨陝西安康、漢中和四川達縣（治四川達州市今縣）、萬縣（治今重慶市萬州區）等區域。紫陽縣是陝西省唯一主要産茶縣，今茶産量約占全省一半以上，且多爲富含硒的名茶。紫陽，唐金州地，産茶見於《茶經・八之出》：『金州、梁州又下。金州生西城、安康二縣山谷。』據《新唐書・地理志》載，金州茶充貢。紫陽（治陝西安康市今縣），瀕漢水，北宋安康屬京西南路，南宋屬利州路。宋代金州是茶馬貿易的集散中心，也是茶馬古道的轉輸中心。宋、明兩代的茶馬貿易中，紫陽茶功不可没，但至清初，據康熙《紫陽縣新志·物產》載：『兵荒之後，比屋逃亡……紫陽之茶日見其濯濯矣。』已瀕臨湮滅。這種情形延續到清末，民國《陝西通志稿》卷二〇〇載：『向聞陝西產茶只紫陽一縣』，已難言其詳。民國《安康縣鄉土志》則稱：『茶葉每年總收穫量數約二萬斤。』道光《紫陽縣新志·物產》引《茶疏》云：『紫陽茶，春分時摘之，葉細如米粒，色輕黃，名曰毛尖白茶，至貴；清明時摘之，細葉相連，如個字狀，名曰芽茶，入水色微緑，較白茶氣力完足，香烈尤倍。』紫陽茶以富含硒爲主要特點，今已擴大生产規模，近年產量達八百餘噸（參見《紫陽茶業志》第一〇頁）。紫陽茶還行銷甘肅等邊地。

紫荆茶 ①清代名茶。廣西桂平（治廣西今市，由貴港市代管）產。民國《桂平縣志》卷一九：『紫荆茶，出宣里紫荆山，細茶之一種。』②近代茶名。產於廣西武宣（治廣西來賓市今縣）。民國《武宣縣志》第四編《茶之屬》：『紫荆茶，每斤四角，行銷縣屬及桂平以下各縣。』

紫霞茶 明清名茶。產於安徽徽州歙縣（治安徽黄山市今縣）。茶以山名。清乾隆《江南通志》卷八六：『紫霞茶，出歙縣紫霞山，色香清幽如蘭，新安家家製茶，以此品爲最。』

紫金山茶 清末民初名茶。產於福建龍巖（治今福建龍巖市新羅區）。茶以山名，乃野生茶。民國《龍巖縣志》卷一〇《物產·茶》：『有天生者，葉柄中空，異於種茶，巖人貴之。以紫金山茶最著名。』

紫高山茶 ①古代茶名。產於浙江黄巖縣（治今浙江台州市黄巖區）紫高山，茶以山名。見清光緒《太平縣志》卷二：『紫高山，亦曰紫皋山，頂平曠，土膏滋沃，產茶，出日鑄上……』《嘉定赤城志》卷三六：『產茶，『今紫凝之外，臨海言延峯山，仙居言白馬山，黄巖言紫高山，寧海言茶山，皆號最珍；而紫高山茶，昔以爲在日鑄之上者也』。同上縣志卷二又云：『今以出谷嶴者佳。《戴石屏集》有「桐樹開花，採茶大家」語。』②宋代名茶。產於台州黄巖縣。宋代陳耆卿《嘉定赤城志》卷二〇《山水·黄巖》：『紫高山，在縣南八十里，土膏泉冽，中産茶甚奇。』

景陽山茶　清代名茶。湖南茶陵（治今湖南株州市茶陵縣）産。清同治《茶陵州志》卷五：『景陽山，在州東，接江西吉安府永新縣界，一名茶山，以林谷間多生茶茗，故名。』

黑茶　①明代茶名。産於四川。這是一種易馬之主要茶類。《明史》卷八〇《食貨志四》：『嘉靖三年，御史陳講以商茶低僞，悉征黑茶，地産有限，乃第茶爲上中二品，印烙篦上，書商名而考之。』②茶類名稱，六大茶類之一。黑茶的起源由於其加工方法的不同有兩種，一種是指緑毛茶堆積後發酵，渥成黑色，轉變成黑茶的製法。起源於十一世紀前後，當時四川緑茶運往西北邊銷，由於交通不便，運輸困難，必須壓縮體積，蒸製爲邊銷團塊茶，便於長途遠運。在緑毛茶蒸製爲團茶的過程中，産品進行濕堆，在濕堆的過程中有了變色的認識，發現了新的茶類的製法。另一種是指鮮葉經殺青、揉撚之後進行較長時間的堆積，使葉色變爲油黑，而後烘乾成爲黑茶的製法。這種製法起源於十六世紀初，在明朝的湖南安化，以安化茶爲代表。

鋪嶺山茶　清代名茶。廣東佛岡（治今廣東清遠市佛岡縣）産。清道光《佛岡直隸軍民廳志》卷一：『西北四十五里曰鋪嶺山……山在觀音堡界，雄奥幽邃，産山茶，故名，又出藍草。近村多以採茶、刈草爲業。』

鵝鼻山茶　明清名茶。産於浙江黄巖縣（治今浙江台州黄巖區）。明代葉良佩所撰嘉靖《太平縣志》卷三《食貨·茶》：『茶，近山處多有之，唯紫高山、鵝鼻山者頗佳。』

儲茶　清代名茶。江西贛縣（治江西贛州市今縣）產。清同治《贛縣志》卷九《物產・茶》：『茶，山阜、園地皆產，唯山高而土黃，得清虛之氣多者爲貴。贛之儲茶，出自儲山，曰大園儲茶，香味最佳。昔嘗入貢，所產無多，人不易致。各鄉亦有藝茶爲業者。』

御苑玉芽　宋代貢茶名。大觀二年（一一〇八）始造。規格：銀圈，銀模，徑一寸五分。宋代趙汝礪《北苑別録・綱次》：『御苑玉芽：按，《建安志》云：自御苑玉芽以下，凡十四品，係細色第三綱。其製之也，皆以十二水，唯玉芽、龍芽二色火候，止八宿。蓋二色茶日數比諸茶差早，不敢多用火力。水芽，十二水，八宿火，正貢一百片。』

舒州開火茶　宋初貢茶名。產於舒州（治今安徽安慶市潛山）。舒州產茶，《茶經・八之出》已載：『淮南以光州上，義陽郡、舒州次（注：舒州生太湖縣、潛山者與荆州同）。』宋代樂史《太平寰宇記》卷一二五稱：舒州貢開火茶。又云其多智山『山有茶及蠟，每年民得採掇爲歲貢』。則開火茶似產於多智山，宋初猶歲貢。今安慶市各地猶盛產茶，亦不乏名品，淵源已深。

象磯山茶　清代茶名。廣西昭平（治廣西賀州市今縣）出產。民國《昭平縣志》卷二：『象磯山，在太字區……面積極廣，地多產茶，味頗佳。又名象棋山。』

蠻茶　古代茶名，泛指古代產於南方（西南）少數民族聚居地的茶。如宋代范成大《石湖詩集》卷一四《食罷書字》詩云：『捫腹蠻茶快，扶頭老酒中。』詩末自注：『蠻茶出修仁，大治頭風。老酒，數年酒，南人珍之。』即以廣西修仁縣產的茶爲蠻茶。古人泛稱少數民族聚居地區爲化外之地。如唐代樊綽《蠻書》就有關於普洱茶的記載，其地既爲蠻地，則產茶自然稱爲蠻茶。這是一個帶歧視性的歷史名詞，今已不用。參見『修仁茶』條。

童子濠茶　民國茶名。四川犍爲縣（治四川樂山市今縣）産。民國《犍爲縣志》卷一：『童子石，孝姑鄉童子濠上。山巔有石，如小孩窺伺，故名。該地産茶絶佳。』

普洱茶　産於雲南省南部和西南部的大葉種茶，又稱普茶、普茗。根據産地、製法的不同形成各種品種。普茶實濫觴於唐宋。唐代樊綽《蠻書》卷七已載：『茶出銀生城界諸山，散收，無採造法。蒙舍蠻以椒、姜、桂和烹而飲之。』宋代李石《續博物志》卷七有相似的記載。普茶之名始見於明代，謝肇淛《滇略》云：『士庶所用，皆普茶也，蒸而成團。』清代檀萃《滇海虞衡志》卷一一説：『普茶名重於天下，此滇之所以爲産而資利賴者也。出普洱（府）所屬六茶山：一曰攸樂、二曰登革、三曰倚邦、四曰莽枝、五曰蠻耑、六曰慢撒。周八百里，入山作茶者數十萬人，茶客收買，運於各處，每盈路，可謂大錢糧矣。』其聲名鵲起，是在明清之際；而其名重天下，運銷全國及海外則在清代中期以後。如清代吳大勳《滇南聞見録·團茶》云：『其茶能消食理氣，去積滯，散風寒，最爲有益之物，煎熬飲之，味極濃厚，較他茶爲獨勝。』王昶《滇行日録》亦載：『普洱茶味深刻，土人蒸以爲團，可療疾，非清供所宜。』今人之於普洱茶，海内外有收藏其陳茶者，則又略具文物價值。前些年炒作普茶之風，風起雲湧；　今又漸衰。

普陀山茶　清代名茶。産於浙江普陀山（在今浙江舟山市普陀區普陀山鎮，山在海島）的寺院。可治肺癰、血痢。普陀山，有普濟等三大禪寺。清道光《重修南海普陀山志》卷一：『茶山，在白華頂後，自北亘西，其地最廣，中多溪澗。山上多産茶茗，僧於雨前採摘供用，可治肺癰血痢。』

曾坑茶　宋代北苑貢茶名，爲當時的極品名茶。曾坑，原爲地名，北苑貢焙之正焙所在地，其地所産茶品質極佳。宋代沈括《夢溪筆談》卷二五載：『建茶勝處曰郝源、曾坑，其間又岔根、山頂二品尤勝。李氏時號爲北苑，置使領之。』葉夢得《避暑録話》卷四亦稱：『北苑茶正所産爲曾坑，謂之正焙；　非曾坑爲沙溪，謂之外焙。二地相去不遠而茶種懸絶，沙溪色白過於曾坑，但味短而微澀，識茶者一啜即知，如别涇渭也。』但宋子安《東溪試茶録》之説不同：『又有蘇口焙，與北苑不相屬，昔有蘇氏居之。其園别爲四，其最高處曰曾坑。……上園下坑，園慶曆中始入北苑。　歲貢有曾坑上品一斤，叢出於此。　曾坑山淺土薄，苗發多紫，復不肥乳，氣味殊薄。　今歲貢以苦竹園茶充之，而蔡公《茶録》亦不云曾坑者佳。』蘇軾《東坡全集》卷五〇《病中夜讀朱博士詩》云：『曾坑一掬春，紫餅供千家。』黄庭堅《次韻劉景文登鄴王台見思五首》之四：『茗花浮曾坑，酒泛酌宜城。』

湖茶　明代茶名。　産於湖南茶的泛稱。　因其茶品質粗劣，且多假茶又價格便宜，故成爲私茶淵藪。《明史》卷八〇《食貨志四》：『中茶易馬，唯漢中、保寧；　而湖南産茶，其直賤，商人率越境私販。中漢中、保寧者，僅一二十引。　茶户欲辦本課，輒私販出邊，番族利私茶之賤，因不肯納馬。』可見湖茶行，對茶馬貿易極有妨礙，故萬曆二十三年（一五九五）御史李楠請禁湖茶，稱：『湖茶行，茶法、馬政兩弊，宜令巡茶御史召商給引，願報漢、興、保、夔者，准中；　越境下湖南者，禁止。　且湖南多假茶，食之刺口破腹，番人亦受其害。』但御史徐僑反對其説，曰：『漢中茶少而直高，湖南茶多而直下，湖茶之行，無妨漢中。　漢茶味甘而薄，湖茶味苦，於酥酪爲宜，亦利番也。　但宜立法嚴核，以遏假茶。』『户部折衷其議，以漢茶爲主，湖茶佐之。　各商中引，先給漢中畢，乃給湖南。如漢引不足，則補以湖引，報可。』這才爲湖、漢之爭劃上句號。

湖北茶 清末民初茶名，爲湖北各縣所産茶的總稱。民國《湖北通志》卷二二《物産·茶類》：『《物品册》所載各縣之茶：「鄂城有毛尖，嘉魚有茶磚；咸寧有青茶、紅茶、米茶，亦能爲磚；蒲圻有黑茶、紅茶、熟茶；崇陽有紅茶、白毛尖；大冶有白雉山煙雨、雲霧二種；廣濟有甜茶，黄梅有雨前；宜城有山茶，鄖縣有香桃茶，房縣有太和、家園二種；遠安仍有鹿苑茶，宜昌有銀芽紅茶、春華紅茶，興山有溪茶；長陽、五峯有紅茶，長陽又有白茶；建始有緑茶。其羊樓峝茶有物華、松華、精華、月華、春華、天華、天馨、花香、奪魁、賽春、一品、穀芽、穀蕊、仙掌、如桅、永芳、寶蕙、二五、龍鬚、鳳尾、奇峯、烏龍、華寶、蕙蘭等名。皆因美洲賽會徵集於各處者，今匯録之，俾留心茶政者得考焉。』則近代至少有數十品種湖北茶馳名中外。

灣甸茶 明清名茶。産於雲南灣甸州（治今雲南保山市隆陽區）孟通山。明隆慶《雲南通志》卷四《地理·物産》：『境内有孟通山，所産細茶，名灣甸茶，穀雨前採者爲佳。』又，清乾隆《雲南通志》卷二四：『孟通山，《一統志》：在灣甸州境，産茶。』

禄合 宋代片茶茶名。産於江西路饒、池州。僅見《文獻通考·征榷五》著録。參見『片茶』條。

謝源 宋代名茶。産於江西婺源（治江西上饒市今縣）。《宋史·食貨志下六》：『當是時，茶之産於東南者……婺源之謝源，隆興之黄龍、雙井，皆絶品也。』謝源，爲地名，轉作茶名。

謝公嶺茶 清代名茶。産於浙江餘姚（治今浙江餘姚市，由寧波市代管）石井山。清光緒《餘姚縣志》卷二：『石井山，亦名建峒嶴。有古屋，有石蟹泉。其嶺曰謝公，以安石得名。建峒産茶，謝公嶺尤爲名品。』

謝仙嶂茶　清末民初茶名，爲一種産於廣西陸川（治廣西玉林市今縣）的野生名茶。茶以地名。民國《陸川縣志》卷二〇《物産・茶》：『茶，謝仙嶂産者最佳。但茶樹甚少，亦無人栽種。』

登雲山茶　清代名茶。産於福建長樂（治今福建長樂市，由福州市代管）。茶以山名。清道光《長樂縣志》卷四《輿地略》：『登雲山，居人多種茶，佳者與永安洋頭並。玳瑁山亦出茶。』

婺州茶　唐宋時期茶名。指婺州（治今浙江金華市）所産茶的合稱。唐宋時，其轄境約當今之金華、蘭溪、永康、義烏、武義、浦江、東陽等市縣地。其名品如産於東陽的東白及州産舉巖乳茶。唐代楊曄《膳夫經手録》載：『歙州、婺州、祁門、婺源方茶，制置精好，不雜木葉。』又，五代毛文錫《茶譜》載：『婺州有舉巖茶，斤片方細，所出雖少，味極甘芳，煎如碧乳也。』似婺州方茶即指舉巖茶。又，唐代陸羽《茶經・八之出》云：『浙東以越州上，明州、婺州次。婺州東陽縣東白山，與荆州同。』看來陸羽對婺州茶尚缺乏瞭解。不僅東白、舉巖爲名品，且一般婺州茶亦『制置精好』。

婺源茶　唐宋名茶，爲婺源（治今江西上饒市婺源）所産茶的泛稱。婺源，自唐宋迄今，一直是著名茶葉産區。唐代楊曄《膳夫經手録・茶録》：『婺源方茶，制置精好，不雜木葉，自梁、宋、幽、并間，人皆尚之，賦税所入，商賈所齎，數千里不絶於道路，其先春含膏，亦在顧渚茶品之亞列。』是説其茶品質優良，製作精細，僅次於極品名茶顧渚而行銷四方。《宋史》卷一八四《食貨志下六》記載，婺源之謝源茶被列爲東南地區六大名茶之一，與極品茶紫筍、陽羨、日鑄、雙井、黄龍齊名而並列。

縷金團　五代、宋代貢茶名，即在宮廷專享的團餅貢茶表面上飾以金絲等，又稱縷金餅。《清異録》卷下

《北苑妝》：『江南晚季建陽進茶油花子，大小形制各別，極可愛。宮嬪縷金於面，皆以淡妝。』以此花餅，施於額上，時號北苑妝。宋代秦觀《滿庭芳·詠茶》（之三）：『密雲雙鳳，初破縷金團。』喻元豐時貢茶『密雲龍』超過了南唐飾有金絲的龍鳳團茶。

縷金耐重兒　五代貢茶名，這是一種建州産研膏團餅茶。《清異録》卷下：『有得建州茶膏，取作耐重兒八枚，膠以金縷，獻於閩王曦。』又，五代後蜀毛文錫《茶譜》云：『衡州之衡山，封州之西鄉，茶研膏爲之，皆片團如月。』則唐宋之際，不僅建州有研膏茶，各地亦多有。宋代黄儒《品茶要録》論茶膏云：『昔者陸羽號爲知茶，然羽之所知者，皆今之所謂草茶。何哉？如鴻漸所論，蒸笋并葉，畏流其膏。蓋草茶味短而淡，故常恐去膏；建茶力厚而甘，故唯欲去膏。』

瑞金茶　宋代茶名。專用於博馬，是川陝茶馬貿易中四色商品茶之一。據《宋會要輯稿·職官》四三八五載：元豐六年（一〇八三），宋政府規定的買賣價格分别爲一百二十九貫四百一十三文和二百七十三貫三百四十八文，其差價爲四十三貫九百三十五文，是買賣差價最小的一色茶。

瑞草魁　①古代詩人對宜興名茶的譽稱，後遂泛稱爲茶之雅稱，乃至有以此命名名茶者。典出唐代杜牧《題茶山》詩：『山實東吴秀，茶稱瑞草魁。』宋代孫奕《履齋示兒編》卷一五：『茗曰酪奴，瑞草魁。』②産於淮西路宣城（治今安徽宣州）名茶横紋茶的别名。清光緒《宣城縣志》卷三七《古跡·茶峽蕩》：『陽坡山下，舊産佳茶，名瑞草魁，一名横紋。今久廢，不復種茶。』按：宣城唐宋之際横紋茶，又名瑞草魁。宋代吴淑《事類賦注》卷一七引《茶譜》：『宣城縣丫山小方餅，横鋪茗芽裝面……太守嘗薦於京洛，士人題曰：「丫山陽坡横紋茶。」』又，宋代陳景沂《全芳備祖·後集》卷二八引《茶譜》文略有不同：『宣城縣有茶山，其東爲朝日所燭，號曰陽坡。其茶最勝，形如小方餅，横鋪茗芽其上。太守常（嘗？）薦之京洛，題曰陽坡茶。杜牧《茶山詩》云：「山實東吳秀，茶稱瑞草魁。」』按：此乃毛文錫附會杜牧之意，其實樊川詩題有自注：『在宜興。』而清光緒《宣城縣志·茶峽蕩》更是將横紋茶誤解爲『瑞草魁』。故此第二義項乃臆解之産物。宜興之『瑞草魁』，與宣城之『横紋茶』乃判然二物，自《茶譜》誤釋以來，沿訛踵謬者甚夥，今特辨證。

瑞雲翔龍 宋代貢茶名。紹聖二年（一〇九五）造。規格：銀模、銅圈，徑二寸五分，圓形，龍紋飾面。宋代趙汝礪《北苑别録·綱次》：『瑞雲翔龍，小芽，十二水，九宿火，正貢二百八片。』細色第四綱貢茶。

鼓山茶 ①歷史名茶。産於福建福州閩縣（治今福建福州閩侯縣；民國時合併閩縣、侯官縣爲閩侯縣）鼓山。茶以山名。清乾隆《福建通志》卷一〇：『茶，諸縣皆有之。閩之方山、鼓山，侯官之水西、鳳岡尤盛。』又，乾隆《鼓山志》卷一四引《舊志》：『鼓山靈源洞之後，居民數十家，種茶爲業，地名茶園，産不甚多而味清冽。王敬美督學在閩，評鼓山茶爲閩第一，武夷、清源不及也。同時僚屬陳玉叔、顧道行諸公大加稱賞。茶一兩，索價三分，敬美諸公歎其極廉。萬曆庚子，邑大夫取至百斤，且不時給值，種茶村民與寺僧俱困，幾不聊生。丁未歲，閩令王君世德爲之請於當事，罷其征，給券存寺。』同書卷一三《藝文》引明·徐𤊹《靈源雨茗》：『寒食才過穀雨前，鼓山風送焙茶煙。旗槍乍試甘泉脈，竹火瓷瓶手自煎。』鼓山茶，産於靈源洞，故又名靈源茶。民國《閩侯縣志》卷二五載：『鼓山半巖茶，色香風味，當爲閩中第一，不讓虎丘、龍井。福州福寧及閩縣之鼓山，皆産半山茶。』故鼓山茶又稱半山茶或半巖茶，在明清時代是一種極品名茶，與虎丘、龍井齊名。但鼓山茶歷史悠久，宋初已有。據慶曆（一〇四一—一〇四八）初林世程《閩中記》稱福茶所産在閩縣十里，且言當時建茶未盛，本土有之。又，清人周亮工《閩小紀》載：『鼓山半巖茶，色香風味，當爲閩中第一，不讓虎丘、龍井也。雨前者，每兩僅十錢，其價廉甚。一云：前朝每歲進貢，至楊文敏當國始奏罷之。然近來官取，其擾甚於進貢矣。』②清初産於安徽含山縣（治安徽巢湖市今縣）鼓山茶名。清康熙《含山縣志》卷五載：『《舊志》無鼓山，俗名左旗右鼓，俱附見太湖。自國朝康熙元年，有鶴巖禪師，選勝探幽，謂是山可以卓錫，因結茅爲篷，躬親畚锸，創建禪林……手植松樹二十餘萬，其他竹木茶芋，覆遍山麓，竟與普明並傳。』可見爲一種茶竹間種的清初寺院茶。

嵩山茶 宋代茶名。産於江蘇常州宜興縣。《咸淳毗陵志》卷一五：『嵩山，在縣西南三十里，多産茶。』

蒙茶 清代名茶。産於江西新喻（治今江西新余市渝水區。新渝，三國時始置爲新渝，因袁河中游時稱渝水而得名；唐天寶元年改爲新喻縣；一九五七年又更名爲新余縣）蒙山。清道光《新喻縣志》卷二：『白雲嶺，在蒙山最高處……山峽一坪，狀如船。泉水夾流其間，有白雲寺古跡。世傳蒙山産方竹，即此。兼産茶樹，即蒙茶也。』同書又載：『蒙山，在縣北九十里，方廣百有餘里，是爲邑北鎮山。』同書卷六《土産》則稱：『蒙茶性寒，出蒙山。』又，同治《新喻縣志》卷一載董越《蒙山》詩云：『蒙頂出青州，茶名遍宇宙。誰知此山中，亦有生雲竇。旗舒縠雨餘，芳擷清明後。風味如使君，誰云可輕售。』

蒙頂茶 唐宋名茶。産於雅州名山（治四川雅安市今縣）蒙山之頂而得名。其茶既有黄茶、白茶，又有緑茶。唐代已充貢，於明代已湮滅。唐代李肇《國史補》卷下：『風俗貴茶，茶之名品益衆。劍南有蒙頂石花，或小方，或散牙，號爲第一。』是説既有團茶，也有散茶。毛文錫《茶譜》載：『今蒙頂茶有霧鋑芽、籛芽，皆云火前，言造於禁火之前也。』『蒙山有壓膏露芽，不壓膏露芽，並冬牙，言隆冬甲拆也。』『蒙頂有研膏茶，作片進之，亦作紫筍。』載其品種較多，既有研膏團茶，亦有不研膏茶，還有草茶。五代毛文錫《茶譜》還記載了一個關於蒙頂茶的故事：『蜀之雅州有蒙山，山有五頂，頂有茶園。其中頂曰上清峯。昔有僧病冷且久，嘗遇一老父，謂曰：「蒙之中頂茶，當以春分之先後，多□（雇？）人力，俟雷之發聲，併手採摘，三日而止，若獲一兩，以本處水煎服，即能祛宿疾；二兩當眼前無疾，三兩因以換骨，四兩即爲地仙矣。」其僧因之中頂，築室以候，及期，獲一兩餘，服未竟而病瘥。年至八十餘，氣力不衰。』（引自《事類賦注》卷一七，以《重修政和證類本草》卷一三引李宗諤《圖經》轉引《茶譜》文及《古今合璧事類備要》外集卷四二引文參校）蒙頂茶因此有仙茗之稱。范鎮《東齋記事》卷四載：『蜀之産茶凡八處，雅州之蒙頂……利州之羅村，然蒙頂爲最佳也。其生最晚，常在春夏之交。其芽長二寸許，其色白，味甘美，而其性温暖，非他茶之比。蒙頂者，《書》所謂「蔡蒙旅平」者也。李景初與予書言：「方茶之生，雲霧覆其上，若有神物護持之。」』古人詠蒙頂茶詩甚多，如文彦博《潞公文集》卷四《蒙頂茶》：『舊譜最稱蒙頂味，露牙雲液勝醍醐。』蘇轍《欒城集》後集卷一《次韻子瞻道中見寄》：『南來應帶蜀崗泉，西信近得蒙山茗。』文同《丹淵集》卷八《謝人寄蒙頂新茶》：『蜀土茶稱盛，蒙山味獨珍。』至明代，其盛名仍存而茶已廢。見許次紓《茶疏·辯訛》：『古人論茶，必有蒙頂。蒙頂山，蜀雅州也。往常産，今不復有。即有，亦彼中夷人專之，不復出山，蜀中尚不得，何能至中原江南地也？今人囊盛如石耳，來自山東者，乃蒙陰山石苔，全無茶氣，但微甜耳。妄謂蒙山茶，茶必木生，石衣得爲茶乎？』此記稱以山東蒙陰山之石苔蘚，冒充蒙頂茶，可發一噱。藉以可知唐宋時的絶品名茶，産於四川雅州名山縣的蒙頂茶至明代已絶，今又重新開發種植。

頤山茶 清代名茶。産於江西遂川（治江西吉安市今縣），茶以山名。清同治《龍泉縣志》卷一：『頤山，在縣西南六十里。高三十餘丈，廣袤五里許。山産茶極佳。』龍泉，明清爲吉安府屬縣。一九一四年因與浙江龍泉縣同名，改名遂川。遂川又産狗牯腦茶，曾獲一九一五年巴拿馬國際博覽會金獎。

楚山茶 宋代産於荆湖北路諸山茶的泛稱。宋湖北路，約當今之湖北省轄境，其地古稱楚地，故云。宋代夏竦《文莊集》卷三四《送王端公充荆湖北路轉運》：『多少朝簪鬟成雪，願君休訪楚山茶。』

感通寺茶 明清名茶。産於雲南大理（治今大理白族自治州大理市）。清乾隆《雲南通志》卷二七《物産》：『茶，舊《雲南通志》：出太和感通寺。』道光《雲南通志稿》卷六九《物産》三引《大理府志》：『感通三塔皆有，但性劣不及普茶。』引《徐霞客遊記》：『感通寺茶樹，皆高三四尺，絶與桂相似，茶葉頗佳，燭而復曝，不免黝黑。』又，光緒《滇系》卷五引明馮時可《滇行紀略》：『感通寺茶，不下天池、伏龍。特此中人不善焙製耳。徽州松蘿茶舊亦無聞，偶虎丘有一僧住松蘿庵，如虎丘法焙製，遂見嗜於天下。恨此泉不逢陸鴻漸，此茶不逢虎丘僧也。』民國《大理縣志稿》卷三一引吴應枚《滇南雜詠》詩：『宛轉紅牆緑樹縈，感通佳處試茶鐺。望中洱海開奩影，照出山腰玉帶横。感通寺在大理府城西，産茶。曉望蒼山，白雲如帶，横束山腰，土人呼爲玉帶云。』

雷鳴茶 唐代名茶。産於四川雅州名山縣蒙山。清光緒《名山縣志》卷八引唐代段成式《錦里新聞》：『蒙頂山有雷鳴茶，雷鳴時乃茁。』參見五代毛文錫《茶譜》有關記載。

雷電山茶　近代名茶。廣西鐘山縣(治廣西今縣)産。民國《鐘山縣志》卷一:『雷電山,在西區清塘墟之南,高百仞,山皆土質……茶樹葉味甘美,尤能解暑療疾,爲不可多得之珍品,名雷電山茶。』

霧中茶　古代名茶。産於四川大邑(治四川成都市今縣),其名宋代已著。陸游《劍南詩稿》卷九《九日試霧中僧所贈茶》詩云:『今日蜀中生白髮,瓦爐獨試霧中茶。』民國《大邑縣志》卷一〇引明代王圻《遊霧中山記》:『霧中開化寺者,古大光明普照寺也。山脈發於崑崙,常有雲霧上覆,故曰霧中……僧人植茶、樹棕而待值,藉以養生。』是説茶以山名。又,清光緒《大邑縣志》卷四:『霧中山,《(四川)通志》〔云〕在縣西北五十里,與石城山相連,一名霧山。』同書卷五《古跡》又載:『茶場在縣西,引《元豐九域志》: 有大邑、思安二茶場。』

霧鐘茶　清初名茶。産於四川雅州名山縣香花崖下。清光緒《名山縣志》卷八:『霧鐘茶,城東北三十里香花崖下所産。樹大合抱,老幹盤屈,枝葉秀茂。父老皆言: 康熙初,羅登應手植也。葉較別茶粗厚,斟入杯中,雲霧蒙結不散,因名。』

攝山茶　清代茶名。産於江寧府上元縣(治今江蘇南京江浦東)攝山。清乾隆《江南通志》卷八六:『江寧天闕山茶,香色俱絶。城内清涼山茶,上元東鄉攝山茶,味皆香甘。』皆茶以山名。

蜀茶　泛指産於我國四川茶的總稱,又稱川茶。四川是我國最早産茶的地區之一,西漢王褒《僮約》『武陽買茶』,是我國茶文化史上最早的可信史料之一。武陽(治今四川彭山),西漢時已成爲我國最早的茶葉集市。蒙頂茶,唐代以來就已是最享盛名的貢茶。五代至宋,蜀茶名品迭出,見於毛文錫《茶譜》的有彭州仙崖、石花、蜀州横源雀舌、鳥嘴、麥顆、片甲、蟬翼，邛州有早春、火前、火後、嫩緑、黄芽、火蕃餅，雅州蒙頂、東川獸目、龍安騎火等十七種。北宋蜀茶之珍品見於范鎮《東齋記事》卷四：『蜀之産茶凡八處：雅州之蒙頂，蜀州之味江，邛州之火井，嘉州之中峯，彭州之堋口，漢州之揚村，綿州之獸目，利州之羅村，然蒙頂爲最佳也。』僅述最具代表性的名優茶品。南宋蜀茶之名品見《文獻通考》卷一八《征榷五》：『蜀茶之細者，其品視南方已下。唯廣漢之趙坡，合州之水南，峨嵋之白芽，雅安之蒙頂，土人亦珍之，然所産甚微，非江建比也。』唐代具有世界聲譽的大詩人白居易對蜀茶情有獨鍾，其《白氏長慶集》卷一四《蕭員外寄蜀茶》詩云：『蜀茶寄到但驚新，渭水煎來始覺珍。』南宋初的著名詩人陸游、范成大均在四川任職，他們對蜀茶的喜愛，屢見於其作品。宋神宗時期，始禁榷蜀茶，出於國防和財政上的雙重需要實行茶馬貿易，川茶是易馬的主要品種，此制一直延續到明代清初。南宋李心傳《建炎以來朝野雜記・甲集》卷一四《蜀茶》記其事云：『蜀茶，舊無榷禁，熙寧間始令官買官賣，置提舉司以專榷收之政。其始，歲課三十萬；李稷爲提舉，增至五十萬緡；其後，歲益多，至百萬緡。久之，不能敷其數，而蜀人以爲病。』蘇轍有《論蜀茶五害狀》，劉摯有《論川蜀茶法疏》，極論禁榷之害。黄庭堅在寫給曾主持茶馬之政的叔父黄廉的挽詩《叔父給事挽詞十首》之八中寫道：『蜀茶總入諸蕃市，胡馬常從萬里來。』（《山谷集》卷一二）此聯成爲最精闢的概括。

蜀茗　即蜀茶，産於四川地區的茶，又稱蜀品。宋代孔平仲《清江三孔集》卷二一《夢錫惠墨答以蜀茶》：『我收蜀茗亦可飲，得我峨眉高太守。』（方案：此詩又誤收入宋郭祥正《青山集・續集》卷三。）馮山《安岳集》卷九《和吕開少蒙提刑家園茶》：『蜀品固難名，家園未有聲。曉藍親手擷，俗客尚心輕。』吕開家裏的茶園也産茶，可見蜀茶産地之廣，儘管尚難列入名品，但手自採製的茶則別有風味。參見『蜀茶』條。

蜀葵　宋代貢茶名。宣和三年（一一二一）造。規格：銀圈，銀模，徑一寸五分。宋代趙汝礪《北苑別録・綱次》：『蜀葵：小芽，十二水，七宿火，正貢一百片。』屬細色第三綱貢茶。

蜀岡茶　唐宋名茶。産於揚州。宋代胡仔《苕溪漁隱叢話・後集》卷一一引《茶譜》：『揚州禪智寺，隋之故宫。寺枕蜀岡，有茶園，其茶甘香，味如蒙頂焉。』宋代梅堯臣《宛陵集》卷四六《大明寺平山堂》詩云：『陸羽烹茶處，爲堂備宴娛。岡形來自蜀，山色去連吴。』是説禪智寺，即宋之大明寺，梅詩憶曾到過此地。此茶唐、宋充貢。宋代劉敞嘗任知揚州，曾主持貢茶事，其《公是集》卷二九存《時會堂二首》七絶。其二云：『江湧岷山萬里來，地蟠崑嶺百尋開。故移蒙頂延年味，共獻無窮甘露杯。』古人以爲蜀岡與蜀中地脈相通，故茶似蒙頂。歐陽修《文忠集》卷一三亦有《和劉原父揚州五題・時會堂絶句》（二首之一）詩：『積雪猶封蒙頂樹，驚雷未發建溪春，中州地暖萌芽早，入貢宜先百物新。』詩題下自注云：『時會堂，造貢茶所也。』劉敞應有揚州五題詩，可僅此二首今存，唯梅堯臣和詩五首今尚存《宛陵集》卷五六。梅詩題爲《依韻和劉原甫舍人揚州五題》，其《時會堂二首》題注：『歲貢蜀岡茶似蒙頂茶，能除疾延年。』其詩之二云：『雨發雷塘不起塵，蜀昆岡上暖先春，煙牙才吐朱輪出，向此親封御餅新。』另一首《春貢亭》云：『夢谷浮船穩且平，泊登岡頂看茶生。』又一首《蒙谷》云：『茗園葱倩與山籠，一夜驚雷發舊叢。』可知時會堂、春貢亭均在貢茶院，茶園則名夢谷，當時蜀岡茶確充貢，梅詩題注言之甚明。又，宋代晁補之《揚州雜詠》詩云：『蜀岡茶味《圖經》説，不貢春芽向十年。』其言揚州蜀岡茶罷貢於北宋後期。

蜀吴茶　唐宋對産於四川和吴越（今江、浙兩省）之地茶的泛稱。唐代貢茶最爲著名者，乃産於四川雅州名山的蒙頂茶及江蘇宜興、浙江湖州交界處的陽羨茶、紫筍茶。蜀吴茶又特指這兩種名品。宋代建茶異軍突起，一枝獨秀，乃至唐代極品貢茶蜀、吴茶其名日漸衰減。蘇頌《蘇魏公文集》卷六《太傅相公以梅聖俞寄和建茶詩垂未俾次前韻》：『近來不貴蜀吴茶，爲有東溪早露芽。二月製成輸御府，經時猶未到人家。』蘇頌之詩真切抒寫了宋代建州貢茶後來居上、完全替代唐朝蜀吴貢茶的歷史真相。

錦田茶　近代湖南嘉禾（治湖南郴州市今縣）販自瑶族聚居地區的商品茶名。民國《嘉禾縣圖志》卷一六《食貨上》：『土茶葉實佳而少，凡飲多錦田茶，販自瑶峒。』

矮腳茶　清代名茶。産於湖北蘄州（治今湖北蘄春縣西南蘄州鎮）。清同治《蘄州志》卷三：『矮腳茶，治咳血。以上三味，《本草》未收。然現在所産，因並登之。』據咸豐《蘄州志》卷三，另二品蘄州産茶爲：『團面』，稱其『茶之美者』；『雲霧茶，出仙人臺，味最佳，諸茶莫及』。

稠平茶　唐宋名茶。産於江西路袁州（治今江西宜春市）。清雍正《江西通志》卷二七《土産·袁州府》載：『茶，《茶譜》云：　袁（州）界橋，其名甚著。今稱仰山、稠平、木平者爲佳，稠平尤號絶品。』參見『仰山茶』條。

筠山茶　古代名茶。江西興國（治今江西贛州市興國縣）産。北宋太平興國七年（九八二），析贛縣、平固縣地置縣，以年號爲名。北宋屬虔州，南宋屬贛州。清同治《興國州志》卷二《山川》：『筠山，（州）治北四十里，縱横十餘里，産茶甚美。』故以山名茶。今興國縣仍有特産筠福山雲霧茶，似即清代筠山茶改良發展而成。

鼠溪茶　宋代名茶。産於湖北路常德府桃源縣（治湖南常德市今縣）。清光緒《桃源縣志》卷一七《藝文》引向文奎《採茶歌》：『碧乳霜華紫筍尖，緑窗映出指纖纖。鼠溪邑南水溪，古名鼠溪；爲宋時産茶處，今沙坪茶莊附近。四月蠶桑少，解造紅茶價不廉。』

新安茶　唐代茶名。唐有新安城。在今川南石棉縣東南、越西縣之北，茶以地名。唐代楊曄《膳夫經手録》載：『新安茶，蜀茶地，與蒙頂不遠，但多而不精，地亦不下，故析而言之，猶可以首冠諸茶。』又，同書稱：『東川昌明茶，與新安含膏，爭其上下。』知新安茶爲研膏茶。

新收揀芽　宋代貢茶名。失書製造年份。規格：銀模、銅圈，圓形，龍紋飾面。宋代趙汝礪《北苑別録·綱次》：『中芽，十二水，十宿火，正貢六百片。』自無比壽芽，至新收揀芽，凡十二品，屬細色第四綱貢茶。

鄣山茶　明清名茶。産於安徽績溪（治安徽宣城市今縣）。清乾隆《績溪縣志》卷一：『大鄣山，在縣東六十里，一名鄣山，一名三王山，一名玉山，是爲邑鎮山……其地多寒，雖隆夏無蚊蠅，陰雲則雨，民居其間，無良田美池，種茶藝粟，採藥椎蕨，以遂其生。』

慈果嶺茶　清代名茶。産於江西雩都（治今江西贛州市於都）。清同治《雩都縣志》卷二：『慈果嶺，縣南三十五里。至其麓，若無路者。從茶桐茂密中有徑陡絶，度嶺一澗，逶迤循水響而出，可一里許，即接平曠。』此亦茶桐間種，相得益彰。

滿天飛　清代僞茶名。産於福建光澤（治福建南平市今縣）。清光緒《重纂光澤縣志》卷五：『茶有山茶,有園茶;　又有雜茶,産木葉爲之,名滿天飛。』是雜採樹葉而製成的假茶。假茶自古至今,各地多有。

滇茶　泛指産於雲南的茶。　雲南是我國茶的發源地之一,至今仍有千年以上樹齡的野生茶樹存在。雲南産茶,唐宋時人已有記載,如唐代樊綽《蠻書》卷七:『茶出銀生諸山,散收無採造法。』宋代李石《續博物志》卷七亦云:『茶出銀生城界諸山,採無時,雜椒薑烹而飲之。』無疑均指普洱茶,唯其名未顯,也無採造之法,一年四季可採。雲南産茶之地不少,據清乾隆《雲南通志》卷二七載有産於雲南府太華山的太華茶,産於大理感通寺的感通茶。明·徐霞客《滇游日記》曾談到這種茶:『院外喬松修竹,間以茶樹,樹皆高三四丈,絶與桂相似,時方採摘,無不架梯升樹者,茶味頗佳,焙而復曝,不免黝黑。』(民國《大理縣志稿》卷二五引)據清道光《雲南通志稿》記載,宜良縣寶洪山産寶洪茶(卷一一),楚雄縣佛頂山産雀舌茶(卷一七),永昌府的茶山、靈鷲山、孟通山均産茶(卷二四),澄江府陽宗縣産毛毦氈茶,順寧府産茶『味淡而微香』,麗江府産雪茶,『心空味苦,性寒下行』(卷六九)等,不一而足。當然,雲南最有名的茶爲普洱茶。清代張泓《滇南新語》載:『滇茶有數種,盛行者曰木邦,曰普洱。木邦葉粗味澀,亦作團。冒普茗名以愚外販,因其地相近也。而味自劣。……並進蕊珠茶,茶爲禄豐山産,形如甘露子,差小非葉,特茶樹之萌茁耳,可袪熱疾。又茶産順寧府玉皇廟内,一旗一槍,色瑩碧,不殊杭之龍井,唯香過烈,轉覺不適口,性又極寒,味近苦,無龍井中和之氣矣。若迤西之浪穹、劍川、麗江諸邊地,則採槐柳之寄生以代茶,然唯迤西人甘之。』此滇茶之大略也。參見『普洱茶』條。

灉湖茶　唐代名茶。産於岳州(治今湖南岳陽)。唐代李肇《國史補》卷下載:『岳州有灉湖之含膏。』宋代范致明《岳陽風土記》載：『灉湖諸山舊出茶，謂之灉湖茶。李肇所謂岳州灉湖之含膏也，唐人極重之，見於篇什。今人不甚種植，唯白鶴僧園有千餘本，土地頗類北苑，所出茶一歲不過一二十兩，土人謂之白鶴茶。味極甘香，非他處草茶可比，並茶園地色亦相類，但土人不甚植爾。』可知唐之灉湖含膏，宋代已近消失，唯存僧寺白鶴茶。又據同書載：『灉湖，在州南。春冬水涸，昔人謂之乾湖，《水經》謂之滃湖。秋夏水漲，即渺瀰勝，千石舟通閣子鎮。』唐·齊己《白蓮集》卷三有《謝灉湖茶》詩云：『灉湖唯上貢，何從惠尋常？』可證唐末仍名重一時，且爲貢茶。

福合　宋代片茶茶名。産於江西路饒、池州。其在真州榷務搬運至池州的賣價爲每斤四九二文，而無爲軍榷務在池州的賣價爲四六一文。这裏的差價，主要因爲地理遠近，運費不同而産生。而這種茶的收購價即買價僅一二一文。官方經營壟斷茶價，其利潤之高，可見一斑。見《宋會要輯稿·食貨》二九之九、之一一。

福緑　民國初茶名。這是一種主銷京津地區的福建霞浦（治福建寧德市今縣）産緑茶。民國《霞浦縣志》卷一八載：『（茶）不經篩簸、焙而蹂過裝袋者，曰青茶，亦曰原機（方言枝謂之機）。摘而炒軟，以腳蹂過，曬半乾再微炒而成者，曰緑茶。清同、光間，多辦紅茶。民國以來，多辦此緑茶。下溪之崇儒、杯溪，上東之牙城、六都，緑茶頗多於他處，茶品較好，京津幫名之曰福緑。緑茶售於京幫或天津幫，紅茶售於洋商。其運赴也，從前以陸，其後以海。設行于三都、沙埕。茶季金融，頗足裨内山之生活，惜近來茶市衰矣。』略述福緑行銷於京津及其盛衰概況。

福州柏巖　唐代茶名。産於福州。宋代吴淑《事類賦注》卷一七引五代毛文錫《茶譜》：『福州柏巖，極佳。』唐代陸羽《茶經・八之出》云：『嶺南生福州。福州生閩縣方山之陰。』

福州蠟面 唐代貢茶名。宋代熊蕃《宣和北苑貢茶録》引五代毛文錫《茶譜》曰：『福州蠟面。』《新唐書・地理書》稱：『土貢，茶。』唐時，建州茶聲名未顯；宋時福州蠟面不再充貢，建茶取而代之。

福善山茶 明清名茶。江西南豐縣（治江西撫州今縣）出産。清康熙《南豐縣志》卷三：『福善山，在三十二都、三十九都界，去縣五十里。……其山嶒崚高峻，與軍山對峙。山頂有庵，去巔數十餘步，風景更勝，産茶最佳。』茶以山名。

福州黄茶 唐代茶名。産於福州。福州産茶，唐代陸羽《茶經・八之出》已言之。楊曄《膳夫經手録・茶録》云：『福州生黄茶，不如在彼味峭，□□□□上下，及至嶺北，與香山、明月爲上下也。』五代毛文錫《茶譜》云：『福州（有）方山露芽。』（宋代陳景沂《全芳備祖・後集》卷二八引）又《太平寰宇記》卷一〇一引《茶經》（方案：疑應爲《茶譜》）云：『（福）州方山之芽及紫筍，片大極硬，須湯浸之，方可碾，極治頭疾，江東人多味之。』方山在福州閩侯，不知是否即福州黄茶的異名。

碧澗 唐代名茶。産於峽州（治今湖北宜昌）。唐代李肇《國史補》卷下：『風俗貴茶，茶之名品益衆……峽州有碧澗、明月、芳蕊、茱萸簝。』楊曄《膳夫經手録》：『峽州茱萸簝……自是碧澗、明月茶、峽中香山茶，皆出其下。』五代毛文錫《茶譜》（《全芳備祖》後集卷二八引）亦載：『峽州：碧澗、明月。』

碧澗茶 ①唐宋之際名茶。産於荆州松滋縣（治今湖北枝江西南、宜都東南、松滋西北間）。宋代樂史《太平寰宇記》卷一四六：『松滋縣出碧澗茶。』自注：『沈子曰：「茶餅、茶芽今貢。」』可知有餅茶、芽茶兩種並充貢。②明清名茶。產於湖北宜昌。清乾隆《東湖縣志》卷二一《藝文》引明代劉升《碧澗採茶》：『俗不善製茶。自先父請告歸里，辟園數畝，名曰碧澗。適陶孝廉孝若自祁門秉鐸歸，日相講求，採焙得法，不異陽羨、虎丘也。』這是一種私家園地種植的名茶。

碧螺春　當今中國十大名茶之一，是與龍井齊名的極品緑茶。產於江蘇吴縣洞庭東、西山。其地分别爲太湖中半島和最大島嶼，氣候濕潤宜人，起源於宋代的水月庵茶，於清初充貢。碧螺春，製作工藝要求很高，全係手工炒製。一斤碧螺春，需用嫩芽六萬個焙製而成。碧螺春，由單芽或一芽一葉，葉初展之嫩茶尖作原料，初製有殺青、揉撚、搓團、乾燥四道工序。焙製特點爲：鮮葉入鍋殺青，一鍋到底，直到炒乾爲止。其成茶特點爲：條索纖細，滿身披毫，銀白隱翠，香氣濃郁，滋味鮮醇，湯色碧緑清澈，葉底嫩緑明亮，十分嬌嫩。成爲享譽中外的名品。東西山盛產水果、花卉，碧螺春採製前，正當梅花盛開，其香味又孕含花果香，十分宜人，風格獨特。清代震鈞《茶説》云：『茶以碧螺春爲上，不易得；次則蘇之天池，次則龍井，岕茶稍粗。』譽爲天下第一。關於碧螺春得名有種種傳説：一爲康熙皇帝命名，清·陳康琪《郎潛紀聞》卷四載：『洞庭東山碧螺峯石壁，歲產野茶數株，土人稱曰「嚇殺人香」。康熙己卯，車駕幸太湖，撫臣宋犖購此茶以進，上以其名不雅馴，題曰碧螺春。』王應奎《柳南續筆·碧螺春》、顧禄《清嘉録》卷三《茶貢》，均持此説。二爲明代宰相吴縣東山人王鏊命名，王鏊又是《姑蘇志》的主編。此二説已相抵牾，難以取信。其三乃因東山有碧螺峯而得名。其四，則因其色澤翠緑，捲曲如螺，清明前採製而得名。筆者認爲，這最後一説似近真。因爲關於碧螺春的發源地，實始於西山水月庵禪院的水月芽。北宋慶曆七年（一〇四七）蘇舜欽《蘇學士集》卷一三《水月庵院記》首載庵院之始末，南宋范成大《吴郡志》卷三三則云：『水月禪院在洞庭山縹緲峯下。』范志還記載了紹興二年（一一三二）七月九日，胡松年（字茂老，號靜養居士）、李彌大（號無礙居士，字似矩）同遊西山縹緲峯，發現無礙泉之軼聞。當時，胡、李爲知平江府先後交政，是年在完成政務交接後，同遊西山，水月庵主僧願平盛情款待，『爲煮泉烹水月芽。又爲賦詩云：「甌研水月先春焙，鼎煮雲林無礙泉。」』這水月芽，即爲碧羅春之濫觴無疑。至遲北宋已有。今其附近仍産碧螺名茶。清代戴延年《吴語》稱：『碧螺春産洞庭西山，以穀雨前爲貴。唐皮、陸各有茶塢詩，宋時水月院僧所製尤美，號水月茶。近易茲名，色玉香蘭，人爭購之，洵茗荈中尤物也。』其説甚允。參見『水月芽』條。

瑶茶　清代茶名。廣西永安州（治今廣西桂林蒙山縣）出産。清光緒《永安州志》卷一：『茶出眉江里者佳，曰瑶茶。』

蔡家山茶　明代茶名。産於浙江温州平陽縣。是僅次於樂清雁山龍湫茶的佳品。見清乾隆《浙江通志》卷一〇七《物産》引萬曆《温州府志》，以茶産於平陽蔡家山而得名，是茶以山名。

蘄州茶　唐代茶名。指産於蘄州（治今湖北蘄春縣蘄州鎮）的茶，其團黄乃名品。唐代楊曄《膳夫經手録·茶録》：『蘄州茶、鄂州茶、至德茶，已上三處出（産）者，並方斤厚片，自陳、蔡已北，幽、并以南，人皆尚之。其濟生、收藏、榷税，十倍於浮粱矣。』參見『團黄』條。

顆子茶　近代茶名。産於四川犍爲（治四川樂山市今縣）。這是一種粗劣價廉之茶，專供貧民日常飲用。民國《犍爲縣志》卷三：『土産茶葉，價廉者有二種：曰老子，曰顆子，可供貧民家之日用。佳者爲毛尖，細嫩如毛，穀雨前採者爲上品，名雨前茶，味清美而微苦，縣境以泉水場附近地産者爲最。他縣茶商有到時入境採買者，但未成爲大莊耳。毛茶一種，小康家多用之；最上者，飲用雲南普洱茶。』

蠟面香　五代北宋貢茶名。據文獻記載，五代始有蠟面茶，其製法既蒸又研，簡稱蠟茶。五代已充貢，北宋成爲貢茶主要品種。其茶有奪人魂魄的真香。五代齊己詩《謝灉湖茶》《白蓮集》卷三：『還是詩心苦，堪消蠟面香。』參見『蠟茶』條。

幛巖茶　清代名茶。産於福建崇安（治今福建武夷山市）。茶以地名。民國《福建通志·山經》卷二〇引《武夷山志》云：『幛巖，在八曲廩石之左，横亘數百尋，四周陡壁，狀如垂幛，頂平曠，無林木。土人藝茶其上，俗呼幛頂茶，殊佳。』由此可知，幛巖茶又名幛頂茶。

旗槍　歷代茶名泛指。指茶樹長有一芽一葉的嫩尖。早春之茶，茶芽未展曰槍，已展曰旗。芽尖細如槍；葉展開如旗，十分形象真切。今猶呼一芽一葉的春茶爲旗槍。宋代王得臣《麈史》卷一：『閩人謂茶芽未展爲槍，展則爲旗，至二旗則老矣。』王安石《送福建張比部》詩：『長魚俎上通三印，新茗齋中試一旗。』李壁注云：『唐人茶詩：「槍旗不染匈奴血，留與人間戰睡魔。」《顧渚山記》：「團茶有一槍兩旗之號。」茶芽初出爲槍，展則爲旗。』（《王荆公詩李壁注》卷三七）是旗槍又常稱作槍旗。宋代熊蕃《宣和北苑貢茶録》：『次曰中芽，乃一芽帶一葉者，號一槍一旗。』趙汝礪《北苑别録·綱次》亦載：『中芽，古謂一槍一旗是也。』葉夢得《避暑録話》卷下載：『茶味雖均，其精者在嫩芽，取其初萌如雀舌者謂之槍，稍敷而爲葉者謂之旗。旗非所貴，不得已，取一槍一旗猶可，過是則老矣。』宋徽宗趙佶《大觀茶論·采擇》：『凡芽如雀舌、穀粒者爲鬥品，一槍一旗爲揀芽，一槍二旗爲次之，餘斯爲下。』五代齊己《白蓮集》卷四《謝人惠扇子及茶》：『槍旗封蜀茗，圓潔製鮫綃。』宋代强至《祠部集》卷三《謝通判國博惠建茶》：『猶嫌旗槍已老硬，獨愛鳥嘴嫩未長。』宋代佚名南戲《張協狀元》第四一出：『春到郊原日遲遲，槍旗已展山谷裏。』元代耶律楚材《湛然居士集》卷五《乞茶詩》七首之三：『玉屑三甌烹嫩蕊，青旗一葉碾新芽。』指剛長一芽一葉的翠緑色新茶。元·馬致遠《陳摶高卧》又有一槍半旗之説：『這茶呵採的一旗半槍，來自五嶺三湘。』明代高啓《大全集》卷二《采茶詞》：『雷過溪山碧雲煖，幽叢半吐槍旗短。』均不失爲詠旗槍之名作。

辣茶　①宋代茶名。産於夔州路大寧監（治今重慶巫溪縣），爲一種茱萸茶，以其茶味辛辣可避瘴氣而得名。大寧監，宋初開寶六年（九七三），以大昌縣（治今重慶巫山西北大昌鎮）鹽泉地置。宋代王象之《輿地紀勝》卷一八一：『監地接朐䏰，多瘴。土人以茱萸煎茶飲之，可以避嵐氣，以其味辛，名曰辣茶。白元禮有即事詩云：「剩甘飴作酒，最苦藙烹茶。」』②晚清茶名。澳門産。清光緒《澳門紀略》下卷：『有辣茶，茶以枚計。』

寨基山茶　清代名茶。産於安徽六安（治今安徽六安市。六安州，其轄境相當於今六安市及湖北英山縣地，一九一二年改州爲縣）。茶以地名。清嘉慶《六安直隸州志》卷三載：『寨基山，産茶；香味異常品，有泉出石竇，甚甘。』

嫩蕊　宋代片茶茶名。産於江西路饒（治今江西上饒市鄱陽縣）、池州（治今安徽池州）等地。《文獻通考·征榷五》載其在真州榷務運至歙州的賣價爲五三八文，在無爲軍（治安徽今縣）榷務運至歙州的賣價爲四六二之文。見《宋會要輯稿·食貨》二九之一〇、一一。

翠雲茶 明清之際名茶。產於安徽寧國府太平縣（治今安徽黄山市黄山區）。清乾隆《江南通志》卷八六："『宣、涇、寧、太〔平〕諸山，皆產松蘿。又，太平龍門山產翠雲茶，香味清芬。』

蕉坑茶 宋代名茶。產於江西路南安軍南康縣（治今江西南康市，由贛州市代管）（治今江西今縣）。清雍正《江西通志》卷一三：『蕉溪，在南康縣西三十五里，源出鍋坑，流至浮石，入章水。』宋·周必大《文忠集》卷三有《次韻王少府送蕉坑茶》詩云：『初似參禪逢硬語，久如味諫得端人。』將蕉坑茶喻爲橄欖，因其回味無窮也。因其地蕉溪鍋坑而得名。宋代周煇《清波雜誌》卷四《蕉坑茶》載：『蕉坑茶，產庾嶺下，味苦硬，久方回甘。』其特色爲啜苦咽甘，有回味。又煇父周邦（字德友），嘗向張祁乞茶，祁贈以蕉坑茶並詩二首，今刊《于湖集》卷一〇《以茶芽蕉坑送周德友德友來索賜茶僕無之也》二首之二：『仇池詩中識蕉坑，風味官焙可抗衡。鑽餘權倖亦及我，十輩遺前公試烹。』是説德友索貢茶而無，聊以蕉坑茶代之。又説此茶之出名，是由於蘇軾之詩。此詩乃張祁之子孝祥代作，故收入其《于湖集》。東坡晚年被流放海南，遇赦北歸，至贛州顯聖寺有《蕉坑寺》詩（一名《留題顯聖寺》），詩云：『浮石已乾霜後水，蕉坑閑試雨前茶。』（引詩據《東坡全集》卷二五）其茶因蘇詩而名聞天下。王庭珪《盧溪文集》卷一四有《次韻劉升卿惠蕉坑寺茶用東坡韻蕉坑因東坡始見重於時》詩云：『玉局偶然留妙語，蕉坑從此貴新茶。』清代方志引作『蕉坑閑試雨前茶』，已失其真。

横山茶 清代名茶。產於江蘇無錫横山。清光緒《無錫縣志》卷三一《物產·茶》：『横山雪浪庵有數十株，山僧於穀雨前採之，曰本山茶，香味不減洞庭碧螺春。』按：今之無錫毫茶多年在江蘇名茶評比中奪魁。

橫州茶　清代茶名。爲廣西橫州（治今廣西橫縣）所産茶葉的總稱。清光緒《橫州志》卷六《物産》：『茶出六鳳、寶華、簸箕、陳塘、勒菜諸山爲上。』

橫沖山茶　民國茶名。湖南嘉禾（治湖南郴州市今縣）産。民國《嘉禾縣圖志》卷三：『橫沖山下馬托境，是（實？）多茶樹。』

震雷山茶　清末名茶。産於河南信陽（河今河南信陽市）。民國《信陽縣志》卷三：『震雷山，在縣東南十五里……西北雙尖，形如乳峯，尤爲奇特。清末，邑人於其麓種茶，味甚佳。』其地特産信陽毛尖茶，今猶列爲全國十大名茶之一。

撒花　清初茶名。産於浙江東陽縣（治今浙江東陽市，由金華市代管）。爲一種外銷餅茶。清乾隆《浙江通志》卷一〇六引《東陽縣志》：『大盆、東白二山爲最。穀雨前採者謂之芽茶，更早者謂之毛尖，最貴，皆挪做，謂之挪茶。茶客反取粗大，但少炒之，謂之湯茶。轉販西商，如法細做，用少許撒茶餅中，謂之撒花，價常數倍。』是説將毛尖、芽茶等極品僅撒少許在一般茶製成的茶餅中，以提高品味，牟取利潤。由此可見，古人已頗有商品意識。實開今之灑面茶先河。

嘴翼　唐宋之際産於四川蜀州（治今四川崇州市，轄境相當今四川崇州、新津及都江堰市部分地區）。乃散茶鳥嘴、蟬翼的合稱。五代前蜀毛文錫《茶譜》載：『蜀州出晉原洞口、橫源、味江、青城，其橫源雀舌、鳥嘴、麥顆，蓋取其嫩芽所造，以其芽似之也。……蟬翼者，其葉嫩薄，如蟬翼也。皆散茶之最上也。』（《太平寰宇記》卷七五、《事類賦注》卷一七引）宋代吕陶《浄德集》卷三一《以茶寄宋君儀有詩見答和之》：『小方片甲泊嘴翼，凡下不足論芳馨。』是説作爲草茶，不足以與團餅貢茶相提並論。

黎茶　清代茶名。這是一種產於海南陵水（治今海南陵水黎族自治縣）的黎家茶。清乾隆《陵水縣志》卷一：『黎茶，產黎中，客民在山中摘取炮炙之，性寒，能解熱，不宜多飲。』該縣還產『野茶，一名靈花，即江南黃連茶』。

黎源茶　唐末宋初茶名。產於筠州（治今江西高安市，由宜春市代管）。宋代樂史《太平寰宇記》卷一〇六載：『筠州土產，黎源茶。』宋初充貢。

箱茶　①晚清茶名。產於福建霞浦（治福建寧德市今縣），爲紅茶。清同治、光緒間，專供出口。每箱有大小二種，分別爲六十斤和三十斤。民國《霞浦縣志》卷八：『上東、中東、下西、上西、小南各區，皆有種茶。多於山園種之，迥不及福鼎玉琳之大白毫，壽寧之烏龍。其產量不及福鼎十之二，福安十之四。種茶只襲通常，製茶未諳新法。其製而裝之箱，曰箱茶；裝袋者，曰袋茶。皆紅茶也。』又據民國《建甌縣志》卷二五載：廣潮幫收茶時，『箱有大門及二五箱之別，二五箱以三十斤爲量，大門倍之』。②民國茶名。這是當時浙江遂安（治今浙江淳安西南，一九五八年已併入淳安縣）轉口上海外銷的商品茶。民國《遂安縣志》卷三：『茶，多栽山地。穀雨採者爲毛尖，春爲春茶，夏爲子茶，產額約二十萬斤，設號製成箱茶。運銷上海，轉售歐美各國。』這種箱茶是以茶品質爲標準分等級分別裝的，因其價格不同而然。

鯉魚峯茶　清代名茶。產於廣西南寧上林縣。茶以峯名。清光緒《上林縣志》卷二：『鯉魚峯，在大明山外，亂石礧砢，狀如鯉魚，產茶尤勝。』

鷓鴣茶　民國名茶。産於海南感恩縣。民國《感恩縣志》卷三：『鷓鴣茶，生黎母山中。五月採之，蒸熟曬乾，芳馥異常，可消食。』感恩縣，隋置。因境内有感恩水而名之。治今海南東方市南感城。北宋熙寧六年（一〇七三）併入宜倫縣。元豐四年（一〇八一）復置。明萬曆中嘗移治於今東方縣東南。一九五〇年與昌江縣合併置昌感縣，後析爲東方、昌江二縣。

摩旗山茶　明清名茶。産於皖中宿松縣（治安徽安慶市今縣）。清康熙《宿松縣志》卷五：『摩旗山，峯如旗卷……崖産苦茶，可療熱。』

潭州茶　唐代茶名，爲潭州（治今湖南長沙）所産茶的總稱。唐代楊曄《膳夫經手録·茶録》：『潭州茶，陽團茶（粗惡）……已上四處，悉皆味短而韻卑，唯江陵、襄陽皆數十里食之。』潭州也有好茶，如長沙縣之石楠，見五代毛文錫《茶譜》。

潘家山茶　清代茶名。湖南善化縣（治今湖南長沙市，北宋末析置，民國初併入長沙縣）産。清光緒《善化縣志》卷四：『潘家山，縣西七十里，産茶，出炭，居民多賴此爲生。』茶以山名。

澄山茶　明清名茶。江西豐城（治今江西豐城市，由宜春市代管）産。清雍正《江西通志》卷七《山川一》：『澄山，在豐城縣南一百四十七里，産茶。』

鶴峯幫　晚清茶名。産於湖南慈利（治湖南張家界市今縣）西連。這是一種出口商品茶。清光緒《慈利縣志》卷一：『（漊）水出白巖壁東南，流經上下西連，西連故饒好茶。近紅茶擅贏，民藝日盛，販者飾之出海，號鶴峯幫。鶴峯幫者，西賈品其與寧都同爲中土第一，實則鶴峯不能專有，大率半出縣北鄙云。』卷六則云：

『頃歲西連有作紅茶者，販之輒獲倍直，於是，人稍稍知種茶之利。』

薄側 宋代片茶茶名。産於淮西路光州（治今河南潢川）。宋代这裏是産名茶的地區，見《文獻通考·征榷五》。

樵茶 歷史名茶。産於廣東南海（治廣東今市，由佛山市代管）。相傳由唐代曹松移植顧渚茶於其地，經歷代改良而成。至清代已大相徑庭。同治《南海縣志》卷八《物産》：『茶，出西樵（載於郭志）。西樵號稱茶山，自唐曹松移植顧渚茶其上，今山中人率種茶。間以苦薆，薆樹森森，望之若刺桐叢桂。每茶一畝，苦薆二株，歲可給二人之食。其茶宜以白露之朝採之，日出則味稍減，或謂此茶甲天下，早春摘者尤勝。三日一摘，餘則每月一摘，早春一月之茶，可當餘月一年云（載於《廣東新語》）。樵茶爲粤東第一，武定侯稱其甲於天下。細注碗中，其氣密覆，凝結不散，芬馥若蘭，山川佳氣鐘之也。春日採者曰春茶，穀雨採者曰雨茶，夏月採者爲横枝茶，白露節採者曰露茶。諸品之中，露茶爲貴。』

霍山茶 清代茶名，爲安徽六安霍山（治安徽六安市今縣）所産茶葉的合稱。清乾隆《霍山縣志》卷七：『茶，本山貨屬，以茶爲冠。其品之最上者，曰銀針（僅取枝頂一槍），次曰雀舌（取枝頂二葉微展者），又次曰梅花片（擇最嫩葉爲之），曰蘭花頭（取枝頂三五葉爲之），曰松蘿（仿徽茗之法，但徽製截葉，霍製全葉），皆由人工摘製，俱以雨前爲貴。其任枝幹之天然而製成者，最上曰毛尖，有貢尖、蕊尖、雨前尖、雨後尖、東山尖、西山尖等名（西山尖多出雨後，枝幹長大，而味勝東山之雨前）；次曰連枝，有白連、緑連、黑連數種，皆以老嫩分等次也。至茶既老而不勝細摘，則並其宿葉捋而薙之，曰翻柯。皆爲頭茶。至五月初，復茁新莖。其葉較頭茶大而肥厚，味稍近澀，價不及頭茶連枝之半，是爲子茶，亦有粗細數等。』又見光緒《霍山縣志》卷二：『貨之屬，茶爲第一。茶山，環境皆有。大抵山高多霧，所産必佳，以其得天地清淑之氣。懸巖石罅，偶得數株，不待人工培植，尤清馨絶倫。故南鄉之霧迷尖、掛龍尖二山左右所産，爲一邑最，採製既精，價亦倍於各鄉。茶商就地收買，倩女工撿提（捉？），分配花色，裝以大簍，運至蘇州。蘇商熏以珠蘭、茉莉，轉由内洋至營口，分售東三省一帶，近亦有與徽産出外洋者。』此稱清代蘇州爲加工花茶的重鎮，又轉銷東北三省及出口，頗有史料價值。霍山今仍以盛産茶葉著稱，有黄芽貢茶等名茶。

衡山茶 古代茶名。産於湖南衡山。衡山爲五嶽之一，又稱南嶽。其山在今湖南省中部，湘江之西；其主體部分，在今衡陽市南嶽區和衡山、衡陽兩縣境内。其産茶唐宋已著名。唐代李肇《國史補》卷下：『湖南有衡山。』五代毛文錫《茶譜》云：『衡州之衡山，封州之西鄉，茶研膏爲之，皆片團如月。』宋代張栻《南軒集》卷七《上封新茶》詩云：『浮甌雪色喜初嘗，中有祝融風露香。』可證衡嶽峯頂亦産茶，且爲白茶。張栻與朱熹等同遊衡山，有詩唱和，多提及茶。

歙州茶 唐宋茶名。爲歙州（治今安徽徽州歙縣）所産茶的合稱。唐宋以來，歙州就是著名的茶區，名品薈萃，至今猶爲徽茶主要産區之一。唐代楊曄《膳夫經手録》：『歙州、婺州、祁門、婺源方茶，制置精好，不雜木葉。』又宋代吴淑《事類賦注》卷一七引五代毛文錫《茶譜》曰：『歙州牛桅嶺者尤好。』

樣子樹 僞茶名。産四川南充（治今四川南充市）。以其葉充代茶飲料。民國《南充縣志》卷一一《土物》：『樣子樹，貧家或用其嫩葉以作茶。』

婺源　宋代貢茶名。本爲地名，轉作茶名。在建州（治今福建建甌）之東北苑之南山，民間稱之爲捍火山，又稱望州山。有婺源口、正婺嶺、婺嶺尾之分，逾嶺即爲葉源、沙溪。其茶品質迥異。宋代，其茶聲名鵲起，身價百倍。宋徽宗趙佶《大觀茶論·序》曰：『本朝之興，歲修建溪之貢，龍團鳳餅，名冠天下；而婺源之品，亦自此而盛。』黄儒《品茶要録·辨婺源沙溪》亦載：『婺源、沙溪，其地相背，而中隔一嶺，其勢無數里之遠。然茶産頓殊。……凡婺源之茶售以十，則沙溪之茶售以五，其直大率仿此。』蘇軾有《次韻曹輔寄婺源試焙新芽》詩，其『從來佳茗似佳人』句（《東坡全集》卷一八），膾炙人口。黄庭堅《山谷集》卷三也有《謝送碾賜婺源揀芽》詩名作。葛勝仲《丹陽集》卷二〇《新茶》詩即用其典，詩云：『婺源苞貢及春分，玉食分甘賜舊勳。』宋·釋德洪《石門文字禪》卷一〇《謝性之惠茶》：『味香已覺臣雙井，聲價從來友婺源。』曾鞏《元豐類稿》卷八《方推官寄新茶》：『採摘東溪最上春，婺源諸葉品尤新。龍團貢罷爭先得，肯寄天涯主諸人。』又作婺原，如韋驤《錢塘集》卷六《和劉守正月十日新茶》：『乳霧浮浮啜新茗，只疑春自婺原來。』

婺源揀芽　宋代極品名茶密雲龍茶的異稱。元豐充貢。參見『密雲龍』條。

婺源拱秀　宋代貢茶名。宣和年間（一一一九—一一二五）創制。參見『瓊林毓粹』條。

藤茶　仿茶名。這是産於湖南靖州（治今湖南靖州苗族侗族自治縣）的一種代茶木本飲料。清光緒《靖州鄉土志》卷四：『藤茶，大者圍如酒杯，長數丈，葉歧而尖，長約寸許，寬約半寸，鄉人採取莖葉，蒸貯代茶葉。』

藤寶山茶　清代名茶。産於廣西昭平（治廣西賀州市今縣），又稱寶塔山茶，俗呼爲『神茶』。民國《昭平縣志》卷二：『藤寶山，在城南七十里，又名寶塔山。查此山實府江之遮罩也……三月時，出茶無多，味殊特別，時人每爭購之。更一種俗呼神茶，葉長四寸，産於五月，爲居山人家專利焉。』

鷹爪　宋代芽茶的雅稱。産於江東、西路及福建建州等地，充貢。以其形似而得名。宋代熊蕃《宣和北苑貢茶録》：『凡茶芽數品，最上曰小芽，如雀舌、鷹爪，以其勁直纖鋭，故號芽茶。』黄庭堅《次韻感春五首》之五：『茶如鷹爪拳，湯作蟹眼煎。』史容注引《北苑修貢録》云：『茶有小芽，有中芽；小芽者，其小如鷹爪。』（《山谷外集詩注》卷五）其説正同。梅堯臣《晏成續太祝遺雙井茶五品因以爲謝》詩：『次逢江東許子春，又出鷹爪與露芽。』楊萬里《以六一泉煮雙井茶》：『鷹爪新茶蟹眼湯，松風鳴雪兔毫霜。』

鷹嘴　古代芽茶的雅稱。以其形似而得名，早春採製，品質優良。唐代劉禹錫《劉賓客文集》卷二五《西山蘭若試茶歌》：『宛然爲客振衣起，自傍芳叢摘鷹嘴。』元積《元氏長慶集》卷一八《早春登龍山靜勝寺因贈幕中諸公》詩：『山茗粉含鷹嘴嫩，海榴紅綻錦窠勻。』宋代徐鉉《騎省集》卷四《和門下殷侍郎新茶二十韻》：『才教鷹嘴拆，未放雪花妍。』

鷹窠山茶　明清茶名。産於浙江嘉興。請乾隆《浙江通志》卷一〇二引貝瓊《遊山記》：『鷹窠山，嶄然中高，旁殺，樹皆合抱，産茶，類武夷。』

瀑布嶺茶　餘姚（治今浙江餘姚市，由寧波市代管）歷史名茶。始見於晉，唐宋其名尤著。清光緒《餘姚縣志》卷六：『瀑布嶺茶，《神異記》：「餘姚虞洪入山採茗，遇一道士，牽青羊三百，飲瀑布水，曰：「〔吾〕丹丘子也，山中有大茗，可以相給，他日甌蟻之餘，幸不忘也。」洪因立茶祠，是後，往往得大茗。《茶經》：「餘姚茶生瀑布嶺者，號仙茗，大者殊異。」』宋代施宿《嘉泰會稽志》卷一一則稱之爲餘姚化安山瀑布茶。

覆卮山茶　清代名茶。產於浙江上虞縣(治今浙江上虞市，由紹興市代管)。又名鵓鴣巖茶，皆以地名，也稱白毛尖。清光緒《上虞縣志》卷二八：『覆卮山茶，鵓鴣巖茶，產巖之上下，採取烘乾，有細白毛，名曰白毛尖，其味雋永，頗爲難得。』

灌縣茶　民國時期四川灌縣(治今四川都江堰市，由成都市代管)茶的統稱。灌縣爲四川茶葉重點產區，邊、腹、土引茶皆銷，又是集散中心。今猶產青城名茶而享有盛名。民國《灌縣志》卷四《食貨·商》：『近所稱雨前、雨後、毛尖、白毫、花毫諸類，亦足珍貴。尤以麻溪所出爲優，蒲陽、漩口、水磨溝諸山次之。至清明前後，枝葉深長，則通稱毛茶；最下者爲枇子、粗殼，乃市面茶鋪所用。又有茅亭茶，產自汶川，味尤濃厚。白茶則四、五月中連枝摘收炒曬，色白；與黑茶、苦艼、紅白茶俱爲茶之別種，民間恒飲。植茶者曰園户，各設茶房，製造時價，總約數萬元。行銷温、郫、崇、彭、成、華等處，皆腹茶也。邊茶於夏初採伐，名刀子茶，邑境歲約千餘包。餘由邛、蒲、崇、彭等處採買。歲約二三萬包，行銷松、理、茂、懋諸夷境，約值三十餘萬元。其初無專商，清雍正間，始奏准立爲西岸商岸，較南岸略少，而茶品過之。……茶引，清時由户部給，民國由財政廳給，不設專商。』此近代灌縣茶生產流通之概況也。

露芽　①唐宋名茶，又常寫作露牙。產於四川雅安蒙山及福州方山等地。唐代李肇《國史補》卷下：『風俗貴茶，茶之名品益衆。劍南有蒙頂石花，有小方，或散牙，號爲第一。……福州有方山之露牙。』五代毛文錫《茶譜》：『蒙山有壓膏露芽，不壓膏露芽。』四庫本《説郛》卷一一上載宋代楊伯嵒《臆乘·茶》：『茶之所産……福州曰方山、露芽。』可見這種名茶既有片茶也有散茶。②泛指名茶和貢茶。宋人題詠極多。如梅堯臣《宛陵集》卷三五《答宣城張主薄遺雅山茶次其韻》：『纖嫩如雀舌，煎烹比露芽。』歐陽修《文忠集》卷五六《普明院避暑》：『就簡刻筠粉，浮甌烹露芽。』韓維《南陽集》卷一三《江長官惠茶》：『春風北苑露牙繁，購得封題第一番。』鄭獬《鄖溪集》卷二三《冬日同仲巽及府寮遊萬壽寺》：『汲泉煮露芽，卻坐竹間亭。』宋・釋德洪《石門文字禪》卷五《次韻曾嘉言試茶》：『不嫌滯留湘水輕，時作新詩誇露芽。』葛勝仲《丹陽集》卷二一《次韻中散兄及諸弟寄顧渚茶二首》之二：『健步蒼頭捷若神，露芽三日到情親。』周彦質《宫詞》百首之六五：『唐帝唯珍陽羡茶，未嘗百草不開花。太平奉御窮佳異，建焙先春進露芽。』陸游《劍南詩稿》卷一九《懷鏡中故廬》：『病來更怯還鄉夢，頻囓簾泉試露芽。』

附録一　已佚存目或未收茶書（文）敍録

（一）《茶訣》　唐代茶書。一卷，已佚。釋皎然撰。皎然（七二〇—七九六？），俗姓謝，字清晝，湖州長城（治今浙江長興）人。自稱謝靈運十世孫，實乃謝安後裔。早歲勤學，開、寶之際，曾應進士試，未第；落魄失意，遂出家。出入經史百家，尤長於詩，所撰以山水、遊賞、宗教等爲主要題材。中年以後，以詩、禪結交卿相和地方官員。與陸羽相友善，爲忘年交；與皇甫曾、李崿、崔子向等名士相交遊。又與歷任湖州刺史崔綸、盧幼平、裴清、顔真卿、袁高、陸長源、于頔等頗相唱酬。以詩名世，與清江合稱『會稽二清』。至德後，皎然定居於湖州苕溪草堂、杼山妙喜寺等地。大曆中（七七三—七七七），顔真卿刺湖州時，曾主編大型類書《韻海鏡源》；又多次主持詩會，曾有八十餘人參與，唱酬詩結集爲《吴興集》十卷，皎然均預其事。皎然有《杼山集》十卷行世，集以地名；又名《晝上人集》、《皎然集》。貞元八年（七九二）成書，收詩凡五百四十六首，于頔作序（序今存於《全唐詩》卷五四四，是關於皎然生平的可信資料）。是書以《四部叢刊》影宋鈔本爲善。皎然又著有《詩式》，是最早的詩歌理論著作之一，今存。皎然其他著述尚夥，惜多已佚。《茶訣》，僅見於《文苑英華》卷七九六陸龜蒙《甫里先生傳》：『自爲《品第書》一篇，繼《茶經》、《茶訣》之後（注曰：《茶經》，陸季疵撰；《茶訣》，釋皎然述）。』據宋・談鑰撰《嘉泰吴興志》卷一七《釋道・清晝》著録其有《茶訣》一篇及《儒釋交遊傳》、《内典類聚》四十卷等。《茶訣》已不見唐宋書目著録，當已久佚無傳。

（二）《品第書》　唐末關於評品茶的著作。陸龜蒙撰，一卷，已佚。陸龜蒙，字魯望，唐蘇州吴江人。隱居於松江甫里，自號天隨子、甫里先生、江湖散人等。元方七世孫，賓虞子，舊爲望族。龜蒙累舉進士不第，嘗從張摶之辟，入幕於湖州、盧州（治今安徽合肥）、蘇州，爲從事。與皮日休相知，過從甚密，互相唱酬，人稱『皮陸』，實稍遜於皮。兩人唱和之作編爲《松陵集》十卷。陸之詩文以寫景詠物爲特色，亦夥憤慨時事、憂念生民、懷念友人之作。陸又有《小名録》五卷，已佚。其詩文生前已編有《笠澤叢書》刊行，南宋葉茵（一二〇〇—？）輯有《甫里先生文集》二十卷行世。其集演變源流及卷數分合情況，萬曼《唐集敍録》言之甚詳。今《全唐詩》卷六一七至六三〇存有其詩一十四卷，《全唐文》卷八〇〇至八〇一存其文二卷。龜蒙還有《吴興實録》四十卷及論述《春秋》微言大義的學術著作，均已佚。《品第書》僅見於《全唐文》卷八〇一《甫里先生傳》：『先生嗜茶，置小園於顧渚山下，歲入茶租十許，薄爲甌蟻之費。自爲《品第書》一篇，繼《茶經》、《茶訣》之後。』惜《品第書》早已失傳。皮、陸又有《茶中雜詠》唱酬詩各十首，爲詠茶名作，見《松陵集》。

（三）《茶説》　唐宋之際茶書。一卷，已佚。稱温氏撰，作者未詳。此書僅見於宋葉清臣《述著茶泉品》（《説郛》卷九三）著録。其説云：『予少得温氏所著《茶説》，嘗識其水泉之目有二十焉。』可知此書内容之一爲品第宜茶之水二十目。陸羽撰《水品》，品第二十水，温氏此書或即續陸羽《水品》之作，而葉清臣又再續爲《泉品》。葉氏《泉品》亦僅存其序，而正文似已佚。又檢宋初樂史《太平寰宇記》卷九一《蘇州・長洲縣》引

《茶説》一條佚文，其内容爲：『洞庭山，按《蘇州記》云：「山出美茶，歲爲入貢。」故《茶説》云：「長洲縣生洞庭山者，與金州、蘄州、梁州味同。」』考《茶經》卷下《八之出》注曰：『蘇州長洲縣生洞庭山，與金州、蘄州、梁州同。』兩者同出一轍，後者僅比上引《茶説》脱二字。此『茶説』有可能爲『茶譜』之誤，但如果樂史《寰宇記》所述不誤的話，則《茶經》的這條注文實出於《茶説》，而通常認爲這類注文多出於毛文錫《茶譜》。這條佚文乃述蘇州茶事，所記爲洞庭西山的水月茶，亦即名茶碧螺春的濫觴。葉清臣（一〇〇〇—一〇四九）爲蘇州人，如確爲《茶説》佚文，則作者温氏有可能到過蘇州，或即本文篇末所述之温從雲。遍考無可遽定，姑録以志疑並俟博洽。

（四）《十六湯品》　相傳爲唐代關於茶湯品嘗的文章。今存。見於《清異録》卷四，實乃嫁名僞作。其作者蘇廙或蘇虞，均不見於唐人載籍，其所出之《仙芽傳》一書亦不見於任何公私書目和唐代文獻記載，雖明初陶宗儀《説郛》已將《十六湯品》抽出單行，列爲一書，但《四庫提要》卷一一六已稱『不著撰人名氏』，來歷頗可疑。清周中孚《鄭堂讀書記》卷五〇則斷言：『似宋元間人僞托，斷不出於唐人也。』其説的是。今考其『減價湯』一則有『御胯』（方案：應作『銙』）一詞，這是北宋貢茶極品——龍鳳團茶的專有名詞，始見於北宋中期以後，絶非唐人所能預卜，此爲明顯作僞之證。故《仙芽傳》及《十六湯品》爲僞托唐人作者無疑。而且，這僅爲抽出單行的一篇文章，不可稱作茶書。全文已見本《全集》上編所收之《荈茗録》。清輯《全唐文》卷八四六已收録此文，殊爲無識，亟應剔除。此文評價了一十六種茶湯的優劣，涉及煎湯的老嫩、緩急，煎點茶湯的器具及所用薪火等問題，全與宋元茶俗、茶藝相關，對於瞭解宋元茶湯煎法有一定參考價值。

（五）《茶法條貫》　這是宋代也是我國歷史上第一部茶政法典。是宋初關於推行榷茶制的詔令匯編，也是一部卷帙浩繁的茶書。已序存而書亡。林特等修纂，凡二十三册。是書乃三司鹽鐵副使林特、昭宣使劉承珪、江淮制置發運使李溥共同主持茶法改革的産物。共匯集了宋初五十年間與茶法、茶政、茶制相關的詔令二百九十七道，編定上進於大中祥符二年（一〇〇九）五月。這是一部相當完備的茶法成典，爲以後層出不窮的這類茶書的撰寫提供了創例性範本。書序見《宋會要輯稿·食貨》三〇之三至四，林特自序清楚表述了是書編纂的緣起、内容和作用。其序，本《全集》補編收録的《宋會要輯稿·食貨·茶門》已凡三見，並互校。可參閲。作者生平，則分見三人《宋史》本傳。

（六）《涇縣茶場利便》　宋代茶書。徐晝撰，卷數不詳，已佚。是書僅見李燾《長編》卷九二著録，稱天禧二年（一〇一八），宣州徐晝奏上此書而獲賜出身。宣州及其屬縣涇縣均爲宋代名茶産區。《長編》又稱，此書奏上後，『歲增課千萬』，可見是書頗具實效和功利性。宋代茶法、茶政、茶制複雜多變，導致大量茶法類茶書應運而生。這是關於宋代榷茶制下涇縣茶場茶法利害之書。可證：宋初百年，除了六榷務十三山場外，産茶區一州一縣多有公私修茶法類茶書存在，惜多已佚亡，這是書名和作者碩果僅存的一種。其内容，當與沈立《茶法易覽》性質相仿。上進著作便賜出身，表明宋代實行重文國策，對知識分子極爲優容。當然，或許更因其導致『歲增課千萬』的實效明著而獲褒獎。

（七）《至和發運茶鹽須知》　宋代茶法類茶書。作者、卷數不詳，僅見尤袤（一一二七—一一九四）《遂初堂書目·本朝故事》著録。已佚。顧名思義，當是關於仁宗至和（一〇五四—一〇五六）年間禁榷制度下茶發運事宜的法規條令。其後不久的嘉祐四年（一〇五九）二月，茶已弛禁，《須知》當作修訂或廢止。於此書亦可想見宋代茶鹽制度的嚴密與苛細之一斑。

（八）《茶法易覽》 宋代茶書。沈立撰，十卷，已佚。沈立（一〇〇七—一〇七八），字立之，和州（治今安徽和縣）人，天聖進士。曾任簽書益州判官，提舉商胡埽，主持河防。遷兩浙、京西轉運使，加集賢修撰、知滄州；進右諫議大夫、判都水監，出爲江、淮發運使，歷知越州、杭州、江寧府、宣州等。沈立曾長期主持水利和財經工作，熟知經濟，對榷茶制度的弊端有深切瞭解。沈立治學勤奮，藏書達三萬卷。著述頗富，有《河防通義》、《都水記》、《名山記》等凡四百餘卷，惜多已佚，今僅存《香譜》及《海棠記》各一卷。其生平，詳楊傑《無爲集》卷一二《沈公神道碑》。關於是書書名，應從《神道碑》之説：『公嘗撰《茶法易覽》，具述茶之利害。』鄭樵《通志略》三、四，《中興續編書目》二，《宋志》四等皆著録其書爲《茶法易覽》，極是。但《宋史·沈立傳》（卷三三三頁一〇六九八）已誤寫書名爲《茶法要覽》，《宋史·食貨志下六》更是誤改『茶之利害』爲『茶法利害』，中華書局本《宋史》點校者在這四字上又誤標書名號，遂成《茶法利害》，導致了是書一書三名的歧異和混亂。《通志略》三又作一卷，當爲傳寫之脱誤。是書内容爲總結北宋茶法的利弊得失，力陳通商之利。因三司使張方平上其議，遂成爲促成茶法通商的重要原因之一，沈立也因此而被召爲三司户部判官。因而可以斷言，此書必撰於嘉祐四年（一〇五九）二月以前未久。今考張方平任三司使在慶曆六年十一月至慶曆八年初，則沈立是書必成於慶曆末（一〇四五—一〇四七）無疑。

（九）《治平通商茶法》 宋代茶書。已佚。這是宋英宗治平年間（一〇六四—一〇六七）官修茶法類茶書。是對嘉祐四年東南諸路茶法通商以來政策、法令、制度的規範及詔令等匯編。其核心内容爲：『園户之種茶者，官收租賦；商賈之販茶者，官收征算。』較之禁榷制度下的茶法顯然寬鬆得多。見《通考·征榷五》，《宋會要輯稿》食貨三〇之三七。

（一〇）《茶法敕式》 宋代茶書。李稷編纂，已佚。李稷（？—一〇八二），字長卿，絢子，邛州依政（治今四川邛崍縣東南）人。以父蔭爲管庫，權河北西路轉運判官，旋移東路。提舉成都府路茶事，甫兩歲，即獲羨課七十六萬緡，擢任鹽鐵判官，除陝西路轉運使，督事苛嚴。元豐五年（一〇八二），徐禧築永樂城，詔命李主糧餉，旋城圍被殺。此書乃李稷在提舉成都府等路茶場司期間，於元豐二年（一〇七九）四月奉詔修訂，於五月十二日奏上。是熙寧十年（一〇七七）冬至元豐元年秋在四川榷茶的有關詔令的匯編。這是在川陝實施茶馬貿易大背景下，最早制定改原通商蜀茶爲禁榷的首部敕令。是書内容略見李燾《長編》卷二九八及《宋會要輯稿》刑法一之一二。

（一一）《元豐茶法通用條貫》 宋代茶書。陸師閔編纂，今存。師閔，陸詵（一〇一二—一〇七〇）子，杭州餘杭人。以父蔭任爲官。熙寧末，李稷提舉成都府等路茶場，辟爲勾當公事。元豐初，提舉成都府路常平公事。李稷死於永樂城之役後，陸代爲提舉茶事。初榷蜀茶，提舉李杞得課利三十萬緡，至李稷增爲五十萬，及師閔則衍爲百萬緡。遂加都大提舉成都府、永興軍路茶馬，統管賣茶買馬事宜，權勢震灼，凡請奏事無不從。乃至有辟置茶馬司屬官及産茶州縣通判、知縣（縣令）之權。元祐（一〇八六—一〇九四）中，因劉摯、蘇轍等論蜀茶之害，又遣黄廉入蜀察訪，遂貶師閔主管東嶽廟。久之，起知蘄州，緣李清臣薦，提舉河北常平。

尋加直秘閣，復領川、秦茶事，一切復舊。又奏行券馬法，詔獎之。改陝西都轉運使，加集賢殿修撰、知秦州，召爲户部侍郎，落職知鄞州（治今浙江寧波）。歷知河南府、永興軍、延安府而卒。《條貫》乃由同提舉成都府等路茶場司陸師閔主持編纂，於元豐六年（一〇八三）閏六月十三日奏上。這是關於禁榷蜀茶，川秦茶馬貿易的政策律令匯編，也是我國歷史上完整保存下來關於茶馬貿易及地區性茶法的第一部茶法成典，其中有些内容還涉及鹽法。此書又名《元豐茶法》，凡三十八條，全文約近二千字，也是紹聖四年（一〇九七）復榷川茶的法令依據和政策指導。全文存於《宋會要輯稿》食貨三〇之一〇至二三。今已收入本《全集》補編。

（一二）《元豐水磨茶場茶法》 宋代茶書。作者、卷數無考，已佚。此書修定於元豐七年（一〇八四）二月。部分内容仍可從《長編》、《宋會要輯稿》等書考知。這是關於宋代特有的水磨茶場法令政策的匯編。水磨茶僅行於京畿地區，因而也是一部地方性茶法。官營水磨茶，是神宗爲摧抑豪強兼併而出臺的一項新法，不僅較好解決了東京（北宋首都，治今河南開封）上百萬居民的食茶問題，也在一定程度上緩解了財政危機，水磨茶年息（利）最高時達三百萬緡。崇寧三年（一一〇四），重修《水磨茶法》又增添了七項條款。

（一三）《般茶鋪條貫》 宋代茶書。陸師閔主持編纂，今存。這是陸師閔總結了搬運川茶入陝的實踐經驗，根據有關法令條文，建議朝廷頒行的茶葉運輸條例，始行於元豐七年（一〇八四）十一月。這一《條貫》凡七項，主要内容涉及以軍兵充役，用車子運輸；此外，還有關於鋪兵及管押茶綱官的招刺、選差、揀汰、待遇、賞罰等事宜的有關具體規定。全文今存《宋會要輯稿》食貨三〇之二四至二五。複文見同書八之三四及《宋會要輯稿補編》頁六七〇。今本《全集》補編已全文收入，並據複文校勘。

(一四)《茶論》　宋代茶書。一卷，宋沈括撰。已佚。沈括(一〇三一—一〇九五)，字存中。錢塘(治今浙江杭州)人。沈周子。至和元年(一〇五四)，以父蔭任沭陽主簿。嘉祐八年(一〇六三)進士，爲揚州司理參軍。治平三年(一〇六六)，爲館閣校勘，删定三司條例官。後遷太子中允、檢正中書刑房，提舉司天監，加史館檢討。熙寧六年(一〇七三)，被命察訪兩浙農田水利。擢太常丞、同修起居注，知制誥兼通進銀臺司。七年，爲河北西路察訪使。次年，出使契丹。還，有《使契丹圖鈔》奏上。拜翰林學士、權三司使。九年，因蔡確論劾而出知宣州。元豐三年(一〇八〇)，徙知延州，兼鄜延路經略安撫使。五年，西夏攻陷永樂城，坐首議主修此城而責授均州團練副司，隨州安置。元祐初，徙知秀州。任便居住，移居潤州夢溪園，凡八年卒。括博學廣識，於天文、地理、律曆、音樂、醫藥、術數、文學、軍事、農學、典章制度無所不通。堪稱中國古代最淵博的學者之一。撰有論著四十餘種，今存者僅《長興集》十九卷(原爲四十一卷)、《夢溪筆談》二十六卷、《補筆談》三卷、《續筆談》一卷。今人張蔭麟、胡道靜、徐規、張家駒先生均致力於沈括研究，成果頗豐。其生平事略見《宋史》卷三三一等。

其書，因《夢溪筆談》卷二四有括自述『予山居有《茶論》』而得知，陸廷燦《續茶經·九之略》最早著録爲茶書。《筆談》書中有沈括之論：『茶芽，古人謂之雀舌、麥顆，言其至嫩也，今茶之美者，其質素良，而所植之土又美，則新芽一發，便長寸餘，尖細如針。惟芽長爲上品，以其質幹、土力皆有餘故也。如雀舌、麥顆者極下材耳，乃北人不識，誤爲品題。』其下，沈括又録其《嘗茶》詩云：『誰把嫩香名雀舌，定知北客未曾嘗。不知靈草天然異，一夜風吹一寸長。』疑此論及詩，似均爲《茶論》中之内容。但《學林》卷八則以爲括論『曲矣』，茶仍以雀舌、麥顆爲上。以今茶衡之亦然。是書，乃其晚年居潤州夢溪園時所撰無疑。沈括籍貫錢塘、宦歷之地宣州及晚居之潤州等地皆名茶産地，其所論當爲其切身體驗。儘管其對名茶的論定有所偏頗，但其關於茶之質量、産量取決於其種株材質及土力肥沃程度的論述，尚不失爲合乎茶之栽培科學性之論。

（一五）《茶譜》 宋代茶書。一卷，王端禮撰，已佚。王端禮，吉水人，元祐三年（一〇八八）進士，曾官富川令（治今廣西鍾山）。宗濂洛之學，撰有《強仕稿》、《論語解》、《易解》、《疑獄集》、《字譜》等。其子鴻舉，字南賓，亦有文名。靖康元年（一一二六）及紹興十四年（一一四四）曾兩預發解試合格。楊萬里《誠齋集》卷四二《送王長文赴上庠》詩稱之云：『吾鄉前輩王南賓，讀書萬卷筆有神。』其《茶譜》與五代毛文錫所撰茶書同名，毛書北宋猶存，想來其內容或相類似。宋代江西路亦爲著名茶區，或據其鄉所産茶立説歟？作者生平事略見四庫本《江西通志》卷七五引《豫章書》，萬曆《吉安府志》卷五、卷二五，《廣西通志》卷五一及《經義考》卷二一引《江西通志》等。

（一六）《婺源茶録》 宋代茶書。一卷，章炳文撰。已佚。章炳文，字叔虎。京兆（治今陝西西安）人，曾官虞城令，崇寧二年（一一〇三），在福建興化軍通判任。還撰有《搜神秘覽》三卷，今有《續古逸叢書》等本傳世。其事略見《直齋書録解題》卷一一、《宋史》卷二〇五《藝文志》、李賢《明一統志》卷二七、四庫本《福建通志》卷八和卷二三等。婺源，乃宋建州（治今福建建甌）鳳凰山嶺名，是宋代頂級名茶的産地。北苑乃三十二官焙之一，所産貢茶以品質優良著稱。顧名思義，此當爲詳記婺源茶之書。疑作者或有過任北苑茶官的經歷。婺源茶，《東溪試茶録》、《品茶要録》等書均有記載，可參閲。

（一七）《建安茶記》宋代茶書。吕惠卿撰，一卷，已佚。吕惠卿（一〇三二—一一一一），字吉甫，泉州晉江（治今福建泉州）人，嘉祐二年（一〇五七）進士，歷真州推官、集賢院校勘，才學爲歐陽修等推重。官至參知政事。曾爲王安石變法的主要助手，參與制定青苗、免役、水利等新法，又與安石子王雱同修《三經新義》，被稱爲「護法善神」。後背棄安石，《宋史》的編者竟將其列入《奸臣傳》，實在是莫名所以，毫無道理。惠卿淹貫經史，著述頗豐，有《莊子解》等，惜多已佚失。《宋史·藝文志四》著録是書爲《建安茶用記》，疑書名中誤衍一「用」字；卷數又訛「一」爲「二」。宋代另有一種茶書亦名《建安茶記》或《茶録》，作者爲吕仲吉。但吕仲吉《建安茶記》不見於宋代公私書目著録，清陸廷燦《續茶經·九之略》著録是書時竟稱作者爲明人，實大誤。不知是否即惠卿《建安茶記》的佚文，但惠卿字吉甫，書名可稱《茶録》。如是魯魚之訛，確爲惠卿之作，則二條佚文吉光片羽，彌足珍貴；如確爲吕仲吉撰寫的另一種書，則宋代茶書又多了一種，惜書闕有間，難以遽定，姑録以存疑待考，並俟博洽。今姑將吕仲吉《茶記》另列，編入本《全集》上編，因其有佚文可輯；而將吕惠卿《茶記》則作存目，著録於此。

（一八）《紹聖茶法條貫》宋代茶書。陸師閔復出主持茶馬之政時修纂，今存。這是對《元豐茶法》的補充、完善和修訂。經過元祐更化，紹聖茶法較熙豐已有所變化，茶法修訂爲時代所需。是書涉及復禁榷陝西茶、入蕃茶，關於般茶鋪、茶馬司官吏及監當場務官的除授、差替、賞罰等内容。紹聖元年（一〇九四）十月奏上。全文今存，見《宋會要輯稿》食貨三〇之二六至二七。今已收入本《全集》補編。

（一九）《紹聖茶法條約》宋代茶書。陸師閔編，今存。師閔久任茶官，元祐政局變動之際，嘗遭御史中丞劉摯等彈劾，罷官貶責。哲宗親政後，復出爲茶官，主持茶馬之政，猶心有餘悸，爲約束茶馬司及所屬茶場官吏的掊克、聚斂，師閔主持制定並奏請頒行這一約束條貫。奏上於紹聖四年（一〇九七）二月二十五日，文見存《宋會要輯稿》食貨三〇之二九至三〇。今已收入本《全集》補編。

（二〇）《政和私茶鹽賞罰格》 宋代茶書。今存。這是尚書省於政和五年（一一一五）五月二十五日修訂投進的賞罰格式。實際上是《命官捕獲私茶鹽賞典》和《巡捕透漏私茶鹽罰格》兩個賞罰條例的合編。全文凡三百五十餘字，今存於《宋會要輯稿》食貨三二之七至八，複文見《宋會要輯稿補編》頁六九七。成爲南宋《慶元條法事類》卷二八《賞格》的藍本。今已收入本《全集》補編。

（二一）《茶山節對》 宋代茶書。蔡宗顔撰，一卷，已佚。宗顔生平不詳，僅《解題》卷一四稱其爲『攝衢州長史』。今考《政和證類本草》卷一三引寇宗奭《本草衍義》已提到蔡氏《茶山節對》一書。寇氏《本草衍義》自署『政和六年丙申歲記』；同書附《進書劄子》，又曰『政和六年十二月十八日』上進。則蔡宗顔《節對》必成於政和六年（一一一六）以前無疑，顯爲北宋茶書。

（二二）《茶譜遺事》 宋代茶書。蔡宗顔撰，一卷，已佚。是書，據鄭樵《通志》卷六六《藝文略》著録，又見南宋初《秘書省續編到四庫闕書目》卷二著録。顧名思義，是書似爲補五代毛文錫《茶譜》之遺的續作。可惜蔡氏上述兩種茶書俱佚，連佚文也難以蒐輯。

（二三）《崇寧茶法條貫》 宋代茶書。蔡京主持編纂，已佚。蔡京（一〇四七—一一二六），字子長，興化軍仙游人。熙寧三年（一〇七〇）進士。後知開封府，元祐初，司馬光復差役法，限期五天，惟蔡京如期完成。

紹聖初，權户部尚書，助章惇重行新法。徽宗即位，罷官。因勾結宦官童貫，得以東山再起。崇寧元年（一一〇二），拜右僕射，旋擢太師。以復新法爲名，禁錮元祐黨人，使元祐臣僚及其子孫備受迫害。雖屢躓屢起，但寵眷不衰。創爲『豐亨豫大』之説，引導徽宗窮奢極欲，將國庫揮霍一空，時論指爲『六賊』之首。靖康元年（一一二六），舉家南逃，欽宗詔命儋州（治海南今市）安置，道死於潭州（治今湖南長沙）。這是蔡京爲了固寵舞智，博取徽宗歡心，籠取茶利而大變茶法的産物。實際上是北宋百年榷茶制度的改頭换面而已，集掊克之大成，無非改直接專賣爲間接專賣法而已，法禁苛密，條貫上於崇寧元年（一一〇二）十二月八日。

（二四）《崇寧福建路茶法》　宋代茶書。卷數不詳，已佚。由尚書省主持茶法改革的講議司制定，提舉官爲蔡京，講議司主持茶事的乃韓敦立、家安國、安亢等人。宋代建茶，聲譽鵲起，這是關於蠟茶行銷的茶法。此茶法創立於崇寧三年二月。今僅遺存的一條内容爲：禁私相交易，實行伍家連坐相保制。這是宋代不僅有行之全國的茶法，也有行之於各地的地方（路、州、縣）性茶法的明證，可見當時法網嚴密之一斑。

（二五）《崇寧茶引法》　宋代茶書。已佚。蔡京主持制定，創立於崇寧四年（一一〇五）。馬端臨指出：此法『乃通商之法，但請引抽盤，商税苛於祖宗時耳』（《通考·征榷五》）。此法又稱長短引法、合同場法。長短茶引兼具許可證和納税憑證的雙重功能。此法雖是對崇寧榷法的改進，但弊端亦甚。主要在於『抑勒科配』，『與民爭利』，乃至有『傷人如虎』之嘆。其部分内容，仍可從《政和茶法》中窺見一斑。參見《宋會要輯稿》食貨三〇之三六。

（二六）《大觀更定茶法》 宋代茶書。已佚。因《長編》徽宗朝記事已全部佚亡，故是書僅見李𡌴《皇宋十朝綱要》卷一七著録。稱大觀元年（一一〇七）十一月，由尚書省奏上。凡一十七條，當爲對崇寧四年茶法的修訂。惜《宋會要輯稿》及其補編皆無記載，這有兩種可能：一是《永樂大典》所收《宋會要》已無此内容；二是徐松從《大典》輯出《宋會要輯稿》時，這部分内容在《大典》佚卷中。期間，由於茶法屢變，禁網苛密，其結果是『盜販公行』，官私俱失。

（二七）《大觀七路茶法》 宋代茶書。已佚。由尚書省左右司於大觀四年（一一一〇）閏八月編修奏進。内容與《治平通商茶法》有些關連，但已成爲官府嚴格控制下的有限通商茶法。參見《宋會要輯稿》食貨三〇之三七。七路，指當時主産茶的北宋東南七路，即兩浙路、江南東西路、荆湖南北路、淮南西路、福建路。

（二八）《政和茶法》 宋代茶書。今存，全文凡四十一條，約二千餘字。由尚書省於政和二年（一一一二）五月修定奏上。是蔡京主持茶法改革以來的集其大成者。其内容主要包括：水磨茶法，園户、茶商自相交易法，茶商持引販賣法，長短引法，茶價確定法，蠟茶通商法，籠篰法，賞罰則例等八個方面。是我國乃至世界歷史上完整保存下來的最早一部茶政法典。對於茶史、商業史研究有極爲重要的意義。全文見《宋會要輯稿》食貨三〇之三九至四四，《宋會要輯稿補編》頁六九四至六九五有複文可校。今已點校整理，全文收入本《全集》補編。今補録於此，姑充『提要』。

（二九）《龍焙美成茶録》 宋代茶書。范逵撰，一卷，已佚。此書僅見於《宣和北苑貢茶録》注引，並稱：『逵，茶官。』疑或逵字美成，作者生平今已難考其詳。此書提供了宋初至宣和各時期的貢茶數，其説雖未必盡確，但已足備考證。此書當略早於《貢茶録》成書，爲北宋茶書無疑，其内容應爲記述北苑貢焙和貢茶的沿革等。

（三〇）《茶法總例》 宋代茶書。作者失考，一卷，已佚。是書見《通志》卷六六《藝文略》三著録，又見南宋初《秘書省續編到四庫闕書目》卷二著録。同被是書著録的有《茶譜遺事》一卷、《登平致頌書》一卷、《隆衍視成策》二卷，因這三種書均爲北宋茶書，故似可認定其亦爲北宋茶書。是書鄭樵類次於刑法類，當爲北宋茶法政策匯編一類茶書。惜書闕有間，其内容今已難考其詳。

（三一）《北苑煎茶法》 宋代茶書。作者未詳，一卷，已佚。是書僅見《通志・藝文略》三著録。當是關於北苑茶烹煎方式的茶藝類茶書。

（三二）《茶雜文》 宋代茶書。作者未詳，一卷，已佚。是書見《晁志》《通考》著録。可斷言爲關於北宋以前茶詩文的匯編。因爲《晁志》卷一二曰：此書乃『集古今詩文及茶者』。

（三三）《茶苑雜録》 宋代茶書。作者失考，一卷，已佚。是書惟見《宋史・藝文志》四著録，注云『不知作者』。但查慎行注蘇軾詩引《茶事雜録》曰：『雙井，在寧州西三十里，黄山谷所居也。其南溪心二井，土人汲以造茶，爲草茶第一。』此引文又見雍正《江西通志》卷二七。不知《茶事雜録》與《茶苑雜録》是否爲同一書。如是，則此書清初尚存。但查注所引，似已非原文；且二書書名，如非字誤，也未必爲同一書，《宋志》和查注均有引用書名致誤的可能，姑録以存疑待考。值得注意的倒是上引佚文，是關於雙井茶的可貴史料，今存宋代茶書，多述北苑茶事，有關其他各地名茶的茶事資料今存者已寥寥。惜是書已難考其詳。

（三四）《紹興編類江湖淮浙福建廣南京西路茶法》　宋代茶書。秦檜主持修纂，一百零四卷，已佚。是書又可簡稱爲《紹興編類茶法》、《紹興茶法》、《紹興重修諸路茶法》。是書總結了北宋茶法的成敗利弊，是在南宋初趙開茶法的基礎上編纂而成的；　又是終南宋之世始終奉行的茶法大典。此書的修纂經過爲：　陳康伯（一〇九七—一一六五）創議於紹興八年（一一三八），王珏又復請於紹興十九年，歷時二載，於紹興二十一年八月四日成書並上進。是書内容爲：　關於宋代茶法敕令格式及續降指揮的分類匯編。這類詔令、公文的起訖時間爲元豐四年（一〇八一）七月二十三日至紹興二十年三月七日。用宏取精，元豐茶鹽法成文法典外，又擇取茶鹽指揮、詔令原件凡八千七百三十件。茶鹽分别各成一書，凡二百六十卷。以卷數分析，茶法約占百分之四十，即取材於詔令原件約三千五百件，數量相當驚人。參預修纂成員爲：　宰臣秦檜（一〇九〇—一一五五）提舉，刑部侍郎韓仲通爲詳定官（總編），魏師遜、方滋、周麟之（一一一八—一一六四）、何溥爲删定官（編修）。這部《茶法》包括《茶法敕令格式》及《目録》（總目）共一卷，《續降指揮》八十八卷，明細《目録》十五卷，凡一百零四卷。同時編成的鹽法則爲一百五十五卷，二書《修書指揮》合爲一卷，合計二百六十卷。這是卷帙浩繁的茶鹽大法典，當時曾雕板刊行。以宰臣名義，與上書同時投進的《進茶鹽法表》，乃出自秘書省正字、權中書舍人周麟之手筆，其表今見《海陵集》卷六。是書凡二百六十册，一卷爲一册。惜這部古代規模最大且曾刊行的茶書已蕩然無存，使我國茶史和宋史研究失去了極爲珍貴的第一手資料。

（三五）《茶馬司編録册》　宋代茶書。已佚。茶馬司作爲路級監司，可謂權重事專，富甲一方。這是關於茶馬貿易詔令、公文的匯編及茶馬司的日録和大事記。内容詳盡，極爲豐富。全書雖佚，但其體例尚可從李燾《長編》卷二五八(點校本頁六三〇七)注中略窺一斑。儘管《長編》注引所及是書内容僅是北宋時期的,但這部書可以斷言是貫通兩宋時期的,其所記事應爲始於北宋熙寧末,訖於南宋中後期,是一部篇幅很大的茶書。與下述《題名記》成爲關於宋代茶馬最翔備的實録。

(三六)《茶馬司題名記》 宋代茶書。這是關於川陜茶馬司官員任免、到任、離職、職能、賞罰及官員履歷等情况的資料匯編。始於熙寧七年(一〇七四)茶馬司成立之際,訖於南宋。從宋代史料中是書留下的少量遺存分析,這是一部卷帙頗富的大書。當時,似與《茶馬司編録册》相輔而行。這兩部卷帙浩繁的大書,是關於宋代茶馬貿易及茶馬司的實録,是極爲可貴的翔實資料。惜今已佚亡殆盡,僅留下一鱗半爪的痕跡。宋代史學的高度繁榮與發達,令人嘆爲觀止。僅茶書的遺存,也已十分豐富,就茶政法典而言,不僅有中央政府而且有地方(路、州、縣)及主管部門分别編纂成書者,且門類齊全,此兩書又可爲顯證。

(三七)《茶馬志》 明代茶書。卷數不詳,譚宣撰。已佚。譚宣,四川蓬溪人。宣德七年(一四三二)舉人,景泰四年(一四五三),官廣東河源知縣。後是否任茶馬官不詳。但其居地屬遂寧府,歷來爲蜀茶産地及行茶馬之制地區。亦有可能據其見聞及文獻所撰。事見四庫本《四川通志》卷九上、卷三五,《廣東通志》卷二八。《茶馬志》僅見《千頃堂書目》卷九著録。是明代衆多茶馬、馬政書中較早成書的一部,約撰於十五世紀中期。

(三八)《岕茶别論》 明代茶書或茶文。周慶叔撰,已佚。僅見於沈周(一四二七—一五〇九)《書岕茶别論後》,《續茶經》卷下之五著録是書。又,同書卷上之一、卷下之三録沈周跋文云:

昔人咏梅花云：『香中别有韻，清極不知寒。』此惟岕茶足當之。若閩之清源、武夷，吴郡之天池、虎丘，武林之龍井，新安之松蘿，匡廬之雲霧，其名雖大噪，不能與岕相抗也。顧渚每歲貢茶三十二斤，則岕於國初已受知遇，施于今漸遠，漸覺聲價轉重。既得聖人之清，又得聖人之時。蒸采烹洗悉與古法不同。

自古名山，留以待羈人遷客；而茶以資高士，蓋造物有深意。而周慶叔者爲《岕茶别論》，以行之天下。度銅山金穴中無此福，又恐仰屠門而大嚼者，未必領此味。慶叔隱居長興，所至載茶具，邀余素鷗黄葉間，共相欣賞。〔而無推茶勳於婦翁徐子輿先生，不恨子輿不見此論，〕恨鴻漸、君謨不見慶叔耳！〔爲之覆茶三嘆！〕」（方案：此據沈周《白石樵真稿》校補。）

周慶叔，遍考未得其生平事履，疑乃其字歟？據上跋，則爲長興（治今浙江湖州）隱士，亦精熟於茶事之逸人，與沈周乃稱茶中知己。要之，其書當撰於十五世紀中後期，當時曾刊行，惜今已佚。

（三九）《茶譜》明代茶書。十二卷，朱祐檳編。已殘，今存八卷。朱祐檳編有《清媚合譜》十六卷，其中《茶譜》十二卷，今存八卷，藏故宫博物院。朱祐檳（一四七九—一五三九），憲宗朱見深第六子，生母張德妃。成化二十三年（一四八七），封益王；弘治八年（一四九五）就藩建昌府。卒謚端，故稱益端王。史稱其好書史，工楷篆。愛民重士，素食嗜茶。事見《明史》卷一〇四、一一九，王世貞《弇山堂别集》卷三三、《國朝獻徵録》卷二、《吾學編》卷一六等。惜是書未能收入《故宫珍本叢刊》。筆者曾多方拜托師友，亦未能一睹其『廬山真面目』，迄今『深藏故宫人未識』，十分遺憾。亟盼這一孤本能早日『數字化』，並公之於衆。

（四〇）《茶話》 明代茶書。一卷，顧元慶（一四八七—一五六五）撰。已佚。見一九三三年曹允源等纂民國《吴縣志》卷五七《藝文考》著録。顧元慶，其事略見《茶譜》提要。其書内容則不詳。據《吴縣志》著録，顧元慶還另有《茗曝偶談》一卷，疑亦其茶事體驗的經驗之談。其《顧氏四十家小説》，刊刻於嘉靖十八年（一五三九），已收其《茶譜》，則《茶話》似亦當成書於此前後。

（四一）《茶馬類考》　明代茶書。六卷，胡彦撰。胡彦（一五〇二—一五五一），字穉美，號白湖子。江夏人，一説沔陽人。嘉靖二十年（一五四一）進士，授太常博士。擢監察御史，巡按江西。嘉靖二十六年，在巡按陝西茶馬御史任所，奏稱馬政不修。是書當即其在陝西茶馬任所編成。後卒於官。事見《二西園文集》卷一二《胡公墓誌銘》、四庫本《江西通志》卷四七、《湖廣通志》卷三二、《甘肅通志》卷二七、《禮部志稿》卷六四等。是書，始見於晁瑮（約一五〇六—一五七六）《晁氏寶文堂書目》卷中著録，又見《千頃目》卷九，《四庫總目》卷八四著録於政書類存目。檢《四庫存目叢書》失收。因茶馬御史兼理鹽務，故其書第三卷述鹽政，餘五卷則分述茶馬及馬政。考述其典故，兼論其時事及利弊。

（四二）《茶事匯輯》　明代茶書。一名《茶藪》。四卷，朱曰藩、盛時泰編。已佚。朱曰藩，一名自藩，字子价，號射陂，别署碧浪湖長，室名山帶閣、朱幹草堂。揚州寶應人。朱應登（一四七七—一五二二）子。嘉靖二十三年（一五四四）進士，授烏程知縣。擢南京刑部主事，歷禮部郎中，出知九江府，卒於官。時稱其雋才博學，以文章名家，爲『廣陵十先生』之一。撰有《山帶閣集》三十三卷，附録一卷。工楷書，有書法作品《朱射陂卷》二卷，爲王世貞所賞。與何良傅、文彭、文肇祉等相交遊唱酬。其事見李攀龍《滄溟集》卷一五《廣陵十先生傳》，《弇州四部稿》卷一三二《墨跡·朱射陂卷》，同上書《續稿》卷一一三《九華顧公墓誌銘》，《二酉園文集》卷四《山帶閣集序》，《文氏五家集》卷一三文肇祉《過寶應訪朱子价》、《石倉詩選》卷四九九文彭《送朱子价》、《明詩綜》卷四七薛應旂《贈朱子价》、《明代寶應人物傳》、《明史》卷三八八等。

盛時泰（？—一五七八），字仲交，號雲浦、大城山人，别署大城山樵、淨信居士。上元人。嘉靖中以諸生貢入太學，擅書畫，嗜藏書。史稱其高才博學，才華横溢，嗜遊山石間，撰有《牛首山志》二卷、《棲霞小志》一卷、《金陵紀勝》三卷、《祈澤寺志》一卷、《兩都賦》二卷、《大城山堂集》六十八卷、《遊燕雜記》三卷、《遊吴雜記》、《蒼潤軒集》、《蒼潤軒碑跋記》等，分見《四庫總目》卷七六、八七，《千頃目》卷八、九、二六、三一，《明史》卷九九等著録。其事略見《萬一樓集》卷三五《遊燕雜記序》，《焦氏澹園集》卷一三五《祭盛仲交》，朱謀垔《畫史會要》卷四，《明詩綜》卷六八引《詩話》，《國朝獻徵録》卷一一五《盛時泰傳》，《江南通志》卷一六五、一九五等。

本書僅見《徐氏家藏書目》卷三著録，《千頃目》卷九乃據徐目。書已佚。徐𤊹收藏此書應無疑義，《茶藪》至遲編成於萬曆六年（一五七八）前，亦毋庸置疑。從朱、盛兩人經歷考察，二人合作編書的時間最有可能是朱任南京刑部主事、盛家居南京上元時。則此書的編纂時間應在嘉靖晚期前。從朱、盛結交的名流甚多推測，此書竟無序跋傳世，亦頗令人費解。又，盛時泰有《大城山房十詠》十首六言茶詩傳世，詩後盛有自跋，又有金光初、陸典二跋。其卒年據金跋所云，其撰《茶藪》時間亦約略可據此三跋考定。詩及跋今存醉茶消客輯《茶書》。

（四三）《茶馬政要》　明代茶書。七卷，鮑承蔭撰，已佚。今考是書始見於明董其昌（一五五五—一六三七）《玄賞齋書目》卷二著録，但不注作者及卷數。萬國鼎《茶書總目提要》據《安徽通志稿・藝文考》稱是書『清鮑承蔭撰，承蔭，歙人，餘無考』。作者及卷數姑從其説。然稱鮑氏乃清人及生平『無考』皆誤。今考鮑承蔭字子傳，山西長治人。嘉靖三十五年（一五五六）進士，授中書舍人，改監察御史。四十一年，以巡茶御史主持茶馬之政，請增設甘州茶馬司。四十四年，以御史任禮部會試監試官。出爲河南按察副使、山東參政，累官河南參政使，卒於任。其曾孫鮑奇，爲順治八年（一六五一）舉人。則承蔭爲明人無疑，其曾孫始爲清初人。從其宦歷考察，至遲卒於萬曆中。其事略見俞汝輯《禮部志稿》卷七二、《萬姓統譜》卷八四、《弇山堂別集》卷八三、四庫本《山西通志》卷一一三、一六九、《資治通鑑綱目》三編卷二四等。如此書確爲鮑承蔭所編，則必成於其任巡茶御史時或稍後，即嘉靖四十一年（一五六二）前後。其内容當類似於楊一清《關中奏議・茶馬》等。明代這類茶馬奏議匯編甚夥，惜隨歲月的流逝多已湮滅。有代表性的碩果僅存者已選入本《全集》補編，請參閲。從董其昌《書目》已著録是書，則爲明代茶書無疑。

（四四）《茶經》　明代茶書。卷數不詳。徐渭撰。已佚。徐渭（一五二一—一五九三），字文清，後改字文長，號天池山人、青藤山人、田水月等。山陰（治今浙江紹興）人。爲諸生，有盛名，然屢試不第。嘉靖三十六年（一五五七），從浙閩總督胡宗憲辟，入其幕府，知兵，善謀，多所策劃，於平徐海、王直等役頗有建樹。胡宗憲下獄，避禍佯狂，居富陽。隆慶元年（一五六七），因殺妻被逮而論死，幸得翰林侍讀張元忭傾力營救，於萬曆二年（一五七四）釋歸。晚年寄情山水，雲遊四方。以文學知名，擅詩文，精書畫，嗜戲曲。自稱其書第一，詩文次之，畫又次之。撰有《徐文長文集》、《南詞敍録》、雜劇《四聲猿》等。是書僅見宋慈抱《兩浙著述考·譜録》（浙江人民出版社一九八五年版頁一四九九）著録。其云據乾隆《紹興府志》引《浙江采集遺書録》著録，並稱：『《酒史》與《茶經》二書，皆述茶酒典故及名人韻事，已佚。』可見一斑。

（四五）《茶經外集》 明代茶書。一卷，孫大綬輯。今存。孫大綬，字伯符，號太初散人，室名秋水齋。新都人，居吴縣。事蹟待考。明萬曆十六年（一五八八），孫大綬校刊《茶經》三卷，又附《茶經外集》、《茶具圖贊》、《水辨》、《茶譜》、《茶譜外集》各一卷，凡八卷，世稱秋水齋刻本。今考《茶經》附於《茶經外集》，始見於嘉靖二十一年（一五四二）魯彭序刻本，收有唐陸羽等人詩五首、宋人王禹偁詩一首、明人魯鐸等人詩三十四首。其中魯彭（二首）、汪可立乃爲此本作序、跋者，明釋真清乃編集者。此外，魯彭序本《茶經》又將張又新《煎茶水記》及歐陽修兩篇水記合爲《水辨》一卷，附刊於《茶經》後、《外集》前。魯彭序嘉靖本刻於竟陵，同年稍後，新安吴旦及程伯容又據此本合刻於新安。今人已多將魯彭序本與吴旦新安刻本混爲一談，實乃先後之二本。説詳本書拙校本《茶經》拙釋（三六九）、（三七〇）等。

魯彭序嘉靖本刊行四十六年後，孫大綬將此《外集》所收明人之詩悉數删除，增補唐盧仝《茶歌》和宋范仲淹《鬥茶歌》二首，合前述唐宋人詩凡八首，仍題爲《茶經外集》，並收《水辨》，又增補宋審安老人《茶具圖贊》、明顧元慶《茶譜》各一卷，又新編《茶譜外集》一卷。將《茶經》的附録由竟陵魯序本的二種二卷，擴編爲五種五卷，合《茶經》三卷，合刻於其秋水齋，時爲萬曆十六年（一五八八）。孫大綬秋水齋本今存四部：其完本一部，今藏湖南省社科院圖書館；殘本三部，分藏國圖及上海、重慶圖書館。另有清丁丙、孫大綬跋殘本一部，今藏南京圖書館，《茶經》三卷外，僅有《外集》、《茶具圖贊》、《水辨》各一卷，已無《茶譜》及其外集。

以上據《中國古籍善本書目・子部》著録。

順便指出，魯彭序嘉靖竟陵本《茶經》附録《外集》中所收之裴拾遺《西塔院》一詩，此爲後人嫁名僞作無疑。此詩始見於李賢《明一統志》卷六〇，引作裴迪《茶泉》詩，首句云『竟陵西塔寺』，《全唐詩》卷一二九同。其妄顯而易見。首先，其寺原名龍蓋寺，已見於唐人趙璘《因話録》卷三；歐陽修《集古録》已稱《龍蓋寺碑》，開成五年（八四〇）立，在復州（又見《輿地碑目記》卷三、《寶刻類編》卷五轉引），則唐末仍稱龍蓋寺無疑。盛唐時人裴迪決無可能誤稱之爲『西塔寺』或『西塔院』。其次，裴迪與盛唐詩人王維（七〇一？—七六一）等交遊，寶應元年（七六二）前，已爲蜀州刺史王縉屬吏。即使其當時年或尚少且享有高壽，晚年或有可能與陸羽爲忘年交，但決無可能爲其晚輩陸羽（七三三—八〇五？）詠此憑弔故居之作。誠如李維楨《唐處士陸鴻漸祠記》（《大泌山房集》卷五四上）所云：『豈名氏偶同或後人僞撰邪？』從其『茶井冷生魚』句分析，似爲王禹偁以後之宋人仿作，甚至亦有明初人僞作之可能。確證此詩的年代，當可據龍蓋寺何時改名西塔寺而論定。惜史闕有間，已難確考。孫氏《外集》亦誤收此僞作，可證其本應是據魯彭序本所改編。還須指出：據魯彭序本僅收入《茶經外集》一卷（即有明人詩三十四首者）的《茶經》刻本，今還存有柯氏（方案：疑爲柯雙華）明嘉靖二十二年刻本，此本今亦藏國家圖書館，惜仍藏之『深閨』人未識，無緣拜觀，特補述於此。

（四六）《茶譜外集》　明代茶書。一卷，孫大綬撰。今存。孫氏校刊《茶經》及附録五種已如上述。此爲第五種，收有宋人吴淑《事類賦注・茶賦》、黄庭堅《煎茶賦》二篇，録有蘇軾《煎茶歌》、唐人劉禹錫《試茶歌》、蔡襄《北苑十詠》中《茶壠》等詩（四首）、黄庭堅《惠山泉》等三詩，凡詩九首，合編爲一卷。編次頗隨意，文字錯訛極多，乃明人竄亂古書之慣技。《茶經外集》、《茶譜外集》刊於秋水齋本行世以來，其後的《茶經》明刻本和叢書本紛紛效仿，如明鄭煾校刊本《茶經》即如法炮製，悉數收入孫本五種附録，不過次序略有改變，如將《茶具圖贊》前移至《茶經》卷中之後。但其二種《外集》則注明抄自孫大綬本，其《茶譜外集》末首《雙井茶》詩題亦訛倒作『雙茶井』，可爲明證。刊刻於明萬曆二十一年（一五九三）的汪士賢《山居雜志》本，已將孫大綬本的《茶經外集》和《茶譜外集》各一卷作爲兩種茶書收入。而鄭煾本《茶經》既亦附有這兩種孫大綬所輯之茶書，而鄭本又爲日本和刻本《茶經》之祖本，始刻於日本延寶八年（一六八〇）前的春秋館和刻本已附有五種附録，其本再刻於寶曆八年（一七五八）。以上據布目潮渢教授遺著《中國茶書全集·解説》頁六八（汲古書院，一九八七年版）。也就是説，在孫大綬編成兩種《外集》不到一百年後，即有日本和刻本行世了。

必須指出，孫大綬校刊的秋水齋附録五種本《茶經》行世後，雖仍風行海内，競相仿效，但仍有不附或僅附一卷《煎茶水記》或《水辨》的明刻《茶經》行世。今存者如明萬曆十六年程福生竹素園刻本及樂元聲《茶經》一卷刻本，均僅附《水記》、《水辨》一卷，而不附《外集》等四種。程本和樂本國圖皆藏，程本另一部則藏在福建省圖書館。國家圖書館收藏有《茶經》善本近十部，其在影印《中國古代茶道秘本五十種》時，竟捨不得取其中任一部影印，實在令人遺憾和費解。此『秘本』不知又何『秘』之有？

因《茶經外集》和《茶譜外集》輯録之前人詩文，本《全集》均已收入，今姑著録於存目並作如上之考訂。

（四七）《本草綱目·茶》 明代茶書。一卷，李時珍撰。今存。李時珍（一五一八—一五九三），字東璧，號瀕湖。湖廣蘄州（治今湖北蘄春）人。家世代行醫。嗜醫藥之學，因治癒楚王之子氣厥癥，被徵召任楚王府奉祠正。嘉靖時，一度赴京，供職太醫院。敕封文林郎、四川蓬溪知縣。撰有《瀕湖脈學》、《奇經八脈考》、《脈訣考證》、《集簡方》、《五臟圖論》、《三焦客難》、《命門考》等醫書，又有《薖所館詩集》、《白花蛇傳》等。李時珍在長期醫藥實踐的基礎上，博覽醫藥學典籍凡八百餘種，以近四十年之功，稿凡三易，撰成《本草綱目》這部藥物學巨著。其事見《本草綱目》卷首王世貞、夏良心二序及李建元《進本草綱目疏》，《章氏遺書》卷二五《李時珍尹賓商傳》、《明史》卷二九九等。

李時珍雖幼多羸疾，卻耽嗜典籍，其《本草綱目》大抵與蘇頌《圖經本草》、唐慎微《證類本草》一脈相承而又相表裏。而『采摭名實，引據經驗，不啻倍之』（夏良心序，刊江西本《本草綱目》卷首）。是書凡五十二卷，分爲十六部，收録藥物一千八百九十二種，其中李時珍新增三百七十四種。插圖一千餘幅，録有歷代醫方一萬餘個，全書近二百萬字。是書對歷代本草辨疑訂誤，考古證今，乃作者畢生心血結晶，是本草學的集大成之作。是書發凡於嘉靖二十六年（一五四七），約成書於萬曆十五年（一五八七），始刻於萬曆二十一年（一五九三）。其子李建元《進本草綱目疏》云『甫及刻成，忽值數盡』可證。是書迄今已傳刻三十餘次。其較早者有夏良心萬曆江西刻本等，諸本中無疑以一九八二年人民衛生出版社點校本爲精善。是書在十七世紀初即已東傳日本，有和刻本；其復又被譯成拉丁、英、法、德、俄等多種文字，成爲享譽世界的藥物學名著。但因李時珍引前人之書時，多非直録原文，而是經過一番化裁，有時不免理解、訂補有誤。如將『蠶綱草』誤作『蠶繭草』之類，不一而足。對於前人論定的藥草、驗方，李時珍多有自己的見解，其對迷信長生不老藥之類的批判尤爲出類拔萃。通常以『李時珍曰』而爲其表達方式。

《本草綱目·茶》乃從是書卷三二分析，成爲明代一種新的茶書。胡山源《古今茶事》已作爲一種茶書收録，頗爲有識。其書分爲釋名、集解、主治、發明、附方等目。其《釋名》中，李時珍已對『茶』、『荼』二字混淆不清，其曰『或言六經無茶字，未深考耳』云云，實乃失考。説詳本《全集》導言拙説。其《集解》一目，稱蔡宗顔《茶山節對》爲《茶對》，不無小誤，是書似不能如此簡稱。而其論『茶有野生、種生』之説，則據明代茶事實踐而補前人所未及，但其説閩人以茶子榨油食用，實乃宋人早已有之。他又指出明人『採儲櫟、山礬、南燭、烏茶諸葉』以亂茶飲，與宋人採柿葉等加工成末茶的作僞方法已有所不同。這是因爲時代變遷，飲茶方式與宋代明顯不同，明代已普及沖泡葉茶爲主的茗飲方式，世移事易也。

其《發明》一目則分析了茶之利弊，他指出：前人所謂黄山君服茶輕身换骨，壺公《食忌》言苦茶久食者羽化云云，『皆方士謬言誤世者也』，則尤爲卓識。其《附方》則補充了一些前人未及之驗方，但也有虚妄者，如引《集簡方》稱：治嗜茶成癖者，用鞋盛茶令食之可癒之類，顯然頗爲荒誕。因李氏書乃今習見之書，故本《全集》不再收入《本草綱目·茶》一卷。

（四八）《遵生八牋·茶泉》 明代茶書。二卷，今存。高濂撰。是書從《遵生八牋》卷一一《飲饌食饌》上卷《茶泉類》析出。今據其内容分爲上下二卷。其上卷《茶》，又分論茶品、采茶、藏茶、煎茶四要、試茶三要、茶效、茶具十六器、總貯茶器七具等八目。下卷《泉》，又分爲論泉水、石流、清寒、甘香、靈水、井水等六目。所采皆前人之所論，無甚新意，以養生爲主題。而輯録茶、泉等相關内容而編次，其立目較隨意，引書不少失注出處，文字亦頗多錯訛。但爲高書作序的屠隆已將其中的内容采入其《考槃餘事》，可證此書當時已頗具影響。

高濂（約一五二七—？），字深甫，號瑞南、桃花漁等，室名弘雪居、妙賞樓、雅尚齋、芳芷樓等。錢塘（治今浙江杭州）人。高應舉子。據其自述，曾『爲典客』，又稱『余在京師』『向遊燕中』，則似曾出仕，並充京官。其餘事蹟及仕履、科第不詳。高濂工樂府，有南曲《玉簪記》等傳世。又精鑒賞，富收藏，又是『得古今書最多，更喜醫方書』的藏書家。撰有《雅尚齋詩草》初集（卷佚）、二集二卷，《三徑怡閑録》二卷等。曾與屠隆、胡應麟等名流交遊。事見《太丞副墨》卷一七《高季公墓誌銘》、《四庫總目》卷一八〇、《千頃目》卷九、《明詩綜》卷五二胡應麟《贈高深甫》、清丁丙《杭州藝文志》卷五（光緒三十四年長沙刊本）等，參據趙立勛《遵生八牋校注·後記》（人民衛生出版社一九九四年版）。

《遵生八牋》是一部以飲食服饌、養生保健爲主體内容，旁及旅遊、花鳥魚蟲、琴棋書畫、文房四寶、文物器玩及其賞鑒等知識的養生學著作。全書十九卷，目録一卷，分清修妙論、四時調攝、起居安樂、延年祛病、飲饌服食、燕閑清賞、靈秘丹藥、塵外遐舉等八牋。内容涉及人類身心調養、生活調節、衛生保健、氣功修煉、藝術鑒賞、逸遊怡樂、性情陶冶等各個方面。作者於道家養生、醫藥保健等有豐富的知識，於保健祛病造詣尤深。全書除引前人相關論述外，也不乏其本人之論，因其興趣廣泛，知識面較寬，所論也頗具精當之見。

作爲養生保健兼及文化藝術、飲饌服食方面的專著，是書流傳較廣，版本亦多。主要有萬曆十九年（一五九一）始刻本，崇禎重刊本、清嘉慶弦雪居再刊本、四庫本等十餘種明、清刊本。其最善佳本無疑首推趙立勛等的校注本。值得一提的是，早在民國三十年，胡山源就把《遵生八牋・茶》作爲一種茶書編入其《古今茶事》（世界書局一九四一年版），殊爲有識。

（四九）《茶譜》　明代茶書。一卷，程榮撰。已佚。據《四庫全書總目》卷一三四稱：『程榮嘗校刊《山居清賞》叢書二十八卷，收《南方草木狀》至《禽蟲述》凡十五種，惟《茶譜》一種乃榮自撰。但是書『採摭簡漏，亦罕所考據』。今《四庫存目全書》未收《山居清賞》，亦未見《中國叢書綜録》著録，疑《茶譜》海内今已無存。程榮，字伯仁。歙縣人。曾校刊《墨藪》二卷，附《法帖釋文刊誤》一卷，萬曆二十年（一五九二）前，亦嘗校刊《漢魏叢書》。徐𤊹《筆精》卷六曾論其校刊《甘石星經》一卷（刊《漢魏叢書》中）及《禽蟲述》一卷之誤，並稱其乃『急於射利』之徒。清沈彤《果堂集》卷八《書校本京房易傳後》亦論其『鮮能辨正舛謬』，則校刊之書失之於未精。程榮事見《四庫總目》卷一一二、一三四等。又，四庫本《湖廣通志》卷二八，載一歙縣進士程榮，嘗官湖廣分守道，不知是否即其人歟？

（五〇）《茶史》　明代茶書。趙長白撰。已佚。作者生卒、籍貫、生平及卷數不詳。是書僅見張大復（一五五四—一六三〇）《梅花草堂筆談》及《聞雁齋筆談》。其前書云：『趙長白作《茶史》，考訂頗詳，要以識其事而已矣。』後書又云：『飲茶，富貴之事也。趙長白自言：「吾平生無他幸，但不曾飲井水耳。」此老子茶可謂能盡其性者，今亦老矣。甚窮，大都不能如昔時，猶摩挲萬卷中作《茶史》。故是天壤間多情人也。』引文分見《續茶經》卷上之一、卷下之二。又，是書乃见陸廷燦同上書卷下之五著録。今考張大復字元長，自號病居士、息庵。昆山人。還撰有《昆山人物傳》、《昆山名宦傳》等。事見錢謙益《牧齋初學集》卷五四《張元長墓誌銘》。張大復晚年喪明，則其《筆談》當撰於萬曆年間，其云趙長白《茶史》乃『今亦老矣』時撰，則亦當撰於萬曆間，很可能乃其晚年時作品。方以智（一六一一—一六七一）《通雅》卷三九《茶飲之妙》引趙長白《茶史》載宋茶龍園勝雪創制事（本自熊蕃《宣和北苑貢茶録》）一條；其《物理小識》卷六又載《茶史》關於明代名茶皆炒，惟岕以蒸焙，實乃仿宋龍團鳳餅製法一條，可見其書内容之一斑，又可證是書明清之際仍尚流傳於世。

又，《廣羣芳譜》卷二一引《茶史》所録劉燁與劉筠飲茶一條，亦出趙長白《茶史》，劉源長《茶史》雖亦引是條，但文字簡陋，難以卒讀，故可斷爲趙書之所始出，此似趙氏《茶書》清初仍行世之證。清人黄履道所撰《茶苑·茶品》引《茶史》十餘條之多，無一見於劉源長《茶史》，疑亦出趙長白《茶史》；如是，則其書康熙時仍行世。説詳本書《茶苑》存目提要。

（五一）《茗林》　明代茶書。一卷，陳克勤撰。已佚。陳克勤，四川資縣人。嘉靖舉人，曾任建昌知縣。是書僅見徐𤊹《徐氏家藏書目》（一名《紅雨樓書目》）卷三及《千頃目》卷九著録。徐氏《書目》卷首有萬曆三十年（一六〇二）自序，則其《茗林》必成於此前。

（五二）《茶筴》　明代茶書。一卷，郭三辰撰。已佚。是書僅見上述《紅雨樓書目》卷三著録，亦爲成於萬曆三十年（一六〇二）前之茶書。作者生平及是書内容不詳。

（五三）《茶説》　明代茶書。一卷，邢士襄撰。已佚。邢士襄，字三若，年里、生平不詳。是書僅見《本草乘雅半偈》卷七引其一則，内容爲述徑山、天目茶；《續茶經》卷上之三引其論採茶之候，卷下之二引其茶忌着料、投菓，均爲切實之論。方以智《物理小識》卷一亦稱是書堪與許次紓、張源、聞龍等茶書相提並論，今存佚文雖僅吉光片羽，但亦堪稱是獨創性茶書而非轉相傳抄稗販者可比，故亦彌足珍貴。從程用賓《茶録》正集《品真》已引其書茶忌着料、投菓之説考察，則是書必成於萬曆三十二年（一六〇四）之前，當爲十六世紀晚期撰成的茶書無疑。

（五四）《茶集》　明代茶書。一卷，胡文焕撰。今存。這是與喻政《茶集》同名且性質相類似的一種茶書。胡文焕，字德甫（父），號全菴、全菴道人、抱琴居士。錢塘人。文人兼書商。曾先後刻印《百家名書》、《格致叢書》等大型叢書。《格致叢書》凡收書近二百種，爲卷六百有餘，其中署胡文焕所輯者爲十五種二十九卷。是書有萬曆三十一年（一六〇三）刊本，今海内國家圖書館、首都圖書館及上海辭書出版社圖書館藏有三部完本，京、滬、魯、寧、浙、渝等各大圖書館藏有十一種殘本（據《中國叢書綜録》之説）。但《格致叢書》中並無《茶集》，而僅有《茶經》（三卷）、《茶録》、《茶譜》、《試茶録》、《茶具圖贊》（各一卷）五種茶書。據《中國古籍善本書目·叢部》著録，《百家名書》今海内藏有三部，前兩部完本分别爲一百種及一百三種，分藏旅大市圖書館及山東省圖書館，檢核細目並無《茶集》。另一部殘本（今存七十五種一六九卷）藏中國科學院圖書館。此本細目著録有《新刻茶集》一卷《附説四篇》一卷，但已目存而書佚。據朱自振先生《茶集》提要稱，海内僅有此孤本，今藏北京大學圖書館，找到此書頗費周折。但是書已無《附説四篇》一卷，疑並非中科院圖書館已佚之本。最早指出《茶集》不在《格致叢書》而在《百家名書》中者乃日本已故著名學者布目潮渢（一九一九—二〇〇一）教授，顯然，在日本藏《百家名書》中尚有此《茶集》。可以肯定，喻政《茶集》之輯較之胡文焕同名之書晚近二十年。但喻書内容無疑豐富許多。有意思的是：喻政《茶集》卷二還收有胡文焕《茶歌》一首，正印證了胡氏《茶集》序中所謂自己乃『味茶成癖』之徒。其自序還稱自己『必藉茶爲藥石，每深得其功效』。從《茶歌》亦收入胡氏《茶集》分析，喻政應是見過胡文焕同名之茶書的，其亦名之曰《茶集》，或即受其影響歟？胡氏《茶歌》中原誤三字，喻政《茶集》收入時已改正，可見胡氏刻書是何等草率，連己作都不認真校對，可想而知，其書質量之劣就不足爲怪了。這也許是書商的通病，但明代大量粗製濫造的書，又遠非爲宋人垢病之『麻沙本』可比。誠如朱自振先生所論，胡氏《茶集》輯録的詩文多輯自《茶經外集》、《茶譜外集》二書。其引黄庭堅《雙井茶》同訛倒爲《雙茶井》可爲顯證。但也並非如朱説全抄自上引二書，此外至少還有胡氏《茶歌》乃其創作；明·徐巖泉《六安州居士傳》、《採茶曲》、《雜詠》、《茶經》；宋·李南星《茶瓶湯候》，羅大經同題詩及《煎茶》（輯自宋·羅大經《鶴林玉露》）；凡文一篇、詩七首不見於上引二種《外集》，至少，胡氏有補輯或轉録之功。

還須指出：胡氏除還刻有《胡氏粹編》（五種二十卷）、《壽養叢書》（三十五種七十二卷）外，還編撰有《文會堂琴譜》六卷，《古器具名》二卷，《古器總説》一卷，《詩學匯選》二卷，《胡氏詩識》三卷，《詩學字類》二十四卷，《韻學字類》十二卷，《皇圖要覽》四卷（四庫本《浙江通志》卷二四四作十卷），《神事日搜》二卷，《歷世統譜》（卷亡），《素問靈樞心得》四卷，《醫學權輿》、《醫學要數》、《香奩潤色》、《詩法統宗》、《詩家集法》各一卷，《寸札類選》、《彤管摘奇》、《寓文粹編》各二卷，《幽徑尋香》六卷，《古今碑帖考》，《五倫詩選》等。分見《四庫總目》卷一一四、一一六、一三四、一三八，《千頃目》卷一、二、三、六、九、十五、十六，四庫本《浙江通志》

卷二四三、二四七、二五二，《佩文齋書畫譜》卷二〇等。足證胡文煥並非只是一味貪圖射利的書商，也是有相當學養的文人，不過其刊行之書確多爲校刊未精的粗制濫造之本而已。但晚明風尚已然，實不必苛責胡氏。另外，四庫本《福建通志》卷二三載有一曾任福建平海衛學教授胡文煥，疑或同名之又一人歟？要之，胡文煥乃隆、萬間有一定學養和識力的文士兼書商。

（五五）《歷朝茶馬奏議》　明代茶書。四卷，徐彦登撰。是書見《明史》卷九七《藝文二》及《千頃目》卷九著録。徐彦登，字允賢，號景雍，室名大雅堂。浙江德清人，一作仁和人。萬曆十七年（一五八九）進士，曾官山東道御史，又曾官陝西巡茶御史。是書當即其萬曆間任巡茶御史時所輯撰，内容應是明代歷朝諸臣關於茶馬奏議的匯編。其生平事略見王世貞《弇山堂別集》卷八四、《浙江通志》卷一三三、《甘肅通志》卷二七，清王同纂光緒《塘棲志》卷一〇一等。是書不見於《四庫存目叢書》及《續修四庫全書》等，疑已佚。

（五六）《六茶紀事》　明代茶書。一卷，王毗撰。已佚。王毗，生卒、居里、事略不詳，僅知曾攝霍山縣令，主持六安茶入貢事。霍山，自宋以來即爲名茶産地。其書及事僅見李日華（一五六五—一六三五）《六研齋筆記》三筆卷二著録：

> 余友王毗翁攝霍山令，親治茗，修貢事。因著《六茶紀事》一編，每事詠一絶。余最愛其《焙茶》一絶云：『露蕊纖纖纔吐碧，即防葉老採須忙。家家篝火山窗下，每到春來一縣香。』

本書應是關於六安茶明代入貢的可靠記載，惜其書已佚，難考其詳。其人生活之年代應爲與李日華同時代或略相先後者。又李日華之生平事略，詳下條。

（五七）《竹嬾茶衡》　明代茶書。一卷。李日華撰。已佚。李日華（一五六五—一六三五），字君實，號竹嬾、九疑。嘉興人。萬曆二十年（一五九二）進士。天啓五年（一六二五），爲尚寶司丞，累官太僕少卿。恬於仕進，博覽羣書，詩文奇古。工書畫，精鑒賞。撰有《璽召録》、《竹嬾畫媵》、《續畫媵》各一卷，《官制備考》、《時物典匯》各二卷，《墨君題語》、《恬致堂書話》各三卷，《六部職掌》六卷，《紫桃軒雜綴》、《又綴》各四卷，《六研齋筆記》十二卷，《日記》二十卷，《書畫想像録》、《恬致堂集》各四十卷，又有《姓氏譜纂》七卷、《倭變志》一卷、《檇李談叢》等。其事略見《明史》卷二八八，著作則見《四庫總目》卷六〇、六四、八〇、一一〇、一二二、一三八、一九七，《明史》卷九七、九八、九九及《千頃目》卷九、一二等著録。《茶衡》，僅見《續茶經》卷下之五著録，同書卷下引其書『處處茶皆有，然勝處未暇悉品』一條，卷上之一、之二，卷下之三，又引其《筆記》、《雜綴》中關於茶事多條。則李氏此二書中所論當亦其《茶衡》内容之一歟？

（五八）《茗笈》　明代茶書。三十卷，徐𤊹撰。已佚。徐𤊹事略具見《茗譚》提要。本書僅見《千頃堂書目》卷九《食貨類》著録。其云三十卷，乃孤證，今已無從考證，但並非空穴來風。首先，徐𤊹家藏茶書之富，明清藏家未能其出右，凡二十七種、四十二卷之多，有些茶書，如《茗林》、《茶筴》、《茶乘》、《茶事匯輯》等僅見《徐氏家藏書目》卷三著録。其中僅《茶乘》四卷幸存，餘三種已佚。他完全有條件憑藉這些藏書編寫一部大型茶事匯編。其次，他曾利用這些藏書協助喻政編刊《茶書》，甲乙種本去其重複，凡收書二十七種（方案：僅《水品》一種不見其《書目》著録）、三十三卷。如果除去喻政《茶集》二卷、《烹茶圖集》一卷不計，由徐𤊹提供的二十五種書，恰爲三十卷，或其已有匯刊之計劃而定名爲《茗笈》歟？當然，更有可能的則是其利用這些藏書編成一部大型茶事分類匯編。因爲他曾經爲屠本畯的《茗笈》作序，完全有可能仿照這種思路進行輯集。也許，他的思路更開闊，他家藏的宋明人的文、別集極富，完全有可能把這類茶文、茶詩、茶詞亦加以輯集而作分類匯編。徐氏堪稱中國歷史上藏書最爲豐富者之一。最後，上述這種推測絶非憑空想象，因爲今存黄履道《茶苑》正是多達二十卷的大型茶書，其後，陸廷燦的《續茶經》雖僅三卷，但細加釐分，亦可據内容析爲二三十卷。或許這類大型茶事匯編的開創者正是徐𤊹，只是其書已佚，無法證實而已。但我們今天已有條件編特大型多達數百萬言的這類茶事匯編了。

（五九）《茶約》 明代茶書。一卷，何彬然撰。已佚。何彬然，字文長，一字寧野。蘄州蘄水人。未仕。是書成於萬曆四十七年（一六一九），略仿陸羽《茶經》之例，分種法、審候、採擷、就製、收貯、擇水、候湯、器具、釃飲九則，末附『茶九難』一則。是書，《四庫全書》著録於存目。今《四庫全書存目叢書》及《續修四庫全書》均未收録，疑或已佚。作者生平事略見《四庫總目》卷一一六、四庫本《湖廣通志》卷一三、六三，民國《湖廣通志》卷八三引《嘉慶志》等。

（六〇）《茶鐺三昧》 明代茶書。一卷，王啓茂撰。已佚。王啓茂，字天根，號南窗老人，室名王凫齋、石首人、拙修堂等。崇禎中，以明經薦，不就。能詩，曾與袁中道（一五七〇—一六三四）等交遊。事見清丁宿章輯《湖北詩徵傳略》（光緒刊本）、民國《湖北通志》卷八三引《石首志》，袁中道《遊石首繡林山記》，刊明賀復徵編《文章辨體彙選》卷六〇五等。又，《湖廣通志》卷八八録其《巴陵即事》、《謁張文忠公祠》二詩。其書僅見四庫本《湖北通志·藝文》著録。

（六一）《茶書》 明代茶書。七卷，原題醉茶消客輯。今存。今僅存明抄本一部，藏南京圖書館。見《中國古籍善本書總目·子部》著録。是書爲海内外孤本。筆者始見萬國鼎《茶書總目提要》著録云：「是書『全部是輯録有關於茶的詩文，沒有序跋，首頁已佚，不知原來是什麼書名。現在稱作《茶書》，是南京圖書館編目者所題的。』萬先生所論甚是。以筆者愚見，如果擬題作《歷代茶詩文選編》（或作《匯編》），也許更合適些。張芳等《中國農業古籍目録》著録爲一卷，未審其何所據。南圖編目者據其内容析爲七卷，當是，但是書或許原未分卷。檢閲是書影印本，不僅首尾有闕頁，中間亦有脱頁。似入藏時已爲明抄殘本。今本首頁即唐韓愈《石鼎聯句》，故原中國農科院、南京農學院農業遺産研究室從南圖轉録的抄本已加裝了封面（筆者承朱自振先生賜示複印本），上題書名爲《石鼎聯句》（抄本），實非是；下又題《歷代詠茶詩匯編》，雖近真，卻仍未允。今檢核是書收録自唐至明代的茶詩詞文賦凡數百首，又附録關於水、泉的詩詞文百餘篇，全書約四萬餘字，是關於茶、水詩詞文賦的匯編。故似又可據其内容擬定名爲《歷代茶詩詞文賦選編》，或又可稱《類編》或《匯編》。稱《茶書》則用其泛稱，其篇幅約相當於《茶乘》。是今存僅次於《續茶經》、黄履道《茶苑》及《廣羣芳譜·茶譜》的又一部茶藝文類編。原書不分卷，題一卷者不確。其附録部分明著有水詩、水詞等目，故編目者定爲七卷似可從。

是書題消茶醉客纂，遍考未見其人。但從其書的内容考察，編纂者應爲有一定文學修養的文人。從其收録大量關於竹茶爐明人詩及關於惠山泉的大量詩文看，似是江南一帶之文人。是書主要收録宋及明人的茶詩文，其中頗有爲本《全集》所失收者。如題爲宋人林德頌的《榷茶論》，今考實乃《古今源流至論·續集》卷四《榷茶》。作者林駟，字德頌，南宋末福建寧德人，清修苦學，嘗魁鄉薦。景定五年（一二六四），謁福建路轉運使江萬里（一一九八—一二七五），爲其賞識。後聚徒教授，深受從學者的歡迎，撰有《古今源流》三十卷（今有四庫本）、《皇鑒》前後集等。此文確爲對宋代榷茶之制有深刻見解的獨到之論。惜是書所採之文已全删其注文千餘字，又脱誤二十餘處。又如姚邦顯、錢椿年《茶譜》二序、趙之履《茶譜續編》跋及盛時泰《大城山房茶詩十詠》六言十首、詩後自跋與金光初、陸典二跋等，均極具史料價值，且僅見於是書。當然，此書編纂亦較粗疏草率，文字訛脱倒誤，觸目可見。乃至將梅堯臣《茶磨》等四詩誤署作主爲丁謂，將吕本中（字居仁）誤作吕居士等硬傷亦不乏其例。鑒於是書錯訛較多，其詩詞文賦絶大部分已見於本《全集》，故僅著録於存目而暫不收。又因是書所收詩文止於明末，故頗疑『醉茶消客』乃明末清初之江南文士。總之，這是一部值得深入研究的茶書。三十餘年前，筆者常去南京圖書館古籍部訪書，曾請教過研究館員、莊子研究專家姜老，力求從是書的傳承、遞藏得些線索。惜亦毫無所獲，併識於此，亦誌紀念忘年之交姜老。姜老爲鎮江人，時年已六十餘歲，用功過度，病目頗重。但對讀者之諮詢請益，極爲熱情和主動。今之圖書館中似姜老之博學且又熱忱爲讀者解疑辨難者，已絶跡也。

（六二）《二如亭羣芳譜·茶譜》 明代茶書。一卷，王象晉撰。今存。王象晉，字藎臣，一字子進，號康宇，室名二如亭。王象乾（一五四六—一六二九）之弟。山東新城（治今山東桓臺）人。萬曆三十二年（一六〇四）進士。授中書舍人，四十一年，遷禮部主事，因事謫江西按察知事，稍遷行人司副使，擢禮部員外郎，陞郎中，出爲浙江參政，官至右布政司使。王象晉《言志》詩自述『通籍三十年』，約崇禎中致仕，優遊林下，年九十餘卒。其《言志》又云『百歲猶頃刻』，殆實録也。約卒於清初，鄉人私謚康節先生。則其當生於嘉靖末。撰有《清寤齋欣賞編》、《翦桐載筆》、《簡便驗方》各一卷，《秦經詩餘合璧》二卷，《心賞編》五卷，《賜閑堂集》二十卷等。其生平事略及著作見《禮部志稿》卷四二、四四，《别號録》卷三，《明詩綜》卷六四，《千頃目》卷九、一四，《四庫總目》卷一三二、一四三、二〇〇，《山東通志》卷一五之一、卷二八之三等。《羣芳譜》，《明史》卷九八、《千頃目》卷九均著録爲二十八卷，當是。惟《四庫總目》稱三十卷，而《山東通志》又云四十卷，似皆誤。又，《四庫提要》稱其爲『諸城人』，亦誤。《羣芳譜》分述穀蔬、茶竹、桑麻、藥草、花卉、鶴魚之大略。詳備精賅。清初，敕命汪灝等，『删其踳駁，正其舛謬，復爲拾遺補闕』，修訂而成《佩文齋廣羣芳譜》一百卷，收入《四庫全書》，其中《茶譜》爲四卷。但王書仍並行而不廢。《羣芳譜》茶竹合爲一卷，《廣羣芳譜》雖增補數倍，且汪灝等有清初皇家圖書館可利用，又爲奉敕官修，私家著書無可比擬。但王書間架已備，創體之功不可磨滅，後書轉出爲精詳，乃勢所必然。

（六三）《松寮茗政》　卜萬祺撰，已佚。僅見《續茶經》卷下之五著録。且同書卷上之一引其記『虎丘茶色味香韻，無可比擬』一條。未審是明代茶書或茶文，亦未詳其内容。卜萬祺，嘉興秀水人。天啓元年（一六二一）舉人。崇禎間，官至韶州知府。事見四庫本《浙江通志》卷一四、《廣東通志》卷二七等。此或當爲明末之茶書或茶文。

（六四）《茶經》　明代茶書。黄欽撰。已佚。黄欽，字子安，自號九疊山人。江西建昌新城人。工書，善琴，嗜茶。隱居福山簫曲峯，自製簫曲茶。撰有《五經説》、《六史論》等。自幼與黄伯端（一五八五—一六四五）相交。其事見朱彝尊《經義考》卷二五一引《新城縣志》、《建昌府志·隱逸傳》等。《茶經》則僅見四庫本《江西通志·藝文略》著録，是書當撰於明末前無疑。本則參據萬國鼎《茶書總目提要》之説。

（六五）《茗笈》 明代茶書。一卷，作者佚名。今存。見順治《六合縣志》卷一二及康熙《六合縣志》卷一二。是書卷首爲前言或序，闡明輯録宗旨。其有云：『人各爲論，不相沿襲。』此語又見盧之頤《茗譜·自序》（方案：僅『論』原作『政』而已），似乎此乃據盧氏《茗譜》删略而成。但從下録諸書文字看，凡《茗譜》與屠本畯《茗笈》有異者，則多同屠氏《茗笈》，又其前十三章之『贊』均録屠氏四言之文，故其書當爲删略屠氏《茗笈》而成。或其曾見盧氏之《茗笈》而參用其序中之説歟？是書編次同屠氏之書，惟略有增删而已。如依次爲溯源、得地、乘時、揆製、藏茗、品泉、候火、定湯、點瀹、辨器、申忌、相宜、衡鑒、談茶等十四章，其前十一章與屠氏《茗笈》全同，僅删屠書十二『防濫』、十三『戒淆』及十六『玄賞』三章，而補以第十四章『談茶』而已。其所引諸書内容已删削過半。屠氏《茗笈》引書凡十六種，是書僅引其中的十種。明代茶書僅焦竑《類林》未引，餘八種全引；而陸羽《茶經》、蔡襄《茶録》等唐宋茶書幾全删，保留者僅宋子安、葉清臣二種。或其以爲唐宋茶書已爲人熟知，而葉夢得、蘇廙、董逌、羅大經等四種殆爲茶文而非茶書歟？或其取捨標準已比較隨意。其書所增入者乃第十四章《談茶》，凡收三條，僅第一條注云出蔡獻臣《談茶》，其餘二條，未注出處，或輯者自述歟？其末附泰西熊三拔《試水法》一文。

今僅將佚名《茗笈》自序、第十四章及附録《試水法》附存於下。順治、康熙二本《六合縣志》卷一二録文基本相同，僅個别字有異。今據康熙本重新加以標點，必要的校語括注説明，不另出校記。又，陳、朱本《中國茶葉歷史資料選輯》頁一八〇—一九〇）及吴覺農《中國地方志茶葉歷史資料選輯》頁三六至四三（兩書分見農業出版社一九八一、一九九〇年版）兩收其書，分據順治本和康熙本。標點偶有未允處，今僅用作參校本，以免掠美之嫌，特此説明。

茗笈（摘録）　〔明〕佚　名

自序

品茶者從來鑑賞，必推虎丘第一。以其色白，香同嬰兒肉，此真絶妙論也。次則屈指棲霞山，蓋即虎丘所傳匡廬之種而移植之者。曩有業茶徽賈游靈巖，謂水清地沃，極宜種茶，語若有憑，惜無植者。今輯諸家茶政中精要語，類列十四則，人各爲論，不相沿襲。使有同志者專藝爲業，遂可代耕，奚止誇爲鴻漸功臣哉！

第十四談茶

贊曰：斯荈賞題，亦既衆只。秋摘冬青，展也知己。

茶以春萌勝，貴其香也。近有秋摘者，味尤爽烈。蓋夏炎濕蒸，春芽易顯，秋氣蕭瑟，冬盡尤青。（蔡獻臣《談茶》）

虎丘茶色白而味香，然憑萬頃雲俯瞰僧園，敝株盡矣。所出絶稀，味亦不能過端午。

茶與酒，清濁美惡，入口自知。所貴君子之交淡而有味，香勝者未爲上品。

附：泰西熊三拔《試水法》

試水美惡，辨水高下，其法有五。凡江河井泉雨雪之水，試法並同。

第一，煮試。取清水置净器煮熟，傾入白磁器中，候澄清，下有沙土者，此水質惡也。水之良者無滓；又，水之良者，以煮物則易熟。

第二，日試。清水置白磁器中，向日下，令日光正射水，視日光中若有塵埃氤氲如遊氣者，此水質惡也。水之良者，其澄澈底。

第三，味試。水，元行也。元行無味，無味者真水。凡味皆從外合之，故試水以淡爲主，味甘者次之，味惡爲下。

第四，秤試。各種水，欲辨美惡，以一器更酌而秤之，輕者爲上。

第五，絲綿試。又法：用紙或絹帛之類其色瑩白者，以水蘸候乾，無跡者爲上也。

（六六）《茶譜》 明代茶書。卷數不詳。陳元登撰。已佚。陳元登，字龍淮，福建連江人。明季以氣節自持。工書畫，擅詩文，撰有《漁村詩文集》、《茶譜》等。事見《福建通志》卷五一《文苑》。《茶譜》僅見於此，内容不詳。

（六七）《茗説》 明代茶文。吴從先撰。今存。吴從先，字寧野，號小窗，室名黎云館。歙縣人。仕否不詳，萬曆時人。撰有《小窗四記》：《自紀》、《清紀》、《別紀》各四卷，《艷紀》十四卷。又嘗助何偉然校訂《廣快書》五十卷；還編有明一代布衣之詩曰《布衣權》，僅存寫本，佚於明清易代之際。其事略見四庫本《浙江通志》卷二二六引《武林梵志》，《四庫總目》卷一三四，《千頃目》卷一二，《續通考》卷一八〇，清魯銓、洪亮吉嘉慶《寧國府志》卷三一等。《茗説》今存其《小窗自紀》中，有明萬曆《小窗四紀》合刊本。《續茶經》卷下之四引其關於松蘿茶子及秋露白片茶子一條，乃述歙縣産松蘿名茶者。但是書卷下之五又誤引作《茶説》，此應作《茗説》無疑，同書卷下之四正引作《茗説》。

（六八）《武夷茶説》　明代茶文。衷仲孺撰。僅見《續茶經》卷下之五著録，或存其《武夷山志》一書中。衷仲孺，字稚生。崇安人。其父宗周，字尚文，號太樸，好學尚義。仲孺工詩善書，纂有《武夷山志》。自宋劉夔始纂《武夷山志》，至清乾隆董志修成，山志凡十四修。今存者僅五部。明志則以衷志爲最早，且稍詳；而徐表然則有《武夷志略》；　清則王梓、草堂二志，至董志集大成。仲孺崇禎間嘗以薦任平遠（治今廣東平遠縣北仁居）令。其《茶説》當爲專論武夷茶之文。又，王梓《武夷山志·物産·茶》亦嘗引其文略云：『茶質不甚相遠，全在制烹有法，此老桑苧之言也。』其實，董天工乾隆《武夷山志》卷一九《物産·茶》門所録詩、賦、文，亦可輯録編成一種茶書，可名之曰《武夷茶説》。當然，如從董志全書輯録關於武夷茶的詩詞文賦，内容當更豐富。可見本《全集》已收、未收、存目茶書外，仍頗有搜輯之餘地。

（六九）《茶酒爭奇》　清代茶書。二卷，鄧志謨撰。今存。鄧志謨，字景南。滄州饒安（治今河北滄州孟村回族自治縣）人。撰有《古事苑》十二卷，乃仿宋吴淑《事類賦注》之例，類次古事而注其下，所不同者爲白話而無韻。是書成於康熙十三年（一六七四）。《千頃堂書目》卷一五又著録其有《故事白眉》十二卷，疑或即《古事苑》之同書異名。志謨是否仕履不詳。《廣羣芳譜》卷二六引其《桃花》詩一首，則其人能詩。

鄧志謨輯有《七種爭奇》二十卷，有清春語堂刻本，今藏國家圖書館。其子目爲：《花鳥爭奇》、《童婉爭奇》、《風月爭奇》、《蔬果爭奇》、《梅雪爭奇》、《山水爭奇》各三卷，《茶酒爭奇》二卷。見《中國古籍善本書目・子部・雜家類》著録。《茶酒爭奇》二卷，即其中之一書，殆亦類似《茶酒論》之遊戲文字，而文學價值則遜《茶酒論》遠甚。今不收其書，而姑存其目。

（七〇）《茶譜》　清代茶書。一卷，朱碩儒撰。已佚。僅見《續茶經》卷下之五著録，謂見之於《黄與堅集》。今考黄與堅，字庭表，號忍菴。蘇州太倉人。順治十六年（一六五九）進士，嘗官知縣。康熙十七年（一六七八），第博學鴻詞科，授翰林院編修。預修《明史》、《清一統志》等。二十三年，曾赴貴州爲鄉試正主考官。崇尚經術輯解，頗多詞賦。撰有《易學闡》、《忍菴文集》等。吴偉業編有《太倉十才子詩選》，其中有《忍菴詩》一卷。事見《詞林典故》卷八，《梅村集》卷二三《太倉十子詩集序》，《檇李詩繫》卷四一，四庫本《江南通志》卷五七、卷一三七、卷一六六，《貴州通志》卷一八等。據黄與堅之事蹟，則朱氏《茶譜》當撰於清初，惜遍考未得其人。

（七一）《茶苑》　清代茶書。二十卷，黄履道輯撰。今存。此書僅有清抄本，今藏國家圖書館，爲海内外孤本。是書繆荃孫（一八四四—一九一九）《藝風藏書記》卷八著録云：『明毘陵黄履道輯，舊抄本，諸家書目未見著録。《武陽志》亦無其人，此書搜採淹博，鈔寫古雅，疑是稿本。前有弘治二年（一四八九）張楫（琴）序。收藏印記，有「華亭朱氏」白文方印，「謙牧堂藏書記」白文，後有「謙牧堂書畫記」朱文兩方印。』繆氏將輯者定爲明人，不言而喻，書亦爲明代茶書，其唯一依據是『弘治二年張楫（琴）序』。實誤。首先，其書搜採的明代茶書甚夥，如《茶録》、《茶解》、《茶疏》、《茶董》、《羅岕茶記》、《煮泉小品》等，無一爲弘治二年以前者。可以確定爲此年以前的明代茶書，只有二種，即朱權（一三七八—一四四八）《茶譜》和錢椿年《茶譜》（成書於一四八八年前）。而恰恰未見《茶苑》引此二書。明代茶書多成於嘉、萬年間，即十六世紀中葉至十七世紀中葉的上百年間。因此，此序或爲僞序，或爲年代有誤，不能作爲作者生活年代和是書的斷代時間，斯可斷言。《茶苑》卷九《泉品》有輯者黄履道《序天下名泉》自述云：『非欲與田子藝《煮泉小品》較優劣也。』《小品》有嘉靖三十三年（一五五四）自序，上距弘治二年（一四八九）已有六十五年之久。這是《茶苑》不可能成於弘治二年的顯證之一。更重要的是：《茶苑》卷一四不僅録引冒襄（一六一一—一六九四）撰《岕茶彙鈔》，還收録其《鬥茶觀菊畫記》一文，末有冒襄自言『壬子冬至後識』，即此文撰於康熙十一年（一六七二），則《茶苑》之成必在此年之後，應是清人所輯撰的清代茶書。故《中國古籍善本書目·子部》（頁四七六）著録爲『清抄本』，頗有識。其實，《茶苑》卷七《福建·茶品五》有作者自跋稱『明季建寧府貢茶』云云，已顯爲清人口吻；其跋記載了他的亡父曾用家藏的宋代龍鳳茶爲其治病立癒的經過後又説：『壬子歲，先君再入都門。』證諸上引冒氏之文自署作年，應爲同一年，即康熙十一年。證諸卷首張序所載，正爲其中年病廢，不能飲茶，遂盡發『篋中羣籍』輯録是書之際，大致可確定此書之成，當在此後十餘年間。要之，此爲清人之書，而絶非明人之輯，殆無可疑。

關於其作者及作序者於史無考，張楫琴疑亦非其名，當爲其字或號歟？上引繆荃孫之説稱，是書有『謙牧堂』收藏印。今考清人黄承吉字謙牧，號春谷。歙縣人，居江都。而作序者張楫琴又爲邗江人，地望相鄰。疑此黄承吉，或即履道之後裔或族人。惜亦未能考見其人之詳。繆荃孫説他是昆陵（治今江蘇常州）人，未審其何所據。據《茶苑》卷四《茶品》引作者《序海内産茶名地》自署作『坦齋』，此或即黄履道之號。關於作者，目前僅知如上所述之一鱗半爪。

是書篇幅約與《續茶經》相侔，但搜輯之廣及精審程度，則遠不如陸廷燦書。但其書也頗具特點，如是書尤詳於茶品和泉品，且又分省條分縷述，有些條目僅見於是書所引。惜此書引文文字差訛極多，甚至有臆改原書之類弊病。如其引范仲淹詩《瀟洒桐廬郡》十絶之一竟改題爲《詠鳩坑茶》，仲淹所詠實乃睦州（治今浙江建德）茶『分水貢茶』。類似之誤，不一而足。又，是書引書頗不規範，如所引『宋稗史』云云，實非書名，而乃宋代（或宋人）稗史之泛稱。是書析爲二十卷，其分析卷次亦極爲隨意。卷一釋茗，卷二種類，卷三茶候；卷茶四至卷八爲茶品，分省次爲十二目；卷九至卷一〇爲泉品，又分省次爲十六目；卷一一論泉品；卷一二器物志，卷一三藏茶法，卷一四茗飲，卷一五鑒賞，卷一六詩文，卷一七詩詞（摘句），卷一八詩餘（詞）、藝文（賦、序、尺牘），卷一九雜志，卷二〇補遺。在茶品、泉品中，有同省分跨二卷者；卷一三既立藏茶、烹點、茗飲三目，卷一四卻又專設《茗飲·飲》一章。卷一六至一八也完全可按茶詩、詞、文、賦而分設卷次，原書卻混雜攙和，眉目不清。也許正如繆荃孫所説僅是稿本而已。總之，是書是一部需要認真整理校核方可成型的茶書。《茶苑》引用最多的即明代茶書及方志和筆記。值得注意的是：其《茶品》引《茶史》十餘條，均不見於劉長源《茶史》，疑即本自已佚的趙長白《茶史》；另外，卷一四引陳詩教《灌園史》，亦有《續茶經》、《廣羣芳譜》未引録的佚文。這是一部亟待整理又有一定資料價值的茶書。鑒於《茶苑》中的大部分内容已見於本《全集》各書，又因是書整理難度頗大，有些引用書目已無可尋覓，今姑著録於存目，將來如有機會，或可再經精校和深度加工、改編後收入《全集》續編。如果運作順利的話，不久或許將有影印本先期刊行。

（七二）《廣羣芳譜·茶譜》 清代茶書。四卷，汪灝等編。今存。汪灝，字紫滄，號石梁、竹農，室名知本堂、街西柳映齋。休寧人。康熙四十一年（一七〇二），以獻賦而召入。次年賜進士及第，授編修，總武英殿纂修事，充皇太子講官。曾預修《淵鑑類函》、《佩文齋詠物詩選》、《唐詩選》、《宋金元明四朝詩選》等。撰有《知本堂詩文稿》等。事見四庫本《江南通志》卷一六七、王士禛《分甘餘話》卷一等。

《廣羣芳譜》一百卷，實本明人王象晉《羣芳譜》增訂續補而成。康熙四十四年（一七〇五）六月奉旨開館，四十六年二月告成。汪灝、張逸少等四人爲編修官。康熙親製御序冠於卷首，賜書名爲《佩文齋廣羣芳譜》。分天時（六卷）、穀（四卷）、桑麻（二卷）、蔬（五卷）、茶（四卷）、花（三十二卷）、果（十四卷）、木（十四卷）、竹（五卷）、卉（六卷）、藥（八卷）等十一譜，凡一百卷。是書保留王象晉自序及各門小序，對其部分卷目有增補和調整。誠如書序概括的那樣：『《羣芳譜》蒐輯衆長，義類可取』，但因『尚多疏漏』，故盡發『秘府藏帙，攟摭會萃，删其支冗，補其闕遺』，廣續王譜而成。這一評價，遠較後來《四庫提要》的全盤否定王譜而更公允切實，可見康熙的御用文士，多非等閑之輩而不乏飽學之士。《廣羣芳譜》是我國十八世紀初編成的一部大型植物學博物事典，其例已創自宋人陳景沂《全芳備祖》而又踵步於明人王象晉《羣芳譜》，堪稱集大成之作。此書已被收入《四庫全書》，遂廣其傳。

《茶譜》四卷，已較王象晉《茶譜》擴充四倍有餘，内容豐富，所録多據内府藏本，文字精賅，頗少錯訛，且不乏前人闕載之茶事資料。如明人陸樹聲茶詩散句等一些茶詩僅見於是書。成書於雍正年間的陸廷燦《續茶經》無疑取資於此多矣。是書與陸書堪稱清代茶書中的『雙璧』，也是中國茶文化史上最爲重要的茶事匯編。其編校質量甚佳，亦可與《續茶經》媲美而爲明代之茶書望塵莫及。《茶譜》，在《廣羣芳譜》中占四卷篇幅（卷一八至二一）。分標作：茶（一），乃茶事輯録（卷一八雜引諸茶書）；茶（二）至（四）（即卷一九至二一之前半，凡二卷半），分體録明末以前人文、賦、詩、詞，包括詩之散句；其末（卷二一之後半）又別録茶故事，茶之種、采、造、藏、烹飲諸法及茶效等，似爲卷一八《茶譜一》之補遺。如是，則編次似稍欠允洽。其書皆先録王象晉《茶譜》内容，次加增廣，因而乃兼包二書，故今《廣羣芳譜·茶譜》之流傳遠較王譜爲廣，也許是後出轉精之故吧。這樣重要而又文字可信的茶書，且已整理校點完畢，理應編入本《全集》下編，終因篇幅已逾限而只能忍痛割愛，俟諸來日，今亦姑先著録於存目。《廣羣芳譜》已有商務印書館《國學基本叢書》（一九三五年版）及據以影印的上海書店一九八五年版等通行本行世。

（七三）《茶説》 清初茶書。一卷，王復禮撰。已佚。王復禮，字需人，號草堂、四勿。錢塘人。王守成裔孫。康熙四十八年（一七〇九），應福建制、撫兩臺之聘至閩，築室武夷一曲大王峯麓，建武夷山莊，又名天柱草堂。『啜茗觀花、舉杯邀月』其中。曾與毛奇齡等交遊。撰有《家禮辨定》十卷、《季漢五志》十二卷、《三子定論》五卷，又有《草堂雜録》、《節物出典》、《聖賢儒史》、《蘭亭志》、《孤山志》等，康熙五十七年，完成《武夷九曲志》十六卷。時官崇安縣令的陸廷燦曾助其校訂。故兩人亦有直接交遊之誼。毛奇齡稱其『修處士之行而擅大夫之才』。事見《西河集》卷三三《王草堂詩序》，董天工乾隆《武夷山志》卷一七《名賢下》、王復禮《武夷山莊記》（刊同上董志卷六），《四庫總目》卷二五、五〇、七六、九七等。

《茶説》見《續茶經》卷下之五著録。陸氏書卷上之三、卷下之二、四引其三條，或稱《草堂茶説》。又同書卷中引『茶具』一條，僅云出《茶説》，卷上之三引復禮《節物出典・養生仁術》一條，卷下之四又引其兩條，一作出《草堂雜録》，注文一稱『王草堂云』，此四條，疑亦復禮《茶説》中語。王氏注文有云：山東蒙山頂上茶，『乃石上之苔爲之，非茶類也』（見《續茶經》卷下之四引），尤爲有識。陸氏既已引其論茶七條之多，《茶説》當爲一卷茶書，但亦不能排除其爲《草堂雜録》之一篇的可能。惜不能睹其全貌，姑志疑並著録如上。

（七四）《茶庫藏貯圖像目》 清代茶書，一卷，今存。原署清乾隆中敕撰，被收入《松鄰叢書》甲編。《松鄰叢書》，吴昌綬輯，有民國七年（一九一八）吴氏雙照樓刊本，其書甲乙編收元至清代之書凡二十種。是書即爲其中之一，是書是關於清代貯茶庫的圖像及其説明文字之書。今暫不編入本《全集》，而僅存其目。是書僅見顧廷龍主編《中國叢書綜録》（上海古籍出版社一九八二年版第二册頁九三二）著録。

（七五）《御茶膳房儀注》 清代茶書，一卷，今存。有清道光十七年（一八三七）内府抄本，今藏中國科學院圖書館。爲海内外孤本。是書當爲記載清代皇室茶膳禮儀之書，亦别具一格之茶書。筆者近年曾去該館訪查此書，蒙該館工作人員熱情接待，因所涉茶儀僅寥寥數條，故暫勿收入本《全集》，亦頗覺遺憾。

（七六）《茶譜》 清代茶書。今存，四卷。佚名編。原題清『同治元年遵古輯解』，下注『板存灌邑李二王廟』；左下署『陶唐氏鐫刻並識』。原書約四萬餘字，今藏國家圖書館，已影印刊入《中國古代茶道秘本五十種》第三册，題作《茶譜輯解》，實非是。張芳等主編《中國農業古籍目録》亦據以著録爲《茶譜輯解》四卷，且注云：『四川茶商所編，内容凌亂，與書名不符。』又稱其爲『清同治元年（一八六二）陶唐氏刻本（灌邑李二王廟藏版）』，乃失考。

據此書首殘序（缺首頁）稱，此書乃四川茶業行會集資編刊。今考其書，無論體例、卷次、内容，全抄自《廣羣芳譜·茶譜》，不過次序略有調整，内容偶有增删。作此極有限的變動，無非想掩其剽竊之實而已。所謂『遵古輯解』、或『陶唐氏鐫刻』之類，不過掩人耳目的『障眼法』。其對《廣羣芳譜》的『改造』有二：一是將一些注文改成正文，二是將原不分行連書的詩文，改作按題提行而已。此一改動，使原書眉目清楚，便於閲讀。此外，便是全盤照抄。甚至連原書〔原〕（方案：指王象晉原書）、〔增〕（指《廣羣芳譜》增入之内容）、〔集藻〕〔彙考〕等標目也照抄不誤。其書的最大弊病是校刊不精，不僅全盤繼存了《廣羣芳譜》文字訛誤，還增加了許多舛誤，而對《廣羣芳譜·茶譜》的文字無所釐正。尤爲荒謬的是將原書分體録入之詩次序打亂，其所補入之内容，則又有風馬牛不相及、令人匪夷所思者。如本書卷四之末附録『茶花』、『臯蘆』二目，『茶花』中删蘇轍二首、陳與義七絶一首，雖皆名作，尚情有可原；『臯蘆』之末卻增入『江西省南昌、饒州府：土産茶，次九器，陸羽灶，即羽取越溪水煎茶』及『《竹裏煎茶》：陸羽交遊舊，雙鬟性極靈。閑窗無箇事，受訣許傳經』這樣兩則非驢非馬的文字，實在令人莫名所以。類似之例，還可舉出不少。可知是書必淺識寡學者所編。但不經意間，卻保留了《廣羣芳譜·茶譜》一個略加改編、尚未嚴重竄亂的校本，較之明人之肆意竄亂古書，也許不失爲有益矣。作爲一部大型的茶文化資料集，仍有其存在之價值。總體水準，較之明代茶書，亦略勝矣。實有必要校以《廣羣芳譜·茶譜》及其引録始出之書，整理出一個可以閲讀和援引的新本，尚俟諸他日。之所以未收入本《全集》，亦慮及篇幅逾限。今姑亦著録於存目並略作考訂如上。

（七七）《茶社便覽》 清代茶書。一卷，今存。程作舟撰。程作舟，江西鄱陽人。康熙十一年（一六七二）舉人。事見四庫本《江西通志》卷五六。從其撰有《皇明詩話》看，其人當爲明末人，或爲明清之際人。是書今見於清康熙間叟園刻本《程子叢書》。《叢書》二十三種，三十六卷，今藏國家圖書館。見《中國古籍善本書目・叢書》著録。《叢書》子目爲：《讀書譜》、《山林清福》、《新編琴操》、《無情癡》、《反幾希》、《忙人閑事》、《蘭本紀》、《菊縉紳》、《姑妄言》、《雅園客談》、《茶社便覽》、《君須記》、《程子説苑》、《記事珠》、《皇極書》、《皇極外書》各一卷，《尚書外傳》、《疑團》、《皇明詩話》各二卷，《心經》三卷，《焚後書》四卷，《删後詩》六卷。

《茶社便覽》，卷首自序，下分十二目，每目（章）之首，亦仿屠本畯《茗笈》自撰四言贊詞，每章四句，十六字。下引前人之言，以類相集。其書體例亦全仿屠氏《茗笈》。作者自稱：嗜酒，嗜詩，尤嗜茶。『山居岑寂』，結有茶社。又自稱『居士』，則似未出仕。其云茶之功效：『早起可以清夢，飯後可以清塵，上午可以濟勝，小晝可以導和，下午可以卻倦，傍晚可以待月，挑燈讀書罷可以足睡。』則一日獨自已七飲，友人過訪，『烹茶細酌，尚不在此數』。堪稱茶中『癮君子』。其書十二章篇目曰：紀茶名、辨茶性、生茶地、采茶時、煮水、煎茶火、收茶法、酌茶器、投茶候、飲茶人、理茶具、傳茶事。其内容未出《茗笈》之窠臼。其引文亦皆習見前人茶書。惟《辨茶性》中引《茶評》一條稱：『茶猶人也，習於善則善，習於惡則惡。』未見前人稱引，但其意則陸羽《茶經》早已言之。是書文字錯訛極爲嚴重，所引除個别外，均已見本《全集》，故僅著録於存目。從其引書最晚者乃聞龍《茶箋》，益可證其書成於《茗笈》後未久，似乃其未入清時所撰。今姑從其書刊刻時間歸之於清代茶書。其人當爲明清之際人，待考。抑或四庫本《江西通志》著録之人乃同名之另一人歟？

（七八）《紅樓茗飲》　清代茶書。一卷，江潢撰。今存。是書見清藤花書舫刻本《消閑四種》（七卷），今海内僅存一部，藏天津圖書館。見《中國古籍善本書目·叢部》著録。江潢，山西潞城人。康熙三十三年（一六九四）進士，宦歷不詳。康熙四十二年，曾因結交權臣索額圖而被查抄。事見《聖祖仁皇帝聖訓》卷二六、四庫本《山西通志》卷七二。另外，《浙江通志》卷一三三載：有一烏程人江潢，崇禎十六年進士（一六四三），亦入清。似乃同名之另一人歟？但仍不能完全排除其爲《茗飲》作者之可能，儘管這種可能性極小。《清閑四種》，七卷。其子目爲：《紅樓茗飲》、《探花集字譜》、《卧遊名山圖》各一卷，《會真别趣》四卷。是書未見，内容未詳，如今後有《續編》之舉，當訪之而收入。

（七九）《茶譜》　清代茶書。二卷，今存。朱濂撰。其書見稿本《藤溪叢書》，今存十種，二十五卷。見藏浙江省圖書館。見《中國古籍善本書目·叢部》著録。朱濂，字協廉，號藤溪，又號簡亭、蓮峯。浙江海寧人。有《時令匯記》十六卷、《餘日事文》四卷，見《四庫總目》卷六四著録。館臣已稱其人『爵里未詳』。《藤溪叢書》細目爲：《時令考略》四卷，《器用紀略》七卷，《四令花考》、《菓譜廣編》、《禽經補録》、《茶譜》、《獸經補録》、《候蟲誌略》各二卷，《年號官制記略》一卷，《百籟考略》□卷（存酒一卷）。《茶譜》二卷，今未寓目，内容不詳。疑或抄輯前人著作如《廣羣芳譜》之類而成，也有可能爲其自撰。今姑存目，以俟訪考是書。

（八〇）《續茶經》　清代茶書。二十卷，潘思齊撰。已佚。潘思齊，字希之。浙江仁和人，但宋慈抱《兩浙著述考》下册頁一四九九（浙江人民出版社一九八五年版）著録爲錢塘人。歲貢生。見光緒《杭州府志》卷一〇八著録。此據萬國鼎《茶書總目提要》之説。其書内容不詳。

（八一）《枕山樓茶略》 清代茶書。一卷，陳元輔撰。陳元輔，福建侯官人，室名枕山樓。其生卒履歷不詳。是書僅見日本靜嘉堂文庫《漢籍分類目録》著録，亦不知今仍存否。參據萬國鼎《茶書總目提要》之説。

（八二）《種茶説》 清代茶書。一卷，宗景藩撰。今存。宗景藩，同治初嘗官襄陽知縣。《種茶説》十條，近千字。不僅述及種茶及茶之栽培，還敍述當地所産細茶、青茶、紅茶的採製之法。見載同治五年（一八六六）《襄陽縣志》，今據吴覺農主編《中國地方志茶葉歷史資料選輯》（頁四二三—四二四）所載著録。

（八三）《徽屬茶務條陳》 清代茶書。一卷，何潤生撰。今存。何潤生，清光緒中任職於安徽歙縣茶務署，生卒里貫及事略不詳。此乃其遵皖南茶局之飭，查復徽屬茶務的詳情及關於完納釐税章程及其利弊等而上的條陳。其性質爲公文類文書，與本書下編所收之程雨亭《整飭皖茶文牘》相類似。其内容所及爲徽屬園户、茶之品種、茶之銷售、設卡徵收釐税、茶商、茶行、茶之外銷、機器製茶、頒行茶引乃至添設運茶拖輪拖帶茶船等其他方面，似較程雨亭所論範圍更廣。其《條陳》約爲光緒十八年（一八九二）所上。此據陳祖椝等主編《中國茶葉歷史資料選輯》頁四三一—四四〇（農業出版社一九八一年版）著録。全書約近五千字。

（八四）《新昌農業調查·茶》 清代茶書。一卷，佚名撰。今存。見載民國八年（一九一九）金城等纂《新昌縣志》卷四《食貨下·茶》附録。全文今見吴覺農主編《中國地方志茶葉歷史資料選輯》（下簡稱《選輯》，農業出版社一九九〇年版）。其書載新昌縣所産茶即古之剡茶，分氣候、辨土、品類、選種、移植、耕耘、采製之目。其所述當地茶品種有白毫尖、紅芽茶、起蕻茶，對爿茶之目，又載當地盛行立夏前開采茶葉等，均得之於親身調查，助其調查者爲陳石民。疑作者乃清末民初新昌縣農業局之技師歟？

（八五）《茶説》　清初茶文。王梓撰，今存。王梓，字琴伯。郃陽（治今陜西合陽東南）人。歲貢生，康熙四十二年（一七〇三）官崇縣令。四十七年，重建王文成公祠；五十年，創建羣賢祠，皆有《記》。工詩好客，有吏才。撰有《三立編》十二卷，即王守成文集的分類摘編，分立德、立言、立功三編。纂有《武夷山志》，事見清董天工乾隆《武夷山志》卷五、卷一六《名賢上》，《四庫總目》卷九八等，又在武夷留下頗多詩文。

其《茶説》，見《續茶經》卷下之四引録及卷下之五著録。王氏編《山志》今存，有康熙四十九年（一七一〇）刊本。其《茶説》，當即《武夷山志·物産·茶》之前言。《續茶經》所引，與《山志》不同。

（八六）《釐定紅茶章程八條》　清代茶文。陶燮咸撰。今存。陶燮咸，咸豐七年（一八五七），任湖南安化知縣。安化茶歷爲邊茶主要産地之一，也是茶馬貿易主要品種。此即陶氏任知縣以來，參照歷來茶行規條，兼顧茶商、茶農利益，重新訂立的茶葉交易章程。嚴禁各種欺詐弊端，倡導公平交易。經湖南巡撫劉琨批准後頒行，並泐石以傳久。這類章程，雖未免官樣文章，但畢竟是近代茶史上的可貴資料。其文，同治十一年（一八七二）邱育泉等纂修《安化縣志》卷三三《時事記》（吴覺農《選輯》頁四八八—四九〇）收入。今特著録於存目。

（八七）《釐定安化四保采買芽茶章程》　清代茶文。今存。咸豐九年（一八五九），安化知縣邱育泉釐定。同治八年（一八六九），原安化大橋等四保貢芽茶，改爲賦派茶税銀。因經辦人藉端肆虐，故提出改革辦法：『特飭賀奇枝等集費置産，派立户首，承辦納縣，嗣後境内永禁請帖充行。』並釐定章程十條，大致涉及立户首及其職責，茶户、茶商各應遵守事宜等。文見同上《安化縣志》卷三三，又見同上《選輯》頁四九〇—四九一。

（八八）《蒙頂茶説》 清代茶文。今存，趙懿撰。趙懿，字淵叔。遵義人。光緒中嘗官名山知縣，在任纂修《名山縣志》卷八《物産一》（《縣志》重刻於光緒二十二年）。本文記載了清代採貢名山蒙頂仙子茶、陪茶、顆子茶的史實。其制仍沿襲唐宋貢茶之舊，謂由縣官親自監制，裝以銀瓶，『盛以木箱，（内襯）黄縑，丹印封之』，『選吏解赴布政司投貢房。經過州縣，謹護送之』。今轉引自吴覺農《選輯》頁六七七。又同書卷二《山原》又附載咸豐十一年（一八六一）知縣吴壽昌《三登蒙山采茶序》一文。

（八九）《茶務改良真傳》 民國茶書。一卷，李夢庚等撰。今存。見民國十八年（一九二九）詹宣猷等纂《建甌縣志》卷二五《實業・茶》。建甌，乃宋代極品名茶北苑茶的産地，其長盛不衰，前後三百餘年。至元代武夷茶興，取而代之，遂一度中衰。至近代始有振興跡象。此即民國初推行茶務改良運動的宣傳推廣之書。分種茶、培植、采摘、摇青、炒製、揉茶、水焙、復焙等十三目，當時曾單獨刊行。《建甌縣志》乃刊載節録之文。今據吴覺農《選輯》頁三三一至三三二著録。

（九〇）《安化茶》 民國茶書。一卷，作者佚名。今存。湖南安化茶，自宋以來，即爲我國邊茶、易馬茶的主要品種之一。清代中期以來，又成外銷茶的主要品種之一，在我國茶史上享有盛譽。但關於安化茶的歷史資料卻很少。是書所載雖爲晚清、民國時期安化茶業概況，無疑有較高的資料價值。當時湖南凡七十五縣，産茶者有六十四縣，産量首推安化。而我國外銷茶主要口岸之一即漢口茶之輸出，其中湘茶即占三分之一，而安化則爲湘茶最重要的集散中心。其茶市在安化主要有六，製茶場多達七十七莊。此乃首述安化茶概況，次敘製茶與栽培，又具體論述黑茶、紅茶、茶梗等各種茶類的製法。其所載當地製茶業之行話和套語，如稱發酵爲『發汗』，稱揉茶爲『采茶』，分稱一、二、三焙爲『打毛火』、『打足火』、『復火』，稱『堆積』爲『打堆』等，均僅見於是書。是書見載民國二十二年（一九三三）纂《湖南地方志》，今據朱自振《中國茶葉歷史資料續輯》（東南大學出版社一九九一年版）著錄。

（九一）《廬山雲霧茶述》　民國茶書。一卷，嚴開廣撰。今存。嚴開廣，民國二十二年（一九三三）時曾任江西省立廬山林場技士（師）。其書概述廬山雲霧茶的沿革、栽培法、采製法、防治病蟲害法、雲霧茶之特點等。是關於名聞天下廬山雲霧茶的較爲符合當代茶栽培科學道理的闡述。其所記識別廬山茶真僞的方法亦別具一格。其説云：『識别雲霧茶，須取清泉，用竹火煮沸，泡以濃液。於酒後煙餘，徐飲徐咽，則覺喉間格外甘洌，而芬芳之氣復由咳唾發出，能保二、三小時。』方爲真茶。是書原載民國二十二年（一九三三）佚名纂修《廬山志》卷一二《雜識·内篇·廬山總類》，吴覺農《選輯》頁二三八至二四〇據以收入。全書約二千餘字。

筆者附識：附録一，在本世紀初即十餘年前將本《全集》交稿給滬上某出版社時即已完成。其中唐宋部分（即前三十六條），據拙文《中國茶書總目敘録（唐宋）》（刊《文史》第五十二輯，中華書局二〇〇〇年）及《宋代茶書考》（刊《宋代歷史文化研究》，宋元史國際學術研討會論文集，人民出版社二〇〇〇年）修訂删改而成。後五十五條即明清、近代部分是當時新撰的。原擬在校樣出後再對後一部分進行增訂修改。並擬遍檢明清、民國時期纂修的地方志及泛讀明清、近代、今人編寫的各種書目和題跋，以對後一部分進行增補。當時《中國地方志集成》正陸續出版，據朱士嘉先生統計，現存中國古代方志海内外共藏有八千餘種，限於條件，無法遍檢；　但通檢寒齋所藏《天一閣藏明代方志選刊》（正續兩編）、《北京圖書館古籍珍本叢刊》中所收方志、《日本藏中國罕見方志叢刊》及江浙等省《中國地方志集成》等書，卻大失所望，幾無所獲。泛讀所藏明清以來的書目題跋書上百種亦略無所得。今雖方志和書目題跋書仍在大量影印、點校出版，但筆者因承擔課題不少，已無餘力再作檢核及泛覽，只能就舊稿略作修訂，難免掛漏。另外，關於明清茶政、茶馬、馬政類存目書的著録，亦頗有掛漏。尚祈今後或能再續撰《中國茶書敍録（明清近代）》以作彌補。

附録二　主要引用與參考書目

本書目分爲古籍、今人論著及海外論著三部分，均以書名筆畫爲序編排。一般列作者、書名和版本，版本以通行本或今人影印、點校整理本爲主。凡本書所收入茶書，不再重複列入。今人論文已在本書中括注出處，故不收入本書目。上海古籍出版社影印《四庫全書》文淵閣本和齊魯書社影印《四庫存目叢書》本，在書目中多次出現，故用簡稱，不再标注出版社及出版年份。因同書諸本往往卷數不一，故省注卷數。凡中華書局、上海古籍出版社等點校本，僅注出版年份，一般不著點校者姓名。

一　古籍

一畫

唐·釋慧琳、遼·釋希麟撰《一切經音義》（附索引兩種），上海古籍出版社，一九八六。

明·羅倫《一峰文集》，四庫本。

二畫

明·王世懋《二酉委譚》，刊《説郛續》卷一八，《説郛三種》本，上海古籍出版社影印本，一九八八。又，《四庫存目叢書》本。

明·陳文燭《二酉園詩文集》（《續集》），《四庫存目叢書》本。

清·吴任臣《十國春秋》，四庫本；中華書局點校本，一九八三。

清·錢大昕《十駕齋養新録》，商務印書館，一九五七。

明·郎瑛《七修類稿》，中華書局上編所《明清筆記叢刊》本，一九五九。又，上海書店出版社點校本，二〇〇一。

明·黄仲昭《八閩通志》，福建人民出版社點校本，一九九〇—一九九一。

清·雍正至乾隆間官修《八旗通志》，四庫本。

明·龍膺撰、龍襄選《九芝集選》，《四庫存目叢書》本。

明·顧元鏡《九華山志》，《四庫存目叢書》本。

元·陳巖《九華詩集》，四庫本。

宋·郭知達《九家集注杜詩》，四庫本。

三畫

清・屠粹忠《三才藻異》，《四庫存目叢書》本。

清・王復禮《三子定論》，《四庫存目叢書》本。

清・王梓《三立編》，《四庫存目叢書》本。

明・歸有光《三吴水利録》，四庫本；《叢書集成》初編本。

明・唐時升《三易集》，刊明・謝三賓編《嘉定四先生集》，明崇禎刻本、清康熙二十八年陸廷燦重修本。

明・錢子正、弟子義、侄仲益合刻詩集《三華集》，四庫本；方案：三錢原各自爲集：曰《緑苔軒集》、《種菊庵集》及《錦樹集》，合刻本凡十八卷。

明・毛晉編《三家宫詞》，四庫本。

晉・陳壽撰，劉宋・裴松之注《三國志》，中華書局點校本，一九五九。

清・陸隴其《三魚堂文集》，四庫本。

宋・周弼編、清・高士奇輯注《三體唐詩》，四庫本。

五代・韋穀編《才調集》，四庫本。

明・顧元慶《大石山房十友譜》（簡稱《十友譜》），《顧氏明朝四十家小説》本，民國石印本。

明・高啓《大全集》，四庫本。

宋・宇文懋昭《大金國志》，四庫本；又，中華書局校證本，一九八六。
明・李維楨《大泌山房集》，《四庫存目叢書》本。
唐・劉肅《大唐新語》，《唐宋史料筆記叢刊》本，中華書局點校本，一九八八。
清・阿桂等纂修《大清律例》，乾隆五十五年武英殿刻本。
清・劉統勳等纂修《大清律例》，乾隆三十五年武英殿刻本。
明・吴子玉《大鄣山人集》，萬曆十六年黄正蒙刻本。
清・王澍《大學本文》、《大學古本》、《中庸本文》（通行本），《四庫存目叢書》本。
清・王澍《大學困學録》、《中庸困學録》，《四庫存目叢書》本。
明・邱濬《大學衍義補》，四庫本。
明・邵寶《大儒奏議》，《四庫存目叢書》本。
宋・白玉蟾《上清集》，《道藏》（正統本），文物出版社影印本，一九八八。
清・鄒一桂《小山畫譜》，四庫本。
清・鄒一桂《小山詩鈔》，乾隆三十五年刻本。
元・楊弘道《小亨集》，四庫本；《四庫珍本・初集》本。
明・謝肇淛《小草齋文集》，天啓刻本。
宋・王禹偁《小畜集》，《四部叢刊》本。

清・覺羅石麟等纂修雍正《山西通志》，四庫本。

宋・黄庭堅撰，宋・任淵、史容、史季温注《山谷詩集注》，上海古籍出版社點校本，二〇〇三； 又，中華書局同書點校本，改題爲《黄庭堅詩集注》，二〇〇三。

宋・周南《山房集》，四庫本。

明・鄭還《山居存稿》，嘉靖刻本。

清・吴任臣《山海經廣記》，四庫本。

宋・章如愚《山堂先生羣書考索》，四庫本。

明・徐問《山堂萃稿》，《四庫存目叢書》本。

明・彭大翼《山堂肆考》，四庫本。

唐・孫思邈撰，宋・林億等校正《千金翼方》，人民衛生出版社，一九五五。

清・黄虞稷撰，今人瞿鳳起、潘景鄭整理《千頃堂書目》，上海古籍出版社，一九九〇。

四畫

宋・王十朋《王十朋全集》，上海古籍出版社點校本，一九九九。

唐・王勃《王子安集》，四庫本。

宋・王安石《王文公文集》，上海人民出版社點校本，一九七四。

明・王守仁《王文成公全書》,《四部叢刊》本。
明・王鏊《王文恪公文集》,萬曆間震澤王氏三槐堂刻本。
明・王錫爵《王文肅公文草》,萬曆四十三年王時敏刻本。
唐・王建《王司馬集》,四庫本。
明・王穉登《王百穀集》(二十一種),萬曆四十七年葉應祖刻本。
明・王世懋《王奉常集》,《四庫存目叢書》本。
明・王紱《王舍人詩集》,四庫本; 又,《錫山先哲叢刊》(第二輯)本。方案: 其生平事蹟,即見是本《附録》。
宋・王安石撰、李壁注《王荆文公詩箋注》,中華書局上編所,一九五八; 又,上海古籍出版社影印朝鮮活字本,一九九三; 上海古籍出版社高克勤點校本,二〇一〇; 又,清・沈欽韓注《王荆公詩文沈氏注》,中華書局上編所,一九五九。
唐・王績撰、吕才輯《王無功文集》,今人・韓理洲會校本,上海古籍出版社,一九八七。
宋・王安禮《王魏公集》,四庫本。
明・陳耀文《天中記》,四庫本。
明・徐中行《天目山堂集》,《四庫存目叢書》本。
宋・林師蒧等《天台續集》,四庫本。

明・王達《天遊雜稿》，正統六年胡濱刻本；　又，《重刻天遊集》，清道光二十一年王芝林養和堂刻本。
清・高士奇《天禄識餘》，《四庫存目叢書》本。
元・佚名《天臺山志》，《四庫存目叢書》本。
宋・釋惠洪《天廚禁臠》，明活字印本，清鈔本。
唐・元稹《元氏長慶集》，文學古籍刊行社影印本，一九五六；　又，《元稹集》，中華書局點校本，一九八二。
元・蘇天爵輯《元文類》，商務印書館，一九五八。
明・宋濂、王禕等編《元史》，中華書局點校本，一九七六。
清・高寶銓《元史通釋》，稿本。
清・官修《元史語解》，四庫本。
清・姚之駰《元明事類鈔》，四庫本。
元・佚名《元典章》，清鈔本，中國書店影印本，一九九〇。　又，陳垣《元典章校補釋例》，古籍出版社，一九五七；　又《陳垣全集》本，安徽師範大學出版社，二〇〇九。
唐・林寶《元和姓纂》，四庫本。
唐・李吉甫《元和郡縣圖志》（簡稱《元和志》），四庫本；　中華書局點校本，一九八三。
清・徐松輯《元河南志》，中華書局點校本，一九九四。

清・顧嗣立《元詩選》，四庫本。
宋・宋庠《元憲集》，四庫本；《宋集珍本叢刊》本，綫裝書局影印本，一九八八。
宋・王存《元豐九域志》，中華書局點校本，一九八四。
宋・曾鞏《元豐類稿》，四庫本；中華書局點校本《曾鞏集》（陳杏珍等點校），一九八四。
清・趙翼《廿二史劄記》，《四部備要》本。
清・鄭方坤《五代詩話》，四庫本。
宋・魏仲舉《五百家注昌黎文集》，四庫本。
宋・魏齊賢、葉棻編《五百家播芳大全文粹》，四庫本。
宋・佚名輯《五色線》，刊《宛委山堂本《説郛》卷一三上，四庫本；《説郛三種》本，上海古籍出版社影印本，一九八八。
元明之際・李孝光《五峰集》，四庫本。
宋・朱熹《五朝名臣言行録》，四庫本。
明・王同祖《五龍山人集》，萬曆刻本。
宋・釋普濟《五燈會元》，四庫本；中華書局點校本，一九八四。
清・秦蕙田《五禮通考》，四庫本。
明・謝肇淛《五雜組》，上海書店出版社點校本，二〇〇一。

宋·彭百川《太平治迹統類》，文物出版社點校本，一九九一。
宋·李昉等編《太平御覽》，四庫本；中華書局影印本，一九六〇。
宋·樂史《太平寰宇記》，四庫本；中華書局影印宋本（原藏日本宫内廳書陵部），二〇〇〇。
明·孫一元《太白山人漫稿》，崇禎十二年周道仁刻本。
宋·孫德之《太白山齋遺稿》，清道光四年（一八二四）翻明本，《宋集珍本叢刊》，綫裝書局影印本。
宋·錢若水《太宗實録》，甘肅人民出版社點校本，二〇〇五。
明·汪道昆《太函集》，《四庫存目叢書》本。
宋·周紫芝《太倉稊米集》，四庫本。
明·汪道昆《太涵副墨》，崇禎六年新都汪氏家刊本。
宋·陳傅良《止齋集》，四庫本；《陳傅良先生全集》，周夢江點校本，浙江大學出版社，一九九九。
明·胡應麟《少室山房集》，四庫本。
清·于敏中等《日下舊聞考》，四庫本。
清·顧炎武《日知録》，四庫本。又，清·黄汝成《日知録集釋》本，上海古籍出版社，一九八五；花山文藝出版社，一九九〇。
清·徐葆光《中山傳信録》，《四庫存目叢書》本。
金·元好問《中州集》，四庫本；中華書局上編所《金元總集》本，一九五九。

中國國家圖書館編《中國古代茶道秘本五十種》，全國圖書館縮微複製中心影印本，二〇〇三。
《中國書法全集·蔡襄卷》，榮寶齋，一九九五。
今人·許逸民等編《中國歷代書目叢刊》（第一輯），現代出版社，一九八七。
五代·尉遲偓《中朝故事》，四庫本。
宋·熊克《中興小紀》，四庫本；福建人民出版社點校本，一九八五。
宋·留正等《中興兩朝聖政》，《宛委别藏》本，江蘇古籍出版社影印本。
宋·佚名撰、清·文廷式輯《中興政要》，《振綺堂叢書》（二集）本。
宋·孫覿撰，李祖堯編注《内簡尺牘》，四庫本；《常州先哲遺書》本。
明·葉盛《水東日記》，四庫本；中華書局點校本，一九八〇。
明·楊慎《升菴集》，四庫本。
清·王士禛《分甘餘話》，四庫本。
明·馮應京等輯《月令廣義》，《四庫存目叢書》本。
清·李光地等《月令輯要》，四庫本。
宋·熊禾《勿軒集》，四庫本。
宋·葛勝仲《丹陽集》，四庫本。
宋·文同《丹淵集》，《四部叢刊》本。

明·楊慎《丹鉛録》,四庫本。
明·唐寅撰《六如居士全集》,今存者爲《唐伯虎先生集》及《外編》、《續刻》,凡十七卷,明萬曆刊本。
明·唐寅編《六如唐先生書譜》,萬曆刊本。
明·李日華《六研齋筆記》,四庫本。
宋·戴侗撰《六書故》,四庫本。
宋·張敦頤《六朝事迹編類》,江蘇廣陵古籍刻印社影印本,一九八七。
清·倪濤《六藝之一録》,四庫本。
明·文洪、文徵明等四世五人詩集《文氏五家集》,四庫本。
宋·李昉等編《文苑英華》,四庫本;中華書局影印本,一九六六。
明·熊明遇《文直行書》,清順治十七年熊氏家刊本。
宋·龐元英《文昌雜録》,四庫本;中華書局上編所,一九五八。《全宋筆記》本第二編、第四册,大象出版社,二〇〇六。
宋·周必大《文忠集》,四庫本。
宋·汪應辰《文定集》,四庫本。
宋·蘇易簡撰《文房四譜》,四庫本。
宋·胡宿《文恭集》,四庫本。

明·賀復徵《文章辨體彙選》，四庫本。

元·吴鎮編《文湖州竹派》，《學海類編》道光本；《叢書集成》初編本。方案：《寶顔堂秘笈》、《廣百川學海》本又題作明·釋儒蓮編。

明·楊士奇等《文淵閣書目》，四庫本。

宋·李昴英《文溪集》，四庫本。《文溪存稿》，《嶺南叢書》點校本，暨南大學出版社，一九九四。

梁·蕭統編、唐·李善注《文選》，上海古籍出版社，一九八六。

元·馬端臨《文獻通考》，四庫本；中華書局點校本，二〇一一。

元·馬端臨《文獻通考·經籍考》，華東師範大學出版社點校本，一九八五。

宋·李石《方舟集》，四庫本。

漢·揚雄《方言》，上海古籍出版社影印《清疏四種》合刊本，一九八九。

清·錢繹《方言箋疏》，上海古籍出版社影印本，一九八四。

明·方揚《方初庵先生集》，方時化等編，萬曆四十三年新安方氏家刊本。

明·張寧《方洲文集》，弘治五年許清刻本。

宋·汪莘《方壺存稿》，四庫本；書目文獻出版社影印明·汪璨等刻本，《國圖藏古籍珍本叢刊》本，書目文獻出版社影印本。

宋·祝穆《方輿勝覽》，四庫本；上海古籍出版社影印宋本（綫裝本），一九八六。

漢・孔臧(一説孔鮒)《孔叢子》,四庫本; 影印《百子全書》本,浙江人民出版社,一九八四。

五畫

明・徐應秋《玉芝堂談薈》,四庫本。

明・湯顯祖《玉茗堂全集》,天啓元年刊本。

唐・佚名《玉泉子》,四庫本。

宋・王應麟編《玉海》,四庫本; 江蘇廣陵刻印社影印本,一九八五; 又,江蘇古籍出版社、上海書店影印本,一九八七。

宋・釋文瑩《玉壺清話》,中華書局點校本,一九八四。

宋・岳珂《玉楮集》,四庫本。

明・黄仲昭《未軒公文集》,嘉靖三十四年莆田黄氏家刊本。

明・黄仲昭《未軒文集》,四庫本。

清・蔡方炳輯《正學矩》,《息關三述》本。

清・許容等纂修於雍正、乾隆間《甘肅通志》,四庫本。

明・徐階《世紀堂集》,萬曆徐氏刻本; 又,清康熙二十年徐佺重修本。

劉宋・劉義慶撰、梁・劉孝標注《世説新語》,四庫本; 今人徐震堮校箋本,中華書局,一九八四; 又,余嘉錫箋疏本，上海古籍出版社，一九九三。
清·王士禛《古夫于亭雜録》，四庫本。
宋·謝維新《古今合璧事類備要》（簡稱《備要》），四庫本。
民國·胡山源《古今茶事》，世界書局標點本，一九四一；上海書店影印本，一九八五。
明·胡鐙類編《古今遊名山記》，《四庫存目叢書》本。
明·李攀龍《古今詩删》，四庫本。
宋·林駉《古今源流至論》，四庫本。
清·陳夢雷等《古今圖書集成》，齊魯書社影印本，二〇〇六。
宋·章樵注《古文苑》，四庫本。
清·汪文柏《古香樓吟稿》（《詞稿》附），康熙刻本。
清·沈德潛、彭啓豐編《古詩源》，清刻本。
明·梅鼎祚編《古樂苑》，四庫本。
宋·陳曄《古靈先生年譜》，原附紹興三十一年刻本《古靈先生文集》；今收入《宋人年譜叢刊》第三册，四川大學出版社，二〇〇三年。
宋·陳襄《古靈集》，四庫本。
唐·孟棨撰《本事詩》，李學頴點校本，上海古籍出版社，一九九一。

明·盧之頤《本草乘雅半偈》，四庫本；人民衛生出版社點校本，一九八六，上海古籍出版社影印本，一九九一。
明·李時珍《本草綱目》，四庫本；人民衛生出版社點校本，一九九一。
明·邵寶《左觿》，《四庫存目叢書》本。
明·沈周《石田雜記》，《學海類編》本，《叢書集成》初編本。
宋·葉夢得《石林燕語》，四庫本；中華書局點校本，一九八四。
宋·釋惠洪《石門文字禪》，四庫本；《四部叢刊》本。
宋·釋惠洪《石門題跋》，《叢書集成》初編本。
明·李傑《石城山房稿》，明刻本。
宋·戴復古《石屏詩集》，四庫本。
清·胡天游《石笥山房文集》（附《詩集》），清鈔本。
清·胡天游《石笥山房逸稿》，清·震無咎齋鈔本。
清·乾隆勅修《石渠寶笈》，四庫本。
明·楊一清《石淙詩稿》，明刻本；清鈔本。
明·周敍《石溪文集》，《四庫存目叢書》本。
清·來保等纂修《平定金川方略》，四庫本。

宋・洪咨夔《平齋文集》，四庫本；《四部叢刊》本。
宋・朱肱《北山酒經》，四庫本；鮑廷博《知不足齊叢書》本；上海古籍出版社《生活與博物叢書》點校本，一九九三。
宋・程俱《北山集》，四庫本。又，《北山小集》，《四庫珍本》叢書本。
唐・段公路《北户録》，四庫本。
明・謝肇淛《北河紀餘》，四庫本。
唐・虞世南撰、明・陳禹謨校補《北堂書鈔》，四庫本；中國書店影印本，一九八九。
宋・王鞏《甲申雜記》，四庫本。
明・費元禄《甲秀園集》，萬曆三十五年自刻本。
明・屠隆《由拳集》，萬曆八年馮夢禎刻本。
漢・司馬遷《史記》（含三家注），中華書局點校本，一九五九。
明・何良俊《四友齋叢説》，四庫本。
唐・韓鄂編、今人繆啓愉校釋《四時纂要》，農業出版社，一九八一。
清・永瑢、紀昀等《四庫全書總目》，四庫本；中華書局點校本，一九六五。
《生活與博物叢書》，上海古籍出版社（署本社編），一九九九。
宋・張鎡《仕學規範》，四庫本。

唐・白居易、宋・孔傳撰《白孔六帖》，四庫本。又，《白氏六帖事類集》，文物出版社，一九八七。方案：是書不含孔傳續帖。

明・陳獻章《白沙集》，四庫本。

漢・班固《白虎通德論》（又名《白虎通義》，簡稱《白虎通》），四庫本；影印《百子全書》本，浙江人民出版社，一九八四。

清・吴省欽《白華前稿》，乾隆刻本。

明・李攀龍《白雪樓詩集》，《四庫存目叢書》本。

清・王澍《白鹿洞條規》，《四庫存目叢書》本。

宋・王欽若等編《册府元龜》，四庫本；中華書局影印本，一九六〇。

唐・王燾《外台秘要》，四庫本。

元・耶律楚材《玄風慶會録》，文物出版社影印《道藏》本，一九八八。

清・李斗《永報堂集》（五種），乾隆、嘉慶間刻本。

宋・陳傅良《永嘉先生八面鋒》，四庫本。

明・解縉等《永樂大典》（殘本），中華書局影印本，一九八六。又，《海外新發現〈永樂大典〉十七卷》，上海辭書出版社，二〇〇三。

唐・李石等《司馬安驥集》，中國農業出版社點校本，二〇〇一。

唐・皮日休《皮子文藪》，四庫本；　中華書局上編所點校本，一九五九。

六畫

清・卞永譽《式古堂書畫匯考》，四庫本。
清・彭啓豐《芝庭詩稿》（附《文稿》），乾隆增刻本。　又，《芝庭先生集》，乾隆六十年彭紹升刻本。
清・王成瑞輯《再續檇李詩繫》，稿本。
明・史鑑《西村集》，四庫本。
清・宋犖《西陂類稿》，四庫本。
漢・劉歆撰、晉・葛洪輯《西京雜記》，四庫本；　中華書局點校本，一九八五；　上海古籍出版社校注本，一九九一。
清・毛奇齡《西河集》，四庫本。
明・梅鼎祚《西晉文紀》，四庫本。
清・尤侗《西堂全集》，康熙本；　民國石印本。
宋・蔡絛《西清詩話》，郭紹虞輯佚本，中華書局，一九八〇。
元・耶律楚材撰、清・李文田注《西遊録》，《叢書集成》初編本。
宋・佚名《西湖老人繁勝録》，《永樂大典》（殘本），中華書局影印本（精裝十册），一九八六。

宋·董嗣杲《西湖百詠》，四庫本。
清·梁詩正《西湖志纂》，四庫本。
明·田汝成《西湖遊覽志》，上海古籍出版社，一九八〇；浙江人民出版社，一九八〇。
明·田汝成《西湖遊覽志餘》，上海古籍出版社，一九八〇；浙江人民出版社，一九八〇。
宋·姚寬《西溪叢語》，四庫本；中華書局點校本，一九九三。
明·鄭原岳《西樓全集》，明末閩中鄭爾纘據《存稿》重刊本。
宋·左圭輯《百川學海》，中國書店影印宋本，一九九〇。
明·黄周星《百家姓新箋》，刊《夏爲堂别集》，清康熙二十七年朱日荃、張燕孫刻本。
宋·史鑄《百菊集譜》（又附《菊史》補遺一卷），四庫本；《生活與博物叢書》本，上海古籍出版社，一九九三。
清·儲大文《存研樓文集》，清乾隆九年刻本。
清·錢謙益《列朝詩集小傳》，上海古籍出版社點校本，一九八三。
宋·洪邁《夷堅志》，中華書局何卓點校本（附索引），一九八一。
元·徐碩《至元嘉禾志》，四庫本；《宋元方志叢刊》本，中華書局影印本，一九九〇；又，《宋元浙江方志集成》本，杭州出版社，二〇〇九；又，上海古籍出版社點校本，二〇一〇。
元·宋本《至治集》，原書（四十卷）海内已無存，僅清·顧嗣立編《元詩選》收入其書一卷，見中華書局本，一九八七。
元·俞希魯纂《至順鎮江志》，江蘇古籍出版社點校本，一九九九。
唐·張九齡《曲江集》，四庫本。
宋·曾肇《曲阜集》，四庫本。
宋·鄧忠臣等《同文館唱和詩》，四庫本。
唐·趙璘《因話録》，四庫本；上海古籍出版社點校本，一九七九。
宋·桑世昌《回文類聚》，四庫本。
今人·逯欽立編校《先秦漢魏晉南北朝詩》，中華書局，一九八三。
宋·謝薖《竹友集》，《續古逸叢書》影宋本；四庫本。
宋·吕午《竹坡類稿》，四庫本。
宋·何汶《竹莊詩話》，四庫本；中華書局點校本，一九八四。
清·王澍《竹雲題跋》，四庫本。
清·陳鼎《竹譜》，《四庫存目叢書》本。
元·李衎《竹譜》，四庫本（輯自《永樂大典》殘本）。
元·袁桷《延祐四明志》，中華書局《宋元方志叢刊》影印本；杭州出版社點校本。
明·曹於汴《仰節堂集》，天啓四年劉在庭刻本；四庫本。

宋·徐光溥《自號録》，清·阮元《宛委别藏》本；《叢書集成》初編本。
宋·趙善璙《自警篇》，四庫本。
明·謝鐸《伊洛淵源續録》，《四庫存目叢書》本。
清·傅澤洪《行水金鑑》，四庫本。
清·嚴可均校輯《全上古三代秦漢三國六朝文》，中華書局，一九五八。
宋·陳景沂編，祝穆訂證《全芳備祖》，四庫本；農業出版社影印宋本，一九八二。
清·董誥等編《全唐文》（附《拾遺》等三種），上海古籍出版社影印本，一九九〇。
今人·陳尚君輯《全唐文補編》，中華書局，二〇〇五。
清編《全唐詩》，四庫本。
明·周復俊《全蜀藝文志》，四庫本。
清·鄭方坤《全閩詩話》，四庫本。
明·何喬遠《名山藏》，崇禎刻本。
明·黄訓輯《名臣經濟録》，四庫本。
唐·元結《次山集》，四庫本。
清·翁方綱《米海岳年譜》，《粵雅堂叢書》二編本。
明·范明泰《米襄陽志林》（一名《外紀》），明毛晉輯刻本。

清·宋犖《江左十五子詩選》,《四庫存目叢書》本。

清·袁昺等《江西通志》(方案: 此雍正時本康熙《西江志》修訂而成),四庫本。

清·高士奇《江村銷夏録》,四庫本。

清雍正、乾隆間官修、趙宏恩等監修《江南通志》,四庫本; 廣陵古籍刻印社影印本,一九八七。

宋·龍兖《江南野史》,四庫本。

明·鄭若曾《江南經略》,四庫本。

清·沈清世、陳寅亮纂修康熙《江陰縣志》,康熙年間刻本。

宋·陳起編《江湖小集》,四庫本。

宋·陳造《江湖長翁文集》,四庫本。

宋·陳起編《江湖後集》,四庫本。

清·王士禎《池北偶談》,四庫本。

清·李仙根《安南使事記》,《四庫存目叢書》本。

宋·鄭清之《安晚堂集》(殘本),四庫本。

明·秦金《安楚録》,《四庫存目叢書》本。

七畫

宋・樓鑰《攻媿集》，四庫本。又，《樓鑰集》，浙江古籍出版社點校本，二〇一〇。
宋・林表民編《赤城集》，四庫本；書目文獻出版社影印明・謝鐸弘治十年（一四九七）刻本。
明・謝鐸《赤城新志》，《四庫存目叢書》本。
明・謝鐸、黄孔昭同編《赤城論諫録》，《四庫存目叢書》本。
五代・趙崇祚編《花間集》，四庫本；文學古籍刊行社，一九五五；又，華鍾彦注本，中州書畫社，一九八三。
元・徐明善《芳穀集》，四庫本。
唐・蘇鶚《杜陽雜編》，四庫本。
清・仇兆鼇《杜詩詳注》，四庫本。
宋・楊齊賢注《李太白集分類補注》，四庫本。
清・王琦《李太白集注》，四庫本。
唐・李華《李遐叔文集》，四庫本。
唐・李羣玉《李羣玉詩集》，四庫本。
宋・李覯《李覯集》，中華書局點校本，一九八一。

明·文徵明《甫田集》，四庫本。
唐·陸龜蒙《甫里集》，四庫本。又，《笠澤叢書》，四庫本。
明·鄭曉《吾學編》，明刻本。
明·張昶等《吴中人物志》，隆慶間長洲張鳳翼等校刊本。
明·張國維《吴中水利全書》，四庫本。
明·王穉登《吴郡丹青志》，《寶顔堂秘笈》本；《美術叢書》二集本。
范成大《吴郡志》，四庫本；江蘇古籍出版社點校本，一九八六。
宋·朱長文《吴郡圖經續記》，四庫本；江蘇古籍出版社點校本，一九八六。
明·錢穀《吴都文粹續集》，四庫本。
明·婁堅《吴歈小草》，收入明·謝三賓編《嘉定四先生集》，崇禎刻本，清·康熙陸廷燦重修本。除婁堅上述二書外，還收有明·程嘉燧《松園浪陶集》、《偈庵集》，明·李流芳《檀園集》，明·唐時升《三易集》等。
明·徐獻忠《吴興掌故集》，《四庫存目叢書》本。
宋·王應麟《困學紀聞》，四庫本。又，清·翁元圻注本，商務印書館，一九五九；翁注本，又有上海古籍出版社二〇〇八年版。
清·葛萬里編《别號録》，四庫本。
元·釋念常《佛祖歷代通載》，四庫本。

元・杜本輯《谷音》(宋遺民詩),四庫本。
宋・釋惠洪《冷齋夜話》,四庫本; 中華書局點校本,一九八八。
明・陸采《冶城客論》,《四庫存目叢書》本。
宋・沈括撰、胡道靜先生輯《沈括詩詞輯存》,上海書店,一九八五。
清・沈德潛《沈歸愚詩文全集》,乾隆教忠堂遞刻本。 方案《全集》凡含詩文集等十種。
明・馮夢禎《快雪堂集》,萬曆四十四年黄汝亨等金陵刊本。
明・馮夢禎《快雪堂漫録》,《四庫存目叢書》本。
宋・佚名《宋大詔令集》,中華書局點校本,一九六二。
清・陳焯編《宋元詩會》,四庫本。
清・黄宗羲撰、全祖望補修《宋元學案》,中華書局點校本,一九八六。
清・王梓材、馮雲濠《宋元學案補遺》,北京圖書館出版社影印稿本,二〇〇二。
宋・錢若水等《宋太宗實録(殘本)》,古籍出版社,一九五七; 又,甘肅人民出版社點校本,二〇〇五。
元・脱脱等《宋史》,四庫本; 中華書局點校本,一九七七。
明・文德翼《宋史存》,四庫本。
元・佚名《宋史全文》,四庫本。
明・陳邦瞻《宋史紀事本末》,四庫本; 中華書局點校本,一九七七。

清·陸心源《宋史翼》，中華書局影印本，一九九一。
清·彭元瑞等輯《宋四六選》，乾隆四十一年曹振鏞刻本。
宋·竇儀等撰《宋刑統》，中華書局點校本，一九八四；又，北京市中國書店影印本，一九八五。
明·程敏政《宋紀受終考》，《四庫存目叢書》本。
梁·沈約《宋書》，中華書局點校本，一九七四。
宋·江少虞《宋朝事實類苑》（簡稱『類苑』），上海古籍出版社點校本，一九八一。
宋·官修，清·徐松輯《宋會要輯稿》，是書徐氏利用開《全唐文》館之機輯自《永樂大典》，今有中華書局一九五七年影印本傳世。今人陳智超又編有《宋會要輯稿補編》，全國圖書館文獻縮微中心影印本，一九八八。又，《宋會要輯稿》，上海古籍出版社劉琳等點校本（全十六册），二〇一四。
清·厲鶚輯編《宋詩紀事》，四庫本。
清·陸心源《宋詩紀事補遺》，山西古籍出版社點校本，一九九七。
明·程敏政《宋遺民録》，《四庫存目叢書》本。
唐·徐堅等《初學記》，中華書局，一九六二。
清·胡文學編《甬上耆舊詩》，四庫本。

八畫

明・倪謙輯《奉使朝鮮倡和集》，刊近人羅振玉輯《玉簡齋叢書》本。

清・王復禮《武夷九曲志》，《四庫存目叢書》本。

明・衮仲孺《武夷山志》，《四庫存目叢書》本。方案：《千頃堂書目》卷八著録作者爲袁仲孺，或涉上而譌。

清・董天工乾隆《武夷山志》，方志出版社簡體字點校本，一九九七。

明・徐表然《武夷山志略》，《四庫存目叢書》本。

宋・白玉蟾《武夷集》，《道藏》（正統本），文物出版社影印本，一九八八。

宋・周密《武林舊事》，四庫本。

明・王穉登《青雀集》，萬曆四十七年金陵刊本。

元・魏初《青崖集》，四庫本。

明・倪岳《青溪漫稿》，四庫本。

宋・劉斧《青瑣高議》，北京市中國書店影印本；又，上海古籍出版社點校本，一九八三。

明・徐中行《青蘿館詩》，《四庫存目叢書》本。

宋・宋敏求《長安志》，《宋元方志叢刊》本，中華書局影印本，一九九〇。

明・徐獻忠《長谷集》，明刻本。又，《四庫存目叢書》本。
明・文震亨《長物志》，四庫本。
宋・沈括《長興集》，《四部叢刊》三編本《沈氏三先生集》（沈括與侄遘、遼的合集）。又，沈括今存著作，見今人楊渭生新編《沈括全集》，浙江大學出版社，二〇一一。
元・元懷《拊掌録》，刊《宛委山堂》本《説郛》卷三四下，四庫本。又見《説郛三種》本，上海古籍出版社影印本。
今人・郝春文主編《英藏敦煌社會歷史文獻釋録》（第二卷），社會科學文獻出版社，二〇〇三。
宋・范祖禹《范太史集》，四庫本。
宋・范仲淹《范文正公文集》，中華書局影印《古逸叢書》本三編之五（綫裝八册），一九八四。又，《范仲淹全集》，李勇先等點校本，四川大學出版社，二〇〇二。
宋・胡仔《苕溪漁隱叢話》，四庫本；人民文學出版社點校本，一九六二。
明・茅坤《茅鹿門先生文集》，萬曆刻本。
宋・林逋《林和靖集》，四庫本；沈幼征校注本，浙江古籍出版社，一九八六。
宋・釋惠洪《林間録》，四庫本。
明・邢侗《來禽館集》，萬曆四十六年刻本。
明・趙用賢《松石齋集》，萬曆四十六年趙琦美刻本。

清·汪由敦《松泉集》，《四庫存目叢書》本。
清·汪由敦《松泉詩集》（附《文集》），乾隆汪承霈刻本。《詩集》又有清鈔本二種存世。
清·高士奇《松亭行記》，刊清·張潮編《昭代叢書·丙集》本，康熙間詒清堂刻本。
唐·皮日休、陸龜蒙唱和集《松陵集》，四庫本。
元·趙孟頫《松雪齋文集》，明萬曆崔邦亮刻本、清鈔本等。
宋·洪皓《松漠紀聞》，四庫本。
宋·曹勳《松隱文集》，四庫本；又，《宋集珍本叢刊》本，綫裝書局影印本。
梁·任昉《述異記》，四庫本。
明·衛泳《枕中秘》，《四庫存目叢書》本。
唐·釋皎然《杼山集》，四庫本。
明·張燮《東西洋考》，四庫本。
明·顧清《東江家藏集》，四庫本。
宋·王洋《東牟集》，四庫本。
明·楊士奇《東里續集》，四庫本。
〔舊題〕宋·王十朋等《東坡詩集注》，四庫本。
清·陳鼎《東林列傳》，四庫本。

清・厲鶚《東城雜記》，四庫本。
宋・王稱《東都事略》，四庫本；中華書局點校本，一九八三。
宋・魏泰《東軒筆録》，四庫本。
清・汪之衍輯《東皋詩存》，乾隆三十一年方園刻本。
明・張弼《東海文集》，《四庫存目叢書》本。
宋・毛滂《東堂集》，四庫本。
宋・張擴《東窗集》，四庫本；《宋集珍本叢刊》，綫裝書局影印本。
宋・袁説友《東塘集》，四庫本。
元・楊維楨《東維子集》，四庫本。
宋・許應龍《東澗集》，四庫本；《四庫珍本》。
宋・范鎮《東齋記事》，四庫本；中華書局點校本，一九八〇。
宋・黄伯思《東觀餘論》，四庫本。
宋・陳元靚編《事林廣記》，中華書局影印本，一九九九。
宋・高承撰、明・李果訂《事物紀原》，四庫本；中華書局點校本，一九八九。
宋・吴淑《事類賦注》，四庫本；中華書局點校本，一九八九。
明・楊時喬《兩浙南關榷事書》，明隆慶元年自刻本；又，清重修本。

清·阮元輯《兩浙輶軒録》，吴鶱輯《輶軒續録》，均稿本。

清·陸肇域、任兆麟合纂《虎阜志》，蘇州古吴軒出版社點校本，一九九五。

漢·孔安國傳、唐·孔穎達等正義《尚書正義》（附校勘記），上海古籍出版社影印本，一九九〇。又，今人顧頡剛主編《尚書通檢》，上海古籍出版社影印本，一九九〇。又，今人蔣善國撰《尚書綜述》，上海古籍出版社，一九八八。

宋·李覯《盱江集》，四庫本；又，中華書局點校本《李覯集》，一九八一。

清·朱弘祚、周洙纂修《盱眙縣志》，康熙刻本。

清·光緒《盱眙縣志稿》，江蘇盱眙縣方志辦，一九八〇年影印本。

明·李賢等編撰《明一統志》，四庫本。

清·薛熙編《明文存》，《四庫存目叢書》本。

清·黄宗羲編《明文海》，《四庫全書》文津閣本。方案：是本比文淵閣本多收文近千首，詳今人楊訥等編《文淵閣四庫全書·集部補遺——據文津閣〈四庫全書〉補》卷首目録頁九八—一二四，北京圖書館出版社影印本。

明·程敏政編《明文衡》，四庫本。

清·張廷玉等《明史》，四庫本；中華書局點校本。

〔舊題〕清·徐乾學撰《明史列傳》，清鈔本。

明·徐紘《明名臣琬琰録》、《續録》，四庫本。
明·馮復京《明常熟先賢事略》，清乾嘉年間大樹堂鈔本。
明·徐溥等纂、李東陽重修《明會典》，四庫本。又，中華書局影印申時行等明萬曆重修本，一九八九。
清·朱彝尊編《明詩綜》，四庫本。
明·韓奕《易牙遺意》，四庫本。
清·高斌《固哉草亭文集》（附《補遺》、《詩集》），乾隆二十四年高恒刻本。
宋·劉摯《忠肅集》，四庫本；中華書局點校本，二〇〇二。
宋·吕頤浩《忠穆集》，四庫本；又，《吕頤浩集》，浙江古籍出版社點校本，二〇一二。
清·文廷式《知過軒隨録》，《滿清野史》（五編）本。
清·錢謙益《牧齋初學集》，清·錢曾箋注、錢仲聯標校本，上海古籍出版社，一九八五。
宋·釋贊寧《物類相感志》，刊宛委山堂本《説郛》卷二二下，四庫本。又，《説郛三種》本，上海古籍出版社影印本，一九八八。
明·王達《和中峰和尚梅花百詠》，清乾隆二十二年刻本。
明·徐階編《岳武穆遺文》，四庫本。
宋·范致明《岳陽風土記》，四庫本。
清·孫岳頒等奉勅撰《佩文齋書畫譜》，四庫本。

清·康熙間官修《佩文韻府》，四庫本。
宋·俞德鄰《佩韋齋集》，四庫本。
清·薛熙《依歸集》，清·康熙刻本。
宋·石介《徂徠集》，四庫本。又《徂徠石先生文集》，中華書局點校本，一九八四。
宋·金君卿《金氏文集》，四庫本。
清·李光暎《金石文考略》，四庫本。
元·脱脱主編《金史》，四庫本。又，中華書局點校本，一九七五。
五代·劉崇遠《金華子雜編》，《叢書集成》初編本。
明·周暉《金陵瑣事》，萬曆刻本。又，清乾隆四十年張湓活字印本。
唐·韓偓《金鑾密記》，刊《説郛》宛委山堂本、商務本。又見《説郛三種》本，上海古籍出版社影印本，一九八八。
清·查慎行《周易玩辭十解》，四庫本。
元·董真卿《周易會通》，四庫本。
東漢·鄭玄注《周禮》，四庫本；岳麓書社點校本，一九八九。
唐·殷璠編《河岳英靈集》，四庫本。
宋·方勺《泊宅編》，四庫本。

明・韓邦奇《宛洛集》，四庫本。
宋・梅堯臣《宛陵集》，四庫本。又，朱東潤《梅堯臣集編年校注》，上海古籍出版社，一九八〇。
宋・李心傳《建炎以來朝野雜記》（簡稱《朝野雜記》），徐規先生點校本，中華書局，二〇〇〇。
宋・李心傳《建炎以來繫年要録》（簡稱《要録》），四庫本；又，上海古籍出版社影印四庫本（附索引），一九九二。中華書局影印本，一九八八。中華書局點校本，二〇一三。
清・王士禎《居易録》，四庫本。
明・顧祖訓編、吴承恩增補、清・陳枚續補《狀元圖考》，萬曆三十五年刊、清初武林陳氏增補本。
明・文震孟《姑蘇名賢小記》，《四庫存目叢書》本。
明・王鏊《姑蘇志》，四庫本。
明・陳繼儒《妮古録》，《四庫存目叢書》本。
明・徐一夔《始豐稿》，四庫本。
清・陳維崧《迦陵詞全集》，康熙二十八年患立堂刻本。

九畫

今人・楊伯峻編注《春秋左傳注》，中華書局，一九八一年第一版，一九九〇年修訂本第二版。
民國・柯劭忞《春秋穀梁傳補注》，《柯劭忞先生遺著》本，北京大學研究院文史部排印本，一九二七。

宋·何薳《春渚記聞》，四庫本。又，中華書局點校本，一九八三。
明·袁中道《珂雪齋前集》（附外集），萬曆四十六年自刻本。
明·汪砢玉《珊瑚網》，四庫本。
唐·封演《封氏聞見記》，四庫本，《叢書集成》初編本。又，今人趙貞信校注本，中華書局，一九五八。
唐·李泰等撰，今人賀次君輯校《括地志輯校》（方案：《括地志》，唐宋時一名《坤元録》），中華書局，一九八〇。
明·唐順之《荆川先生文集》，《四部叢刊》本。
梁·宗懔撰《荆楚歲時記》，岳麓書社今人姜彦稚輯校本，一九八六。
明·朱睦㮮《革除逸史》，四庫本。
元·顧瑛輯《草堂雅集》，四庫本。
宋·曾幾《茶山集》，四庫本。
戰國·荀況撰，唐·楊倞注《荀子》，上海古籍出版社，一九八九。又，清·王先謙集解《荀子集解》，中華書局，一九八八。
唐·李延壽《南史》，中華書局點校本，一九七五。
明·劉節纂嘉靖《南安府志》，《天一閣藏明代方志選刊續編》本，上海書店影印本，一九九〇。
清·厲鶚《南宋院畫録》，四庫本。

宋・陳騤《南宋館閣録》、《續録》，宋・佚名撰，四庫本。中華書局點校本，一九九六。
清・沈嘉轍、厲鶚等七人合撰，厲鶚刊刻《南宋雜事詩》（人各百首），四庫本。
明・施沛《南京都察院志》，《四庫存目叢書》本。
清・張鵬翀《南華山房集》，乾隆刻本。
宋・馬令《南唐書》，四庫本。
宋・錢易《南部新書》，四庫本；中華書局上編所，一九五八。又，今人・梁太濟箋證《南部新書溯源箋證》，中西書局，二〇一三。
明・劉安簡纂修嘉靖《南康縣志》，《天一閣藏明代方志選刊續編》本，上海書店影印本，一九九〇。
宋・曾紓《南游紀舊》，刊宛委山堂本《説郛》。
清・陳文藻等編《南園後五子詩集》，《四庫存目叢書》本。
梁・蕭子顯撰《南齊書》，中華書局點校本，一九七二。
明・郭世重纂嘉靖《南寧府志》，《天一閣藏明代方志選刊續編》本，上海書店影印本，一九九〇。
宋・韓元吉《南澗甲乙稿》，四庫本。
宋・張耒《柯山集》，四庫本。又，《張耒集》，中華書局點校本，一九九〇。
清・汪文柏《柯庭餘習》，康熙四十四年汪氏古香樓刻本。
今人・聶世美《查慎行選集》，上海古籍出版社，一九九八。

唐·柳宗元《柳河東集》，四庫本。中華書局點校本《柳宗元集》一九七九。
宋·史能之《咸淳毗陵志》，《宋元方志叢刊》本，中華書局，一九九〇。
元·陸友仁《研北雜誌》，四庫本。
清·徐松《星伯先生小集》，《煙畫東堂小品》叢書本。
明·葉夔撰、吴亮重編《毗陵人品記》，萬曆四十六年刊本。
唐·獨孤及《毘陵志》，四庫本。
清·邵廷采《思復堂文集》，清康熙間刻本。
清·吴騫輯撰《拜經樓叢書》（一名《愚谷叢書》），清乾隆、嘉慶間海昌吴氏刊本。民國十一年（一九二二）上海博古齋據清吴氏刊本增輯影印本。凡收書數十種，其中吴騫所撰有十餘種。如：《國山碑考》，乾隆五十一年（一七八六）刊，《詩譜補亡後訂》（拾遺），乾隆五十年刊；《桃溪客語》，《扶風傳信録》，《西湖蘇文忠公祠叢祀議》，《南宋方爐題詠》，《陽羨名陶録》（續一卷），《拜經樓詩集》（續編、再續編），《萬花漁唱》，《哀蘭絶句》，《論印絶句》（續編），《蜀石經毛詩考異》，《拜經樓詩話》，《愚谷文存》，《拜經樓題跋記》（附録）等。
宋·徐經孫《矩山存稿》，四庫本。
清·王士禛《香祖筆記》，四庫本。上海古籍出版社點校本，一九八二。
明·周嘉胄《香乘》，四庫本。

清・錢陳羣《香樹齋詩集》（含《續集》、《文集》、《續鈔》，凡八十七卷），乾隆刻本。

宋・洪芻《香譜》，四庫本。

元・王惲《秋澗集》，四庫本。又，《秋澗先生大全集》，《四部叢刊》本。

宋・唐慎微《重修政和經史證類備用本草》（簡稱《政和本草》），《四部叢刊》影印金刻本（附宋・寇宗奭撰《本草衍義》）。人民衛生出版社，一九五七。華夏出版社簡體點校本，一九九三。

明・秦旭《修敬詩集》、秦金《鳳山詩集》、秦瀚《從川詩集》，刊民國・秦毓鈞輯《秦氏三府君集》，民國十八年（一九二九）味經堂木活字排印本。

明・皇甫汸《皇甫司勳集》，萬曆三年吴郡皇甫氏原刊本。

宋・李𡌴《皇宋十朝綱要》，中華書局校證本，二〇一三。

宋・董史《皇宋書録》，四庫本。

宋・楊仲良《皇宋通鑑長編紀事本末》（簡稱《長編本末》），清・阮元編《宛委别藏》本，江蘇古籍出版社影印本。

明・何喬遠《皇明文徵》，崇禎四年自刻本。

明・李紹文《皇明世説新語》，《四庫存目叢書》本。

明・袁袠《皇明獻實》，明鈔本。

宋・吕祖謙編《皇朝文鑑》（簡稱《宋文鑑》），四庫本。《吕祖謙全集》本，浙江古籍出版社，二〇〇八。

宋·江少虞《皇朝事實類苑》，四庫本；上海古籍出版社點校本，一九八一。
明·陳懋仁《泉南雜誌》，《四庫存目叢書》本。
清·王澍《禹貢譜》，《四庫存目叢書》本。
宋·趙德麟《侯鯖録》，四庫本。
宋·陳師道《後山居士文集》，上海古籍出版社影印宋本，一九八四。
宋·陳師道撰，任淵注，今人冒廣生補箋《後山詩注補箋》，中華書局，一九九五。
宋·陳師道《後山談叢》，四庫本；上海古籍出版社點校本，一九八九。
宋·劉克莊《後村先生大全集》，《四部叢刊》本。又，辛更儒《劉克莊集箋校》本，中華書局，二〇一一。
劉宋·范曄撰，唐·李賢注《後漢書》，四庫本；中華書局點校本，一九六五。
明·王世貞《弇山堂别集》，萬曆十八年金陵刻本；四庫本。
明·王世貞《弇州山人四部稿》，萬曆五年吴郡王氏世經堂刊本。
宋·施元之注《施注蘇詩》，四庫本。
清·施閏章《施愚山先生學餘文集》（刊《全集》本），康熙四十七年楝亭刻，乾隆施念曾等續刻本。
宋·鄧牧《洞霄圖志》，四庫本。
北魏·楊衒之《洛陽伽藍記》張宗祥校本，商務印書館，一九五五；又，周祖謨校釋本，中華書局，一九六三。

宋·吕陶《浄德集》，四庫本。
明·李日華《恬致堂集》，崇禎間刻本。
明·李日華《恬致堂詩話》，《四庫存目叢書》本。
河北文研所編《宣化遼墓壁畫》（圖集），文物出版社，二〇〇一。
宋·徐兢《宣和奉使高麗圖經》，四庫本；《叢書集成》初編本。
宋·佚名編《宣和書譜》，四庫本；上海書畫出版社點校本，一九八四。
明·沈周《客座新聞》，刊《説郛續》卷一三，《説郛三種》本，上海古籍出版社影印本，一九八八。
宋·釋重顯《祖英集》，四庫本。
三國魏·吴普等述，清·孫星衍等輯《神農本草經》，人民衛生出版社新版，一九六三。又，清·黄奭輯《神農本草經》，中醫古籍出版社，一九八二。又，今人馬繼興等輯注本，人民衛生出版社，一九九五。
明·祝允明《祝氏集略》，嘉靖三十六年張景賢刻本。
宋·朱松《韋齋集》，四庫本。
唐·韋應物《韋蘇州集》，四庫本。又，《韋應物集校注》，上海古籍出版社，一九九八。
宋·唐庚《眉山集》，四庫本。又《眉山唐先生文集》，書目文獻出版社影宋本。
明·楊基《眉庵集》，四庫本。
明·姚夔《姚文敏公遺稿》，明弘治間姚氏家刊本。

明·孫鑛《姚江孫月峰先生集》，清嘉慶十九年孫元吉刊本。
宋·周密《癸辛雜識》，四庫本。
明·徐㘭《紅雨樓集》、《鼇峰文集》，稿本，今藏上海圖書館。

十畫

明·沈周《耕石齋石田集》、《四庫存目叢書》本。
明·吴伯與《素雯齋集》，明天啓間原刊本。
明·馬文升《馬端肅奏議》，四庫本。
明·袁宏道《袁中郎集》，《四庫存目叢書》本。
明·正德《袁州府志》，《天一閣藏明代方志選刊》本，上海古籍書店影印本，一九六二。
宋·陳舜俞《都官集》，四庫本（《大典》輯佚本）。
宋·耐得翁《都城紀勝》，原文今存《永樂大典》殘本卷七六〇三（中華書局影印本）。又，四庫本。
明·慎懋官《華夷花木鳥獸珍玩考》，《四庫存目叢書》本。是書又簡稱《花木考》。
晉·常璩《華陽國志》，清·顧廣圻校本，商務印書館，一九五八。又，今人劉琳校注本，巴蜀書社，一九八四。
晉·常璩撰，今人任乃強校注《華陽國志校補圖注》，上海古籍出版社，一九八七。

宋·王珪《華陽集》，四庫本。

唐·顧況《華陽集》，四庫本。

宋·蔡襄《莆陽居士蔡公文集》，《北京圖書館藏珍本叢刊》本，書目文獻出版社影宋本。又，吴以寧點校本《蔡襄集》，上海古籍出版社，一九九六。又，《蔡襄全集》，福建人民出版社點校本，一九九九。

宋·林希逸撰，今人周啓成校注《莊子鬳齋口義校注》，中華書局，一九九七。又，清·王先謙編《莊子集解》，上海書店影印本，一九八七。

金·李俊民《莊靖集》，四庫本。又，《莊靖先生遺集》，《山右叢書·初編》本。

宋·李光《莊簡集》，四庫本。

唐·崔致遠《桂苑筆耕録》，《四部叢刊》本。

唐、五代之際·嚴□□（字子休、號馮翊子）撰《桂苑叢談》，四庫本。

元·劉詵《桂隱詩集》，四庫本。

宋·阮閲《郴江百詠》，四庫本。

元·方回《桐江集》，《宛委别藏》本。又，方回《桐江續集》，四庫本；《四庫珍本》初集。

明·謝鐸《桃溪淨稿》，《四庫存目叢書》本。

明·曹昭《格古要論》，四庫本。

清·陳元龍《格致鏡原》，四庫本。

清・黄周星《夏爲堂詩略刻》，順治十三年自刻本。
明・程嘉燧《破山興福寺志》，《四庫存目叢書》本。
明・徐𤊹《晉安風雅》（福州明詩選集），《四庫存目叢書》本。
唐・房玄齡等撰《晉書》，四庫本；中華書局點校本，一九七四。
宋・晁説之《晁氏客語》，四庫本。
宋・晁沖之《晁具茨先生詩集》，《叢書集成》初編本，商務印書館印本；中華書局新一版，一九八五。
戰國・佚名類編《晏子春秋》，四庫本。又，吴則虞《晏子春秋集釋》，中華書局，一九六二。又，今人・駢宇騫編《晏子春秋校釋》（銀雀山漢墓竹簡），書目文獻出版社，一九八八。
清・彭元瑞《恩餘堂經進稿》（是書含《初稿》、《續稿》、《三稿》、《策問》、《知聖道齋讀書跋尾》等五種，凡四十九卷），乾隆刻本。
宋・官修《秘書省續編到四庫闕書目》，《宋史藝文志補・附編》本，商務印書館標點本（附索引），一九五七。
明・倪謙《倪文僖集》，四庫本。
元・倪瓚《倪雲林詩集》，《四部叢刊》本。
明・徐𤊹《徐氏家藏書目》、《紅雨樓題跋》，刊今人馮惠民等選編《明代書目題跋叢刊》本，書目文獻出版社，一九九四。

明·徐渭《徐文長集》,《四庫存目叢書》本。

明·楊循吉《奚囊手鏡》(簡稱《手鏡》),《四庫存目叢書》本。

清·陳鼎《留溪外傳》,《四庫存目叢書》本。

宋·潘自牧《記纂淵海》,四庫本; 中華書局影印本,一九八八。

明·凌義渠《凌忠介公集》,四庫本。

明·高攀龍《高子遺書》,清康熙二十八年家刻本。

宋·曾慥《高齋詩話》,郭紹虞《宋詩話輯佚》本,中華書局,一九八〇。

明·陸釴《病逸漫記》,《四庫存目叢書》本。方案: 今考定乃昆山人字鼎儀者撰,而《四庫提要》卷一四三作同名鄞人字舉之者撰,實誤。

明·唐元竑、唐桂芳、唐文鳳撰,程敏政編《唐氏三先生文集》,《四庫存目叢書》本。

宋·姚鉉編《唐文粹》,四庫本。

宋·吕夏卿《唐史直筆》,四庫本。

今人·周紹良主編《唐代墓誌匯編》,上海古籍出版社,一九九二。

(舊題)宋·王安石編(方案: 《四庫提要》以爲實宋敏求編次)《唐百家詩選》,四庫本。

清·徐松《唐兩京城坊考》,中華書局點校本,一九八五。

唐·長孫無忌等《唐律疏議》,中華書局點校本,一九八三。又,江蘇廣陵古籍刻印社影印本,一九八四。

宋·王溥《唐會要》，四庫本； 上海古籍出版社點校本，一九九一。
宋·計有功《唐詩紀事》，四庫本；上海古籍出版社點校本，一九八七。
清·李因培輯《唐詩觀瀾集》，乾隆三十四年刻本。
五代·王定保《唐摭言》，四庫本； 上海古籍出版社點校本，一九七八。
宋·李龏編《唐僧弘秀集》，四庫本。
清·顧炎武《唐韻正》，四庫本。
明·袁宏道《瓶花齋雜録》，《四庫存目叢書》本。
宋·高似孫《剡録》，四庫本； 又，《宋元方志叢刊》本，中華書局，一九九〇。《宋元浙江方志集成》本，杭州出版社點校本，二〇〇九。
清·稽曾筠等纂修雍正《浙江通志》，四庫本； 上海古籍出版社影印商務本（一九三四年版，附索引），一九九一。
宋·周密《浩然齋雅談》，四庫本。
明·錢薇《海石先生文集》，萬曆年間錢端映等刻本； 又，清·錢燔、錢焞據上本增修本。
清·蔡方炳《海防篇》，《小方壺齋輿地叢鈔》（第九帙）本。
宋·葉廷珪《海録碎事》，上海辭書出版社影印本，一九八九。又，中華書局李之亮點校本，二〇〇二。
宋·白玉蟾《海瓊問道集》，《道藏》本，文物出版社影印本，一九八八。

宋·薛季宣《浪語集》，四庫本。
明·吴寬《家藏集》，四庫本。又，《匏庵家藏集》（含《補遺》），正德三年長洲吴氏家刊本；《四部叢刊》本。
清·王復禮《家禮辨定》，《四庫存目叢書》本。
明·董其昌《容台文集》，《四庫存目叢書》本。
明·邵寶《容春堂集》（凡前後續别四集），四庫本。
宋·洪邁《容齋隨筆》，四庫本；上海古籍出版社點校本，一九七八。
明·郁逢慶《書畫題跋記》，四庫本。
明·陸樹聲《陸文定公集》，萬曆四十四年華氏家刊本。
宋·陸游《陸游集》，中華書局點校本，一九七六。又，《陸放翁全集》，北京中國書店影印本，一九八六。
明·陸樹聲《陸學士雜著》，《四庫存目叢書》本。
漢·佚名《陵陽子明經》，《道藏》本，文物出版社影印本，一九八八。
宋·韓駒《陵陽集》，四庫本。
宋·陳敬《陳氏香譜》，四庫本。
明·陳繼儒《陳眉公先生全集》，崇禎間華亭陳氏家刻本。
清·陳維崧《陳檢新集》（清·程師恭注本），康熙刻本。

宋・陸佃《陶山集》，四庫本。

晉・陶潛《陶淵明集》，今人逯欽立校注本，中華書局，一九七九。

清・朱琰（一作炎）《陶説》《美術叢書》本；《萬有文庫》本。

宋・鄭樵《通志》，四庫本；　中華書局影印本，一九八七。

明・方以智《通雅》，四庫本；　中國書店影印本，一九九〇。

宋・吴曾《能改齋漫録》，四庫本；　上海古籍出版社點校本，一九七九年新一版。

清・文廷式《純常子枝語》，江蘇人民出版社，一九六二。　又，江蘇廣陵古籍刻印社影印本，一九七九。

十一畫

清・乾隆時官修《授時通考》，四庫本。

宋・黄徹《䂬溪詩話》，四庫本；　人民文學出版社校注本，一九八六。

宋・黄震《黄氏日鈔》，四庫本。　又，《黄震全集》，浙江大學出版社點校本，二〇一三。

宋・黄庭堅《黄庭堅全集》，今人劉琳等點校本，四川大學出版社，二〇〇一。　又，鄭永曉輯校編年本（簡體），江西人民出版社，二〇〇八。　又，王水照主編《宋刊孤本三蘇温公山谷集六種》本，國家圖書館出版社影印宋麻沙本《類編增廣黄先生大全文集》，二〇一二。

明・潘之恒《黄海》，《四庫存目叢書》本。

清·吴偉業《梅村集》，四庫本。

宋·王十朋《梅溪集》，四庫本；《四部叢刊》本。又，《王十朋全集》，上海古籍出版社點校本，一九九八。

唐·曹鄴《曹祠部集》，四庫本。

清·王士禎《帶經堂集》，康熙四十九年至五十年程氏七略書堂刻本。

宋·王質《雪山集》，四庫本。

清·王澍《虚舟題跋》，《懺花盦叢書》本。

宋·張繼先《虚清真君語録》，《道藏》本，文物出版社影印本，一九八八。

宋·王楙《野客叢書》，中華書局點校本，一九八七。

明·朱存理《野航文稿》，四庫本。

明·衛承芳《曼衍集》，萬曆間刊本。

明·莊元臣《曼衍齋文集》，清鈔本。

宋·朱熹《晦庵集》，四庫本。《朱文公文集》，《四部叢刊》本。又，《朱子大全》、《四部備要》本，中華書局影印本。郭齊點校本《朱熹集》，四川教育出版社，一九九七。

近人·徐世昌編《晚清簃詩匯》，北京中國書店影印本，一九八五。又，中華書局點校本，一九九〇。

劉宋·劉敬叔《異苑》，四庫本。

清・竇鎮輯《國朝書畫家筆録》，《江氏聚珍版叢書》（二集）本。
清・張維屏《國朝詩人徵略》（初稿），刊《張南山全集》，道光、咸豐間刊本。
明・方鵬《崑山人物志》，《四庫存目叢書》本。
宋・王堯臣、歐陽修等撰《崇文總目》，四庫本。
宋・胡寅《崇正辨・斐然集》（合刊本），中華書局容肇祖點校本，一九九三。
宋・范公偁《過庭録》，四庫本。
清・計發《魚計軒詩話》，《適園叢書》本。
先秦・佚名撰，晉・孔晁注《逸周書》，四庫本。
宋・朱翌《猗覺寮雜記》，四庫本。
明・許應元《許水部稿》，《四庫存目叢書》本。
宋・陳天麟《許昌梅公年譜》，刊《四庫存目叢書》本《二梅公年譜》。又，《宋人年譜叢刊》本，據清初鈔本《二梅公年譜》點校本，四川大學出版社，二〇
清・羅森、蕭韻《麻姑山丹霞洞天志》，《四庫存目叢書》本。方案：是書又簡稱作《丹霞洞天志》或《麻姑山志》。
北周・庾信《庾子山集》，四庫本。
清・張玉書等編《康熙字典》，四庫本；上海書店（附索引）本，一九八五。

清・藍鼎元《鹿洲初集》，雍正刻本。
明・朱存理《旌孝録》，《四庫存目叢書》本。
清・趙爾巽主編《清史稿》，中華書局點校本，一九七七。
元・杜本《清江碧璋集》，《四庫存目叢書》本。
清・高士奇《清吟堂全集》，康熙刻本。
明・張丑(原名謙德)《清河書畫舫》，四庫本。
宋・周煇《清波雜誌》，四庫本；中華書局劉永翔校注本，一九九四。
清・吴經先《清紀》，《四庫存目叢書》本。
元・袁桷《清容居士集》，四庫本；《四部叢刊》本。
宋・佚名《清異録》，四庫本。
明・姚希孟《清閟全集・響玉集》，崇禎刻本。
元・倪瓚《清閟閣全集》，四庫本。
今人・錢仲聯主編《清詩紀事》(二十二册)，江蘇古籍出版社，一九八七—一九八九。
今人・鄧之誠《清詩紀事初編》，上海古籍出版社，一九八四。
民國・繆荃孫編《清學部圖書館善本書目》，《古學彙刊》(第一集)本。
宋・趙抃《清獻集》，四庫本。

西漢・劉安等編、東漢高誘注《淮南子》，四庫本。
宋・秦觀《淮海集》，四庫本；《四部叢刊》本。
清・王澍《淳化秘閣法帖考正》，四庫本；《四部叢刊》（三編）本。方案：卷末附録《古今法帖考》。
宋・梁克家《淳熙三山志》（簡稱『三山志』），四庫本；《宋元方志叢刊》本，中華書局影印本，一九九〇。
宋・陳公亮等修《淳熙嚴州圖經》，《宋元浙江方志集成》本，杭州出版社點校本，二〇〇九。
清・沈登瀛《深柳堂文集》，清鈔本。
宋・李綱《梁溪集》，四庫本。又，《李綱全集》，岳麓書社王瑞明點校本，二〇〇四。
宋・費袞《梁溪漫志》，四庫本；上海古籍出版社點校本，一九八五。
清・陳濟生輯《啓禎兩朝遺詩》，清順治刻本。
清・鄒漪《啓禎野乘》（一、二集）分刊明崇禎十七年柳園草堂刻本、清康熙十八年書林存仁堂素政堂刻本。
宋・胡太初《晝簾緒論》，四庫本。
明・屠隆《屠長卿集》，明萬曆刻本。
宋・張侃《張氏拙軒集》，四庫本。
明・張應文、張謙德（即張丑）合撰、張謙德編集《張氏藏書》，《四庫存目叢書》本。

清·張玉書《張文貞公集》，乾隆五十七年張氏松蔭堂刻本。

唐·張籍《張司業集》，四庫本。又，《張籍詩集》，中華書局上編所，一九五九。

唐·魏徵、令狐德棻《隋書》，四庫本；中華書局點校本，一九七三。

明·張璧《陽峰家藏集》，《四庫存目叢書》本。

宋·曾鞏《隆平集》，四庫本。

宋·葉適《習學記言序目》，中華書局點校本，一九七七。

宋·朱勝非編《紺珠集》，四庫本。

宋·楊潛纂《紹熙雲間志》，《宋元方志叢刊》本，中華書局影印本，一九九〇。

清·汪士慎《巢林集》，乾隆刻本。

十二畫

明·毛晉編《琴趣外編》，明汲古閣刊本。

清·李斗《揚州畫舫録》，中華書局點校本，一九六〇。又，江蘇廣陵刻印社點校本，一九八四。

明·谷泰《博物要覽》，《四庫存目叢書》本。

明·彭華《彭文思公文集》，弘治十六年刻本。又，萬曆四十年彭篤福刻《彭氏二文合集》本（方案：另一種爲明·彭時撰《彭文憲公文集》，各包括附録一卷）。又有清康熙五年彭志楨重刻本。

宋・劉攽《彭城集》，四庫本。
明・彭韶《彭惠安集》，四庫本。
〔舊題〕晉・陶潛撰、今人・汪紹楹校注《搜神後記》（又名《續搜神記》），中華書局，一九八一。又，《百子全書》本，浙江人民出版社影印本，一九八四。
晉・干寶《搜神記》，《學津討原》本；掃葉山房《百子全書》石印本。又，汪紹楹校注本，中華書局，一九七九。
宋・王明清《揮麈録》，四庫本；又，《四部叢刊》三編本，商務出版社影印本。《歷代筆記叢刊》本，上海書店出版社點校本，二〇〇一。
明・駱問禮《萬一樓集》，明萬曆間原刊本。
明・凌迪知《萬姓統譜》，四庫本。
宋・洪邁編《萬首唐人集句》，四庫本。
明・沈德符《萬曆野獲編》，中華書局點校本，一九五九。
清・梁國治《敬思堂集》（附《奏御集》、《詩集》），嘉慶梁承雲等刻本。
清・查慎行《敬業堂詩集》，四庫本；上海古籍出版社點校本，一九八六。
唐・張鷟撰《朝野僉載》，四庫本。又，趙守儼點校本，中華書局，一九七九。
明・倪謙《朝鮮紀事》，《説郛續》本，上海古籍出版社《説郛三種》影印本，一九八八。

清·吴其濬《植物名實圖考長編》，中華書局，一九六三。

清·陸心源《皕宋樓藏書志》、《清人題跋叢刊》本，中華書局影印本，一九九〇。

〔舊題〕清·孫承澤編，似爲其孫孫炯所撰《硯山齋雜記》，四庫本。

宋·唐詢《硯録》（殘本），《粤雅堂叢書》三編本。

民國·繆荃孫輯《雲自在龕叢書》，清光緒中江陰繆氏刊本。

宋·張淏《雲谷雜記》，四庫本；張宗祥校録本，中華書局上編所，一九五八。

明·顧元慶《雲林遺事》，《四庫存目叢書》本。

宋·李洪《雲庵類稿》，四庫本。

唐·范攄《雲溪友議》，四庫本。

明·孔邇《雲蕉館紀談》，刊明·陶珽編《續説郛》卷二〇，清順治三年李際期宛委山堂刻本。又，上海古籍出版社影印《説郛三種》本，一九八八。

宋·趙彦衛《雲麓漫鈔》，四庫本；中華書局點校本，一九九六。

明·文德翼《雅似堂文集》（含《詩集》），《四庫存目叢書》本。

明·李日華《紫桃軒雜綴》、《又綴》，刊《李竹嬾先生説部八種》本（凡二十五卷），天啓至崇禎間刻本。又，《紫桃軒雜綴》，《四庫存目叢書》本。

宋·張嵲《紫微集》，四庫本。

宋・于石《紫巖詩選》，四庫本。
五代・王仁裕《開元天寶遺事》，四庫本。
宋・魯應龍《閑窗括異志》，《廣百川學海》本；《四庫存目叢書》本。
宋・宋祁《景文集》，四庫本；又，《古逸叢書》本。楊訥等《文淵閣本四庫全書補遺》（據文津閣本《四庫全書・集部》補遺），北京圖書館出版社影印本，一九九七。
宋・周應合撰《景定建康志》，四庫本；中華書局《宋元方志叢刊》本，一九九〇。
宋・釋道原《景德傳燈録》，江蘇廣陵古籍刻印社影印本，一九九〇。
明・李光縉《景璧集》，崇禎十年諸葛羲刻本。
宋・楊傑《無爲集》，四庫本。
明・陳仁錫《無夢園遺集》（附《家乘》、《小品》），崇禎八年陳禮錫、陳智錫刻本。
明・程百二《程氏叢刻》，萬曆四十三年程氏刻本（今藏國圖）。
明・喬宇《喬莊簡公集》，隆慶五年王世貞、喬世良刻本。
明・徐𤊹《筆精》，福建人民出版社點校本，一九九七。
明・歸有光《備倭事略》，刊《説郛續》卷一〇，上海古籍出版社影印《説郛三種》本，一九八八。
清・王澍《集程朱格法》、《集朱子讀書法》，《四庫存目叢書》本。
宋・丁度《集韻》，上海古籍出版社影印本，一九八五；又，中華書局影印本，一九八六。

明・焦周《焦氏説楛》,《四庫存目叢書》本。
清・康熙帝《御選元詩》,四庫本。
宋・曾季貍《艇齋小集》,刊《兩宋名賢小集》,四庫本。
明・嚴嵩《鈐山堂集》,嘉靖刻本,明鈔本;《四庫存目叢書》本。
明・鄒元標撰、龍遇奇編《鄒子願學集》,明・徐弘祖等重刊本。
明・程敏政編《詠史集解》,《四庫存目叢書》本。
清・張廷玉等《詞林典故》,乾隆十三年武英殿刻本。又,江蘇廣陵古籍刻印社影印本,一九八九。
清・朱彝尊編《詞綜》,四庫本。
今人・黄征、張涌泉《敦煌變文校注》,中華書局,一九九七。
今人・王重民等編《敦煌變文集》,人民文學出版社,一九五七。
明・朱橚撰《普濟方》,四庫本; 人民衛生出版社(全十册),一九五八至一九六〇。
清・杭世駿《道古堂文集》,清鈔本。
宋・李心傳《道命録》,明・丁元薦萬曆本; 四庫本。
宋・鄒浩《道鄉集》,四庫本。
元・虞集《道園遺稿》,四庫本。
元・虞集《道園學古録》,四庫本。

宋・尤袤《遂初堂書目》，四庫本；《叢書集成》初編本。

元・耶律楚材《湛然居士集》，四庫本，《四部叢刊》本。

清・姜宸英《湛園未定稿》，清二老閣刻本。

清・陳維崧《湖海樓全集》，乾隆六十年浩然堂刻本。

清・邁柱等監修雍正《湖廣通志》，四庫本。

清・朱琰《湖樓集》，刊清・丁丙輯《武林掌故叢編》第十八集。

清・陸次雲《湖壖雜記》，《四庫存目叢書》本。

明・閔元京、凌義渠合編《湘煙録》，《四庫存目叢書》本。

明・湯顯祖《湯顯祖集》，徐朔方箋校，詩文集（一、二册）；錢南揚點校（三、四册），上海人民出版社，一九七三。

唐・温庭筠撰，清・曾益注，清・顧予咸補注《温飛卿詩集箋注》，上海古籍出版社，一九八〇。

明・温純《温恭毅集》，四庫本。

清修《淵鑑類函》，四庫本。

元・蘇天爵《滋溪文稿》，四庫本。

明・朱國楨《湧幢小品》，《四庫存目叢書》本。

宋・張舜民《畫墁集》，四庫本（據《大典》輯佚本）；《叢書集成》初編本。

宋・鄧椿《畫繼》，四庫本。
清・錢謙益《絳雲樓題跋》，《清人書目題跋叢刊》，中華書局影印本，一九九五。
宋・周密輯《絶妙好詞》，清・查爲仁、厲鶚箋本，文學古籍刊行社，一九五六；又，上海古籍出版社影印本，一九八四。

十三畫

清・汪文柏《摛藻堂詩稿》（附《續稿》），康熙刻本。
宋・史堯弼《蓮峰集》，四庫本。
宋・沈括《夢溪筆談》，四庫本；胡道靜校證本，上海古籍出版社，一九八七。
明・葉向高《蒼霞餘草》，明萬曆、天啓間遞刻本。
明・葉向高《蒼霞續草》，萬曆、天啓間遞刻本。
宋・袁甫《蒙齋集》，四庫本（《大典》輯本）。
宋・徐元杰《楳埜集》，四庫本。
東漢・王逸注《楚辭章句》，岳麓書社點校本，一九八九。又，蔣天樞校釋《楚辭校釋》，上海古籍出版社，一九八九。
宋・洪興祖《楚辭補注》，中華書局點校本，一九八三。

明·楊一清《楊一清集》，中華書局點校本，二〇〇一。
宋·楊億《楊文公談苑》，四庫本；　李裕民輯佚本，上海古籍出版社，一九九三。
明·楊循吉《楊南峯先生全集》，萬曆三十七年徐景鳳刻本。
明·楊時喬《楊端潔公文集》，天啓年間楊聞中刻本。
明·虞淳熙《虞德園先生文集》，天啓三年錢塘虞氏刊本。
明·湯賓尹《睡庵文稿》，萬曆李曙寰刻本。
明·陶望齡《歇庵集》，萬曆喬時敏、王應遴刻本。
宋·李新《跨鼇集》，四庫本。
明·余寅《農丈人集》，萬曆二十三年周禮寫刊本。
明·徐光啓《農政全書》，四庫本。中華書局校勘本，一九五六；　石聲漢校注本，上海古籍出版社，一九七九。
元·王禎《農書》，四庫本(《大典》輯佚本)。又，今人繆啓愉譯注本《王氏農書譯注》，上海古籍出版社，一九九四。
近人·羅振玉編刊《農學叢書》，清光緒二十六年(一九〇〇)石印本。
明·曹學佺《蜀中廣記》，四庫本。
清·葉封《嵩陽石刻集記》，四庫本。

清·宋犖《筠廊偶筆》(附《二筆》),《四庫存目叢書》本。

宋·司馬光《傳家集》,四庫本。又《温國文正公文集》,《四部叢刊》本。《增廣司馬温公全集》,日本東京汲古書院影印[日]内閣文庫庋藏孤本,一九九三;今又有《宋刊孤本三蘇温公山谷集六種》本,中國國家圖書館出版社影印[日]藏本,二〇一二。

明·文德翼《傭吹録》,《四庫存目叢書》本。

清·汪森《粤西叢刊》,四庫本;北京市中國書店影印本,一九八五。

清·杜臻《粤閩巡視紀略》,四庫本。

唐·李德裕《會昌一品集》(殘本),四庫本。

宋·孔延之編《會稽掇英總集》,《宋元浙江方志集成》本,杭州出版社點校本,二〇〇九。

宋·車若水《腳氣集》,四庫本。

宋·魏慶之《詩人玉屑》,四庫本;今人王仲聞校勘本,上海古籍出版社,一九七八。

宋·歐陽修《詩本義》,四庫本。

宋·蔡正孫編《詩林廣記》,四庫本;中華書局點校本,一九八二。

梁·鍾嶸《詩品》,四庫本;今人陳延傑注本《詩品注》,人民文學出版社,一九六一。

宋末·佚名編《詩家鼎臠》,四庫本。

明·佚名編《詩淵》,書目文獻出版社影印本。

宋·阮閱《詩話總龜》，四庫本；人民文學出版社點校本，一九八七。
宋·朱熹注《詩經》，四庫本。又，朱熹集注《詩集傳》，上海古籍出版社，一九八〇年新一版。
明·陸時雍輯評《詩境·唐詩境》（另有《古詩境》），明刻本。
宋·楊万里《誠齋集》，《四部叢刊》本。又，王琦珍《楊万里詩文集》，江西人民出版社簡體點校本，二〇〇六。又，今人辛更儒《楊万里集箋校》，中華書局，二〇〇七。
宋·司馬光主編、元·胡三省音注《資治通鑑》，四庫本；上海古籍出版社影印本，一九八七；中華書局點校本，一九六三。
民國·柯劭忞《新元史》，上海開明書店影印《二十五史》本，一九三五。又，《元史二種》本，上海古籍出版社、上海書店出版社影印本，一九八九。
民國·柯劭忞《新元史考證》，北京大學研究院文史部排印本，一九二七。
宋·歐陽修《新五代史》，四庫本；中華書局點校本，一九七四。
明·程敏政《新安文獻志》，四庫本。
宋·歐陽修、宋祁《新唐書》，四庫本；中華書局點校本，一九七五。
漢·陸賈《新語》，四庫本；影印《百子全書》本，浙江人民出版社，一九八四。
清·許纘曾《滇行紀程》（附續抄）、《東遠紀程》（附續抄），《四庫存目叢書》本。
明·謝肇淛《滇略》，四庫本。

清·陳鼎《滇黔紀遊》，《四庫存目叢書》本。

明·張泰《滄州集》，《四庫存目叢書》本。

清·宋犖《滄浪小志》，《四庫存目叢書》本。

明·李攀龍《滄溟先生集》，萬曆二十年刻本。

明·劉日升《慎修堂集》，鄒元標選編，泰昌元年（一六二〇）原刊本。

清·郝玉麟等纂修雍正《福建通志》，四庫本。

明·張燮《羣玉樓集》，崇禎十一年張氏家刊本。

明·王象晉《羣芳譜》，農業出版社伊欽恒詮釋本，一九八五。

宋·佚名編《羣書會元截江網》，四庫本。

明·廖道南《殿閣詞林記》，四庫本。

清·文廷式輯《經世大典》（輯本，不分卷），稿本。

宋·倪思《經鉏堂雜志》，《四庫存目叢書》本。

清·朱彝尊《經義考》，四庫本。

十四畫

明·趙琦美《趙氏鐵珊瑚網》，四庫本。

宋·張堯同《嘉禾百咏》，四庫本。
宋·陳耆卿《嘉定赤城志》，四庫本；又，《宋元方志叢刊》本，中華書局，一九九〇。又，《宋元浙江方志集成》本，杭州出版社，二〇〇九。
宋·談鑰《嘉泰吴興志》（簡稱談志），四庫本；中華書局《宋元方志叢刊》影印本，一九九〇。又，杭州出版社簡體點校本，二〇〇九。
宋·沈作賓、施宿等纂修《嘉泰會稽志》，四庫本；又《宋元方志叢刊》本，中華書局影印本，一九九〇，《宋元浙江方志集成》本，杭州出版社簡體點校本，二〇〇九。
明·王世貞《嘉靖以來内閣首輔傳》，明刻本。
宋·蔡居厚《蔡寬夫詩話》。又，《詩史》，並見今人郭紹虞《宋詩話輯佚》本，中華書局，一九八〇。
清·杭世駿《榕城詩話》，《知不足齋叢書》（第二集）；《叢書集成》初編本。
明·徐𤊹編《榕陰新檢》，清·楊浚編、清·侯官楊氏鈔本。
晉·郭璞撰、清·郝懿行等疏《爾雅》（清疏四種合刊本），上海古籍出版社，一九八九。又，郭璞撰、宋·邢昺疏《爾雅注疏》，上海古籍出版社，一九九〇。又，《古逸叢書》本，影宋蜀大字本。
宋·羅願《爾雅翼》，四庫本。
明·康海《對山集》，萬曆十年潘允哲刻本；四庫本。
民國·繆荃孫輯《對雨樓叢書》，清光緒中江陰繆氏刊本。

宋・王鞏《聞見近録》、《甲申雜記》、《隨手雜録》三編影宋本；《古逸叢書》本；《知不足齋叢書》本。今有《全宋筆記》本（刊第二編、第六册），大象出版社點校本，二〇〇六。方案：今考王鞏號清虚先生，似此三書南宋時合刊作《清虚雜著》，其從曾孫王從謹又有《清虚雜著補闕》一卷，見《知不足齋叢書》，今點校本已分别補録於各書卷末。

清・周亮工《閩小紀》，康熙六年周氏賴古堂刻本。

清・李清馥《閩中理學淵源考》，四庫本。

明・何喬遠《閩書》，福建人民出版社點校本，一九九五。

明・徐𤊹《幔亭集》，四庫本。

明・章潢《圖書編》，四庫本。

元・夏文彦《圖繪寶鑑》，四庫本。

明・韓昂《圖繪寶鑑續編》，四庫本。

清・孫詒讓《劄迻》，中華書局點校本；又，齊魯書社點校本，兩本皆一九八九。

〔舊題〕春秋・管仲撰，唐・房玄齡注，明・劉績增注《管子》，四庫本；上海古籍出版社，一九八九。

今人・郭沫若、聞一多等《管子集校》，科學出版社，一九五六。

明・蔡復一《遯庵蔡先生文集》，明繡佛齋鈔本。

宋・陳正敏《遯齋閑覽》，《説郛三種》本，上海古籍出版社影印本，一九八八。

清·朱駿聲《説文通訓定聲》，中華書局影印本，一九八四。
明·陶宗儀等編《説郛》，四庫本（據宛委山堂本），商務印書館一九二七年排印本（又稱涵芬樓本，今又有北京中國書店一九八六年影印本）。又，上海古籍出版社一九八八年影印《説郛三種》本。
明·顧起元《説略》，四庫本。
宋·董逌《廣川書跋》，四庫本。
明·王士性《廣志繹》，《四庫存目叢書》本。又，周振鶴編校《王士性地理書三種》有《廣志繹》，乃據《台州叢書》本爲底本，參校顧炎武《肇域志》，上海古籍出版社，一九九三。
明·吴從先、何偉然《廣快書》，《四庫存目叢書》本。
清·郝玉麟等監修雍正《廣東通志》，四庫本。
宋·王令《廣陵集》，四庫本。又，《王令集》，上海古籍出版社點校本，一九八〇。
明·董斯張《廣博物志》，四庫本。
三國魏·張揖《廣雅》，四庫本；清疏四種合刊本，上海古籍出版社影印本，一九八九。
清·王念孫《廣雅疏證》，上海古籍出版社影印本，一九八三。中華書局點校本，一九八三。
清·汪灝《廣羣芳譜》，四庫本；上海書店影印本，一九八五。
宋·陳彭年《廣韻》，上海古籍出版社影印本，一九八一。又，今人周祖謨《廣韻校本》，商務印書館影印本，一九五一；中華書局，一九六〇。

北魏・賈思勰《齊民要術》，四庫本；　中華書局，一九五六。又，繆啓愉校釋本，農業出版社，一九八二。

宋・周密《齊東野語》，四庫本；　中華書局點校本，一九八三。又，華東師範大學出版社校注本，一九八七。

清・王士禛《精華録》，四庫本。

清・周中孚《鄭堂讀書記》，商務印書館，一九五九。又，文物出版社影印本，一九八六。

清・嚴如煜等嘉慶《漢南續修郡志》，《中國地方志集成》本。

漢・班固撰，唐・顏師古注《漢書》，四庫本；　中華書局點校本，一九六二。

明・張溥編《漢魏六朝百三家集》（簡稱『百三家集』），四庫本。又，清・吴汝綸評選《百三家集選》，浙江人民出版社，一九八五。

清・董誥等編《滿洲源流考》，四庫本。

宋・李清照《漱玉詞》，四庫本。

清・宋犖《漫堂説詩》，《四庫存目叢書》本。

宋・劉宰《漫塘集》，四庫本。

明・唐龍《漁石集》，《金華叢書》（民國補刊）本；　《叢書集成》初編本。

清・王士禛《漁洋詩話》，四庫本。

宋・黄裳《演山集》，四庫本。

宋·程大昌《演繁露》，四庫本；《全宋筆記》點校本（第四編，第八—九册），大象出版社，二〇〇八。

明·張鼐《賓日堂初集》，崇禎二年刊本。

宋·趙與時《賓退録》，四庫本；上海古籍出版社點校本，一九八三。

明·閔文振等纂嘉靖《寧德縣志》，《天一閣藏明代方志選刊續編》本，上海書店出版社影印本，一九九〇。

宋·馬永易《實賓録》（殘本），四庫本。方案：今存《永樂大典》中仍可輯佚。

宋·陳世崇《隨隱漫録》，四庫本。

十五畫

明·于慎行《穀城山館全集》，萬曆三十五年周時泰南京刊本。

明·弘治《撫州府志》（上下兩册），《天一閣藏明代方志選刊續編》本，上海書店出版社影印本，一九九〇。

明·都穆撰《增定玉壺冰》，閔元衢編《閔刻十種》本，明閔氏刻本。

清·蔡方炳《增訂廣輿記》，《四庫存目叢書》本。

宋·周密撰，明·宋廷煥補《增補武林舊事》，四庫本。

明·朱存理《樓居雜著》，四庫本。

唐·杜牧撰、清·馮集梧注《樊川詩集注》，中華書局上編所，一九六二； 上海古籍出版社，一九七八。
清·厲鶚《樊榭山房集》，四庫本；《四部叢刊》本。
元·陶宗儀《輟耕録》，四庫本。
明·勞大與《甌江逸志》，《四庫存目叢書》本。
宋·歐陽修《歐陽文忠公文集》，《四部叢刊》本。《歐陽修全集》，北京中國書店影印本。又，《歐陽修全集》，中華書局點校本，二〇〇一。《歐陽修詩文集校箋》，上海古籍出版社，二〇〇九。
明·陸釴《賢識録》，《四庫存目叢書》本。
明·歸有光《震川集》，四庫本。
明·王鏊《震澤集》，四庫本。
明·申時行《賜閑堂集》，《四庫存目叢書》本。
金·元好問《遺山集》，四庫本。
元·陸友《墨史》，四庫本。
宋·彭□（舊題作彭乘）輯《墨客揮犀》，中華書局點校本，二〇〇二。
宋·張邦基《墨莊漫録》，四庫本。
明·吴繼《墨娥小録》，中國書店影印本，一九五八。
明·程敏政《篁墩文集》，四庫本。

《儀禮》，岳麓書社點校本，一九八九。又，唐·賈公彦等疏本，文物出版社影印《嘉業堂叢書》本，一九八二。

清·陸心源《儀顧堂題跋》、《潛園總集》本。

唐·劉禹錫《劉賓客文集》，四庫本；文物出版社影印《嘉業堂叢書》本，一九八二。《劉禹錫集箋證》（瞿蜕園箋證），上海古籍出版社，一九八九。又，《劉禹錫集》，上海人民出版社，一九七五；中華書局點校本，一九九〇。

明·劉宗周《劉蕺山先生遺集》，清·雷鋐等乾隆十七年刻本。又，《劉蕺山集》，四庫本。

明·歸有光輯《諸子彙函》，天啓六年（一六二六）序刊本，凡收九十三種，十七卷。

隋·巢元方等《諸病源候論》，人民衛生出版社，一九五五。又，人民衛生出版社校釋本，一九八二。

漢·王充《論衡》，上海人民出版社點校本，一九七四；上海古籍出版社，一九九〇。

宋·王欽臣録乃父王洙之論爲《談録》，《百川學海》本，中國書店影印本。

宋·佚名《慶元條法事類》，《中國珍稀法律典籍續編》本，戴建國點校，黑龍江人民出版社，二〇〇三。

明·王慎中《遵巖集》，四庫本。

宋·潘淳《潘子真詩話》，詳今人郭紹虞《宋詩話考》、《宋詩話輯佚》，分見中華書局一九七九、一九八〇年版。

清·蔡方炳輯《憤助編》，《息關三述》本。

清·顧貞觀《彈指詞》，《四部備要》本，中華書局影印本。
清·薛熙《練閱火器陣記》，《四庫存目叢書》本。
宋·高似孫《緯略》，四庫本；《全宋筆記》本第六編、第五册，大象出版社點校本，二〇一三。

十六畫

清·朱彝尊《靜志居詩話》，人民文學出版社，一九九〇。
唐·駱賓王《駱賓王文集》，《古逸叢書》三編本，中華書局影印本，一九八六。
唐·駱賓王撰、清·陳熙晉箋注《駱臨海集箋注》，上海古籍出版社，一九八五。
明·黄佐《翰林記》，四庫本。
清·沈季友輯《檇李詩繫》，康熙四十九年金南瑛敦素堂刻本；四庫本。
明·范允臨《輸廖館集》，清順治刻本。
清·周亮工《賴古堂集》，《清人别集叢刊》本，上海古籍出版社，一九七九。
元明之際·朱希顔《瓢泉吟稿》，四庫本。
宋·陳傅良《歷代兵制》，四庫本；江蘇廣陵刻印社影印本，一九九〇。
清·陳元龍輯《歷代賦匯》，四庫本。
清·黄本驥編《歷代職官表》，上海古籍出版社，一九八〇。

清・紀昀等編《歷代職官表》，上海古籍出版社，一九八八。
宋・王庭珪《盧溪文集》，四庫本。
漢・高誘注《戰國策》，上海書店影印本，一九八七。今人・郭人民編注《戰國策校注繫年》（簡體字本），中州古籍出版社，一九八八。
宋・陳淵《默堂集》，四庫本。
明・婁堅《學古緒言》，四庫本。
明・邵寶《學史》，四庫本。
宋・王觀國《學林》，四庫本； 中華書局點校本，一九八八。
清・施閏章《學餘堂文集》，四庫本。
唐・錢起《錢仲文集》，四庫本。
宋・佚名《錦繡萬花谷》，四庫本。又，廣陵書社影印明嘉靖本，二〇〇八。
元・鍾嗣成《録鬼簿》，馬廉新校注本，文學古籍刊行社，一九五七。又，上海古籍出版社，一九七八，此本附『外四種』。
劉宋・鮑照撰，錢仲聯增補集注《鮑參軍集注》，上海古籍出版社，一九八〇。
宋・曾敏行《獨醒雜誌》，上海古籍出版社點校本，一九八六。
漢・蔡邕《獨斷》，四庫本。

宋・吴淑《譴名録》，《説郛》宛委山堂本，《説郛三種》本，上海古籍出版社影印本，一九八八。
宋・王得臣《麈史》，四庫本；上海古籍出版社點校本，一九八六。
宋・蘇轍《龍川略志》，四庫本；中華書局點校本，一九八二。
明・陸簡《龍皋文稿》，嘉靖元年楊鑨刻本。
宋・劉弇《龍雲集》，四庫本。
宋・王闢之《澠水燕談録》，四庫本；中華書局點校本，一九八一。
宋・文彦博《潞公文集》，四庫本。
宋・胡銓《澹庵文集》，四庫本。
唐・釋貫休《禪月集》，四庫本。
宋・釋惠洪《禪林僧寶傳》，四庫本。
宋・葉夢得《避暑録話》，四庫本。
明・鍾惺《隱秀軒集》，明末書林近聖居刻本。方案：是書《明史》卷九九著録作《隱秀堂集》八卷。今存明天啓二年沈春澤刻本作《隱秀軒集》三十三卷。

十七畫

明・藍仁《藍山集》，四庫本。

明・藍智《藍澗集》，四庫本。
宋・陳郁《藏一話腴》，四庫本。
元・劉秉忠《藏春集》，四庫本。
五代後晉・劉昫等撰《舊唐書》，中華書局點校本，一九七五。
明・韓奕《韓山人集》，《四庫存目叢書》本。
宋・朱熹《韓集考異》，四庫本。
宋・方崧卿《韓集舉正》，四庫本。
宋・邵雍《擊壤集》，四庫本。又，《邵雍集》，中華書局點校本，二〇一〇。
清・吴震方《嶺南雜記》，《四庫存目叢書》本。
北齊・魏收《魏書》，四庫本；中華書局點校本，一九七四。
清・蔡方炳《輿地全覽》，《小方壺齋輿地叢鈔》（第一帙）本。
明・曹學佺《輿地名勝志》，《四庫存目叢書》本。
宋・王象之《輿地紀勝》，中華書局影印本，一九九二。
宋・歐陽忞《輿地廣記》（簡稱《廣記》），四庫本；四川大學出版社點校本，二〇〇三。
宋・吴幵《優古堂詩集》，四庫本。
唐・儲光羲《儲光羲詩集》，四庫本。

明·鍾惺《鍾伯敬先生合集》，崇禎九年陸雲龍刻本。
明·謝兆申《謝耳伯文集》，《四庫存目叢書》本。
明·錢溥《謙齋文録》，四庫本。
元·于欽《齋乘》，四庫本；《宋元方志叢刊》本，中華書局影印本，一九九〇。
宋·孫覿《鴻慶居士集》，四庫本；《常州先哲遺書》（第一集）本。
宋·孫覿撰、繆荃孫補遺《鴻慶居士集補遺》，《常州先哲遺書·後編補遺》本。
宋·李廌《濟南集》，四庫本。
明·俞汝楫編《禮部志稿》，四庫本。
民國·繆荃孫《繆荃孫全集》，鳳凰出版社，二〇一三。

十八畫

宋·徐鉉《騎省集》，四庫本。又，《徐公文集》，《四部叢刊》本；《四部備要》本。
明·陳懋仁《藕居士詩話》，《四庫存目叢書》本。
民國·繆荃孫編《藕香零拾》叢書，中華書局影印本，一九九九。
宋·孫逢吉《職官分紀》，四庫本。
唐·歐陽詢編《藝文類聚》，四庫本；上海古籍出版社汪紹楹校本，一九八二。

民國・繆荃孫輯《藝風堂雜鈔》，中華書局點校本，二〇一〇。
清・繆荃孫《藝風藏書記》，上海古籍出版社點校本，二〇〇七。
明・費元禄《轉情集》二卷，清・康熙二年甲秀園刻本。
清・江之蘭《醫津筏》，《四庫存目叢書》本。
明・沈明臣《豐對樓文集》，清・沈光寧鈔本。
明・沈明臣《豐對樓詩選》（沈九疇輯），萬曆二十四年陳大科、陳堯佐刻本。
清・吴陳琰《曠園尋志》，《四庫存目叢書》本。
明・邵寶《簡端録》，四庫本。
明・杭淮《雙溪集》，四庫本。
明・謝遷《歸田稿》，清康熙年間刊本。
宋・歐陽修《歸田録》，四庫本。中華書局點校本，一九八一。
宋・晁補之《雞肋集》，四庫本。
清・范承勳《雞足山志》，《四庫存目叢書》本。
明・袁宏道《觴政》，《四庫存目叢書》本。
宋・孫穆《雜林類事》，刊《宛委山堂》本《説郛》卷五五，四庫本。
北齊・顔之推《顔氏家訓》（今人王利器《集解》本），分見四庫本；上海古籍出版社集解本，一九八〇。

唐・顏真卿《顏魯公集》，四庫本。

十九畫

明・高叔嗣《蘇門集》，四庫本。
宋・蘇軾撰，今人・李之亮箋注《蘇軾文集編年箋注》，巴蜀書社，二〇一一。
清・馮應榴《蘇軾詩集合注》，上海古籍出版社點校本，二〇〇一。
清・查慎行《蘇詩補注》，四庫本。
清・朱彝尊《曝書亭集》，四庫本；《四部叢刊》本。
宋・董棻編《嚴陵集》，四庫本。
明・譚元春《譚友夏合集》，崇禎刻本。
明・張邦奇《靡悔軒集》，明刻本。
宋・陳舜俞《廬山記》，四庫本。
宋・葛立方《韻語陽秋》，四庫本。方案：是書又別稱爲《葛常之詩話》或《葛立方詩話》，分以作者名、字入書名。又，上海古籍出版社影印本《善本叢書》，一九八四。
清・姚之駰《類林新詠》，康熙刻本。
宋・晏殊《類要》（殘本），《續修四庫全書》影印清鈔本（今藏西安市文管會），上海古籍出版社，二

○○二。

宋·曾慥編《類説》,文學古籍刊行社,一九五五。又,福建人民出版社校注本《類説校注》(王汝濤等),一九九六。

元·方回選評、今人·李慶甲集評校點《瀛奎律髓匯評》,上海古籍出版社,一九八六。

清·湯右曾《懷清堂集》,乾隆七年黄鐘刻本。四庫本。又,乾隆十一年湯學基等刻本。

明·李東陽《懷麓堂文稿》,清初鈔本。又,《懷麓堂集》,四庫本。

宋·馬永卿《嬾真子》,四庫本。

明·顧起元《嬾真草堂文集》,萬曆四十六年自刊本。

明·唐志契《繪事微言》,四庫本。

二十畫

明·文元發《蘭尋齋詩選》,刊明·文肇祉輯《文氏家藏詩集》(十八卷),萬曆十八年文氏刻本。

明·何出光、陳登雲等撰《蘭臺法鑒録》,萬曆二十五年刻本。

宋·陸佃解《鶡冠子》,四庫本。又刊《諸子百家叢書》,上海古籍出版社影印本,一九九〇。

漢·劉熙《釋名》,清疏四種合刊本,上海古籍出版社,一九八九。

明·陳策等編正德《饒州府志》,《天一閣藏明代方志選刊續編》本,上海書店出版社影印本,一九九〇。

明・陳大綬萬曆《饒州府志》，《四庫存目叢書》本。
清・朱彝尊《騰笑集》，康熙二十五年曝書亭自刻本。又，《清人别集叢刊》本，上海古籍出版社，一九七九。
民國・柯劭忞《譯史補》，北京大學研究院文史部排印本，一九二七。
宋・米芾撰、岳珂輯《寶晉英光集》，四庫本。
宋・張淏《寶慶會稽續志》，中華書局《宋元方志叢刊》影印本，一九九〇。又，《宋元浙江方志集成》本，杭州出版社簡體點校本，二〇〇九。
宋・張淏《寶慶會稽續志》，《宋元方志叢刊》本，中華書局影印本，一九九〇；《浙江宋元方志集成》本，杭州出版社點校本，二〇〇九。

二十一畫以上

明・陸深《儼山集》，四庫本。
宋・何景福《鐵牛翁遺稿》，清何鍾錫鈔本（有丁丙跋）。又，附宋・何夢桂《潛齋先生文集》，清鈔本。
宋・蔡絛《鐵圍山叢談》，四庫本；　中華書局點校本，一九八三。
〔舊題〕明・朱存理撰、實明・趙琦美編撰《鐵網珊瑚》，四庫本。
明・顧鼎臣《顧文康公文草》，明崇禎十三年、清順治二年顧晉璠等刻本。

宋・魏了翁《鶴山先生大全集》，《四部叢刊》本。
宋・吴泳《鶴林集》，四庫本。
清・李因培《鶴峰詩鈔》，《雲南叢書》（初編）本。方案：是編民國・趙藩、陳榮昌等輯，民國三年（一九一四）刊本。
明・錢福《鶴灘集》，《四庫存目叢書》本。
清・官修《續文獻通考》（簡稱《續通考》），四庫本；十通本。
宋・劉時舉《續宋編年資治通鑑》，四庫本。
明・朱謀垔《續書史會要》，四庫本。
宋・李石《續博物志》，四庫本。
宋・李燾《續資治通鑑長編》（簡稱《長編》），上海古籍出版社影印本，一九八五。中華書局點校本，一九七九—一九九五。
清・黄以周等輯注《續資治通鑑長編拾補》，中華書局點校本，二〇〇四。
宋・佚名《續編兩朝綱目備要》，《四庫珍本叢刊》初集本；中華書局點校本，一九九五。
清・胡昌基輯《續檇李詩繫》，稿本。
清・顧祖禹《讀史方輿紀要》（簡稱《方輿紀要》），中華書局點校本，二〇〇五。
宋・胡寅《讀史管見》，《四庫存目叢書》本。

明·文德翼《讀莊小言》,《四庫存目叢書》本。
清·蔡方炳輯《讀書法》,《息關三述》本。
宋·趙希弁《讀書後志》,今人孫猛《郡齋讀書志校證》本,上海古籍出版社,一九九〇。
清·杜濬《變雅堂文集》,清鈔本。
明·吾冔、吴夔編纂弘治《衢州府志》,《天一閣藏明代方志續編》本,上海書店影印本,一九九〇。
唐·樊綽《蠻書》,四庫本。又,今人向達校注本,中華書局,一九六二。

二　今人著作(含工具書)

王勇主編《中日交流史大系·科技卷》,浙江人民出版社,一九九六。
曹道衡、沈玉成編撰《中國文學家大辭典·先秦漢魏晉南北朝卷》,中華書局,一九九六。
梁淑安主編《中國文學家大辭典·近代卷》,中華書局,一九九七。
曾棗莊主編《中國文學家大辭典·宋代卷》,中華書局,二〇〇四。
周祖譔主編《中國文學家大辭典·唐五代卷》,中華書局,一九九二。
錢仲聯主編《中國文學家大辭典·清代卷》,中華書局,一九九六。

鄧紹基、楊鐮主編《中國文學家大辭典·遼金元卷》，中華書局，二〇〇六。
胡道靜《中國古代古籍十講》，復旦大學出版社，二〇〇四。
何忠禮《中國古代史史料學》，上海古籍出版社，二〇〇四。
阮浩耕主編《中國古代茶葉全書》，浙江攝影出版社，一九九九。
《中國古籍善本書目》（經部一册，史部、子部各二册，集部三册，叢部一册），上海古籍出版社，一九八五—一九九六。
南京圖書館編《中國古籍善本書目索引》（全二册），上海古籍出版社，二〇〇九。
張秀民《中國印刷史》（增訂本），浙江古籍出版社，二〇〇六。
沈治宏等編《中國地方志宋代人物資料索引》，四川辭書出版社，一九九七。
啓功主編《中國法帖全集》，湖北人民美術出版社，一九九八。
方健主編《中國茶事大典》，華夏出版社，二〇〇二。
張哲永等《中國茶酒辭典·附録》，湖南出版社，一九九一。
陳祖槼、朱自振編《中國茶葉歷史資料選輯》，農業出版社，一九八一。
吴覺農《中國茶業復興計畫》，商務印書館，一九三五。
邵洛羊主編《中國美術大辭典》，上海辭書出版社，二〇〇二。
周倜主編《中國書法墨蹟大全》，北京燕山出版社，一九九二。

王澤農主編《中國農業百科全書·茶業卷》，農業出版社，一九八八。

譚其驤主編《中國歷史大辭典·歷史地理卷》，上海辭書出版社，一九九六。

譚其驤主編《中國歷史地圖集》（第五册），中華地圖學社，一九七五。

[臺]王德毅《中國歷代名人年譜總目》（增訂版），臺北新文豐出版股份有限公司，一九九九。

鄭培凱、朱自振主編《中國歷代茶書匯編》（校注本），商務印書館（香港）有限公司，二〇〇七。

許逸民等編《中國歷代書目叢刊》（第一輯，上下二册），現代出版社，一九八七。

上海圖書館編《中國叢書綜録》（全三册），上海古籍出版社，一九八三。

朱德熙《古文字論集》，中華書局，一九九五。

顧頡剛《古史辨》（《顧頡剛全集·古史論文》），中華書局，二〇一一。

[臺]朱重聖《北宋茶之生産與經營》，臺灣學生書局，一九八五。

李裕民《四庫提要訂誤》，中華書局，二〇〇五。

余嘉錫《四庫提要辨證》，中華書局，一九八〇。

徐規《仰素集》，杭州大學出版社，一九九九。

吴洪澤等主編《宋人年譜叢刊》（全十册），四川大學出版社，二〇〇三。

昌彼得、王德毅等主編《宋人傳記資料索引》（全五册），臺北鼎文書局，一九八〇年增訂再版。

李國玲編《宋人傳記資料索引補編》，四川大學出版社，一九九四。

李之亮《宋代京朝官通考》（五册），巴蜀書社，二〇〇三。
李之亮《宋代郡守通考》（全十册），巴蜀書社，二〇〇一。
李之亮《宋代路分長官通考》，巴蜀書社，二〇〇三。
王德毅《宋會要人名索引》，臺北新文豐出版公司，一九七八。
湯中《宋會要研究》，上海商務印書館，一九三二。
王德毅《宋會要輯稿人名索引》，臺北新文豐出版社，一九七八。
王雲海《宋會要輯稿考校》，上海古籍出版社，一九八六。
王雲海《宋會要輯稿研究》，河南師範大學學報，一九八四年增刊。
郭紹虞《宋詩話考》，中華書局，一九七九。
郭紹虞《宋詩話輯佚》，中華書局，一九八〇。
于北山《范成大年譜》，上海古籍出版社，二〇〇六。
方健《范仲淹評傳》，南京大學出版社，二〇〇一。
楊廷福等編《明人室名别稱字號索引》（上下），上海古籍出版社，二〇〇二。
吴智和《明人飲茶生活文化》，臺灣宜蘭出版社，一九八九。
臺灣中央圖書館編《明人傳記資料索引》，中華書局，一九八七。
陳寅恪《金明館叢稿二編》，上海古籍出版社，一九八〇。

陳椽《茶業通史》，農業出版社，一九八四。
關劍平《茶與中國文化》，人民出版社，二〇〇一。
[臺]張迅齊編譯《茶話與茶經》，臺北常春樹書房，一九七八。
吴覺農《茶經述評》，農業出版社，一九八七。
張芳賜等《茶經淺釋》，雲南人民出版社，一九八一。
方健《南宋農業史》，人民出版社，二〇一〇。
魯迅《南腔北調集》，人民文學出版社，一九七三。
陳乃乾《室名别號索引》（修訂本），中華書局，一九八二。
王瑞明《馬端臨評傳》，南京大學出版社，二〇〇一。
陳垣《校勘學釋例》，《陳垣全集》本，安徽大學出版社，二〇〇九。
張澤咸《唐代工商業》，中國社會科學出版社，一九九五。
梁太濟《唐宋歷史文獻研究叢稿》，上海古籍出版社，二〇〇四。
郁賢皓《唐刺史考》，江蘇古籍出版社，一九八七。
于北山《陸游年譜》，上海古籍出版社，二〇〇六。
卞僧慧《陳寅恪先生年譜長編》，中華書局，二〇一〇。
四川大學古籍所編《現存宋人别集版本目録》，巴蜀書社，一九九〇。

鄭永曉《黄庭堅年譜新編》，社會科學文獻出版社，一九九七。
黄時鑑《黄時鑑文集》，中西書局，二〇一一。
楊廷福等編《清人室名别稱字號索引》（上下二册，增補本），上海古籍出版社，二〇〇一。
張伯偉編校《稀見本宋人詩話四種》，江蘇古籍出版社，二〇〇二。方案：是書據臺灣廣文書局影印明鈔本作爲底本整理。
胡道靜《夢溪筆談校證》，上海古籍出版社，一九八七。
于北山《楊萬里年譜》，上海古籍出版社，二〇〇六。
胡道靜《農書·農史論集》，農業出版社，一九八五。
陳智超《解開宋會要之謎》，社會科學文獻出版社，一九九五。
徐中舒主編《漢語大字典》（縮印本），湖北辭書、四川辭書出版社，一九九二。
夏征農主編《漢語大詞典》，漢語大詞典出版社，一九九三。
傅增湘《藏園羣書經眼録》，中華書局，一九八三。
傅增湘《藏園羣書題記》，上海古籍出版社，一九八九。
彩圖本《辭海》，上海辭書出版社，一九九九。
王國維《觀堂集林》，中華書局影印本，一九五九。

三　海外論著

〔日〕福田宗位《中國の茶書》，東京堂出版，一九七四。
〔日〕布目潮渢《中國の茶書》，平凡社、東洋文庫，一九七五。
〔日〕中村喬《中國の茶書》，平凡社、東洋文庫，一九七五。
〔日〕布目潮渢《中國史論集》（上下卷），汲古書屋，二〇〇三。
〔日〕布目潮渢編《中國茶書全集》，東京汲古書院影印本，一九八七。
〔日〕青木正兒《中華茶書》，東京春秋社，一九六二。
〔日〕中田勇次郎《文房清玩》（二），二玄社，一九六一。
〔日〕佐伯富《宋代茶法研究資料》，東方文化研究所，一九四一。
〔日〕盛田嘉德《茶經》，河原書店刊，一九四八。
〔日〕林左馬衛《茶經》，明德出版社，一九七四。
〔韓〕金明培譯《茶經》，リウル、太平洋博物館，一九八二。
〔日〕諸岡存《茶經評釋》，日本茶業組合中央會議所刊，一九四一。又，《茶經評釋·外篇》，一九四三年刊。

〔日〕布目潮渢《茶經詳解》，淡交社，二〇〇一。
〔日〕大典禪師撰《茶經詳説》，安永三年（一七七四）佐佐木惣四郎刊平安書林刻本，原藏日本淺草文庫。
今又有布目潮渢《中國茶書全集》影印本，汲古書院，一九八七。
〔日〕佐伯太《茶道全集·文獻篇》，創元社，一九三六。
〔日〕釋成尋《參天台五臺山記》，王麗萍點校本《新校參天台五臺山記》，上海古籍出版社，二〇〇九。
〔日〕釋榮西《喫茶養生記》，〔日〕《茶道古典全集》本，淡交社，一九五三。
〔日〕丹波康賴（九一二—九九五）撰，翟雙慶等校注《醫心方》，華夏出版社簡體校注本，一九九三。
〔日〕梅原郁編《續資治通鑑長編人名索引》，京都同朋舍，一九七八。
〔日〕青木正兒《中華茶書》，東京春秋社，一九六二。
〔日〕福田宗位《中國の茶書》，東京堂出版，一九七四。
〔日〕布目潮渢《中國の茶書》，平凡社、東洋文庫，一九七五。
〔日〕中村喬《中國の茶書》，平凡社、東洋文庫，一九七五。
〔日〕布目潮渢《中國史論集》（上下卷），汲古書屋，二〇〇三。
〔日〕布目潮渢編《中國茶書全集》，東京汲古書院影印本，一九八七。
〔日〕中田勇次郎《文房清玩》（二），二玄社，一九六一。
〔日〕佐伯富《宋代茶法研究資料》，東方文化研究所，一九四一。

〔日〕佐伯太《茶道全集·文獻篇》，創元社，一九三六。
〔日〕盛田嘉德《茶經》，河原書店刊，一九四八。
〔日〕林左馬衛《茶經》，明德出版社，一九七四。
〔韓〕金明培譯《茶經》，リウル、太平洋博物館，一九八二。
〔日〕諸岡存《茶經評釋》，日本茶業組合中央會議所刊，一九四一。又，《茶經評釋·外篇》，一九四三年刊。
〔日〕布目潮渢《茶經詳解》，淡交社，二〇〇一。
〔日〕大典禪師撰《茶經詳説》，安永三年（一七七四）佐佐木惣四郎刊平安書林刻本，原藏日本淺草文庫。
今又有布目潮渢《中國茶書全集》影印本，汲古書院，一九八七。
〔日〕釋成尋《參天台五臺山記》，王麗萍點校本《新校參天台五臺山記》，上海古籍出版社，二〇〇九。
〔日〕釋榮西《喫茶養生記》，〔日〕《茶道古典全集》本，淡交社，一九五三。
〔日〕丹波康賴（九一二—九九五）撰，翟雙慶等校注《醫心方》，華夏出版社簡體校注本，一九九三。
〔日〕梅原郁編《續資治通鑑長編人名索引》，京都同朋舍，一九七八。

附録三　本人主要茶史、茶文化史論著目録

一、《中國茶事大典》，華夏出版社，二〇〇〇年。任執行主編，凡一百六十萬字，其中筆者撰寫七十萬字。

二、《中國茶葉大辭典》，中國輕工業出版社，二〇〇〇年，撰寫其中茶史部分條目，約三萬字。

三、《南宋農業史》，人民出版社，二〇一〇年，其中第六章第四節（頁六三四至六五九），約三萬字。

四、《宋史·食貨志·茶法校正》，刊《中國經濟史研究》，一九九〇年第三期。

五、《唐宋茶産地和産量考》，同上，一九九三年第三期。

六、《芻議茶的起源》，刊《中國農史》，一九九一年第三期。

七、《戰國以前無茶説》，同上，一九九八年第二期。

八、《宋代茶鹽司考略》，刊《徐規教授從事教學科研工作五十周年紀念文集》，杭州大學出版社，一九九五年。

九、《宋茶流通體制及茶業經濟政策述略》，刊《貨殖》（第二輯），中國財經出版社，一九九六年。

十、《宋代茶事管理機構述略》，刊《中國社會經濟史研究》，一九九七年第四期。

＊十一、《宋代茶書考》，刊《宋代歷史文化研究》（宋元史國際學術研討會論文集），人民出版社，二〇〇〇年。

十二、《中國茶書總目敍録》，刊《文史》第五十二輯，中華書局，二〇〇〇年。

十三、《〈漢語大詞典·涉茶條目〉證誤釋例》，刊《農業考古》，一九九八年第四期。

＊十四、《唐宋茶藝述論》，同上，一九九七年第四期。

十五、《茶馬貿易之始考》，同上，一九九七年第四期。

十六、《神農的傳説和茶的起源》，同上，一九九六年第四期。

十七、《梅堯臣茶詩注析》，同上，一九九一年第四期至一九九二年第二期連載。

＊十八、《陸游茶詩輯注》，同上，一九九三年第二期至一九九五年第四期連載。

十九、《鴻漸未必是陸羽》，同上，一九九四年第二期。

二十、《『烹茶盡具』和『武陽買茶』考辨》，同上，一九九六年第二期。

二十一、《中日茶文化交流的友好使者榮西》，同上，一九九三年第二期。

二十二、《竹枝詞中的茶文化》，同上，一九九九年第二期至二〇〇三年第四期連載。

＊二十三、《中國茶書全集校證選刊》（之一至之四），分别爲趙佶《大觀茶論》、蔡襄《茶録》、元·釋德煇《百丈清規·茶禮儀》、《茶譜輯佚》，分刊同上，一九九九年第四期、二〇〇二年第二期、二〇〇二年第四期、

二〇〇四年第四期。

二十四、《『茗柯』考釋》，同上，二〇〇〇年第四期。

二十五、《關於馬王堆漢墓出土物考辨二題——兼與周世榮先生商榷》，刊《中國歷史地理論叢》，一九九七年第一期。

二十六、《日僧榮西〈喫茶養生記〉研究》，刊《農業考古》，二〇〇三年第四期。

二十七、《吴地茶文化》，刊王友三主編《吴文化史叢》（下），江蘇人民出版社，一九九六年。

二十八、《唐宋茶禮茶俗述略》，刊《民俗研究》，一九九八年第四期。

附記

本人的茶史、茶文化史研究成果爲學術界所高度關注，如朱瑞熙、程郁《宋史研究》稱：『方健撰有關於茶文化的系列論文，皆史料翔實，具有獨特的觀點，在大量茶文化論文中顯得十分突出。』並具體評價了本人上述目録中標＊號的論文。（詳該書福建人民出版社二〇〇六年版第三六四至三六七頁）

附録四　本書專家推薦意見

中國是茶原産地，茶文化源遠流長。而借鑒南宋茶藝發展而成的日本茶道文化卻深遠影響世界，其原因之一，即日本早在五十餘年前就出版了數百萬言的《茶道古典全集》，並被譯成各種外文。我國茶書，自唐至民國有百餘種，已知書名或僅有少量遺文者亦近百種。近年來雖有出版，但非全貌，其整理符合學術規範和古籍整理通則者更極罕見。

本項目承擔者方健教授治宋史和茶史近三十年，爲著名農史學家胡道靜先生私淑弟子，治學嚴謹，學術成果頗豐。精於目録、版本、校勘之學，廣收海内外善本、孤本茶書，認真整治，頗多創獲，成茶學巨編凡三百六十餘萬言。其中前人未刊入茶書而又有極高史料價值之涉茶文獻達數十種，逾二百萬言，已超過現存茶書一倍有餘。從其提供的樣稿看，有較高學術水準。該項目出版，將對我國茶史、茶馬研究和茶文化之傳播，具有積極而深遠作用。

推薦人：　吴承明

二〇一一年三月十二日

『開門七件事，柴米油鹽醬醋茶。』茶在人們生活中占有重要位置。茶的栽培、加工、飲用，在我國有悠久的歷史，由此形成了獨特的茶文化，並在經濟上、在民族關係上、在中外交流上發揮過並將繼續發揮重要的作用。我國古代茶書雖有相當數量，但大量重複，錯訛嚴重。如何更好地繼承先人留下的這份豐富遺産，在新形勢下加以發揚，具有重要的社會意義。

本項目承擔人方健先生攻治宋史及茶史多年，學術成果頗豐，獲同行專家的高度評價。如資深教授李埏先生稱其代表作《范仲淹評傳》爲『寫范仲淹最好的一本書』；朱瑞熙教授稱其關於茶文化的系列論文：『皆史料翔實，具有獨特的觀點，在大量茶文化論文中顯得十分突出。』

在此基礎上，方健先生二十年來對茶史資料廣搜博採，用現代學術規範加以整理，完成了這部三百餘萬字的《中國茶書全集校證》。本書的特點是：第一，材料豐富。僅新編入的文獻資料就有二百餘萬字（特別是首次將《宋會要·食貨類·茶門》等史料編入），超過現存茶書篇幅一倍以上。第二，對資料進行了深度加工整理。每種資料分提要、正文、校釋（輯本則爲校注）三部分。提要對作者、版本源流及該書內容進行評述；正文加標點，如是輯本還作了合理編次；校釋（校注）旁徵博引。三部分都頗具功力。無論從廣度或深度來説，都遠超過同類諸書。

本書的出版，將爲今後茶史、茶馬史、茶文化史、茶經濟史研究提供極大便利，是一項重要的基礎性的工作。故本人甚願爲之推薦。

推薦人：陳智超

二〇一一年三月十三日

方健先生是我非常尊重的一位學者。他擔任公職，從事實務，在業餘時間從事宋史和茶史研究，已經出版專著近十部，發表論文近百篇。他的成就之豐富，研究之專業，水平之高，足以令包括我自己在内的專職學者汗顔。他編纂《中國茶書全集校證》即將出版，囑我推薦，并發來全書目録、部分樣稿和以往研究茶史的論著目録。我作了認真閱讀，并持與能夠代表至今歷代茶書彙編校注最新水平的鄭培凱、朱自振主編《中國歷代茶書匯編校注本》（香港商務印書館二〇〇七年出版）作比讀，認爲方書在收書數量、校輯質量和注釋仔細方面，都有所優長，足以代表當代中國茶書研究的水平。在收書數量上，方書剔除了鄭書已收的二十多種内容重複、水平不高或與茶事不直接相關的著作，增加了十七種新輯茶書，使歷代茶書資料更爲周備。在輯校質量上，也努力追求高質量。如毛文錫《茶譜》，鄭書以我的輯本（刊《農業考古》一九九五年四期）和朱自振輯本爲主編録，方本則更參據日本青木正兒輯本（刊《中華茶書》，東京春秋社一九六二年版），在文獻方面有所增加，也更爲精密。如陸羽《茶經》通校數十種文本，蔡襄《茶録》對校十來種刊本，都堪稱最精詳的校本。在註釋方面，方書也更偏重茶事細節的研究和闡釋。如《茶録》中，注『青白勝黄白』，説明是『宋代鬥茶時對茶色和茶湯色的評判標準』；注『擊拂』是『我國古代茶藝中程式之一』，注《大觀茶論》『葉各擅其美』，先『疑其前仍奪一「諸」字，據宋子安《東溪試茶録·序》補』。并説明：『諸葉，以産極品名茶著稱，其茶又總稱「葉家白」，簡稱「葉白」，别稱「葉團」。是宋代最享盛名，足與北苑壑源官焙相頡頏之名品。』皆可見其用力之深，解讀之細。有些文本爲一字斟酌，出校近千字，尤屬難得。我認爲該書可以代表當代中國茶書研究的前沿水平，出版後會對茶史研究和文化史、農史、商業史研究産生重要影響，值得重點出版。特此推薦。

推薦人：陳尚君

二〇一一年三月十一日

後記

往事如煙，思緒如潮，百感交集，千言萬語，竟不知從何説起。

一

這是一部發凡起例於上世紀八十年代初，陸續用二十年業餘時間，『積微成著、聚沙成塔』而完成的書；從其進入出版程序的二〇〇四年起，歲月又流逝了整整十年才得以問世的書。如果沒有許多師友的關懷和鼎力幫助，也許迄今仍只是重達數十公斤的手寫稿件而已。這部書耗費了我業餘學術生涯最寶貴的三十餘年時間，幾乎與我迄今全部的業餘學術生涯相始終。我也從青壯年時代步入了老年。

我很慶幸，從小學到高中的十二年間，經歷了完整而出色的學習過程。李同真老師，是我小學六年期間的班主任，一人而擔當語文、算術兩門主課，對學生嚴格而又慈愛。她唯一的兒子（另有四位女兒），與我一起考取了蘇州高級中學（簡稱蘇高中）。李老師的嚴格要求，培養了我廣泛的學習興趣和良好學習習慣。當然也有遺憾，即我因一九五三年入學而從未學過漢語拼音（一九五五年國家才推廣普通話並於一九五八年頒行《漢語拼音方案》），乃至至今仍發音不準。我在初中，遇到了另一位學養深厚的洪希融老師，他教我們語文和歷史，生動的講課，淵博的知識，如春風化雨，滋潤了我這顆年轻而好學的心。他對文史的摯愛深深地影響了我；但莫須有的『歷史反革命』的重負，使他始終處於『述而不作』的狀態，他的才華只能傾注於畢生的教學生涯，而在『文革』中卻又歷盡磨難。我初三時，他擔任班主任，又爲我寫下了『品學兼優、德智體全面發展』之類不無溢美的評語，也許爲我順利考進名聞遐邇的蘇高中起了『加分』的作用。因爲『血統』不高貴的我，是在『千萬不要忘記階級鬥爭』的時代完成初高中的學習階段的。

在蘇高中就讀期間，正值國民經濟三年困難時期，但我更遇到了名師薈萃，擁有一流校舍與圖書館、實驗室、體育場館的良好學習條件。我在一篇感恩的回憶文章中，曾歷數在蘇高中執教的各位名師的風采。我業餘能寫出近千萬字的學術論著，全獲益於中小學尤其是蘇高中求學時期的知識儲備、基本技能訓練（如古文點讀等）和自主學習的良好習慣。這十二年間的刻苦力學，使我打下了扎實基礎並受益終生。儘管『血統』不高貴，備受歧視，但我還是在蘇高中多次獲得『三好學生』、『作文競賽第一名』等榮譽，擔任校刊《新墾地》執行主編和班長等；而且還入選校排球隊，擔任主二傳，籃球和乒乓球的水準也很高，是名實相符的『三好生』。中學時代，我就已開始購書藏書，中學畢業，我已有了上千册藏書；至今已擁有數以萬計的藏書，且被文化部評爲『全國優秀藏書家』，成爲我治學最豐富的『礦藏』。這也印證了一句名言：『千里之行，始於足下。』更重要的是，中學時期，我也初步養成了在逆境中自強不息、百折不撓的意志品質。

我有幸六歲就上學，才擠上了一九六五年『文革』前高考的末班車。儘管高考成績一流，但作爲『可以教育好的子女』，且自視甚高，填志願時全填名校，故分數雖完全夠進北大、復旦、南大（我當年第一志願所填三所名校），卻只被録取在『不入流』大學的『財會專業』，與我的愛好大相徑庭，曾有過不去報到而復讀再考的念頭。進校不到一年，基礎課尚未學完，就遇到了史無前例的『十年浩劫』。千百年來積累起的古代文明被完全顛覆，掃地以盡。神州大地進入了指鹿爲馬、黑白顛倒的荒唐歲月。

在『批林批孔』的上世紀七十年代，因『最高統帥』的指令，出版界衝破了萬馬齊喑的近十年不出古籍的文化荒漠時代，出版了一批『評法批儒』的專著。最令人欣慰的是，中華書局陸續重印和出版了由一流學者領銜點校的『二十四史』。當時，我在南宋時與金對峙的邊郡盱眙軍（即今以盛産小龍蝦而著稱的江蘇盱眙縣）工作，時就職於一家縣屬廠，擔任會計兼政工組長，本職工作外，主持『評法批儒』。因向工人『宣講』之需，購買了幾乎全部新出的『法家』著作，其中最著名的即爲王安石《王文公文集》（上海人民出版社，一九七四）。在無書可讀的年代，我認真研讀了此書，深爲王安石的文學才華和政治敏鋭所折服，對宋史研究也産生了強烈的興趣。這批『文革』中因政治需要而出版的書，以校刊精、印數大、價格便宜而著稱，在版本學上可另樹一幟。更不可思議的是，中華書局上世紀七十年代陸續出版、重印了『二十四史』，是在毛主席、周總理的關懷下，『欽點』由鄉前賢顧頡剛先生『總其成』的大書。這套書雖發行量極大，但在縣級新華書店，竟要縣委宣傳部的『配給單』才能購買。通常只分配給宣傳部、文化館、縣中等文化機構。盱眙縣在『備戰、備荒、爲人民』的時代，因群山環抱，地域廣闊，迴旋餘地大，成爲江蘇的『小三綫』基地，不僅有《新華日報》、江蘇人民廣播電臺等輿論備用基地和戰備物資庫，還陸續遷建了一批軍工企業。這些廠雖規模不大（上千人至數千人），但級别很高，享受縣處級待遇。因此，宣傳部將縣新華書店僅十套的『二十四史』也分配給了這些縣處級軍工企業各一部。恰巧其中的一家廠對這些書『不感興趣』，而我因經常去購書與新華書店的經理極熟，他告訴我，只要從宣傳部取得批準手續，可以轉售給我所在的縣屬廠。我立即通過忘年之交、時任縣委秘書長張恩鈐先生的幫助，順利從宣傳部得到最後的『配給單』，陸續購置了這套大書。最後一部也是篇幅最龐大的《宋史》（中華書局，一九七七）購進時，已是一九七八年春了。

是年，我奉調縣財税局工作。與廠領導關係極好的我，在告别酒會的意興闌珊之餘，向當時的廠領導提出唯一不情之請，可否將這費盡心機購得的『二十四史』轉讓給我；當時的書記李耀南和廠長王克明先生滿口答應，並只象徵性收了一百元錢。雖然當時的書價已便宜得猶如『白頭宫女説天寶盛事』般令今人難以置信，但我仍等於白撿了這部『二十四史』。廠領導次日派車將這幾大箱書和我簡單的行裝送至我縣城的一間單人宿舍時，我真像挖到了一座『金礦』般滿心喜悦。這是我平生的第一批藏書，今已有數萬册藏書的我，奇遇還真不少，但在這『文化荒漠』中的久旱逢甘霖，是十分令人欣慰又難得的機遇。這最初的又一批藏書，成爲我業餘治學最可寶貴的起點和基礎，而研讀『二十四史』則成爲我七八十年代最热衷的賞心悦目之事。我的藏書奇遇甚多，將來或可寫一部小書，與藏友分享（我的一則有關購藏書的小文早在二十餘年前曾在《解放日報·朝花》『徵文』刊出並獲獎）。

我在這家縣屬廠工作，大致從『九一三』事件至粉碎『四人幫』時期。廠坐落在離縣城十餘公里的漁溝鎮

（原名官灘），緊鄰洪澤縣老子山鎮，如今已是洪澤湖畔的一顆明珠——江蘇有名的温泉養生之鄉和旅遊勝地。在『批林批孔』的歲月裏，我的主要工作是書記的『私人秘書』，幾乎每天去縣城聽取各種會議傳達，有的發紅頭文件，更多靠筆記，回廠則『傳達不過夜』。在那數年間，我還完成了人生中的大事，即結婚成家，並誕下一雙可愛的小兒女，在充當『奶爸』的無數夜晚中，伴隨我的仍是這批『評法批儒』書和『二十四史』。

一九八四年，是我的命運轉折之年。是年，我報考上海師範大學（原上師院）古籍所所長、滬上十大史學名教授之一、陳寅恪先生的真傳弟子程應繆先生的研究生，因筆試獲高分並順利通過復試。當時，文筆極好的程先生在全國研究生考試中『别樹一幟』，獨家加試作文，且爲兩題任選其一，我得到了歷屆考生的最高分；文史哲基礎知識考了九十六分，只是政治、外語稍差，但總分已遠過録取線，專業課宋史也獲高分，已在數十名考生中名列前茅。但萬萬没想到，卻因莫須有的『政審不過關』而被關在門外。起因是，我在『文革』之初，參與起草了我校的第一張大字報；『文革』中，我在『大串聯』中因患『肺結核』而在家養病，響應毛澤東主席『關心國家大事』的號召，在江南名鎮鬧市中心，辦了個『專欄』，專摘抄各地紅衛兵小報上的奇文異事。在『文化空白』的年代，這一專欄成了鎮上的『輿論中心』，常常是人潮洶湧，擠得水泄不通。一九六八年初，該鎮兩派武鬥，鬧出了人命。在日後的『清查』中，當權的一派向我校投送了大量誣陷性黑材料，不顧一九六七年我早已返校的鐵的事實，認定我爲『武鬥幕後黑手』，要求追究我的『刑事責任』。當時我校的工宣隊（隊長姓湯）明察秋毫而未予置理，認爲其荒謬絶倫。但作爲當時學校掌權派的人事幹部孫某還是在我的檔案中原封不動塞進這些誣陷性的『黑材料』。要不是這次報考研究生，我還真不知道檔案中還有這類『派性』黑貨。考研落選後，我立即向盱眙縣委領導申訴，時新任縣委書記、畢業於清華大學的趙鴻章同志極爲重視（他從淮陰市委秘書長調任，政策水準較高），親自過問，批示云：『中央早有明文規定，這類派性黑材料，早就應清理銷毁，何以仍長期存在於檔案之中？』縣組織人事部門立即派人調查，證實爲『莫須有』而將上述檔案抽出銷毁。不久，經縣委多次考察，常委研究決定，選拔我爲縣經濟研究中心（常務副縣長兼主任的副縣級單位）信息科科長；不久，因中心撤銷，又被任命爲縣商業局副局長。從此成爲公務員直至退休。我大學畢業後，歷經十五年的工農、財貿基層工作的考驗和鍛煉，終於一步一個臺階，迎來了重用知識分子的改革開放的好時代，這固然令人欣喜，但因『莫須有』而被剥奪了專業治學的資格卻常使我高興不起來，畢竟我的志向和興趣在學術而不在做官。當時與我有類似遭遇的人絶非個别，這真是時代的悲劇。從此，不服輸的我自己暗暗立志，即使業餘治學，也要不亞於專業學者。正是這一股拚勁，使我經歷了常人難以想象的艱辛，才有了我今天近千萬字的宋史與茶史論著，成爲這兩大研究領域在海内外有一定影響的學者之一。我四十餘年來幾乎没有節假日，也從未在夜半一二點鐘前上過牀，熬夜成了習慣；退休後，甚至也無法改變這種惡習。

二

以下言歸正傳，説説我與本書編寫的淵源。人的很多行爲習慣與嗜好，往往可追溯到兒童時代。上世紀五十年代初，經商的先父常與一些工商聯的朋友聚會於酒肆茶樓，往往會帶上我。而這些叔叔伯伯，也時常以逗弄我當『開心果』。如喝酒時會用筷子蘸些黄酒塞進我嘴中，我竟眉頭也不皺一下，從此落下『小酒鬼』的雅號。成年參加工作後，尤其忝任商職後，經常會應酬於酒桌飯局間，酒量大得驚人，通常斤把白酒不成問題，但我對喝酒没有絲毫興趣。調到蘇州工作後，基本只喝啤酒和黄酒。退休後，分季節每天中午只喝一小罐啤酒或一杯葡萄酒、黄酒，全爲了能有一個較好的午休，以便下午及晚間有充沛的精力治學與寫作。因我長期日夜操勞，故較難入睡且睡眠品質不高。我父親的朋友們也常把一小盅茶稱是『糖水』而哄我喝下去，我也竟一飲而盡，甘之如飴，從此落下了『小茶客』的綽號。工作之初，我在離盱眙縣城很近的古桑原種場勞動鍛煉，場領導讓我擔任食堂事務長，每天的工作就是騎車上縣城買菜。閑不住的我，騎自行車遊遍了盱眙的山山水水，最遠的鄉鎮龍山距此四十五公里之遥，當天一個來回，且多爲崎嶇山間公路，卻一點也不覺得累。一個驚人的發現是距我所在農場僅十公里的桂五林場盛産茶葉，品質極好，絲毫不亞於碧螺春、龍井等名茶，而且價格便宜得驚人，當時僅一元錢一斤。我在盱眙工作二十餘年間，每年至少要從這林場買茶十斤以上，養成喝茶作爲治學最佳佐料的習慣而終生難改，對乾隆所謂『君不可一日無茶』的名言有了最深切的體驗。但我喝茶有一不良嗜好，即喜歡飲滾燙的茶汁，一杯下肚，即使冬日也額上冒汗，那真有説不出的爽快，更不用説可以提神解乏。即使近年名茶漲到一兩千元一斤，我仍每月至少消費一斤。但這種畢生的嗜好與惡癖在佐我治學的同時，長年累月卻也許燙傷了我消化道的黏膜，成爲因家族史遺傳基因導致惡性病變的誘發因素之一(另一因素則爲長年累月地熬夜)。因此告誡與我同有喝滾燙茶習慣的朋友，千萬注意不能喝温度過高的茶汁，而以喝四五十度的温茶爲宜。

一九八四年，考研究生意外落選後的我，情緒極爲消沉。曾請假外出旅遊探親訪友，以期稍作調整。在上海購到安徽農學院教授陳椽先生所著《茶業通史》（農業出版社，一九八四），旅途中通讀之餘，覺得文史方面的硬傷較多，回家後，僅用不到半個月的時間寫出了十餘萬字的校證稿。當時年輕氣盛，以『商榷』的名義寄給了作者陳椽教授。出乎我意料之外的是，陳老竟不以爲忤，在來信中深表感謝，稱是書僅是教學之餘的急就篇，農業出版社已決定要作者修訂再版，他邀我參與此書的修訂；同時，他還邀請我作爲『客座教授』赴安徽農學院與他共同指導茶史研究生，體現了老一輩學者謙虚謹慎、提掖後進的可貴本色。驚喜之餘，我立即修書答覆：其一，我將傾全力協助陳老修訂是書，但不署第二作者之名。其二，協助指導研究生則萬萬不可，首先，我不具資格，自己連研究生也未能就讀；其次，我當時已被組織上任命爲縣商業局副局長，工作繁忙，事實上也無此可能。但此後我曾多次出差赴合肥，每去必拜謁陳老，感謝他的知遇之恩，遂與陳老成爲忘年之交。我最後一次與陳老相見，是在一九八九年秋的北京『中國茶文化展示周』上，他將各地茶商送給他品嘗的頂級名茶展品數十盒送我，而我『借花獻佛』，悉數轉贈給嗜茶的宋史泰斗、北京大學名教授鄧廣銘先生。這次展示周期間，我還有幸陪同一位日本治茶史的友人拜謁了我國茶學泰斗、有當代『茶神』之譽的吴覺農先生並客串譯者。他的《茶經述評》成爲本書《茶經》校證的重要參考書。吴老知我有整理茶書的夙願及受命撰寫《中國茶文化史》一書後，勉慰有加，體現了前賢對後學的關懷和期許。

關於陳椽先生《茶業通史》的餘波微瀾有二：一是農業出版社從效益角度出發，將修訂再版陳老是書的計劃長期擱置（至二〇〇八年始再版）。原來我計劃在完成本書後與友人一起主編一部多卷本中國茶史，也蒙主政某出版社社長慨允立項； 但因最近這次意外大病，是否尚能完成已不敢自信，希望病體恢復後，能填補茶史研究的這一空白。二是茶學『三巨頭』之一的原浙江農業大學莊晚芳教授得知我有關於《茶業通史》十餘萬字的校證稿後，遂托人索要此稿，我複印一份寄呈。半年後，莊老親筆來信，提出欲自費出版我這部『校證稿』，我没有絲毫驚喜，卻只有不解。後經向熟人瞭解，悉莊、陳二老原爲很好的朋友，後不知何故而失和，從此不相往來。知此真相後，我立即上書莊老，以水準不夠，非著書之體之類托詞婉言相拒，並索回拙稿，據説惹得莊老很不高興。這是我作爲後學晚輩與『茶學三巨頭』（即上述吴、陳、莊三老）的交遊往事，也是我茶史研究的起點和本書發凡起例的原因之一。

三

我從上世紀八十年代中期起，將研究宋代茶史作爲研究宋史的突破口，代表作爲《宋史·食貨志·茶法校正》、《唐宋茶産地和産量考》（分刊《中國經濟史研究》一九九〇年第三期、一九九三年第二期，後者爲提交一九九二年中國宋史研究會年會論文並入選年會論文集）。發表後，師友均予好評，使我備受鼓舞。從此一發不可收，在上世紀九十年代至本世紀之初，我集中發表了關於茶史、茶文化史研究的論著近三十篇（部），一百五十餘萬字（具體細目詳本書附録三）。著名宋史專家、中國宋史研究會原會長朱瑞熙先生的百年學術史回顧《宋史研究》一書中，曾評價筆者有關茶史、茶文化史的系列論文稱：『皆史料翔實，具有獨特的觀點，在大量茶文化論文中顯得十分突出。』並對若干拙撰作了具體的述評（詳是書三六四至三六七頁，福建人民出版社，二〇〇六）。當時，我心中有一個目標：欲寫一部《宋代茶業經濟史》，力爭成爲可與同樣自學成才的中國社科院歷史所研究員郭正忠先生力作《宋代鹽業史》相媲美的高水準權威著作。惜迄今仍未完成。

真正使我有編輯、校證《茶書全集》的動因有二：其一，早在上世紀八十年代後期，私淑先師胡道靜先生哲嗣小靜學長主政上海人民出版社文史室，主持出版由周谷城先生主編的《中國文化史》系列叢書，其中《中國茶文化史》一書約我撰寫，我欣然應允，認爲應從茶史資料的廣泛搜集做起，遂萌生先編一部《茶書集成》作爲前期資料準備之念。其二，約略同時，我得到雲南大學資深教授、我國唐宋經濟史研究的開創者之一李埏先生的教誨稱：『早在一九四一年日本學者佐伯富（一九一〇—二〇〇六）教授就已編成《宋代茶法研究資料》一書，你如有機會去日本，一定要設法複印此書回來研讀。』

四

一九八八年春，我有幸考取日本『國際學術交流基金』資助項目，作爲訪問學者，公派赴日本留學。雖所學專業爲商業企業管理，但行前蒙先師胡道靜先生及陳橡教授等修書薦介，得以拜識東京大學名譽教授、東洋文庫理事長斯波義信及佐伯富先生等宋史權威學者；大阪大學榮譽教授，隋唐史、茶史專家布目潮渢教授等。參加了數次由布目教授主持的茶史小型研討會，得以認識了日本的幾位茶史研究前沿專家如青木正兒的哲嗣中村喬、橋本實、松下智教授等。此行『業餘』最大的收穫之一是獲得了心儀已久的上述佐伯富主編的《宋代茶法研究資料》複印本及布目教授主編的《中國茶書全集》（汲古書院，一九八七）。是書出版未久，即告售罄，短期内無再版可能，遂求助於布目教授，他親自打電話給汲古書院社長阪本健彦先生，該社社長特派員將唯一一部陳列的樣書專門寄至我當時所住的留學生交流會館（名古屋CKC）。這部書薈萃了今藏日本的中國茶書的大量善本乃至孤本，還有《茶經》的日譯本、釋評本、繪圖本等，彌足珍貴。今拙編本書多將是書各本取作底本或主要校本，尤其是海内僅藏明喻政主編的《茶書》兩部乙本，而布目教授是書所收則爲海内外現存孤本甲本而以乙本配補，在版本校勘學上有極大價值。此外，如僅流傳於日本的明鄭熜《茶經》刊本，也是國内早已失傳的珍貴版本。總之，此書的購藏，使我獲得了大量很難蒐集到的珍稀茶書版本，也促使我下定決心編集、點校、校證一部比較全面可信的中國茶書彙編。

佐伯富教授的大編則啓示我：將宋代最重要的存於《宋會要輯稿》等諸書中的茶史資料分類輯入本書補編。遺憾的是這項計劃只完成了一半，今收入本書補編的僅是主要現存於《宋會要輯稿》的宋代茶史、茶馬史料及宋至清的茶馬、馬政史料等。原計劃將宋代資料庫中茶史、茶馬史的資料一網打盡，並盡可能按編年編排；甚至計劃將《全宋文》、《全宋詩》、《全宋筆記》、《全宋詞》中所收的涉茶宋文、詩、詞、筆記等匯爲一編，因篇幅過大，時間逾限而只完成過半，將來如有可能或將通檢現存方志，輯出各地唐宋至近代涉茶資料再編一部續編。因爲只有先完成比較全面的茶史資料長編校證，才是撰寫多卷本《中國茶業通史》水到渠成的理想的前奏。只是最近的一場大病，也許會力不從心而完不成這一宏願。畢竟，這部《茶書全集》耗費了我三十年的時間，可以毫不誇張地説是心血澆灌而成。在前二十年的編寫過程中基本上是手工操作，後十年的修訂、校稿中才使用電腦進行檢索。現代化的科技手段在古籍整理中的作用是功德無量的，不僅可以大大提高工作效率，更能糾正許多原始手工操作難以避免的失誤。就記憶功能而言，一般正常人腦是遠不如電腦的。其檢索功能，僅一部電子版《四庫全書》就使治古代史的學者獲益無窮。我因手拙病目，至今自己無法録入文字，仍不能換筆，這是本書編寫、修訂、校改歷時三十年的又一重要原因。撰寫宋史論著亦無法擺脱卡片加手寫的傳統模式，否則可大大提高工作效率。

我在日本的一九八八至一九八九年期間，不僅是日本經濟最好的時期，也是中日關係的『蜜月』時期。僅在名古屋就有數以千計的留學生，我們所住的留學生會館及賓館，經常接待來自全國各地的公派團隊，那時出國旅遊尚未放開。對於我學習的專業而言，當時國內正處於從計劃經濟時代跨入市場經濟時代的轉型期。從自行車等交通工具、電視等家用電器，乃至名酒、食糖等尚須憑票供應的國内，到了到處是大賣場、超市、小商品市場的日本，簡直像劉姥姥進了大觀園。一年來考察了包括商辦工業的各類商業企業，感慨之深，真有勝讀十年書的浩歎。近年來，安倍執政，内外交困，中日關係亦急轉直下，但兩國人民及學術界的交往仍將長期持續，任何倒行逆施，注定會被釘在歷史的恥辱柱上。

學成歸國後，我本來有可能調入省商業廳乃至商業部工作，但因個人摯愛學術及家庭的原因，在外漂泊了二十年的我選擇了調回姑蘇工作。當時八十高堂身患絶症，我得以侍奉病榻五年之久，總算略盡了遊子的孝心；一雙兒女也在蘇州長大成人，成家立業。不久我就調至市協作委工作，這是一個閑職，可以有大量的業餘時間從事學術研究，真是得其所哉！而且在原單位撤銷，併入市經貿委之際，我毅然選擇了提前五年退休，正是這『年富力強』的五年中夜以繼日的不懈工作，才最後完成了本書提要、校證的撰寫和反復修訂。

日本早就實行雙休制，各種節假日之多，令人難以想象，一年約有三分之一的休息時間。一年兩度的『休學旅行』，使我們從北海道至九州，有了一次難得的環島深度遊，海濱的温泉和美食，京都、奈良的幽靜，東京、大阪的繁華，均給我留下了深刻的印象。愛知縣和名古屋一帶的勝景更是與日本朋友一起遊了個遍。更多的休息日，我在CKC的獨居房内，讀剛出版未久的臺灣版影印《四庫全書》文淵閣本。名古屋圖書館的借書極爲便利，去一次可借三十册四庫本宋人文集，我在那裏差不多讀完了這部書的宋人文集，摘録了至少數十萬字的資料卡片，爲我的宋史、茶史研究提供了前互聯網時代最豐富的一批資料。今我已意外從友人處獲贈一部影印四庫本宋元人文集，但名古屋的苦讀生涯，使我不僅排遣了獨在異鄉爲異客的寂寞，且至今仍留下極爲深刻而温馨的回憶，畢竟當時正值壯歲，精力充沛，求知慾旺盛，這些資料卡片對我的學術生涯則是一筆極可寶貴的珍藏。

五

即使對於在高校或社會科學研究機構工作的專業人員而言，編輯、標點、校證這樣一部大書，也有相當的難度，更何況是一名業餘學者。其困難往往是常人所難以想象的。幸運的是，我也得許多師友乃至原素不相識的好心人的幫助，才得以完成並出版是書。其遇到的困難則猶如唐僧赴西天取經，遠遠不止九九八十一難。這裏只能舉例性地略述一些事例，並對鼎力相助的師友表達敬意和感激之忱。

首先，是搜集茶書版本之難。我曾從先師胡道靜先生學目録、版本、校讎之學，也很早就購藏了一批目録版本學的工具書。如《茶經》今存之版本有近百個之多，且萬變不離其宗，均從宋末《百川學海》本而出，但各本間的文本差異之多之離奇，令人歎爲觀止。當我偶然得知臺灣張宏庸先生編輯的《茶書全集》中有一宋版《茶經》後，難抑心頭的狂喜，立即電話聯繫拜識未久的臺灣大學教授、著名宋史專家王德毅先生，承王先生雅意，複印張先生《茶書全集》本《茶經》相贈，逐字對校結果，其《茶經》只是衆多明本中的一種而已。張氏認爲宋本，實乃誤判。在一次高規格國際學術會上相識的供職於臺灣『中研院』的近代史研究專家邱澎生先生亦將張本《茶經》複印相贈，益堅定了我對是本並非宋本的判斷。對《茶經》的校勘已很難從版本上有新的突破，只能另闢蹊徑。好在我對宋代文獻較熟悉，遂從宋人的詩注、類書、方志等書中廣泛搜集引南宋本《茶經》中的片言隻語，據此校證遠比今傳諸本可信的《茶經》文字有上百處之多。這是前人數十種《茶經》整理本從未想到過的新嘗試。這項工作是在我未使用電腦的上世紀八九十年代之際完全憑手工檢核披沙瀝金般『淘』得的，其艱辛非親歷者難以體味。在審看校樣時，當我使用電腦進行逐條校核時，不由感慨萬千。『工欲善其事，必先利其器。』做學問不用電腦和互聯網，實在是愚不可及。當然在這一過程中尤需要識力與判斷，因此，即使對古籍整理而言，學力的深淺也是決定性的因素。

另一個典型的事例是茶書中篇幅最多（原文約十萬字）、校證難度最大的《續茶經》。是書我早已取得除國圖藏的雍正七年(一七二九)王淇儀鴻堂始刻本外的諸本。但我從一九九四年出版的《中國古籍善本書目·子部》(上古社版)檢索到山東省圖書館藏有《茶書七種》(十四卷)本中有清抄本《續茶經》三卷後,毫不猶豫托人以天價從魯圖購得複印本,經核對竟與我已有的一個版本隻字不差。一九九九年四月,其底本複印費爲三千四百五十二元五角,差不多是我當時兩個月的工資,可購一九九八年印製的《永樂大典》影印本二部,或二〇一四年版《宋會要輯稿》上古社點校本一部,而這均爲上千萬字的大書。得到的教訓是今後必須親自去查閲書後再決定是否複製。令人費解的是,圖書館是事業單位,用的是國家財政撥款,竟用這種手段來『創收』,有關部門真得好好查查這種以天價底本複製費爲主的『小金庫』的流向爲何。因爲如今的善本底本費,使古籍影印本的定價嚴重扭曲,數十倍甚至數百倍地背離了其價值,已近乎古籍的拍賣價,乃至許多省市級、高校圖書館也無力購進動輒數十萬乃至上百萬元一部的影印古籍了。形成鮮明對照的是,我在負笈東瀛之際,在名古屋圖書館僅象徵性地付了『工本費』一千日元(只夠買十聽飲料)就複印了近十公斤的古籍資料。公共圖書館的職能不知何時能恢復到『無料』(免費)服務的本色。

業餘治學,幾無專業的圖書館、資料室可用。近四十年來,因業餘治學之需,我收藏與研究相關的以宋史、茶史爲主的圖書已達近五萬册,除少量爲師友所贈外,絶大部分爲自己購藏。其花費足以買套别墅,但既然是自己無怨無悔的選擇,也就樂在其中了。

毋庸諱言,我撰寫這部書的過程中,也得到許多師友無私的幫助,如果一一實録,無疑會佔用很多篇幅,這裏謹舉令我感銘不已的數例。早在上世紀八十年代初,我已拜識在淮陰師專(今師院)任教的于北山先生。他原爲南京的一位中學老師，曾花近三十年業餘時間完成陸游、范成大、楊萬里三部年譜，水準極高，是我拜讀過的大量宋人年譜中最好的幾種。『文革』前，他被下放淮陰務農，旋被淮陰師專羅致爲教授。我從他那兒借到三大册《宋會要輯稿》（食貨和職官部分），泛讀之餘，請當時盱眙縣政府辦（該縣僅有一臺複印機）的小朋友幫我複印了這三册書。這些複印本，我珍藏至今，這次作爲本書補編的工作底本進行點校整理。惜于先生早已因腦溢血而歸道山，謹書此以緬懷這位博學的前賢。

同樣在八十年代，我曾利用節假日到南京圖書館、揚州圖書館、蘇州圖書館等的古籍部查閲資料。得到許多師友的全力相助，我的感激之忱遠非三言兩語所能表於萬一。如南圖的資深館員、鎮江人姜老，是《莊子》研究專家，每逢我去查閲古籍，總是笑眯眯地爲我解疑答難，且幫我調閲圖書，從不厭煩。他病目（青光眼）已久，卻常用放大鏡幫我查核資料。最後幾次去，已不見姜老，經詢問才知他退休回鎮江了。可惜當時未留下他的聯繫方式。

揚州是孩子外家所在，我的女兒自小學起就寄讀揚州。因愛女心切，每月節假日必去揚州，我也成了揚州圖書館古籍部的常客。一位姓宋的女同志不僅熱情周到，百問不厭，而且允許我把非善本書破例借出去夜讀，這段在揚州度過許多不眠之夜的苦讀手抄生涯給我留下了十分温煦的回憶。上世紀九十年代初，調回蘇州後，更成了蘇州圖書館的常客，與幾任古籍部主任、館員均十分熟悉，他們也破例允許我將出版未久的《四庫存目叢書》和《續修四庫全書》等書中的資料進行複印。此外，我通過南京大學的友人范金明教授和壽紅女士，從南京大學圖書館複印了許多茶書的珍稀版本。没有他們的襄助，我幾乎不可能完成本書的版本搜集和校證。這種珍貴的情誼，激勵我排除萬難，堅持數十年，成爲終於完成本書的一種動力。

其次是校證之難。八十年代初剛起步時，有關茶史研究的資料少之又少，當我從陳椽先生處借得朱自振先生等主編的《中國茶葉歷史資料彙編》（農業出版社，一九八一）時真是如獲至寶，並緣此而拜識朱自振先生。當時他在中國農業遺産研究室（設在南農大）任研究員，我最初關於茶史起源的兩篇論文，即由朱先生推薦在《中國農史》上發表。更重要的是通過他的引薦，我還拜識了他的三位摯友：時任《中國經濟史研究》主編的李根蟠先生、時任江西社科院副院長兼《農業考古》主編的陳文華先生、農業出版社資深編輯穆祥桐先生。我最初關於宋代茶史的兩篇論文即蒙李先生慧眼賞識而發表於該刊。上世紀九十年代初，承李先生介紹我參加了中國經濟史年會，且在會上當選理事並拜識中國經濟史學界泰斗吴承明先生，得以深受教益，常沐教恩。農業出版社的穆祥桐先生贈送和借給我大量關於農業史、茶史的珍本奇書，使我順利完成了拙撰《南宋農業史》（人民出版社，二〇一〇），也使本書之校證有了許多參考讀物，足以增智廣益，且避免了許多專業知識方面的失誤。承陳文華先生的厚意，在上世紀九十年代在他主編的《農業考古》（茶文化專號）上幾乎每期均有拙作發表。最後的幾篇，即爲唐宋茶書校證、輯佚本的試寫條目。這些論文發表後，我先後接到了好幾位讀者的來信，希望我能及早出版並提出想購藏此書。如安徽黄山工會的一位讀者朋友和某軍校的茶史研究者陶德臣教授等。爲了感謝他們的鼓勵和盛意，我唯有將拙編贈上述師友各一部以聊表寸心。上述四位先生長期的幫助，我一直銘記在心，成爲鞭策我高品質完成是書的又一動力。

正是由於有了發表的園地，我上世紀九十年代在進行校證的同時，寫出了數十篇相關論文，這對我既是一種鼓勵勉慰，也是促進鞭策，使我一定要將此書的校證完成。茶書的提要是最早完成的，感謝中華書局文史室原主任謝方先生的熱忱推薦，使拙編的上編茶書提要能在權威性的《文史》（第五十二輯）上發表。

從上世紀八十年代末起，至整個九十年代，我幾乎用全部業餘時間（包括節假日）傾全力於《茶書全集》的標點和校證，毫不誇張地説，我猶如勤奮的蜜蜂留連於百花叢中那樣，在茶史資料中廣搜博採。其中的許多條校證，都不失爲小型的讀史劄記。我業餘治學的一大特色即爲事事從考證出發而絶不鑿空臆説，考據成爲我治史的基礎，而論文則是水到渠成的昇華、總結或概括。許多茶史上衆説紛紜的難題，在衆多校證條目寫作過程中的廣泛閲讀和反復探索的過程中，逐漸明晰和清楚，一篇篇論文也就水到渠成而公開發表。積以時日，我對茶史研究中的八大難題形成了自己的獨立見解，詳見本書導言，此不贅陳。這數十篇論文的陸續發表也提昇了我對茶書校證的興趣和力度，我就在這種良性互動中度過了許多不眠之夜，也犧牲了許多嗜好，如看四年一届的奥運會和世界杯等，乃至年三十和農曆新年也從不休息。極愛孩子的我甚至放棄了含飴弄孫的天倫之樂，所幸大孫女學習頗爲優秀，牙牙學語的小孫女也活潑可愛、健康成長。我也在鍥而不捨的學習、研究和不倦的寫作中獲得了自己人生的最大樂趣。遺憾的是，長期超負荷的夜以繼日工作，使我原本極好的身體爲病魔所侵襲。欣慰的是，我終於在住院手術後的化療期間完成了這部嘔心瀝血之作的最後一校。

再次，是出版之難。至本世紀初，全書已近殺青，我不禁爲這部近四百萬言稿本的出版而發愁。如果是專業研究者，完全可以申請國家古籍整理及高校古委會的專項基金資助項目，畢竟這是填補茶史研究空白的大型項目;甚至還可以申請國家社科基金專項的資助,但業餘治學者要申請這類資助就比登天還難。

所幸我很早就已拜識好幾位出版社的社長或總編,其中既有德高望重的前輩,也有正值壯年的時賢,亦有才華横溢的中青年才俊。他們共同的特色是忠誠於出版事業,精通業務,兢兢業業,樂爲他人作嫁衣。以下謹簡介其中的數位良師益友。

一九八八年,我應著名太平天國史研究專家、揚州師範學院(今揚州大學)教授祁龍威先生之邀,出席了『揚州學派』學術研討會。祁先生在會上當選是屆江蘇史學會會長,我則是首次應邀參加學術研討會。祁先生邀請的嘉賓中,最大牌的『明星』,則是時任中華書局總編的趙守儼先生和宋史研究專家陳樂素先生。久享盛名的趙先生據説是大名鼎鼎的趙爾巽先生後裔,爲人儒雅而謙遜。即使對我這類無名小輩的請教求益也有問必答,十分周到,熱情真摯,體現了真正的大家風範。當我提出請他和陳樂素先生同往盱眙小住數日(在這當年抗金前哨有『第一山石刻』等古跡可以憑弔),兩位大師欣然應允。遺憾的是趙先生因北京來電有緊急公務,會未開完即匆匆返京,盱眙之行僅陳老伉儷前往。後來,我曾去京拜謁過趙先生,受到他親切的接待,緣此而拜識中華書局謝方先生等多位資深名編。

上世紀九十年代,我經常出差赴京,一次住在北京友誼賓館,適逢國家古籍小組在此召開會議,緣此拜識時任上海古籍出版社社長錢伯城先生,當時他正致力於主編《全明文》。後我多次赴上古社拜訪錢先生,還到他府上參觀過他的藏書。錢老退休後還有長篇學術文章發表,我在《東方早報·上海書評》上就拜讀過好幾篇,極具學術價值而啓人心智。當時我的茶書正在緊張寫作之中,如果當時已完成,我想如拜請京滬兩大名社的掌門人，或能推薦出版此書。

我與李偉國兄相識很早，乃業餘研究宋史的同道，我經常求助於他購五至七折的專業書，他也曾贈送給我一大批求之不得的珍本秘笈。在他任上古社編輯、副社長、副總編，上海辭書社社長兼總編，上海人民社總編的漫長歲月中，我們經常切磋交流，至今仍保持密切往來與聯繫，他堪稱我治學的諍友。他的一大功績是在上古社主持影印了文淵閣本《四庫全書》，實開大陸大型叢書影印之先河，今已蔚然成風，實乃功德無量，沾溉無數讀者。二〇〇三年，我們有過愉快的合作，他在上海辭書社長社時，出版了《海外新發現〈永樂大典〉十七卷》。當我一次偶然談到我有一部《茶書集成》（當時擬名）校證本已殺青而『待字閨中』時，他和時任辭書出版社文史編輯室主任的許仲毅先生當即拍板決定接受書稿，出版是書。我在二〇〇四年交清全部書稿，並已進入出版程序，上編唐宋茶書已出校樣，我迅即將校稿改後寄滬。此後因上海辭書社社長兩度易人，拙稿出版程序中止，在二〇一一年，該社突然單方面毀約，唯一理由是市場上出版茶書過多，如出此書將導致虧損。而且不顧合同上的白紙黑字，僅象徵性地補償了我萬餘元。合同明文規定，每千字稿酬爲四十六元，如單方毀約，應補償稿酬的百分之五十。很顯然三百餘萬字應付稿酬爲十三萬八千元，賠償百分之五十應爲六萬九千元，此爲天經地義的常識。可辭書社個別新晉領導竟挖空心思提出：只將我提要和校證稿估計爲六十萬字，其餘標點的二百四十餘萬字茶書正文竟可以分文不付。請問海内外的哪家出版社的古籍整理是只以校記字數計酬而正文標點可以分文不付的？這是明目張膽違反著作權法與合同法的侵權行徑！看來這位副總編缺乏基本的法律常識，才會説出這類熱昏胡話。更令人憤慨的是，她竟大言不慚説：『你如不服，可向法院提起訴訟。』當時我正色答道：『你無資格跟我説此話，當時合同上簽字者還輪不上你，你這種荒唐邏輯只能貽笑大方！』我當然不會爲了這五萬餘元補償款浪費時間與這種蠻横無理又可笑至極的女人去對簿公堂。我長年累月從事學術研究，從未考慮過經濟效益，只是興趣愛好而已。説句笑話，即使這十餘萬元稿酬，不僅彌補不了我購書及複印、打印資料的支出，甚至不夠三十年間的空調電費支出。基本上没有哪一位學者是靠學術專著去賺錢的。我的追求是『板凳要坐十年冷，文章不寫一句空』，燕雀安知鴻鵠之志也！

正當是書出版一波三折、再度陷入絶境之際，作爲研究明代茶史專家的友人郭孟良先生的關切使本書再度絶處逢生。早在辭書社與我簽約之前的二〇〇三年，時任中州古籍出版社副總編的郭先生讀到我在《農業考古》上發表的茶書校證樣稿時，當即提出由該社出版是書，當時我考慮也許上海辭書社的校對力量更强些，作爲大社，資金更豐沛些，遂決定將拙稿交辭書社。世事難料，辭書社在近十年間兩度易人長社，一直關心本書出版的許仲毅先生旋又調任上海人民出版社文史室主任，今又擢任上海書店出版社社長。如果他與偉國兄晚離辭書社二年，拙撰早已出版無疑。

郭孟良先生作爲茶史研究同仁，深知本書具備一定學術價值，遂不遺餘力促成本書的重新出版。當時，他已調任中原出版傳媒集團出版業務部主任，遂敦請中州古籍出版社申報了『國家出版基金資助項目』，幸而由中國經濟史研究泰斗吴承明先生，中國社科院歷史所資深研究員、宋史專家陳智超先生，復旦大學資深教授陳尚君先生寫下不無溢美的推薦書，最終評審獲得通過。没有他們的鼎力相助，也許這一大箱數十公斤的稿本仍不可能變成鉛字。我的感激之忱也遠非這三言兩語所可了當。這份珍貴的學術情誼和人間真情時時温暖我這顆孤寂的心，成爲我業餘治學道路上克服艱難險阻的強大動力。之所以如實寫出本書出版過程中歷經這風雲變幻的十年，無非證明，業餘治學付出的艱辛和遭遇的曲折，要比專業學者多得多。聊以自慰的是三十餘年的嘔心瀝血總算没有白費。至於本書是否有學術價值，是否已達到專業水準和出版水準，應由同行學者及廣大讀者作出公允的評價，而我期待着海内外讀者嚴正的審視與批評。

這裏還需補敘三位出版界社長：一是原北京圖書館出版社社長郭又陵先生，他乃由我蘇高中同學王河所介紹相識。十餘年來，我從他那裏購藏了許多物有所值的好書。如《北京圖書館藏古籍珍本叢刊》零本數十册，僅以原書一五折低價購進，該書處理時，他請銷售部經理優先將書目寄我，使我如願搶先出手。楊訥等編《文淵閣本四庫全書（集部）補遺》、《日本藏中國稀見方志叢刊》等，蒙郭先生特批，當時均以半價購進。這些珍品均爲本書的撰寫和我的宋史研究提供了許多極珍貴的資料。已退休的郭社長如今也成了京城的藏書大家。當初，他曾約定讓我主編一部《茶書珍本叢刊》影印本，此書正與執編商洽合作之中，如無意外，不久應可問世。二是現出任上海書店出版社社長的許仲毅先生，與我交遊已在十年以上，敬業而嚴謹，待人熱忱寬厚。他在上海人民社供職時，蒙其約稿，我完成了《北宋士人交遊録》，後他攜往上海書店出版，他一再催促我續寫《南宋士人交遊録》，我當勉力在近年完成。他還提出了另一項鼓舞人心的重大選題，是否能主持完成尚有待我身體的康復狀況而定。仲毅先生十餘年來一直關注這部茶書全集的出版，這份情誼令我深受感動。

新任上海古籍出版社社長高克勤先生，是復旦大學資深教授王水照先生的高足。多年從事王安石詩文研究，成果卓著，我與他已相識多年。二〇一〇年，他點校的《王荆文公詩箋注》，出版之初就送了我一部，我拜讀後深感其功力非凡。最近他來蘇州開會，過訪寒齋，我和他説起，久已想完成一部《范成大詩文編年輯佚校注》，雖已耕耘多年，但整理成書尚需時日，蒙其支持，今當努力儘快完成。正是這老中青三代出版精英的鼎力相助，使我的藏書有幾何級數的增長，令我的學術成果能夠獲得出版的機遇。這份深情厚誼，也許會令許多專業治學者歆羨。在物欲横流、金錢至上的當今社會，自有超越經濟利益的人間真情存在。出版界精英的敬業、執著與堅持，使我們看到傳統文化必將復興的希望。

六

本書能繼鄉前賢顧頡剛先生和先師胡道靜先生的《全集》，作爲個人項目入選『國家出版基金資助項目』，在深感榮幸的同時更感到責任的重大。數年間我傾全力於是書的修訂、校改，如履薄冰、如臨深淵，不僅在五校中反復多次對全書的標點和文字録入精心校改，而且對提要和校證部分乃至幾個附録均字斟句酌，反復審訂。作爲業餘學者僅有的入選者，我下定決心力求使此書成爲具有專業水準的精品。當然是書寫作、修訂的難度確實很大，正應了一句古話：『校書如掃塵，旋掃旋生。』即使在最後的校紅過程中，仍發現不少錯訛衍奪之文。如果不是住院動手術，我亟應再通校全書一遍，值得慶幸的是我出院後忍着刀口的劇疼，終於完成了附録二《主要引用與參考書目》的最後部分，也陸續寫完了這篇真情告白的後記。雖然本書一定還留有不少遺憾和瑕疵，但我總算竭盡全力親自完成了此書，深有如釋重負之感。

最後，亟應感謝的還有中州古籍出版社的各位領導，没有他們深具遠見卓識的支持，本書的出版或許還得推遲若干年。特别感謝本書的責編王建新先生，他的勤奮和敬業是青年編輯中極爲罕見的。更可貴的是，他對文字學較爲熟悉，其特長正好彌補了我小學知識面貧乏的『短板』。他曾數次來蘇和我就書稿修訂校改、全書的編輯體例等進行商討，電話和書信、郵件往來更是不計其數。他甚至還幫我録入了十餘萬字的文稿，其録入品質之高，校一遍就足矣。他提出了許多内行而有益的建議，是本書得以問世的一大功臣。要將版式各異，字體、字形大小千差萬别，格式體例迥然相異的百餘種書整合成體例劃一的大書，其具體録入和校勘工作的煩難程度可想而知，正是在與建新無數次的溝通中，才一次次化解難題。建新對我的『朝令夕改』，多能包容；對我的苛求，基本上亦予以滿足。這是一次相當愉快的合作。當然，也得感謝辭書出版社當時的責編解永健先生，他認真審讀了一萬餘頁的拙稿，也改正了不少錯訛和筆誤。聽説他已調離辭書社，書出版後我也將寄贈一部至他府上，聊表感激之忱！我也十分感謝忘年之交李芳女士，十餘年來，她在繁忙的工作之餘，經常熬夜和利用節假日爲我録入海量文字，本書的《中國古代茶品選輯》，附録一、二及後記也均由其録入。對於一位七〇後，讓她録入繁體字真是太難爲她了。

早在二〇〇三年，我向上海辭書社交稿之初，國家古籍整理規劃領導小組原顧問、蘇州大學資深教授錢仲聯先生已預爲本書題簽：『中國茶書集成』，這是錢老的遺墨，不久他就遽歸道山。後因申報『國家出版基金資助項目』時已更改書名爲《中國茶書全集校證》，乃至此遺墨墨寶未能使用，極爲遺憾。今又請得中國社科院原常務副院長丁偉志先生新題書名墨寶，謹特深致感謝。應當感謝的人還有很多，如上海《文匯報》名記者鄭重先生，學識淵博，對書畫、古文物有精湛研究，功力頗深，他曾幫我識讀過明嘉靖本《茶經》魯彭序中的手寫（複印）文字。諸如此類的師友教益和幫助不勝枚舉。

完成是書後，最深切的體會是：做學問首先須耐得住寂寞，耗費的往往是時間與心血。評審學術專著的價值和水準，不在名家的序跋或書評，而在於同行學者援引的字裏行間。謹將本書獻給曾爲我提供助益的前輩及師友們！最後，亟盼專家和讀者對本書的訛謬之處批評指正。

萬籟俱寂，夜深人靜，心潮澎湃，今夜注定又是不眠之夜。

二〇一四年十一月三十日草於姑蘇海芸齋

改定於二〇一四年歲杪